W0302874

Erhard Meyer-Galow

Leben im Goldenen Wind

Jetzt bin ich endlich mal da!

Reifungs- und Transformationsprozess
eines erfahrenen Topmanagers

„Sei du selbst die Veränderung,
wie du die Veränderung der Welt sehen willst!"

(Mahatma Gandhi)

FRIELING

Für Nora, Kathrin, Philipp
und Patrick,
der die Idee zu diesem Buch hatte.

Bibliografische Information der Deutschen Nationalbibliothek
Die Deutsche Nationalbibliothek verzeichnet diese Publikation in der Deutschen Nationalbibliografie; detaillierte bibliografische Daten sind im Internet über http://dnb.d-nb.de abrufbar

© Frieling-Verlag Berlin · Eine Marke der Frieling & Huffmann GmbH & Co. KG
Rheinstraße 46, D-12161 Berlin
Telefon: 0 30/76 69 99-0

ISBN 978-3-8280-3061-9
1. Auflage 2011
2., aktualisierte Auflage 2013
Illustrationen: Doris Karner-Klett
Satz: Satz- & Verlagsservice Ulrich Bogun, Berlin
Umschlaggestaltung: Michael Reichmuth unter Verwendung einer Illustration von Doris Karner-Klett
Sämtliche Rechte vorbehalten
Printed in Germany

Inhaltsverzeichnis

Vorwort von Willigis Jäger

Besonders faszinierend an dem Buch von Erhard Meyer-Galow ist, dass eine Vielzahl von Menschen zu Wort kommen, die auf die transpersonale Ebene durchgebrochen sind und dort wirkliches SEIN erreicht haben. Die Beiträge zeigen uns, dass es letztlich um eine Erfahrungsebene geht, die unsere ICH-Struktur übersteigt und dass die Wirklichkeit im Augenblick, im HIER und JETZT, zu finden ist. Das Buch und die darin enthaltene spirituelle Entwicklung machen uns Mut, den eigenen Aufbruch zu wagen.

Es gibt keine Zeit, nur den Augenblick.

Auf jeder Seite des Buches erscheint dieser Augenblick. Es gibt keine Zukunft und keine Vergangenheit.

Es gibt nur das JETZT. Selbst Erinnerungen werden zum Augenblick.

Und das ist die Kunst des Lebens, selbst tragische Ereignisse wie den Tod eines lieben Menschen, den Zusammenbruch eines Unternehmens, eine schwere Krankheit, das Altwerden als dieses HIER und JETZT zu akzeptieren.

Es gibt keine Vergangenheit und keine Zukunft.

Wir werden immer älter und das macht uns Europäern momentan Probleme. Das Alter anzunehmen, ist nicht immer leicht.

Um für diese Problematik Lösungswege aufzuzeigen, macht Erhard Meyer-Galow das folgende Kōan zum Leitfaden für sein Buch:

Ein Mönch fragte den Meister Ummon: „Was ist, wenn der Baum verdorrt und die Blätter fallen?“
Der Meister antwortete: „Vollkommene Manifestation des GOLDENEN WINDES!“

Mit dem GOLDENEN WIND ist der Herbstwind gemeint. Es bedeutet hier aber mehr. Hier sitzen zwei ältere Mönche beisammen und einer fragt den anderen:

„Was ist das Wesen der Wirklichkeit jetzt, wenn wir alt geworden sind?“
„Eine Manifestation des GOLDENEN WINDES.“

Eine Manifestation der Wirklichkeit, auch wenn ich alt, krank, gebrechlich geworden bin und Leid erfahre.

„Jeder Tag ein guter Tag“, sagt ZEN-Meister Ummon und ergänzt diese Aussage.

Es gibt nichts, als was sich dieser zeitlose Urgrund nicht manifestieren würde.

Das ist oft nicht leicht zu akzeptieren. Aber immer wieder kommen Menschen zu mir, die gestehen, dass sie Schlimmes erfahren haben. Und immer wieder höre ich von ihnen, dass sie dankbar sind für das, was ihnen widerfuhr. Die schicksalhafte Krise hat ihrem Leben die entscheidende Wende gegeben. Es war der entscheidende Durchbruch in ihrem Leben.

Widerstand, Zusammenbruch und Enttäuschung im Leben, die ich nicht ändern kann, die wie eine Mauer plötzlich auftreten, zu akzeptieren, ist nicht leicht.

Das Buch kommt immer wieder auf solche Situationen zu sprechen und versucht uns durch die vielen Beiträge von erfahrenen Menschen zu vermitteln, dass besonders in schweren Lebenskrisen die Erfahrung des GOLDENEN WINDES möglich ist.

„LEBEN IM GOLDENEN WIND –
JETZT BIN ICH ENDLICH MAL DA!"

Wohl dem, der sein Leben so akzeptieren kann.

Kath. Erwachsenenbildung Kreis Ravensburg e.V.
Allmandstraße 10, 88212 Ravensburg
Tel.: 0751 36161-30; Fax: -50
E-Mail: info@keb-rv.de; www.keb-rv.de

Kleingruppen – Workshop für Männer

Am 15. und 29. Januar 2022 stellt sich Kursleiter Markus Rollwa gemeinsam mit seinen Teilnehmern die Frage: „War das schon alles?“. Der Kurs für Männer findet in den Räumen der Katholischen Erwachsenenbildung Kreis Ravensburg e.V. in der Allmandstraße 10 in Ravensburg statt. Der Kurspreis für beide Tage beträgt 90 EUR.

Dieser interaktive Intensiv-Workshop eignet sich für lernbegeisterte Männer mit Berufserfahrung, die sich nach „mehr“ im Leben sehnen und sich fragen: „Soll das wirklich schon alles in meinem Leben gewesen sein?“ Dieses speziell für eine Kleingruppe konzipierte Seminar soll Impulse geben für einen Aufbruch in ein sinnerfülltes Leben. Die Gruppe arbeitet mit praktischen Beispielen aus dem Alltag der Teilnehmer, sodass alle an der Interaktion beteiligt sind und jeder von den Erfahrungen des anderen profitiert. Der Referent gibt Denkanstöße, moderiert und regt zur Entwicklung eigener Gedanken und zum Austausch über das eigene Leben an - für alle Männer, die offen, mutig und neugierig auf eine Abenteuerreise zu sich selbst sind.

Unser Sonnensystem – Planeten, Monde, Kometen und Asteroiden

Am 20. Januar 2022 um 19 Uhr nimmt Hobbyastronom Martin Sommer mit seinem Vortrag Teilnehmer mit auf eine Reise durch das Sonnensystem. Der Kurs findet in den Räumen der Katholischen Erwachsenenbildung Kreis Ravensburg e.V. in der Allmandstraße 10 in Ravensburg statt. Der Kurspreis beträgt 7 EUR. [illegible]

mit verschiedenen Gemüsearten, Kräutern oder Blumen zu kombinieren. Die Referentin ist Technische Lehrerin am Ernährungszentrum Bodensee-Oberschwaben und gibt in ihrem Vortrag fachliche Anregungen, die eine erfolgreiche Ernte erwarten lassen.

Für die Veranstaltungen ist eine Anmeldung unter www.keb-rv.de erforderlich. Es gelten die zum Zeitpunkt der Veranstaltung gültigen gesetzlichen Regelungen der Corona-Verordnung für Kurse der Erwachsenenbildung.

Einer der acht Planeten in unserem Sonnensystem ist unsere Heimat: unsere Erde. Bis heute gibt es auf ihr viele Rätsel zu lösen und Neues zu entdecken. Doch wie sind unser Sonnensystem und unsere Erde entstanden? Wie ist das System aufgebaut und was wissen wir von den anderen Planeten und Objekten in unserem Sonnensystem? Wie sieht es dort aus? Gab oder gibt es dort Leben? Gibt es den mysteriösen „Planet 9"?
Viele Missionen mit Raumsonden haben bereits Erkundungen zu diesen Welten unternommen und dabei erstaunliche Entdeckungen gemacht: Vulkane, kilometertiefe Schluchten, Seen aus Methan, Geysire, unterirdische Meere und Stürme, mehr als doppelt so groß wie die Erde. An diesem Abend werden die Teilnehmer gemeinsam das Weltall entdecken.

Erfolgreich gärtnern ohne Gift

Ein Kurs der Katholischen Erwachsenenbildung Kreis Ravensburg e.V. in Kooperation mit dem Ernährungszentrum Bodensee-Oberschwaben beschäftigt sich mit dem Wissen rund um das Gärtnern ohne Gift. Die Veranstaltung findet am 26.01.2022 um 18.30 Uhr in Ravensburg in der Allmandstraße 10 statt. Eine Anmeldung ist unbedingt erforderlich.
Nachhaltigkeit bedeutet auch, bewusster mit unserem Grund und Boden - also mit der Natur – umzugehen. Es gibt im Garten viele Einzelmaßnahmen, die man als Hausgärtner vorbeugend durchführen kann, damit es schon gar nicht zu Schädlingen oder Krankheiten kommt. Dazu zählen die fachgerechte Bodenbearbeitung und Düngung. Unterstützend wirkt der gezielte Einsatz von ausgewähltem Saatgut für den Standort unter Berücksichtigung des Klimas. Eine durchdachte Anbauplanung kann für mehr Erfolg im Garten sorgen. Konkret bedeutet das, bewusst Pflanzenfamilien zu berücksichtigen und diese

Vorwort von Walter Schwery

Glück. Was bedeutet Glück? Diese Frage, die auch eine Unsicherheit andeutet, was Glück wirklich ist, hat die Menschheit von jeher beschäftigt. Daher leitet sich wohl auch das Sprichwort ab: *„Glück und Glas, wie leicht bricht das"*. Auch der tibetische Mönch Richard Matthieu fragt sich, ob das Wort Glück so überstrapaziert wurde, dass die Menschen es inzwischen meiden, angewidert von den Illusionen und Banalitäten, die ihnen dabei in den Sinn kommen. Auch nur über die Suche nach Glück zu sprechen, grenzt für manche Leute schon an Geschmacklosigkeit. Sicher ist trotzdem, dass die Suche nach Glück ein dem Menschen inhärenter Trieb ist.

Wir müssen uns also um das kümmern, was Glückseligkeit schafft. Denn ist sie da, besitzen wir alles. Ist sie hingegen nicht da, dann tun wir alles, um ihrer teilhaftig zu werden. Diese Unsicherheit führt zur Frage nach dem wahren Glück und was diesem im Weg steht. Der verstorbene indische Lehrer Swami Muktananda sagt dazu: *„Der Mensch sammelt so viele Dinge, um glücklich zu werden, aber er weiß nicht, was wahres Glück ist. Er will eines anderen Seele heilen, weiß aber nicht, die eigene in Ordnung zu bringen. Er erfindet wunderbare Dinge, aber er weiß nicht die Schätze in seinem Innern zu entdecken. Er fliegt auf den Mond, aber den Weg in seine innere Welt kennt er nicht. Er kennt alles außer sich selbst."*

Hier knüpft auch Erhard Meyer-Galow in seinem hochaktuellen Buch an: *„Jetzt bin ich endlich mal da!"*, wenn er François Lelords Buch *„Hectors Reise oder die Suche nach dem Glück"* zitiert, der seinen Helden Hector um die Welt reisen lässt, um das Geheimnis des Glücks zu finden. Ein alter Mönch, den er traf, sagte ihm aber, es sei ein Irrtum zu glauben, Glück wäre das Ziel. Hector war nicht sicher, ob er das richtig begriffen habe, worauf ihm der alte Mönch sagte: *„Ich meinte so ein Ziel, wie ihr es in eurer Kultur immer so schön abzustecken wisst. Dadurch habt ihr ja übrigens so viele interessante Dinge vollbracht. Aber Glück gehört nicht in diese Kategorie. Wenn sie es sich abstecken, werden sie es mit großer Wahrscheinlichkeit verfehlen."*

Es ist offensichtlich, dass der Mönch meint, dass Glück nicht allein durch materielle Umstände und Bedingungen erlangt werden kann. Es bedarf anderer Mittel und Wege. Der XIV. Dalai Lama meint, dass wir vor allem Mitgefühl, Fürsorglichkeit und Anteilnahme in unsere Rationalität einbringen müssen. So finden wir unseren inneren Frieden, der einzig die Grundlage für wahres Glück ist. Dies vor allem begleitet mit spiritueller Entwicklung. Dieses Ziel möchten wir ja alle so gern anstreben. Aber etwas steht dem offensichtlich meistens im Wege. Es ist die Vergangenheit in uns, nämlich der unerlöste primitive und niedere Mensch mit seinen unersättlichen Begehrlichkeiten und Emotionen, die dem im Wege steht. Frieden und Glück findet der Mensch nur, wenn es ihm gelingt, die bewusste Persönlichkeit und den Schatten zusammenleben zu lassen, das heißt, wir müssen lernen darauf zu verzichten, nur vollkommen zu sein.

Erhard Meyer-Galows Buch ist keine trockene philosophisch-theologische Abhandlung, was Glück bedeutet, sondern ein außerordentlicher, aus praktischer Lebenserfahrung heraus geschriebener Wegweiser, der jedem Sucher nach echtem Glück ein treuer Begleiter und Ratgeber auf seiner Suchwanderung sein wird.

Jetzt bin ich endlich mal da!

JETZT *Es geht in dem Buch um das JETZT,*
um das HIER und JETZT.
Es geht nicht um die Vergangenheit oder die Zukunft.
Die Vergangenheit ist vorbei und die Zukunft nicht da.
Der Manager ist immer in der Zukunft.
Es geht um den AUGENBLICK im HIER und JETZT.
Dieser Fokus wird unserem Leben eine viel wichtigere Qualität geben. Diese Qualität erreichen wir nicht, wenn wir immer durch die Augenblicke durchrennen.

BIN *Ich BIN. Es geht also um das SEIN und nicht um das HABEN.*
Um das Im-Augenblick-Sein.
Es geht nicht um das MACHEN, das WISSEN, das KÖNNEN und das HABEN.

ICH *Es geht um mein ICH. Es geht aber um ein ICH, das nicht immer macht. Es geht um ein ICH, das einfach nur SEIN kann, Augenblick für Augenblick.*
Es geht um ein ICH, das ACHTSAM ist.
ACHTSAMKEIT ist der Schlüssel zum SEIN im Augenblick.

ENDLICH *ENDLICH bin ich im Augenblick mit höchster Achtsamkeit.*
Es gibt im Menschen eine große Sehnsucht nach der Begründung seines ICH im SELBST, das göttliche Dimension hat.
Es ist die Sehnsucht nach dem „MYSTERIUM CONIUNCTIONIS".
Es gibt Augenblicke, in denen diese Sehnsucht gestillt wird.

MAL *Im stetigen unachtsamen Lauf des Lebens ist man ab und zu ganz im Augenblick. Das passiert mal. Wer aber übt, im Augenblick zu sein, bei dem passiert es mal öfter.*

DA *DA sein heißt: man ist nicht weg. Nicht irgendwo anders, nicht in der Vergangenheit und nicht in der Zukunft.*

Im Titel steckt der starke Rhythmus des Anapäst mit der Betonung auf DA.

ENDLICH MAL DA!
ENDLICH MAL DA!
ENDLICH MAL DA!

Liebe Leserinnen und Leser, skandieren Sie diesen Anapäst im Titel und zeigen Sie mit Ihrer rechten Hand bei „DA“ auf Ihr Herz.

Dieser Rhythmus zieht sich durch das ganze Buch und weist Sie immer wieder auf die Umkehr von der Außenorientierung zur Innenorientierung hin.

DA SEIN heißt ganz bei sich zu sein.
Ich brauch nicht weg zu sein, um das Glück zu finden.
Das Glück ist DA, in uns und bei uns.
Man erfährt es nur, wenn man nicht wegrennt, wenn man das DA-SEIN aushält.

„Ich muss jetzt mal nach Hause gehen, um nachzusehen, ob ich überhaupt da bin.“

Karl Valentin (1882–1948)

Unsere Einengung entgrenzen

Liebe Leserin, lieber Leser, es ist sicherlich eine gute Entscheidung, wenn Sie mein Buch in die Hand nehmen. Damit wird es Ihr Buch!

Ich hoffe sehr, dass ich Sie mit diesem Buch über die Linie zwischen äußerem und innerem persönlichen Wachstum, auf das es letztlich im Leben wirklich ankommt, ziehen kann. Sie können allen von mir erlebten und in diesem Buch geschilderten Erfahrungen nachspüren. Ihre Vorgeschichte, Ihre Religion, Ihre Weltauffassung, Ihr bisheriges Leben spielen keine Rolle. Sie können unabhängig davon jederzeit starten, wenn Ihre bisherigen Konzepte nicht mehr greifen. Wir sind alle auf unserem Lebensweg Leidensgefährten und verändern uns zu ERFAHRUNGSGEFÄHRTEN, die wie alle Wesen miteinander verbunden sind. Es gibt viel mehr als alle materiellen Güter. Es ist das LICHT in Ihnen, das es zu erfahren gilt.

Nehmen Sie bitte ein leeres Blatt und schreiben Sie Ihren Vornamen und Nachnamen darauf, und zwar nicht, wie Sie es immer machen, hintereinander, sondern schreiben Sie Ihren Vornamen unter Ihren Nachnamen.

Zur Hervorhebung Ihres Nachnamens – so unterschreiben Sie ja auch meistens – unterstreichen Sie ihn mit einem Bleistift mehrmals dick.

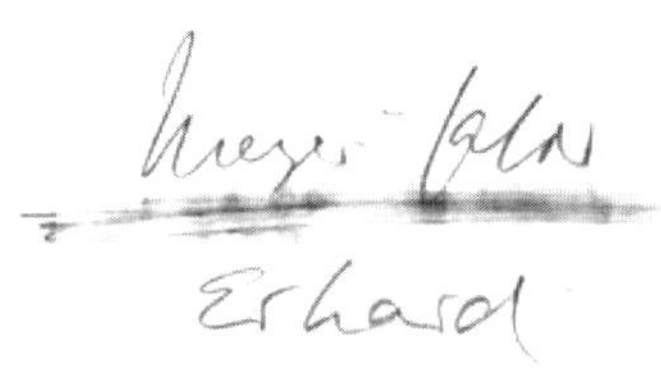

Damit haben Sie Ihre persönliche Ausgangssituation unbewusst dargestellt und symbolisiert, falls Sie in Ihrem Leben nicht wirklich glücklich oder sogar unglücklich sind oder schwer leiden, wie beispielsweise in einer Lebenssinn-Depression, der Sie nicht entkommen können.

Sie sehnen sich nach einem Leben in tiefem, innerem Frieden.

Sie wünschen sich ein Leben, das durch Gelassenheit, Heiterkeit, Mitgefühl, Humor und Güte geprägt ist. Sie haben bisher aber noch keinen Weg gefunden, wie sich das erreichen lässt.

Der dicke Strich unter ihrem Nachnamen ist Ihr ganzes Dilemma. Mit dem Strich trennen Sie Ihren Vornamen von Ihrem Nachnamen ab. Als Kind wurden Sie nur mit Ihrem Vornamen angesprochen. Sobald Sie erwachsen sind, spricht man Sie in der Regel nur noch mit dem Nachnamen an.

Der Nachname steht also gewissermaßen für das, was Sie in der Welt erreicht haben. Es symbolisiert Ihr ICH in der Welt.

Nach Karlfried Graf Dürckheim symbolisiert Ihr Vorname Ihr WESEN, das man auch SELBST nennen kann und das göttlichen Ursprungs ist.

Als Kind, so ungefähr bis zum dritten Lebensjahr, waren Sie voll von diesem WESEN erfüllt. Mit dem Beginn des dualen Denkens hat sich Ihr immer mehr erstarkendes ICH, das für das Bestehen in der Welt sehr wichtig ist, von Ihrem WESEN abgetrennt.

Sie haben es gar nicht gemerkt, dass Ihr ICH durch eine dicke Mauer vom WESEN zunehmend getrennt wurde.

Ihr ICH hat sich EINGEGRENZT.

Ihr ganzes Leiden und auch Ihr einfach nur Nicht-glücklich-Sein sind die Auswirkungen dieser Trennung. Und dennoch steht die Tür zu Ihrem Innersten immer offen. Es geht für Sie und für alle anderen Leserinnen und Leser um ENTGRENZUNG Ihres ICH. Es geht in diesem Buch darum, sich zur ENTGRENZUNG in jedem Augenblick einzuüben. Das gelingt nur, wenn man im Augenblick ganz DA ist.

Der große deutsche Mystiker Meister Eckhart sagte bereits im 13. Jahrhundert:

„Du brauchst Gott nicht hier oder dort zu suchen. ER ist nicht weiter entfernt als die Tür deines Herzens. Dort steht ER und wartet und wartet, bis du bereit bist, nicht nach Ihm in der Ferne zu rufen. Deine Hingabe und Sein Hereinkommen sind ein und derselbe Augenblick.“

Es geht also nun in Ihrem Leben darum, dass diese Trennungsmauer wieder durchlässiger wird, transparent wird für die Wiederherstellung der Einheit Ihres ICH mit Ihrem WESEN.

Es ist ganz einfach, aber nicht leicht, das nach so vielen Jahren der Fehlentwicklung zu erreichen. Ich versuche Ihnen zu zeigen, wie das geht. Es sind kleine Schritte in vertrauter Umgebung. Dazu bedarf es aber stetiger Übungen. Das ist der Inhalt dieses Buches.

Zur Symbolisierung Ihrer Lebensaufgabe machen Sie die Mauer mit einem Radiergummi immer durchlässiger.

Karlfried Graf Dürckheim, mein erster Lehrer, sagte gern:

„Die wichtigste Aufgabe in meinem ganzen Leben war immer wieder die Frage: Wie kommt der Karlfried durch den Dürckheim?“

Diesen *„Durchbruch zum Wesen“* beschreibt er in seinem wunderbaren Buch.

Mit einer weiteren Symbolik meines jetzigen Lehrers und Zen-Meisters Willigis Jäger möchte ich das Anliegen meines Buches weiter verdeutlichen und Sie zum Thema hinführen.

Schreiben Sie auf ein weiteres Blatt nochmals Ihren Nachnamen mit einem Bleistift und zeichnen Sie um diesen herum dick ein Rechteck.

Schreiben Sie in den Raum außerhalb des Rechtecks mehrmals Ihren Vornamen.

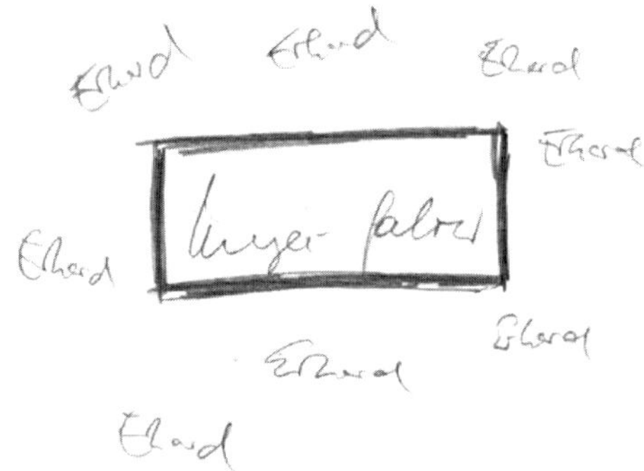

Unser Nachname steckt nun in dem kleinen Aquarium, das sich unser ICH im Laufe unseres Lebens gebaut hat. Wir schwimmen als kleiner Fisch darin herum, stoßen ständig mit der Nase an die Wände und sind fest davon überzeugt, dass dieser kleine Raum unsere Welt ist. Wir haben das Wissen verloren, dass außerhalb des Aquariums unsere wesentliche, wunderbare, größere Welt liegt. Viele Menschen spüren die Enge des ICH-Raumes nicht. Sie spüren nur in Krisen eine Enge, wissen aber nicht, dass sie selbst diese Enge verursacht haben.

Eigentlich steht das kleine Aquarium im Meer, aber wir wissen es nicht und wir haben es auch nicht erfahren.

Die Glasscheiben des ICH-Aquariums gibt es gar nicht. Wir bilden sie uns ein.

Die Einengung des ICH und die daraus resultierenden Leiden sind ein hochaktuelles Thema unserer Leistungsgesellschaft. Der „Spiegel" vom 24.1.2011 berichtet in der Titelgeschichte davon. Das Titelbild ist gut gewählt. Es zeigt die Einengung eines „Leistungstiers" in einem kleinen Raum. Der Gesichtsausdruck ist depressiv und hoffnungslos.

Dem Text kann man entnehmen, dass die Autoren versuchen, das Phänomen rational zu erkennen und Heilungsvorschläge zu empfehlen, die leider nur aus der psychosomatischen Medizin stammen. Beides funktioniert nicht oder nur begrenzt und eben nicht dauerhaft.

Diese Abtrennung des ICH von seinem URGRUND, dem SELBST, dem göttlichen Ursprung, ist die ganze Ursache unseres Leidens. Diese Ursache haben wir oft gar nicht erkannt. Es geht um Entgrenzung.

Das ist der Kern dieses Buchs.

Wie schafft man das?

„Loslassen können ist das Geheimnis. Ich habe manchmal gesagt, dass der, der loslassen kann, unter dem Verlust von nichts leidet. Wer sich selbst in GOTT verliert, verliert nicht sich selbst, SONDERN VERLIERT NUR SEINE GRENZEN … Loslassen

heißt nicht Gleichgültigkeit, heißt nicht, sich um das Schicksal anderer nicht kümmern. Im Gegenteil. Man legt sein Lebenslos in Gottes Hände." (Phil Bosmans)

OM C. Parkin, Psychologe und Heilpraktiker in Hamburg, beschrieb in einem Gespräch mit Joachim-Ernst Berendt (Advaita-Journal, erste Ausgabe), das Dilemma und die Erlösung des ICH mit einer treffenden Metapher:

„Was sich verwickelt hat, entwickelt sich ganz von selbst, wenn die Spannung, die vom ICH künstlich aufrechterhalten wird, aufgegeben wird. Wenn wir uns eine verwickelte Spirale vorstellen, die durch eine Spannung zusammengehalten wird, so wird sie sich in dem Moment, in dem die Spannung losgelassen wird, ganz natürlich wieder entwickeln. Der denkende Geist, das falsche ‚ICH', ist eine künstlich festgehaltene Anspannung, die eine natürliche Entwicklung verzögert oder nicht zulässt."

Auch in der Symbolik des Aquariums geht es in unserem zukünftigen Leben darum, dass diese Scheiben durchlässig werden.

Radieren Sie sie langsam weg, als symbolische Handlung für Ihre zukünftigen Übungen. Die erstarrten, egozentrischen ICH-Strukturen müssen immer transparenter werden, denn aus ihnen kommt alles Leiden.

Es ist gar nicht so einfach, den Menschen die Einengung bewusst zu machen, die Gründe dafür zu erläutern und den Weg in die Weite zu weisen.

Viele kommen mir vor wie Kreisel, die sich pausenlos um ihr Ego drehen, weil sie Angst haben, sonst umzufallen. „Halt!" muss man ihnen zurufen, „Ich will mit dir reden!" Sie halten kurz im Gespräch an, aber drehen sich schnell wieder weiter. Machen, wissen, können, haben wollen – immer schneller.

Das Drehen gibt ihnen das Gefühl der Stabilität in ihrem Leben. Aber das ist eine Illusion. Der Kreisel muss zum Stillstand kommen. Das muss man täglich üben. Wenn man nicht täglich übt, wird man krank. Der Stillstand dann ist nicht freiwillig. Er ist erzwungen, damit man endlich in die Übung zur Rettung eintritt.

Dieses Buch wird Ihr Übungsbuch!

Ich erkläre Ihnen aus meiner Erfahrung zuerst die Zusammenhänge und führe Sie dann durch Ihre Übungen. So werden auch Sie hoffentlich aus dem Dahindämmern eines nicht glücklichen Zustands befreit, wie ich es in meinem Leben selbst erfahren durfte. Sie können Ihr Leid verringern und glücklich werden.

So werden Sie den GOLDENEN WIND in jeder Phase Ihres Lebens spüren lernen und Ihrem Leben den SINN geben, den nur wir als Menschen erfahren können.

Es geht also stets um INNERES WACHSTUM und nicht primär um ÄUSSERES WACHSTUM. Alles Leiden kommt aus der Außenorientierung, die Innenorientierung heilt.

Es wäre wunderbar, wenn Sie sagen könnten: *„Mein Gott, bin ich froh, dass ich mich nicht ständig nur um mein äußeres Wachstum kümmern muss, sondern mein jetzt wesentlich wichtigeres inneres Wachstum zulassen kann, das dann die Wunden des äußeren Wachstums heilen kann und zukünftige Wunden verhindert!"*

„Der Weise sucht, was in ihm ist, der Tor, was außerhalb", sagt Konfuzius.

Trost erfahren und Frieden finden

„Alle Wesen, die diese Glocke hören, mögen in ihrem Leid Trost erfahren und Frieden finden in ihrem Leben!"

Diesen Spruch habe ich in meinen zahlreichen Schweige-Kursen (ZEN-Sesshins) oft gehört.

Von ZEN wird in diesem Buch öfter die Rede sein, da ZEN sich ab 1984 durch mein Leben zieht. ZEN ist weder eine Religion noch eine Philosophie. ZEN ist die Erfahrung der Einheit in ALLEM.

ZEN (jap.) stammt von dem chinesischen CHAN. Dieses Wort wiederum kommt von CHAN'NA, das die chinesische Übersetzung vom Sanskritwort DHYANA ist. DHYANA steht für „Zustand der geistigen Versenkung". Die Methode der geistigen Versenkung gibt es aber in allen Religionen und soll zur Erfahrung der jeweiligen Gottheit führen.

Das HÖREN hat offenbar eine bedeutendere Qualität als das LESEN. Hören bedeutet, mit dem Herzen horchen. In dem englischen Wort *„heart"* für Herz findet man die Worte: *„hear"* (hören), *„ear"* (Ohr) und *„art"* (Kunst).

Das Hörorgan beginnt bereits im Embryo mit viereinhalb Monaten zu hören.

Es ist mir ein tiefes Anliegen, dass Menschen, die mit mir in Kontakt treten, auf ihren diversen Lebensstationen Trost erfahren und Frieden finden in ihrem Leben.

Ich bin fest davon überzeugt, dass bei einer persönlichen, aus dem Herzen geborenen Begegnung eine kraftvolle Übertragung stattfinden kann.

Nicht nur das gesprochene Wort ist Medium, sondern alles, was senden kann, wie Gestik, Mimik, Gefühlsregungen, Begeisterung, Berührung und Blickkontakt. Medium bedeutet: Mitte. Worte mit dem Präfix *„med"* deuten, wenn sie sich auf das lateinische „meditari" beziehen, auf die Wichtigkeit der Mitte hin. „Meditari" heißt Nachsinnen, wozu Dürckheim so treffend sagt: „Wörtlich heißt es ‚In die Mitte gegangen werden.'"

Bei einem Gespräch findet zwischen dem Sprechenden und dem Zuhörenden viel mehr statt, auch wenn man zusammen schweigt, als zwischen dem Buchautor und dem Leser.

Vielleicht findet nur 20 % der Übertragung zum Leser statt. Die Übertragung speist sich immer aus der eigenen Erfahrung des Redners oder Autors.

Mir ist natürlich bewusst, dass jeder Mensch individuell durch unterschiedliche Ausprägung seines ICH verschieden ist.

Ich möchte dieses Buch schreiben, da ich viel mehr Menschen zu erreichen hoffe als im Gespräch. Ich hoffe auch, dass wir uns in einem Raum außerhalb der ICH-Struktur treffen. Dieser Raum ist die eigentliche Wirklichkeit, durch die wir alle miteinander verbunden sind. Und es drängt mich, da viele Menschen in ihrer Lebenssinnkrise und in dieser Weltkrise orientierungslos leiden, und es werden immer mehr. Lassen Sie mich, liebe Leserinnen und Leser, den Spruch für Sie etwas abwandeln:

„Alle Wesen, die dieses Buch lesen, mögen in ihrem Leid Trost erfahren
und Frieden finden in ihrem Leben."

Meine wesentliche Motivation für dieses Buch ist der wachsende, grenzenlose Egoismus vieler Menschen im zweiten Lebensdrittel, der zu der Finanz- und Wirtschaftskrise sowie Weltkrise geführt hat, und die daraus resultierende Sinnlosigkeit und Orientierungslosigkeit vieler Menschen in dem dritten Lebensdrittel.

Das macht mich außerordentlich betroffen.

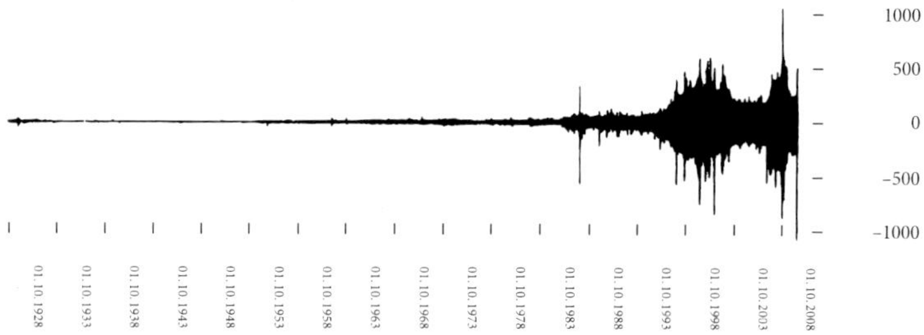

Quelle: FAZ

„Die Volatilität des DOW JONES INDEX hat seit 1988 enorm zugenommen. In der vergangenen Finanzkrise waren die Ausschläge besonders hoch.

Wer diese Entwicklung nur auf die Finanzmärkte bezogen sieht, springt viel zu kurz.

Vieles in unserer heutigen Zeit unterliegt dieser Zunahme der Volatilität. Es ist die Unruhe des Zeitgeistes. Diese Schwankungen im Außenbereich führen auch zu den volatilen Schwankungen in unserem Innenbereich. Das gilt für jedes Individuum und die Auswirkungen sind sichtbar: Hektik, Hast, Unruhe, Zeitdruck, Nervosität, Stress, Angst, Unaufmerksamkeit, Orientierungslosigkeit, Burn-out, Depressionen usw."

Man könnte sagen: WIE AUSSEN – SO INNEN

Der Mensch wird nach Wegen suchen müssen, um wieder in seine Mitte zu gelangen.

Eine Bemerkung zu meiner Art und Weise, dieses Buch für Sie, liebe Leserinnen und Leser, zu schreiben. Es kommt mir sehr auf genaueste Formulierungen an. Das werden Sie merken, wenn ich oft schon vergessene Inhalte von Wörtern Ihnen wieder ins Bewusstsein hole. Das können deutsche, lateinische, griechische, englische Wörter sein. Es geht in diesem Buch um *die* „WIRKLICHKEIT", die keine Form, geschweige denn einen Namen hat (aus *„Über ZEN"* von Daio Kokushi). Man kann sie also nicht mit Worten beschreiben, diese WIRKLICHKEIT, die wir im Christentum GOTT nennen, keiner, ich auch nicht. Und dennoch versuchen es so viele Autoren immer wieder, weil der Inhalt von einer lebens-NOT-wendigen Wichtigkeit für andere Menschen ist. Jeder versucht immer ein kleines Mosaiksteinchen zu bezeichnen und dieses von vielen Seiten zu schildern.

Ich versuche es also auch aus meiner Erfahrung. Mit meinem intensiven Lesen habe ich aber auch der Schilderung der Erfahrung anderer gelauscht. Deren genaue Formulierung ist mir wichtig. Aus dem gleichen Grund.

So verzichte ich darauf, die Erfahrungen und das Wissen anderer selbst zu formulieren, sondern lasse andere Autoren und Gesprächspartner selbst mit ihrer Diktion original, ausführlich zu Wort kommen.

So werden Sie längere Zitate als vielleicht sonst üblich lesen und genaue, komplette Interviewtexte. Das ist gewollt.

WELTKRISE

Wir befinden uns in einer Weltkrise, die nicht nur eine Finanz- und Wirtschaftskrise ist. Es ist eine geistige Krise, die viele Aspekte, Facetten und Erscheinungsformen hat. Sie ist *nur* lösbar durch eine Veränderung der Geisteshaltung des Individuums. Doch zunächst zu der materiellen Seite dieser Krise. Es ist meiner Meinung nach ein Trugschluss, zu glauben, bei uns in Deutschland sei die Wirtschaftskrise mit dem jetzigen Aufschwung grundsätzlich überwunden.

Noch nie hat eine Generation in Deutschland und in den westlichen Industrieländern so gut gelebt wie wir in den 60er-, 70er- und 80er- Jahren des 20. Jahrhunderts.

Die GOLDENEN JAHRE des Wirtschaftswunderlandes.

In den letzten Jahrzehnten wurde zur Befriedigung des Wählerwillens von den Politikern, die unbedingt wiedergewählt werden wollten, der Wohlstand mit einer stetig steigenden Staatsverschuldung aufrechterhalten.

Es zählte nur: MEHR WISSEN – MEHR KÖNNEN – MEHR HABEN.

Das ICH, das EGO, die EGOISTEN einer ganzen Volkswirtschaft, konnte(n) sich so richtig austoben.

Forscher des Deutschen Instituts für Wirtschaftsforschung haben jetzt die weltweit größte Studie (Befragung der Bundesbürger über 25 Jahre zu ihrem Leben) ausgewertet und festgestellt, „dass zu viel Egoismus und rein ökonomisches Wachstum einer Gesellschaft nicht guttun".

„Nicht guttun" ist milde ausgedrückt. Diese einseitige Orientierung zerstört eine ganze Gesellschaft und ihre Bürger.

Der seelische Notstand wurde immer größer. Man hatte zwar immer schon gehört, dass Geld nicht glücklich macht, aber geglaubt hat man es nicht.

Und den Zusammenhang zwischen materieller Orientierung und seelischem Notstand hatte man nicht erkannt.

Man baute immer weiter am *„Turm zu Babel"*.

Die Party ging weiter, bis plötzlich eine kleine Bank im mittleren Westen der USA zur Finanzierung von Hypotheken Insolvenz anmelden musste.

Andere Banken folgten, dann Lehman Brothers, bei uns die IKB, die Landesbanken, die Großbanken überall.

Was war passiert? Der Finanzmarkt hatte das Vertrauen verloren. Warum?

Vom US-Staat gewollt, der den Markt mit billigem Geld überflutete, konnten alle Hausinteressenten billige Hypothekendarlehen bekommen, um sich ein Haus zu leisten. Das klang doch sehr sozial. Es war aber klar, dass die meisten dieser Häuslebauer die Darlehen gar nicht zurückzahlen konnten.

Aber solange die Hauspreise stiegen – und das war der Fall –, fühlte man sich auf der sicheren Seite. Alle wurden reicher. Auf dem Papier. Und gierig waren alle in dem Strom der Gleichgesinnten.

Dann kamen einige clevere Banker in New York auf die Idee, wie man durch Weiterverkauf der Hypotheken viel Geld verdienen konnte. Durch die lockere Politik der amerikanischen Zentralbank suchte eine riesige Liquiditätsmenge ständig Anlagen. Deshalb wurden neue Wertpapiere, sogenannte *„asset backed securities"* geschaffen. Man packte die faulen Hypotheken mit anderen Forderungen zusammen und kreierte ZERTIFIKATE. Sie fanden weltweit reißenden Absatz, da man damit bei steigenden Werten viel Geld schnell verdienen konnte.

In einer Mischung aus Gier, Eitelkeit und Schwäche machten fast alle Banker mit. Nur so kann man sich erklären, dass die IKB und auch die Landesbanken sich daran beteiligten, obwohl sie eigentlich ganz andere Aufgaben haben. Die Jahresabschlüsse wurden verbessert. Wie bei einer Droge konnte man nicht davon lassen. Die Banker erhielten Boni in bisher nie gekanntem Ausmaß.

Der Kollaps kam, als der Zweifel wuchs und das Vertrauen in die Zukunft verschwand. Wie ein Kartenhaus kollabierten die Finanzmärkte. Keiner hatte den Kollaps in dieser Dimension für möglich gehalten.

Dieses Ereignis ist ein SCHWARZER SCHWAN.

„Der Schwarze Schwan steht für seltene unvorhergesehene Ereignisse, die das Weltbild auf den Kopf stellen. Der Begriff galt als Synonym für ‚unmöglich' – bis im 18. Jahrhundert in Australien erstmals schwarze Schwäne entdeckt wurden."

(Euro am Sonntag, 6.–12.2. 2010)

Die Staaten mussten in einer beispiellosen Aktion über eine nie da gewesene Neuverschuldung das Schlimmste abwenden. Das Schlimmste ist der Kollaps des gesamten Finanz- und Wirtschaftssystems. Anschließend brach die Wirtschaft dramatisch ein. Es rächte sich bitter, dass wir so lange über unsere Verhältnisse gelebt haben.

Nach der Rettung der Banken geht es wieder weiter mit dem Spiel der Gier bei den Banken, als wäre nichts gewesen.

Es war ein mutiger Akt, die Länder in der heutigen Euro-Zone zusammenzufassen, trotz der großen Unterschiede in der Produktivität und Wettbewerbsfähigkeit. In der Vergangenheit konnten Weichwährungsländer immer wieder ihre Nachteile zwischenzeitlich durch Abwertung ausgleichen. Das ist jetzt in der Euro-Zone nicht mehr möglich. Die schwachen Länder sollten ihre Hausaufgaben machen. Die haben sie nicht gemacht. Die Politiker haben wegen ihrer opportunistischen Verhaltensweise schrecklich versagt. Das Vertrauen ist hin. Es wird von Spekulanten kräftig auf eine Abwertung des Euro spekuliert. Bei der vergangenen Finanzkrise wurde gegen Unternehmen spekuliert. Jetzt wird gegen Staaten spekuliert. Die Brisanz ist viel größer.

„*Spiel mit höchstem Risiko!*" Spekulanten attackieren den EURO, die Gefahr von Staatspleiten mitten in Europa wächst. Die Folgen wären auch für Deutschland und seine Banken dramatisch. Der Preis für Kreditausfall-Versicherungen (für Staatsanleihen),sogenannte „*Credit Default Swaps*" (CDS's), schnellte seit Dezember 2009 in die Höhe. Diese Finanzierungsinstrumente haben schon vor der Lehman-Pleite eine erhebliche Zerstörungskraft entfaltet, sie gelten als mitverantwortlich für die Finanzkrise. Deshalb gab es danach auch viele, die eine strenge Regulierung der CDS's forderten. Passiert ist jedoch nichts. Das rächt sich nun. Eigentlich sind die CDS's eine Art Versicherung, die nur dann zahlt, wenn Schuldner wie Griechenland Pleite gehen. Mit vergleichsweise winzigen Einsätzen lässt sich maximale Wirkung erzeugen. Das seien „*Instrumente der Zerstörung*", warnt selbst der Spekulant *Soros* (Der Spiegel 22.2.2010).

Griechenland hat uns jahrelang belogen und mit Hilfe von Großbanken die Statistiken gefälscht. Das war in Brüssel längst bekannt. Keiner hat reagiert, aufgrund politischer Rücksicht. Nur mit einer „*bail out*"-Klausel war der Euro überhaupt zu vermitteln. Diese besagt, dass die Länder der Euro-Zone einem Land, das selbst verschuldet in Turbulenzen kommt, nicht helfen dürfen. Das Land soll seine Situation selbst wieder in Ordnung bringen. Entgegen allen Beteuerungen wurde für Griechenland, Irland und auch Portugal ein Rettungspaket geschnürt. Diese beiden Staaten werden ihre Schulden nie zurückzahlen können. Das schwächt den Euro und ist zum Nachteil aller Euro-Zonen-Länder. Otmar Issing schreibt in der FAZ (11.11.2010): „Die Aufgabe des „No-Bail-Out-Prinzips' ist eine Einladung, über seine Verhältnisse auf Kosten anderer zu leben."

Aber es ist immer die gleiche Argumentation. Wenn wir nicht helfen, wird es für uns noch schlimmer. Mit der Begründung „alternativlos" werden uns alle diese Rettungsaktionen von den Politikern verkauft.

Es war eine tragische Fehleinschätzung zu Lasten der Bürger, man könne erst eine Währungsunion einführen und dann eine Angleichung der Länder herbeiführen. Das hat, soviel ich weiß, in der Geschichte noch nie geklappt. Der logische Weg ist immer, erst die finanzielle und wirtschaftliche Angleichung zu erreichen und dann eine gemeinsame Währung einzuführen. Warnungen hat es genug gegeben, aber sie wurden in den Wind geschlagen, weil man es politisch so wollte. Nun, der Euro war uns von Frankreich als Preis für das Zugeständnis zur Wiedervereinigung aufgezwungen worden. Wir mussten das Risiko für unser gemeinsames Deutschland auf uns nehmen. Das ist zu vertreten. Aber nicht zu vertreten ist, dass ausgerechnet wir dann vorwegmarschierten, die Maastricht-Kriterien zu verletzen. Das öffnete für alle anderen Länder die Schleusen zum Fehlverhalten ähnlicher Art.

Es ist eine schlimme Erkenntnis, dass die Verantwortlichen in der Politik und in der Finanzwelt nicht zur Rechenschaft gezogen werden. Sie alle haben sich schuldig gemacht, den Bürgern ihrer Länder diese enormen Schulden auf die Schultern für die Zukunft zu packen. Das beeinträchtigt die materielle Basis jedes einzelnen Bürgers. Die Krise ist eine Krise unserer Politik und der Finanzwelt, eine Krise der Politiker und der Banker. Das Vertrauen ist verspielt. Die Politikverdrossenheit ist überall zu spüren.

Die Reputation der Banker ist ebenso dahin.

PIIGS – Portugal, Irland, Italien, Griechenland, Spanien. Das sind die schwachen Kandidaten. Bei diesen Ländern lagen die Forderungen 2010 nur der deutscher Banken bei 522,4 Milliarden Euro!

Die Deutsche Bank kam auf die Idee, ähnlich dem IWF einen EWF, einen Europäischen Währungsfond, zu gründen, der dann bei Schieflagen von Euro-Staaten diesen hilft. Die Politiker, allen voran Finanzminister Schäuble und natürlich alle Finanzminister der hoch verschuldeten Euro-Staaten klatschten freudig Beifall, wie auch alle Großbanken, die ein neues Netz zur Absicherung weiterer Finanzsaltos als Freibrief sehen konnten, so weiterzumachen.

Es besteht also nicht nur die Gefahr eines Euro-Wertverlustes, sondern die nächste gigantische Bankenkrise steht vor der Tür.

Bei weiterer Eskalation, wenn jetzt nicht zügig die richtigen Sanierungsentscheidungen gefällt werden, werden auch weitere Staaten kollabieren.

Die Medien berichten von einer gigantischen Blase im US-Gewerbe-Immobilienmarkt, die platzen könnte.

Die Medien berichten auch von der Gefahr, dass die riesige Blase der US-Kreditkartenverschuldung platzen könnte.

Fazit: Im materiellen Bereich droht uns der Kollaps. Die Ausrichtung der Fokussierung auf ausschließlich äußeres Wachstum stellt sich selbst infrage.

Das innere Wachstum ist auf der Strecke geblieben.

Seit René Descartes' „*Cogito, ergo sum*" haben wir durch Überbetonung der Ratio, des EGO, der ICH-zentrierten Weltsicht unglaublich große Fortschritte in der Naturwissenschaft, Technik und Wirtschaft gemacht. Aber auf der menschlichen Seite der inneren Werte sind wir stehen geblieben.

John Steinbeck hat wohl immer noch Recht:

„Bewundernswerte menschliche Eigenschaften wie Güte, Großzügigkeit, Offenheit, Ehrlichkeit, Verständnis und Gefühl sind in unserer Gesellschaft Begleiterscheinungen des Versagens. Charakterzüge, die wir verachten, wie Gerissenheit, Habgier, Gewinnsucht, Gemeinheit, Geltungsbedürfnis und Egoismus hingegen sind Merkmale des Erfolgs. Und obwohl man die Qualität der ersteren bewundert, begehrt man die Erträge der letzteren."

Wo sind wir hingekommen, wenn diese bewundernswerten menschlichen Eigenschaften Merkmale des Versagens sind?

Es wird dringend Zeit, dass sich das ändert. Die Änderung wird derzeit durch den Kollaps in der materialistischen Welt erzwungen.

In dieser Aktualität der Krisen stecken wir, Sie als Leser und ich als Autor. In Zeiten des exzessiven äußeren Wachstums der Volkswirtschaften, und damit auch aller Individuen, ist die Wahrscheinlichkeit äußerst gering, Menschen davon zu überzeugen, dass dieses Verhalten nicht der Sinn des Lebens sein kann. Die Folgen glaubt man uns nicht, die Menschen geraten in Vereinsamung, Depression, Egoismus, Lebensmüdigkeit. Nicht glücklich sein oder schon unglücklich sein oder bereits tief im Leid sein sind die Folgen.

Ich bin davon überzeugt, dass in den westlichen Industrieländern die GOLDENEN JAHRE hinter uns liegen. Meine Generation hat davon profitiert. Unsere Kinder werden auf einem wesentlich niedrigeren materiellen Niveau leben müssen.

Die Menschen im ersten Lebensdrittel können versuchen, sich diesem Trend durch noch bessere Ausbildung zu entziehen und die ganze Welt als ihren Lebensraum anzusehen. Die gut ausgebildete Karawane zieht aus, nach Asien beispielsweise. Mein Sohn Philipp ist in Shanghai.

Die Menschen im zweiten Lebensdrittel können versuchen, gegen diesen materiellen Abwärtstrend dazuzuverdienen. Mehrere Tätigkeiten hintereinander oder mehrere Tätigkeiten nebeneinander. Angestellt sein und Unternehmer sein, gleichzeitig oder hintereinander. Die Globalisierung geht weiter, das Internet ist das Tool zur Beschleunigung. Diese Entwicklung wird bei dieser Altersgruppe Zeichen hinterlassen, und die sind nicht positiv.

Den Menschen im dritten Lebensdrittel stehen diese Ausgleichs-Mechanismen nicht zur Verfügung. Es geht nicht mehr um mehr und bessere Ausbildung, das war einmal. Es geht nicht mehr um Zuverdienstmöglichkeiten. *„Nicht mehr einsatzfähig“*, heißt es.

So ist diese Altersgruppe von der Weltkrise am schwersten betroffen. Die Zeichen stehen auf Inflation. Der Lebensstandard wird sinken und die Menschen werden länger leben.

Die Alten werden immer mehr, die Jungen werden immer weniger. 2010 waren in Deutschland 16 Millionen Menschen über 65 Jahre alt.

In Deutschland lebten 2007 nur noch 40,7 % der Bevölkerung von ihrer Arbeit. Es wird erwartet, dass wir 2060 nur noch 59 Mio Menschen in Deutschland sind. Das kann nicht gut gehen.

Die Menschen werden sich für den Rest ihres Lebens verstärkt eine neue Orientierung suchen müssen. Die bisherige trägt nicht mehr. Die INNERE WACHSTUMSMÖGLICHKEIT zu erkennen, ist die ganz große Chance.

Wir können in unserem Leben grundsätzlich eine ganz neue Seite der Menschwerdung aufschlagen, die die Jüngeren noch nicht entdeckt haben. Da können wir MEISTER werden und das dritte Lebensdrittel zur Hochphase unseres Lebens werden lassen.

So sehe ich die Weltkrise als große Chance der Älteren zur Umorientierung.

Und nur so können wir Frieden finden trotz aller Verschlechterungen im materiellen Bereich, der uns doch in jungen Jahren immer so wichtig war.

Es brauchte offensichtlich den unerwarteten SCHWARZEN SCHWAN. Und es brauchte die riesige negative Dimension zum Aufwachen und zum Infragestellen der Sucht nach nur äußeren Werten. Die Menschheit wird sich radikal verändern müssen, wenn sie überhaupt eine gute Zukunft haben will.

Vielleicht hat der Religionsphilosoph *Raimon Panikkar* Recht, wenn er sagt: *„Der Mensch der Zukunft wird ein Mystiker sein oder er wird überhaupt nicht mehr sein!"* – und Mystik ist die Einkehr nach innen, wenn die Endlichkeit des äußeren Wachstums und seine nachteiligen Folgen erkannt werden. Dieses Zitat wird oft fälschlicherweise Karl Rahner zugesprochen.

2005 kam Meinhard Miegels Buch *„Epochenwende"* heraus, das nach einer sorgfältigen Analyse eine weise Sicht für die Zukunft beinhaltet. Durch die jetzige Finanz- und Weltwirtschaftskrise gewinnt das Buch sogar noch mehr an Aktualität. In der Ausgabe wird als Einstimmung über das Buch geschrieben: *„Die Idee des ‚Wachstums' hat zwei Jahrhunderte lang die europäische Wirtschafts- und Sozialpolitik geprägt. Ohne Wachstum kein Wohlstand, keine Arbeitsplätze, keine ausgeglichenen Staatshaushalte. Doch die Wachstumsraten der Vergangenheit sind ein für alle Mal vorbei, Europa stagniert, wir sind Zeugen einer fundamentalen Epochenwende. Meinhard Miegel fordert eine radikale Neuausrichtung der europäischen Wirtschafts- und Sozialpolitik, eine grundlegende Neubestimmung von Wachstum, Wohlstand und Beschäftigung. Das Erfolgsmodell des Westens in der globalisierten Welt des 21. Jahrhunderts kann nicht mehr quantitatives Wachstum sein; gefordert sind vielmehr die kreative, haushälterische Ausschöpfung unserer geistigen, kulturellen und materiellen Ressourcen, ein intelligenterer, nachhaltigerer Umgang mit den vorhandenen Kräften. Nicht sinnleere Expansion, sondern Rückbesinnung auf die Tugenden der Beschränkung und des Ausgleichs ist das Rezept für die stagnierenden westlichen Gesellschaften, wenn sie die Zukunft gewinnen wollen."*

In seiner Schlussbemerkung schreibt Miegel selbst: *„Wohlstand kann Verschiedenes bedeuten. In der Epoche, die jetzt in den früh industrialisierten Ländern zu Ende geht, bedeutete er vor allem Materielles – gewogen und gemessen in Kilos und Tonnen, Metern und Kilometern, in der Zahl von Wohnungen, Automobilen, Videokameras und Mobiltelefonen. Diese Art von Wohlstand ist jungen, expansiven und dynamischen Gesellschaften gemäß. Doch das sind die Gesellschaften des Westens nicht mehr. Das gaukeln sie sich nur noch vor. Deshalb wird Wohlstand für sie künftig etwas anderes bedeuten als früher. Wohlstand, das sind künftig Menschen, deren Lebenssinn über das Anhäufen materieller Güter hinausgeht; das sind Kinder, die körperlich und geistig gedeihen können; das sind Alte, die nicht vereinsamen; das sind viele Gebrechliche und Altersdemente, die menschenwürdig leben. Wohlstand, das ist mitmenschlicher Zusammenhalt. Zwar kann und wird das nicht alles sein. Aber ohne diese neue Qualität des*

Wohlstands sind rapide alternde, zahlenmäßig schwindende und abnehmend dynamische Gesellschaften trotz materiellen Wohlstands arm.

Für die Völker des Westens ist jetzt die Zeit gekommen, die großen Schätze, die sie in Generationen angehäuft haben, nicht nur klug zu bewahren, und wenn möglich zu mehren, sondern vor allem humaner und weiser zu nutzen als bisher. Diese Lektion müssen sie noch lernen. Wenn sie das tun, wird ihnen die Zukunft gehören."

Es kommt meiner Meinung nach in den vor uns liegenden Jahren viel schneller – und viel mehr – Unangenehmes auf uns zu, als Miegel 2005 vermutete.

Miegel legt mit seinem Buch „EXIT – *Wohlstand ohne Wachstum*" 2010 nach. Bestätigt durch die Finanz- und Wirtschaftskrise erläutert er noch ausführlicher die Gründe für das Ende des materiellen Wachstums. Der Wachstumswahn schafft seiner Meinung nach nicht mehr materiellen Wohlstand, sondern er verzehrt ihn sogar.

Deshalb fordert er eine Abkehr, aber wohin?

Er fasst in seinem Epilog zusammen:

„Für die Völker der früh industrialisierten Länder bedeutet dies, dass ihr materieller Lebensstandard vorerst nicht mehr steigen, sondern eher sinken wird. Doch das muss kein Wohlstandsverlust sein, wenn die Menschen wieder lernen, was ihnen während des langen Teils ihrer Geschichte wohl bewusst war: Wohlstand und Wachstum sind keine siamesischen Zwillinge. Erst das Industriezeitalter hat sie dazu werden lassen. Menschen brauchen Wachstum, und sei es das Wachstum der Natur, um ihre kreativen Bedürfnisse befriedigen zu können. Das ist aber noch kein eigentlicher Wohlstand. Eigentlicher, menschenspezifischer Wohlstand – das ist bewusst zu leben, die Sinne zu nutzen, Zeit für sich und andere zu haben, für Kinder, die Familienangehörigen, Freunde. Eigentlicher, menschenspezifischer Wohlstand – das ist Freude an der Natur, der Kunst, dem Schönen, dem Lernen, das ist gelegentliche Stille, das ist sinnenfroher Genuss, das ist die Fähigkeit des Menschen, mit sich selbst etwas anfangen zu können. Eigentlicher, menschenspezifischer Wohlstand, das ist nicht zuletzt Revitalisierung der spirituell-kulturellen Dimension des Menschen, die durch das Streben nach immer größeren Gütermengen weithin verkümmert ist. Dass er nicht allein vom Brot lebt, weiß der Mensch seit Langem. Aber die explosionsartige Zunahme von Brot und anderen – mehr oder weniger lebenswichtigen – Gütern hat namentlich in den früh industrialisierten Ländern dieses Wissen nicht selten verschüttet. Dies zu erkennen wird der große Paradigmenwechsel dieses Jahrhunderts sein – oder dieses Jahrhundert wird scheitern."

Das, was nach der Euphorie des materiellen und damit äußeren Wachstums angesagt ist, ist nicht Wohlstand, auch nicht ein Wohlstand mit nicht mehr materiellen Inhalten, sondern es ist WOHLERGEHEN.

Mit Miegels Adjektiven versehen: Es ist das *„eigentliche, menschenspezifische"* persönliche WOHLERGEHEN, das aber nur aus dem inneren Wachstum kommen kann. Das ist *„spezifisch"* für den Menschen. Es ist *„eigentlich"*, es ist also dem Menschen eigen, es ist von allen Wesen nur dem Menschen eigen, es gehört zu ihm, er hat es nur vergessen. Und es ist sehr persönlich. Der Mensch wird nach Dürckheim nur eine ganze PERSON, wenn der Treiber des inneren Wachstums, die WIRKLICHKEIT, die TRANSZENDENZ, das GÖTTLICHE, der GOLDENE WIND, durch seine materiell verhärtete, verkrustete Maske eines Bürgers der Wachstums- und Wohlstandsgesellschaft durchtönen kann (lat. *personare*: durchtönen).

Das WOHLERGEHEN nach dem Wachstum und dem Wohlstand kommt aber nicht automatisch von allein. Der Mensch muss sich das WOHL „ERGEHEN". Er muss sich also auf den Weg zu innerem Wachstum machen. Das ist mühsam und braucht die Verzweiflung einer zerbrechenden Wachstums- und Wohlstandsgesellschaft als Auslöser. Der Mensch muss also selbst Schritt für Schritt zum WOHL GEHEN. Davor jedoch muss er LOSLASSEN von der so schönen Vergangenheit der GOLDENEN JAHRE des Wohlstands.

Mehr noch als 2005 in seinem Buch *„Epochenwende"* ahnt *Miegel* diese so andere Zukunft nach der Wachstums- und Wohlstandsgesellschaft, wenn er von *„bewusst leben ... die Sinne nutzen ... Zeit haben ... Freude an der Natur ... Stille ... Freunde ... Revitalisierung der spirituell-kulturellen Dimension"* spricht.

In diesem Sinne ist mein Buch sozusagen eine hochaktuelle Fortsetzung des neuen Buchs von Miegel.

Die Veränderung der Gesellschaft kann nur von einer Veränderung der Individuen ausgehen. Im Haus meines Freundes Peter Zürn hängt eine alte japanische Tuschezeichnung, die sagt: *„When you change, the whole world changes!"*

Matthieu Ricard und Wolf Singer haben ein Kapitel ihres Buches überschrieben: *„Meditieren und Handeln: Sich selbst verändern, um die Welt zu verändern"*.

Ricard fährt in diesem Buch fort: *„Wir tragen alle das Potenzial der Veränderung in uns, und es wäre schade, wenn wir diese Option vernachlässigen. Es ist, als käme man mit leeren Händen von einer Schatzinsel zurück. Das Leben wird so kostbar, wenn wir eine kurze Spanne nutzen, um ein besserer Mensch zu werden, um unser eigenes Glück und das der anderen zu mehren. Dies bedarf der Anstrengung, aber was geht schon von allein ... Es bedarf einer besonderen Anstrengung, weil eingeschliffene Muster Schritt für Schritt verändert werden müssen."*

Deshalb hat mein Buch die Veränderung des einzelnen Menschen im Blick. Es ist zwar besonders auf die Menschen im dritten Lebensdrittel ausgerichtet, weil sie sich beeilen müssen, solange die Kräfte es zulassen, aber ich meine natürlich alle Menschen, wie Miegel deutlich macht, und das sind auch diejenigen in den beiden ersten Lebensdritteln.

Der Einstieg zur Veränderung und zur Verminderung des Leidens des Individuums und der ganzen Gesellschaft ist die bewusste Übung der ACHTSAMKEIT in den Erfahrungsräumen, durch die die meisten ohne Veränderung durchziehen, wenn sie überhaupt in diese Räume eintreten.

Wir sind derzeit nicht nur in einer Finanz- und Wirtschaftskrise. Finanzen und Wirtschaft sind nur Räume, in denen wir die Veränderungen jetzt spüren. Die Weltkrise beinhaltet aber auch eine Krise der Bewusstseinsverfassung der Menschen, deren Auswirkungen vielen Menschen sich nur als Finanz- und Wirtschaftskrise zeigen. Wer weiterdenkt und tiefer denkt und die Hand am Puls der Geschichte hat, spürt, dass die Krise geistiger Natur ist.

Mit meinem Freund Thomas Arzt habe ich oft über diese Veränderungen diskutiert. Im Zusammenhang mit diesem Buch habe ich mit ihm ein Interview geführt und seine Kernaussagen nachfolgend zusammengefasst:

„C. G. Jung und Ernst Jünger haben die Krise kommen sehen. Sie haben ja in großen Bögen gedacht. Das nennt man ‚Äonen-Spekulationen'. Diese Spekulation ist immer der Eintritt in eine neue Welt. Jung hat sich astrologisch mit dem Fische- und dem Wassermannzeitalter beschäftigt. Jetzt im Wassermannzeitalter, das Mitte letzten Jahrhunderts begann, will sich ‚Pneuma' (der heilige GEIST) in den Menschen inkarnieren.

Die Ratio- und Vernunft-Orientierung, die ab Galilei in den letzten 300 Jahren ablief, zeigt ihre Grenzen. Die Menschen waren in einer Fortschrittseuphorie. Die Bewusstseinsverfasstheit hieß: ‚Wir können alles machen!'"

Seit Max Planck ist das nicht mehr so.

Die neue Grundströmung war die Erkenntnis, dass wir nicht mehr alles mit unseren bisherigen Modellen erklären können und dass wir eben nicht mehr alles machen können.

Diese Grundströmung wird immer wieder durch altes Verhalten unterbrochen wie die beiden Weltkriege, Hiroshima, die rücksichtslose Ausbeutung der Natur, die gierige persönliche Bereicherung bis zum Kollaps in der Finanzkrise.

In den 30er Jahren vermuteten Jünger, Klages und Rathenau, dass die neue Moderne schon angefangen hätte.

Diese Transformation ist aber kein kontinuierlicher Prozess. Er wird immer wieder durch den Siegeszug des Wohlstands zur Komfort- und Konsumgesellschaft unterbrochen.

Die Welt ist aber komplex. Vieles, was sich trotz der vernunftgesteuerten Entwicklung meldete, wurde verdrängt. Jetzt kommt das alles hoch. Wir verlieren unsere Struktur. Der derzeit wahrgenommene Verfall ist aber nur ein Phänomen an der Oberfläche. Was ist die treibende Kraft?

Fritz Gaede und ich nennen diese treibenden Kräfte „underlying forces" oder „Tiefenströmung der Geschichte".

Der Treiber ist ohne Zweifel die Globalisierung. Eines Tages sind wir globalisiert, wir fühlen uns alle miteinander verbunden trotz unterschiedlicher Rasse, Religion, Herkunft und Wohnort. Alle tragen einen göttlichen Kern in sich und es ist ihnen bewusst.

Die Verbindung der Religionen untereinander geschieht über die jeweiligen mystischen Zweige. Diese haben die Aufgabe, alle zusammenzuführen.

Wir erfahren dann, dass wir alle miteinander verbunden sind, auch mit den Tieren und der ganzen Natur. Jung hat die Verbindung mit dem Ausdruck „Kollektives Unbewusstes" beschrieben.

Die Entwicklung bei Individuen wie auch in der Gesellschaft geht nach der Zerstörung des Bisherigen durch einen 0-Punkt der Hoffnungslosigkeit, bevor dann Neues aufbricht.

In den 50er-/60er-Jahren gab es eine bemerkenswerte Diskussion zwischen Jünger und Heidegger mit dem Thema „Über die Linie". Jünger war der Meinung, dass wir schon über die Linie hinweg sind und den GEIST, die Lichtung des SEINS und die göttliche Anwesenheit spüren. Heidegger war anderer Meinung.

Nun, wie sieht C. G. Jung diese Entwicklung?

Im 19. Jahrhundert hatte ja schon Nietzsche sein großes Unbehagen über den nur auf Leistung konzentrierten Menschen ausgedrückt. Er kritisierte das aus Vernunft, Effizienz, Arbeit und Leistung bestehende zivilisatorische Gerüst. Es rumorte schon im Untergrund gegen diese einseitige Orientierung.

Aber Nietzsche hat letztendlich, ausgedrückt mit seiner Aussage „Gott ist tot", die dionysische Vitalkraft nicht integrieren können. Er ist daran zerbrochen.

Zum Entsetzen der geistigen Eliten brach durch die Kollektivschicht das Raubtier des Ersten und des Zweiten Weltkrieges durch."

Deutschland definierte sich dann nach dem Krieg als Wirtschaftswunderland, wie die meisten westlichen Industrieländer auch. Aber Deutschland hatte durch den verlorenen Krieg keine nationale Identität mehr, sondern nur noch eine Identität durch eine erfolgreiche Wirtschaft. Deshalb trifft die jetzige Finanz- und Wirtschaftskrise die Deutschen auch in ihrer Identität.

„Nach C. G. Jung bahnt sich jetzt aber auch die weibliche Seite, als Weltseele „Sophia", ihren Weg. Sein Buch „Antwort auf Hiob" rechnet mit dem strafenden, männlichen Gott ab. Sein ganzes Schaffen drehte sich immer um die weibliche Seite Gottes.

Das 20. Jahrhundert zeigt, wie das Weibliche durchkommen will.

Mit der jetzigen Krise wird auch die einseitige männliche Orientierung der letzten Jahrhunderte zerbrechen.

Nun, welche Eigenschaften hat die Sophia?

Sophia wird beschrieben als „omnia coniungo", das heißt, ich verbinde alles.

Damit bin ich wieder bei der Globalisierung, deren zeitgenössischer Aspekt die LIEBE ist. Sie will, dass wir Menschen das erkennen. Wir sollen uns als Brüder und Schwestern erkennen, die Teile der Schöpfung und eines sinnvollen Organismus sind.

Deshalb passt dein Buch so gut in diese Umbruchzeiten.

Die Menschen erleben eine Finanz- und Wirtschaftskrise, wie sie sie noch nicht erlebt haben. Es wird ihnen materiell schlechter gehen.

Parallel dazu drängt sich das GEISTIGE und das WEIBLICHE in unsere Bewusstseinsverfasstheit. Wer dem Raum gibt, wird wieder an Struktur gewinnen.

Es ist eine gute Zeit für die Umorientierung zu innerem Wachstum, für das Spüren DES GOLDENEN WINDES, um den Kern deines Buches aufzunehmen."

Thomas Arzt empfahl mir das Buch von Richard Tarnas: „*Cosmos and Psyche*" und besonders sein Essay „Is the modern Psyche Undergoing a Rite of Passage?".

Er zitiert C. G. Jung am Beginn seines Essays (von mir frei übersetzt): „*Eine Stimmung der universalen Zerstörung und der Erneuerung macht sich in unserem Zeitalter bemerkbar. Diese Stimmung ist überall zu spüren, im politischen, im sozialen wie auch im philosophischen Bereich. Wir leben in einer Zeit, die die Griechen „kairos" – den richtigen Moment für eine ‚Metamorphose der Götter' – nennen, eine Änderung der Prinzipien und Symbole. Diese Eigenart unserer heutigen Zeit, die wir nicht bewusst ausgesucht haben, ist der Ausdruck des KOLLEKTIVEN UNBEWUSSTEN der Menschheit in uns, das sich jetzt ändert. Zukünftige Generationen werden dieser Änderung Rechnung tragen müssen, wenn sie sich nicht durch die Macht der eigenen Technologie und Wissenschaft zerstören wollen … es steht so viel auf dem Spiel und es hängt so viel von der psychischen Verfassung des modernen Menschen ab.*"

Wir leben in einer Zeit, in der alles, was durch Egozentrik und Gier zusammengefügt wurde, auseinanderbricht und sich neue Strukturen herausbilden. Die Revolutionen in Tunesien, Ägypten, Libyen und anderen arabischen Ländern fegen ihre Despoten hinweg. Die nach Freiheit und nach einem menschenwürdigen leben strebenden Menschen bahnen sich den Weg unter Einsatz ihres Lebens. Manche Revolution mag kurzfristig mit Gewalt aufzuhalten sein, langfristig aber nicht.

Es bricht aber auch auseinander, was in der Natur zusammengefügt ist, eine Natur, deren der Mensch sich in seinem materiellen Wachstumswahn bedient, wie der Bau von Atomkraftwerken zeigt. Das Erdbeben und der anschließende Tsunami in Fukushima zerstörten in Sekunden und Minuten, was der Mensch zusammengefügt hatte. Wiederum ein unerwarteter SCHWARZER SCHWAN. Die Kernschmelze im Reaktor von Fukushima hat verheerende Auswirkungen. Hätte man überhaupt Kernkraftwerke bauen dürfen? Die Strahlenschäden werden bei vielen Menschen auftreten. Mit großem Mitgefühl ist man bei den vielen Betroffenen.

Dieses Unglück erinnert mich an die spätere Aussage von Jesuitenpater und ZEN-Meister Hugo Makibi Enomiya-Lassalle, der ein Opfer von Hiroshima war und der über den Wachstumswahn in der Nachkriegszeit entsetzt war. Er sagte, es müsse wohl erst ein weiteres Hiroshima kommen, damit die Menschen aufwachen und erkennen, dass es so nicht weitergehen kann.

Fazit: Wir sind in einer Phase höchster Instabilität. Solche Phasen gab es in der Geschichte immer. Es waren dann Transformationsphasen. Meiner Meinung nach stirbt aber zur Zeit, wie Thomas Arzt sagt, unsere abendländische Bewusstseinsverfassung. Die durch das Internet beschleunigte Globalisierung schreitet voran, aber unser Bewusstsein kommt gar nicht mit. Wir versuchen immer wieder mit Mustern aus der Vergangenheit die heutigen Probleme zu lösen. Die Ankündigungen der Politiker zeigen das. Es ist tragisch, weil sie sich bemühen, aber aus ihrer stagnierenden und nicht weiterentwickelten Sicht uns nicht den Weg in die Zukunft weisen können.

„Wachstumsbeschleunigungsgesetz" – eine Verzweiflungstat.

Um was für einen Preis? Die Verschuldung des Bundes, der Länder und der Gemeinden erreichte Ende 2010 als Ergebnis von Misswirtschaft, bedenkenlosem Geldausgeben und wegen der verschiedenen Rettungsmaßnahmen einen Höchststand von 2.000 Milliarden Euro!

Das ist eine Pro-Kopf-Verschuldung von 24.000 Euro – 18 % mehr als 2009.

„Wir haben über unsere Verhältnisse gelebt", sagt uns unsere Regierung, wenn man uns jetzt Korrekturmaßnahmen verkaufen will. Welch ein Hohn. Nicht wir haben über unsere Verhältnisse gelebt, sondern die Politiker haben uns über unsere Verhältnisse und unseren Kopf hinweg überschuldet.

Man gewinnt den Eindruck, dass sich eine noch nie da gewesene „Beschaffungs-Kriminalität" breit macht. Es werden Riesensummen ohne Zustimmung der Bürger beschafft, zu Lasten der Bürger, um aus der Krise mit Geld herauszukommen, nur um stetiges Wachstum zu generieren. Es wird nicht gelingen. Die Ursache der Krise ist ja nicht ein Mangel an Geld. Es ist einfach Misswirtschaft, die sich unkontrolliert breitgemacht hat.

In den vergangenen zwei Jahren haben die EU-Staaten 4.600 Milliarden Euro für die Banken bereitgestellt. Im Eilverfahren hat unsere Regierung den Banken-Rettungsfond SOFFIN gegründet. Der Euro-Rettungsschirm hat ein Volumen von 750 Milliarden Euro. Dieser Rettungsschirm stabilisiert aber das Vertrauen immer nur kurzfristig, wie wir verfolgen können, da die Ursachen für die Krisen nicht ausreichend behoben werden.

189 VWL-Professoren warnen vor einer Ausweitung des Rettungsschirms, die langfristig fatale Auswirkungen auf die europäische Integration hätte.

Wenn die Beteiligung privater Gläubiger am Rettungsschirm kommt, werden viele Banken an dieser Last schwer tragen und in Existenznot kommen.

Der IWF verliert die Geduld mit Europa. Er warnt, dass die Finanzturbulenzen in Europa von der Peripherie auf die Kernländer übergreifen könnte. Er dringt auf eine schnelle Lösung der Schuldenkrise (FAZ 26.1.2011) Von einer Stabilisierung des Finanzsystems sind wir noch weit entfernt. Die Banken agieren wieder so wie vor der Finanzkrise und das mit der Deckung mancher Regierung.

Eine abgestimmte, gemeinsame Finanz- und Wirtschaftspolitik aller Euro-Länder halte ich für nicht durchsetzbar. Den Rettungsschirm zu erweitern mit dem Argument, es werde schon im Rahmen eines Paktes für mehr Wettbewerbsfähigkeit zu einer gemeinsam abgestimmten Finanz- und Wirtschaftspolitik kommen, halte ich für leichtfertig.

Der Aufkauf von Anleihen maroder Mitgliedsstaaten durch die EZB ist der nächste Sündenfall und TRICHETS Niederlage. Die EZB musste deshalb ihr Grundkapital verdoppeln.

Wir sind auf dem Weg in eine Transferunion, in der Deutschland der Zahlmeister sein soll. Die vier Wirtschaftsverbände BDI, BDA, ZDH und DIHK warnen die Regierung eindringlich vor einer Schuldenunion, in der die Schulden „vergemeinschaftet" werden.

Wie geht's weiter?

„*Die Weltwirtschaft stand 20 Jahre lang unter Drogen, und nun muss sie ohne sie auskommen. ... Deutschland hängt mit seiner Exportorientierung am Tropf der Weltwirtschaft und deren Perspektiven sind alles andere als uneingeschränkt positiv ... Die Aufräumarbeiten werden noch Jahre dauern.. Denn die Krise hat Ursachen, die weit zurückreichen*", sagt Paul Achleitner, Finanzvorstand der ALLIANZ, im Focus (39/2010).

Fredmund Malik, Professor aus Sankt Gallen, im Handelsblatt vom 10.3.2011 auf die Frage: „*Haben wir das Schlimmste hinter uns oder stehen uns die größten Turbolenzen noch bevor?*"

„*Die größten Schwierigkeiten stehen noch bevor und mit den konventionellen Denkweisen werden sie nicht bewältigt werden können. Die bisherigen Maßnahmen zur Lösung der finanziellen Seite der Krise haben zwar Zeitgewinn gebracht, und eine partielle Erholung, aber so gut wie keine der Krisen-Ursachen wurde dadurch beseitigt. Mit den gigantischen Finanzmitteln hat man im Gegenteil die alten Strukturen zementiert, statt die nötigen Veränderungen herbeizuführen. Wenn weiterhin herkömmliche ökonomische Denkweisen, Management- und Regierungsmethoden angewandt werden, wird es zu einer der größten Deflationen und Wirtschaftsdepressionen kommen, zur Verarmung weiter Teile des Mittelstandes, zu Massenarbeitslosigkeit, Unternehmensbankrotten, reihenweise Bankenzusammenbrüchen und zu zahlreichen Staatsbankrotten. es wird auch zu sozialen Unruhen und zur Radikalisierung großer Bevölkerungsgruppen kommen.*"

Wir haben uns also eine Atempause in der Schuldenkrise genommen.

Gerade erst hat eine Kommission des US-Kongresses ihre Untersuchung der Finanzkrise abgeschlossen. Das Ergebnis ist ein 600 Seiten starker Bericht, in dem sich viele erschreckende Belege für die Kurzsichtigkeit von Bankern finden, für ihr Missmanagement, ihre Selbstüberschätzung, ihre Fahrlässigkeit, ihre Gier und schlicht ihre Dummheit. Was den Bericht so beunruhigend macht, ist die Feststellung, dass sich an den grundlegenden Problemen kaum etwas geändert hat. Im Gegenteil: Die überlebenden Großbanken etwa sind noch größer geworden. Und mit ihnen die Gefahr, dass sie das Finanzsystem und die Wirtschaft mitreißen, wenn sie in Schwierigkeiten geraten … Es geht um die nächste Katastrophe … „Die Finanzkrise 2015" heißt die Studie der Beratungsfirma Oliver Wyman … Glaubt man den Autoren, war 2008 nichts als ein Vorspiel. So stellen sich die Wyman-Experten den Ablauf des kommenden Desasters vor:

- Angesichts der sinkenden Margen und Renditen wandern Talent und Kapital von den Banken zu den Schatteninstitutionen wie Hedgefonds, die einen Boom erleben. Die Schatteninstitutionen entwickeln neue Vehikel, die etwa Kreditgeschäfte direkt zwischen Investoren und Schuldnern ermöglichen, und das direkt an den regulierten Banken vorbei. Die Vergabepraktiken sind gefährlich lax, doch kein Aufseher fühlt sich zuständig.
- Banken weichen den strikten Vorgaben aus, indem sie verstärkt in Schwellenländer abwandern … Mittels komplexer Transaktionen nutzen sie Lücken …
- Die Schwellenländer werden dank günstiger Bevölkerungstrends und Deregulierung stetig weiterwachsen. Allen voran China. Investoren und Banken finanzieren milliardenschwere Infrastrukturprojekte. Das heizt die Spekulation um weiter steigende Rohstoffpreise weiter an.
- Dann platzt die Blase – die Marktteilnehmer erkennen, dass das Wachstum … sich verlangsamt. An den Märkten für Rohstoffe bricht Panik aus …
- Der Höhepunkt der Krise: Die Schuldenberge in den USA und Europa werden untragbar. Mehrere Industrienationen erklären den Bankrott.
- Die bisherigen Reformen in Europa und in den USA können eine solche Krise nicht verhindern. Zwischen den Regulierern und den Finanzinstituten sei es wie zwischen Katzen und Mäusen, schreiben die Wyman-Analysten. „Die Mäuse gewinnen am Ende immer." Gemeint sind damit die Finanzprofis …

„Der Countdown läuft bis zur nächsten Krise." (aus Die Zeit, Nummer 6 vom 3.2. 2011)

Dieses Szenario halte ich nicht für ausgeschlossen. Die Wahrscheinlichkeit nimmt stetig zu.

Auch die vielfältigen, sehr negativen Auswirkungen des Störfalls in Fukushima sind in dem vollen Ausmaß nicht vorhersehbar.

Wir schauen alle gebannt zu und hoffen, dass es anders kommt. Aber die Finanzkrise vor zwei Jahren haben wir auch nicht erwartet, obwohl alle Auslöser bekannt waren. Wir wollten es einfach nicht wahrhaben. Das ist ja auch allzu menschlich.

Wenn Deutschland 2.000 Mrd. Euro Schulden angehäuft hat, dann haben wir um diesen Betrag über unsere Verhältnisse gelebt und das schon lange Zeit, in der Hoffnung, dass es schon in der Zukunft nicht so schlimm kommen würde, wie die pessimistischen Propheten es verkünden.

Wir werden das äußere Wachstum, das wir zur Lösung der äußeren Probleme brauchen, nicht erreichen. Die Enttäuschung wird groß sein, aber man weiß es eigentlich schon heute. Die ständig wachsende Neuverschuldung würgt das zukünftige Wachstum ab und beschleunigt den Rückgang der Wirtschaftsleistung, aber eben erst später. Die Politiker verschieben die Krisenauswirkung in die Zukunft unserer Kinder. Die ersten Anzeichen von Handelshürden, Währungskriegen und Kapitalkontrollen sind schon da. Der freie Welthandel wird Schaden nehmen.

Nichts wächst immer, nicht in der Wirtschaft, in der Natur und im Universum. Das einzige, was immer gilt, ist das *„Stirb und Werde"*.

Ein *„Wachstumsbeschleunigungsgesetz"* für INNERES WACHSTUM als Kompensation des rückläufigen äußeren Wachstums – das wär's!

Der Schwarze Schwan und seine Auswirkungen haben mich sehr ermutigt, jetzt ein Buch zu schreiben. Es eilt, weil die Menschen eine neue Orientierung brauchen, um den Abschied von der alten Orientierung durchzustehen, geistig und materiell.

Am 23. Dezember 2009 brachte die ARD die Sendung *„Auf den Spuren Alexander Humboldts"*. Dieser Film zeigt auf Kuba die Armut und die immer noch herrschende Rassendiskriminierung. Wie das Ritual der *„Santeria"* zeigt, herrscht noch die Religion der Naturgötter. Es wird in der Sprache *Yuruba* (nigerianischer Ursprung) gehalten. Ein Teilnehmer sagte: *„Wenn in Zeiten der Krise materielle Leere herrscht, begibt der Mensch sich auf die Suche nach Spiritualität."*

Weniger Wohlstand und mehr Wohl-Ergehen

Im Umkehrschluss könnte man sagen, dass in Zeiten des Wohlstands die Spiritualität versperrt ist. Der Rückgang des Wohlstands leitet die Öffnung für Spiritualität ein.

Wie kann man denn nun sein Leben ändern, damit trotz aller Verwerfungen dennoch jeder Tag ein guter Tag werden kann?

„Tag für Tag ein guter Tag!“ (ZEN-Meister Ummon, 865–949)

Meister Ummon lehrt nicht Geschichte, sondern er führt Menschen im Zen. Großer Zen-Meister, der er ist, hat er zweifellos erlebt, dass Zeit als bloßer Ablauf gesehen nicht der Wirklichkeit entspricht.

Nichts über die Vergangenheit – die Vergangenheit ist nicht. Meister Ummon will etwas hören über das, was nach der Vergangenheit kommt und vor der Zukunft. Und was ist das? JETZT!

Können Sie mir das Jetzt zeigen? Nein! Indem Sie dazu anheben, ist es schon vergangen. Das Jetzt lässt sich nicht fassen.

Indem wir aber Augenblick für Augenblick leben, gehen, stehen, uns setzen, die Hand heben, sprechen, lachen, weinen, leben wir das Jetzt, sind wir Jetzt. Alles ist immer gegenwärtig.

Für die Menschen in all ihrer Hektik umgeben von Lärm ist das Leben im JETZT nicht möglich. Für die Meister schon trotz aller Hektik. Sie haben ES geübt und gelernt. Für den ungeübten Menschen beginnt alles Wachsen zu innerer Reife in der Stille.

Ella Wheeler Wilcox: *„Only be still“*, Poems of Experience / Gay and Hancock 1917 – Übersetzung aus der Zeitschrift des Zentrums für ZEN-Buddhismus Zürich 2010:

SEI EINFACH STILL

„Sei einfach still und wachse in der Stille,
wenn Du das suchst, was die Götter bescheren.
Das ist der einfache, sichere und zuverlässige Weg,
der zur Kenntnis führt, um die alle Menschen beten,
von höheren Gesetzen, welche die Dinge unten regieren.

Aber in unserer ruhelosen Unzufriedenheit gehen wir
lärmend fordernd durch die Tage –
ertränken die innere Stimme, die danach strebt zu sagen:
Sei einfach still und wachse in der Stille.

Wir zweifeln, wir nörgeln, wir wehklagen –
Wir vergraben uns in Büchern und vergeuden unsere Kraft damit;
wir klammern uns an Überzeugungen, die keinen Bestand haben,
und verschließen unsere Ohren für das unsterbliche Lied der Wahrheit.
Oh, möchtest Du sehen, verstehen und wissen?
Sei einfach still und wachse in der Stille."

„*Dein altes Leben war eine fieberhafte Flucht vor der Stille*", sagt Rumi in dem folgenden Gedicht, in dem er die Bedeutung der Stille für den Anfang des Weges eines Menschen auf den Punkt bringt:

„*Im Innern dieser neuen Liebe stirb.*
Dein Weg beginnt auf der anderen Seite.
Werde der Himmel.
Richte die Axt wider die Gefängniswand.
Entkomme.
Tritt ins Freie, wie jemand,
der plötzlich in Farbe geboren wird.
Tue es jetzt.
Du bist von dichten Wolken eingehüllt.
Stehle Dich seitlich hinaus.
Stirb und sei still.
Stille ist das sicherste Zeichen, dass Du gestorben bist.
Dein altes Leben war eine fieberhafte Flucht
vor der Stille.
Der sprachlose Vollmond
kommt eben jetzt hervor."

Der Erfahrene ruht auch im Lärm in sich, der Unerfahrene nicht. Deshalb ist die Stille für den Unerfahrenen so unerlässlich, um die Erfahrung möglich zu machen.

Tag für Tag ein guter Tag. Das klingt sehr einfach. Aber das wirklich zu erfassen, das zu leben, das ist zweifellos höchst schwierig für uns. Für uns gewöhnliche Sterbliche ist ein guter Tag, wenn alles glatt und gut geht. Wer von uns könnte angesichts eines Unglücks, bei dem Verwandte oder Freunde umkommen, sagen: „*guter Tag!*"? Auch ein Meister wird bei solchem Unglück weinen, aber er sieht dennoch die eine Vollkommenheit und hat Frieden.

Großartige Sätze zu Meister Ummons *„Tag für Tag ein guter Tag!“*. Das Leiden bleibt, dennoch ist da Frieden – ist da *„ein guter Tag“*. Ohne die TIEFE jenseits aller Unterscheidungen zu erleben, ohne das Null-Unendlich, das heilende Hintergrundfeld, den GOLDENEN WIND zu erleben, ist es uns ganz unmöglich, alles, was geschieht, als gut zu erfahren – nicht allein von Tag zu Tag, sondern von Stunde zu Stunde, von Augenblick zu Augenblick.

Unter Umständen kann solches *„An die Zukunft denken“* gar unser Tod sein. Was würde wohl mit einem Trapezkünstler geschehen, der, während er über das Hochseil geht, an die Zukunft dächte, sich nicht voll auf den Augenblick konzentriert? Wir müssen es genauso machen, wie ein Trapezkünstler. Unser Trapez ist unser tägliches Leben.

„Tag für Tag ein guter Tag!“, das ist kein Sadismus, kein Masochismus, kein Vogel-Strauß-Verhalten. Also, was ist es dann? Das wissen wir in Wahrheit erst, wenn wir es unmittelbar erleben. Ohne den Durchgang durch *das Erlebnis der großen Leere* ist es uns unmöglich, das zu begreifen. Erst damit kann uns auch die wechselvolle Vielfalt unseres Alltags gut sein. Augenblick für Augenblick. In jedem Augenblick geht es immer um das wahre Ziel in unserem Leben, um die Erfahrung dieses einen Augenblicks, immer wieder.

Das wahre Ziel

„Die Besten unter den Alten hatten keine Angst,
wenn sie allein standen mit ihren Ansichten.
Keine Bravourstücke. Keine Pläne.
Wenn sie scheiterten, grämten sie sich nicht.
Wenn sie Erfolg hatten,
beglückwünschten sie sich nicht selber.
Sie klopften Klippen ab und wurden dabei nicht schwindelig.
Sie tauchten im Wasser und wurden dabei nicht nass.
Sie gingen durchs Feuer und verbrannten nicht.
Ihre Richtschnur war TAO.
Die Besten unter den Alten schliefen traumlos
und wachten ohne Besorgnis auf.
Ihre Speise war einfach. Sie atmeten tief.
Die Besten unter den Alten hingen nicht am Leben
und fürchteten nicht den Tod.
Ohne Jubel betraten sie die Lebensbühne
und verließen sie ohne Widerstreben.
Leichte Ankunft, leichter Abgang.
Sie vergaßen nicht, woher sie kamen,
und fragten nicht, wohin sie gehen würden,
und sie bahnten sich nicht grimmig
einen Weg durchs Leben.
Sie nahmen alles, wie es kam.
Völlig heiter.
Nahmen auch den Tod an.
Ohne Jammern.
Und gingen fort, dorthin, nach drüben.
Sie lehnten sich nicht gegen TAO auf
und versuchten auch nicht, mit Menschenkunst
TAO den Weg zu ebnen.
Ein unabhängiger Geist.
Wenn die Gedanken gedacht sind,
dann ist seine Stirn wieder klar und das Antlitz heiter.“

(Chuang Tse 365–290 v. Chr.)

„Die letzte Wirklichkeit ist immer etwas,
was im Menschen selbst gegenwärtig ist,
nicht irgendwo außerhalb seiner selbst."
(ZEN-Meister Karl Obermayer, Wien)

Der Goldene Wind

Willigis JÄGER hat in seinem Vorwort bereits auf das folgende Kōan hingewiesen: Ein Mönch fragte Ummon: *„Was ist, wenn der Baum verdorrt und die Blätter fallen?“* Ummon antwortete: *„Vollkommene Manifestation des goldenen Windes.“*

Das ist das 27. Kōan des *Hekiganroku (Aufzeichnungen des Meisters vom Blauen Fels; chin.: Bi-Yän-Lu).* Ein Kōan ist eine rational nicht lösbare Aufgabe. Kōans werden in der ZEN-Schulung verwendet.

Yamada Koun Roshi schreibt in den Erläuterungen über das Kōan:

„Der Ausdruck ‚Der Baum verdorrt, die Blätter fallen‘ beschreibt eine Landschaft im Herbst. Dementsprechend bedeutet DER GOLDENE WIND den Herbstwind. In der chinesischen Lehre von den fünf Elementen wird der Herbst durch die Farbe Gold symbolisiert. Nach dieser Konzeption sind alle Erscheinungen aus den fünf Elementen Erde, Wasser, Feuer, Holz und Gold (Metall) zusammengesetzt. ‚Vollkommene Manifestation‘ bedeutet perfekte Darstellung. So bedeutet der ganze Ausdruck: ‚Die ganze Welt ist nichts anderes als der Herbstwind‘ – ‚Der Baum verdorrt, und die Blätter fallen‘ ist der Herbst. Vollkommene Manifestation des GOLDENEN WINDES ist ebenfalls der Herbst. Beide Ausdrucksweisen sind, auch wenn sie unterschiedliche Worte benutzen, in Wirklichkeit ein und dasselbe.“

Gerhardt Staufenbiel schreibt im Forum von *www.teeweg.de:*

„Ein hervorragendes Wort für diese Herbstzeit des Abschieds ist KIN-PU, der GOLD-WIND. Das Wort steht im 27. Kōan des Hekiganroku. Meister Yün-men (japanisch: Un-mon), der vom Wolkentor-Berg, sagt das Wort vom KIN-PU.

Das gesamte Wort, das Un-mon sagt, heißt: „TAIRO KINPU (Reines Wissen – Goldwind).

Un-mon wird gefragt: „Was für eine Zeit ist das, wenn die Bäume sich verfärben und die Blätter fallen?“

Un-mon: „Dann legt der GOLDENE WIND sein ganzes Wesen bloß.“

GOLDENER WIND ist im Chinesischen der Ausdruck für den Herbst. KIN ist Metall oder GOLD, Metall steht für den Herbst. Metall kann man polieren und Spiegel daraus machen. Darum steht der späte Herbst nicht mehr für die Ernte, sondern für die Reflexion. Nachdem wir die Ernte unseres Lebens eingebracht haben, können wir innehalten und reflektieren. Und was kommt dann zum Vorschein? Trauer, Abschied,

die Vergänglichkeit aller Dinge. Und dann zeigt sich die reine Leere, das innerste Wesen aller Dinge.

Der erste Teil des Kōans, TAI RO, wird sehr unterschiedlich übersetzt:
Wilhelm Gundert: „Dann legt der GOLDENE WIND sein ganzes Wesen bloß."
Ernst Schwarz: „Man verkörpere sich selbst im GOLDENEN WIND."
Yamada Koun Roshi: „Vollkommene Manifestation des GOLDENEN WINDES."
TAI meint in unserem Zusammenhang sicher: Form, Substanz, Wesen, Kern.
RO ist offen, unverdeckt, öffentlich, freimütig.

TAI RO KIN PU ist die Offenlegung des reinen Wesens, des GOLDWINDES. Ich denke aber nicht, dass das Wesen des GOLDWINDES freigelegt wird, sondern dass der GOLDWIND das reine Wesen freilegt, das erst dann, wenn aller Schmuck, der nur das reine Wesen verdeckt, verschwunden ist.

Willigis Jäger interpretiert das Kōan auf seiner CD *„Der Goldene Wind"*:

„Wenn Konzepte und Vorstellungen wegfallen, was bleibt dann? Es bleibt das Eigentliche, das Wesentliche. Es bleibt die Erfahrung der Wirklichkeit, es bleibt die Realisation der Wirklichkeit. Das ist der Sinn des Lebens. Das ist eine Interpretation.

Es gibt aber auch noch eine andere Interpretation. Im Kōan geht es um das Alter. Ist ES auch im Alter? Ist ES auch das Alter. Es geht immer um das SOSEIN. Es ist jetzt das Alter, es ist jetzt die Gebrechlichkeit.

Das dritte Lebensdrittel ist in Indien und in anderen asiatischen Ländern die Zeit des Alterns. Man fragt sich: ‚Das kann doch nicht alles gewesen sein?'

Im dritten Teil des Lebens reift der Mensch für den Durchbruch zur Transzendenz. Alle Jahre davor waren nur Vorbereitung. Jetzt aber gilt es besonders, deine Geburt zu vollenden.

Gold ist das Symbol für die Wirklichkeit. Der GOLDENE WIND symbolisiert diese Wirklichkeit, die immer da ist, auch im Alter."

Roland R. Ropers: *„Dieses Symbol heißt auf Lateinisch AURUM. Es gibt keinen Plural für dieses Wort, weil es für die Wirklichkeit keinen Plural geben kann. Aber es gibt eine Steigerung: AURA! Die AURA, die göttliche Strahlung, die man bei den Weisen wahrnehmen kann. Alle haben eine AURA. Sie wissen es nur nicht. Die anderen erfahren sie auch nicht, es sei denn, sie sind weise."*

Man nennt den Herbst des Lebens auch die Zeit des GOLDENEN WINDES, weil beim Älterwerden bis zum Tod es ganz besonders darauf ankommt, den immer vorhandenen GOLDENEN WIND zu erfahren und sich für einen Übungsweg zu entscheiden, der im Sinne von Willigis Jägers erster Deutung alle Konzepte und Vorstellungen des ICH verschwinden lässt.

Zwei kleine Geschichten

Mein Freund, der erfahrene C.-G.-Jung-Therapeut Walter Schwery, erzählte mir vor einiger Zeit die folgende Geschichte:

„Ich war wie schon so oft mit meiner Frau in Indien. Diesmal war alles nicht so gut organisiert wie früher. Wir hatten den Reiseveranstalter gewechselt. Aufgrund der Mühen und Beschwernisse dieser Reise wurde ich krank. Man empfahl mir, zu einem sehr bekannten Arzt zu gehen, der zwar eigentlich nicht mehr praktiziert, obwohl er außerordentlich erfolgreich war, eine sehr gute Reputation hatte und viel Geld verdient hatte.

Er behandelte mich professionell und ich war ihm zu großem Dank verpflichtet. Ich war interessiert zu erfahren, warum er denn aufgehört hatte zu praktizieren. Er war erst 52 Jahre alt. Also aus unserer Sicht noch sehr jung für den Ruhestand.

Er sagte: '*You know, it is very simple, I retired to find my PEACE. It is the right time to do it!*'

Ich war beeindruckt, aber nicht überrascht. Ich habe mich ja sehr mit dem Leben und der Lebensplanung in Indien beschäftigt. Er wollte seinem dritten Lebensdrittel sehr bewusst den wirklich wichtigen Sinn geben."

Walter Schwery und ich sprachen noch lange über diese Erfahrung. Ich meinte, er hätte wohl besser gesagt, um noch deutlicher auszudrücken, was er meint: „To let the PEACE find me!"

Mit dieser Formulierung nimmt man die Absicht des ständigen Suchens heraus.

Aus dieser Geschichte kann man sehr gut die wirklich wichtigste Frage zur Überprüfung seines Tuns und Verhaltens ableiten – die Testfrage gewissermaßen:

„Finde ich mit diesem Tun oder Verhalten wirklich meinen Frieden?"

Mein Lehrer Willigis Jäger erzählte in einem Teisho (Darlegung der ZEN-Erfahrung durch den Zen-Meister) die folgende, außerordentlich beeindruckende Geschichte: *„Ich besuchte ein Nonnenkloster. Wir hatten auch vereinbart, dass ich mit einigen Nonnen Gespräche führen konnte. Auf einem Bett in einer Klosterzelle lag eine schon sehr alte Nonne und strahlte mich an, als ich den Raum betrat. Es war ein Strahlen, das den ganzen Raum erfüllte, und mir ging das Herz auf. Sie war ganz steif und konnte sich nicht bewegen. Ich fragte sie: ‚Wieso strahlst Du so bei all deinem schweren Leid?'*

Sie sagte: ‚Wieso? Ich atme doch noch!'

Ich hatte einen Menschen getroffen, der trotz seines ganzen Leids angekommen war. Sie hatte ihren Frieden gefunden. Sie war gelassen und sogar heiter."

Diese Geschichte lässt mich nicht mehr los. Sie zeigt in kurzer, klarer Deutlichkeit, worum es im Leben letztlich geht.

Sie fällt mir immer ein, wenn ich Kranke treffe oder natürlich, wenn ich mich krank fühle, und das ist schon bei einer Erkältung der Fall.

Es geht immer um die kleinen Veränderungen auf dem Weg, die uns das Leben ermöglicht mit all den verschiedenen Herausforderungen.

Was lernen wir aus den Geschichten? Es geht stets darum, seinen inneren Frieden zu finden und in heiterer Gelassenheit dem Leben jeden Tag aufs Neue zu begegnen. Dieses innere Wachstum ist unsere Aufgabe, um das Leben in seiner Fülle zu erfahren.

Träume führen uns

Was haben Sie kürzlich geträumt? Jeder träumt. Warum wissen Sie es nicht mehr? Ihr Traumregisseur will Ihnen doch etwas sagen! Das ist wichtig für Ihr Leben. Der Traumregisseur kann Ihnen vielleicht viel besser helfen als Ihr Arzt.

Ich möchte Ihnen zwei meiner wichtigsten Träume zu Anfang dieses Buches erzählen, damit Sie mich kennenlernen. Und ich möchte Sie ermutigen, auf Ihre Träume zu achten.

Der Traum vom Gold

Ich war in der Schweiz im Urlaub. Am Flussufer schaute ich in einen Fluss. Im Fluss sah ich Berge von schwarzem Sand.

„Wo soll denn hier GOLD sein?“, fragte ich einen Einheimischen.

Er sagte: *„Hier ist doch alles voller GOLD. Man muss es nur aus dem schwarzen Sand sieben.“*

Er bat mich, meine beiden Hände zu einer Schale zu formen.

Dann schüttete er von dem schwarzen Sand in meine Hände.

„Nun musst du hin- und herschütteln und sieben. Lass den Sand durch die Finger gleiten. Dann bleibt das GOLD übrig!“

Ich schüttelte und schüttelte. Als der Sand verschwunden war, blieb auf meinen Händen ein Film aus GOLD übrig.

Mich erfüllte ein riesiges Glücksgefühl. Ich wachte auf. Das beglückende Gefühl dauerte noch eine Weile an.

Das Kōan „Der Mensch“

Ich war bei Willigis Jäger im ZEN-Sesshin. Er saß in der Mitte des Meditationsraums und wir Schüler bildeten einen Halbkreis um ihn. Er wollte jedem ein Kōan geben, ein Paradaxon, das mit dem begrifflichen Denken nicht lösbar ist. Jeder wartete geduldig, bis er an die Reihe kam.

Nun war ich dran. Er nahm ein Stück Pappkarton von der Größe 20 cm x 30 cm und schrieb darauf:

DER MENSCH.

Ich nahm den Pappkarton mit dem Kōan und ging.

Was sagt mir das?

Das sind zwei ganz große Träume. Die erste Botschaft sagt, wenn alles, was das Denken und die Emotionen aufbaut, was wir als REALITÄT empfinden, verschwunden ist, bleibt GOLD, die WIRKLICHKEIT, übrig. Realität (von lat. *res* = Ding, Sache) ist etwas Objektivierbares, während Wirklichkeit ständig wirkt und nicht mit herkömmlichen Denkkräften erfassbar ist.

Mein Kōan ist der Mensch. Das ist ein Auftrag meines Lehrers. Das setzt die Erkenntnis aus dem ersten Traum voraus. Das ist für mich eine Auszeichnung. Er sagt mir gewissermaßen: „Du musst dich jetzt um die Menschen kümmern und deine Erfahrung weitergeben. Die Erfahrung, dass jeder das GOLD in sich entdecken kann. Zeige ihnen, wie das GOLD erfahren werden kann."

Also war dies auch eine Ermutigung zu diesem Buch.

Mein eigener Lebensweg vom Äusseren zum inneren Wachstum

Ich bin zweimal geboren worden. Zunächst im Januar 1942 in Frankfurt am Main. Dann begann meine äußeres Wachstum. Das war wohl auch nötig. Ich war klein und mickrig. Meine Mutter erzählte oft, dass sie nicht gewusst hätte, wie sie mich groß bekommen sollte. Der Arzt tröstete sie: *„Machen Sie sich nichts draus. Ihr Sohn wird ein kleiner Untersetzter!“*

Jetzt bin ich 1,90 m. Sie erzählte oft, dass sie mich lange gestillt hat. Die Zeiträume wurden immer länger. Zum Schluss waren es mehr als drei Jahre. Wir haben immer wieder herzlich darüber gelacht.

Im Januar 1984 wurde ich in Rütte bei Todtmoos im Schwarzwald zum zweiten Mal geboren. Dann begann mein inneres Wachstum.

Danach war mein äußeres Wachstum immer mehr eingebettet und geborgen in meinem inneren Wachstum. Mein äußeres Wachstum hatte eine Qualität, die von einer anderen Welt zeugte, von eben der inneren.

Wenn ich heute mit 69 Jahren dieses Buch schreibe, dann bin ich deutlich im dritten Lebensdrittel und habe einen wunderbaren Lebensweg hinter mir, natürlich mit Höhen und Tiefen, mit Freud und Leid. Es ist mein Individuationsprozess, die Reifung meiner Person, die Sie vielleicht interessieren mag. Ich werde mich auf das beschränken, was zum Verständnis meiner personalen Transformation wichtig ist. Wie war ich? Was hat eine Veränderung ausgelöst? Wie bin ich das geworden, was ich geworden bin? Woran kann man die Veränderung erkennen?

Meine Kindheit war wunderbar, voller Zuwendung, Fürsorge und stetiger Förderung durch meine Eltern. Wer kann das schon sagen? Wie viele Menschen klagen über ihre unglückliche Kindheit. Es ist Mode geworden, bei den Psychotherapeuten die Eltern für alles, was uns missfällt, verantwortlich zu machen. Es bleibt aber immer eine Projektion unseres eigenen Dilemmas, für das wir nicht die Verantwortung übernehmen wollen. Ist nicht der erste Schritt in die Selbstständigkeit getan, wenn man seinen Eltern verzeihen kann? Leider habe ich meine Großeltern nicht bewusst erlebt. Diese Vorbildpersonen fehlten mir.

Meine Eltern flohen mit meiner Schwester und mir vor den Gefahren des Krieges nach Altenkirchen im Westerwald, weil man sich dort sicher glaubte. Das war ein Irrtum. Es gab viele Bombenangriffe durch die Engländer auf diese kleine Stadt. Sie wollten einen deutschen Soldatensender treffen.

Zwei Erlebnisse habe ich in mir, die meine Mutter immer wieder erzählte.

Es war Bombenalarm. Alle wussten, dass der Bunker des Landratsamtes am sichersten war. Also flohen alle dorthin. Wir kamen jedoch zu spät und gingen in den Keller des Finanzamtes. Sie schilderte oft die Angst im Keller, die Geräusche der Kampfflieger und das Getöse der Bombeneinschläge. Wir saßen im Keller und zitterten einige Stunden, bis Entwarnung kam. Als wir das Tageslicht erblickten, bot sich uns ein grauenvolles Bild. Fast die ganze Stadt war in Schutt und Asche gelegt worden. Altenkirchen liegt am Hang. Wir schauten abwärts ins Tal auf zerstörte Häuser und Schutt. Auch das Landratsamt hat den Angriff nicht überstanden. Wir hatten Glück gehabt.

Wir wohnten danach außerhalb bei Verwandten. Es war wieder Fliegeralarm. Ich war mit meiner Mutter draußen und wir schafften es nicht bis zum Haus. Die englischen Tiefflieger waren schon zu nah. Meine Mutter warf mich in eine Hundehütte vor dem Haus und legte sich zu meinem Schutz über die Hütte. Als die Flieger eine Runde drehten und zum zweiten Angriff flogen, rannte meine Mutter mit mir zum Haus und warf mich in den langen Flur. Wir hatten wieder Glück gehabt. Als alles vorbei war, ging ich raus und sammelte die im Boden steckenden Patronenhülsen auf und spielte damit.

Man kann sich natürlich die Frage stellen, was ein zweijähriges Kind wirklich so bewusst erlebt, ob die Erlebnisse im Bewusstsein gespeichert sind oder ob das gespeichert ist, was die Mutter erzählt.

Es ist egal, zu welcher Antwort man kommt. Im Bewusstsein des Kindes bleibt der unbedingte Schutz durch die Mutter, auch unter Einsatz ihres Lebens. Das ist eine gute Erfahrung des absoluten Vertrauens zu der Mutter und das ist enorm wichtig für die Entwicklung eines Menschen.

Danach hatte ich das große Glück, die letzten Kriegsjahre in Ruhe und Sicherheit zu verbringen. Wir wurden in Münzenberg in Oberhessen als sogenannte Evakuierte einem Bauernhof zugeordnet. Bei Kriegsende erlebte ich freundliche Amerikaner, die uns Kinder mit Süßigkeiten verwöhnten.

Ich habe noch den Spruch der skeptischen Bauersfrau im Ohr, als ein schwarzer Panzerfahrer mit einem breiten Grinsen vorbeifuhr:

„Guck ma do, wie se die Zäh' fletsche noch de Hinkel!"

Diese Jahre auf dem Lande haben mich wesentlich geprägt, meistens positiv, aber auch zu Anfang negativ.

Auf dem ersten Bauernhof trafen wir auf unfreundliche Bauern. Wir saßen an einer langen Tafel zum Essen. Die Bauernfamilie genoss Fleisch und Wurst, wir aßen Brotsuppe oder Steckrübeneintopf. Meine Mutter ging tagelang betteln und kam dann mit einem Ei, zwei Kartoffeln, etwas Milch und Getreide nach Hause. Wir haben gehungert.

Wir zogen zur Familie Hitzel um, der herzlich Dank gesagt sei für ihre Gastfreundschaft. Wir haben uns dort wohlgefühlt. Sie haben mir ein paradiesisches Aufwachsen auf dem Bauernhof beschert.

Als der Krieg zu Ende war, durfte ein deutsches Verpflegungsfahrzeug der Wehrmacht von meinem Vater geöffnet werden. Ich war dabei. Es war spannend. Als die Türe geöffnet war, schauten wir auf einen riesigen Block Butterschmalz. Das war Luxus pur in all der Armut. Alles wurde fair an die Dorfbevölkerung verteilt. Die Cleversten nahmen nur Zigaretten. Das waren die Gewinner, sofern sie Nichtraucher waren. Zigaretten waren eine ideale Tauschware.

Wir haben eine wunderbare Gastfreundschaft erfahren. Zu den Söhnen der Bauern habe ich noch heute Kontakt.

Ich fühlte mich der Natur eng verbunden. Ich war Teil der Natur. Ich war glücklich in meiner Welt. Die Scheune, die Ställe, das Feld. Der ganze Bauernhof war mein Reich. Pferde, Kühe, Gänse, Hühner, Schweine – *„animal farm"* pur. Blühende Stockrosen, Pfingstrosen, Ginster, die Apfelblüte auf dem Steinberg. Was hatten wir für tolle Wintererlebnisse. Schlittenfahrten mit den Bauernjungen um die Wette. Im Sommer ging es aufs Feld zur Ernte. Hoch auf dem Heuwagen – ein Gefühl der Höhe, der Überlegenheit, der Glückseligkeit, der Einheit mit dem Geernteten. Mittagspause für die Erntehelfer. Die Bäuerin schnitt Scheiben von dem mir riesengroß erscheinenden Brotlaib ab und belegte sie mit Wurst aus eigener Schlachtung. Zum Nachtisch gab es ein Stück aus dem Quadratmeterkuchen. Das herrlichste Paradies!

Meine Eltern hatten über viele Tage Zuckerrüben gesammelt. Sie wollten Rübenkraut kochen. Ich kann mich noch gut erinnern. Die geschnetzelten Stücke mussten sehr lange und langsam in einem Kupferkessel über offenem Feuer vor sich hinkochen. Es musste immer gerührt werden, da sonst der ganze Ansatz verbrannte. Wir wechselten uns mit dem Rühren ab. Auch ich war mal dran. Ich rührte und rührte. Eine wichtige Aufgabe, das war mir schon bewusst. Doch meine Freunde lenkten mich ab und ich ließ den Kupferkessel unbeaufsichtigt zurück. Der ganze Ansatz verbrannte und war nicht mehr zu gebrauchen. Ich wurde zur Rede gestellt und fühlte mich ganz schlecht. Ich wurde weder angeschrien, noch verprügelt. Das war zur Bestrafung auch nicht nötig. Ich wurde überhaupt niemals von meinen Eltern geschlagen. So lernte ich sehr früh, dass man übertragene Aufgaben zuverlässig zu erledigen hat. Falls man das nicht einhält, schadet man der Gemeinschaft. Zuverlässigkeit wurde dann eine meiner Stärken.

In diesen ersten so wichtigen Jahren wurde eine Basis für meine Natur- und Erdverbundenheit geschaffen. Meine Erdung gab mir Stabilität.

1949 zogen wir nach Frankfurt am Main, der Stadt, aus der wir geflohen waren.

Mit sieben Jahren begann in Frankfurt die Schulzeit, aber viel wichtiger war das Entdecken der Stadt mit den neuen Freunden. Es war eine Stadt in Trümmern. Ich dachte nicht darüber nach, warum das so war. Die Entdeckungsreise in den Trümmern war die Fortsetzung der Entdeckungsreise auf dem Lande. Wir fanden viele Schätze. Schmuck, Flaschen, Bleirohre, Eisenrohre, Briefmarken – alles konnte man zu Geld machen. Wir gründeten unsere Banden und prügelten uns und vertrugen uns wieder. Ich war der Anführer. Mein Erkennungszeichen war eine grüne Kappe. Diese auffällige Kleidung war nicht sehr geschickt. Wenn wir etwas ausgefressen hatten, hieß es immer: „Der mit der grünen Kappe war es!" Trotzdem trug ich stolz meine grüne Kappe. Es war ein Unterscheidungsmerkmal, das zur Schau getragen wurde, auch wenn es brenzlig wurde. Der Sport spielte eine wichtige Rolle in meiner Jugend, Handball und Tennis, beides als Leistungssport. Damals fing Hallenhandball an. Wir lernten im Kollektiv siegen und verlieren.

Meine Mutter förderte mich und war immer für mich da. Mein Vater war für das Geldverdienen zuständig. Er war eher introvertiert und gehemmt, auch wortkarg gegenüber meiner Schwester und mir. Er strahlte Sicherheit aus, und das war enorm wichtig in einer unsicheren Zeit. Dass die Zeit unsicher und schwierig war, spürte ich. Mein Vater musste für ein Hemd drei Monate und für einen Anzug ein Jahr sparen. Er war oft sehr erschöpft. Er war Leiter der Buchhaltung von SIEMENS in Frankfurt. Die Eskalationen der Beanspruchung waren immer die Jahresabschlüsse. Nächtelang wurden Differenzen gesucht. Ein mühsamer, anstrengender und wenig anerkennenswerter Job. Mir war schnell klar, dass ich niemals Buchhalter werden würde. Auch am Wochenende war er eine Respektsperson mit Schlips und Zigarre. Aber er spielte nicht mit mir. Das war wohl bei der Generation nicht üblich. Rückblickend betrachtet entstand damals wohl meine Sehnsucht nach einem älteren WEISEN, nach dem geistigen Meister, der mich leitete und mir Orientierung gab. Mein Vater konnte diese Rolle nicht übernehmen.

Der fördernde Ehrgeiz meiner Mutter führte bei mir zu einer ausgeprägten Erfolgsorientierung. Ich spürte ihre Liebe, aber nie eine Strenge. Sie war liebevoll verpackt. Sie gab mir das Gefühl, dass ich etwas ganz Besonderes sei. *„Du bist ein Sonntagskind! Ich habe extra gewartet, bis du dann am 4. Januar 1942 um 01:20 Uhr frühmorgens an einem Sonntag geboren wurdest."* Ich hatte immer mehr Freiheiten als alle meine Freunde. Wenn ich Hunger hatte, schellte ich und meine Mutter warf mir aus dem vierten Stock ein Butterbrot herunter. So verlor ich keine Zeit bei den spannenden Spielen mit meinen Freunden. Die Schule verlief erfolgreich. Ich konnte sogar auf Empfehlung meiner Lehrer eine Klasse überspringen, die Untertertia. Die Akzeptanz in der neuen Klasse war schwierig. Alle begegneten dem vermeintlichen *„Streber"* mit Zurückhaltung. Bis zum ersten Sportunterricht. Dort wurden die Handballmannschaften ausgewählt. Keiner wollte mich haben. *„Na ja, dann nimm du den Meyer!"*, sagte der Meinungsführer zu seinem Gegner. Ich spielte schon einige Jahre im Verein. Keiner wusste das. Als ich dann wirbelte und viele Tore warf, war der Bann gebrochen. Man merkte, dass ich überhaupt kein Streber war. Ich war einfach gut in der Schule, ohne viel lernen zu müssen. Viel geübt habe ich nur im Leistungssport: Tennis und Handball. Oft wurde ich zum Klassensprecher gewählt. Diese Aufgabe habe ich immer gerne übernommen.

Es folgten Abitur und Chemiestudium mit Promotion nach 14 Semestern.

Bis mein Freund Thomas Arzt mich anlässlich der *Ernst-Jünger-Tagung* im März 2010 in Heiligkreuztal auf den Zusammenhang zwischen der Entscheidung für die Chemie und der inneren Wandlung der letzten 25 Jahre aufmerksam machte, war mir überhaupt nicht bewusst, dass es einen Zusammenhang gibt. Thomas Arzt: *„Ich besuchte vor ein paar Tagen dank deiner Vermittlung die Polyether-Produktion bei Goldschmidt in Essen. Du hast ja von 1983 bis 1987 bei Goldschmidt gearbeitet. Als ich durch die Produktionsanlage ging und an dich und dein Wirken dort dachte, fiel es mir wie Schuppen von den Augen. Du hast dich für die Chemie entschieden, weil dich die Wandlung der Stoffe interessiert hat. In der Alchemie geht es auch um Wandlung. Es geht um die Wandlung von der ICH-bestimmten zur SELBST-bestimmten Person. Die Alchemie hat dafür aber Symbole der Chemie verwendet. Es geht um die Herstellung von GOLD als Symbol der WIRKLICHKEIT. Diese Wandlung vollzog sich in dir , ohne dass es dir damals wohl bewusst war."* Er hat Recht. Erst jetzt ist mir durch ihn ein Licht aufgegangen. Es war bestimmt auch kein Zufall, dass er an dem Ort meines Wirkens die Assoziation bekam. Ich hatte während des Studiums viel Spaß, immer wieder im Labor Stoffe durch verschiedene Reaktionen in neue Stoffe zu verwandeln. Wir „kochten" jeden Tag bis spät in die Nacht. Analysen und Synthesen. Freizeit gab es nur in den Semesterferien, wenn ich nicht gerade arbeitete. Mit diesen Arbeiten habe ich mir mein Studium verdient. So lernte ich sehr früh die Arbeitswelt kennen. Acht Wochen Halbleiterforschung über Galliumarsenid bei SIEMENS in Erlangen sind mir noch gut in Erinnerung. Für 2,38 DM pro Stunde arbeitete ich sehr oft bei der Gepäckabfertigung auf dem Frankfurter Flughafen. Ein Job mit 14 Stunden am Tag.

Plötzlich erkannte ich noch einen anderen Zusammenhang, die Wandlung als Lebensaufgabe. Als ich nach fünf Jahren Forschung in der chemischen Industrie ins Marketing drängte, sollte gewissermaßen der Keim der Wandlung in die Welt getragen werden. Damals war es die Chemie, die Märkte und Kunden suchte, jetzt ist es dieses Buch, das meine innere Wandlung in die Welt trägt, zu Ihnen als Lesern. Damit ist meine Wandlung in die Welt gesetzt und wirkt in größeren Kreisen.

Zurück zu meiner beruflichen Entwicklung. Ich war auf dem EGO-Trip. Ich wollte ständig mein Wissen vergrößern und mein Können unter Beweis stellen. Als Anerkennung für meine Leistungen wollte ich möglichst viel Geld verdienen. Also die Karriere war enorm wichtig. Der Fortschritt war programmiert, ich war erfolgreich. Die Unternehmen honorierten meinen Einsatz. Meine ersten fünf Jahre bei der METALLGESELLSCHAFT AG waren prägend. Der Höhepunkt dieses Wirkens waren die beiden Manganknollenexpeditionen mit der MS VALDIVIA im Pazifik als wissenschaftlicher Leiter, die jeweils 28 Tage dauerten. Wir kamen uns ganz großartig vor. Wir erkundeten die zukünftigen Rohstoffressourcen für unser Land. Welch eine Motivation. Mein Einsatz wurde früh belohnt. Über Norddeichradio kam folgende Nachricht: *„VALDIVIA, VAILDIVIA DESI, delta echo sierra india, bitte melden! Der Vorstandvorsitzende der METALLGESELL-SCHAFT AG, Dr. Ley, gratuliert dem jüngsten Prokuristen des Konzerns.* Dieser Erfolg hat meinen Einsatz sehr verstärkt. Ich dachte: *„Du musst nur so weitermachen, es lohnt sich!“*

Als ich am 2. Mai 1969 bei der METALLGESELLSCHAFT anfing, hatte man für mich kein Büro. *„Merkwürdiger Empfang“*, dachte ich. Man war mir wohlgesonnen, aber hatte keinen Raum in der Herberge. Ich setzte mich in den Autoklavenraum des Technikums. Das war natürlich sehr symbolhaft. Ich konnte durch meine Arbeit hohen Druck erzeugen, ohne anderen zu schaden. Das machte ich dann auch und startete mit Elan. Später trennte man vom Treppenhaus ein Stück ab. Ich hatte ein neues Büro. Das sollte mir später noch einmal passieren.

Während meiner Arbeiten über Manganknollen, die bedeutende Gehalte an Kupfer, Nickel und Kobalt hatten, wurde ich Zeuge einer Geheimmission. Wir kannten alle Wissenschaftler weltweit, die auf diesem Gebiet arbeiteten. Eines Tages gab es eine Veröffentlichung in der Los Angeles Times, dass Howard Hughes, der bekannte Milliardär, mit seiner Tochtergesellschaft Hughes Tool nun auch in das Geschäft mit Manganknollen einsteigen würde. Auf dem Bild war ein riesiges Forschungsschiff zu sehen.

Bei unserer Forschungstagung in Honolulu lernte ich den Projektleiter von Hughes *Tool*, einen Mr. Welling kennen. Als wir am Wochenende freihatten, bot er mir an, mit ihm segeln zu gehen. Wir fuhren in Oahu auf die *„windward side“*. Er steuerte sein Auto durch ein Tor, auf dem *„Navy Resort“* stand. Die Wachen salutierten. Ich schaute verdutzt. *„Do not ask. You are a nice guy and let's have a lot of fun during the weekend!“* Na ja, wir hatten Spaß. Zwei Jahre später kam in der Tagesschau die Meldung, dass es den Amerikanern gelungen sei, südlich von Honolulu ein russisches Atom-U-Boot aus 5000 m Tiefe in drei Teilen zu bergen. Leiter der Mission war Commander Welling. Das Forschungsprojekt über Manganknollen war nur eine Camouflage. Ich rief Welling in San Diego an und gratulierte ihm. Er sagte: *„We got it! You know, Erhard, I could not tell you the real purpose of our mission!“* Na ja, ich war irgendwie dabei, aber hatte keine Ahnung.

Ich hatte einen wunderbaren ersten Chef, Rudolf Michels. Er prägte vorbildhaft meinen Führungsstil. Kompetent, menschlich, fürsorglich, verständnisvoll, fordernd, fördernd, kongruent im Sagen und Tun.

Es kam die Versetzung nach Duisburg-Homberg zur SACHTLEBEN CHEMIE GMBH als Forschungschef. Ich war nicht willkommen. *„Für Sie haben wir leider kein Büro!“* Das kannte ich doch schon. Also setzte ich mich erst einmal in die Bibliothek und überlegte, wie es bei all dieser Feindschaft weitergehen sollte. Ich ließ eine Wand einziehen, da ich mich durch die Besucher gestört fühlte. Durch die Tiefe der Bibliothek hatte ich plötzlich das größte Büro der METALLGESELLSCHAFT. Prinz Wittgenstein verschlug es die Sprache, als er mich besuchte. Es gelang mir, einen nach dem anderen für mich zu gewinnen und wir konnten alle letztendlich sehr gut zusammenarbeiten. Röntgenkontrastmittel und Wasser-Chemikalien waren mein Schwerpunkt.

Eine Reklamation wegen der Qualität der Röntgenkontrastmittel in Japan war nicht telefonisch oder durch Briefwechsel zu lösen. Ich flog sofort nach Japan und verhandelte zwei Tage ohne Erfolg. Ich verblüffte meine japanischen Geschäftsfreunde mit einer völlig unjapanischen Frontalattacke: „*Melden Sie mich morgen früh in einem Krankenhaus an. Dann werde ich meine eigenen Formulierungen schlucken und lasse eine Aufnahme meines Magens machen. Wenn die Qualität der Aufnahme gut ist, betrachte ich die Reklamation als erledigt. Ich wohne im Imperial Hotel. Geben Sie mir eine Nachricht, um wie viel Uhr ich zu erscheinen habe.*“ Ich packte meine Sachen zusammen und ging. Die Aufnahme war hervorragend und das Thema war erledigt. Diese Bilder wurden jahrelang in den Prospekten unserer Firma verwendet.

Diese Geschichte zeigt drei meiner wesentlichen Verhaltensweisen bei meiner Arbeit: FIRST THINGS FIRST! – DO IT RIGHT NOW! – und WIN-WIN! Ich habe Steven Covey ernstgenommen.

Ich qualifizierte mich zum Erlediger, und zwar zum Schnellerlediger. Nach vier Jahren wurde ich Vertriebsdirektor. In der Chemie war es damals üblich, dass Chemiker auch diese Position einnahmen.

Ich hatte damals keine Ahnung vom Vertrieb.

Wie elektrisiert saß ich in einem Marketingseminar bei Professor Engelhardt aus Bochum. Ich verstand schnell. Die Ausrichtung des Unternehmens sollte nach dem Markt und den Kunden erfolgen. Ich wurde also Marketing-Autodidakt. Ich lernte Marketing mit der Akribie eines Naturwissenschaftlers. Die Faszination des Marketings hat mich nie verlassen. Marketing war in der chemischen Industrie damals beileibe keine Selbstverständlichkeit. Es wurde geforscht, produziert und verkauft, in dieser Reihenfolge. Ich entwickelte Marketingkonzepte und trug sie mit großer Begeisterung vor. Oft erntete ich mitleidiges Lächeln der Vertreter des alten Stils. Mein Vorgänger war mit einer Flasche Cognac im Rucksack durch die Lande gezogen und verkaufte das, was im Lager war. Marketing war nur etwas für Konsumgüter, das konnte man sich vorstellen, Coca Cola, ja! Aber Chemikalien? Die brauchte doch sowieso jeder. Mir wurde als Marketingmann in eigener Sache schnell klar, dass ich nur anerkannt wurde, wenn ich die Konzepte zügig umsetzte und die Ergebnis-Verbesserung immer wieder kommunizierte. Das wollte ich natürlich auch honoriert sehen. Ich fuhr nach Frankfurt zu meinem direkten Vorgesetzten, Casimir Prinz Wittgenstein, stellte eine DIN-A4-Flipchart auf seinen Schreibtisch und berichtete ihm Seite für Seite von meinen Konzepten und Erfolgen. So ein Prozedere hatte er noch nicht erlebt. Er kannte noch nicht einmal eine Tisch-Flipchart als Kommunikationsmittel. Beeindruckt war er: „*Was wollen Sie eigentlich, junger Mann*“, fragte er.

Nun, das war eine Frontalattacke. Das war Powermarketing in eigener Sache. Viel später lernte ich, dass PULL-Strategien viel besser wirken als PUSH-Strategien.

„Ich will in die Geschäftsführung!“, sagte ich kess und fordernd. *„Das ist doch gar keine Frage, natürlich gehören Sie in die Geschäftsführung. Mit der jetzigen bin ich sowieso nicht zufrieden*“, meinte er. Wir hatten uns auch immer gut verstanden. Er mochte mich. Er hatte mich als seinen Vertrauten zu SACHTLEBEN geschickt, als Späher für die Zentrale. Jeder kennt sicherlich eine der größten Lügen in der Geschäftswelt: *„I am coming from the Headquarter to help you!*“

Wir waren in den USA, Japan und Rumänien gemeinsam auf Geschäftsreise gewesen. Da kommt man sich schon näher, wenngleich er auch immer eine gewisse aristokratische Arroganz an den Tag legte. Meinen Freunden in Dallas avisierte ich Prinz Wittgenstein. Unser texanischer Gesprächspartner fragte mich am Telefon: *„Is he a real prince?*“ Als wir ihn in Dallas nach der Zoll- und Passkontrolle trafen, schlug er dem Prinzen kräftig auf die Schulter und sagte: *„Howdy Prince!*“ Der Prinz zeigte Wirkung. Er sackte kurz in sich zusammen, richtete sich aber schnell wieder auf und bewahrte die Contenance.

In Rumänien küsste er reihenweise dicklichen Einkaufsdirektorinnen die Hand und parlierte charmant. Für das harte Geschäft war ich zuständig.

In Japan öffnete er Türen, die mir verschlossen blieben.

Zwischen zwei Forschungsfahrten der VALDIVIA, als wir in Honolulu vor Anker lagen, erhielt ich von ihm ein Telex: *„Ich möchte gerne auf meinem Hofgut Haubenmühle eine Orchideenzucht aufmachen. Bitte besorgen Sie mir Muster und veranlassen Sie den Versand mit Prospektmaterial!*“

Ich erledigte die Aufgabe prompt und zuverlässig.

Wir hatten also eine emotionale Basis und schätzten uns gegenseitig. So konnte ich mir die Frontalattacke in eigener Sache erlauben.

Ich fuhr nach Homberg und informierte meinen Chef Heinrich von Kleist über das Ergebnis. Seine Reaktion werde ich nie vergessen. Er lief rot an und brüllte mich an, wie ich es noch nie erlebt hatte: *„This is a kick in my ass!*“, rief er. Er konnte bei seiner Protestmission in Frankfurt zwar verhindern, dass ich Geschäftsführer wurde, aber man löste das Problem, wie in Konzernen üblich, elegant und beförderte mich in die Geschäftsbereichsleitung Chemieprodukte, zu der auch SACHTLEBEN gehörte. So landete ich sogar noch eine Ebene höher.

Ich erzähle diese Episode so ausführlich, weil sie deutlich macht, welch ein karriereorientierter Manager ich war. Für meine Kollegen und Vorgesetzten sicherlich nicht immer einfach. Meine Mitarbeiter waren begeistert. Ich führte sie, wie ich es bei Herrn Michels gelernt hatte. Sie waren in meiner Obhut. Ich kämpfte für sie wie ein Löwe. Ich förderte sie und wir waren motiviert bis in die Haarspitzen. Wir hatten Spaß an der Arbeit und freuten uns, wenn wir uns täglich trafen. Ich anerkannte stets ihre Leistung und erhielt ihre Begeisterung. Das war nicht opportunistisch. Ich war selbst begeistert über unser gemeinsames Wirken. Wer andere entzünden will, muss selbst brennen!

Die erste Ehe und die Geburt meiner Tochter Kathrin und meines Sohnes Philipp machten das Glück komplett, dachte ich lange Zeit. Als Leistungstier habe ich sicherlich meine Familie vernachlässigt. Ich habe aber gar nicht darüber nachgedacht, ob ich wirklich glücklich bin und was wohl für mich der Sinn des Lebens sein sollte. Ich dachte, der Sinn ist, fleißig zu arbeiten und Erfolg zu haben, an dem ja auch die Familie teilhat. Ich arbeitete einfach weiter vor mich hin und kümmerte mich in meiner begrenzten Freizeit um meine Familie oder ruhte mich aus, damit ich montags wieder fit war. Meine Kollegen lebten auch so. Wir hinterfragten diese Einseitigkeit nie.

Meine Karriere basierte auf den Säulen Chemie, Internationalität und Marketing. In dieser Kombination gab es in meinem Alter nicht viele in der chemischen Industrie. Ich bin ziemlich sicher, dass durch diese Erfahrungsvorteile einige Beförderungen honoriert wurden.

Dann gab es hintereinander zwei schwere Bombeneinschläge in meinem Leben, die alles Bisherige infrage stellte und die Zukunftssicht trübten.

Als ich 42 Jahre alt war, begann meine Ehe zu Ende zu gehen und endete dann auch in der Scheidung. Mit 45 Jahren verlor ich meine Tätigkeit als Vorstandsmitglied in einem renommierten Chemieunternehmen. Mir wurde für mich völlig überraschend von dem damaligen Vorstandsvorsitzenden kurz vor Weihnachten mitgeteilt, dass mein Vertrag nicht verlängert werde. Überraschend deswegen, weil ich sehr erfolgreich und sehr beliebt war. Aber ich hatte oft eine völlig andere Meinung zur Unternehmensführung und Personalführung. Er wollte auch für seine Nachfolge einen anderen Kandidaten und da war ich im Weg. Den anderen Kandidaten empfand er wohl als einfacher. Er wollte als zukünftiger Aufsichtsratsvorsitzender über den Vorstandsvorsitzenden das Unternehmen weiterleiten. Er hatte recht. Mit mir hätte er das nicht machen können.

Es brauchte bei mir wohl diese beiden Einschläge, um mein sehr einseitiges, ICH-zentriertes Leben zu erschüttern. Ich hatte gar kein Unrechtsbewusstsein für mein einseitiges Leben. Ich war fleißig, erfolgreich, familiär und auch sozial und hatte viele Freunde. Ich wurde überall sehr anerkannt und die anderen lebten auch so.

Jetzt aber war ich in ein sorgenvolles Vakuum gestoßen worden. Meine Ehe war gescheitert und ich hatte keinen Job mehr. Ich machte mir natürlich große Sorgen um meine berufliche Zukunft und hatte keine Ahnung, wie es mit der Begleitung meiner Kinder vorangehen sollte.

Völlig verzweifelt fuhr ich 1984 auf Empfehlung meiner Schwester zu Karlfried Graf Dürckheim nach Todtmoos-Rütte in den Schwarzwald. Es war eine eisige Winterstimmung. Ich hörte *„Jacques Loussier spielt Bach"* während der Fahrt durch eine nebelige Schneelandschaft. Ich fror innerlich und äußerlich. Ich hatte keinen Boden mehr unter den Füßen. Über diese Begegnung, die für mich richtungsweisend, oder wie Dürckheim sagte: initiatisch, war, berichte ich später.

Ich wachte aus einem Trance-Zustand auf, und es begann ein sehr bewusstes Leben.

Im Januar 1984 wurde ich in Rütte zum zweiten Mal geboren.

Erst nachdem ich meine ausweglose Leidenssituation nicht nur angenommen hatte, auch in sie eingetreten war, wie Dürckheim forderte, eröffneten sich Wege aus der Krise. Ich erlebte, dass das chinesische Schriftzeichen für Krise auch Chance heißt.

Von Walter Schwery lernte ich erst sehr viel später, dass der Weg aus der Krise auch immer einen Vektor hat, dem man folgen muss. Der Vektor war diesmal nach außen gerichtet.

Ich sollte also weiter nach außen wirken. Ich heiratete 1987 meine jetzige Frau, die mich in den zukünftigen Geschäftsjahren wunderbar unterstützte und mir immer eine gute Ratgeberin war. Frauen haben andere sensible Antennen. Sie ist die große Liebe meines Lebens – bis heute. 1988 wurde mein zweiter Sohn Patrick geboren und ich fand völlig unerwartet eine neue fantastische berufliche Aufgabe. Jetzt ging meine Karriere erst richtig los. Ich war sehr erfolgreich. Was ich auch anpackte, es gelang, noch viel besser als vorher.

Aber es gab einen großen Unterschied zu meinem beruflichen Wirken vor der Krise. Mein innerer Reifeprozess war von Dürckheim gestartet worden und ich wirkte in der Wirtschaft in völlig anderer Art und Weise, immer entsprechend dem Stand meiner Reifung, meiner Individuation im Jung'schen Sinne. Natürlich machte ich nicht sofort alles aus innerer Überzeugung richtig. Der Egoist verschwand ganz langsam, aber stetig. Die Jahre bei STINNES waren meine Verwandlungsjahre. Immer mehr war mein Wirken in der äußeren Welt durch meine innere Welt getragen und beeinflusst.

In meinem beruflichen Umfeld wusste keiner, aus welchem Bewusstsein ich wirkte. Es fiel nur auf, dass ich mit Fürsorge und Mitgefühl meine Mitarbeiter führte, dass diese sich bei mir wohler fühlten als woanders und dass wir als Team sehr erfolgreich waren. Ich referierte viel über Führung, intern und extern. Mehr als über Chemie oder Marketing. Zur Überraschung der Zuhörer sprach ich nicht darüber, wie man seine Mitarbeiter führen soll, sondern vielmehr darüber, wie man sich selbst führen soll. Ich war davon überzeugt, dass man zunächst lernen muss sich selbst zu führen, und zwar aus einem sich stetig entwickelnden Reifungsprozess der eigenen Person. Nur dann kann man auch andere mit Empathie und Kongruenz, voller Mitgefühl und Fürsorge führen und zu einem *LIEBENDEN DIALOG* (Hans-Peter DÜRR) fähig sein.

Wie wahr, wie wahr, wenn Horst Eberhard Richter sagt: *„Nur wer mit sich selbst ausgesöhnt ist, kann mit anderen fürsorglich umgehen!“*

Als ich bei der HÜLS AG 1993 die außerordentlich schwierige Sanierungsaufgabe übernahm, waren glücklicherweise meine Lehrjahre für den intensiven Beginn zur inneren Reifung gut vorangegangen. Ich konnte diese Aufgabe getrost antreten, obwohl ich noch nie saniert hatte. Ich hatte natürlich von knochenharten erfolgreichen Sanierern gehört. Aber mir war völlig klar, dass ich diese Aufgabe nicht als Chirurg angehe, sondern aus meinem inneren Wesen heraus. Ich war ganz ruhig und sicher, dass meine innere Stimme mich leiten wird. Meine Zuversicht hatte eine Quelle, die ich immer mehr entdecken sollte.

Natürlich habe ich auch Fehler gemacht. Aber es war wichtig, schnell zu merken, wenn man aus seiner Mitte herausgefallen war. Zwei Fragen haben mich immer geleitet, wenn ich unsicher in der Entscheidung war:

1. Bringt mir die Entscheidung inneren Frieden?
2. Kann ich verhindern, anderen Menschen zu schaden, und wie kann ich ihnen nützen?

Meine Mitarbeiter waren auch in schwierigen Zeiten, wie bei belastenden Sanierungsaufgaben, immer motiviert. Ich fühlte mich mit allen zutiefst verbunden, je weiter ich auf meinem inneren Weg voranschritt. Verbunden über das in uns allen wirkende WESEN. Ich verlor keinen wichtigen Mitstreiter.

Als ich dann die Losung „*Unsere Kunden und wir sind wir!*" ausgab, waren alle überrascht und erstaunt. Viele haben es nicht verstanden, aber fanden es gut. Sie verstanden es als Aufforderung zur verstärkten Kunden-Orientierung. McKinsey nannte das dann „*Customer Bonding*". Das war natürlich rational und opportunistisch, um mehr und bessere Geschäfte zu betreiben. Bei mir aber entstand die Verbindung aus dem Mitgefühl für alle Wesen. Dazu gehörten natürlich auch die Kunden.

Empathie und Kongruenz spielten für mich eine große Rolle. Ich beförderte nur Mitarbeiter mit Herz für andere und trennte mich von denen, die nur Energien vernichteten. Die Entscheidungen, mich von Mitarbeitern zu trennen, fielen mir immer außerordentlich schwer. Mir war bewusst, dass ich Leid auslöste, aber ich musste an den Fortbestand des Ganzen denken. Als Unternehmensführer ist man ähnlich wie ein Richter manchmal in diese Situation gestellt. Ganz wichtig ist es dann aber, immer und ohne Zögern den Mitarbeiter mit Achtung, Mitgefühl und großer Fürsorge zu behandeln. Das Credo, anderen Wesen nicht zu schaden, wie gesagt, muss immer die oberste Maxime des Handelns bleiben. So kommt es auf die Dosierung der Wahrheit an, auch wenn sie verletzt.

Ich lieferte den Beweis, dass mit dieser Art, die nicht aus dem ICH, sondern aus dem WESEN kommt, wie Dürckheim es versteht, überaus erfolgreich Unternehmen zum Erfolg geführt werden können. Auch bei Sanierungsarbeiten ging ich nicht wie ein gefühlloser Chirurg vor, sondern eher wie ein ganzheitlich orientierter Arzt, der die Heilung mit einer Stärkung des Immunsystems einleitete. Meine hohe Akzeptanz und Beliebtheit war den ICH-zentrierten Kollegen unerklärlich.

Ich werde später ausführlich über mein Wirken in dem Kapitel „*Erfahrungsraum Arbeit und Werk*" berichten.

Vier Aufgabenfelder außerhalb meines direkten beruflichen Wirkens haben mich mit besonderer Leidenschaft beschäftigt. Zum einen war dies eine mehrjährige Vorlesungsreihe im Rahmen meiner Honorarprofessur an der Westfälischen Wilhelm Universität Münster. Den Studenten der Chemie habe ich meine Erfahrung und mein Wissen aus vielen Jahren in der Wirtschaft weitergegeben. Erfahrung und Wissen also, dass man auf der Universität nicht lernt, dass aber in der Wirtschaft große Bedeutung hat.

Zu den Vorlesungsthemen gehörten:

Der Chemiker als Marketingleiter, Controller, Betriebsleiter, Produktionsleiter, Unternehmensplaner, Personalleiter, Leiter Mergers und Akquisition, Leiter Umweltschutz, Geschäftsführer, Forschungsleiter, Anwendungstechniker, Distributionsleiter, Bewerber etc.

Zum anderen habe ich als Präsident der Gesellschaft Deutscher Chemiker (GDCh) 1998/1999 einen neuen Studiengang für Wirtschaftschemie gegen Widerstand aus akademischen Kollegenkreisen befürwortet und für dessen Einführung gekämpft. Dazu gehörte auch die Einrichtung einer Stiftungsprofessur für Wirtschaftschemie in Münster, die 5 Jahre von der HÜLS AG finanziert wurde. Aus rückschauender Sicht ist das ein großer Erfolg geworden. Bis heute haben sich seit Gründung des Lehrstuhls 310 Studenten eingeschrieben. Es musste ein Numerus clausus wegen der hohen Nachfrage eingerichtet werden. Insgesamt haben 72 Studenten inzwischen ihr Diplom erhalten. Im Oktober 2010 wurde der zwanzigste Doktorand gefeiert. Voraussetzung für den Masterstudiengang Wirtschaftschemie ist heute der Bachelor in Chemie.

Ein ganz wichtiges Anliegen war mir die Vermittlung von Chemiewissen und -begeisterung an Kinder. Entwicklungspädagogen hatten immer behauptet, dass Jugendliche erst ab dem 12. Lebensjahr in der Lage wären, naturwissenschaftliche Zusammenhänge aufzunehmen (nach Piaget). Deshalb wird Chemie so spät am Gymnasium gelehrt. In einer ganz wichtigen Initialveranstaltung an der HUMBOLDT-UNIVERSITÄT in Berlin habe ich mit Vorschulkindern drei Stunden einfache Chemieexperimente durchgeführt. Sie alle waren begeistert und experimentierten mit roten Wangen und großem Interesse (HÖRZU, 1998).

Da ich selbst an der Schnittstelle Chemie und Wirtschaft arbeitete, förderte ich die Gründung einer „Vereinigung Chemie und Wirtschaft“ in der GdCh, die dann später eine wichtige Fachgruppe wurde.

Aus dem inneren Wachstumsprozess entstand natürlich auch eine belastbare Ethik und ein großes Verantwortungsgefühl für alles, was ich tat und nicht tat. Wenn ich beispielsweise davon überzeugt gewesen wäre, dass ein Chemieprozess für die Umwelt gefährlich ist, hätte ich die Produktion sofort eingestellt. Wenn ein spezielles Produkt Schaden angerichtet hätte, hätte ich die Herstellung beendet, egal wie viel Gewinn verloren gegangen wäre.

Ich habe nie mehr während meines ganzen beruflichen Wirkens Dürckheim vergessen: „*Wo immer wir in der Gesellschaft an einer Stelle eingesetzt sind, an der wir Verantwortung zu übernehmen haben, hängt der Segen unseres Wirkens von der Tiefe und der Reife der eigenen Person ab … Es geht um das Zeugnis der anderen Welt in dieser Welt. Zeuge des Überweltlichen in dieser Welt kann nicht eine Gruppe, nicht eine Institution, nicht die Gesellschaft sein; Zeuge sein kann nur der Einzelne. Deshalb arbeiten wir hier an uns. Deshalb gehen wir einen Weg der Übung, und wenn es uns gelingt, vom Reich Gottes zu zeugen in dieser Welt, erfahren wir das Geschenk der Gnade.*“

Nach dem Tod von Dürckheim im Jahre 1988 wurde ich Schüler von Willigis Jäger und bin es bis heute. ZAZEN – die ZEN-MEDITATION – war und ist für mich persönlich das ideale Kontrastprogramm zu meinem Managerleben. MACHEN auf der einen Seite und NICHT-MACHEN auf der anderen Seite. Ich spürte die stetige Veränderung meiner Person auf diesem Übungsweg. Ich wurde immer stärker im WESEN zentriert und mein ICH war mehr und mehr in diesem WESEN gegründet.

In meiner zweiten Lebenshälfte war ich also, durch Schicksalsschläge ausgelöst, auf den Weg des inneren Wachstums geführt worden. Ein so frühes Erwachen aus der „Leistungstrance“ ist natürlich ein großes Glück und zum rechten Zeitpunkt die ideale Vorbereitung auf das dritte Lebensdrittel.

Als dann der nächste Bombeneinschlag im beruflichen Bereich 1998 kam, war ich auf diesem Weg schon weit vorangeschritten und nicht mehr so verletzbar. Natürlich gibt es Zorn und Ärger, also normale menschliche Eigenschaften, aber man hat die Reife entwickelt, diese Regungen zu beobachten und zu erkennen, dass man diese Gefühle zwar HAT, aber sie nicht IST. Sie lassen nach und ziehen durch.

Was war passiert? Aus meiner inneren Einstellung heraus konnte ich als Vorstandsvorsitzender Anweisungen meines Vorgesetzten nicht mehr befolgen, weil sie gegen alles verstoßen hätten, was meiner persönlichen Wertvorstellung entsprach und meinen inneren Frieden erhielt.

Es kann also passieren, dass man bei allen Konsequenzen NEIN sagen muss, weil in der jeweiligen Situation die INNERE STIMME, der man nach dem vollzogenen inneren Reifeprozess folgen muss, dieses NEIN sagt.

Ich wurde trotz aller meiner Erfolge entlassen, weil ich auch nach mehreren Gesprächen standhaft geblieben war. Ich wollte, wie immer, nur das fortsetzen, was zum Wohle des Unternehmens und seiner Mitarbeiter gut war. Heute, rückblickend betrachtet, kann ich eigentlich nur sagen, dass es für alle Beteiligten sehr schade war. Man hat mich einfach nicht mehr wirken lassen wollen, obwohl es zum Nachteil des Unternehmens war.

Die niederen Spiele musste ich nicht mehr ertragen. Robert S. de Ropp nennt sie in seinem Buch *„Das Meisterspiel"*: *„Schwein am Trog"* und *„Hahn auf dem Mist"*: *„Diese Spiele … sind mehr oder weniger pathologische Tätigkeiten. Die Spieler, die ‚gewinnen', gewinnen nichts, was sie dann wirklich ihr Eigen nennen können. Das ‚Schwein am Trog' mag zweimal so reich werden wie Krösus und endet verbittert, ausgelaugt und unglücklich, nicht wissend, was mit dem angehäuften Reichtum anzufangen ist. Der ‚Hahn auf dem Mist' mag zu einer solchen Berühmtheit aufsteigen, dass jedermann seinen Namen kennt, nur um dann festzustellen, dass diese seine Berühmtheit nur ein Schatten ist und eine Quelle von Unannehmlichkeiten."*

Das MEISTERSPIEL sollte in den Mittelpunkt meines Lebens rücken.

In dieser Krise nun war der Vektor nach INNEN gerichtet. Es war weiteres inneres Wachstum angesagt und ich musste, nunmehr im Alter von 56 Jahren, das Spiel des äußeren Wachstums nicht mehr weiterbetreiben.

Glück gehabt, kann ich heute sagen.

Oft fiel mir damals HORAZ ein:

„Beatus ille, qui procul negotiis, ut prisca gens mortalium,
paterna rura bobus exercet suis, solutus omni faenore;
Neque excitator classico miles truci neque horret iratum mare
forumque vitate et superba civium potentorum limina."

„Glücklich der Mann, der fern von Geschäften
wie einst das Menschengeschlecht,
die väterliche Scholle mit seinem Ochsen pflügt,
frei von Schuldenlast;
weder wird er als Soldat vom wilden Signal aufgescheucht,
noch vom grollenden Meer verängstigt,
er meidet das Forum und die stolzen Paläste der Mächtigen."

(Horaz, Epodes II, 1–8)

So ganz abrupt ohne Geschäfte ging es dann doch nicht, aber sie wurden weniger wichtig, je mehr andere wirklich wesentliche Inhalte mein Leben bestimmten.

Es folgten einige Jahre als Berater, aber die Optimierung des Gewinns war nicht mehr meine Priorität. Ich hatte keine Freude mehr an dieser Art Tätigkeit. Sie hatte für mich den Sinn verloren. Ich durchschaute zu sehr das Spiel derjenigen, die für ihren materiellen Erfolg rannten, als ginge es um ihr Leben.

Die betriebswirtschaftliche Optimierung eines Unternehmens kann nicht alleiniger Sinn des Lebens sein, ebenso wenig wie die immer wieder nötige Erholung von den Mühen des Arbeitslebens. Das wurde mir immer klarer.

Von Krankheiten blieb ich nicht verschont, aber es waren keine lebensbedrohenden Einschläge. Natürlich machte ich mir Sorgen, als ich 2005 eine Hautkrebsdiagnose bekam. Ich zog mich in den Benediktushof zurück. Willigis Jäger empfing mich mit der Frage: *„Na, wie geht's?"* Ich sagte ihm, dass ich eine Hautkrebsdiagnose bekommen hätte und doch sehr bekümmert sei. Er antwortete: *„Ja, ES offenbart sich jetzt bei dir als Hautkrebs an der Hand. Vielleicht hast du bald Hautkrebs am ganzen Arm!"* Er läutete die Glocke und ich war wieder raus aus dem Dokusan (persönliches Gespräch mit dem Meister). Das hört sich ziemlich brutal an und ich war erst geschockt. Nun, was wollte er mir damit sagen? Seine Aussage war nicht brutal oder ironisch gemeint. Konnte sie auch gar nicht sein, denn er war wie immer voller Mitgefühl und das spürte ich als Trost. Er wollte mir klarmachen, dass das Absolute, die Urwirklichkeit, ES eben, sich in jedem Augenblick in allem offenbart, auch in Krebs. Es gibt keine Wertung in Gut und Böse, ES ist eben so. Es war seine Aufforderung, in jedem Augenblick in diese Krebserkrankung bedingungslos, und nicht wertend, eintreten zu lernen. So lernt man die Krankheit anzunehmen. Sie ist Teil von mir. Es macht keinen Sinn, gegen sie anzukämpfen. Man kann nicht gegen die Wirklichkeit ankämpfen wollen, die sich in der Krankheit offenbart.

„WO ICH NICHTS WILL, KANN ‚ES' ERSCHEINEN",

sagt Lilo BRENTRUP (Texte aus dem Weg, Eigenverlag 1982).

Es geht darum, bei einer Erkrankung in dieses Heilungsfeld, wie Hans-Peter Dürr sagt, in das kooperative Hintergrundfeld, einzutreten und diesem Feld die Heilung zu überlassen. *„Was heilt?"*, fragt *Klaus-Dieter Platsch* in seinem wunderbaren Buch für Kranke: *„Was heilt – Vom Menschsein in der Medizin"*.

Auch wenn ich neben meinem Beruf wenig Zeit hatte, so ging ich doch bewusster in die Erfahrungsräume Natur, Musik, Liebe, Tanz, Hunde, Begegnungen, intensivierte meine ZAZEN-Übungen in meinem eigenen ZENDO (Meditationsraum), den mein Freund und Meister des Teeweges Martin Knipphals für mich gebaut hatte. Willigis Jäger taufte meinen ZENDO *„ Kyo-un"*. Das heißt *„Leere Wolke"*, so wie Willigis selbst heißt und seine neue ZEN-Linie auch. Auch im Benediktushof war ich öfter zu Gast. „Du musst jetzt mal vier Wochen kommen", sagte Willigis Jäger zu mir, da er erkannt hatte, dass ich bei den Wochensesshins oft schon an die Abreise dachte. Diese vier Wochen waren eine wunderbare neue Erfahrung als Hausgast mit vier Stunden Arbeit am Tag. Die Gäste kamen und gingen, ich wollte bleiben. Erstmals konnte ich mir vorstellen, dass man im Kloster leben könnte, um seinen Frieden zu finden. Das konnte ich mir vorher nie vorstellen.

Während dieses Langzeit-Retreats rief mal meine Frau an und fragte, ob ich sie denn vermisse? Ein knappes, ehrliches *„Nein"* war meine Antwort. Betroffenes Schweigen.

Als ich wieder in meinem Zimmer war, überlegte ich, was ich denn da angerichtet hatte und schrieb meiner geliebten Frau einen Liebesbrief. Der Kernsatz war: *„Du bist für mich immer da, auch wenn Du nicht da bist!"* Meine Frau hatte verstanden und schrieb mir einen Liebesbrief zurück. Das war ohne Zweifel der beste Briefwechsel, seitdem wir uns kennen.

Immer wenn ich am Benediktushof war und zurückfuhr, ging mir durch den Kopf, dass jeder Aufenthalt dort das Beste zur Förderung einer Beziehung ist. Man fährt gestärkt und positiv verändert nach Hause. Die Meditation im Schweigen mit 120 Gleichgesinnten lässt so viel Frieden in die Teilnehmer einfließen, dass man ihnen es noch Wochen danach anmerkt. ES hat gewirkt. Die Wirklichkeit hat gewirkt. Man hat sie durch die stetige Übung des Loslassens wirken lassen.

Gibt es noch geschäftliche Aktivitäten?

Eigentlich sind geschäftliche Tätigkeiten für mich heute ohne Sinn. Lange genug habe ich in früheren Lebensjahren alle meine Kräfte darauf ausgerichtet.

Als aber mein Freund Thomas Arzt mich bat, ihm bei seinen Geschäften zur Seite zu stehen, konnte ich aus zweierlei Gründen nicht nein sagen. Erstens habe ich in ihm meinen jüngeren „Bruder" auf der geistigen Ebene gefunden und zweitens ist das Arbeitsgebiet der SAT AG in Freiburg für mich von besonderer Faszination. Es geht darum, wie man in der heutigen schnelllebigen Zeit mit einer ungeheuren Komplexität und Volatilität die Orientierung nicht verliert Es passt in die heutige Zeit und wird wohl die Schlüsseltechnologie dieses Jahrhunderts. Aus diesem Grunde habe ich den Aufsichtsratsvorsitz übernommen und unterstütze die Gesellschaft bei der Expansion. Die Komplexität der Unternehmen und Märkte hat durch die Globalisierung in einem Ausmaß zugenommen, dass sie nicht mehr zu durchschauen und nicht mehr beherrschbar ist. Man steuert jedoch immer noch mit den Methoden der Vergangenheit.

Computergestützte Simulationsmethoden zur Steuerung der Geschäftsprozesse in Richtung Optimum und algorithmenbasierte Optimizer für Lösungen mit vielen Variablen sind die modernen Management-Tools der heutigen Zeit. Auf diesen Gebieten ist die SAT AG führend.

Rückblickend betrachtet gab es noch zwei weitere Einschläge in meinem Leben, die mit dem Tod zu tun haben. Wir haben es uns angewöhnt, den Tod zu verdrängen, aber das gelingt natürlich nicht. Der Tod der Eltern ist immer ein großer Schmerz, den man aushalten lernen muss und aus dem man neue Kraft für die innere Entwicklung schöpfen kann.

1983 starb mein Vater nach langer Krankheit. Es war für ihn eine Erlösung vom Leiden. Meine Mutter, meine Schwester und ich waren bei ihm. Er atmete immer langsamer und dann nicht mehr. Er hat gespürt, dass wir bei ihm waren und starb ganz friedlich. So würde ich mir auch meinen Tod wünschen, im Beisein meiner Familie, ohne Schmerzen, den letzten Atemzug einfach aushauchen.

Das ist aber nicht jedem so vergönnt. Meiner Mutter hatte ich versprochen, auch bei ihr im Sterben dabei zu sein und sie zu stützen. Diese Zusage konnte ich leider nicht einhalten.

Sie war mit Nierenproblemen von mir 1996 ins Krankenhaus begleitet worden. Am nächsten Tag rief mich das Krankenhaus an und informierte mich, dass sie auf die Intensivstation verlegt wurde. Ich machte mich sofort auf den Weg. Dort angekommen, las ich an der Tür zur Intensivstation, dass man bitte zur Schonung der Patienten die Besuchszeit ab 16 Uhr einhalten sollte. Ich ging eine Stunde spazieren. Als ich wiederkam, war meine Mutter gestorben.

Ich fühlte eine unbeschreibbare Schuld, dass ich sie allein gelassen hatte. Diese schwere Schuld trug ich bis vor zwei Jahren in mir und konnte mit keinem überhaupt darüber sprechen. Dieser Schatten trieb sein Unwesen in mir. Ich träumte immer wieder davon. Es belastete mich. Ich wusste trotz allem inneren Wachstum nicht, wie ich damit umgehen sollte. Es reicht oft eben nicht aus, sich auf die Matte zu setzen und loslassen zu üben, so wie es jeder ZEN-Meister raten würde. Ein so großes Schattenpotenzial ist tiefenpsychologisch zu betrachten und aufzulösen. Es behindert den inneren Wachstumsprozess. Es dauerte sehr lange, bis ich das verstand.

Meinem Lehrer Walter Schwery bin ich unendlich dankbar, dass er mir half, den Schatten kleiner werden zu lassen, damit das Licht wieder ungestört strahlen kann. Schatten ist immer verhindertes Licht.

„*Damit der Mensch ganz wird, muss er schuldig werden!*“, sagt C. G. Jung. Richtig oder falsch gibt es nicht. Ich musste in diese Erfahrung einer großen Schuld hinein, um weiter auf dem Weg zur Ganzheit zu wachsen. Es war wohl dringend erforderlich. Es sollte ein Schub sein. Walter Schwery: „*Deine Mutter wollte es so. Sie hätte mit dem Sterben ja auch noch warten können. Sie wollte allein sterben. Sie wollte, dass du große Schuld empfindest, damit sich dein Wachstum beschleunigt. Du bist nicht die Schuld, du musst sie aber in dir erfahren, damit es weitergeht. 1996 warst du auf dem Höhepunkt deines beruflichen Wirkens. Genau da sollte das Schulderlebnis stattfinden. Der SOPHIA-Aspekt der Mutter konnte nicht mehr warten. SCHULD/NICHTSCHULD sind zwei Seiten derselben Energie, der KUNDALINI-Energie.*“

Mir war erst dann klar geworden, dass ich bis zum Tod meiner Mutter überhaupt kein Schuldgefühl kannte. In meinem „immer guten Verhalten“ war ich ziemlich selbstgefällig geworden. Den inneren Verbrecher; den DUNKLEN BRUDER in mir, habe ich gar nicht zugelassen. Ich musste immer gut sein. Das ist gar nicht möglich. Der Riss mit der Mutter war nötig, sonst hätte mein innerer Prozess nicht stattfinden können.

„*Was mache ich jetzt?*“, fragte ich Walter Schwery. „*Nichts machen. Die Schuld ist ja nicht weg. Umarme deine Schuld, umarme deinen Dunklen Bruder. Nimm nur wahr, lass los. Lassen und zulassen ist weiblich. Übernimm die Rolle deiner Mutter und lass die SOPHIA weiter in dir wachsen. Ohne dieses Schulderlebnis ist das nicht möglich.*"

Später werde ich in dem Kapitel „Erfahrungsraum Krankheit - Tod" ausführlich über die Erfahrung der Wirklichkeit, des GOLDENEN WINDES, im Leben, in der Krankheit und im Tod berichten.

Meine vier Weg-Weisen

Wenn man trotz aller positiven Entwicklungen und trotz aller Erfolge in allen Bereichen des Lebens einfach nicht glücklich ist und nicht verstehen kann, warum man nicht glücklich ist, oder sogar unglücklich ist oder leidet, dann ist es ein wahres Glück, einem Menschen zu begegnen, der mit seinem inneren Prozess weiter ist und der, wie ein Bergführer, einen an die Hand nimmt und begleitet. Laufen muss man selbst, aber man kann lernen, wie man läuft und wohin man laufen muss. Willigis Jäger sagt: *„Es ist egal, auf welchem Pfad du auf den Berg der Erkenntnis gehst. Alle Wege sind gleichwertig. Bei allen Religionen geht es um dasselbe und es bedarf auch nicht unbedingt der Religion. Du solltest dir einen Bergführer suchen, der mit dir eine Wegstrecke geht. Laufen musst du selbst, und zwar jeden Tag mit Beharrlichkeit und Disziplin. Nach mir begleitet dich ein anderer Bergführer und das ist gut so.“*

Alle Wege sind nicht gleich. Der Erfahrungsraum auf dem Weg zum Gipfel ist gleich.

Graf Dürckheim forderte die tägliche Übung als Exerzitium.

„Du musst üben, üben, üben. Skifahren lernt man auch nicht, indem man sich jeden Monat für 15 Sekunden auf die Piste stürzt“, ermuntert Matthieu Ricard.

Auch wenn man keine Lust hat, ist die Übung besonders wichtig. Das ICH hat oft keine Lust zu üben.

Meine Schwester, Helga Simon-Wagenbach, wird in ihren Kursen oft gefragt, was man denn tun solle, wenn man keine Lust zum Üben habe, um den inneren Schweinehund zu überwinden. Ihre Antwort bringt es auf den Punkt: *„Nicht denken! Einfach anfangen!“* Und von den Unarten des ICH wollen wir ja gerade frei werden, denn sie sind der Ursprung allen Leidens.

Karlfried Graf Dürckheim

In meiner ersten großen Lebenskrise im Jahr 1984 riet mir meine Schwester, zu Graf Dürckheim nach Todtmoos-Rütte zu gehen.

Wie ich schon früher schilderte, fuhr ich im Februar 1984 durch eine eiskalte Winterlandschaft nach Rütte. Ich wurde herzlich begrüßt und im Herzlhaus einquartiert. Dort war Schweigen angesagt. Es fiel mir sehr schwer zu schweigen. Ich hatte nichts von den dort praktizierten Methoden der *Initiatischen Therapie* nach Dürckheim und Hippius gehört.

Dürckheim war am 24. Oktober 1896 in München geboren worden. Als ich ihn traf, war er bereits 88 Jahre alt und körperlich gebrechlich. Er kam gerade von einer Reha-Maßnahme von der Bühler Höhe.

Ich trat in sein Büro ein und spürte unmittelbar die große Ausstrahlung dieses Mannes, seine Aura. Ich erzählte ihm, weshalb ich ihn besuchte. Er hörte aufmerksam zu und musterte mich mit seinem durchdringenden Blick, der viel Mitgefühl ausstrahlte. Er spürte sofort, warum ich litt und wo er mich als ICH-zentrierten Erfolgsmanager abholen musste.

Auf seinem Tisch stand eine gelbe Rose in einer Glasvase. Er sagte: „*Schau mal die Rose an!*" Ich schaute die Rose ungefähr eine Sekunde an und dann wieder ihn. Er sagte: „*Nein, schau nicht mich an, sondern schau die Rose an und mache sonst nichts!*" Ich schaute die Rose erneut an, wohl 2–3 Sekunden und schaute dann aus dem Fenster. So ging es immer weiter. Ich schaffte es nicht, nur die Rose anzuschauen und sonst nichts. Ich spürte spontan mein Dilemma. Er fragte: „*Na, warum fällt es dir denn so schwer. Du hast doch mit deinem Verstand entschieden, die Rose anzuschauen und sonst nichts, nicht wahr?*"

Er sagte: „*Dein Geist ist so unruhig und wirr, dass du ihn gar nicht beruhigen und dich auf die Rose konzentrieren kannst. Das ist dein Problem. Ich dachte, du bist ein Topmanager, der genau weiß, was er will, und das auch dann macht. Und du hast das wohl bisher auch geglaubt.*"

Diese Erfahrung habe ich nie mehr vergessen. Aber es reichte ihm noch nicht und er öffnete mir weiter die Augen. Wie gesagt, er wusste genau, wo er mich abholen musste. Ich war stark und stattlich und er ein gebrechlicher Mann. Dieses Bild erschütterte er in wenigen Minuten. Der gebrechliche Dürckheim stand auf, streckte seinen rechten Arm seitlich parallel zum Boden aus und sagte: „*Versuch mal mit all deiner Kraft, meinen Arm runterzudrücken.*" Ich versuchte es mit großer Kraftanstrengung und da stand der alte Mann wie ein Fels. Ich hatte keine Chance.

Es reichte ihm immer noch nicht, und er bildete aus Daumen und Zeigefinger einen Ring. *„Öffne mit aller Kraft diesen Ring und reiße meine beiden Finger auseinander!“* Es war hoffnungslos. Er schlug sich mit der flachen Hand auf seinen Bauch unterhalb des Bauchnabels und sagte: *„HARA! Ich bin im HARA und du nicht. Meine Kraft, oder besser gesagt die KI- oder CHI-Kraft, die ich nutze, fließt ohne meine Anstrengung in meinen Arm oder meine Finger.“* Dann gab er mir ohne Vorwarnung einen Schubs und ich fiel beinahe hin. *„Und du bist nicht im HARA! Das HARA ist ein Kraftzentrum bei mir und dir ist es nicht bewusst. Es gibt eine gewaltige Universalkraft, die du bisher noch nicht erfahren hast!“*

Ich hatte verstanden. Es gibt eine Kraft, die ich nicht kannte, aber natürlich gerne kennenlernen wollte, und ich bin nicht Herr meiner Entscheidungen, obwohl ich das immer glaubte. Ich begriff auch, dass Alter sich nicht unbedingt in Schwäche zeigen muss. Es kommt auf die Bewusstseinsverfassung an. So wollte ich leben, von dieser Universalkraft erfüllt, ohne Anstrengung.

Die Lehrstunde ging weiter.

„Erinnere dich mal, wann du ein ganz glückliches Gefühl gespürt hast und du dich mit allem verbunden fühltest. Geh in deine Kindheit oder Jugendzeit zurück. Dort wirst du leicht ERINNERUNGSPUNKTE finden.“

Ich spürte mich in Münzenberg auf dem Heuwagen.

Ich roch den Duft der Pferde und war eins mit den Pferden.

Ich roch den Duft der Erde im Frühling, als der Schnee schmolz.

Sehr viel später als Erwachsener, im Flugzeug von Anchorage nach Frankfurt, ausgelöst durch das Lesen des Buchs *„Schicksal als Chance – Das Urwissen zur Vollkommenheit des Menschen“* fühlte ich mich stundenlang eins mit dem ganzen Universum.

Graf Dürckheim: *„Das sind SEINS-Fühlungen. Wenn sie stärker sind, nennt man das SEINS-Erfahrungen.*

Das sind ERINNERUNGSPUNKTE. Damit schließt man sich an die Universalkraft an. Besonders in der Natur, der Musik, der Kunst, der Liebe und dem Kult ist die Wahrscheinlichkeit groß, diese Wirklichkeit zu spüren, die ich Wesen nenne. Das Wesen ist die Weise, mit der das überraumzeitliche SEIN in uns und durch uns in der Welt manifest werden will. Du bist doppelten Ursprungs. Dein ICH ist irdischen Ursprungs und das Wesen ist göttlichen Ursprungs. Dein übertriebenes ICH verhindert, dass du das Wesen erfahren kannst, und deshalb leidest du. Du solltest Übungen durchführen, um von deiner ICH-Zentrierung loslassen zu üben, damit dein göttliches Wesen dir bewusst wird. Du hast das Wesen aber vergessen. Dein Leiden soll dich daran erinnern, dass du dich auf den Weg machen musst. Wir bieten hier Methoden an, damit du die Erfahrung des Wesens machen kannst. Viel Glück, es wird gelingen!“

Er führte mich persönlich in die ZEN-Meditation ein, in das ZAZEN.

Beim *geführten Zeichnen* zerriss ich anfangs mit den Kohlestiften das ganze Blatt. Ich hatte einen gewaltigen Energiestau.

Ich fertigte eine Collage an, die mir die Augen öffnete. Ich sollte aus Illustrierten schöne und hässliche Bilder ausschneiden und auf ein großes Plakat kleben.

Nachdem alles fertig war, starrte ich immer wieder auf das WERK. Immer ermutigt durch den Therapeuten ließ ich den Blick nicht von der Collage.

Plötzlich durchzuckte mich ein Blitz der Erkenntnis. In die Mitte des Blattes hatte ich eine geteerte Straße geklebt. Die Straße hatte einen kleinen Riss im Teer. Ein ganz kleines Pflänzchen versuchte durch die dicke Teerschicht zu kommen.

DAS WAR ICH! Ich erkannte, dass die Entfaltung meines Lebens massiv behindert wurde. Ich wollte nur noch wachsen und das Leben in mir richtig, ohne Behinderung, wachsen lassen.

Dieser Impuls hat mich seitdem immer begleitet.

Graf Dürckheim: *„Es ist zu unterscheiden zwischen dem Erlebnis und der Wandlung, der initiatischen Erfahrung und dem initiatischen Weg, der das in ihr Erfahrene als Auftrag zu einer Verwandlung aufnimmt.“*

Und so ergänzt Maria Hippius Gräfin Dürckheim: *„Der Mensch, der sich seiner bewusst wird, wird am Faden von Zeit und Ewigkeit sein Schicksal als Auftrag entgegennehmen und es erarbeiten, so gut er kann.“*

Ich las viele Bücher von Dürckheim und hörte fast alle seine Tonbänder.

Am 28. Dezember 1988 starb mein erster Lehrer, mein erster WEG-WEISER.

Willigis Jäger

Bei Willigis Jäger bin ich nunmehr Schüler seit 22 Jahren. Den Kontakt zu ihm habe ich auch meiner Schwester zu verdanken, die ebenfalls Schülerin ist und in der Zwischenzeit von ihm als ZEN-Lehrerin autorisiert worden ist.

Wir trafen uns zum ersten Mal im Haus St. Benedikt in Würzburg, eine Dependance der Benediktiner-Abtei Münsterschwarzach.

Dort war ich viele Jahre lang Teilnehmer an ZEN-Sesshins, oft 2- bis 3-mal im Jahr für jeweils eine Woche.

Seit Eröffnung des Benediktushofs in Holzkirchen bin ich dort oft zu Wochen-Sesshins und, wie berichtet, auch schon mal als Langzeitgast für vier Wochen.

Willigis Jäger ist am 7. März 2011 86 Jahre alt geworden. Ich bin sehr glücklich, ihn schon so lange als Lehrer zu haben. Mittlerweile übe ich mit KŌANS, die er mir gibt. Er begleitet als weiser Meister meinen Prozess des inneren Wachstums. Er hat mir für vieles die Augen geöffnet. Ich habe seine Bücher gelesen und viele Vorträge gehört. Ich bin immer wieder beeindruckt, wie voll die Räume sind, wenn er spricht. Auch die Kirchen sind bis zum letzten Platz gefüllt.

1996 überreichte ihm Kubota-Roshi, der damalige Abt der Sanbokyodan-Schule, das „Certificate of Dharma-Transmission" und gab ihm die Bestätigung und Anerkennung als ZEN-Meister und als 87. Nachfolger von Shakyamuni BUDDHA.

2009 gründete Willigis JÄGER seine eigene neue ZEN-Linie mit seinem Dharma-Namen „LEERE WOLKE".

Er hat viel zu sagen und gewinnt die Menschen mit seiner einfachen und klaren Sprache. Oft erwähnt er die Geschichte vom *„Verlorenen Sohn"* und das Märchen *„Hans im Glück"*, um zu zeigen, dass man sich oft sehr weit entfernen muss, in der Welt Glück und Leid erfahren muss, um zurückzukehren zu sich SELBST.

Genau das ist die Aufgabe für die Menschen in jeder Lebensphase.

Wenn man in seiner Nähe ist, spürt man die von ihm ausgehende Übertragung seiner eigenen Erfahrung. Er lehrt die Wege der christlichen Kontemplation und der ZEN-Meditation.

Er hat seine Schule geöffnet für alle Religionen und für alle, die keiner Religion angehören. Deshalb fördert er auch die INTEGRALE SPIRITUALITÄT, die insbesondere meine Schwester lehrt.

Er hat das, was die Katholische Kirche lehrt, längst transzendiert und die gravierenden Fehler erkannt. Deshalb wird er scharf kritisiert und auch boykottiert. Das zeichnet ihn mit seiner Weitsicht in der heutigen Zeit aber nur aus. Er ist ja in guter Gesellschaft der Angefeindeten mit Hans Küng und Eugen Drewermann.

Wunderbar kann man oft samstagsnachmittags seine Agapefeier erleben, die er anstelle des Abendmahls durchführt, dessen Zelebration man ihm verboten hat.

„Geh zurück auf deine Matte und sei ganz in deiner Meditation. Lass die Gedanken und Gefühle durchziehen, schau sie dir an, aber halte sie nicht fest und geh immer wieder zurück zu deinem Atem. Dieses LOSLASSEN zu üben, ist das große Geheimnis zur Beendigung all deiner Leiden. So einfach ist das, aber es ist natürlich nicht leicht, da unser ICH sich sträubt."

Als ich 1998 meinen Arbeitsplatz verlor, begleitete mich Willigis Jäger und half mir durch diese schwierige Lebenssituation nicht nur gut durchzukommen, sondern diese Krise als Chance zur weiteren Reifung meiner Person zu nutzen. Seinen Appell werde ich nie vergessen: *„In jedem Misthaufen ist ein Stück GOLD versteckt. GOLD ist das Symbol der Wirklichkeit. Du musst nur den Mist anschauen, nicht bewerten und durchziehen lassen. Versuche immer wieder in den Augenblick zu gehen. Der Mist wird an Bedeutung verlieren und das Gold wird sichtbar. Dann hast du es geschafft und später wirst du dankbar auf diese Krise zurückschauen!"*

So war es dann auch.

Er hat mich sehr ermutigt, dieses Buch zu schreiben.

Robert Fahlbusch

Robert Fahlbusch war Arzt oder besser ausgedrückt: Heiler mit anthroposophischer Ausrichtung. Mein Freund Ralf Wicharz kannte ihn schon länger, als er mich 2004 zu ihm schickte.

Es ging um einige Gesundheitsprobleme, die sich bei mir angesammelt hatten.

Ich wollte einen ganzheitlichen Behandlungsweg einschlagen.

Ich traf ihn in seinem Haus an der Ostsee. Er war schon in Pension, aber er behandelte noch wenige Patienten auf Wunsch. Ich werde die erste Begegnung nie vergessen. An der Tür stand ein vergeistigter, weiser Mann von einer gewissen Zartgliedrigkeit und strahlte spürbar ein großes Mitgefühl aus.

Er war zunächst Klinikarzt und machte sich dann in Hamburg selbstständig. Er behandelte viele Krebspatienten mit anthroposophischen Medikamenten. Er hatte große Erfolge, besonders bei Brustkrebs, mit Mistelpräparaten, die Steiner für Krebsbehandlungen empfohlen hatte.

Er sagte: *„Herr Meyer-Galow, Sie können es mir glauben, ich habe oft während der Behandlung die Karzinome dahinschmelzen sehen.“*

Wir sprachen drei Stunden über GOTT und die WELT. Es war gar kein üblicher Arztbesuch. Ich hatte einen Freund getroffen, wir hatten sofort eine enge Beziehung zueinander. Ich war in sein Feld eingetaucht und es erfüllte mich mit einem Gefühl von Frieden und Glückseligkeit.

Nach den drei Stunden fragte ich ihn: *„Herr Fahlbusch, wollen Sie mich denn nicht untersuchen?“* Er sagte: *„Das brauche ich nicht, ich kenne Sie ganz genau.“*

Er bat mich ein paar Tage um Geduld, um zu überlegen, welche Medikamente er mir verschreiben wollte. Nach einer Woche schickte er mir Rezepte für ungefähr 30 Medikamente. Mein Apotheker zog die Augenbrauen hoch, als er die Bestellung sah. Mein Freund Ralf Wicharz meinte, ich solle nicht viel nachdenken, sondern einfach alles voller Vertrauen einnehmen

Er hatte sich so unglaublich viel Gedanken über mich gemacht und sah die Zusammenhänge. Das führte zu der Verordnung. Es war Ausdruck seiner intensiven Fürsorge.

Als Empfehlung für die tägliche Übung übergab er mir eine Zeichnung mit den Gebärden des *Agrippa von Nettesheim* (1533).

Bei der nächsten Begegnung, zwei Monate später, erläuterte er mir, warum er mir welches Medikament verschrieben hatte. Wir hatten wieder ein Zwei-Stunden-Gespräch und er freute sich, dass ich bei Willigis Jäger auf dem ZEN-Weg war.

Beim Hinausgehen fragte er mich: *„Sagen Sie mal, Herr Meyer-Galow, spielen Sie eigentlich ein Instrument?“* Fahlbusch spielte Geige.

„Na ja, ich hatte als Jugendlicher fünf Jahre Klavier gespielt, nicht gerade mit Begeisterung. Auch zwei Jahre Posaune im Kirchenchor“, entgegnete ich.

„Ja, ja, aber es geht um JETZT. Es geht um die wunderbare Wirkung der Musik auf dem Weg der inneren Reifung. Sie lassen ein großes Potenzial aus!“

Er fragte mich bei jeder Begegnung danach. Das war ein starker Impuls für den Gedanken, doch wieder ein Instrument zu spielen. Es dauerte noch eine Weile, aber 2007 fing ich wieder an Klavier zu spielen, und erfreue mich daran bis heute.

Ich war sehr bedacht, für meine Gesunderhaltung viel zu tun, und so fragte ich ihn neugierig: *„Herr Fahlbusch, was essen Sie eigentlich so alles, um gesund zu bleiben. Vitamine, Nahrungsergänzungsmittel, Mineralien, Enzyme etc.?“* Zu jener Zeit war ich leicht für diese Thematik zu begeistern. Jetzt wollte ich die Empfehlungen eines Insiders haben.

Er sagte ganz einfach – und es durchzuckte mich wie ein Erkenntnisblitz:

„Aber Herr Meyer-Galow, glauben Sie wirklich, dass der Mensch von der Ernährung lebt?“ Ich fühlte mich richtig ertappt mit meinen einfachen Vorstellungen.

Robert Fahlbusch hatte Knochenkrebs. Ich hörte ihn nie klagen. Er war für seine Patienten da und trug die Erkrankung mit bewundernswerter Geduld und Reife.

Als ich 2006 in Vancouver war, rief ich ihn von einer Telefonzelle aus an, um mich nach seiner Gesundheit zu erkundigen. Ich meldete mich und bevor ich irgendetwas sagen konnte, fragte er mit warmer fürsorglicher Stimme: *„Herr Meyer-Galow, wie geht es Ihnen?“*

Da war der erste Gedanke dieses todkranken Mannes: meine Gesundheit.

Er sprach mit ganz schwacher Stimme und ganz langsam. Ich spürte sofort wieder dieses große Mitgefühl und diese Güte eines Mannes, der, so würde ich sagen, erleuchtet war.

Robert Fahlbusch starb wenige Tage nach unserem Telefonat.

Walter Schwery

Walter Schwery traf ich anlässlich eines Symposiums in Todtmoos-Rütte, das von meinem Freund *Thomas Arzt* jährlich organisiert wird. Bei diesem Treffen mit 40–50 Teilnehmern geht es schwerpunktmäßig um spirituelle, mystische und existenzielle Themen.

Wir begegneten uns am 10. November 2006. Das Thema des Symposiums lautete: *„Alchemie und Individuation – Symbole der Wandlung und Stufengang der Initiation"*. Thomas Arzt hatte Schwery eingeladen, da er ihn als Schüler C. G. Jungs kannte und ihn Schwerys erstes Buch *„Im Strom des Erwachens"* tief beeindruckt hatte. Thomas Arzt gab später gemeinsam mit Axel Holm das Buch *„Das Böse oder die Versöhnung mit dem Dunklen Bruder"* von Schwery heraus.

Ich fühlte mich zu diesem *„Älteren Weisen"* hingezogen. Seit meinem Treffen mit Graf Dürckheim, der ja auf den Pfeilern ZEN/JUNG/MEISTER ECKHART stand, hatte ich mich intensiv mit C. G. Jung beschäftigt. Es fehlte mir nur noch ein Begleiter, der mich aus der Sicht und Erfahrung der Jung'schen Tiefenpsychologie zur Seite stand. Ich hatte ihn gefunden.

Walter Schwery, am 10. Oktober 1927 in Brig (Schweiz) geboren, hatte schon in jungen Jahren einen persönlichen Kontakt mit C. G. Jung. Diese Begegnung wurde ihm Anstoß, Jahre später eine führende Stellung in der Schweizerischen Bundesverwaltung aufzugeben und sich am C.-G.-Jung-Institut in Zürich zum Analytiker ausbilden zu lassen. Seit dieser Zeit setzt er sich auch intensiv mit den mystischen Traditionen des Ostens und Westens auseinander. Tibetanischer Buddhismus und Yoga sind seine Schwerpunkte. Er praktiziert heute als Analytischer Psychologe in Bremgarten bei Bern.

Als wir über Astrologie sprachen, stellte sich heraus, dass er Waage mit Aszendent Steinbock ist. Ich bin Steinbock mit Aszendent Waage. Das müsste doch eigentlich dann ein guter „FIT" sein, dachte ich. Und so stellte es sich auch heraus.

Glücklicherweise nahm er mich als Schüler an, und wir trafen uns zum ersten Mal in Bremgarten am 1. April 2007, dem Geburtstag meiner Schwester.

Ich hatte schon über 20 Jahre ZEN-Meditation hinter mir, aber ich wurde das Gefühl nicht los, dass zusätzlich zur ZEN-Meditation noch weiteres Wissen und zusätzliche Erfahrung auf mich wartete, das für meinen Reifeprozess zur ganzen Person im Dürckheim'schen Sinne von elementarer Bedeutung ist. Ich erzählte ihm von meiner Suche. Er schmunzelte und sagte: „*Ja, das kommt mir bekannt vor. Kürzlich kam ein tibetanischer Mönch zu mir und sagte: ‚Herr Schwery, ich habe ein dickes Problem. Ich meditiere schon seit 20 Jahren, aber ich ärgere mich immer so leicht.‘ Die Tibeter sagen, man kann auf der Wut zur Erlösung reiten.*“

In diesem ersten Gespräch sprach Schwery druckreif. Ich führte ein persönliches Protokoll und bin froh, dieses Dokument heute zu haben.

Aus diesem ersten Gespräch möchte ich einfach einige Gesprächssplitter als Zitate von Schwery wiedergeben, dann werden Sie verstehen, dass ich nach den Gesprächen wie auf Wolke sieben schwebend nach Hause fuhr:

„Unsere westliche Ethik hat viel Unheil angerichtet. Sie folgt dem Motto ‚Tue Gutes und verabscheue das BÖSE‘. Das Unvollkommene wird verdrängt, es wird bekämpft, ins Unbewusste abgeschoben, es sucht sich dann projektiv zu manifestieren, beim Individuum wie auch im Kollektiv. Die Versöhnung mit dem Schatten gelingt nicht. Für die Person ist es ein Drama, oft in Partnerschaften erlebt, und im Kollektiv ist die Projektion oft der Krieg. Das Böse kann weder verdrängt, noch vernichtet werden. Man stößt auf das Dritte Weltland der Person. Es ist bei den meisten Menschen unterentwickelt, trotz aller spiritueller Übung und Entwicklung.

Das zu erkennen, ist der erste Schritt der Individuation, wenn man vor einem persönlichen Misthaufen steht. Für den Westen ist das ein Problem. Es gibt da nichts zu machen, man kann nur üben und lassen. Aber wie geht das?

Das Credo ist:

NICHT URTEILEN –
NUR WAHRNEHMEN –
NICHTS UNTERNEHMEN!

Deine Träume zeigen dir deine Defizite. Dein ALTER WEISER begleitet dich als dein Traumregisseur und meint es gut mit dir. Dein SCHWARZER BRUDER ist der Gegenspieler. Er ist Profi, er spielt Championsleague und du Amateurliga. Du kannst aber trainieren, um in die Championsleague aufzusteigen. Dabei helfe ich dir.“

Wir sprachen dann auch über die Mühe und die Anstrengungen des Meditierens.

Er lachte und erinnerte sich an eine Geschichte: „*Ich war in einem Retreat bei einem Tibetanischen Lama. Alle saßen auf ihrer Matte. Der Lama kam herein und sah, wie sich alle Mühe gaben und rief in den stillen Raum laut hinein: ‚Do not meditate, just relax!‘ Alle erschraken, lachten plötzlich und ließen die Spannung los*“.

„Die große Gefahr auf dem Lebensweg sind oft die moralischen Grundsätze der christlich geprägten Ethik. Viele auf dem spirituellen Weg versuchen in diesem Sinne nur

gut zu sein. Das gelingt nicht und so sind sie überrascht, wenn der Dunkle Bruder zuschlägt. Er trifft auf ein leichtes Opfer.“

„Nur gut ist schlecht“, zitierte er den Kollegen Ziegler am Jung-Institut.

„Viele auf dem spirituellen Weg versuchen nur immer gut zu sein. Man kann gar nicht genug betonen, dass es gerade für den älteren Menschen von großer Bedeutung ist, seine Schattenpotenziale zu erkennen und zu integrieren.“

Hier hilft das unterscheidende Denken. Die Eigenschaften des ICH, mit denen der Dunkle Bruder sich mitteilt, wie Gier, Neid, Hass, Arroganz, Missgunst usw. sind Eigenschaften, die wir HABEN, aber nicht SIND. Wir müssen bewusst daran arbeiten, wenn wir älter werden, diese Eigenschaften zu integrieren, solange wir physisch und psychisch dazu in der Lage sind. Wenn wir das verpassen, WERDEN wir diese Eigenschaften mehr und mehr. Dieses negative Ergebnis können wir bei vielen älteren Menschen leider beobachten. Schade, eine große Chance ist in jüngeren Jahren vertan worden.

Diese Erkenntnis hat mich auch sehr zu der Idee geführt, dieses Buch auch für die Menschen im dritten Lebensdrittel zu schreiben.

Was haben diese WEG-WEISEN gemeinsam?

Bei jeder Begegnung findet eine großartige Übertragung aus deren reicher Erfahrung statt. Wie ein Wasserfall fließt es in das Auffangbecken, das ich bin. Sie haben ihren Frieden gefunden. Sie sind gelassen, heiter, humorvoll und voller Güte. Alle vier zeichnet eine spürbare und ansteckende Leidenschaft aus, mit der sie aus ihrer Erfahrung in ihre Umgebung hineinwirken. In ihrer Nähe spürt man den GOLDENEN WIND und man braucht nur seine Segel aufzuspannen. Dann segelt man mit.

Alle vier WEG-WEISEN sind meine geistigen Führer bis heute – auch die beiden leider schon Verstorbenen. Sie wirken weiter. Mit diesen Freundschaften bin ich reich beschenkt worden.

Ich wünsche Ihnen, liebe Leserinnen und Leser, von ganzem Herzen, dass Sie für Ihren WEG einen WEG-WEISEN finden, der Sie begleitet.

Das Wesentliche im Leben

VOM DOPPELTEN URSPRUNG DES MENSCHEN nach Dürckheim
DIE BIPOLARITÄT DES MENSCHEN nach Willigis Jäger

Ich habe bisher von dem ICH gesprochen. Das ist ein Konstrukt, das wir im Laufe unseres Lebens aufgebaut haben. So definieren wir uns in der Welt. Das beinhaltet unser Wissen, unser Können und das, was wir haben. Es beinhaltet aber auch unsere Seele, also zusammengefasst alle unsere psychomentalen Fähigkeiten. Seit unserer Geburt und besonders seit dem Beginn unseres dualen Denkens ab dem 3. Lebensjahr bauen wir daran. Im Laufe der Zeit glauben wir dann, dass wir das wirklich sind. Das ist ein Irrtum. Wir haben noch eine viel wichtigere Dimension unserer Person, die wir vergessen haben. Im Gegensatz zu unserem ICH ist diese Dimension unsterblich. Wir können diese göttliche Wirklichkeit nicht verstehen, wir können sie aber als Mensch im Gegensatz zu allen anderen Wesen erfahren.

In Dürckheims Buch „*Vom doppelten Ursprung des Menschen*" heißt es in der Einführung: „*Reduziert zum Funktionär einer eigenläufig nach eigenen Gesetzen wachsenden und wuchernden ‚Konsum- und Leistungsgesellschaft' hat der Mensch des Westens den inneren Weg in einem Ausmaß verfehlt, dass nunmehr die Rebellion der Tiefenschichten seiner Seele eine weltgeschichtliche Wendung seiner geistigen Entwicklung zu erzwingen beginnt. Zum ersten Mal in der Geschichte verwandelt sich ihm auf breiter Front das ‚Reich, das nicht von dieser Welt ist' aus einem Gegenstand bloßen Glaubens in einen Quellbereich nüchtern anzunehmender Erfahrungen, die bislang von Vertretern der glaubensfernen Naturwissenschaften und erfahrungsfernen Vertretern des Glaubens als subjektive Fehlerquellen objektiver Erkenntnis und gültigen Glaubens abgewertet werden. Und nunmehr wird die Transparenz für die uns immanente Transzendenz zur Sinnmitte geistlicher Übung. Menschliche Reife ist kein Privileg östlicher Weisheit.*"

Dürckheim schreibt in diesem Buch: „*Der Mensch ist zweifachen Ursprungs, er ist himmlischen und irdischen, natürlichen und übernatürlichen Ursprungs … Die Wirklichkeit, in der wir und aus der wir faktisch leben, und aus der wir auch bewusst leben sollten, reicht über die Sichtweise hinaus, in der das Selbst- und Weltbewusstsein des ‚natürlichen' Menschen sich begreift und bewegt … Wo der Mensch aufgehört hat, seine Wahrheit im Innesein zu haben und ihr gemäß zu leben, wird er krank, böse und traurig.*

In der Entwicklung des Menschen wird zunächst nur der endliche Ursprung, der weltbedingte, wirksam und das, was mit ihm zusammenhängt, ernst genommen, ausgebaut und festgehalten in einer Weise, die erst einmal alles in den Schatten rückt und verdrängt, was aus dem unendlichen Ursprung kommt. Die Lösung der hier entstehenden Spannung zwischen dem irdischen und dem himmlischen Ursprung des Menschen, und zwar ihre schöpferische Einlösung, nicht eine faule Auflösung, ist das Grundthema des menschlichen Lebens und der Sinn des inneren Weges."

Man darf den doppelten Ursprung des Menschen nicht als Dualität verstehen. Der Mensch ist nicht dual, er ist besser ausgedrückt BIPOLAR, wie Willigis Jäger es oft sagt. Das sind zwei Pole von EIN und demselben.

Dürckheim weiter: „*Es gibt zweierlei Leiden und Glück. Darin erscheint die zweifache Herkunft des Menschen. Es gibt das Leiden unter den Bedrohungen, Ungerechtigkeiten und Grausamkeiten dieser Welt und unter dem Ungenügen, dem allen nicht in der gerechten Weise gewachsen zu sein. Und so gibt es das Glück im Erfahren von Sicherheit, Sinn und Liebe in dieser Welt. Etwas anderes sind Glück und Leiden des Menschen aus seinem Einssein oder Nicht-Einssein mit seinem überweltlichen Wesen. Es gibt das Leiden aus der Getrenntheit vom Wesen. Und es gibt ein Glück aus dem Einssein mit dem Wesen mitten in der Gefährlichkeit, Sinnwidrigkeit und Einsamkeit der Welt, das Glück im Erleben einer geheimnisvollen Präsenz, die das Leiden unter der Welt verwandelt und aufhebt.*"

Willigis Jäger schreibt in einem seiner ersten Bücher „*Suche nach dem Sinn des Lebens*": „*Unser Ichbewusstsein hält uns ab, dieses unser wahres Sein zu erfahren. Wir wissen nicht, wer wir sind. Wer wir wirklich sind, können wir auch nicht wissen. Wir können es nur erfahren. Unser Ichbewusstsein schneidet uns von der Erfahrung ab, nicht von dem Sein selber. Wenn wir aber von der Erfahrung des göttlichen Seins abgeschnitten sind, hat es auch keinen Einfluss auf unser Leben. Eine nur philosophische, theologische, rituelle und sakramentale Begegnung mit dem wahren Sein kann dessen Kraft nicht voll wirksam werden lassen …*"

Ich habe mich bemüht, in diesem Buch die Zusammenhänge und die Ursachen des Leidens und des wahren Glücks zu beschreiben und habe berufenere Autoren zu Wort kommen lassen. Die Beschreibung des personalen Pols, mit dem wir in der Welt stehen, ist relativ einfach. Wir sprechen von ICH, WELT-ICH, EGO.

Willigis Jäger hat in seinem Osterbrief 2010 zum ICH Stellung genommen:

„*Die Frage, die heute heftig diskutiert wird, lautet: Was ist eigentlich unser ICH? Lässt sich unser Bewusstsein auf neurologische Zustände zurückführen? Mit anderen Worten, produziert unser Gehirn Bewusstsein oder ist es nur Empfänger und Instrument. Unser ICH besitzt offensichtlich keine Kontinuität. Thomas Metzinger nennt es in seinem Buch ‚Egotunnel'. Es ist unsere Aufgabe, als wache Menschen aus diesem Tunnel herauszukommen. Kontemplation und ZEN als Übungswege führen uns aus der ‚Tyrannei' des ICH heraus in eine neue Seinserfahrung. Wir erkennen, dass unser wahres SEIN etwas viel Umfassenderes und auch offensichtlich Bleibenderes ist als dieses vordergründige ICH. Das ICH wird sterben. Unser wahres Wesen wird weiterleben. Materialisiert es sich wieder in einer neuen Form? Wir wissen es nicht. Alles, was wir tun können, ist: Voll Vertrauen sein auf eine allumfassende Liebe, die uns auffängt.*

Dann gehen wir zurück in den Urgrund des SEINS, aus dem wir kommen und der wir auch in diesem Leben sind, ob es uns bewusst ist oder nicht."

Die Beschreibung des göttlichen Pols oder Aspekts, den wir nicht verstehen, sondern nur über einen Übungsweg erfahren können, ist schwieriger, da er mit Worten nicht zu beschreiben ist. Dennoch versuchen Religionsführer, Philosophen, Psychologen und Autoren in vielen Büchern eine Beschreibung zu geben. So gibt es viele Ausdrücke für dasselbe. Jeder formuliert aus seiner Zeit, Erfahrung und individuellen Sicht und versucht eine Annäherung. Wer spirituelle Bücher als Ungeschulter liest, ist außerordentlich verwirrt. Manchmal versteht man unter GEIST diese göttliche, unveränderbare Wirklichkeit und manchmal - wie in buddhistischen Büchern – unter Geist die zu beruhigenden psychomentalen Fähigkeiten wie Denken und die Sinne.

Körper – Seele – Geist

Trotz eines vermeintlichen großen spirituellen Bewusstseins in unserer Zeit ist den meisten die Unterscheidung von *Körper* (lat.: *corpus*, gr.: *soma*), *Seele* (lat.: *anima, gr.: psyche*) und *Geist* (lat.: *spiritus*, gr.: *pneuma*) nicht bekannt. Seele und Geist werden ständig miteinander verwechselt, und daher kann man auch die Irritationen im Dschungel der Heilsangebote verstehen.

Wir haben uns daran inzwischen gewöhnt, dass Krankheiten nicht nur einen körperlichen Ursprung haben, sondern eben auch einen seelischen. Die Krankheit ist also eine „psychosomatische" Störung.

C. G. Jung sagte, er hätte noch keinen Patienten getroffen, dessen Erkrankung nicht letztendlich ihre Ursache in der Trennung vom Numinosen hat, also Trennung von der Ebene Geist/Spiritus/Pneuma. Es ist also zu kurz gegriffen, die Ursachen der Krankheiten im psychosomatischen Bereich zu suchen. Die Suche lässt die obere Ebene aus.

Ich bin fest davon überzeugt, dass alle Krankheiten vielmehr ihren „soma-psycho-pneumatischen" Ursprung haben, also die Heilung auf den drei Ebenen stattfinden muss, um GANZ HEIL zu werden. Der Therapeut ist doch, frei übersetzt, der Begleiter auf dem Weg zum Heilwerden, also GANZWERDEN. Aber welcher Arzt oder Therapeut ist schon in dieser Ganzheit kompetent? Also sucht sich jeder Arzt zum Heilungsversuch die Ebene aus, für die er Kompetenz erworben hat.

Das Wort Therapeut enthält das griechische Verb „therapeuein". Es bedeutet auch „ehren, verehren, beobachten". Für den Therapeuten geht es also um die Hochachtung und Verehrung des Göttlichen im Patienten, das dann die Heilung vollzieht, nicht der Therapeut!

Es gibt „Somatherapeuten", also Ärzte, die nur auf der körperlichen Ebene heilen wollen. Das ist immer auch nur ein materialistischer Ansatz. Man heilt durch Zufuhr von Materie, Medikamenten oder durch Herausschneiden von Materie.

Es gibt „Psychotherapeuten", die auf der Seelenebene heilen.

Und es gibt geistige Führer, die auf der Pneumaebene heilen.

Es wäre der „Soma-psycho-pneuma-Therapeut" gefragt. Aber wer hat eine Kompetenz in der klassischen Medizin, zusätzliche auch in der Psychiatrie und Psychotherapie und hat selbst einen spirituellen Reifungsprozess durchlaufen, sodass er bei der Heilung der Patienten auch die geistige Dimension berücksichtigen kann?

Da immer nur auf einzelnen Ebenen geheilt wird, kommen viele Krankheiten wieder oder die ursächlichen Störungen manifestieren sich in einer anderen Erkrankung.

Das Nicht-Beschreibbare

Eigentlich ist mit dem folgenden Text „ÜBER ZEN", den wir in den Zen-Sesshins immer vor dem Teisho (Belehrung durch den Meister) rezitieren, alles gesagt:

„Es gibt eine Wirklichkeit,
die vor Himmel und Erde steht.
Sie hat keine Form,
geschweige denn einen Namen.
Augen können sie nicht sehen.
Lautlos ist sie,
nicht wahrnehmbar für Ohren.
Sie Geist oder Buddha zu nennen,
entspricht nicht ihrer Natur,
wie das Trugbild einer Blume wäre sie dann.
Nicht Geist noch Buddha ist sie;
vollkommen ruhig erleuchtet sie in wunderbarer Weise.
Nur dem klaren Auge ist sie wahrnehmbar.
Wenn ihr euch danach sehnt,
die donnernde Stimme des Dharma zu hören,
gebt eure Worte auf,
entleert eure Gedanken, dann kommt ihr so weit,
das eine Sein zu erkennen."

Gern möchte ich zusätzlich meiner Schwester Helga Simon-Wagenbach, die sehr viel weiter auf dem Weg ist als ich, die Gelegenheit geben, aus ihrer Sicht und Erfahrung weitere Klarheit für den ungeübten Leser zu schaffen. Aus einem Interview, das ich im Januar 2010 durchführte und das für mich eine Bereicherung war, fasse ich ihren Originalton wie folgt zusammen:

„Alle Begriffe sind immer Annäherungen aus der jeweiligen Zeit und Kultur. Ich gehe immer gerne zu den Urquellen der indischen Weisheitslehre, den Veden oder besser zu dem Ende der Veden, dem Vedanta (das Ziel, das Ende des Veda, des heiligen Wissens), und damit zu den Upanishaden. Dort wird diese unbeschreibbare

Wirklichkeit im Sanskrit SAT-CHIT-ANANANDA (Sein/Bewusstsein/Glückseligkeit) genannt.

Das ist die Grundformulierung und sie gilt als Ganzes. Dieses Urbewusstsein, diese Urwirklichkeit ist eigenschaftslos, substanzlos, immerwährend, unveränderlich und unsterblich. Sie ist der unsterbliche Pol oder Aspekt des Menschen. Mit dieser Grundformulierung sind nun die folgenden Begriffe identisch, um nur einige wichtige zu nennen, die dasselbe meinen:

GEIST, echte Wirklichkeit, Wesen (Dürckheim), Wesensgrund, Wesensnatur, Selbst (C. G. Jung), das Absolute, absolute Bewusstsein, reines Bewusstsein, Bewusstheit, Leere (Sanskrit: Sunya), Leerheit (Sanskrit: Sunyata), Tao, Dharma, reines Gewahrsein, überraumzeitliches Sein, Brahman … Den Begriff Gott halte ich für problematisch, er ist monotheistisch und eher personifiziert, wie auch die Begriffe Allah im Islam und Jahweh in der jüdischen Religion. Besser wäre der Begriff „Das Göttliche" in dem oben erwähnten Zusammenhang."

Willigis JÄGER in seinem Adventsbrief 2010: *„GOTT, damit bezeichnen wir dieses rational nicht begreifbare NICHTS, das noch keine Strukturen und Formen hat und doch der Ausgangspunkt von allem ist. So wie das Meer der Ausgangspunkt aller Wellen ist. Dieser Urgrund feiert sich als die Milliarden von Galaxien, als die Milliarden von Lichtjahren und er feiert sich als diese unsere ganz persönliche Struktur Mensch, die ein paar Jahrzehnte über dieses Staubkorn am Rande des Weltalls geht … Leerer Raum ist der Urgrund aller Formen. Aber er ist nicht leer. Er ist die Quelle des Lebens. Wir sind zuerst dieser Urgrund und dann erst diese menschliche Form."*

Hierzu meint mein Freund Roland Ropers, Schüler von Bede Griffiths: „Die lateinischen Wörter ‚dies' (Tag) und ‚deus' (Gott) hängen etymologisch eng miteinander zusammen. Dies bedeutet der helllichte Tag, Deus bedeutet das Licht in der Welt und im Sanskrit bedeutet ‚dyau' die Region reinen Lichts."

Helga Simon-Wagenbach weiter: „Ken Wilber spricht von GEIST (großgeschrieben) gleich ‚spirit' im Gegensatz zu Geist (kleingeschrieben) gleich ‚mind'."

Der GEIST kann sich selbst wahrnehmen, wenn der Mensch in der richtigen Verfassung ist.

Der GEIST ist nicht NICHTS. Er besteht aus einem Feld von Leerheit, die auch Fülle ist. Im Sanskrit sagt man auch Sunya (Leere), Punya (Fülle). Damit ist eine Leere gemeint, die eigentlich die Fülle aller Möglichkeiten ist.

Das Feld hat eine „substanzlose Potenz" nach Willigis Jäger in seinem Buch „Über die Liebe". Hans-Peter Dürr nennt es „kooperatives Hintergrundfeld, das eine Potentialität hat".

Wenn man mal bei den Sanskritbegriffen der indischen Weisheitslehren bleibt, manifestiert sich Brahman, das Absolute als Mensch oder menschliche Form und wird Atman genannt. Der Mensch ist also Ausdruck des Absoluten, des Göttlichen. Brahman nimmt als Mensch Atman Form an. Er ist „advaita", nicht teilbar, nicht dual. Deshalb lege ich auch Wert auf die Formulierung, dass der Mensch polar, oder besser: bipolar ist, wie Willigis Jäger gerne sagt.

Aus Atman leitet sich auch Atem ab (Sanskrit: „an" = atmen). Das zeigt auch die Einheit aus Bewusstsein und Atem. Im Griechischen „Soma (Körper) – Psyche (Seele) – Pneuma (GEIST)" ist Pneuma sowohl GEIST als auch Atem.

Daraus abgeleitet kann man sehr gut auf die Wichtigkeit des Atems eingehen: Atem ist gleich Leben. Der Atem ist immer da. Er ist das feinste Medium, das im Menschen Informationen transportiert. Wenn das Absolute als Mensch Form wird, ist es durch den Atem belebte Form. Deshalb ist der Atem so wichtig, besonders im Yoga.

Der andere Pol oder Aspekt im Menschen ist der Körper, der psychomentale Geist und der Atem. Der psychomentale Geist ist Ratio, Seele, Psyche, Sinne, Emotionen. Der psychomentale Geist ist gleich der Gehirnfunktion. Er kann sich nur über den Körper erfahren. Aus CIT leitet sich CITTA ab, das ICH, das EGO, der unruhige Geist. Er ist gehirngesteuert und vergänglich.

Der Atem ist die Energie, die den Körper und den psychomentalen Geist verbindet.

Man kann auch sagen: So, wie dein Atem ist, ist auch dein Geist und so, wie dein Geist ist, ist auch dein Atem. Der Atem kann den psychomentalen Geist und das Nervensystem beruhigen. Bei Ärger oder Schreck oder Wut schnellt der Atem hoch, aber beim geübten Menschen beruhigt er sich schnell wieder. Das ist eine Kunst.

Der Zustand der Glückseligkeit ist keine außerordentliche Euphorie, sondern ein Zustand des inneren Friedens.

Durch die Leere, oder wie immer wir zukünftig diese Wirklichkeit nennen wollen, sind alle Wesen miteinander verbunden. Diese Wirklichkeit manifestiert sich in der Realität – beispielsweise als Mensch (Hans-Peter Dürr).

Auf dem Weg des Übens und der Erkenntnis gewinnt man die Erfahrung, dass es bestimmter Bedingungen bedarf, damit sich bestimmte Formen bilden.

Alles, was wir erleben, ist polar. Bi-Polarität heißt, dass innerhalb der wirkenden Polarität sich übergeordnet die Bi-Polarität des reinen Seins und des ICH bildet.

Wenn die Übung aufhört, kann man die Erfahrung des reinen Bewusstseins machen. Man ist dann außerhalb von Raum und Zeit. Sowie man darüber nachdenkt, fällt man heraus.

Dieser Mensch, der dann auf seinem Übungsweg so weit ist, dass er im Urgrund ruht, hat die „unterscheidende Erkenntnis" (Sanskrit: Viveka). Deshalb ist der Übungsweg so wichtig und ohne Übungsweg geht es nicht.

Nur so weit gekommen, merkt man, wo man steht und wo andere Menschen stehen. Erst aus der Anbindung an das Urwesen kannst du klar sehen („nur dem klaren Auge ist sie wahrnehmbar", siehe oben).

So kommt der Mensch nicht so oft in die sogenannte Leidensfalle. Er leidet auch, aber er erkennt viel schneller die Ursachen seines Leidens, und dass er die Leiden nur hat und nicht IST! So heilt man sich selbst schneller und besser vom Leiden.

Es geht immer um die radikale Akzeptanz des Augenblicks im Hier und Jetzt, auch bei dem schlimmsten Leiden, das man nur so durchstehen kann. Deshalb übt man immer wieder, durch Achtsamkeit im Augenblick zu sein.

„Aufmerksamkeit ist das Leben", sagt J. W. von GOETHE in seiner weisen Einsicht in „Wilhelm Meisters Wanderjahre".

Mit der Achtsamkeit beginnt man das Leben zu erfahren.

Die ACHTSAMKEITSÜBUNG ist die Grundübung aller Wege. Damit fängt es auf dem Übungsweg immer an. Ich freue mich, dass du die Achtsamkeitsübung in wichtigen Erfahrungsräumen in den Mittelpunkt deines Buches für die Menschen im dritten Lebensdrittel gestellt hast."

Ich habe mich in diesem Buch für den Begriff des GOLDENEN WINDES entschieden.

Selbst oder Ich – ein tragisches Missverständnis

Bei den nachfolgenden Ausführungen verwende ich einmal das Jung'sche SELBST als gleichen Begriff für diese Urwirklichkeit wie oben dargestellt.

Unsere deutsche Sprache zeichnet sehr deutlich, aber wir verstehen mittlerweile andere Wortinhalte, die das ICH als Kern haben:

SELBSTVERWIRKLICHUNG	Das ist dann die im SELBST sich manifestierende Wirklichkeit. Aber im Sprachgebrauch meint man damit eher die ICH-Verwirklichung.
SELBSTERKENNTNIS	Das ist dann das Erkennen des SELBST, das Erfahren des SELBST, aber man meint wohl ICH-Erkenntnis.
SELBSTVERSTÄNDLICHKEIT	Das ist das Verstehen des SELBST, aber im Sprachgebrauch meint man, es ist alles ohne Zweifel völlig klar.
SELBSTSUCHT	Die Sehnsucht nach dem SELBST, aber man meint wohl Egoismus, ICH-Sucht.
SELBSTBEWUSSTSEIN	Das SELBST wird einem bewusst – man stellt sein ICH kräftig zur Schau.
SELBSTSTÄNDIGKEIT	Im SELBST stehend, geerdet in der Wirklichkeit/Unabhängigkeit des ICH.
SELBSTERFAHRUNG	Das Selbst erfahren / ICH-Erfahrung.
SELBSTGEFÄLLIG	Im SELBST gefällig sein / Eitelkeit des ICH.
SELBSTHERRLICH	Die Herrlichkeit des SELBST erfahren haben/ Überheblichkeit des ICH.

SELBSTINTERESSE	Interesse an der SELBST-Erfahrung/ Egoistisches Interesse des ICH.
SELBSTKRITIK	Am SELBST kritisieren kann nur der Unerfahrene. / Ich kann mein ICH kritisieren.
SELBSTZERSTÖRUNG	Das SELBST kann nicht zerstört werden / Ich-Zerstörung.
SELBSTZWEIFEL	Am SELBST kann man nicht zweifeln, es ist immer da. Man kann wohl zweifeln, wenn man es nicht erfahren hat. Verwendet wird das Wort, wenn man an seinem ICH zweifelt.

Selbst-Verantwortung (engl.: self-responsibility) bedeutet nicht primär, für seinen Lebensunterhalt zu sorgen (es gibt sehr schicksalhafte Situationen, die dies nicht möglich machen), aber es geht um den Ruf des Kosmos, des göttlichen Urgrundes, mit der Ur-Quelle, dem Ur-Grund in Kontakt zu kommen, um sich von der Trennung vom Paradies zu befreien.

Vielleicht setzen Sie, liebe Leserinnen und liebe Leser, die Betrachtung fort.

Man kann diese Betrachtung natürlich so interpretieren, dass wir inzwischen unser ICH so weit von unserem Urgrund abgeschnitten haben, dass sich dieses Dilemma in der Sprache zeigt. Wir haben die eigentlichen Inhalte verlassen und sie in unserer Umgangssprache durch neue unserer eigenen Egozentrik ersetzt.

Eine egozentrische Gesellschaft hat sich darauf eingerichtet, diese Begriffe falsch zu gebrauchen. Sie kann nicht anders, solange das Individuum sich durch sein ICH und die ganze Gesellschaft sich als WIR gleich der Summe aller ICH erlebt.

Wenn Meister Eckhart sagt: *„Nimm din SELBES wahr!"*, dann verstehen wir das heute gar nicht mehr. Im Sinne der obigen Umdeutungen müsste man auf die Idee kommen, dass er gemeint hat, wir sollten unser EGO, unser ICH-Bewusstsein wahrnehmen.

Das fällt uns leicht. Wir machen doch den ganzen Tag nichts anderes. Aber was meint Meister Eckhart eigentlich wirklich damit? Das ist jetzt für Sie, liebe Leserinnen und Leser, gar nicht schwierig zu verstehen. Er meint die Wahrnehmung des SELBST als Wirklichkeit, er meint das GÖTTLICHE.

Eckhart sprach aber immer von einem außerordentlich schwierigen Prozess auf dem Weg des Mystikers. Auch damals schon wurden die Mystiker von der eigenen Kirche nicht verstanden.

„Mensch, werde wesentlich!", ruft der schlesische Dichter Angelus Silesius aus.

Dieser Aufruf ist in der gegenwärtigen Zeit vielen aus dem Herzen gesprochen.

Wohl kaum hat es eine Zeit gegeben, die in vergleichbarer Weise mit ins Unübersehbare reichenden Gestaltungsmöglichkeiten des Lebens angefüllt erscheint.

Obgleich jedoch vieles sich als machbar erweist, weitet sich zusehends ein Abgrund sinnentleerten Lebensgefühls.

Der Mensch befasst sich ständig mit der Frage nach dem Jenseits und bedauerlicherweise zu wenig mit der Erfahrung der Gegenwart. Viele intelligente Religionssysteme und Sektenorganisationen haben ein raffiniertes Heilsversprechen im Angebot, Erlösung und Befreiung werden auf eine jenseitige, paradiesische Welt projiziert und verlagert. Hier wird die Illusion des Jenseitigen zur Fluchtburg für göttliche Geborgenheit als letzte Wirklichkeit angepriesen. Die fuga mundi, die Weltflucht, wird das LEIT-Motiv für ein LEID-volles Lebensprogramm. Jeder ist bestrebt, das sogenannte andere Ufer zu erreichen. Durch Überqueren des Flusses gelange ich vom diesseitigen zum jenseitigen Ufer. Bin ich am jenseitigen Ufer angelangt, erfahre ich augenblicklich diesen Ort als Diesseits und das Ufer, von dem ich gerade gekommen bin, wird zum Jenseits. In diesem ständigen Wechselprozess von Diesseits und Jenseits vollzieht sich das Leben.

Vom schweren Leben zur Leichtigkeit

Ich schreibe jetzt das, was durch mich jetzt geschrieben werden muss. Ich bin also nur Medium. Wer oder was will sich denn durch mich mitteilen? Nun, den eigentlichen Autor dieses Buches werden Sie auf den folgenden Seiten kennenlernen.

Jeder Tag sollte als besondere Phase des Lebens erlebt werden, als ein ständiges Leben im inneren Frieden, in Gelassenheit, Heiterkeit und Güte, voller Mitgefühl für alle Wesen.

Die Realität sieht bei uns leider oft anders aus. Man gewinnt verstärkt den Eindruck, dass die Menschen die Stufenleiter des Lebens in falscher Richtung beschreiten und sich auf immer größere Schweregrade begeben, anstatt sich um Leichtigkeit zu bemühen.

„La gravité est le bonheur des sots.“
„Der Ernst (die Schwere) ist das Glück der Toren.“

(Charles de Secondat Baron de MONTESQUIEU *(1689–1755)*

Der französische Schriftsteller und Staatstheoretiker Montesquieu war ein sehr kluger Mann. Ihm verdanken wir auch die bildhafte Bezeichnung für eine unnötig große Erregung aus geringfügigem Anlass: Sturm im Wasserglas.

Konfuzius sagte: *„Der Weise sucht, was in ihm ist, der Tor, was außerhalb.“*

In Anlehnung an das obige Zitat von Montesquieu könnte man folgern:
„Der Weise sucht die Leichtigkeit, der Tor das Schwere."

Der sprichwörtliche Ernst des Lebens (frz.: *la gravité de vie)* macht das Leben vielfach schwer erträglich. Die Floskeln *„Nimm's leicht! Nimm's nicht so schwer!"* werden kaum in ihrer Tiefe verstanden. Und im Zuge der progressiven Gravitation finden sich dann Lebensaussagen wie:

- *Sie hatte eine schwere Geburt.*
- *Er hatte einen schweren Tod.*
- *Sie hatten ein schweres Leben.*
- *Die Schule war nur schwer.*
- *Er ist schwermütig.*
- *Sie ist eine schwerreiche Witwe.*
- *Er ist schwerhörig.*
- *Warum machst du es dir so schwer?*
- *Er hat einen schwerwiegenden Fehler gemacht.*
- *Er hat schwer zu tun.*
- *Sie hat schwer zu leiden.*
- *Es ist alles verdammt schwer.*

Warum nur beschweren wir unser göttliches Leben mit sprachlichem Ballast, der unser Unterbewusstsein blockiert?

„Wie jede Blüte welkt
und jede Jugend dem Alter weicht,
blüht jede Lebensstufe,
blüht jede Weisheit auch und jede Tugend
zu ihrer Zeit und darf nicht ewig dauern.
Es muss das Herz bei jedem Lebensrufe
bereit zum Abschied sein und Neubeginne,
um sich in Tapferkeit und ohne Trauern
in and're, neue Bindungen zu geben.
Und jedem Anfang wohnt ein Zauber inne,
der uns beschützt und der uns hilft zu leben.
Wir sollen heiter Raum um Raum durchschreiten,
an keinem wie an einer Heimat hängen,
der Weltgeist will nicht fesseln uns und engen,
er will uns Stuf' um Stufe heben, weiten!
Kaum sind wir heimisch einem Lebenskreise
und traulich eingewohnt,
so droht Erschlaffen!
Nur wer bereit zu Aufbruch ist und Reise,
mag lähmender Gewöhnung sich entraffen.

Es wird vielleicht auch noch die Todesstunde
uns neuen Räumen jung entgegensenden:
des Lebens Ruf an uns wird niemals enden.
Wohlan denn, Herz, nimm Abschied und gesunde!"

Hermann Hesse, ein WISSENDER und WEISER, hat viele Botschaften für uns in seinem berühmten Gedicht. Jede Lebensstufe soll blühen, und die Weisheit und Tugend auch. Wir sollen heiter die Stufen durchschreiten und nicht hängen bleiben, also LOSLASSEN. Nur dann will der Weltgeist uns heben und weiten. Ja, wer ist der Weltgeist? Es ist die WIRKLICHKEIT, der GOLDENE WIND. Nur wenn wir bereit sind zum Aufbruch, stellt sich keine lähmende Gewöhnung ein. Das LOSLASSEN ist die Voraussetzung für Gelassenheit und Heiterkeit. Des Lebens Ruf, der GOLDENE WIND, wird niemals enden, auch wenn wir sterben, da er die unsterbliche WIRKLICHKEIT ist.

Es geht also immer aufwärts die Stufen hoch. Wenn jemand runter geht, hat er die Botschaften nicht verstanden, geschweige denn gelebt.

Diese Herbstzeit des Lebens wird im 27. Kōan des Hekiganroku GOLDENER WIND genannt. Natürlich weht dieser GOLDENE WIND auch bei uns und er weht immer. Doch er wird überhaupt nicht wahrgenommen, obwohl wir eigentlich ständig genug Zeit hätten, ihn spüren zu lernen. Viele Menschen können sich aber heute selbst nicht mehr spüren, geschweige denn eben diesen GOLDENEN WIND, der auch bei uns immer da ist. Wir brauchen ihn nicht zu suchen.

Wir haben sogar die Segel, die Erfahrungsräume, um ihn zu spüren, aber wir wissen nicht um diese Segel. Die Segel hängen schwach und nicht genutzt herunter. Wir bewegen uns ständig in den wichtigsten Erfahrungsräumen, aber nie achtsam genug. Uns ist nicht bewusst, welche Erfahrung wir machen könnten. Wir sind in einer Nicht-Wahrnehmungstrance.

Der Wind bläst vorbei und bläst sie nicht auf, weil wir sie nicht hochgezogen haben. Wir sind erstarrt durch unsere ICH-Zentriertheit und bewegen uns nicht so, wie wir als Kinder immer in Bewegung waren. Aber Leben ist Bewegung, Wie kann ich etwas nutzen, von dem ich nicht weiß?

Wir können den GOLDENEN WIND mit unseren Segeln erfahren, wenn wir mit entschiedener ACHTSAMKEIT in ERFAHRUNGSRÄUME eintreten. Diese Erfahrungsräume sind unsere Segel. Dann ziehen wir die Segel ganz bewusst hoch. Und erst dann erfahren wir den GOLDENEN WIND, der uns durch das Leben trägt.

Unsere Erfahrungsfähigkeit ist aber blockiert durch unsere ICH-Zentriertheit, die in den ersten beiden Lebensdritteln aufgebaut wurde.

Man hat herausgefunden, dass die Menschen völlig unabhängig vom materiellen Wohlstand unglücklich sein können. Sie machen sich etwas vor, wenn sie sagen: „Würde es mir materiell besser gehen, dann wäre ich glücklich!"

Es ist auch ein Zeichen für die eigene Unreife, wenn man den Umständen oder anderen Menschen immer die Schuld am Unglück gibt. Man drückt sich vor der Verantwortung für das eigene Leben.

Bücher über Glück und wie man es findet, stehen in den Bestsellerlisten ganz oben. Meistens findet man aber keine Antworten und Empfehlungen, die dauerhaft tragen. Das zeigt, dass die Menschen eine große Sehnsucht nach dem Glück haben.

Auch Bücher über das Alter und das Älterwerden haben Hochkonjunktur. Sie sind sicher hilfreich und vielleicht ist es besser, diese zu lesen als nichts zu der Thematik zu lesen. Das Glück im Alter ist natürlich ein sehnlichster Wunsch.

Es wird gesucht und gesucht, es wird gelesen und gelesen. Aber die Sinnkrise geht trotzdem weiter.

Lebenssinn-Depressionen nehmen mit zweistelligen Wachstumsraten rasant zu.

Ab dem dritten Lebensjahr beginnt die Entwicklung des ICH-Bewusstseins. Wir brauchen ein gesundes und starkes ICH, um unser Leben meistern zu können. *„Leistung ist alles"* ist unser Motto. Zweifel, ob das alles so richtig ist, kommen nur bei Lebenskrisen auf. Bekannt ist die *„Midlife-Crisis"*. Dann haben wir die große Chance, vielleicht zu erkennen, dass unser ICH-Bewusstsein uns zwar viele Erfolge beschert hat, aber auch viele Ängste aufgekommen sind, die nicht verschwinden. Wir werden Meister im Verdrängen. Viele machen dann so weiter wie bisher, aber die nächste Krise ist schon angelegt – oft ohne, dass wir es wissen.

In diesen Lebenssinn-Krisen ist es ein wahres Glück, wenn man den Weg zu einem erfahrenen spirituellen Lehrer findet, den von ihm gewiesenen Weg begleitet geht und beibehalten kann. Das Praktizieren einer täglichen Übung – und das ist erforderlich, um die Enge unseres eingravierten ICH zu weiten – gelingt viel zu wenigen, verglichen mit der großen Anzahl der Menschen, die wirklich leiden.

Es gibt die einfache Möglichkeit, wenn man nicht sofort einen spirituellen Weg beginnen kann oder nicht will, sich durch Üben der ACHTSAMKEIT in ERFAHRUNGSRÄUMEN, die uns vertraut sind und in denen wir ohnehin gerne sind, sich einer Dimension der eigenen Person zu nähern, die uns bisher verborgen geblieben ist.

„Es gibt keinen Weg, nur gehen!" war der Titel des letzten Buches von *Jochim Ernst* BEHRENDT. Die Tätigkeit des GEHENS ist wichtig, immer wieder mit Achtsamkeit in die ERFAHRUNGSRÄUME eintreten und bewusst zu einem Fokus gehen.

ERFAHRUNGSRÄUME sind, um die wesentlichen zu nennen, Natur, Musik, Kunst, Tanz, Religion, Liebe usw. In diesen Räumen ist die Wahrscheinlichkeit nach Dürckheim groß, eine SEINS-Fühlung oder eine SEINS-Erfahrung zu erlangen.

Die Erfahrungen haben eine wichtige, Lebenskraft spendende Wirkung.

„Wir glauben, Erfahrungen zu machen, aber die Erfahrungen machen uns." (Eugène Ionesco)

Wenn wir die Erfahrungen in diesen wichtigen Erfahrungsräumen nicht machen, weil wir nicht achtsam genug sind und uns das Verständnis von den Zusammenhängen fehlt, dann fehlt uns folgerichtig Lebenskraft.

Ich möchte versuchen, Sie in diese Erfahrungsräume zu führen, und mit Ihnen Achtsamkeitsübungen durchführen. Sie werden anders aus den Erfahrungsräumen herausgehen, als Sie in sie hineingegangen sind. Mit wesentlich mehr Lebenskraft.

Es hat etwas gewirkt, was wir bisher nicht wahrgenommen haben.

Für Sie ist es deshalb wesentlich einfacher, täglich zu üben, da Sie ohnehin in diesen Räumen sind, aber eben nicht achtsam genug sind und das ist tragisch.

Sie lernen die ACHTSAMKEIT, das Tor zu einer höheren Qualität des Lebens.

Spirituelle Wege werden oft begonnen, aber leider auch allzu oft wieder beendet. Ich habe so viele Menschen erlebt, die einfach zu einem spirituellen Weg nicht gefunden haben oder zwar diesen begonnen haben, aber nicht durchgehalten haben.

Der Empfänger kann allzu oft die Frequenz der spirituellen Botschaften nicht empfangen. Das ist gar keine Wertung. Es ist einfach so. Es braucht auch eine starke Disziplin, den Übungsweg beizubehalten. Diese Stärke haben viele Menschen nicht, besonders diejenigen nicht, die in Not und Leid leben, und die müssen ja erst wieder Stärke für ihr Leben entwickeln.

Ich hoffe sehr, dass viele Leser zu einer im Menschen enthaltenen, aber nicht erkannten, größeren Dimension des Menschseins aufbrechen werden. Dann und nur dann kann das Leben in jeder Phase gelingen und der Mensch das werden, was er von Natur aus ist.

Die Evolution hat es wohl so gewollt, dass wir nach der ratiogesteuerten ICH-Zentriertheit der ersten Jahre noch ein ganzes Drittel zur Verfügung haben, um ohne Ängste, Gier, Hass, Arroganz, Neid, Vereinsamung, ohne Angst vor Krankheit und Tod und ohne Egoismus uns zur ganzen Person vollenden zu lassen. Wird diese Reifung verfehlt, dann HABEN wir nicht nur diese negativen Eigenschaften, sondern wir WERDEN sie mehr und mehr, sie füllen uns ganz aus. Wir werden krank und leiden. Für eine Umkehr fehlt uns dann die Kraft.

Vielen ist gar nicht bewusst, dass sie ungeheuer viel Zeit für diesen Prozess haben. Sagen Sie bitte nie mehr, Sie hätten keine Zeit.

Jahre, Monate, Wochen, Tage, Stunden, Minuten, Sekunden, Atemzüge und Augenblicke. Diese Augenblicke im HIER UND JETZT zu leben und zu erfahren, soll das Buch vermitteln und man sollte sich nicht von Störfeldern ablenken lassen.

In jedem Augenblick liegt die ganze WIRKLICHKEIT, die wir nicht benennen und beschreiben können, aber sehr wohl erfahren können.

Die wesentliche Wirkkraft heisst LIEBE

Die Wirklichkeit ist nur trans-rational und trans-phänomenal zu erfassen – aus diesem Grund hat die Übung der Kontemplation, der Theorie, der Wesensschau eine so wichtige Funktion. In allen europäischen Sprachen gibt es kein adäquates Wort für Wirklichkeit; im Englischen sprechen wir von Reality, was von lat.: res = Ding, Sache kommt. Es geht nicht um eine Dinglichkeit, sondern um eine wesentliche Wirkkraft, der wir uns ausliefern müssen. Das deutsche Wort Wirklichkeit (lat.: actualitas) geht auf den deutschen Mystiker Meister Eckhart zurück: „ER wirkt, damit ich werde!"

Diese wesentliche Wirkkraft heißt Liebe – und Liebe ist Leben. Liebe kann nur in der Gegenwart, im Zentrum erfahren werden und ist nicht auf Vergangenheit und/oder Zukunft projizierbar.

Das wirkungsvollste Lebensmotto kann nur heißen: „Amo ergo sum – ich liebe und lebe, also bin ich!"

Die Liebe ist die Wirkkraft des Universums.

Und vielleicht sollte man auch in Zeiten von Krankheit und Not zuerst nach der Essenz „Liebe" greifen, bevor man sich mit Substanzen narkotisiert, die das Wesentliche immer wieder verschleiern.

Liebe und Leben sind das größte Risiko, das wir eingehen. Hier gibt es keine Versicherung – nur ständige Erneuerung und Fortsetzung.

Denken Sie nie mehr an vielleicht wenige Jahre, die Sie glauben, nur noch zu leben, im Vergleich zu den schon gelebten Jahren. Denken Sie immer an die vielen, vielen Augenblicke, die vor Ihnen liegen.

Das ist tröstlich, nicht wahr? Rechnen Sie doch einfach mal aus, wie viel Atemzüge oder Augenblicke zehn Jahre haben.

Die Bedeutung der Liebe kommt treffend im Buchtitel von Hans-Peter Dürr und Raimon Panikkar hervor: „Liebe – Urquell des Kosmos". Es geht um die Erfahrung, dass Alles mit Allem verbunden ist. „Besser ist es, weniger zu wissen und mehr zu lieben, als viel zu wissen und weniger zu lieben." (Erasmus von Rotterdam)

Wie man sein Leben einteilen kann

Die Einteilung in drei Drittel ist in Asien üblich, wie Willigis Jäger oft ausführt. Ausbildung – Beruf und Familie – Älterwerden. Das gibt viel Sinn, sind doch die unterschiedlichen Schwerpunkte der Entwicklung in den Dritteln gut deutlich zu machen. Und das letzte Drittel soll die Hochphase des Lebens werden. Das Leben soll gewissermaßen als ein Crescendo der Wichtigkeit ablaufen. Willigis Jäger berichtet, dass der 60. Geburtstag in Korea deshalb als Freudenfest gefeiert wird.

Wir im Westen sprechen oft von der Mitte des Lebens und von der „*Midlife-Crisis*“, wo die Wende passieren sollte. Also teilen wir unser Leben in zwei Hälften ein. Diese Auffassung mag den Nachteil beinhalten, dass die Lebensmitte in jeder Hinsicht der Höhepunkt ist, von dem aus es dann abwärts geht.

Julia Onken teilt in ihrem Buch „*Feuerzeichenfrau*“ das Leben einer Frau in 7-Jahres-Zyklen ein: „*Das durchschnittliche Alter der heutigen Frau bewegt sich zwischen 74 und 78 Jahren, umfasst also etwa 11 Zyklen zu je 7 Jahren .., es sind lediglich 3 volle 7-Jahres-Zyklen, in welchen wir mit absoluter Sicherheit die Amtszeit körperlicher Mutterschaft übernehmen können.*“

Aus der Sicht der Frau ist diese Einteilung sicherlich verständlich, und man kann jedem 7-Jahres-Zeitraum Inhalte zuordnen.

Sie schreibt in ihrem Buch „*Altweibersommer*“: „*In allen Weltreligionen steht die Zahl 7 als Erfüllung eines rhythmischen Zyklus, als Abschluss und Vollendung einer zyklischen Bewegung ... Im Hinduismus gibt es sieben Jahreszeiten, nach der indisch-vedischen Philosophie befinden sich im menschlichen Körper sieben Chakren und bei indischen Hochzeitsritualen werden sieben Schritte ausgeführt ... Im Islam werden Gebete siebenmal wiederholt. Die Sieben ist die Zahl der Weltwunder, der Winde, der Wüsten, der Weltmeere und Sternensphären. Der weibliche Lebensrhythmus zeigt eine ganz besondere Affinität zu dieser Zahl.*“

Als Ergänzung zu meinem Buch kann ich dieses Buch sehr empfehlen, da es die weibliche Sicht zu dem Thema zeigt und den Weg nach INNEN in den Mittelpunkt des Älterwerdens stellt.

Bill Plotkin teilt das Lebensrad in vier Sektoren (Kinder, Jugendliche, Erwachsene und Ältere) ein, die dann noch mal in acht Stufen verfeinert werden (jeweils eine frühe und späte Phase der vier Sektoren). Das Leben beginnt im Osten und wandert wie die Uhr über Süd, West, Nord wieder nach Osten. Geburt und Tod, Anfang und Ende liegen zusammen im Osten.

Für jede Stufe gibt Plotkin die in dieser Stufe wichtigste Rolle des Menschen an, die Lebensaufgabe, seinen Beitrag für die Menschheit und die psycho-spirituelle Position.

Ich bin der Meinung, dass die Einteilung des Lebens Sinn ergibt, wenn man den Sektoren Inhalte zuordnet, die dann zu Aufgaben werden. Das bewusste Verlassen eines Sektors und das bewusste Eintreten in einen neuen lösen wichtige Energien aus.

Wenn ich auf mein Leben schaue, lebte ich in fünf Jahreszeiträumen. Alle fünf Jahre verließ ich den bisherigen Raum und trat in einen neuen ein. Ich habe immer wieder einen großen Kraftschub erfahren.

„Jedem Anfang wohnt ein Zauber inne,
der uns beschützt und der uns hilft,
zu leben."

Hermann Hesse aus *„Stufen"* und *„Glasperlenspiel"*

Ricard erinnert in seinem Buch *„Glück"* an Seneca: „Es ist nicht so, dass wir so wenig Zeit haben, aber wir vergeuden so viel davon", und er schreibt weiter: *„Das Leben ist kurz. Wesentliche Dinge aufzuschieben bedeutet immer einen Verlust. Die uns verbleibenden Jahre oder Stunden gleichen einer kostbaren Substanz, die schnell schwindet und vergeudet werden kann, ohne, dass wir es bemerken ... Für den aktiven Menschen sind es goldene Zeiten, wenn er etwas erschaffen, aufbauen, erreichen und sich für das Wohlergehen anderer einsetzen kann.*

Dem Meditativen erlaubt die Zeit, in sich hineinzuschauen, um seine innere Welt verstehen zu lernen und die Essenz des Lebens wiederzuentdecken. Das ist GOLDENE ZEIT, die ihm trotz der scheinbaren Inaktivität erlaubt, den gegenwärtigen Augenblick voll auszukosten und innere Qualitäten zu entwickeln, die ihn befähigen, anderen Menschen wirkungsvoller von Nutzen zu sein ... Der Müßiggänger spricht davon, die Zeit ‚totzuschlagen'. Was für ein schrecklicher Ausdruck. Die Zeit wird zu einer langen, flachen, gleichförmigen Linie. Das ist ‚bleierne Zeit'."

ALTER IST VERÄNDERUNG

„Es ist unser Irrtum,
dass wir den Tod
in der Zukunft erwarten.
Er ist zum großen Teil
schon vorüber.
Was von unserem Leben
hinter uns liegt, hat der Tod."

(Seneca, um 4 v. Chr. – 65 n. Chr.)

Es ist geradezu tragisch, beobachten zu müssen, mit welchen Mitteln unsere angeblich fortgeschrittene Medizin und Naturwissenschaft den Alterungs-Prozess des Menschen aufzuhalten und mit den unglaublichsten Heilsversprechen eine ewige Jugend in Aussicht zu stellen versucht. Das wird von den Pharma-Giganten tatkräftig unterstützt und mit Life-Science betitelt. Diese Täuschung, nur um Geld zu verdienen, wird eines Tages teuer bezahlt werden müssen. Denn die Hinderung des Menschen am „Altern" ist ein manipulativer Eingriff in seine Würde und in seine Entwicklung auf dem Weg zu Erkenntnis und Weisheit. Und die moderne Gen-Manipulation ist in diesem Zusammenhang der größte verbrecherische Eingriff in den göttlichen Schöpfungsprozess.

Jung und Alt sind letztlich keine Gegensätze, sondern lediglich Ausdruck eines ständigen Wachstums- und Veränderungsprozesses, der im streng philosophischen und göttlichen Sinn ohne Anfang und Ende ist und ewig fortschreitet.

Alle Verjüngungsmittel sind nicht dazu geeignet, den eigentlichen Alterungs-Prozess aufzuhalten. Wir haben den Mut verloren, unser wahres Gesicht zu zeigen und laufen, durch modernste Kosmetika entstellt und verkleistert, maskiert durchs Leben. Jeder möchte aufgrund seiner fatalen Ansichten das Altern verhindern und versperrt sich damit den Weg zu Wissen, Reife, Transformation, zur Befreiung vom Raupen-Dasein zum Schmetterling.

Wir brauchen dringend mehr Meister, die den tieferen Wesensgehalt des menschlichen Daseins im Paradiesgarten Gottes authentisch vermitteln. Die Erkenntnisse der sogenannten *„modern sciences and advanced technologies"* helfen leider sehr wenig.

Das englische Verbum „to alter" sagt uns sehr deutlich, was wir zu tun haben: sich wandeln, sich verändern.

„Tempora mutantur et nos mutamur in illis"
(Die Zeiten ändern sich und wir in ihnen)

Die Zeiteinteilung ist eine vorläufige Hilfe. Wenn man auf dem Weg des inneren Wachstums weit vorangeschritten ist, braucht man keine Zeiteinteilung mehr.

Der Mensch lebt dann immer im Hier und Jetzt, in jedem Augenblick, im Kontinuum ohne Anfang und ohne Ende.

Hochphase des Lebens – das Alter

Viele Menschen sind bemüht, möglichst lange zu leben. Medizin und Naturwissenschaft sind gut vorangekommen. Die Lebenserwartung steigt. Für viele verlängert sich damit die Zeit des sinnlosen Alterns und für einige wenige verlängert sich die Zeit des sinnvollen Alterns. Ich hoffe sehr, dass die zweite Gruppe ständig zunimmt. Dazu möchte ich mit diesem Buch einen Beitrag leisten.

Mit der Frage, ob es sich lohnt, lange zu leben, beschäftigt sich das Buch von Sebastian Knell und Marcel Weber *„Menschliches Leben"* (Verlag Walter de Gruyter, Berlin, New York). In der FAZ vom 25.11.2010 kommentiert Michael Pawlak:

„Lohnt es sich, ein langes Leben zu haben? Je länger, je lieber. Die Autoren kalkulieren den Wohlfahrtsgewinn des hohen Alters.

... Die Chance, durch einen Aufschub des Todes einen ‚innerlebensgeschichtlichen Wohlfahrtsgewinn' zu erzielen, sei alles in allem als gut zu beurteilen. Zwar bedeute dieser Befund nicht, dass ein verlängertes Leben im Ganzen glücklicher sein würde als ein nicht verlängertes. Es gebe nämlich keinen Anhaltspunkt für die Annahme, dass ein verlängertes Leben die Chance böte, die durch Zugewinn an Lebenszeit verbesserten Möglichkeiten relativ zu dem veränderten möglichen Optimum umfassender auszuschöpfen ... Der einzige Maßstab, an dem sich der „homo calculans" der Autoren orientiert, ist das eigene liebe ICH."

Aus dem ICH-Bewusstsein kann man eben diese Frage nicht beantworten. Im eingeengten ICH-Betrachtungsraum, findet man tatsächlich keinen Anhaltspunkt für mehr Glück im verlängerten Alter. Nur eine materialistische Wohlfahrtsbetrachtung anzustellen führt ins Abseits.

Nach meiner eigenen Erfahrung braucht es die innere Reifung, um dem langen Leben SINN zu geben. Nur so wird es nicht nur erträglich trotz aller Krankheiten und Schwächen, sondern sinnvoll und glücklich.

Es gibt überhaupt keine Alternative zu einem WEG der Achtsamkeitsübungen und der daraus resultierenden inneren Reife, den GOLDENEN WIND zu erfahren.

Wenn man den Sinn des Lebens verstanden hat und sich einem inneren Wachstumsprozess zuwendet, was sind dann die Entwicklungsziele für das dritte Lebensdrittel?

Bill Plotkin hat in seinem Buch *„Nature and The Human Soul"* für die Stufen sieben und acht, also für das frühe Alter und das späte Alter, die Entwicklungsziele klar definiert, denen ich auch zustimmen kann (frei von mir übersetzt und Kernaussagen zusammengefasst):

„Die Rolle der 60- bis 75-Jährigen ist die des MEISTERS als Archetyp in dem Hain der Gemeinschaft der Älteren. Ihre Aufgabe ist es, sich um die ‚WELTSEELE' zu kümmern, das heißt, sie sollten dafür sorgen, dass die Menschengemeinschaft im Gleichgewicht mit der Natur lebt."

Diese Fürsorge hat mindestens fünf Komponenten:

1. Die Kinder und Unschuldigen zu beschützen und zu ernähren.
2. Die Jugendlichen fördern und ihnen Impulse geben.
3. Die Erwachsenen bei ihrem inneren Wachstum unterstützen.
4. Die Menschengemeinschaft bei ihrer Evolution oder Transformation führen.
5. Die Erhaltung des Gleichgewichts zwischen der Menschheit, allen Wesen und der gesamten Erde.

OHNE ZWEIFEL IST DIESE LEBENSPHASE
DIE BESTE IM GANZEN LEBEN!

Es gelingt allerdings nur, diese Phase als die beste zu erleben, wenn man durch stetiges ÜBEN eine gewisse Meisterschaft auch erreicht hat. Leichter ist das möglich nach einem Erwachen für inneres Wachstum schon in der Lebensmitte und nachfolgendem beharrlichen täglichen Üben, sodass man dann bei Eintritt in das siebte Achtel vorbereitet ist. Dann kann man seine ganze Zeit, die man nach dem Beruf und nach dem Großziehen der Kinder gewonnen hat, nutzen. Dann stellt sich auch nicht mehr die Frage, wenn das berufliche und elterliche Wirken zu Ende ist: „WAS NUN?" Man ist voll konzentriert auf die Beantwortung der Sinnfrage des eigenen Lebens.

Aber keine Enttäuschung und Traurigkeit, wenn man nicht so früh begonnen hat. Noch ist es nicht zu spät. Es wird allerdings mühsamer, die früheren Verhaftungen und Konditionierungen, die aus der ICH-Zentrierung resultieren und für all das Unglück und Leid verantwortlich sind, zu lösen.

Otfried Höffe schreibt in der FAZ vom 6.3.2010 über das Altern und das Alter aus der Sicht von Cicero, Jacob Grimm und Ernst Bloch: „Zwei Defizite fallen auf (in den Beschreibungen dieser drei Autoren): Das Verhältnis zu den Mitmenschen, etwa zur Familie und Freunden, fehlt ebenso wie die Frage, wie man die skizzierte Einstellung lernt. Denn die weise ‚stoische Gelassenheit', die sich bei Voltaire, Bloch und Grimm abzeichnet, fällt dem Menschen nicht allein zu. Er muss sie lernen, was jenes Bild des Alters bekräftigt, das wir nicht erst seit der neusten Altersforschung, sondern schon seit Cicero kennen: dass man Altern lernen kann, freilich auch lernen muss. Mit Hermann Hesse, einem weiteren nicht akademischen

Altersforscher, gesprochen: ‚Altsein ist eine ebenso schöne und heilige Aufgabe wie Jungsein', und: ‚Auf eine menschenwürdige Art alt zu werden und jeweils die unserem Alter zukommende Haltung und Weisheit zu haben, ist eine schwere Kunst.'"

Hermann Hesse wusste genau, was er mit „schwerer Kunst" meinte. Es ist eben die stetige Übung des LOSLASSENS und der ACHTSAMKEIT und das ist mühsam.

Es braucht eine nicht ermüdende Disziplin.

Disziplin bedeutet, Schüler sein (lat.: *discipulus*).

Das berühmte Gedicht „Stufen", das Hesse 1941 geschrieben hat, hieß übrigens erst „Transzendieren". Dieser Titel trifft den Kern der Entwicklung von Stufe zu Stufe aus meiner Sicht besser. Das „Transzendieren" als Übung ist wesentliche Voraussetzung für die Reifung der Person. Erst 1943, als er es im Buch „Das Glasperlenspiel" unterbrachte, hat er dem Gedicht seinen heutigen Titel gegeben.

Hermann Hesse hat wunderbare, treffende Zeilen „Über das Alter" geschrieben (Literatur-Verzeichnis Hermann Hesse: „Mit der Reife wird man immer jünger", Insel-Verlag Frankfurt/Leipzig):

„Altsein ist eine ebenso schöne und heilige Aufgabe wie Jungsein, Sterbenlernen und Sterben. Es ist eine ebenso wertvolle Funktion wie jede andere, vorausgesetzt, dass sie mit Ehrfurcht vor dem Sinn und der Heiligkeit des Lebens vollzogen wird. Ein Alter, der das Altsein, die weißen Haare und die Todesnähe nur hasst und fürchtet, ist kein würdiger Vertreter seiner Lebensstufe, so wenig wie ein junger und kräftiger Mensch, der seinen Beruf und seine tägliche Arbeit hasst und sich ihnen zu entziehen sucht.

Kurz gesagt: Um als Alter seinen Sinn zu erfüllen und seiner Aufgabe gerecht zu werden, muss man mit dem Alter und allem, was es mit sich bringt, einverstanden sein, man muss JA sagen. Ohne dieses JA, ohne die Hingabe an das, was die Natur von uns fordert, geht uns der Wert und der Sinn unserer Tage, wir mögen alt oder jung sein, verloren, und wir betrügen das Leben.

Das Schauen, das Betrachten, die Kontemplation wird immer mehr zu einer Gewohnheit und Übung, und unmerklich durchdringt die Stimmung und Haltung des Betrachtenden unser ganzes Verhalten. Von Wünschen, Träumen, Begierden, Leidenschaften gejagt, sind wir, wie die Mehrzahl der Menschen, durch die Jahre und Jahrzehnte unseres Lebens gestürmt, ungeduldig, gespannt, erwartungsvoll, von Erfüllungen oder Enttäuschungen heftig erregt. Und heute im großen Bilderbuch unseres eigenen Lebens behutsam blätternd, wundern wir uns darüber, wie schön und gut es sein kann, jener Jagd und Hetze entronnen und in die „vita contemplativa" gebeugt zu sein.

Da blüht die Blume der Geduld, ein edles Kraut, wir werden gelassener, nachsichtiger und je geringer unser Verlangen nach Eingriff und Tat wird, desto größer wird unsere Fähigkeit, dem Leben der Natur und dem Leben der Mitmenschen zuzuschauen und zuzuhören, es ohne Kritik und mit innerem Erstaunen über seine Mannigfaltigkeit an uns vorüberziehen zu lassen, manchmal mit Teilhaben und stillem Bedauern, manchmal mit Lachen, mit heller Freude und mit Humor."

Der Herausgeber des oben zitierten Buches Volker Michels schreibt im Nachwort: *„Alter und Reife sind – wir erleben es täglich – nicht unbedingt miteinander gekoppelt.“*

„Die Menschen werden zwar oft alt, aber selten reif“, bemerkte dazu der französische Erzähler *Alphonse Daudet. „Nur wenigen glückt es, trotz körperlicher Hinfälligkeit, die innere Elastizität zu bewahren und den Einschränkungen des Alters die Gelassenheit, Toleranz und heitere Aufgeschlossenheit abzugewinnen, die wieder den Charme jugendlicher Unbefangenheit erreicht.“*

Der 91-jährige Pablo Picasso: „... *Man muss schon sehr lange leben, um jung zu werden.“*

Im Falle von Hermann Hesse jedenfalls trifft zu, was sein erster Biograf Hugo Ball über ihn sagte: *„Er fühle sich alt in der Jugend und jung im Alter.“*

Es ist außerordentlich wichtig, zu Beginn des siebten Achtels oder zu Beginn des dritten Drittels spätestens dann mit dem Übungsweg zu beginnen, solange Physis und Psyche stark genug sind. Es ist leichter möglich, wie ich später ausführlich erläutere, wenn man in einem Erfahrungsraum übt, den man liebt und in dem man sich deswegen ohnehin gern aufhält.

Plotkin weiter: *„Die Menschen in der letzten Stufe sind voller Mitgefühl, weise, ernsthaft, leidenschaftlich und gütig. Thomas Berry, 91 Jahre alt, Kulturhistoriker, Theologe und christlicher Mönch, den ich interviewt habe, scheint ein lebendes Beispiel dafür zu sein. Es hat den Anschein, dass er die Entwicklung erfüllt hat, die EINSTEIN uns allen empfohlen hat: ‚Befreit Euch alle selbst aus dem Gefängnis, das Ihr Euch durch Euer duales Denken und Eure egozentrierte Vorstellung, von allem abgetrennt zu sein, gebaut habt, indem Ihr Eure Kreise des Mitgefühls für alle und alles immer mehr erweitert und alle lebenden Wesen und die ganze Schönheit der Natur umarmt!‘“*

Plotkin weiter: *„Die Zeit des MEISTERS endet mit dem LOSLASSEN. Er hat keine persönliche Agenda mehr mit Projekten, die noch unbedingt durchgeführt werden müssen und Zielen, die unbedingt noch erreicht werden müssen. Er hat natürlich auch noch Wünsche und Sehnsüchte, aber sie sind Anlass für konkrete Programme, sie zu erfüllen. Sie sind einfach ein Weg zur Erfüllung im Moment des Hier und Jetzt, absichtslos einfach eingetreten. Während die Entwicklung des EGO in früheren Jahren mit der Namensgebung* (vergleiche zu Anfang des Buches die Bedeutung des Nachnamens im Sinne von Dürckheim) *gefeiert wurde, löst man jetzt seine Anhaftung an das EGO durch LOSLASSEN. In gewissem Sinne ist das LOSLASSEN ein Unterlassen jeglicher Benennung; es ist, als würdest du deinen Nachnamen vergessen, als würdest du deine ICH-Identifikation vergessen, die dich von allen und allem trennt.*

Als MEISTER besitzt du schon eine gewisse Menge an Weisheit, aber dein Leben hatte mehr noch den Nutzen deines Wissens und deiner Erfahrung zum Erreichen und Ge-

stalten deiner Ziele als treibende Kraft. Jetzt wird die wachsende Weisheit genutzt, um jederzeit den Augenblick zu erleben und im Hier und Jetzt spontan WEISHEIT ausdrücken zu können. Jetzt als WEISER hast du mehr und mehr die Fähigkeit, das WUNDERSAME und NUMINOSE zu feiern.

Das LOSLASSEN ist also eine von vier radikalen Transformationen des Bewusstseins. Diese vier sind:
- *Geburt und Bewusstsein des EGO,*
- *Initiation des Bewusstseins der SEELE,*
- *Loslassen der EGO-Bindung,*
- *Tod.*

Die Zeit des LOSLASSENS wird oft durch Krankheiten beschleunigt, um das ständige Streben des EGO zu verlangsamen.

Aus der Perspektive einer egozentrischen Gesellschaft sind alle Verluste schrecklich und beklagenswert. Aus der Perspektive einer GEIST-verbundenen Seelengemeinschaft sind viele Verluste Gewinne und manche Gewinne in Wirklichkeit Verluste.

Der psycho-spirituelle Schwenk, der sich als Folge des LOSLASSENS ergibt, führt zu einer Sequenz von transzendenten Momenten. Obwohl das LOSLASSEN schon in früheren Jahren eingeübt wird oder werden sollte, wird die Erfahrung der TRANSZENDENZ oft erst beim MEISTER zur Realität."

Plotkin zitiert noch mal Thomas Berry: *„Kindheit und Alter hängen eng zusammen. Sie scheinen das gegenseitige Spiegelbild zu sein. Es gibt die Einfachheit des Kindes und des Alten. Kinder stehen am Anfang des Lebensrades, die Alten am Ende. Es gibt einen Ausspruch von Thomas von Aquin: ‚Alle Dinge neigen zum Ende hin dazu, wieder an ihren Anfang zurückzukehren.' Wir sagen oft, je älter du wirst, umso mehr siehst du die Dinge wie die Kinder."*

Wie sieht mein Lehrer Willigis Jäger die Lebensaufgabe für das dritte Lebensdrittel? In seinem Buch „Das Leben endet nie", was ich allen vor dem dritten Drittel und allen im dritten Drittel sehr empfehle, da es für diese Altersgruppe eine wahre Fundgrube ist, beginnt er das Kapitel „Alter oder die Chance der zweiten Geburt" mit einem Spruch aus dem Herzsutra:
„Und so gibt es weder Alter noch Tod
noch ein Ende von Alter und Tod."

Er führt aus: *„Im dritten Lebensabschnitt ist der Mensch reif für einen Durchbruch ins Transzendente. Mit dieser Dimension beginnt die Persönlichkeit sich voll zu entfalten. Die vorangegangenen Lebensabschnitte waren eine Art Vorbereitung auf das Eigentliche. Jetzt gilt es, seine Geburt zu vollenden."*

„Vollende deine Geburt" ist zwar das Thema des ganzen Lebens, aber es erhält, wenn man älter geworden ist, noch einmal eine tiefere Bedeutung. Wir vollenden sie nicht durch Leistung, sondern durch SEIN. Die Erfahrung des SEINS, die Erfahrung unseres tiefsten Wesens, das ist die Hauptaufgabe unseres Lebens.

Jetzt werde ich alt, und im Alter offenbart sich diese Einheit als meine Gebrechlichkeit, als meine Krankheit und Altersschwäche. Das Alter ist eine vollkommene Manifestation des GOLDENEN WINDES, eine vollkommene Manifestation GOTTES. Unsere Gebrechen, der Haarausfall, die dritten Zähne, die Bedürftigkeit und Krankheit – sie sind eine Offenbarung Gottes. Solange wir jung und gesund sind, lässt sich leicht so sprechen. Aber es will gelebt werden, wenn wir alt geworden sind und „der Baum verdorrt". „Der Baum verdorrt" ist hier nicht negativ gemeint, es bedeutet, dass so manches abfällt, was mich hindert, ganz Mensch zu sein.

Wir können nichts werden auf unserem Lebensweg, wir sind etwas, wenn wir auf die Welt kommen.

Es lässt sich nichts erreichen, wir sind ES von Anfang an. Ich muss keine Leistung erbringen. Meine Würde hängt nicht von meinem TUN ab. Ich BIN etwas von Anfang an, auch in meinem Alter, auch wenn ich krank und gebrechlich bin."

Die Worte von Willigis Jäger haben für mich etwas ungeheuer Tröstliches. Ich hoffe sehr, dass es vielen Lesern auch so geht.

Die Aufgabe für das dritte Lebensdrittel ist formuliert. Jetzt geht es nur noch darum, sich auf den Weg zu machen, den GOLDENEN WIND spüren zu lernen.

Das dritte Lebensdrittel

AUSGANGSSITUATION UND ZIEL
DEN SINN DES LEBENS ENTDECKEN

Ich werde mich ausführlich mit dem dritten Lebensdrittel beschäftigen, da dieses die Lebensphase ist, in der ich gerade bin und da diese Lebensphase für so viele Menschen leider das Ende und nicht den Anfang des Lebens bedeutet.

Anfang oder Ende ist eine Frage der Reife der Person, die danach gefragt wird.

Als ich Lilo Brentrup in einem Gespräch mit ihr (siehe später „Erfahrungsraum Kunst") nach ihrer Botschaft für Menschen im dritten Lebensdrittel, in dem sie ja nun mit 90 Jahren schon eine Zeit lang ist, fragte, reagierte sie entrüstet:

„Dieses ist nicht mein drittes Leben. Es ist mein VIERTES!"

„Wie sind denn die vier Leben definiert?",wollte ich wissen.

Sie gab mir die folgende Einteilung, die es in sich hat, denn sie hat nichts mit der Aufteilung der Zeit zwischen Geburt und Tod in gleiche Zeitabschnitte zu tun, sondern sie ist eine Botschaft:

1. AUSBILDUNG
   TRENNUNG VOM ELTERNHAUS
2. BERUF
3. SUCHEN
4. FINDEN
   GEFUNDEN HABEN
   GEFUNDEN WERDEN

Dabei geht mir durch den Kopf und damit verarbeite ich ihre Botschaft, die schon in der Definition steckt, dass die meisten Menschen nur zwei von vier möglichen Leben leben, leider! Sie sterben nach zwei von vier möglichen Leben.

Viele SUCHEN gar nicht, weil sie nicht wissen, wonach sie suchen sollen.

Manche SUCHEN, aber WERDEN NICHT GEFUNDEN und können selbst nicht FINDEN, leider! Sie sterben nach drei von vier möglichen Leben. Das ist noch bitterer, als ein Sterben ohne zu SUCHEN, da diese unwissend sind. Bitter deshalb, weil sie ahnen und deshalb SUCHEN, SUCHEN, SUCHEN und ohne die Erfüllung des SUCHENS sterben.

Es geht also jetzt im Folgenden um die Frage des Lebens nach den zwei Leben, die jeder hat, es sei denn, er ist arbeitslos und kinderlos.

Aber auch den Arbeitslosen und Kinderlosen möchte ich Mut machen. Sie können GEFUNDEN WERDEN, wenn sie nur SUCHEN.

Wonach? Nach dem SINN DES LEBENS! Der hat nichts mit Arbeit und Kindererziehung zu tun. Das ist doch eine tröstliche Botschaft.

Die berufliche Tätigkeit ist zu Ende, die Kinder sind aus dem Haus.

WAS JETZT? ist die große Frage. Man hat sich im ersten Drittel auf die Arbeit und die Familiengründung vorbereitet und beides im zweiten Drittel realisiert. Die meisten Menschen haben sich aber auf das dritte Drittel nicht vorbereitet. Da man nichts Besseres weiß und meistens auch von seinen Eltern nichts anderes vermittelt bekommen hat, macht man einfach so weiter. Man geht Tätigkeiten nach und füllt so die Leere, die plötzlich entstanden ist. Das ist grundsätzlich nichts Schlechtes, aber wenn wiederum nur das MACHEN im Mittelpunkt des Wirkens steht, können wir nicht gewinnen. Wir können nicht diese Zeit zur Hochphase des Lebens werden lassen. Wir können nur verlieren, im materialistischen Sinn, und vermissen den geistigen Inhalt für unser Leben.

Raupe bleiben oder Schmetterling werden?

Diese Frage muss jeder für sich selbst beantworten. Eigentlich ist das die Kernfrage für das ganze Leben. Aber wenn das dritte Drittel vor uns liegt, eilt es, sich für den Schmetterling zu entscheiden, sonst bleibt der mühsame Weg der Raupe. Aber es ist tröstlich. Die Raupe kann sich zum Schmetterling verwandeln. Sie kann sich jederzeit verwandeln. Es liegt nur an uns. Wenn das Kriechen mühsam wird, ist der Zeitpunkt der Wandlung günstig. Aus dem Kriechen kann dann Fliegen werden. Ist das nicht eine wunderbare Perspektive?

Graf Dürckheim: *„Wenn der Mensch aus Altersgründen eines Tages gezwungen ist, seine gewohnte Arbeit aufzugeben, dann befindet er sich in einer völlig neuen Situation, auf die er meistens nicht vorbereitet ist. Er mag sich zum Beispiel sogar auf den Augenblick seiner Pensionierung gefreut haben, oder er mag aufatmen, wenn ihn eines Tages eine Krankheit dazu berechtigt, aufzuhören. Und doch fällt er oft in diesem Augenblick in ein Vakuum, in eine Leere, in der er sich nicht auskennt.*

Es überfällt ihn die Frage: Was hat mein Leben jetzt noch für einen Sinn, wenn man nichts mehr leisten kann?"

„Altern in Freiheit und Würde" von Martina Blasberg und Andreas Wittrahm ist ein umfangreiches Standardwerk im wesentlichen aus theologischer Sicht, in dem die beiden Herausgeber vielen kompetenten Autoren Raum gegeben haben. Was aber fängt der Leser mit dem Begriff *„Würde"* an? Was ist Würde? Und was heißt *„Freiheit"*, wie kann der Mensch frei sein im Alter? In dem Buch beschreibt *„Würde"* das Verhältnis eines alternden Menschen zu sich selbst, zu anderen und zu Gott. Das hat den Anschein, als wären der Mensch, der andere und Gott dreierlei verschiedene Instanzen. Das sind sie nach meiner Überzeugung aber gerade nicht. Diese, meine eher christlich-mystische Meinung, steht im Gegensatz zur theologischen. Alle Wesen, auch die Menschen, also ich selbst und alle anderen, sind eine

Manifestation des GÖTTLICHEN. Wir Menschen unterscheiden uns in dem, was jeder einzelne sich als ICH in seinem Leben aufgebaut hat, eine vergängliche Illusion, aber wir sind alle verbunden im GÖTTLICHEN, eine WIRKLICHKEIT, die immer da ist und immer bleibt.

Graf Dürckheim: „*Die Gebrechen des Alters und mit ihnen das Leiden des alternden Menschen gründen in der Regel in der Abnahme der Fähigkeiten, etwas zu leisten. An Leib und Seele wird der Mensch hilfsbedürftig, und anstelle seiner Leistungskraft tritt die Schwäche, die ihn mehr und mehr, was das äußere Leben betrifft, abhängig macht von seiner Umgebung. Er leidet darunter, dass er nichts mehr leisten kann. es gibt die Ermutigungs- und Ermunterungstherapien, die den Menschen davon zu überzeugen suchen, dass und in welchem Umfang er doch etwas leisten kann. Diese Therapie ist FRAGWÜRDIG. Gewiss, solange der Mensch noch etwas tun kann, die Frau noch etwas im Haushalt, der Mann noch etwas mit kleinen Tätigkeiten, an die er gewöhnt ist, soll man ihnen die Freude lassen. Das Zentrum der Sinngebung sollte jedoch nie auf etwas gelegt werden, worin der Mensch notwendigerweise abnimmt, sondern vielmehr auf etwas, worin er im Zunehmen bleiben kann bis an sein Ende. Dieses betrifft aber nie die weltliche Leistung, sondern das innere Reifen.*

Der Sinn des Alters ist nicht die Leistung, sondern die Reife.

Das innere Reifen meint eine Verwandlung des ganzen Menschen, in der an die Stelle des Welt-ICH sein transzendentes Wesen zum Richtung gebenden Zentrum wird.

Ein weit verbreitetes Altersleiden ist die Verhärtung, körperliche Verhärtung, die sich seelisch auswirkt, seelische Verhärtung, die sich im Körper auswirkt – beides zusammen: Verhärtung nicht nur im Körper, den man hat, sondern auch im Leibe, der man ist.

In der Verhärtung erscheint die Gebärde des Sich-Festhalten-Wollens, Festkrallens, des Nicht-loslassen-Könnens.

Es gibt als Krankheit des alten Menschen nicht nur die Starrheit als Ausdruck eines allgemeinen Nicht-loslassen-Könnens, sondern auch die entgegengesetzte Fehlhaltung: das Sichgehenlassen. Es gibt nicht nur den rastlosen und dadurch von aller Inneren Stille weit entfernten alten Menschen, sondern auch den in eine lethargische Unbeweglichkeit geratenen Alten. Das Leben bedarf zu seiner ständigen Erneuerung sowohl eines immer wieder Loslassenkönnens der gewonnenen Form als auch eines niemals gänzlichen Aufgebens eines In-Form-Seins, das die immer neuen Wellen des Lebens aufnimmt und zur weiteren Verwandlung zulässt. Auch für den alten Menschen ist leibhaftiges Leben ständige Verwandlung der leibhaften Form, ein ständiges Hingeben des Gewordenen und Zulassen der neuen Form. Auch für den alten Menschen gilt das Gesetz des rechten Verhältnisses von Gespanntheit und Gelöstheit.

Nur auf dem Hintergrund eines „JA“ zum Leben, das man liebt, wird das Gewicht der Wende sichtbar, die dem alt werdenden Menschen auferlegt ist, wo er einsehen muss, dass er eben dieses Leben , das er liebt, loslassen muss, aber auch einsehen darf, dass an seine Stelle ein Leben treten kann, das nicht mehr durch die Grundnöte des

Daseins gefährdet ist, sondern auch durch sie und in ihnen aufgehen kann und an beglückender Schönheit allen GLÜCKSMÖGLICHKEITEN des bisherigen Lebens überlegen ist."

In dem Buch *„Der Reiz der dritten Lebenshälfte"* haben Luca P. Marighetti und Gerhard Schwarz mit unglaublichem Fleiß recherchiert und lassen sehr viele Autoren zu Wort kommen. Sie haben eine Anthologie über das Alter erstellt, die es in dem Umfang noch nicht gab. Das Buch ist eine Fundgrube, wenn man sich mit dem Alter aus verschiedenen Perspektiven beschäftigen will. Allerdings bleibt es eine literarisch-philosophische Betrachtung, nur aus der Ratio heraus geschrieben. Es lässt die Frage nach dem Sinn des Lebens, nach dem Sinn des Alters, nach der Umkehr von äußerem zu innerem Wachstum, nach der Beendigung des Leidens und nach den Wegen zur Hochphase des Lebens unbeantwortet. Es ist sachlich und erzählt, wie das so mit dem Alter ist. Es hat also keine mystische Dimension.

Glücklicherweise sind die Autoren bei der Literaturrecherche auf ein Werk der Jung'schen Psychotherapeutin Ingrid Riedel mit ihrem Buch *„Die weise Frau in uralt-neuen Erfahrungen"* gestoßen. Die weise Frau ist die Sophia im Sinne von C. G. Jung, also die Weisheit, ein von Mann und Frau anzustrebendes Entwicklungsziel im Alter. Die Autoren zitieren Riedel: *„Wo dieses Loslassen vom Müssen zum Dürfen hinüberschwingt, kommt Gelassenheit auf, die größte Tugend des Alters, um die es von der Jugend beneidet wird: auf dem Boden dieser Gelassenheit schließlich wächst die Weisheit."* Ein wunderbares Zitat. Zu so einer Psychotherapeutin kann man jeden schicken, der in Not gerät und das Leid nicht mehr allein tragen kann.

Vor dem Beginn des dritten Lebensdrittels war wichtig, was wir WISSEN, KÖNNEN, HABEN. Für diese Ausrichtung haben wir aber einen hohen Preis zahlen müssen. Das sind unsere ÄNGSTE, wenn wir jetzt älter werden, etwas nicht mehr zu wissen, vieles nicht mehr so gut zu können wie früher, und wir haben zahlreiche Verlustängste. Wir haben Angst, unsere Gesundheit zu verlieren, und wir haben natürlich zunehmend Angst vor dem TOD, also vor dem Verlust unseres Lebens. Wir haben Angst vor materiellen Verlusten, vor dem Verlust unserer Verwandten und vor der Einsamkeit im Alter.

Es lassen sich noch viele Ängste aufführen.

Natürlich können wir krank werden und eines Tages sterben. Jeder hat davor Angst. Es geht aber jetzt darum, diese Ängste zu erkennen, zu benennen, zu beobachten und sich klar zu machen, dass wir diese Ängste zwar HABEN, aber nicht SIND. Wenn wir diese Ängste und auch die Unarten unseres *DUNKLEN BRUDERS/unserer DUNKLEN SCHWESTER* wie Gier, Hass, Neid, Missgunst, Arroganz usw. nicht im Rahmen eines inneren Wachstumsprozesses integrieren lernen und damit von den Symptomen frei werden, dann WERDEN wir immer mehr unsere Ängste und unsere schlechten Eigenschaften. Wir identifizieren uns damit, sie füllen uns immer mehr aus, wir werden als Reaktion auf die nicht vollzogene Integration krank.

Zuerst spürt man so ein schleichendes, wachsendes UNGLÜCKLICHSEIN, gewissermaßen als Grundrauschen. Deshalb versuchen wir ständig nach GLÜCK zu streben und kompensieren materiell und emotional diese Ängste. Wir schaffen Voraussetzungen, von denen wir wissen, dass wir dadurch ein Glücksgefühl erreichen oder einfach nicht mehr so unglücklich sind. Auch hat uns in der Vergangenheit in einem strukturierten Alltag einfach unsere Arbeit abgelenkt. Und Anerkennung war damit verbunden. Jedes ICH braucht stetige Anerkennung.

Die nächste Steigerung führt dann dazu, dass wir richtig unglücklich sind, dass wir leiden an dem Zustand unseres Lebens. Die Wahrscheinlichkeit ist groß, dass wir krank werden – körperlich, seelisch, geistig.

Krankheit und Leiden sind Gleichgewichtsstörungen, die sich körperlich, seelisch oder geistig manifestieren können. Unsere zunehmende Unwissenheit (Information steht dem Wissen diametral gegenüber) macht den Zugang zum Urgrund dauerhaften Gesundseins äußerst schwer. Die mannigfaltigen Heilungs- und Therapieangebote – schulmedizinisch, naturheilkundlich, östlich, spirituell – haben das Bestreben nach Wiederherstellung der Ganzheitlichkeit des Menschen, wobei eine Restitutio ad integrum so gut wie nicht möglich ist, solange nicht der Blick für eine höhere Ordnung in den Vordergrund rückt.

Wir leben in einer Welt scheinbar unüberwindlicher Gegensätze, die uns vom Erfahrungsbereich der absoluten Wirklichkeit, vom angestrebten Paradies immer wieder fernhalten.

Krankheit und Gesundheit sind keine Gegensätze, ebenso wenig wie Leben und Tod.

Geburt und Tod sind das bipolare Gegensatzpaar, um das es in unserem Leben geht.

Wir befinden uns in einem unendlichen Spannungsverhältnis von Sterben und Neu-Geborenwerden in jedem Augenblick unseres Lebens.

Dieser Prozess ist ewig, ohne Anfang und Ende. Man nennt diesen wunderbaren Prozess ewiges Leben, welches weder von Geburt noch durch Tod begrenzt wird. Alle Spekulationen und Hoffnungen auf ein Leben nach dem Tod bedeuten bewusste oder aus Unkenntnis resultierende Verweigerung, das Leben im Augenblick, im Hier und Jetzt, jenseits von Vergangenheit und Zukunft zu begreifen. Wenn die Traditionen der Weisheit unserer großen Religionen nicht authentisch weitergegeben und als Lebensgrundlage dem Menschen verfügbar gemacht werden, wo es wesentlich auf die Erfahrungswelt von *carpe diem, hic et nunc,* das *Hier und Jetzt* ankommt, gerät der nach dem Paradies sehnsüchtige Mensch in den Strudel gefährlicher Abhängigkeitsstrukturen, welche dämonischer Natur sind.

Leben umfasst immer gleichzeitig Geburt und Tod, Leben ist gleichsam die dritte, wesentliche, die Dualität übersteigende Dimension, welche die Welt der Gegensätzlichkeit überwindet, den Himmel auf Erden gesichert erfahrbar macht, Angst und Hoffnungslosigkeit in glückseliges Empfinden verwandelt.

Es ist beängstigend, wie die Depressionen zunehmen. In einer Ausgabe des SPIEGEL wird berichtet, dass der Verbrauch von Psychopharmaka in den letzten zehn Jahren um 158 % zugenommen hat. Nun bin ich weder Arzt noch Psychotherapeut und kann deshalb endogene oder traumatisch ausgelöste Depressionen nicht beurteilen, geschweige denn Heilungsvorschläge machen. Die Ärzte greifen meiner Meinung nach sehr schnell zu Antidepressiva. Das mag bei Gefahr und schweren Erkrankungen, wie die beiden erwähnten Erkrankungen, gerechtfertigt sein, um vom Patienten Schaden abzuwenden. Diese Medikamente sollten aber keine Dauerlösung sein.

Ich habe mit Bruno Müller-Oerlinghausen, einem befreundeten Arzt, der auch Psychiater und Psychopharmakologe ist, ausführlich über diese Problematik gesprochen. Seiner Meinung nach ist viel zu wenig bekannt, warum jemand eine Depression bekommt und ein anderer in einer ähnlichen Situation nicht. Es ist auch unklar, warum Antidepressiva wirken und wie sie wirken. Es ist auch bekannt, dass Placebos auch wirken. Es braucht also immer eine intensive Betreuung eines Patienten, um seine Krankheit so zu verstehen, dass man wirklich heilen kann. Nach einer kürzlichen Untersuchung hat ein Psychiater in Berlin leider nur durchschnittlich acht Minuten Zeit für den Patienten. Das zeigt das ganze Dilemma der heutigen Zeit. Schnell, schnell und mit Pille lässt sich nicht heilen.

Es ist ganz wichtig, parallel psychotherapeutisch zu begleiten. Ziel muss immer die Loslösung vom Medikament sein und der eigene Weg der inneren Reifung der Patientenperson. Aber dazu bedarf es Therapeuten (Therapeut heißt doch: Begleiter auf dem Weg zum Heil), die aufgrund eigener Erfahrungen verstanden haben, was „heil" heißt und die Patienten in die eigene Erfahrung des GOLDENEN WINDES führen können. Leider ist das selten der Fall. Die Patienten werden in erster Linie für das tägliche Leben fit gemacht. Das funktioniert und der Mensch funktioniert wieder. Selten hält das Funktionieren auf Dauer. Es ist aber dann die Chance verpasst, dass durch die Erkrankung ein Licht für den inneren Reifeprozess aufgeht. Schade, schade!

Karlfried Graf Dürckheim in seinem Buch „*Von der Erfahrung der Transzendenz*": „*Psychotherapie des alten Menschen meint letztlich die Aufgabe, den Horizont seines Lebens zu erweitern über jene Grenzen hinaus, die ihm durch sein Welt-ICH gesetzt sind und innerhalb derer er sein Leben bisher geführt hat …*

Es ist die Aufgabe des Psychotherapeuten, den alten Menschen jene Sternstunden des Lebens erinnern zu lassen, in denen er ganz unvermittelt und ohne Verdienst etwas erfuhr, das ihn nicht nur beglückte, sondern ihn für einen Augenblick in eine ganz andere Wirklichkeit stellte.

Es gibt den alten Menschen, der des Psychotherapeuten nicht bedarf. Warum? Weil er den inneren Weg bereits gefunden hat. So leidet er keine innere Not. Sein Leben gewann offenbar einen tieferen Sinn aus dem Wesen, der sich mit jedem Leiden an der Welt vertieft. Er strahlt etwas Licht aus, Wärme, Sicherheit, Angstlosigkeit. Er weiß auch, dass, wann immer er doch in Not gerät, ihre Ursache darin liegt, dass die auf dem Weg der Reife erreichte Stufe nicht zureichte, um von außen oder innen einbrechenden Mächten, die aus der Ebene des Welt-ICH kommen, standzuhalten.“

Wenn ich zukünftig von Depression spreche, meine ich LEBENSSINN-DEPRESSION. Der Sinn des Lebens wird nicht erkannt. Der „Sinn des langen Lebens“ ist aber, den Sinn des Lebens zu erlernen. Wenn bei dieser Art der Depression Antidepressiva gegeben werden, ist der Patient nur schwer in der Lage, sich überhaupt auf den Weg zu machen, den Sinn des Lebens zu entdecken. Er ist, wie man sagt, zu, und es ist ja allzu leicht, ein angenehmeres Gefühl durch die Medikamente zu entwickeln.

Es wird gewissermaßen das Unangenehme aus dem Leben genommen. Der Mensch bleibt in der Komfort-Zone oder macht sich erst richtig in ihr breit. Das Suchtpotenzial ist groß. Was sagt man über die Drogensucht? Die Drogensucht ist eine Sehnsucht nach Gott. Der Süchtige kann und will nicht warten, er will Gott jetzt augenblicklich erfahren. Die Droge lässt nach und das Abhängigkeitsrad dreht sich wieder von Anfang an.

Nach Meinung des Gehirnforschers Professor Dr. Gerhard Roth gibt es im Gehirn bei der längeren Einnahme von Suchtmitteln Veränderungen. Das ist auch der Grund, weshalb das Absetzen der Suchtmittel so schwierig ist. Der Mensch, der von dem Suchtmittel durch eigene Erkenntnis loskommen will, setzt seinen Willen ein, aber kämpft gegen diese somatische Veränderung und Prägung in seinem Gehirn. Diese Veränderung reversibel zu gestalten ist auch wieder ein langer Prozess.

Das muss man einfach wissen. Vielen gelingt die Reversibilisierung nur über die Ratio-Ebene leider nicht. Ein Reifungsprozess nach innen wirkt sehr unterstützend, da dann über die Wiederherstellung des Anschlusses an die GEISTIGE Ebene der GOLDENE WIND erfahren werden kann, der dann heilt.

Wenn man Menschen nach dem Sinn ihres Lebens fragt, kommen Antworten wie:
- gesund sein,
- glücklich sein,
- reich sein,
- geliebt werden,
- Familie haben,
- im Beruf erfolgreich sein,
- Kinder haben,
- Freunde haben.

Das sind alles Antworten des ICH, das aber so leicht zu erschüttern ist. Es steht auf tönernen Füßen.

Wenn man so den Sinn des Lebens für sich definiert, braucht es immer Bedingungen und Voraussetzungen wie:
- Körper und Psyche funktionieren gut,
- zahlreiche Glücksauslöser,
- Fruchtbarkeit,
- Geld,
- Menschen, die mich lieben,
- Ehefrau/Ehemann und Kinder,
- eine gute Position, eine Firma, eine gute Ausbildung, wichtige Aufgaben,
- eine Frau und gesunde Geburten,
- Freunde.

Diese Bedingungen und Voraussetzungen können aber alle wegfallen:
- wir werden krank,
- wir sind unfruchtbar,
- uns fehlen materielle Glücksauslöser,
- wir verlieren unser Einkommen oder unser Vermögen,
- liebende Menschen beenden ihre Liebe oder sterben,
- Scheidung, oder die Kinder verlassen die Eltern im Streit,
- wir werden arbeitslos,
- wir finden keine Frau oder die Geburt ist nicht erfolgreich.

Dann leidet das ICH und die Antwort auf die Sinnfrage des Lebens zerbricht.

„Ich sehe keinen Sinn mehr in meinem Leben“ ist die häufige Aussage, die wir hören.

Sie werden zugeben, dass diese Gründe im Leben alle auftreten können. Wenn jemand sagt, dass es ihm schlecht gehe, dann können Sie sicher sein, dass die Gründe in dieser Liste zu finden sind.
Daraus folgt, dass es hier einen dicken Fehler geben muss, so seinen Sinn des Lebens zu definieren. Diese Definition ist am ICH festgemacht. Das ICH leidet, hat Angst und stirbt. Es ist nichts, woran man ein Tau festmachen kann, wie man so sagt. Der Sinn des Lebens muss also an dem anderen Pol der Person festgemacht werden und das ist das SELBST, die Manifestation des GOLDENEN WINDES in uns. Dieser Pol ist immer da und unsterblich, er bildet den Urgrund unseres Lebens, wir haben es nur vergessen.

Der Sinn des Lebens ist, für diesen GOLDENEN WIND offen zu werden und ihn zu spüren. Dann können unsere Probleme und Sorgen sich auflösen, wir werden widerstandsfähig für die Überraschungen des Lebens.

Willigis JÄGER in seinem Adventsbrief 2010:
„*Wo also liegt der Sinn unseres Lebens?*
Ankunft im Hier und Jetzt. Uns als Ausdruck und Manifestation dieses göttlichen Urgrundes zu erfahren. Da liegt die Deutung des Lebens. Die Mystik kann uns den Weg weisen. Sie lässt uns im göttlichen Hier und Jetzt ankommen.“

Es geht also immer um die Erfahrung des Hier und Jetzt in jedem Augenblick.

Das gelingt allerdings nur über einen ÜBUNGSWEG. Die Achtsamkeitsübungen in den Erfahrungsräumen sind dafür ein guter Beginn.

Wie beantworten meine beiden Lehrer Graf Dürckheim und Willigis Jäger die Frage nach dem Sinn des Lebens?

Willigis Jäger in seinem Buch „*Suche nach dem Sinn des Lebens*“:

„*Es gibt dieses alles durchdringende Leben, das wir GOTT nennen, das Absolute, die letzte Wirklichkeit, das wahre Sein usw. Dieses wahre Sein ist die Tiefe unserer Existenz. Es ist das Sein, aus dem wir leben. Besser ausgedrückt: Es ist das Sein, das in uns und durch uns lebt. Wir sind seine Ausdrucksform.*

Unser ICH-Bewusstsein hält uns ab, dieses unser wahres Sein zu erfahren. Wir wissen nicht, wer wir wirklich sind. Wer wir wirklich sind, können wir auch nicht wissen. Wir können es nur erfahren. Unser ICH-Bewusstsein schneidet uns von der Erfahrung ab, nicht vom Sein selber. Wenn wir aber von der Erfahrung des göttlichen Seins abgeschnitten sind, hat es auch keinen Einfluss auf unser Leben. Eine nur philosophische, theologische, rituelle und sakramentale Begegnung mit dem wahren Sein kann dessen Kraft nicht voll wirksam werden lassen.

DER SINN DES LEBENS IST ES,
UNSERE UND ALLER WESEN
GÖTTLICHKEIT ZU ERFAHREN!“

An anderer Stelle führt er weiter aus: „*Man kann dieses wahre Wesen göttliches Leben nennen, man kann es Allah oder Brahman nennen, aber das ist unsere eigentliche Identität, und diese Identität zu erfahren, das ist die Sinndeutung für unser Leben. Ob ich etwas sinnvoll nenne, ob ich es absurd nenne, das ist wieder auf der rationalen Ebene. Aber auf der Seinsebene gibt es absurd, richtig, flach, oben, unten nicht. Die Blume ist diese Blume und der Berg ist dieser Berg. Es gibt im Grunde genommen auch keinen Vergleich. Es ist immer der Vollzug dieser Wirklichkeit. Ob ich das als Mensch gut oder böse, richtig oder falsch nenne, hat auf dieser Ebene keine Bedeutung.*“

Nun in meiner Sprache: „Der Sinn des Lebens ist es, den GOLDENEN WIND zu erfahren.“

Karlfried Graf Dürckheim beantwortete die Frage nach dem Sinn des Lebens folgendermaßen:

„DER SINN DES LEBENS IST DIE TRANSPARENZ
FÜR DIE IMMANENNTE TRANSZENDENZ."

Er meint damit, dass man offen werden soll, die Wirklichkeit, die er hier Transzendenz nennt und die immer da ist, zu erfahren.

Jeder versucht also in seiner Sprache den Sinn des Lebens zu formulieren. Es sind unterschiedliche Ausdrucksweisen, aber die Antwort nach dem Sinn des Lebens ist immer dieselbe.

Er formulierte aber auch an anderen Stellen:

„DER SINN DES LEBENS IST, DAS WESEN ZU ERFAHREN.
DAS WESEN IST DIE WEISE,
IN DER DAS ÜBERRAUMZEITLICHE SEIN
IN UNS UND DURCH UNS MANIFEST WERDEN WILL
IN DER WELT!"

Wie schon vorher erläutert, ist das Wesen der andere Pol der Person. Es geht also darum, nicht das ICH zu erfahren, sondern das Wesen, den GOLDENEN WIND.

Er führte auch oft aus, weshalb er bevorzugt von Person spricht. Person kommt von „personare", das heißt lateinisch „durchtönen". Das Wesen sollte durch die Maske (lat.: persona = Maske), die wir uns mit unserem ICH zugelegt haben, durchtönen. So kommt der Karlfried durch den Dürckheim, wie schon zu Anfang erwähnt.

Dieses latente Nicht-glücklich-Sein gibt es ja nicht nur erst im dritten Lebensdrittel. Es ist auch sehr ausgeprägt in jüngeren Jahren, obwohl dann noch die Anerkennung in Beruf und Familie da ist und eigentlich für Glücksgefühle sorgen sollte. Beängstigend ist die hohe Wachstumsrate der Depressionen bei Jugendlichen und jungen Erwachsenen. Dürckheim beschreibt das sehr gut in seinem Buch „Durchbruch zum Wesen":

„Nur aus dem Wesen heraus sind wir fähig, das wechselnde Schicksal gelassen zu nehmen."

Wenn nun im dritten Lebensdrittel die Arbeit und Anerkennung wegfällt, dann kann man sich vorstellen, dass das Dilemma noch größer wird.

Männerfragen – Frauenfragen

Schauen Männer und Frauen mit unterschiedlicher Hoffnung und Sorge in das dritte Drittel? Ich glaube schon.

In den Sesshins oder in Seminaren, bei denen es um den Sinn des Lebens geht, sind die Männer immer in der Minderzahl. Oft sind es 20 % Männer und 80 % Frauen beim Yoga, beim ZEN, bei Ayurveda usw. Warum ist das so? Die Männer tun sich schwerer, ihr bisher typisch männliches Verhalten infrage zu stellen. Sie sind mehr programmiert auf Durchhalten, keinen Schmerz und keine Schwäche zeigen. Sie vereinsamen wohl auch mehr beim Älterwerden. Frauen suchen andere Frauengruppen zur gemeinsamen Problembewältigung.

Nun kenne ich die Männersicht natürlich besser.

Die vielen Jahre im Beruf haben aus den Männern MACHER werden lassen, egal an welchen Stellen sie gewirkt haben, unabhängig von Positionen und Branchen. Sie sind die Ernährer der Familie. Sie sind die Entscheider.

Nach Beendigung der beruflichen Tätigkeit ist die Entwicklung des weiblichen Prinzips angesagt, um sich als ganze Person zu vollenden. Vielen Männern fällt das schwer. Sie bleiben lieber auf dem Männertrip. Übungen des LOSLASSENS reduzieren natürlich das männliche Dominanzverhalten. Sie wollen Anpacken und Festhalten, damit haben sie immer Erfolg gehabt. Ohne Leid ist der Mann wohl nicht in der Lage zu dieser Wende.

Die Männer gehen mit Verlustängsten in das dritte Lebensdrittel. Der Job ist schon weg.

Sie hoffen, dass die Kraft bleibt, der Schwung, die Unternehmungslust. Die Potenz geht zwangsläufig zurück. Das trifft den Mann ins Mark, hat er sich doch immer als kraftvoll und potent definiert. Diese Reduktion hat wohl die gleiche Dimension wie der Verlust der Attraktivität und Schönheit bei der Frau. Der innere Wachstumsprozess führt bei Männern und Frauen auch bei diesen Problemen zu einer Relativierung und Versöhnung. In der Außenwelt des ICH spielen Kraft und Potenz bei den Männern eine Rolle, auch noch, wenn sie im Alter nur in der Außenwelt bleiben, in der Innenwelt aber überhaupt nicht, ebenso wenig wie Attraktivität und Schönheit bei den Frauen in der Innenwelt. Der Schwund lässt sich also nur durch eine Umkehr zu innerem Wachstum ertragen.

Wie sieht denn überhaupt die Frauensicht aus? Mit meiner Frau habe ich darüber Gespräche geführt und so hat sie mir geholfen, nicht die aller Frauen, aber mindestens ihre Sicht hier einfließen zu lassen.

INTERVIEW MIT MEINER FRAU NORA:
Du bist ja noch im zweiten Lebensdrittel, aber wie siehst du aus deiner Sicht die Perspektive der Frauen, wenn sie älter werden und in das dritte Drittel hineinwachsen?

Nora: Bevor wir heirateten, war ich ja erfolgreich in der Wirtschaft tätig. Als unser Sohn Patrick geboren wurde, hörte ich auf und wurde Mutter, Hausfrau und Ehefrau. Ich wurde also gewissermaßen mit 37 Jahren frühpensioniert. Die Anerkennung im Beruf fiel weg, so wie bei den Männern mit 55–65. Als Hausfrau hast du keine Anerkennung. Mutter und Hausfrau ist für mich keine aufregende Rolle. Zur Vorbereitung auf das Altern im dritten Lebensdrittel hast du viel mehr Vorlauf als die Männer. Die Frau setzt sich also früher und intensiver mit den veränderten Inhalten auseinander. Während der Mutter- und Hausfrauenzeit kann man sich mit vielen interessanten Dingen beschäftigen, für die man während des Berufs keine Zeit hatte. Diese Chance muss man aber auch nutzen und sich nicht zu 100 % für die Kinder und den Haushalt verschleißen. Ich habe mit großem Einsatz meine Psychotherapieausbildung mit Schwerpunkt der humanistischen Psychologie nach Carl Rogers und das Frauenstudium an der Universität Dortmund gemacht. In der jahrelangen Betreuung von HIV-Kranken über die Caritas an der Universität Essen konnte ich das alles nutzen. Das sind eigentlich ideale Vorbereitungen für die Zeit des Alterns, für mich wichtiger als Golf und Bridge. Das Spielerische und das Spiel haben natürlich auch ihren Sinn. Man kann das Spiel sogar als Übung des Loslassens betreiben. Aus der spielerischen Bewegung mit Musik und aus dem Singen erfahre ich meine Bereicherung.

Bis die Frau dann ins letzte Drittel kommt, sollte sie ihre ungelebten Anteile erkannt haben. Sie sollte gelernt haben, zu ihren Schwächen zu stehen. Das Loslassen der Kinder ist glücklicherweise ein allmählicher Prozess und sie sind nach dem Auszug ja oft auch nicht ganz fort. Wenn du dich auf diese Trennung gut vorbereitet hast, kannst du dich ganz langsam in die neue Situation hineinfallen lassen. Du kannst dir sagen, dass du alles getan hast und nun dich auf deine eigenen Wünsche ganz einlassen kannst. Frauen definieren sich in der Zeit als Hausfrau und Mutter auch durch das Machen. Es ist ein anderes Machen als bei den Männern. Der Frau dämmert es aber früher, dass dieses MACHEN nicht alles gewesen sein kann. Sie ahnt wohl, dass es noch eine ganz andere Dimension des Lebens gibt. Deshalb sind die Frauen auch zahlreicher in Yoga- und Meditationskursen. Im zweiten Drittel lebt die Ehefrau aber auch alle Höhen und Tiefen ihres Mannes mit. Es ist den Frauen wohl eigen, dass sie mehr Anteilnahme am Leben des Mannes haben als die Männer an den Tätigkeiten der Frauen. Geht der Mann dann in den Ruhestand, wird sie sozusagen auch pensioniert. Ihn trifft es plötzlich, die Frau eher nicht. Frauen kümmern sich auch mehr um ihre Gesundheit und nehmen Symptome psychischer und körperlicher Art früher wahr. Sie sind offener, ihre seelische Not einzugestehen. Man könnte sagen, dass die Frauen näher an ihrer Seele dran sind.

Nun, welche Hoffnungen und Ängste hat man als Frau vor dem letzten Lebensdrittel? Man sollte sich die folgenden Fragen ehrlich beantworten:

Was möchte ich denn eigentlich gerne?

Was habe ich vernachlässigt?

Was kann ich mir JETZT Gutes tun?

Ich habe meine Liebe zur Musik vernachlässigt. Jetzt singe ich im Chor und lerne Gesang mit zwei Lehrerinnen, klassisch und modern, von ‚Ombra mai fu' aus Händels Xerxes bis ‚That's the way it is' von Celine Dion. Mir geht das Herz auf, wenn ich singe und ich freue mich über alles, was ich lerne. Yoga hat eine wichtige Rolle in meinem Leben, als WEG zu mehr bewusstem SEIN und nicht nur als sportliche Übung. Ich lese Literatur philosophischer, psychologischer, soziologischer Art. Eine große Freude wird ausgelöst, wenn wir ins Ballett gehen. Mein Kontakt zu meiner Ursprungsfamilie hat sich eigentlich in den letzten Jahren immer weiter verstärkt. Zu meiner Mutter war das Verhältnis nie so gut wie jetzt. Ich führe tiefe Gespräche mit ihr über Krankheit, Sterben und Tod. Dabei lerne ich von ihr für mein eigenes Älterwerden. Dafür bin ich ihr sehr dankbar. Wir Frauen haben natürlich Ängste beim Altern. ‚Ich bin nicht mehr so jung, ich bin nicht mehr so attraktiv, ich kann nicht mehr mithalten' hört man im Kreise der Freundinnen sehr oft. Überhaupt ist für Frauen die Freundschaft zu Frauen zunehmend wichtig. Aus ihrem Verhalten lerne ich, wie sie mit den Problemen einer Frau umgehen. Es ist schön, wenn man jüngere und auch ältere Freundinnen hat. Man kann sich in den Jugendwahn einreihen und scheitern oder man arbeitet an der Akzeptanz der Veränderung durch das Altern. Das sind die Optionen. Die Menopause war für mich kein ernsthaftes Problem. Das ist bei vielen Frauen anders. Ich hatte glücklicherweise keine wesentlichen Beschwerden. Ich war eigentlich froh, diese Zeit hinter mir gelassen zu haben. Das mag für Frauen, die keine Kinder haben, anders sein. Es kann der Verlust der Fruchtbarkeit schmerzlich empfunden werden. Viele Frauen betätigen sich gemeinnützig oder caritativ, wenn die Kinder aus dem Haus sind. Unsere Gesellschaft braucht alle diese Helferinnen, aber es ist eigentlich ein Weitermachen, wie sie es schon als Mutter und Hausfrau getan haben. Sie wollen weiter den Schwächeren helfen, aber finden oft selbst keinen Frieden. Oft ist die caritative Tätigkeit die einzige, in der Frauen im Alter noch Anerkennung finden. Sie fühlen sich sonst nutzlos in unserer Gesellschaft. Frauen sind auf dem Gebiet aber auch aus schlechtem Gewissen tätig. Die Opferbereitschaft ist ihnen von klein auf vermittelt worden.

Erhard: Ich möchte einmal kurz zu der für mich aufschlussreichen und interessanten weiblichen Sicht Stellung nehmen:

Die beschriebene caritative Tätigkeit kann aus zwei Gründen erfolgen. Im einen Fall resultiert sie aus dem ICH, das machen will, helfen will und dafür aber auch Anerkennung und Belohnung will. Das bringt keinen dauerhaften Frieden in das Leben der älter werdenden Frau, deren Person noch vor der inneren Reifung steht.

Eine Frau kann keinen Frieden finden, wenn sie aus einem schlechten Gewissen etwas tut. Im anderen Fall resultiert sie aus einem tiefen Mitgefühl für alle Wesen. Sie erwächst sozusagen aus dem inneren Frieden einer gereiften Frau, die den GOLDENEN WIND erfahren hat.

Auch die Frau wird sich wie der Mann immer wieder für jede einzelne Tätigkeit die Kernfragen stellen müssen, damit sie Orientierung bekommt:

- Nütze ich der Gemeinschaft?
- Schade ich der Gemeinschaft?
- Oder hat es überhaupt keinen Einfluss auf die Gesellschaft?
- Finde ich denn damit meinen Frieden?

Die Transformation vom MACHEN zum SEIN ist wichtig. Man darf sie nicht aus dem Auge verlieren. Kannst du dir denn, wie Plotkin es formuliert, die Entwicklung zur MEISTERIN und zur WEISEN in deinem dritten Drittel als Entwicklungsziel vorstellen und was würde dir Frieden im Alter bescheren, sodass du bei deinem Tod sagen könntest, dass du ein glückliches und erfülltes Leben gelebt hast?

NORA: Es muss nicht unbedingt ein Weg sein, den andere gehen, wie du den ZEN-Weg. Es muss auch nicht unbedingt Yoga sein, das weiß ich noch nicht. Ich möchte meinen persönlichen Weg finden, aus meinen eigenen Erfahrungen. Ich möchte aus jeder Erfahrung etwas für meine Erkenntnis lernen. Die Erkenntnis kommt auf mich zu. Da bin ich ganz sicher. Ich bin in meinem Leben ja schon durch viel mehr Tiefen und Höhen gegangen als viele andere Frauen. Das hat mich geprägt. Vieles muss für mich stimmig sein. Vieles ist schon da, vieles kommt noch, da brauch ich nicht viel zu machen.

ICH FRAGE WEITER: Wie findest du denn deinen Frieden? Wie bewahrst du dich vor einer Lebenssinn-Depression? Was ist für dich der Sinn des Lebens?

NORA: Für mich gibt es nicht nur einen Sinn des Lebens. Vieles ist miteinander verbunden. Der Strom kann breiter oder schmaler werden. Ich bin durch mein zweites Drittel, in dem ich ja noch bin, gut vorbereitet. Ich bin offen, neugierig und bekomme sicher noch viele Fragen des Lebens beantwortet.

ERHARD: Wenn der Mann im dritten Drittel seine vorher vernachlässigte weibliche Seite ausleben sollte, dann müsste die Frau doch eigentlich ihre männliche Seite mehr ausleben?

NORA: Das kommt doch automatisch. Nach der Zeit als Hausfrau und Mutter wirft die Frau „Ballast“ ab. Sie geht klarer und selbstbestimmter durchs Leben. Nimmt ihre Interessen bestimmter wahr, auch gegen Widerstände. Sie nutzt alle Möglichkeiten, um an Erfahrungsbereiche heranzukommen. Man muss immer weitergehen. Ich gehe ganz genau und gerade durch diese Jahre und ergreife die dazu erforderlichen Initiativen. Das mag typisch männlich sein. Ich versuche aber im Gegensatz zu vielen Männern nicht links und rechts Asche am Weg liegen zu lassen. Das ist nicht meine Art. Die Richtung verliere ich nicht aus den Augen. Die Männer sollten eigentlich zur Stärkung ihrer weiblichen Seite im Alter caritativ tätig werden.

Ich ergänze weiter: Ich habe das Gefühl, dass die Frauen es viel schwerer haben. Die Männer wirken zwei Drittel ihres Lebens aus ihrem MACHER-EGO und sollten dann LOSLASSEN üben und der weiblichen Seite eine Chance geben. Bei den Frauen ist das viel komplexer. Als Mädchen erzogen, mit männlicher Zielstrebigkeit ergänzt. Von der Ausbildung in den Beruf oder direkt in den Haushalt. Vom Beruf in den Haushalt. Als Alleinerziehende wieder in den Beruf. Als ehemalige Hausfrau wieder in den Beruf. Vom Beruf in die Pension oder Rente. Männlich alles durchstehen, weiblich alles lassen. In der Meditation vereinigt sich das Prinzip des Männlichen (achtsam fokussieren) mit dem weiblichen Prinzip (aufnehmen und ICH-los füllen lassen). Wenn die Meditation täglich geübt wird, wird das Bewusstsein ständig von diesem Wechsel als Lebensprinzip durchdrungen.

Es scheint nicht so einfach, Frau zu bleiben und die männliche Seite zu stärken. Es ist auch nicht einfach, Mann zu bleiben und die weibliche Seite zu stärken. Aber es ist die Lebensaufgabe zur ganzen Person im Spiel des YIN und YANG. Später werde ich noch weiter ausführen, dass gerade die Meditation ein ideales Wechselspiel des männlichen und weiblichen Prinzips ist.

Geradezu falsch, wenn nicht sogar psychotisch ist es, wenn Männer und Frauen im dritten Drittel die Rollen tauschen. Er wird Frau, äußerlich durch Gewichtszuwachs sowie Verhalten und innerlich eher rezeptiv. Sie wird Mann, äußerlich in hagerer, kantiger Form und zielstrebiger Entscheidungsfreude und innerlich verkümmert das Weibliche, das sich zur Weisen entwickeln sollte.

Wir alle kennen solche Paare. Man trennt sich oder quält sich weiter.

Nora: Also eins muss ich einmal klarstellen. Du tust gerade so, als ob der Mann es ertragen müsste, dass die Frau im Alter mehr ihre männliche Seite auslebt. Das kann doch sukzessive gehen. Die Kräfte des Mannes oder auch sein Interesse lassen nach, die Frau will oft doch gar nicht, aber sie muss mehr und mehr übernehmen. Einer muss doch die Entscheidungen fällen. Viele Frauen wollen das gar nicht. Ich treffe die Entscheidungen immer im Sinne der Familie. Wichtig ist, dass jeder seinen Bereich macht, sonst hat einer das Gefühl, dass der andere ihn beherrschen will. Mir ist wichtig, dass du deinen Interessen nachgehst und ich meinen und wir unseren gemeinsamen.

Ein ganz wichtiger Punkt in diesem Zusammenhang, ist für mich die Vorbereitung auf das eventuelle Alleinleben im dritten Drittel, falls du vor mir stirbst. Das ist bei mir sehr mit Angst besetzt. Man muss eine Art Überlebensstrategie entwickeln.

Ich weiter: Du erwähnst einen ganz wichtigen Aspekt des Älterwerdens. Neben der Angst vor dem Tod und der Angst vor dem Widersinn des Lebens (Dürckheim) ist die dritte große Angst des ICH-BEWUSSTSEINS die Angst vor der Einsamkeit, vor dem Alleinsein. Diese Angst kann man aus meiner Erfahrung wie auch alle Ängste nicht mit rational gesteuerten Übungen verringern, sondern nur durch einen inneren Reifeprozess zur ganzen Person. Dann bist du gar nicht mehr allein, sondern angebunden an das GÖTTLICHE, deinen WESENSKERN, dein SELBST. Du fühlst dich mit allem verbunden. Das ist die allumfassende LIEBE. In diesem tragenden Netzt bist du ein Knoten. Diese kosmische LIEBE ist der eigentliche URQUELL des KOSMOS (H.P. Dürr). Anderen, besseren Trost kann man gar nicht finden. Da gibt es doch gar keine Alternative.

Wenn der Partner gestorben ist, dann ist über den übrig gebliebenen Partner großes Unglück gekommen. Man sieht überhaupt keinen Ausweg aus dieser Trauer um den Verlust des geliebten Partners. Bei allem Mitgefühl für den Trauernden musst du auch dann fragen: „Was bringt dir eigentlich inneren Frieden, wenn dein Partner gestorben ist?" Völlig entsetzt und verstört wird geantwortet, und das kann man ja auch gut verstehen: „Es bringt mir überhaupt nichts mehr Frieden. Ich würde auch gerne sterben, und wenn das nicht möglich ist, dann muss ich eben ein trostloses Leben weiterführen."

Das einzige, was inneren Frieden bringt, und zwar egal in welcher Situation, ist der Weg des inneren Wachstums, der spirituelle Weg. Davon bin ich fest überzeugt. Deshalb muss man sich einüben im Spüren des GOLDENEN WINDES. Dann ist man nie allein. Der GOLDENE WIND ist immer da. Es ist außerordentlich tröstlich, dass der Mensch als einziges Wesen dieses WUNDER erfahren kann. Es ist göttlichen Ursprungs. Manch einer kommt leider erst durch so eine schwere Schicksalserfahrung eines Verlustes auf den Weg. Ich verstehe, dass diese Frage wegen der späteren Sterblichkeit für Frauen eine ganz wichtige Frage ist. Das ist die Existenzfrage für das Alleinsein.

Nora: Frauen möchten das Gefühl entwickeln, dass sie allein klarkommen können. Man ist so lange zusammen. Wie kann man überhaupt mit dem Verlust des Partners umgehen? Glücklicherweise entwickeln Frauen mehr als Männer ein soziales Netz, das auch in solchen Lebenslagen hoffentlich trägt.

Gibt es also männliches und weibliches inneres Wachstum? Gibt es männliche und weibliche Wege dorthin? Natürlich nicht! Es gibt nur eine WIRKLICHKEIT, aus der sich männliche und weibliche ICH-Strukturen entwickeln, die sich unterscheiden. Es gibt also ein weibliches ICH und ein männliches ICH. Auf dem Weg des Übens und der wachsenden inneren Reife verschwinden die Unarten des ICH, bei der Frau die weiblichen Unarten und bei dem Mann die männlichen. Diese Ausprägungen in der Realität sind also grundsätzlich unterschiedlich. Da alle Menschen aber sowohl männliche wie auch weibliche Anteile in sich haben, sind die Ausprägungen auch manchmal gleich.

Gibt es männliche und weibliche Wege? Es gibt Häufungen für männliche oder weibliche Präsenz bei manchen Wegen. IKEBANA machen wesentlich mehr Frauen, AIKIDO und SCHWERTARBEIT machen wesentlich mehr Männer. Ich habe aber auch schon Ikebana mit Begeisterung gelernt und kein Aikido gemacht. Es fühlen sich wohl zu YOGA mehr Frauen hingezogen. In Asien praktizieren traditionsgemäß in den Klöstern die Männer ZAZEN. In Europa findet man in ZAZEN-Sesshins 80 % Frauen.

Willigis Jäger hat betont, dass es völlig egal ist, welchen Weg man auf den Berg der Erkenntnis geht, einen religiösen oder einen nicht religiösen. Es ist wichtig, dass man überhaupt einen Weg geht.

„WENN MAN KEINEN WEG GEHT,
BLEIBT MAN STECKEN IN ALL SEINEN TRÄUMEN UND SORGEN.
MAN VERFEHLT SICH SELBST,
MAN VERFEHLT, DASS DAS SELBST IN UNS
UND DURCH UNS IN DER WELT WIRKEN KANN.“

(Dürckheim).

Anne Morrow Lindbergh, ganz Frau in ihrem Buch *„Muscheln in meiner Hand“*: *„Jeder Tag ist ein Balanceakt auf dem Hochseil, mit einem Stapel Bücher auf dem Kopf. Kinderwagen, Regenschirm, Küchenstuhl – alles noch im Gleichgewicht.*

Nur immer mit der Ruhe! Das ist nicht das einfache Leben, sondern das vielfache Leben, vor dem die Weisen warnen. Es führt nicht zur Sammlung, sondern zur Zersplitterung. Es führt nicht zur Gnade, es zerstört die Seele …

Das Pendel muss zwischen Einsamkeit und Gemeinsamkeit, zwischen Einkehr und Rückkehr schwingen.“

Christina Kessler über die Zukunft des Weiblichen in unserer Gesellschaft: *„Und schließlich wird es zur Rückverbindung mit dem Weiblichen im Menschen kommen – mit dem YIN der kollektiven Anima; mit den Qualitäten des Formlosen und des Fließens, der Rezeptivität und Ungezwungenheit; mit dem Unfassbaren, dem Mysterium. Verhärtete männliche Werte wie Durchsetzungsvermögen, Selbstbehauptung, aggressiver Fortschritt, Kontrolle, Leistung, Wettbewerb werden eine Auflockerung erfahren.*

Das Weibliche verspürt weniger den Drang, etwas zu gründen, Bestehendes zu festigen oder sichtbare Spuren zu hinterlassen, um sich unsterblich zu machen. Es ist von Natur aus mit der Schöpfungskraft und dem Ewigen, Unwandelbaren, Zyklischen und Prozesshaften verbunden. Es sucht Beziehung und stellt Beziehung her, somit ist es Brü-

cke, Schwelle und Verbindung zum Ursprung. Es nimmt sich selbst nicht so wichtig. Je weiter man nach innen kommt, desto bedeutungsloser wird die eigene Wichtigkeit.“

Ich hoffe sehr, dass das Weibliche im Mann und in der Frau uns aus dem Schlamassel der Krise hinausführt, in die uns das Männliche im Mann und in der Frau geführt hat.

Inneres Wachstum kann immer beginnen

Zum Schluss der Beschäftigung mit dem dritten Lebensdrittel bin ich der Frage nachgegangen, ob sich heute Menschen dieser Altersstufe verstärkt einer Wegbegleitung für die geistige, spirituelle Entwicklung zuwenden. In einem Gespräch mit Andreas Pfäfflin in Rütte ergab sich dabei, dass sich mehr und mehr Menschen aus den ersten beiden Dritteln in ihrer Not in Rütte einfinden, um Hilfe zu finden.

Es ist erfreulich und ermutigend, wenn sich mehr junge Menschen für die Erfahrung des WESENS und des GOLDENEN WINDES interessieren.

GESPRÄCH MIT ANDREAS PFÄFFLIN:

Erhard Meyer-Galow: Eine Frage beschäftigt mich in Zusammenhang mit meinem Buch. Kommen Menschen im dritten Drittel ihres Lebens verstärkt zu dir, verglichen mit früher, und was sind ihre Kernfragen? Oder sind es immer dieselben Kernfragen des menschlichen Lebens? Was sind typische, signifikante Fragen von Menschen im dritten Lebensdrittel?

Andreas Pfäfflin: Ich glaube, du meinst die Kernfrage, wenn das äußere wegbricht und der Mensch auf sich zurückfällt. Die eigentliche Kernfrage ist doch dann: WER BIN ICH? Wer bin ich jetzt, nachdem ich das und das in meinem Leben erreicht und gemacht habe. Wie geht es weiter?

Genau das könnte die klassische Frage für das dritte Drittel sein.

Ich würde aber sagen, zunehmend kommen Menschen, die dieses dritte Drittel schon im zweiten und auch ersten Drittel versetzt erleben, die also noch im Beruf sind und noch die Betreuung der Kinder als Hauptaufgabe haben. Sie haben trotzdem den Einbruch und spüren, dass die Berufsaufgabe eines Tages vorbei ist und man dann nackt ohne Inhalt dasteht.

WER BIN ICH ist dann die Kernfrage.

EMG: Das ist natürlich eine wunderschöne Entwicklung, wenn diese Ahnung schon sehr früh auftritt. Nach meiner Erfahrung wird man immer durch Lebenskrisen, egal in welchem Alter, zu dieser Kernfrage hingeführt. Man kann sie annehmen oder verdrängen oder gar nicht erkennen, weil das Leiden im Vordergrund steht.

Man kann doch nicht wirklich einem Menschen gratulieren, wenn er in tiefem Leid ist. Aber es ist DIE GROSSE CHANCE, sich auf den Weg zu machen.

AP: In der Regel braucht es wirklich das Leiden als Impuls. C. G Jung sagte immer: „KEINER ENTWICKELT SICH FREIWILLIG!“

EMG: Ich freue mich, dass zunehmend Menschen im ersten und zweiten Drittel aufwachen und sich auf den Weg machen, jedoch glaube ich, dass nach wie vor die Mehrheit völlig unvorbereitet ins dritte Lebensdrittel rutscht. Viele sind so verhaftet im Beruf, dass sie sich keine Zeit für die wirklich wichtigen Lebensfragen nehmen. Sind sie ausgeschieden aus dem Arbeitsprozess, dann ruhen sich die meisten erst mal aus.

AP: Ja, ja, sie meinen, es hört das Wichtigste im Leben auf, dabei sollte es jetzt erst richtig losgehen.

EMG: Ruhestand ist doch auch ein fürchterlicher Ausdruck. Und das soll jetzt auch noch das lang ersehnte Leben sein. Es wird schnell fad und langweilig. Die Unzufriedenheit steigt. Glücklich sind viele schon gar nicht.

Das führt zu einer Entwicklung, die mir auch viel Sorge macht und das ist die Zunahme der Depressionen. Viele sind aus ihrem schwarzen Loch überhaupt nicht mehr hinauszuführen. Schon gar nicht, wenn Psychopharmaka die Menschen für eine spirituelle Entwicklung blockieren. Nichts gegen eine notwendige Kurzfristintervention mit Psychopharmaka. Das kann nötig sein. Man muss nur den Ausstieg wollen, um sich für eine Weiterentwicklung öffnen zu können.

AP: Eine echte Entwicklung ist bei so weit fortgeschrittenen Symptomen nicht ausgeschlossen, aber es wird schwieriger.

EMG: Wenn ich mit Menschen im dritten Drittel spreche und ihnen sage, dass sie nun die Hochphase ihres Lebens vor sich haben, dann werde ich voller Unverständnis erstaunt angeschaut. Ich höre immer: „Es geht doch jetzt abwärts!“ Deshalb ist die UMKEHRERFAHRUNG ganz, ganz wichtig.

Es ist nicht einfach, wenn gesundheitliche Einschränkungen dazukommen, die Chancen des Älterwerdens zu erkennen.

Ich treffe immer mal wieder Menschen, die trotz starker gesundheitlicher Probleme eine große menschliche Ausstrahlung haben und voller Lebensfreude sind. Ich denke an Lilo Brentrup, die als nunmehr 90-jährige ja fast blind ist und voller Lebenskraft geblieben ist, weil sie die Erfahrung des WESENS unerschütterlich trägt.

AP: Die geistige Dimension wird ja umso wichtiger, wenn die körperliche Dimension nachlässt.

EMG: In meinem Buch berichte ich von der Geschichte, die Willigis Jäger oft erzählt. Sie handelt von einer total gelähmten Nonne, die ihn dennoch anstrahlt.

AP: Nach der geisteswissenschaftlichen Auffassung von Rudolf Steiner, der mit den 7-er Zyklen arbeitet, beginnt erst mit 63 Jahren die ICH-Freiheit. Bis dahin hat das ICH noch mit den verschiedenen irdischen Zuständen zu ringen. Es ist vielleicht nicht ganz richtig, aber auch nicht ganz falsch.

Auch im Benediktushof in Holzkirchen nimmt der Zulauf der suchenden Menschen stetig zu. Auch hier steigt der Anteil der Jüngeren.

Glück oder Glückseligkeit

Alle Menschen suchen Glück in allen Lebensjahren. Fragt man sie vor dem dritten Lebensdrittel, dann werden viele sich für die zukünftigen Jahre viel Glück wünschen. Deshalb wünscht man auch anderen bei jeder Gelegenheit viel Glück.

Glückseligkeit (Sanskrit: Ananda)

Der indische Poet Rabindranath Tagore (1861–1941), der im Jahre 1913 den Nobelpreis für Literatur erhielt, machte einst beim Anblick eines Sonnenaufgangs über den Baumwipfeln von Kalkutta eine tiefe Glückseligkeits-Erfahrung und berichtete davon seinem Freund C. F. Andrews in einem Brief:

„Während ich den Sonnenaufgang beobachtete, schien sich plötzlich ein Schleier von meinen Augen zu heben. Ich fand die Welt in unbeschreibliche Herrlichkeit gehüllt, mit ihren Wellen der Freude und Schönheit, die sich überall brachen. Die dichte Wolke der Sorge, die oft auf meinem Herzen lag, wurde vom Licht der Welt durchbrochen, das überall leuchtete. Es gab nichts und niemanden, die ich in jenem Augenblick nicht liebte. Ich stand auf der Veranda und beobachtete die Kulis, die die Straße entlangeilten. Ihre Bewegungen, ihre Gestalt, ihre Mienen erschienen mir seltsam wunderbar, als ob sie sich wie Wellen im großen Ozean der Welt bewegten. Als einer der jungen Männer seine Hand auf die Schulter eines anderen legte, war dies ein bemerkenswertes Ereignis für mich. Ich schien in der Ganzheit meiner Vision Zeuge der Bewegungen des Körpers der ganzen Menschheit zu werden und den Takt der Musik und den Rhythmus des mystischen Tanzes zu spüren."

Bei der Recherche für dieses Buch habe ich das Buch von Matthieu Ricard *„Glück"* und das Buch von Yongey Minguir Rinpoche *„Buddha und die Wissenschaft vom Glück"* gelesen. Das sind zwei wunderbare Bücher, die ich sehr empfehlen kann.

Yongey Mingyur: „Das Grundanliegen, das alle Wesen miteinander teilen – Menschen, Tiere und Insekten gleichermaßen – ist der Wunsch, glücklich zu sein und Leiden zu vermeiden."

Aber wie findet man nun das Glück oder sogar die Glückseligkeit?

Wir haben uns nun gewünscht, in unserem dritten Lebensdrittel Frieden zu finden. Deshalb sollte man bei allem, was man tut, sich immer fragen: „Finde ich dabei meinen Frieden?" Das ist eine sehr gute Orientierung. Yongey Mingyur schreibt: *„Der Buddhismus ist in seinem Wesen sehr praktischer Natur. Es geht da-*

rum, Dinge zu tun, die der heiteren Gelassenheit, dem Glück, dem Vertrauen und der Zuversicht förderlich sind, und alle Dinge zu unterlassen, die Sorge, Angst und Hoffnungslosigkeit heraufbeschwören."

Jeder kann das schaffen. Er zitiert hierzu, um uns allen Mut zu machen, aus GAMPOPA, „*Der kostbare Schmuck der Befreiung*": „*Schließlich besitzen wir und alle Wesen die Ursache für das vollkommene Erwachen.*"

Er beschreibt dieses Erwachen: „*Es ist eine Erfahrung des absoluten Wohlseins, das alle physischen, emotionalen und mentalen Zustände durchdringt und durchstrahlt. Aus dieser Erfahrung ergibt sich ein Gefühl von innerem Frieden, Vertrauen und Wohlbefinden – auch unter Bedingungen, die man objektiv als stressig betrachten könnte.*"

Er hat selbst auf seinem Meditationsweg erfahren, „*dass die Gefühle von Begrenztheit, von Sorgen und Angst einfach nur ‚neuronales Geschwätz' sind*". „*Sie sind im Kern Gewohnheiten. Und Gewohnheiten kann man sich abgewöhnen.*"

Den inneren Frieden, den wir uns für unser drittes Lebensdrittel so sehr wünschen, nennt er „*natürlichen Frieden*". Es ist die unschuldige Art der Sicht eines Kindes. „*Werdet wie die Kinder!*", meinte Jesus Christus deshalb.

Aber dieses Glücksgefühl hat Ursachen wie das Training im Fitnessstudio oder das Gelingen einer schwierigen Arbeit. Man kann als Glücksauslöser auch Urlaub, Liebe, gutes Essen, Freunde, Erfolge etc. nennen. Es ist schön, wenn die Glücksgefühle auftreten, sie sind aber nicht von Dauer, und leicht zu erschüttern, wenn die Glücksauslöser wegfallen.

Walter Bau schreibt in der WAZ zu Ostern 2010: „*Menschen verlieren ihre Bindungen – Die Ungewissheit wächst. Vielen ist das Lachen vergangen. Zu sehr wird das Leben von immer mehr Menschen durch Unsicherheit, Unwägbarkeiten und Bedrohungen geprägt. Dies wiegt umso schwerer, als selbst Institutionen, die sich einst als Orte der Sicherheit auszeichneten, ihre Ankerfunktion verlieren.*

Die christlichen Kirchen haben die Bindung zu weiten Teilen der Bevölkerung verloren. Auch die Berufswelt wandelt sich zum Ungewissen. Ein (fester) Arbeitsplatz bedeutete früher mit einiger Wahrscheinlichkeit ein gesichertes Auskommen. Heute, da Leiharbeit, Zeitarbeit und befristete Arbeitsverträge immer weiter verbreitet sind, bietet der Job kein Ruhekissen mehr …

Glaube, Beruf, Rücklagen, Familie – die traditionellen Anker im Alltag verschwinden oder geraten ins Schwimmen. Und auch der Staat, verschuldet wie nie zuvor, zieht sich aus seiner fürsorglichen Rolle zurück. Orientierung, Zuversicht, Vertrauen – allesamt Worte und Werte von gestern also?"

Frank Kinslow schreibt in seinem Buch „*Quantenheilung*": „*Obwohl wir schon unser ganzes Leben das Gegenteil erleben, glauben wir unserem Verstand, wenn er uns sagt, dass uns Dinge dauerhaft Freude, Frieden und Liebe bescheren.*"

Yongey Mingyur weiter: *„Wie bei so vielen Aspekten des natürlichen Geistes übersteigt diese tiefe Erfahrung von natürlichem Frieden so sehr das, was wir normalerweise als Entspannung ansehen, dass es sich jeder Beschreibung entzieht.“*

Ricard erläutert in seinem Buch *„Glück“*: *„Sich Glück als die Verwirklichung all unserer Wünsche und Träume vorzustellen bedeutet, den berechtigten Wunsch nach innerer Erfüllung mit einer Utopie zu verwechseln, die unweigerlich in Frustration endet.*

Tatsache ist, dass wir ohne Weisheit und inneren Frieden nichts von dem besitzen, was wir brauchen, um glücklich zu sein. Wenn unser Leben hin- und herpendelt zwischen Hoffnung und Zweifel, Aufregung und Langeweile, Begierde und Überdruss, können wir dieses Leben Stück für Stück vergeuden, ohne es überhaupt zu merken, mal hierhin und mal dorthin rennen, ohne irgendwo anzukommen. Glück ist ein Zustand innerer Erfüllung, nicht der Befriedigung des unerschöpflichen Verlangens nach äußeren Dingen …

Wir suchen das Glück in der Außenwelt, obwohl es eigentlich ein innerer Zustand ist … Die Suche nach vorübergehendem Wohlbefinden mag zwar gelegentlich von Erfolg gekrönt sein, dennoch ist es uns nie möglich, die Quantität, Qualität und Stabilität der äußeren Umstände unter Kontrolle zu bekommen. Das gilt für fast alle Lebensbereiche: Familie, Gesundheit, Wohlstand, Macht, Luxus, Vergnügen … Was bleibt, ist ein Gefühl tiefer Unzufriedenheit … Wahres Glück ist nicht an eine Aktivität gebunden, sondern einen Seinszustand, ein tief im Inneren gründender emotionaler Gleichgewichtszustand.“

Die Suche nach dem Glück ist oft auch Kern der Märchen wie die Geschichte vom *„verlorenen Sohn“* und das Märchen von *„Hans im Glück“*. Beide Geschichten werden von Willigis Jäger gerne verwendet, um aufzuzeigen, wie Lebensschleifen in der äußeren Welt dann doch zurück in den Kern der eigenen Person führen können. Man hat oft das Gefühl, dass sich das Externe erst erschöpft haben muss, bevor eine Kehrtwende vollzogen werden kann. Deshalb ist es in beiden Fällen auch die Suche durch die Illusionen und Wirrungen der Welt nach der eigentlichen WIRKLICHKEIT. Man findet sie zu Hause, wenn man zu sich selbst zurückkehrt, im eigenen Inneren, man braucht nicht woanders zu suchen. Die Wahrheit ist immer da. Sie ist nur verstellt und wird nicht wahrgenommen.

Helga Simon-Wagenbach geht in ihrem Buch *„Vollende, was Du bist“* nach einem auch hier passenden Zitat von Buddha: *„Es gibt keinen Weg zum Glück. Glück ist der Weg“* auf das Glück ein: *„Da Liebe, Glückseligkeit und Einfühlung die Urnatur unseres Wesens sind, können sie alle negativen Gefühle und Spannungen verwandeln, wenn wir uns ihnen anvertrauen und ihre Kraft stärken … Jeder Versuch, ausschließlich mit einzelnen Techniken und mentalen Theorien das Ziel zu erreichen, muss scheitern. Glück, Selbstverwirklichung und Liebe sind nicht machbar.“*

Frank J. Kinslow beschreibt in seinem Buch *„Beyond Happiness"*, dass es nicht um „Happiness", also Glück geht, sondern um einen Zustand jenseits von Glück.

Er schreibt (von mir frei übersetzt) in seinem Kapitel *„Wie überwindet man Glück?"*: *„Sogar wenn das EGO glücklich ist, sorgt es sich darum, dass das Glück nicht andauert. Das kommt daher, weil das Glück tatsächlich nicht andauert. Das Erreichen von Glück und Vergnügen sind flache Belohnungen verglichen mit tiefer Freude und Frieden … Glück ist der ‚Wolf im Schafspelz'.*

… Das schlaue EGO hat den grausamsten Trick von allen angewendet. Die positiven Gefühle von Glück, Vergnügen, Erregung und sogar Liebe führen zu größerem Leiden als die negativen Gefühle. Das EGO ist ein wahrer Meister der Illusion.

Glück ist nicht wirklich Glück. Wir müssen diesen Unterschied vollständig verstehen. Glück ist eine Illusion. Glück ist verkleidetes Leiden. Es ist ein Hirngespinst. Es ist eine quälende Erscheinung, die nicht mit der Hand gegriffen werden kann.

Wie kann das denn überhaupt sein? Wie können die Gefühle, auf die wir unser ganzes Leben ausrichten, in Wirklichkeit zu so großen Leiden führen? Die Antwort ist einfach. Glück und Vergnügen sind ursachenbedingt. Sie erscheinen nur in unserem Leben, wenn die Bedingungen günstig sind. Und wer entscheidet, welche Bedingungen und Voraussetzungen uns Glück bringen? Es ist unser EGO.

Verwirrt? Lass uns das Glück näher betrachten. Was macht dich glücklich? Ein neues Auto, mehr Geld oder eine neue Liebe? Natürlich ist das so. Wenn jemand mir eine Million Dollar schenkt, freue ich mich sofort. Glück ist das gute Gefühl, das sich einstellt, wenn es in deinem Sinne gut läuft. Genuss und Vergnügen, Entzückung und Wonne, Befriedigung sind verschiedene Stufen des Glücks …

Wir können nicht sagen, dass Glück das Gegenteil von Angst ist, da das Glück Teil der Angst ist. Ohne Glück wäre die Angst nur ein kalter, schwarzer See, dessen Wellen an die Ufer deines Verstandes fließen …

Es ist nur allzu natürlich, dass wir Angst verhindern wollen und uns nach Glück sehnen. Dieses Verhalten ist genetisch entwickelt, damit alle Lebewesen überleben können … Nur die Vereinigung mit dem SELBST eliminiert die Angst. Nur so heilen die Wunden der Zeit und die Seele badet in unendlicher Glückseligkeit.

Die Vereinigung mit der GANZHEIT ist das, was wir wirklich ersehnen. Gerade das aber bietet uns unser EGO nicht. Das EGO beschert uns Leiden in Teilen. Glück ist ein Teil des Leidens. Glück hängt also von den Umständen ab …

Glück kann also nicht kontrolliert werden, aber das ist es nicht, was uns leiden lässt. Es ist unsere Überzeugung, dass Glück zu allererst von uns kontrolliert werden muss, die uns dann als Folge Sorgen und Herzschmerzen beschert. In dem Moment, in dem du glaubst, dass das Glück schwindet, hast du das Spiel schon verloren."

Es ist die GLÜCKSELIGKEIT, die sich ursachenlos einstellt, die wir uns eigentlich wünschen. ANANDA genannt in den Veden, wie vorher erläutert. Das ursachenbedingte Glück ist nur von kurzer Dauer und birgt die Angst, es zu verlieren, schon in sich.

Wenn Ricard und Yongey Mingyur Rinpoche in ihren Büchern von Glück reden, meinen sie eigentlich Glückseligkeit.

Der erfolgreiche Untemehmer Hermann Ricker, der zum Mönch wurde: *„Viele Menschen hoffen, dass es ihnen gelingt, Momente der Freude auszudehnen und das Glück festzuhalten. Sie stellen sich vor, was sie glücklich machen könte und versuchen alles, um diese Vorstellung zu verwirklichen. Doch es gibt kein beständiges Glück, das von außen kommt. Was immer wir für Glück halten – sei es ein seelisches oder körperliches Hochgefühl, Erfolg, ein Moment des Einssein mit einem anderen Menschen oder der Natur – kann nicht von Dauer sein. Wie viel Energie stecken wir in Versuche, solche Momente zu kreieren und anschließend immer wieder zurückzuholen …*

Jeder von uns vermag eine Glückseligkeit in sich zu finden, die dauerhaft ist, auch wenn die Wogen des Schicksals scheinbar über uns zusammenschlagen. Wer praktiziert und das Wissen in sich etabliert, wird zu einem Fels in der Brandung, zu einer Insel im See. Was immer von außen geschieht: Das Wasser wird sich teilen, statt uns fortzuspülen."

Das Drama der meisten Menschen besteht darin, dass sie nach Glück strebend den Automatismus zum Unglücklichsein nicht erkennen und sie wissen auch nicht, wie sie dem Teufelskreis entkommen können. Die Lösung des Dramas liegt meiner Meinung nach in der bewussten Unterscheidung zwischen Glück und Glückseligkeit.

Glückseligkeit stellt sich nur ein, wenn man sich auf einen Weg der Achtsamkeit und des Loslassens von den Unarten des EGO macht, wenn man DEN GOLDENEN WIND spüren lernt. Im GOLDENEN WIND spürend zu sein, ist Glückseligkeit.

Nichts gegen das Glück oder das Glücklichfühlen!

Ich wünsche allen Menschen wirklich von ganzem Herzen viel Glück auf ihrem Lebensweg. Ich wünsche auch allen Wohlbefinden und Wellness. Aber ich wünsche vielen Menschen, dass sie begreifen lernen, dass die ständige Suche nach Glück und die andauernden Versuche, Ursachen und Auslöser für Glück zu schaffen, sie nicht aus dem Leiden und Unglück erlösen. Unser ICH will uns das nur vorgaukeln. Diese Täuschung sollten wir erkennen.

Es ist die Veränderung unserer Person durch stetiges Üben von Achtsamkeit und Loslassen und eins werden mit dem GOLDENEN WIND, die uns Frieden bringt.

Die Achtsamkeit als Tor zur Erfahrung des Goldenen Windes

Es gibt die einfache Möglichkeit, wenn man nicht sofort einen spirituellen Weg begehen kann oder nicht will, sich durch Üben der ACHTSAMKEIT in ERFAHRUNGSRÄUMEN, die uns vertraut sind und in denen wir ohnehin gerne sind, sich einer Dimension der eigenen Person zu nähern, die uns bisher verborgen geblieben ist.

ERFAHRUNGSRÄUME sind, um die wesentlichen zu nennen, Natur, Musik, Kunst, Tanz, Religion, Liebe usw. In diesen Räumen ist die Wahrscheinlichkeit nach Dürckheim groß, eine SEINS-Fühlung oder eine SEINS-Erfahrung zu erlangen.

Ich möchte versuchen, Sie in diese Erfahrungsräume zu führen, und mit Ihnen Achtsamkeitsübungen durchführen. Sie werden anders aus den Erfahrungsräumen herausgehen, als Sie in sie hineingegangen sind.

Es hat etwas gewirkt, was wir bisher nicht wahrgenommen haben. H. P. DÜRR würde sagen, die Wirklichkeit, das kooperative Hintergrundfeld, hat gewirkt.

Für Sie ist es deshalb wesentlich einfacher, täglich in den Erfahrungsräumen zu üben, da Sie ohnehin in diesen Räumen sind, aber eben nicht achtsam genug sind und das ist tragisch.

Sie lernen die ACHTSAMKEIT, das Tor zu einer höheren Qualität des Lebens.

Spirituelle Wege werden oft begangen, aber leider auch allzu oft wieder beendet. Ich habe so viele Menschen erlebt, die einfach zu einem spirituellen Weg nicht gefunden haben oder zwar begonnen haben, aber nicht durchgehalten haben.

Der Empfänger kann allzu oft die Frequenz der spirituellen Botschaften nicht empfangen. Das ist gar keine Wertung. Es ist einfach so. Es braucht auch eine starke Disziplin, den Übungsweg beizubehalten. Diese Stärke haben viele Menschen nicht, besonders diejenigen nicht, die in Not und Leid leben, und die müssen ja erst wieder Stärke für ihr Leben entwickeln. Diejenigen Leserinnen und Leser, die ihre Erfahrungen vertiefen und intensivieren wollen, können jederzeit einen der bekannten wichtigsten spirituellen Wege einschlagen. Ich habe mich für den ZEN-Weg entschieden und übe ZAZEN.

Ich hoffe sehr, dass viele Leserinnen und Leser zu einer im Menschen enthaltenen, aber nicht erkannten, größeren Dimension des Menschseins aufbrechen werden. Dann und nur dann kann das Leben in jeder Phase gelingen und der Mensch das werden, was er von Natur aus ist.

Die Evolution hat es wohl so gewollt, dass wir nach der ratiogesteuerten ICH-Zentriertheit der ersten Jahre noch ein ganzes Drittel zur Verfügung haben, um uns ohne Ängste, Gier, Hass, Arroganz, Neid, Vereinsamung, ohne Angst vor Krankheit und Tod und ohne Egoismus zur ganzen Person vollenden zu lassen. Wird diese Reifung verfehlt, dann HABEN wir nicht nur diese negativen Eigenschaften, sondern wir WERDEN sie mehr und mehr, sie füllen uns ganz aus. Wir werden krank und leiden. Für eine Umkehr fehlt uns dann die Kraft.

Vielen ist gar nicht bewusst, dass sie ungeheuer viel Zeit für diesen Prozess haben. Sagen Sie bitte nie mehr, Sie hätten keine Zeit.

Jahre, Monate, Wochen, Tage, Stunden, Minuten, Sekunden, Atemzüge und Augenblicke. Diese Augenblicke im HIER UND JETZT zu leben und zu erfahren, soll das Buch vermitteln und man sollte sich nicht von Störfeldern ablenken lassen.

In jedem Augenblick liegt die ganze WIRKLICHKEIT, die wir nicht benennen und beschreiben können, aber sehr wohl erfahren können.

Voraussetzung für eine Beendigung des Unglücklichseins und des daraus resultierenden Leidens, ist die tiefe SEHNSUCHT nach innerem Frieden, nach Gelassenheit, Heiterkeit und Güte. Dann könnte es sein, dass wir uns auf den Weg machen und weiterschreiten, auch wenn Störungen auftauchen. Meine Erfahrung ist es, dass es kein Zurück in den Dämmerschlaf des Nicht-Wissens mehr gibt, wenn man einmal aufgebrochen ist und erste Veränderungen gespürt hat. Dann geht es nur immer weiter. Oft mit Unterbrechungen, aber die Sehnsucht setzt sich durch.

„Wenn Du ein Schiff bauen willst, dann trommle nicht die Männer zusammen, um Holz zu beschaffen, Aufgaben zu vergeben und die Arbeit einzuteilen, sondern lehre die Männer die Sehnsucht nach dem weiten, endlosen Meer“, sagt Antoine de Saint-Exupéry.

Die Sehnsucht muss so groß werden, dass man aus der *„Konsensus-Trance“*, wie Charles Tart diesen Dämmerschlaf des Nicht-Wissens nennt, aufwacht und ausbrechen will: *„Ich bezeichne den gewöhnlichen Bewusstseinszustand in diesem Buch nicht umsonst als „Konsensus-Trance“. Der Hypnotiseur ist in diesem Fall die Kultur. Die Versuchsperson, also das Objekt dieses Prozesses, sind Sie selbst … Die Konsensus-Trance beraubt uns eines großen Teils unserer Vitalität. Sie ist ein Zustand teilweiser Funktionsunfähigkeit, der Benommenheit, der Erstarrung.“*

Bedeutet es (unser Leben), auf einer Schaukel zu sitzen, die ständig zwischen Befriedigung und Verlangen, Ruhe und Aufregung, Begeisterung und Gleichgültigkeit hin- und herschwingt, Sich mit dieser Perspektive abzufinden, während man seinen Impulsen und Neigungen freien Lauf lässt, ist der bequeme Weg, ein Kompromiss, ja eine Art Kapitulation.

Bei schweren Schicksalsschlägen ist der Aufforderungscharakter zur Änderung des bisherigen Lebens besonders groß. Dann ist auch die Wahrscheinlichkeit zur Umkehr von der Außenorientierung zu innerem Wachstum groß. Dann kann dem Menschen ganz besonders ein Licht aufgehen, wie sich das große Leiden des Schicksalsschlages auflösen lässt.

Diese Botschaft ist für mich, wie Thorwald Dethlefsen schon ausführte, eigentlich die Weihnachtsbotschaft. Die Weihnachtsgeschichte als Metapher für die heutige Zeit heißt, dass dann, wenn der Mensch in seinem Leben die dunkelste Nacht erlebt, die große Krise, die Wahrscheinlichkeit am größten ist, dass er das LICHT, das GÖTTLICHE, den GOLDENEN WIND erkennen und spüren kann.

Ich habe in den letzten Jahren verstärkt den Eindruck gewonnen, dass es den schicksalhaften Einschlag im Leben braucht, um eine Änderung und Wandlung im Leben zu vollziehen. Das Dahinleben in einem nicht glücklichen Zustand, der ohne großes Leid ist, löst wohl die Wandlung eher nicht aus. Der vom Schicksalsschlag Getroffene erlebt nur das Leid. Er weiß nicht um seine Chance der Wandlung. Andere können ihm allerdings diese Chance bewusst machen. Das wünsche ich jedem, der leidet.

Der erste Schritt auf diesem Wege ist immer – und das ist eine unabdingbare Voraussetzung – die Übernahme der Verantwortung für sein eigenes Leben und daraus folgend bewusste Schritte durch sein Leben in dieser Eigenverantwortung. Allzu gern schiebt man anderen die Ursachen für das eigene Unglück in die Schuhe. Es ist ein kindliches Verhalten. In der Kindheit wird dieses Verhalten praktiziert, konditioniert und meistens später beibehalten. Das ist, tiefenpsychologisch betrachtet, eine Projektion. Man projiziert die Ursachen auf andere. Man glaubt, damit seinen Frieden zu finden. Das ist aber ein Trugschluss. Es ist eine Sackgasse, weil dadurch jegliche Veränderung des eigenen Lebens blockiert wird und das nächste Leiden bahnt sich an. Es setzt kein Reifeprozess für inneres Wachstum ein. Man bleibt weiterhin an seinen Illusionen hängen. Die Ursachen für das Gefühl des Leidens liegen in uns, nicht außen. Wir müssen uns nicht schuldig fühlen, dass wir selbst unsere Leiden auslösen. Schuldgefühl resultiert aus einer Bewertung. Bewertung ist aber überhaupt nicht angesagt. Das ICH bewertet ständig und davon möchte man doch loskommen. Natürlich stößt uns von außen manchmal etwas zu, aber wie wir das empfinden, das hängt von unserer inneren Reife ab.

Erinnern Sie sich noch an die Geschichte zu Anfang des Buches über die schwer kranke Nonne, die trotz ihres Leidens strahlt? Sie hatte ihren Frieden gefunden.

Also übernehmen auch Sie, liebe Leserinnen und Leser, die Verantwortung für Ihr Leben.

Mein Freund und Meister des Teeweges CHADO, Martin Knipphals, hat in seinem zweiten Teebrief sehr eindringlich die SELBST-Verantwortung des Menschen als ersten Schritt betont:

„Das Selbst-Schwimmen im Ozean des Lebens ist angesprochen worden. Es erscheint vielen selbstverständlich, doch ist es im Alltag nur sehr selten realisiert zu finden. Ob-

gleich mit dem Durchtrennen der Nabelschnur ein Selber-Atmen und ein Selber-Essen eingeleitet wird, und ein Selber-Gehen etwas später, verliert sich dieses Urprinzip des Selbst-Werdens mit der Zeit.

Schon das Selbst-Denken, das Selber-Wahrnehmen, wird durch andere vorgegeben und somit aufgehoben. Man folgt allgemeinen Mustern und Ansichten … Bei diesem Prozess wird unser Urvertrauen in uns selber Stück für Stück abgebaut. Selbstverständliches geht verloren, und wir haben das Gefühl, dass etwas fehlt.

Nun liegt es im Bemühen der Natur, stets einen Ausgleich zu erreichen, was zum verhängnisvollen Einverleiben von weiteren erdachten Sichtweisen der Eltern, der Erzieher, der Lehrer und anderer führt. Anstelle des hervorragenden und von der Natur aus auch vorgesehenen Selber-Erfahrens, die Realität jenseits aller Denk- und Gefühlskonzepte zu erblicken, tritt somit ein darüber gelagertes rein erdachtes Ersatzbild. Da diese Meinungen, selbst wenn sie mit angeblich wissenschaftlichem Segen versehen sind, immer wieder aufgehoben wurden/werden, bleibt der Effekt der Verunsicherung bestehen.

Man versucht noch intensiver den Realitätsverlust auszugleichen …

Die vollkommene Verhedderung in diesem System ist unvermeidbar und erklärt die heutige Weltsituation …

Ohne es recht zu bemerken, haben sich viele das Selber-Gehen, Selber-Denken und VOR ALLEM das Selber-Wahrnehmen des eigentlichen Kerns abnehmen oder ausreden lassen …

Da das Urprinzip des Selber-Tuns, des realen Erfahrens des So-Seins, wie man im ZEN sagt, nicht mehr vertraut ist, verwendet man fatalerweise gerade das trennende Konzept des Dualismus, welches all diese Unbilden, Narreteien und Schlimmeres auslöst.“

Dieses Zitat passt ja auch gut zu meinen Betrachtungen an früherer Stelle zu dem Thema SELBST oder ICH.

Nun ist das Selber-Gehen bei voller Selbstverantwortung nicht so einfach, da wir es nicht geübt haben und oft jahrzehntelang von unserem ICH und den ICH anderer eher getrieben worden sind.

Wir brauchen einen Begleiter, der im Selber-Erfahren weiter ist und uns an die Hand nimmt. Nach meiner Erfahrung ist diese Begleitung unerlässlich. Der Begleiter sorgt dafür, dass man in täglicher Übung seinen Weg geht.

Auch die tägliche Übung ist nach meiner Erfahrung eine unerlässliche Voraussetzung. Der Begleiter steht auch jederzeit als Gesprächspartner zur Verfügung. Er ist der Fixpunkt unseres Veränderungsprozesses. Er ist so viel weiter, dass er jederzeit erkennt, wo wir stehen. Aus dieser Erkenntnis kommt dann seine Anweisung.

Viele scheitern, weil sie keinen Begleiter gefunden haben oder die Notwendigkeit nicht sehen. Sie lesen viele esoterische Bücher und diskutieren bei jeder Gelegenheit über die neuen Erkenntnisse. Sie nehmen an Seminaren teil und sind einfach auf dem Gebiet der Spiritualität intellektuell emsig tätig.

Rob Preece nennt das *„spiritual flight“* in seinem Buch *„The Wisdom of Imperfection“* (von mir frei übersetzt): *„Unser Weg der Individuation beginnt oft mit einem Ruf – ein tief empfundenes Erwachen – zur wirklichen wichtigsten Herausforderung für unser Leben. Dieser Ruf kann dazu führen, dass man eine plötzlich auftauchende gedankliche Barriere der vergangenen Einschränkung aus dem ICH überwinden kann und sich auf einen Prozess des Erwachens einlässt, der uns mit unseren Ängsten und Unsicherheiten konfrontiert. Auch wenn uns das bewusst ist, mag es sein, dass wir uns dem Weg der Transformation verpflichten und ihn gehen. Es kann aber auch sein, dass wir diese Barriere nicht wirklich überwinden und uns stattdessen auf einen Weg begeben, den man ‚spiritual flight‘ nennen könnte …*

Es ist durchaus möglich, sich auf einen spirituellen Weg zu begeben, der sich im Wesentlichen auf Vermeidung ausrichtet. Beispielsweise ein Flug in den Idealismus und intellektuell interessantes spirituelles Wissen, verbunden mit einem Streben nach Reinheit und Perfektion, frei von allen weltlichen Unreinheiten, sind bedauerlicherweise Zeichen einer beibehaltenen psychologischen Erkrankung. Dieses Bemühen, sich nicht zu binden an emotionale Beziehungen, materielle Güter, Geld, Verantwortung in der Familie, mag wie ein freiwilliger bewusster Verzicht aussehen. Das ist jedoch sehr oft nur eine Reflexion des ‚spiritual flight‘.

Nur wenn wir wirklich bereit sind, die Lebensprobleme anzuschauen und sie anzugehen, wird die Tendenz zu der nur intellektuell interessanten Spiritualität durch einen echten begründeten spirituellen Beginn des Weges abgelöst.“

Ich kenne viele Menschen, die wissbegierig lesen, beispielsweise die Bücher im nachfolgenden Literaturverzeichnis oder andere Bücher, weil sie schon die Sehnsucht spüren. Nichts gegen Lesen. Aber der nächste Schritt der ständigen Übung des Loslassens fehlt. Selbst Freunde, die nach einem ZEN-Sesshin im Benediktushof begeistert zurückkommen, fragen mich ein paar Tage später um Rat, wie sie denn die richtigen Entscheidungen zur Mehrung ihres Vermögens treffen sollten. Die Angst des ICH vor dem materiellen Verlust ist wieder eingekehrt. Das ICH hat es wieder geschafft, uns abzulenken. Wissen Sie, was ich meine, wenn ich von einem „spiritual flight“ spreche?

Im dritten Drittel ist nicht die Vermehrung des Vermögens der Sinn dieses Lebensabschnitts.

Ich gebe zu, dass auch bei mir oft ein Verhalten einkehrt, dass ganz und gar durch mein ICH geprägt ist. Wir sind ja nicht alle Buddha oder Christus, sondern Menschen. Ich ärgere mich, ich möchte mehr erreichen, ich bin ungeduldig, ich bin ungerecht usw., ich könnte noch viel mehr aufzählen, um mich richtig schlecht zu fühlen. Aber es geht nicht um eine Bewertung. Es geht auch nicht darum, wer auf seinem Weg des inneren Wachstums weiter ist.

Es geht darum, dass durch meine ständigen Übungen des Fokussierens und Loslassens nach einem Fauxpas meine Achtsamkeit so schnell wieder einkehrt, dass ich merke, wenn ich aus meiner Mitte herausgefallen bin. Das gelingt schnell, wenn man sich im Fehlverhalten beobachtet. Und es gelingt immer besser und schneller, je länger man auf seinem Übungsweg ist. Darum geht es, immer wieder Anschluss an den GOLDENEN WIND zu finden. Kinslow spricht davon, dass man im Laufe der Zeit des Übens ein „*Momentum*" bekommt, also genau diese Fähigkeit zu merken, wenn man herausfällt und dann schnell wieder Anschluss findet.

Willigis Jäger hat deshalb oft nur eine Antwort, wenn seine Schüler mit all ihren Problemen und Sorgen in das Dokusan (persönliches Gespräch mit dem Meister im Sesshin) kommen:

„Geh zurück auf deine Matte und konzentriere dich auf deinen Atem oder auf ein Kōan und lasse einfach los. Kommen deine sorgenvollen Gedanken und Gefühle wieder hoch, dann konzentriere dich wieder auf den Atem und lasse los. Und immer so weiter, so weiter, und so weiter …"

Die Zen-Meisterin Joko Beck vergleicht das Leben mit einem Lauf auf des Messers Schneide. Das ist ein sehr passendes Bild. Man fällt ganz leicht nach links oder rechts herunter. Aber man muss es merken. Und immer wieder versuchen, auf des Messers Schneide zu laufen.

Begleiter finden Sie an den Orten, die ich kenne, wie am Benediktushof in Holzkirchen und in Todtmoos-Rütte in der Existential-psychologischen Bildungs- und Begegnungsstätte.

Es kann allerdings auch vorkommen, dass Menschen nicht sofort einen Weg zum inneren Wachstum beginnen sollten, sondern sich wegen einer psycho-mentalen schwierigen Problematik zunächst einer psychotherapeutischen Behandlung anvertrauen sollten. Es gibt Kliniken, die auch vom Benediktushof und von der Existential-psychologischen Bildungs- und Begegnungsstätte empfohlen werden und die ich auch empfehlen kann.

Das ist beispielsweise die Fachklinik Heiligenfeld in Bad Kissingen.

Hinweisen möchte ich auch noch auf das S.E. N., das SPIRITUAL EMERGENCY NETWORK, in Deutschland Netzwerk für spirituelle Entwicklung und Krisenbegleitung.

Nach Dürckheim gibt es zwei Ausprägungen des ICH:

- das erstarrte WELT-ICH,
- das unterentwickelte zu schwache ICH.

Nun muss man etwas haben, um lernen, es loszulassen. Deshalb sollten Menschen mit einem unterentwickelten zu schwachen ICH zunächst einmal an einer Stärkung ihres ICH therapiegestützt arbeiten, bevor sie sich auf Meditationsempfehlungen einlassen, die das LOSLASSEN im Fokus haben. Sie verlieren sonst jegliche Orientierung auf ihrem Weg.

Es gibt viele Menschen, die ein zu schwaches, kleines ICH haben. Sie haben überhaupt keine INDIVIDUATION vollzogen. Sie sind nicht erwachsen geworden, sondern Kind geblieben, das sich als Erwachsener darstellen möchte. Das muss schiefgehen. Es wird dann davon gesprochen, dass diese Menschen kein Selbstbewusstsein hätten. Gemeint ist damit eigentlich das ICH-Bewusstsein.

Ich möchte das Problem des „zu kleinen ICH" ausführlich behandeln und habe deshalb einen Vertreter der Schule DÜRCKHEIMS gefragt, der sich bei diesem Thema wirklich auskennt, Andreas Pfäfflin, Therapeut in Rütte.

Interview mit Andreas Pfäfflin am 16.6.2010

EMG: Lieber Andreas, ich freue mich, dass wir heute für ein Gespräch Zeit haben. In Zusammenhang mit meinem Buch (Arbeitstitel: „JETZT BIN ICH ENDLICH MAL DA!") habe ich einige Fragen an dich. Deine Antworten werden mir weiterhelfen, im DÜRCKHEIM'SCHEN Sinne zu formulieren.

Wie ist das mit dem erstarrten Welt-Ich im Dürckheim'schen Sinne? Ich war ja auch einer, bei dem das ICH vor lauter Erfolgsorientierung erstarrt war, bis ich durch eine Krise hier in Rütte zum ersten Mal sehr nachdenklich wurde, ob denn mein Leben überhaupt richtig verläuft. Die andere Fehlform ist das zu kleine ICH. Bei diesen Menschen hat sich das ICH gar nicht weiterentwickelt. Sie sind stecken geblieben und haben ständig Zweifel und Minderwertigkeitskomplexe. Gegenüber Menschen mit zu kleinem ICH bin ich nicht so erfahren, was man diesen Menschen raten soll. Im Sprachgebrauch verwendet man die Ausdrücke *„zu geringes Selbstbewusstsein"* oder *„zu geringes Selbstwertgefühl"*. Das ist ja eine falsche Ausdrucksweise. Es ist ja nicht das JUNG'SCHE SELBST, sondern das ICH. Die Menschen haben also ein zu geringes ICH-Wertgefühl.

Wie siehst du die Entwicklungsmöglichkeiten von Menschen mit einem zu kleinen ICH?

AP: Also, zunächst würde ich einmal sagen, ein zu großes, zu hartes, zu festgefahrenes Welt-Ich, das wir ja auch besser kennen aus unserer eigenen Erfahrung, ist oft kombiniert mit einem im Grunde zu schwachen ICH. Das starke sich in der Welt behauptende ICH hält sich an dem, was es hat, kann und weiß, fest. Wenn diese Faktoren wegfallen und dieser Mensch das, was er hat, verliert oder das, was er weiß, nicht mehr weiß und das, was er kann, nicht mehr kann, zum Beispiel, weil er krank wird, dann fällt dieses große, harte Welt-Ich zusammen und ist erst mal nichts. Es zeigt sich dann von seiner anderen Seite, die eben parallel dazu auch eine Wirklichkeit ist. Dann kommt die Frage auf: „Wer bin ich denn überhaupt, wenn ich nicht mehr kann, habe oder weiß?".

Die Ursprungsgeschichte des Bewusstseins, die Erich Neumann erarbeitet hat, zeigt die Entwicklung des ICH aus dem UROBOROS heraus, aus der mütterlichen Umfangenheit. Diese Entwicklung muss ein Mensch im Grunde vollziehen, wenn er ein gesundes, kräftiges ICH entwickeln will. Er muss sich gewissermaßen aus den Klauen des Drachens, der persönlichen Mutter, der großen MUTTER, befreien. Das ist dann der tiefenpsychologische Prozess der ICH-Entwicklung.

Und die meisten Menschen in der Welt, ob sie stark sind oder nicht stark sind, tragen ein schwaches ICH in sich. An dem müssen sie arbeiten.

EMG: Ich habe das eigentlich immer so verstanden, dass dann, wenn das erstarrte Welt-ICH zerbricht, der Weg eigentlich frei ist für die Erfahrung des WESENS.

AP: Nicht unbedingt gleich.

EMG: Du siehst also ein zu starkes, erstarrtes Welt-ICH als eine Kompensation, eine Camouflage, für ein zu kleines ICH. In dem Sinne des von dir gerade Gesagten ist dann die Loslösung noch nicht so gelungen. Das ICH ist eigentlich klein geblieben. Es wird kompensiert mit den Attitüden eines großen ICH nach außen und der Sprung von dort direkt zur Erfahrung des WESENS muss über die Erfahrung des eigentlich zu kleinen ICH gehen. Dann kommt die Frage: „Wie gehe ich jetzt damit um und wie entwickle ich mein zu kleines ICH?".

Also, ich weiß von Willigis JÄGER, dass er dann, wenn er solche Menschen trifft, die ZAZEN beginnen wollen, er diese Menschen erst einmal in eine ganzheitlich orientierte Psychotherapie schickt.

AP: Ja, um die tiefenpsychologischen Schichten aufzuarbeiten.

EMG: Wenn du was hast, dann kannst du etwas loslassen lernen, aber wenn du nichts oder zu wenig hast, dann kann die Übung des Loslassens dich ins Chaos stürzen, nicht wahr?

AP: Das ist richtig, aber das kann mit einem, der ursprünglich viel hat, auch passieren. Der fällt in eine Bodenlosigkeit, ohne gleich das WESEN zu erfahren. Das geht nicht hintereinander linear.

Es kann der DURCHBRUCH ZUM WESEN stattfinden, oder aber das Loch des zu schwachen ICH aufgehen. Das kann parallel geschehen.

EMG: Aha, Das ist für mich eine neue Erkenntnis. Wenn du jetzt solche Menschen triffst, wie gehst du mit denen um. Es kommen viele hierher mit einer solchen Problemsituation. Sie müssen doch überhaupt erst mal ihre ICH-Stärke entwickeln.

AP: Da hat die Traumarbeit eine ganz besondere Bedeutung. Im Traum treten dann (ein einfaches Beispiel) Vater oder Mutter auf, die dem kleinen Menschen sagen, was er machen soll, oder wenn er was macht, was er nicht soll, dann schimpfen sie. Das ist dann der „Drachenkampf", der sich über die Träume formuliert. Der muss dann reflektiert werden. Dafür muss Bewusstsein erarbeitet werden.

Dann gibt es natürlich verschiedene Übungen, mit denen man die Entwicklung unterstützen kann, wie *Schwertarbeit*. Das kann aber auch mit dem *Geführten Zeichnen* angegangen werden.

Nehmen wir das Zeichnen einer geraden Linie. Da kann ein weltlich starker Mensch scheitern. Setze ihn mal mit geschlossenen Augen vor ein leeres Blatt und lasse ihn eine gerade Linie zeichnen. Man sollte davon ausgehen, dass er das mit links kann. Aber er bekommt die Linie nicht hin, weil im Unbewussten, in den tiefen Schichten, eine große ANGST vor AUFRICHTUNG sitzt. Die Angst vor der Großen Mutter ist dominant.

EMG: Da geht es doch primär um die VERTIKALE?

AP: Ja, um die Aufrichtung.

EMG: Kann er die HORIZONTALE denn zeichnen?

AP: Das ist oft sehr viel leichter.

EMG: Ja, das würde ich auch intuitiv so sagen. Wenn du mir sagst, ich solle eine Linie zeichnen und wenn du mich für die Richtung nicht festlegst, würde ich eine HORIZONTALE zeichnen.

AP: Das ist ein Indiz dafür, dass an der INNEREN AUFRICHTUNG noch gearbeitet werden muss.

EMG: Du versuchst also durch eure Rütte-Methoden, dem kleinen ICH zu helfen, zu wachsen und sich aufzurichten, dass das kleine ICH erfährt, dass es etwas KANN, etwas WEISS und etwas HAT? Das sind doch eigentlich die Klammern der Unarten des erstarrten ICH?

AP: Aber erst mal erfährt er, dass er etwas NICHT kann, NICHT weiß, NICHT hat. Und vor allem ANGST hat. Er erfährt seine Kleinheit und kann lernen, mit diesem Kleinsein umzugehen. Wenn er das dann auch im Sinne des tiefenpsychologischen Prozesses lernt, heißt es dann nicht unbedingt, dass er dann auch ein großes Welt-ICH aufbaut, sondern eher ein wirklich fundiertes ICH, ein ICH mit dem er dann auch in die Lage kommen kann, dem WESEN zu begegnen, weil er das Welt-ICH dieser Art dann auch loslassen kann.

EMG: Ich kann mir schon vorstellen, dass das GEFÜHRTE ZEICHNEN ein guter

Weg sein kann, weil der Mensch dadurch erkennt, was er zustande bringt. Er lernt auch, dass die Angst nicht nur ihn führt, sondern er lernt, woher seine Ängste kommen und wie er sie überwinden kann.

Auch die Arbeit im TONFELD führt weiter, wo der Mensch gestalterisch tätig wird. Das führt zu der Zuversicht, dass er etwas kann.

AP: Es ist wichtig, erst mal die Angst zu erleben. Dieser Schritt ist WESENTLICH. Beispielsweise kannst du erleben, dass du im Tonfeld einen Berg errichten willst, aber es gar nicht fertigbringst, weil du ihn immer wieder zerstören musst.

EMG: Das ist außerordentlich interessant, wie sich mit dieser Methode die Problematik öffnet. Du fragst die Menschen dann doch immer: „Was fühlst du? Schau genau hin! Welche Gedanken und Gefühle steigen hoch?" Er muss selbst erfahren, weshalb sein Berg zerbricht, bevor er aufgebaut ist. Das ist eine ungeheure Erfahrung.

AP: Oder beim Zeichnen. Du lässt jemand eine Schale zeichnen. Man könnte sich doch dann vorstellen, dass er sich wohlfühlt und sich in der Schale niederlässt. Dann sagt dir plötzlich einer: „Aber ich habe Angst, wenn ich mich in der Schale niederlasse und da runterkomme."

Es löst bei dem Menschen eine tiefe Angst aus und du siehst, dass es da eine Problematik gibt. Es kommt die Angst hoch, dass man im Sichniederlassen vom großen Ozean gefressen wird.

EMG: Was sind das für Gründe, dass sich ein ICH, dass sich so zeigt, nicht richtig entwickeln kann. Da spielen Vater und Mutter sicherlich eine wichtige Rolle und die ganze Biografie.

AP: Ja, die bekannten Konstellationen: Starker Vater, schwacher Vater, starke Mutter, schwache Mutter. Aber es geht auch über die Biografie hinaus. Wenn man es einmal karmisch betrachtet, ist es eine Herausforderung für den Menschen, sich durch so eine Schwäche zu einer personalen Entwicklung aufzumachen.

EMG: Ich kann mir vorstellen, dass dann, wenn ein solcher Mensch eine Psychotherapie durchmacht, der Therapeut sehr daran arbeitet, dass dieser Mensch lernt, zu erfahren, dass er durchaus etwas kann, weiß und dann auch hat, damit er lernt, in der Welt zu bestehen.

Für mich war es durch DÜRCKHEIM eine neu gewonnene Erkenntnis, dass man in seinem Leben zu einem starken Welt-ICH einen DEAL macht, den man aber zuerst nicht erkennt. Man strebt danach, vieles zu wissen, zu können und zu haben, aber man zahlt einen hohen Preis. Je mehr man sich danach ausrichtet, immer mehr zu wissen, zu können und zu haben, umso mehr wächst die Angst in uns vor dem VERLUST, dem NICHTKÖNNEN und dem NICHTWISSEN, dem

VERSAGEN.

Man kann immer nur hoffen, dass den Menschen in einer Lebenskrise dieser Zusammenhang bewusst wird und sie sich dann auf den WEG machen.

Neu ist für mich jetzt aus unserem Gespräch, dass du dann erst mal in dein kleines ICH zurückfällst. Daran arbeitet ihr dann, damit sich dieses so erkannte zu kleine ICH erst mal entwickeln kann.

AP: Ja, das ist oft für viele ein langwieriger Prozess. Man kann nicht sagen, ob er für einen Menschen 2, 4, 6. 9 Jahre dauert. Für jeden ist das sehr unterschiedlich.

EMG: Wie ist das dann mit der Öffnung zum WESEN, wenn ein kleines ICH sich so langsam zu einem größeren ICH entwickelt? Ist deine Erfahrung, dass die Öffnung zum WESEN von der INDIVIDUATION, also vom Fortschreiten der Reifung der Person, abhängig ist?

AP: Die Öffnung kann IMMER passieren. Es gibt aus meiner Sicht sogar einen Trend, dass bei immer mehr jungen Menschen der DURCHBRUCH ZUM WESEN geschieht. Das ist doch sehr erfreulich. DÜRCKHEIM hatte berichtet, dass er durch den Tod der Großmutter eine numinose Erfahrung hatte, die er damals natürlich noch nicht reflektieren konnte. Damit ist der DURCHBRUCH ZUM WESEN aber angelegt. Deshalb hat DÜRCKHEIM die Besucher immer zunächst gefragt, ob sie in ihrer Kindheit ein Erlebnis hatten, bei dem sie damals für sie unerklärlich sehr glücklich waren und sich eins fühlten, mit allem sich verbunden fühlten. Wir fragen das auch heute immer.

EMG: Ich kann mich gut erinnern, wie DÜRCKHEIM mir diese Frage damals stellte. Mir sind dann auch einige Erlebnisse eingefallen.

AP: Die Erfahrung ist in allen Menschen angelegt, aber es ist die Frage, wann einer ein Bewusstseinsgefäß und auch ein Leibgefäß entwickelt, dass diese Erfahrungen tragen kann.

EMG: Also du würdest sagen, dass heute diese Erfahrung bei vielen früher eintritt und immer mehr junge Menschen aufwachen. Das finde ich sehr ermutigend.

AP: Das ist ermutigend und ich würde auch das ganze Zeitgeschehen, das Zusammenbrechen der Strukturen auf allen Ebenen in diesem Zusammenhang sehen. Die Strukturen brechen immer mehr zusammen und der Mensch wacht immer mehr auf. Es kommen heute junge Leute zu uns, die Dinge mitbringen, die früher andere sich in 40 Jahren haben erarbeiten müssen. Damit meine ich auf das Wesen bezogene Erfahrungen.

EMG: Das liegt sicher auch an dem frühen Zerbrechen der Strukturen, besonders für die Jugend. Darin sehe ich die große Chance, dass immer mehr Menschen aller Altersstufen begreifen, dass die eklatanten Krisen unserer Zeit, die Finanzkrise, die Wirtschaftskrise, die Wertekrise, die Religionskrise, die Kirchenkrise, die Vertrauenskrise, Bindungskrisen etc. auch ihre positive Seite haben, nämlich die Entwicklung nach innen. Man begreift langsam, dass Strukturen zerbrechen, an denen du dich sowieso nicht festhalten kannst. Dann kommt die Frage hoch, was denn danach kommen könnte?

Wer vertraut denn heute noch einem Politiker, einem Banker, einem Kirchenvertreter, einem Journalisten, einer Firma etc.?

Ich spüre eine schnell wachsende Not bei vielen Menschen. Viele verlieren ihren Arbeitsplatz oder wechseln ihn gegen einen deutlich schlechteren ein.

Es gibt immer weniger langfristige Arbeitsverträge. Zeitarbeit, befristete Arbeit wächst. Das sind alles Belastungen für das Individuum, die zu Folgen führen, die viele heute noch gar nicht ahnen. Die Orientierungslosigkeit nimmt auf allen Ebenen zu.

Das sind alles Auslöser auch für dieses Buch. Ich glaube schon, dass ich den Lesern aus meinen eigenen Erfahrungen Antworten für ihre Suche nach Halt geben kann.

Wir leben in einer Zeit hoher Volatilität. Das betrifft nicht nur die Finanzmärkte. Es betrifft alles.

Nach dem Erkennen der Grenzen für weiteres quantitatives Wachstum, das weniger wird, zumindest in den westlichen Industrieländern, kann ich mir gut eine Zukunft für wesentlich mehr qualitatives Wachstum vorstellen.

AP: Die Jugend bringt die Voraussetzungen und Anlagen mit, um damit eine gute Zukunft gestalten zu können, und zwar mehr als wir und auch unsere Vorgängergeneration.

EMG: Das stimmt. Wir sind ja in einer materialistisch heilen Wachstumszeit nach dem Krieg aufgewachsen. Wir haben uns als wirtschaftlich erfolgreiche Nation definiert. Diese Identifikation wird zerbrechen. In anderen Ländern hat man wohl noch den Nationalstolz wie in Frankreich, in England, in den USA, aber das ist uns genommen. Deshalb sehe ich das Zerbrechen besonders in Deutschland.

AP: Ja, es ist der Aufbruch in eine neue Zeit. Wir sind in dem Wassermannzeitalter und das heißt Veränderung zu Neuem hin und Bruch mit dem Alten.

EMG: Das zum Thema ICH. Vielen Dank, ich habe viel gelernt und manches haben wir gemeinsam auf den Punkt gebracht.

Es geht also für viele Menschen um das Herauswachsen aus entweder einem zu kleinen, schwachen ICH oder aus einem zu großen, zu harten, zu verfestigten ICH in außerordentlich volatilen Zeiten, die aber positiv ausgedrückt, die Veränderung erleichtern, weil das Alte zerbricht, und das ist Voraussetzung dafür.

Für das erstarrte WELT-ICH ist es angesagt, sich auf einen Weg der Übung zur Achtsamkeit und des Loslassens zu begeben, um den es in diesem Buch geht. Das ist der Einstieg.

Die ACHTSAMKEIT ist also das Tor zum Spüren des GOLDENEN WINDES.

Dürckheim hat immer gesagt: *„Das Tor geht nur nach innen auf! Vergesst das nie!"*

Es geht darum, was hereinkommt. Es geht jetzt nicht mehr darum, was herauskommt.

Meine Schwester Helga Simon-Wagenbach spricht in ihrem Buch *„Vollende, was Du bist"* von der *„SPÜRENDEN ACHTSAMKEIT"*: *„Nur das Spüren vermittelt unmittelbare Wahrnehmung des Augenblicks. Das Jetzt ist ohne Vergangenheit, ohne Zukunft, ohne Anfang, ohne Ende. Es ist der Schnittpunkt zwischen vorher und nachher, in dem alle Energien in einem einzigen Erfahrungsmoment zusammenfließen, geleitet von einem Akt höchster Aufmerksamkeit im Geiste. Es kann auch der Schnittpunkt zwischen der eigenen, oft problematischen Vergangenheit und dem Neubeginn in ein bewussteres Leben sein."*

Die Entwicklung der ‚SPÜRENDEN ACHTSAMKEIT' befähigt uns dazu, in jeder Situation erst darauf zu achten: Was empfinde ich?"

(Audio-CD, Helga Simon-Wagenbach: „Spürende Achtsamkeit entfalten", Meditation für Praktizierende, Musik: Shantiram, CD zu beziehen im Web-Shop www.shantiprem.de.)

Wilfried Belschner bezeichnet die ACHTSAMKEIT als Kernmerkmal der individuellen Lebensform und der Kultur: *„ACHTSAMKEIT könnte also ein wesentlicher Leitbegriff für die Gestaltung einer zukünftigen individuellen Lebensform werden, in der das humane Potenzial der Bewusstseinsentfaltung, in der eine Freilegung des Wesens erfolgen kann.*

ACHTSAMKEIT könnte auch ein wesentlicher Leitbegriff für die Gestaltung einer zukünftigen Kultur werden, in der die soziale, politische, wissenschaftliche, technologische und wirtschaftliche Entwicklung der EINEN WELT die menschliche Existenz in Würde akzeptiert. ACHTSAMKEIT könnte als sinnstiftendes Moment in den Alltag und in die professionellen Handlungsfelder eingeführt werden."

Vor der ACHTSAMKEITSÜBUNG steht immer die rationale, bewusste Entscheidung unseres ICH, ACHTSAMKEIT üben zu wollen, also in eine Übung eintreten zu wollen, die uns hilft, von der Beherrschung durch unser ICH loszukommen. Das muss unser Verstand wollen und entscheiden. Er muss es auch beibehalten wollen. Auch, wenn man mal keine Lust hat. Das meine ich mit dem Appell: *„Ziehe doch einfach deine Segel hoch!"*

Verstehen Sie, wie schwierig das ist? Unser ICH hat das nicht gern. Es soll entscheiden, dass es nicht mehr so viel zu sagen hat. Es wird sich wehren mit allen Tricks, Verführungen und Ablenkungen. Das ICH schickt seinen stärksten Krieger ins Gefecht. Wie Walter Schwery sagt: *„Er, der DUNKLE BRUDER, der uns im Griff behalten will, spielt in der Championsleague und wir spielen Amateurliga!"*

Ein Beispiel: Vor vielen Jahren war ich auf dem Weg nach Würzburg, um bei Willigis Jäger an einem ZEN-Sesshin teilzunehmen. Ich war auf der Fahrt von Essen nach Würzburg. Je mehr ich mich Würzburg näherte, umso mehr wurde mir richtig übel. Plötzlich sah ich das Hinweisschild „Rasthof im Spessart". Ich fuhr ohne zu überlegen ab und kehrte ein. Ich trank ein Bier und einen Schnaps und fuhr wieder nach Hause. Meine Frau fragte überrascht: *„Warum bist du denn schon wieder da?"* Ich antwortete und hatte ein ganz schlechtes Gefühl wie ein „Looser": *„Es ging einfach nicht!"*

Nun, mein ICH hatte zwar beschlossen, zu Willigis Jäger zu fahren oder ich wollte, dass mein ICH so entscheidet. Das ICH fuhr aber dann ab, kehrte ein und fuhr zurück. Ich war nicht in der Lage, dagegenzuhalten.

Auch nach der Initiation durch Dürckheim habe ich mit dem ZEN-Training immer wieder angefangen und aufgehört und angefangen und aufgehört, aber dann doch weitergemacht. So wird es Ihnen, liebe Leserinnen und Leser, sicherlich auch gehen. Ich möchte Ihnen aber mit meiner eigenen Geschichte Mut machen. Fangen Sie immer wieder an. Es lohnt sich und mit der Zeit der beibehaltenen Übung wird es mehr und mehr ein stetiger Fluss der ungestörten Übungen, die auch eigentlich weitergeübt werden wollen.

Meine Schwester, Helga Simon-Wagenbach, wird in ihren Seminaren oft gefragt: *„Was mache ich nur, wenn ich keine Lust habe, die Übung zu beginnen?"*

Sie hat eine sehr weise und wertvolle Antwort gegeben:

„NICHT DENKEN, EINFACH ANFANGEN!"

Diese Empfehlung dürfen Sie NIE VERGESSEN!

Denn auch Sie werden ab und zu keine Lust haben und nachlässig sein. Oder sobald es einem besser geht, hört man wieder auf. Das ist menschlich, aber nicht weise. Und wir wollen doch weiser werden, wenn wir älter werden, nicht wahr?

Dann wird der Übungsweg gelingen. Sie schreiten voran, auch wenn sie mal keine Lust haben. Dann ist die Übung aber besonders wertvoll! Sie haben Ihrem ICH einen Streich gespielt. Sie trainieren einfach weiter in Richtung Championsleague.

Also, es braucht den Beschluss, ACHTSAMKEIT zu üben.

Dürckheim hat uns gesagt: *„Trefft einen Beschluss, den ihr auch ausüben könnt! Wenn ihr beschließt, jeden Tag eine Minute zu üben, dann müsst ihr das auch jeden Tag machen. Wenn ihr beschließt, jeden Tag eine Stunde zu üben, dann müsst ihr das auch jeden Tag machen. Es muss ein Exerzitium werden. Wenn man mal keine Lust hat, ist die Übung am wertvollsten!"*

Ich bin nach den vielen Jahren der Übung und Erfahrung der Meinung, dass es der stetigen Übung bedarf, um einen Wandlungsprozess in Gang zu setzen und beizubehalten. Mit dieser Meinung bin ich nicht allein:

„Wer immer strebend sich bemüht, den können wir erlösen."

Johann Wolfgang von Goethe, Faust, II. Teil, Akt V

Ein wunderbarer Kommentar, ganz im Sinne meines Buches ist bei der Zentralstelle für Unterrichtsmedien im Internet e. V. zu finden:

„In diesem Plan (Anm.: dem GÖTTLICHEN!) ist der Mensch von Grund auf gut, als Ebenbild Gottes trägt er GÖTTLICHES in sich, möge dies nun ‚Urquell', ‚Liebe' oder das ‚Ewig-Weibliche' genannt werden. Er ist auch in der Lage, die Widersprüche seiner Seele und seines Daseins, auszubalancieren, aus Vernunft und Gefühl, aus Verstand und Begierde eine fruchtbare Synthese herzustellen.

Wenn der Mensch bemüht ist, sich zu vervollkommnen und mit seinen Talenten zu wuchern, so wird dies nicht ohne Anfechtungen des Bösen und gewaltige Irrtümer abgehen, wichtig ist aber, dass der Mensch unbeirrbar an seiner Suche nach einem Höheren, sei es Glück, sei es Erkenntnis, sei es Gemeinschaft, festhält, darin verwirklicht er das GÖTTLICHE in sich, verdient sich die Liebe gar von ‚oben' und qualifiziert sich als erlösungswürdig."

Vor jeder Übung muss man seinen unruhigen Geist beruhigen, wie man im Buddhismus sagt. Es geht um die Beruhigung unserer psycho-mentalen Fähigkeiten, die für unser äußeres Leben so wichtig sind, wie unser DENKEN, SEHEN, HÖREN, FÜHLEN, RIECHEN und SCHMECKEN. Aber für unser inneres Wachstum sind sie hinderlich.

Yongey Mingyur Rinpoche schreibt: *„Die herkömmliche Metapher für diese sechs Bewusstseinsformen ist ein Haus mit fünf Öffnungen: eine in jeder der vier Himmelsrichtungen und eine im Dach. Sie stehen für die fünf Formen des Sinnesbewusstseins.*

Nehmen wir nun einmal an, dass jemand in diesem Haus einen Affen von der Leine lässt. Dieser steht für das Geistbewusstsein. Plötzlich in einem großen Haus freigelassen, dreht der Affe natürlich völlig durch und hüpft von Fenster zu Fenster, um alles zu erkunden und etwas Neues zu entdecken, etwas anderes, etwas Interessantes. Je nachdem, was er findet, entscheidet er dann darüber, ob ein Objekt angenehm oder schmerzhaft, gut oder böse oder in manchen Fällen einfach nur langweilig ist. Wer am Haus vorbeikommt und an jedem Fenster einen Affen erblickt, könnte meinen, dass fünf Affen im Haus herumspringen. In Wirklichkeit ist es aber nur einer: das ruhelose ungeschulte Geistbewusstsein.

Aber wie alle fühlenden Wesen will auch dieser verrückte Affe eigentlich nur glücklich sein und keinen Schmerz erleiden. Und daher können wir diesem verrückten Affen in uns beibringen, sich zu beruhigen, indem er seine ganze Aufmerksamkeit bewusst auf den einen oder anderen Sinn fokussiert hält."

Sie werden sich erinnern, als ich über die Begegnung mit Dürckheim berichtet habe und er mich bat, die Rose anzuschauen und nichts als die Rose. Ich schaute kurz zu der Rose und dann ihn an und zum Fenster hinaus usw. Es war mir nicht möglich, mich ganz und nur auf die Rose zu fokussieren. Er führte mich als Affe vor. Wenn er mir gesagt hätte: „*Du bist ein unruhiger Affe!*", wäre ich beleidigt gewesen. So hat er mir eine einfache Aufgabe gestellt. Und ich führte mich wie ein Affe auf.

Die Fokussierung einer unserer fünf Sinne führt also zur Beruhigung unseres Geistes. Aber unsere Gedanken schwirren uns immer noch durch den Kopf.

Bevor wir uns einen Fokus aussuchen, müssen wir uns für einen ERFAHRUNGSRAUM entscheiden. WO wollen wir Achtsamkeit üben? Wir drehen das Schiff unseres Lebens ganz bewusst nach dem Wind, wir treten in den Erfahrungsraum ein, damit wir am besten den GOLDENEN WIND spüren. Wir sollten uns zunächst für einen Erfahrungsraum entscheiden, den wir lieben und in dem wir uns oft aufhalten, in dem wir uns wohlfühlen. Das kann für jeden unterschiedlich sein. Aber die NATUR ist für fast alle der wichtigste Raum. Es kann auch die Musik, die Kunst, die Religion, die Liebe, der Tanz usw. sein.

Für die ACHTSAMKEITSÜBUNG im ERFAHRUNGSRAUM brauchen wir für unsere Übung einen FOKUS. Er hilft uns zur Konzentration. Das ist immer der Einstieg in jede Übung.

Dürckheim schreibt in seinem Buch „*Der Alltag als Übung*":

„In der Konzentration setzt sich der Mensch mit dem Gegenstand seiner Meditation auseinander ... sei es ein Bild, ein Wort, der Atem oder was sonst. Alles vollzieht sich in der Spannung von Subjekt und Objekt. Ohne diese vorangehende Spannung, ohne diese Zuspitzung, die den ganzen Menschen in sich und auf sich versammelt, gibt es keine Meditation.

Meditation beginnt erst dort, wo das vom ICH Ergriffene das ICH ergreift und aus der gegenständlichen Auseinandersetzung eine inständliche Ineinandersetzung wird. Hierbei verwandelt sich die Form des Bewusstseins vom männlich-aktiven, sich auf etwas hinrichtenden Pfeil zur weiblichen Schale, die aufnimmt und sich ohne aktives Zutun des ICH füllt. Aus einer AKTION wird eine PASSION.“

Klarer kann man die Meditation nicht beschreiben. Wenn also nach der Achtsamkeitsübung der Fokus verschwindet und die Aktion eine Passion wird, spreche ich zukünftig dann von MEDITATION.

Von der Bedeutung des Wortes MEDITATION war schon eingangs einmal die Rede: *„Meditation kommt von ‚meditari‘, bedeutet also ein Zur-Mitte-hingegangen-Werden, nicht ein aktives Zur-Mitte-Hingehen. Diese ‚Mitte‘ ist aber nicht etwas, worauf sich, wie auf einen Gegenstand der Mensch konzentriert, sondern etwas, das den Menschen konzentriert, indem es ihn von innen hin versammelt. Diese Mitte ist letztlich das eigene Wesen, der transzendente Kern des Meditierenden selbst. Zuletzt wird die Mitte als ein Zustand erfahren, in dem sich der Gegensatz von Subjekt und Objekt immer mehr auflöst.*

Dem Zustand der Lösung folgt das Gefühl einer Kernung. So tritt allmählich das Wesen selbst ins Innesein und wird schließlich als das im SEIN verankerte Lebenszentrum eines neuen Weltbewusstseins gespürt. DER MENSCH FÜHLT SICH WIE NEUGEBOREN …

Es kommt in der Meditation oft weniger auf das an, was meditiert wird, als auf das, WIE meditiert wird.“

Meditation wird immer wieder zur Entspannung empfohlen. Dieser kleine Nebeneffekt sollte nie der Hauptgrund sein. Das wäre wie YOGA, der nur zur Verbesserung der Gelenkigkeit geübt wird.

Wer Meditation zur Entspannung und Yoga zur Gelenkigkeit übt, hat das ganze Potenzial dieser Wege nicht genutzt. Er bleibt an der Oberfläche stehen. Es bleibt oberflächlich, was man da betreibt.

Wünschenswert wäre, wenn die oberflächliche Übung im Laufe der Zeit dann doch in die Tiefenerfahrung führt.

Matthieu Ricard zu Wolf Singer: *„Nimm das Phänomen reinen, inhaltsleeren Bewusstseins, mit dem du Schwierigkeiten hast. Das ist etwas, was alle Meditierenden erfahren haben, es ist nicht eine buddhistische Theorie. Jeder, der sich Mühe macht, seinen Geist zu stabilisieren und zu klären, wird diese Erfahrung machen. Was am Ende wirklich zählt, ist die allmähliche Veränderung eines Menschen. Wenn wir im Laufe von Monaten oder Jahren feststellen, dass wir weniger ungeduldig, weniger reizbar, weniger zwischen Hoffnungen und Ängsten hin- und hergerissen werden, wenn wir merken, dass wir uns gar nicht mehr vorstellen können, jemandem bewusst Schaden zuzufügen …, dann haben wir das mentale Rüstzeug, um mit den Höhen und Tiefen des Lebens fertig zu werden.“*

In der täglichen Meditation vereinigt sich in idealer Weise das männliche und das weibliche Prinzip. Die zielgerichtete, achtsame Fokussierung ist männlich und die nicht aktive, rezeptive Aufnahme in einer sich ICH-los füllenden Schale ist weiblich. Es sind immer YIN und YANG oder YANG und YIN sich konsekutiv abwechselnd. Übt der Mann, noch weitgehend im männlichen Prinzip verhaftet, fügt sich als zweiter Schritt bei jeder MEDITATION das WEIBLICHE dazu. Übt die Frau, noch weitgehend im weiblichen Prinzip verhaftet, fügt sich als erster Schritt das MÄNNLICHE dazu.

Nach der Fokussierung (als Hilfsmittel) auf ein Objekt im Erfahrungsraum beobachten wir nun unsere Gedanken.

Sie kommen und sie gehen. Wir bewerten sie nicht und wir halten sie auch nicht fest. Dieser Gedankenfluss ist heftig und kraftvoll, je nachdem, was uns vor der Übung bewusst oder unbewusst so alles beschäftigt. Er kommt auch aus den verdrängten Anteilen unserer Person. Dort schlummert ein riesiges Reservoir an Unrat. Ich habe oft gesagt: „*Jeder hat seinen Rucksack auf dem Rücken. Wir sehen weder den Rucksack, noch was darin ist.*" Gerade in der Stille und Ruhe kommt vieles hoch. Wir müssen lernen, es auszuhalten und nur zu beobachten, ohne jegliche Wertung.

Nun, wie gehen wir mit den Gedanken um und wo kommen sie her und wohin verschwinden sie wieder?

Frank Kinslow hat die große Gabe, uns komplizierte Zusammenhänge sehr einfach und anschaulich zu verdeutlichen. „*It's very simple, but not easy!*", die Erfahrung des GOLDENEN WINDES, des REINEN BEWUSSTSEINS, der WIRKLICHKEIT. Er beschreibt das Beobachten der Gedanken und lässt uns in einer einfachen Übung erfahren, was das REINE BEWUSSTSEIN, der GOLDENE WIND in meiner gewählten Diktion, ist, indem wir ganz kurz NICHTS erfahren. Es ist das NICHTS zwischen zwei Gedanken. Das kann man ERFAHREN, aber nicht beschreiben und nicht verstehen. Es ist auch das NICHTS zwischen zwei Tönen. Der große Musiker und Dirigent Yehudi Menuhin (1916–1999) bringt es auf den Punkt: „*Schweigen ist Stille, aber nie Leere; es ist Klarheit, aber nie Farblosigkeit; es ist Rhythmus wie ein gesunder Herzschlag. Aus dem Schweigen entsteht alles, was lebt und dauert. Das Schweigen verbindet uns mit dem Unendlichen, es ist die Wurzel der eigenen Existenz und damit das Gleichgewicht des eigenen Lebens.*"

Welch ein wunderbares Zitat eines Wissenden, den ich selbst kennenlernen durfte.

Als ich Vorstandsvorsitzender der HÜLS AG in Marl war, unterstützten wir die Philharmonia Hungarica, die damals von Yehudi Menuhin dirigiert wurde.

Zurück zu Frank Kinslow: „*Weil wir die Rolle des Bewusstseins beim Denken noch nicht völlig verstehen, sitzen wir in der Patsche. Doch es geht um mehr als das Verstehen. Verstehen findet im Verstand statt. Das reine Bewusstsein ist jenseits des Verstandes. Deshalb muss das Verstehen außen vor bleiben.*

Es bleibt also die Erfahrung des reinen Bewusstseins. Und auch da befinden wir uns auf schwankendem Boden. Um eine Erfahrung zu machen, brauchen wir den Verstand. Und hierin liegt einer der hervorstechendsten und praktisch allgemein missver-

standenen Grundsätze, wenn es darum geht, reines Bewusstsein zu erkennen. Reines Bewusstsein lässt sich nicht erfahren. Wir erkennen es durch NICHT-Erfahren. Das sollte hier erwähnt werden. Auch noch so viele Erklärungen vermitteln uns nicht die NICHT-Erfahrung des reinen Bewusstseins. Für den Moment will ich Ihnen jedoch zeigen, wie Sie Ihr Denken anhalten und selbst entdecken können, woher die Gedanken kommen.

Setzen Sie sich bequem hin und schließen Sie die Augen. Achten Sie jetzt auf Ihre Gedanken. Folgen Sie einfach, wohin auch immer sie Sie führen. Beobachten Sie einfach, wie sie kommen und gehen. Nachdem Sie Ihre Gedanken ungefähr fünf bis zehn Sekunden lang beobachtet haben, stellen Sie sich folgende Frage; achten Sie dann sehr aufmerksam darauf, was unmittelbar nach dem Fragen passiert. Hier ist sie: „Woher kommt mein nächster Gedanke?"

Was ist passiert? Gab es in Ihrem Denken eine kurze Pause, während Sie auf den nächsten Gedanken warteten? Haben Sie einen Raum bemerkt, eine Art Lücke zwischen der Frage und Ihrem nächsten Gedanken? Gut, lesen Sie nun die Anleitung noch einmal durch. Ich warte …

Nun, ist Ihnen ein winziges Zögern, eine Pause zwischen Ihren Gedanken aufgefallen? Falls Sie unmittelbar nach der Frage wachsam waren, werden Sie bemerkt haben, dass Ihr Verstand einfach darauf wartete, dass etwas geschieht. Eckart Tolle, Autor des Buches „Die Kraft der Gegenwart", sagt: „Der Verstand ist wie eine Katze, die ein Mauseloch beobachtet." Sie waren wach, warteten, aber in dieser Lücke tauchten keine Gedanken auf. Vielleicht haben Sie gehört, dass es Jahre mühsamen Übens erfordert, den Verstand von Gedanken zu befreien, aber Sie haben es in wenigen Sekunden geschafft.

Bitte führen Sie die Übung noch mehrmals durch. Sie können ersatzweise auch andere Fragen stellen, etwa: „Welche Farbe hat mein nächster Gedanke? oder „Wie wird mein nächster Gedanke riechen?" oder „Wie wird mein nächster Gedanke aussehen?". Die Frage selbst ist nicht wichtig, jedoch Ihre Aufmerksamkeit. Sie lässt die Lücke zutage treten, den Raum zwischen Gedanken. DIESE LÜCKE IST REINES BEWUSSTSEIN. Sie mag flüchtig sein, aber sie ist da. Sobald Sie sich dieser Pause in den Gedanken regelmäßig bewusst werden, wird das Magie in Ihr Leben bringen."

Matthieu Ricard: *„Vergleiche sind hilfreich, hinken aber natürlich immer. Die reine Bewusstheit könnte mit Töpfererde verglichen werden und die mentalen Konstrukte mit den verschiedenen Formen, in die der Ton gebracht werden kann. Gleichgültig, welche Form der Ton annimmt, er bleibt selbst im wesentlichen unverändert."*

Frank Kinslow spricht von Aufmerksamkeit. Ich finde den Begriff ACHTSAMKEIT besser. Sie sehen, welche große Bedeutung die Achtsamkeit hat. Nur mit der Achtsamkeit sind Sie in der Lage, die Lücke zwischen den Gedanken und den fünf Sinnen zu erfahren. Es ist ein Raum ohne Gedanken und ohne Emotionen, ohne alles. Es ist LEERE. Da heraus kommen Ihre Gedanken und Emotionen und dahinein verschwinden sie. Jetzt werden Sie auch besser verstehen, weshalb man im Buddhismus von LEERE für diese unbeschreibbare WIRKLICHKEIT, für diesen GOLDENEN WIND, spricht. Aus dieser Leere, oder wie Hans-Peter Dürr in seiner Physikersprache sagt, aus diesem kooperativen HINTERGRUNDFELD, kommt alles, bildet sich alles, formt sich alles. Jetzt verstehen Sie auch noch besser den Spruch aus dem Buddhismus: „FORM IST LEERE, LEERE IST FORM!“

Meditation als Übung

Zurück zu unserer Übung. Wir haben in einem Erfahrungsraum ein Objekt fokussiert und beobachten unsere Gedanken und Emotionen. Lassen sie durchziehen. Wir spüren den GOLDENEN WIND dazwischen. Wir sind eins mit dem GOLDENEN WIND.

Nun lassen wir den Fokus los. Er ist nicht mehr so wichtig, er war ein Hilfsmittel, um die Achtsamkeitsübung zu beginnen. Wir waren das Subjekt, der Fokus war das Objekt. Nach dem LOSLASSEN gibt es keinen Unterschied mehr zwischen dem Fokus und uns. Jetzt verstehen wir auch besser, wenn es im ZEN-Buddhismus heißt: *„Subjekt ist Objekt und Objekt ist Subjekt“*. Die Dualität ist verschwunden. Die Dualität ist Ursache für unser Leiden. Das Leiden ist verschwunden. Auch nach dem LOSLASSEN beobachten wir unsere Gedanken und lassen sie ziehen.

Nach einiger Zeit beobachten wir sie auch nicht mehr. Sie sind uns nicht mehr wichtig. Der Raum des Segelns im GOLDENEN WIND wird immer größer und das Segeln dauert immer länger an.

Wir sind EINS mit allem in diesem Erfahrungsraum. Wir sind EINS mit allen Erfahrungsräumen. Wir sind EINS mit dem ganzen Universum und das ist grenzenlos. Wir sind ein Teil davon, eine Welle dieses Meeres, und mit allen anderen Wellen verbunden.

Diese Übung sollten Sie viele Jahre beibehalten. Sie werden diese Zeit brauchen.

Aber werden Sie nicht ungeduldig. Sie werden schon bald die Veränderung bei sich selbst bemerken. Sie werden mit sich selbst achtsamer umgehen und Sie werden mit allen anderen Wesen achtsamer umgehen. So werden Sie in Ihrem Leben mehr und mehr Frieden finden und die Leiden, die ja immer kommen, werden Sie leichter ertragen.

Ich fasse die Sequenzen in der MEDITATION zusammen:

- Sehnsucht nach der Beendigung meines Leidens spüren.
- Eigenverantwortung für sich selbst übernehmen.
- Begleiter für den Weg auswählen.
- Für eine Achtsamkeitsübung entscheiden (Segel hochziehen).
- Für einen Erfahrungsraum entscheiden (Schiff an den GOLDENEN WIND).
- Mit achtsamen Schritten in den Erfahrungsraum eintreten.
- Den Fokus auswählen.
- Den unruhigen Geist beruhigen.
- Gedanken beobachten.

- Den GOLDENEN WIND dazwischen spüren.
- Den Fokus loslassen.
- Der Fokus verschwindet von selbst.
- Gedanken beobachten und ziehen lassen.
- Nichts mehr beobachten, nichts mehr denken, nichts mehr fühlen.
- Im GOLDENEN WIND EINS mit allem werden.

Matthieu Ricard: *„Wir müssen lernen, die Gedanken kommen und gehen zu lassen, statt ihnen zu gestatten, immer wieder von uns Besitz zu ergreifen. Wir müssen lernen, in der Frische des Augenblicks zu verweilen – das Vergangene ist vorbei, die Zukunft noch nicht erschlossen, und wenn man in reiner Achtsamkeit und Freiheit verharrt, dann kommen die störenden Gedanken, aber sie gehen auch wieder, ohne Spuren zu hinterlassen – DAS IST MEDITATION."*

Nach diesen 16 Schritten werde ich die MEDITATION in den Erfahrungsräumen aufbauen. Sie können sich später nach Ihren fortgeschrittenen Übungen auch selbst Ihre Übungen nach diesem Muster aufbauen.

Das GROSSE GEHEIMNIS ist also, dass es dem Menschen durch ACHTSAMKEITSÜBUNGEN möglich ist, durch ein Tor zu gehen, um dann in der Folge dieses Eintritts durch FOKUSSIERUNG in ERFAHRUNGSRÄUMEN LOSZULASSEN, in eine MEDITATION zu gleiten und den GOLDENEN WIND zu spüren. Als Folge dieses Spürens verringern sich die aus dem ICH geborenen Leiden und eine Reifung zur GANZEN Person vollzieht sich Schritt für Schritt.

LOSLASSEN üben führt NICHT zur Schwäche, ganz im Gegenteil. Durch das Loslassen aller ICH-besetzten Blockaden verliert der Mensch nicht mehr so viel Energie. Er kann sein Energiereservoir besser beschützen und vor nutzlosem Abfließen bewahren. Im entscheidenden Moment kann der Mensch, auch der alte Mensch, wie Dürckheim mir das vorführte, seine bewahrte Energie konzentriert auf den Punkt einsetzen, wie ein SHAOLIN-MÖNCH oder wie ein SAMURAI.

Diese WEISHEIT über das große Geheimnis wurde in früheren Jahren oft als Geheimwissenschaft behandelt, weil es gefährlich war, sich dazu zu bekennen. Ich erinnere an die Christliche Mystik, den Sufismus, die Kabbala und die Alchemie.

Heute steht das Wissen allen zur Verfügung. Man könnte also glauben, dass sich nun viele Menschen auf den Weg machen. Das ist in nicht ausreichendem Maße der Fall. YOGA-Kurse sind zwar überall wie auch Meditationskurse ausgebucht. Das zeigt die Not der Menschen, Antworten zu erhalten, wie sie ihr Leid ertragen können.

Andererseits wurde am 12.3.2010 in der WAZ ein Seminar der beiden Kirchen in Essen avisiert, bei dem Senioren-Tipps für das Alter gegeben werden sollten. Im Rahmen dieses Seminars sollte ein Forum mit dem Thema „Spiritualität im Alter" stattfinden. Als ich mich, auch im Zusammenhang mit diesem Buch, anmelden wollte, teilte man mir mit, dass das Forum nicht stattfinden würde, weil sich keiner gemeldet hat. Für die Alten ist das Thema nicht dringend genug, oder man versteht es nicht oder falsch.

Die Kirchen sind gerade dabei, ihre Reputation zu verspielen. Man erkennt ihnen wohl auch keine Kompetenz auf diesem Gebiet zu. Die Vertreter der Kirchen sind größtenteils leider nicht in der Lage, die Menschen in die Erfahrung zu führen. Das wäre eigentlich ihre Aufgabe. Deshalb suchen viele außerhalb der Kirchen und werden fündig, wie beispielsweise ich bei meinen vier WEG-WEISEN.

Ich bin vor vielen Jahren aus der Kirche ausgetreten und lebe dennoch ein christliches Leben wie mein Lehrer Willigis Jäger, dem als Benediktiner das Verbot erteilt wurde, zu predigen, Gottesdienste und das Abendmahl abzuhalten, ebenso wie auch Eugen Drewermann.

Allen Lesern wünsche ich den gleichen Erfolg bei ihrer Suche, damit sie aus ganzem Herzen Christ sein können.

Nach der Erläuterung der ACHTSAMKEIT als Tor für das innere Wachstum möchte ich doch einige Eindrücke aus Gesprächen der letzten Jahre wiedergeben mit Menschen, die ich für meinen Weg der eigenen Erfahrung gewinnen wollte.

Es fielen Bemerkungen wie:

- Ich mache doch schon autogenes Training. Das ist doch so ähnlich.
- Ich bin ein Anhänger von Dale Carnegie und übe POSITIVES DENKEN.
- Ich mache Kurse nach der Methode von Jon Kabat-Zinn - MBSR (Mindfulness Based Stress Reduction).
- Ich bin ein Anhänger der POSITIVEN PSYCHOLOGIE nach Martin Seligman und Barbara Frederickson.
- Ich spüre gerne den FLOW bei immer wiederkehrenden Tätigkeiten, die ich oft übe und ausführe.

Ich finde es gut, dass es alle diese Methoden gibt und möchte sie auch nicht bewerten. Sie haben vielen Menschen eine Verbesserung gebracht. Ich möchte aber deutlich machen, dass es mir in diesem Buch um etwas anderes geht, etwas Weiterführendes geht. Diese Methoden haben als Schwerpunkt die Verbesserung der Situation und Lebensweise der einzelnen Person, oft einer kranken Person.

Es sind Methoden, die in erster Linie zum Ziel haben, Menschen, die unter Stress stehen, zu entlasten und ihnen die Arbeitsfähigkeit und Lebensfreude wiederzugeben, damit sie in unserer Gesellschaft wieder besser funktionieren.

Die Entlastung findet durch Übungen zur Beruhigung der psychomentalen Fähigkeiten, zur Beruhigung des unruhigen, umherschweifenden Geistes statt.

Die Entlastung ist aber nur vordergründig. Zum inneren Wachstum gibt es wenig Förderung. Aber alle diese Methoden können Einflugschneisen zu einem Weg des inneren Wachstums sein. Ich will nur darauf aufmerksam machen, bei diesen

Methoden nicht stehenzubleiben.

Beispielsweise wird bei dem autogenen Training an den Symptomen gearbeitet, aber die Ursachen der Unruhe sind nicht beseitigt. Die Beruhigung findet auf der psychomentalen Ebene statt. Es funktioniert, aber ist immer nur von kurzer Dauer. Dürckheim hat immer zwischen dem Körper, den man HAT und dem Leib, der man IST, unterschieden. Der Körper kann durch Sport trainiert werden und fit gemacht werden. Aber der Leib, der man ist, bildet sich entsprechend der Verfassung der ganzen Person. Da kann viel durcheinander sein und das spürt man im Leib. Die Leibarbeit setzt da an. Wie sagt Dürckheim: *„Der Körper mag fit sein, aber wenn plötzlich eine schwarze Katze über den Weg rennt, erschreckt man sich und – bum! – die alten Beschwerden sind wieder da."*

Ähnlich könnte man wohl zwischen der Psyche, die man HAT, und der Psyche, die man IST, unterscheiden. Dann könnte man mit autogenem Training die Psyche, die man hat, beruhigen, aber in der Psyche, die man IST, drückt sich eventuell das ganze Leid aus. Da hilft auch kein autogenes Training. Die Therapie muss an der Psyche, die man ist, ansetzen.

Es ist besser, wenn ein Mensch unter Stress sich einer dieser Methoden zuwendet, als wenn er überhaupt nichts in seinem Leben ändert. Jede dieser Methoden kann zu weiterführenden Wegen ein Auslöser sein, beispielsweise, wenn man mit den Fortschritten nicht zufrieden ist.

Jon Kabat-Zinn ist Arzt und will als Arzt den Patienten in seinen *„Stress Reduction Clinics"* helfen. Das ist gut so und es gibt ja viele Erfolge. Aber es findet keine innere Reifung wie auf einem spirituellen Weg statt. Aus einem spirituellen Weg erfolgt immer auch ein reflektiertes Handeln in der Welt, dass dem Zustand der Reife der Person entspricht.

Ohne Zweifel beeinflussen positive Gedanken wie auch negative Gedanken den Menschen, sodass sich die Positive Psychologie den positiven Gedanken zuwendet und sie verstärkt. Barbara L. Frederickson geht in ihrem Buch *„Positivity"* ausführlich darauf ein.

Ich möchte das Zitat aus dem Buch von Helga Simon-Wagenbach zu Techniken dieser Art noch einmal wiederholen: *„Jeder Versuch, ausschließlich mit einzelnen Techniken und mentalen Theorien das Ziel (eine integrative Übungs- und Lebensweise, die aus dem Herzen kommt und sich durch Liebe, Glückseligkeit und Einfühlung auszeichnet) zu erreichen, muss scheitern. Glück, Selbstverwirklichung und Liebe sind nicht machbar."*

Ich möchte noch einmal daran erinnern, dass es im dritten Lebensdrittel darum geht, inneren Frieden zu finden und durch Übungen eine Reifung der Person durch inneres Wachstum möglich werden zu lassen, die dann das Wirken in der Welt zum Wohle aller Wesen beeinflusst. Das ist das Wesentliche.

Barbara L. Frederickson geht in ihrem Buch glücklicherweise über das positive

Training der Person hinaus, wenn sie sich der Bedeutung der ACHTSAMKEIT zuwendet und dann noch einen Schritt weitergeht und die Meditation zur Herzöffnung erwähnt (von mir frei übersetzt): *„Während die Übung der Achtsamkeitsmeditation den Verstand öffnet, scheint es zu sein, dass andere sehr alte Meditationspraktiken mehr das Herz öffnen. Wenn man diese anderen Methoden praktiziert, hilft es, die Verbindung zu anderen mehr zu erfahren und es führt zu einem tiefen, herzlichen positiven Verhalten in der Gesellschaft."*

Für mich geht es immer um die ganz wichtige Lebensfrage, wie der Mensch in der Gesellschaft wirkt. In dieser Auswirkung unterscheiden sich viele Wege der Veränderung. Wenn man autogenes Training macht, heißt das noch lange nicht, dass der Mensch sein Verhalten in der Gesellschaft ändert. Er kann ruhiger und entspannter geworden sein, aber auch um beispielsweise seine egoistischen Ziele besser durchzusetzen, beispielsweise andere zu betrügen.

Nochmals zur Verdeutlichung eines der wichtigsten Zitate meines ersten Lehrers Karlfried Graf Dürckheim: *„Das Wesen ist die Weise, in der das überraumzeitliche SEIN in uns und durch uns IN DER WELT manifest werden will!" Es geht also um das Wirken in der Welt.*

Das erste Gelübde des ZEN-Buddhismus, das wir immer im Sesshin mit den drei weiteren Gelübden rezitieren, heißt: „Zahllos sind die Lebewesen. Ich gelobe, sie alle zu retten!"

Wie kann ein Individuum überhaupt geloben, alle Lebewesen zu retten?

Nun, wie Willigis Jäger uns dieses Gelübde interpretiert, lässt es sich auch im Alltag leben. Wenn das Individuum sich auf dem Weg des inneren Wachstums verändert, leistet es seinen Beitrag zur Rettung der Lebewesen. Denn es begegnet allen Wesen mit einem tiefen Mitgefühl. Diese Begegnungen übertragen die eigenen Erfahrungen auf den Mitmenschen.

Also, wenn man sich einem Weg zuwendet, muss man sich die Frage gefallen lassen: „Wie wirkst du in der Welt?"

In dem ganzen Buch schreibe ich aus meinen 25-jährigen Erfahrungen des ZAZEN. Da kenne ich mich aus. Andere haben mehr Erfahrungen, die oben genannten Übungen in Relation zu einem Weg der inneren Reifung zu setzen, beispielsweise zum Buddhismus.

Matthieu Ricard hat sich ausführlich mit diesen Methoden in seinem Buch *„Glück"* beschäftigt. Er kann aus seiner buddhistischen Sicht viel besser Stellung nehmen. Also, lassen wir ihn zu Wort kommen.

Er steht der Kognitionswissenschaft, wie sie von Paul Ekman und Richard Davidson vertreten wird, positiv gegenüber. Er zitiert diese beiden: *„Das Ziel besteht nicht darin, sich von einer bestimmten Emotion zu lösen – nicht einmal vom Hass –,* *beziehungsweise sie zu überwinden, sondern in der Steuerung des Erlebens und Handelns, sobald man eine Emotion bemerkt … Anstatt die Aufmerksamkeit auf eine bewusstere Wahrnehmung des eigenen Geisteszustands zu richten, wie man es im Buddhismus tut, hat man in der Psychologie stets größeren Wert darauf gelegt, wie man zu einer Neueinschätzung der jeweiligen Situation gelangen, beziehungsweise das emotionale Verhalten und den Gefühlsausdruck kontrollieren (steuern) kann.*"

Ricard: „*Aus buddhistischer Perspektive kommt es entscheidend darauf an, ein erhöhtes Gewahrsein für das Entstehen der Gedanken zu entwickeln … Es gilt also, einen Gedanken nach dem anderen zu ‚bearbeiten' … Bei dieser Methode, die einige Ähnlichkeiten mit der im Westen von Aaron Beck entwickelten kognitiven Therapie und dem auf Achtsamkeit beruhenden Stressbewältigungsprogramm von Jon Kabat-Zinn aufweist, liegt das Augenmerk hauptsächlich auf dem gegenwärtigen Moment. Für unser geistiges Wohl ist es demnach wichtig, aufmerksam zu beobachten, wie Gedanken entstehen …*"

Zur Positiven Psychologie bemerkt Ricard: „*Bis in die Achtzigerjahre des 20. Jahrhunderts hatten sich erst wenige Wissenschaftler mit der Frage beschäftigt, wie man positive Aspekte unseres Charakters fördern kann. Schließlich hat Martin Seligman mit einer Gruppe von Kollegen das Zentrum für Positive Psychologie gegründet … Psychologische Probleme zu behandeln, die viele Menschen in ihrer Lebensführung beeinträchtigen oder sie sogar völlig lahmlegen, ist selbstverständlich ein wichtiges und notwendiges Unterfangen. Zugleich sollte man jedoch auf gar keinen Fall die Tatsache aus den Augen verlieren, dass Glück nicht nur einfach in der Abwesenheit von Unglück besteht. Ziel der von dieser neuen Wissenschaftlergeneration vertretenen Positiven Psychologie ist die Erforschung und Verstärkung jener positiven Emotionen, die es uns ermöglichen, bessere Menschen zu werden und mehr Freude am Leben zu haben. So können wir vielleicht zunächst von einem pathologischen zu einem ‚normalen' Zustand gelangen und uns dann von diesem zu einem ‚optimalen' Zustand weiterentwickeln.*"

Das meine ich mit Einflugschneise zu einem Weg, der zu echtem innerem Wachstum führt. Auch das Üben, im FLOW zu sein, ist sinnvoll, aber man muss die Grenzen dieser Erfahrung kennen, da es angesagt ist, darüber hinaus zu wachsen in die geistig-spirituelle Dimension.

Mihaly Csikszentmihalyi hatte die Flow-Theorie im Hinblick auf Risiko-Sportarten entwickelt. Heute wird sie auch für rein geistige Aktivitäten in Anspruch genommen. Flow kann entstehen bei der Steuerung eines komplexen, schnell ablaufenden Geschehens, im Bereich zwischen Überforderung (Angst) und Unterforderung (Langeweile). Der Flow-Zugang und das Flow-Erleben sind individuell. Dennoch gibt es allgemeine Beobachtungen und Prinzipien, die immer gelten.

Csikszentmihalyi definiert den Flow wie folgt:
- Die Aktivität hat deutliche Ziele.
- Die Aktivität hat unmittelbare Rückmeldung.
- Die Tätigkeit hat ihre Zielsetzung bei sich selbst (sie ist autotelisch).
- Wir sind fähig, uns auf unser Tun zu konzentrieren.
- Anforderung und Fähigkeit stehen im ausgewogenen Verhältnis, sodass keine Langeweile oder Überforderung entsteht.
- Wir haben das Gefühl von Kontrolle über unsere Aktivität.
- Mühelosigkeit.
- Unsere Sorgen um uns verschwinden.
- Unser Gefühl für Zeitabläufe ist verändert.
- Handlung und Bewusstsein verschmelzen. (Quelle: Wikipedia)

Matthieu Ricard zum Thema Flow: „*Die Erfahrung des Flow, des ‚Fließens', hilft uns, bei jeder beliebigen Tätigkeit beharrlich bei der Sache zu bleiben und immer wieder zu ihr zurückzukehren. Sie kann sich in manchen Fällen aber auch zu einer Gewohnheit oder gar Abhängigkeit entwickeln: Der Flow-Zustand ist nicht immer mit konstruktiven oder positiven Aktivitäten verbunden. Der Spieler, ganz im Bann des Spiels, vergisst sich am Roulettetisch oder am einarmigen Banditen, bis er jedes Zeitgefühl verliert, selbst wenn er dabei sein ganzes Vermögen verspielt. Dasselbe gilt für den Jäger, der sich an seine Beute heranpirscht, oder für den Einbrecher, der seinen Plan akribisch ausführt.*

So befriedigend die Erfahrung des ‚Fließens' auch sein mag – letzten Endes ist sie lediglich ein Werkzeug. Soll sie zu einer dauerhaften Verbesserung unserer Lebensqualität beitragen, muss sie von menschlichen Qualitäten wie Altruismus und Weisheit durchdrungen sein …

Jeanne Nakamura und Csikszentmihalyi schreiben über den Flow-Zustand: „Sein wichtigster Beitrag zur Lebensqualität besteht darin, dass er jeder momentanen Erfahrung einen Wert verleiht.

Und er kann äußerst wertvoll sein, indem er uns hilft, jeden Augenblick wertzuschätzen und ihn so schöpferisch wie möglich zu nutzen. So können wir vermeiden, unsere Zeit in trübseliger Gleichgültigkeit zu vergeuden.

Wir können uns auch darin üben, in immer tiefere, verinnerlichte Formen von Flow zu gelangen. Ohne die Notwendigkeit äußerer Aktivitäten können wir lernen, entspannt in einem Zustand permanenten Gewahrseins zu verweilen. Die Meditation über die Natur des Geistes zum Beispiel ist eine in die Tiefe gehende, sehr fruchtbare Erfahrung, in der Entspannung und Flow zusammenkommen. Entspannung in Form innerer Ruhe, Flow in Form einer klaren, offenen Präsenz – wach, aber ohne innere Anspannung. Eine vollkommene lichte Klarheit ist eines der hauptsächlichen Unterscheidungsmerkmale zwischen diesem Geisteszustand und dem gewöhnlichen Flow-Zustand …

Man könnte sagen, dass der erwachte Mensch ständig in einem gelassenen, lebhaft klaren und selbstlosen Flow-Zustand lebt."

Es ist also Menschen im dritten Lebensdrittel sehr zu empfehlen, sich die Erkenntnisse über den FLOW zunutze zu machen. Man sollte Aktivitäten ausüben, die den Punkten 1 bis 7 von Csikszentmihalyi entsprechen.

Beispielsweise ein Musikinstrument spielen lernen oder eine sportliche Betätigung ausführen. Neuere Ergebnisse aus den USA haben gezeigt, dass für das Gehirn älterer Menschen diese Art Tätigkeiten von großem Vorteil sind. Wenn dann noch über das Training der kognitiven Fähigkeiten hinaus die Flow-Merkmale erreicht werden, tragen diese zur Lebensfreude bei.

Ein wunderbares Beispiel für Flow ist das Bogenschießen, KYODO, wie die Japaner sagen, der Weg des Bogens. Es ist ein anderer ZEN-WEG als ZAZEN, das ich praktiziere, wie JUDO, AI KIDO, IKEBANA etc. Der Bogenschütze übt viele Jahre unter Anweisung seines Meisters. Solange er (sein ICH) treffen will, verfehlt er das Ziel und die Übung. Erst wenn er so sicher geworden ist, dass er sein ICH nicht mehr braucht, dann geht plötzlich der Pfeil einfach so los und trifft mitten in das Ziel. ES hat den Pfeil abgeschossen, ICH-los.

In dem Klassiker von Eugen Herrigel „*ZEN in der Kunst des Bogenschießens*“ wird das wunderbar beschrieben. Der ZEN-Meister *Daisetz T. Suzuki* im Vorwort: „*So wird Bogenschießen nicht allein geübt, um die Scheibe zu treffen, das Schwert nicht geschwungen, um den Gegner niederzuwerfen; der Tänzer tanzt nicht nur, um rhythmische Bewegungen des Körpers auszuführen, sondern vor allem soll das Bewusstsein dem Unbewussten harmonisch angeglichen werden.*

Um wirklich Meister des Bogenschießens zu sein, genügt technische Kenntnis nicht. Die Technik muss überschritten werden, sodass das Können zu einer ‚nicht-gekonnten Kunst‘ wird, die aus dem Unbewussten (Anm.: aus dem GOLDENEN WIND) erwächst.

In Bezug auf das Bogenschießen bedeutet dies, dass Schütze und Scheibe nicht mehr zwei verschiedene Dinge sind, sondern eine einzige WIRKLICHKEIT …

Dieser Zustand der Unbewusstheit wird aber nur erreicht, wenn er von seinem SELBST (Anm.: hier als ICH gemeint) vollkommen frei und gelöst ist, wenn er EINS ist mit der Vollkommenheit seiner technischen Geschicklichkeit.“

DIE MEDITATION VERBESSERT IHR GEHIRN – „MEDITATION GIVES BRAIN A CHARGE , STUDY FINDS“

war die Überschrift eines Artikels in der „Washington Post" am 3.1. 2005

Wenn ich bis jetzt noch nicht Sie, liebe Leserinnen und Leser, davon überzeugen konnte, zur wesentlichen Verbesserung Ihres Lebens im dritten Lebensdrittel oder noch besser schon im zweiten Lebensdrittel mit ACHTSAMKEITSÜBUNGEN und MEDITATIONEN in den Erfahrungsräumen Ihrer täglichen Umgebung zu beginnen, so mag ich vielleicht überzeugen, wenn ich jetzt aufgrund gesicherter Forschungsergebnisse berichten kann, dass regelmäßig geübte Meditation sich positiv auf das Gehirn auswirkt. Nun, für mich ist diese Bestätigung der Wirkung durch Messdaten nicht so wichtig, da ich selbst die Veränderung bei mir über viele Jahre erfahren habe. Aber in einer Zeit der immer noch sehr von einem materialistischen Weltbild geprägten Wissenschaft gilt nur, was man auch messen kann. Die Neue Physik ist hier schon viel weiter.

Matthieu Ricard berichtet darüber, dass sich im Herbst 2000 eine kleine Gruppe führender Hirnforscher und Psychologen – Francisco Varela, Paul Ekman, Richard Davidson und einige andere – zu einem fünftägigen Gedankenaustausch um den *Dalai Lama* versammelt haben: *„Dies war bereits das zwanzigste Treffen innerhalb einer Reihe bemerkenswerter Begegnungen zwischen dem Dalai Lama und herausragenden Wissenschaftlern. Diese Begegnungen sind seit 1985 vom „Mind and Life"-Institute auf Anregung des inzwischen verstorbenen Francisco Varela, einem visionären Forscher auf dem Gebiet der Kognitionswissenschaften, … organisiert worden. Das Thema dieses Treffens lautete „Destruktive Emotionen", und mir fiel die heikle Aufgabe zu, den buddhistischen Standpunkt in Anwesenheit des Dalai Lama darzulegen.*

Nach dieser bemerkenswerten Begegnung, über die Daniel Goleman in „Dialog mit dem Dalai Lama – wie wir destruktive Emotionen überwinden können" auf inspirierende Weise berichtet, wurden einige Forschungsprojekte in Gang gebracht. In deren Mittelpunkt stand die Untersuchung von Menschen, die seit zwanzig oder mehr Jahren systematisch und intensiv daran gearbeitet hatten, menschliche Qualitäten wie Mitgefühl, Selbstlosigkeit und inneren Frieden zu entwickeln.

Vier Jahre später, im November 2004, hat die renommierte wissenschaftliche Fachzeitschrift „Proceedings of the National Academy of Sciences" den ersten einer Reihe fortlaufender Berichte über eine Studie veröffentlicht, die man wohl als erste ernst zu nehmende Untersuchung der Auswirkungen einer Langzeitmeditationspraxis auf das menschliche Gehirn bezeichnen kann. Bis heute haben Richard Davidson und Antoine Lutz … zwölf erfahrene, der Überlieferung des tibetanischen Buddhismus verbundene Meditierende (acht Asiaten und vier Europäer) untersucht. Diese fortgeschrittenen Meditierenden, die im Laufe von 15 bis 40 Jahren zwischen 10 000 und 40 000 Stunden meditiert haben, wurden mit einer aus zwölf gleichaltrigen Freiwilligen bestehenden Kontrollgruppe verglichen …"

Es traf sich, dass ich das erste Versuchskaninchen sein sollte. Für den Versuch wurde ein Ablauf vereinbart, demzufolge der Meditierende zwischen einem neutralen Geisteszustand und verschiedenen meditativen Zuständen wechseln sollte …

Ricard weiter: *„Gesammelte Aufmerksamkeit oder geistige Sammlung erfordert die Ausrichtung der gesamten Aufmerksamkeit auf das gewählte Bezugsobjekt, zu dem der Geist immer wieder zurückkehrt, wenn die Gedanken abschweifen. Diese einseitig gerichtete Aufmerksamkeit sollte im Idealfall klar, ruhig und stabil sein. Man sollte dabei* *weder in einen trägen und trüben Geisteszustand absinken, noch sich von aufgewühlten Gedanken forttragen lassen …*

Im Labor kommen hauptsächlich zwei Methoden zur Untersuchung der Meditierenden zum Einsatz: Das Elektroenzephalogramm (EEG) ermöglicht die akkurate Aufzeichnung von Veränderungen der elektrischen Hirnaktivität, während die funktionelle Kernspintomografie (FMRI) den Blutfluss in verschieden Hirnarealen misst und eine äußerst präzise Lokalisierung der zerebralen Aktivitäten ermöglicht …

Während der Meditation über Mitgefühl zeigte sich bei den meisten erfahrenen Meditierenden ein dramatischer Anstieg der hochfrequenten Gehirnaktivität oder Gammawellen, und zwar „in einer Art und Weise, wie sie in der neurowissenschaftlichen Literatur noch nie zuvor beschrieben worden ist", berichtete Richard Davidson.

Dies scheint ein Beleg dafür zu sein, dass das Gehirn auf eine Weise trainiert und physisch verändert werden kann, von der sich heute nur wenige Menschen eine Vorstellung machen können und dass Meditierende zu einer intentionalen Steuerung ihrer Gehirnaktivität fähig sind. Im Vergleich dazu sind die unerfahrenen Versuchspersonen, die eine Geistesübung durchführen sollen – beispielsweise die Ausrichtung auf ein bestimmtes Objekt oder die Visualisierung eines Bildes –, überwiegend nicht in der Lage, ihre geistige Aktivität auf diese eine Aufgabe zu beschränken. Eine der interessantesten Entdeckungen war, dass die Mönche mit der längsten Meditationserfahrung die höchste Gammawellenaktivität hervorgebracht haben. Daraus zog Davidson den Schluss, dass „Meditation die Gehirnfunktionen nicht nur kurzfristig verändert, sondern höchstwahrscheinlich auch dauerhafte Veränderungen herbeiführt".

D*azu der Wissenschaftsautor Sharon Begley. „Das eröffnet die verlockende Aussicht, dass das Gehirn wie der Rest des Körpers bewusst verändert werden kann. So wie die Muskeln durch Aerobic in Form gebracht werden können, werden durch die Geistesschulung die grauen Zellen in einer Art und Weise geformt, von der die Wissenschaft gerade eine erste Ahnung bekommt …"*

Es stellte sich heraus, dass zwei von Ekman getestete erfahrene Meditierende aus dem Westen weit bessere Ergebnisse erzielt hatten als die über 5 000 zuvor getesteten Versuchspersonen. „Sie schnitten besser ab als Polizisten, Rechtsanwälte, Psychiater, Zollbeamte, Richter – und sogar Geheimagenten, jene Gruppe also, die bis dahin die genauesten Ergebnisse geliefert hatte. Ekman hat inzwischen eine interaktive CD entwickelt, mit der jedermann diese Fähigkeit in wenigen Stunden erlernen kann. Aber ohne dieses spezielle Training scheinen nur die Meditierenden über diese besondere Fähigkeit zu verfügen." Ende des Zitats von Ricard.

Wolf Singer und Matthieu Ricard sprechen über die Möglichkeit, neuronale Programme durch Meditation zu verändern:

RICARD: *„Man könnte auch (durch Meditation) den Aktivitätsfluss der Neuronen verändern, also gleichsam die Verkehrsdichte in einer Straße deutlich erhöhen."*

Wolf Singer: *„Der Fluss neuronaler Aktivität kann entweder durch Verstärkung und Abschwächung der Verbindungen gelenkt werden, oder aber durch die selektive Strukturierung raumzeitlicher Erregungsmuster … Dies lässt sich dadurch erreichen, dass der Aktivität von sendenden und empfangenden Neuronen eine bestimmte zeitliche Struktur aufgeprägt wird … Es lassen sich gewissermaßen virtuelle Straßen bahnen … Es ist durchaus denkbar, dass bei der Meditation auch diese Mechanismen zum Tragen kommen, um bestimmte Bahnen zu öffnen oder zu schließen. Die aufmerksamkeitsabhängige Auswahl der zu bearbeitenden Inhalte beruht vermutlich auf diesem dynamischen Selektionsmechanismus."*

Ricard: *„Du könntest beispielsweise die Hass-Straße nach und nach verengen und die Straßen des Mitgefühls weit öffnen … Diese Fähigkeit muss an bestimmte Muster im Gehirn gekoppelt sein. Mentales Training ermöglicht es, solche Zustände willentlich zu erzeugen und ihre Intensität zu modulieren, sogar wenn Störungen, wie positive oder negative emotionale Reize, hinzutreten. Auf diese Weise erwirbt man die Fähigkeit, alle Erschütterungen abzupuffern und die Kontrolle über eine emotionale Situation zu behalten, was zu innerer Stärke und zum Frieden führt.*

Wenn man seine geistigen Fähigkeiten regelmäßig pflegt, muss man sich nach einiger Zeit gar nicht mehr groß anstrengen. Du kannst mit geistigen Störenfrieden umgehen wie die Adler, die ich von meiner Klause im Himalaya aus beobachte.

Die Krähen attackieren sie oft, obwohl sie viel kleiner sind. Sie stürzen sich von oben auf die Adler und versuchen, sie mit dem Schnabel zu treffen. Die Adler jedoch werden keineswegs nervös oder starten irgendwelche akrobatischen Ausweichmanöver, sie legen lediglich im letzten Moment ihre Flügel an, lassen die Krähen vorbeischießen und breiten die Flügel wieder aus. Die ganze Aktion erfordert nur minimalen Aufwand und verursacht fast keine Störung. Wenn man genügend Erfahrung hat, funktioniert der Umgang mit plötzlich hochkochenden Emotionen ganz ähnlich. Mit klarer Achtsamkeit siehst du sie kommen, dann lässt du sie passieren, ohne sie anzurühren, ohne sie zu blockieren oder zu verstärken, ohne weitere emotionale Wellen zu verursachen."

Singer: *„Würdest du sagen, dass jemand, der keine Erfahrung mit mentalem Training hat, sich so verhält wie jemand, der nicht durch die Fahrschule für die Bewältigung emotionaler Konflikte gegangen ist? Wäre dies eine Analogie?"*

Ricard: *„Ja. Komplexe Situationen werden durch Training und mühelose Bewusstheit sehr viel einfacher …*

Die Studie zur Vigilanz, die mit Meditierenden durchgeführt wurde, offenbart, dass sie die Fähigkeit besitzen, die Aufmerksamkeit auf hohem Niveau aufrechtzuerhalten – und zwar bis zu 45 Minuten. Sie verspannen nicht, und sie werden keinen Augenblick abgelenkt."

Singer: *„Dies ähnelt einer allgemeinen Strategie, die das Gehirn verfolgt, wenn es neue Fertigkeiten erwirbt. Zunächst erfordert die Ausübung der zu erlernenden Fertigkeit eine bewusste Kontrolle der Aktionen … Dies erfordert ein hohes Maß an Aufmerksamkeit, ist zeitraubend und anstrengend. Später, wenn die Fertigkeit eingeübt worden ist, kann sie nahezu automatisch ausgeführt werden …*

Einmal eingeübt, können erlernte Fertigkeiten schnell, mühelos und ohne kognitive Kontrolle ausgeführt werden. Viele von ihnen laufen dann unbewusst ab. Die Frage ist, ob dieselben Lernstrategien für das Einüben emotionaler Haltungen eingesetzt werden können, ob Meditierende zunächst aufmerksamkeitsabhängige Mechanismen einsetzen, um zwischen verschiedenen Emotionen besser zu unterscheiden, um sich mit ihnen vertraut zu machen, die Kontrolle dann aber mit der Zeit automatisierten Reaktionsweisen übertragen, die ihnen später im Falle von Konflikten zu Hilfe kommen."

Ricard: *„Es klingt, als würdest du den Meditationsprozess beschreiben …*

Erst wenn man das Mitgefühl wieder und wieder in sich erzeugt hat, wird es zur zweiten Natur. Um dahin zu gelangen, muss man seine Achtsamkeit verbessern und die Aufmerksamkeit jedes Mal zurückführen, wenn sie abschweift. Unser Geist ist wie ein Schmetterling. Eine Weile bleibt er auf der Blüte, seinem Zielobjekt, sitzen, dann fliegt er ohne ersichtlichen Grund weg, um doch wieder zu dieser Blüte zurückzukehren. Sobald das Mitgefühl Bestandteil deines Bewusstseinsstroms geworden ist, musst du es nicht mehr jedes Mal wieder neu erzeugen und aufrechterhalten. Wir nennen das ‚Meditieren ohne Meditation': Du bist nie aktiv mit Meditieren ‚beschäftigt', aber du hörst auch nie mit der Meditation auf. Du hältst dich einfach ohne Ablenkung in diesem heilsamen Geisteszustand auf …"

Singer: *„Es gibt inzwischen belastbare neurobiologische Hinweise darauf, dass sich das Gehirn während der Meditation in einem Zustand großer Wachheit und konzentrierter Aufmerksamkeit befindet … Ich war in hohem Maße überrascht, als ich sah, dass, während du dich in die Meditation versenkt hattest, die Amplitude oszillatorischer Hirnaktivität in einem Frequenzbereich zwischen 40 und 60 Hertz, dem sogenannten Gamma-Frequenzband, dramatisch zunahm … Eine ganze Reihe von Arbeitsgruppen hat inzwischen Hinweise darauf gefunden, dass das Fokussieren von Aufmerksamkeit mit einer Zunahme von Gamma-Oszillationen und neuronaler Synchronizität einhergeht."*

Nun, es geht nicht darum, dass man durch Meditation etwas für seine geistige Fitness tut. Wie Sie gelernt haben, geht das nach den Versuchen von Ekman und er lässt auch viele mit seiner CD trainieren. Das ist genauso, als wenn Sie YOGA machen, um körperlich fit zu sein. Sie werden natürlich körperlich fit, wenn Sie YOGA machen. Beides ist zu kurz gegriffen.

Die Meditation hat nicht die geistige Fitness zum Ziel, genauso wenig wie der

YOGA die körperliche Fitness. Meditation und YOGA sind Wege zum inneren Wachstum. Sie führen zu innerem Frieden, zu Gelassenheit, Heiterkeit, Humor, Güte und vor allen Dingen zu Mitgefühl für alle Wesen. Diese Eigenschaften ergeben sich absichtslos. Sie stellen sich einfach im Laufe des Übungsweges ein.

Die Fitness ist ein Nebenprodukt.

Wenn man den Weg des inneren Wachstums geht, wird man offener gegenüber den kleinen und großen Dingen der Welt. Man kann sich viel besser begeistern, was alles sich als Realität der WIRKLICHKEIT darstellt. Mit Begeisterung durch das Leben zu gehen führt nun aber wieder zu besserer geistiger Fitness des Gehirns im Alter, wie der Leiter der Zentralstelle für neurobiologische Präventivforschung der Universitäten Göttingen und Mannheim/Heidelberg Gerald Hüther sagt: „*Der Mensch braucht diese Begeisterung, er braucht Neugierde und Experimentierfreude, Lust darauf, Neues anzufangen und Probleme zu lösen. Und er braucht eine Welt, die genau dies anerkennt, die den Einsatz eines Menschen wertschätzt.*"

Ricard erwähnt, wie Goleman ausführt, was man nun mit all dem anfangen kann: „*Die Wissenschaft versucht zu erfassen, in welchem Maß das Gehirn durch Übung dazu gebracht werden kann, in einem konstruktiven Bereich zu bleiben: Zufriedenheit statt Gier, Ruhe statt Rastlosigkeit, Mitgefühl statt Hass. Im Westen sind Medikamente das Mittel der Wahl zur Behandlung emotionaler Störungen, und es besteht kein Zweifel daran, dass die Stimmungslage beeinflussende Pillen Millionen von Menschen Trost gespendet haben. Eine Frage drängt sich allerdings aufgrund dieser Forschung (mit Meditierenden) auf: Kann ein Mensch durch eigenes Bemühen auf Dauer positive Veränderungen in den Gehirnfunktionen bewirken, deren Wirkungen noch weiter reichen als diejenigen der Medikamente auf die Emotionen?*"

Ricard im Kapitel „*Gefühle soll man weder unterdrücken noch ungehemmt zum Ausdruck kommen lassen*": „*Es geht nicht darum, keine Emotionen zu haben, sondern sich nicht von ihnen versklaven zu lassen. Lasse die Emotionen zu, aber halte sie frei von konfliktträchtigen Affekten: der Verzerrung der Wirklichkeit, mentaler Verwirrung, Festhaltenwollen und Leid. Es hilft einfach, von Zeit zu Zeit den Zustand reinen Gewahrseins aufzusuchen und sich innerlich auf ihn zu beziehen, wenn sich die konfliktbeladenen Emotionen einstellen. So lässt sich verhindern, von ihnen erfasst und weggeschwemmt zu werden … Ja, je mehr man mit der Arbeitsweise des Geistes vertraut wird und je besser es gelingt, die Achtsamkeit auf den gegenwärtigen Moment zu richten, desto seltener wird sich eine negative Emotion von einem Funken zu einem verheerenden Waldbrand entwickeln, der außer Kontrolle gerät und dann dein Glück und das von anderen zerstört.*"

Erfahrungsräume

ERFAHRUNGSRÄUME sind mein Meer, auf dem ich segele. Mein Schiff des Lebens muss ich in die Erfahrungsräume, auf das Meer lenken. Sie sind immer da. Sie sind auch für mich immer da. Sie warten auf mich. Indem ich in sie eintrete und ACHTSAMKEIT übe, spanne ich meine Segel auf. Nur so schaffe ich die Möglichkeit, den GOLDENEN WIND zu spüren.

Weiter vorn zitierte ich schon Eugène Ionesco: *„Die Erfahrungen machen uns. Sie prägen uns. Sie geben uns Lebenskraft und führen zu innerem Wachstum, das uns inneren Frieden bringt.*

Mein Lehrer Willigis Jäger ruft oft seinen Zuhörern zu, wenn er an die ACHTSAMKEIT und an das erforderliche, Grenzen sprengende, Verlassen des engen ICH-Bewusstseins erinnert:

„Zieht doch einfach öfters eure Schuhe aus und geht in die Stille!“

Das Ausziehen der Schuhe ist eine Metapher für die Öffnung, die Erweiterung. Der Appell erinnert mich an die Geschichte vom *„Brennenden Dornbusch“*, in welchem GOTT sich Moses offenbart.

(aus Zweites Buch Mose, Kapitel 3):

„Ziehe deine Schuhe aus, Moses! Du stehst auf heiligem Boden.“

Moses wusste, dass es GOTT war, der zu ihm sprach.

Durch das Ausziehen der Schuhe machen wir uns bewusst, dass wir auf heiligem Boden stehen. Wir stehen immer auf heiligem Boden. Es ist uns nur meistens nicht bewusst. Alle Realitäten, auch der Boden, entstehen aus GOTT, der Urwirklichkeit, dem GOLDENEN WIND.

Alle Erfahrungsräume sind heiliger Boden. Warum? Weil wir besonders in diesen Räumen das HEILIGE, GOTT, erfahren können.

Ich lade Sie zu einer Entdeckungsreise durch die Erfahrungsräume ein. Sie werden sich SELBST entdecken können. Sie werden Ihr SELBST, den GOLDENEN WIND, entdecken können. Darum geht es.

Wir sollten also nicht nur zur Erholung oder Entspannung in die Erfahrungsräume eintreten, sondern zur Erfahrung.

Achtsamkeitsübungen werden nun nachfolgend in verschiedenen Erfahrungsräumen – wie in einer geführten MEDITATION – durchgeführt.

Helga Simon-Wagenbach geht sehr ausführlich in ihrem Buch auf die Entfaltung der SPÜRENDEN ACHTSAMKEIT durch geführte MEDITATION ein.

Ich empfehle Ihnen, die Texte der geführten Übung langsam und ruhig mit ausreichenden Pausen auf einen MP3-Player oder ein Band zu sprechen oder auf eine CD für Ihren CD-Player zu brennen, je nachdem, was für ein Medium Sie benutzen wollen.

Die Meditation sollte 25 Minuten andauern. Das ist auch die Zeit, die wir immer bei einem ZEN-Sesshin meditieren. Diese Zeitspanne hat lange Tradition. Wir sollten sie übernehmen. Sprechen Sie so auf das Band oder den MP3-Player, dass das letzte Wort nach 20 Minuten gesprochen wird und spüren Sie dann noch 5 Minuten nach, bevor Sie den Ort verlassen. Dehnen Sie die Pausen so, dass diese Zeitspanne erreicht wird.

Lauschen Sie dann im Erfahrungsraum in Ihre gesprochene Übung hinein. Nach vielen Übungen können Sie den Text dann auswendig. Es ist auch nicht so wichtig, wenn ein Satz fehlt. Sie können auch in der Meditation gerne ergänzen, was Ihnen wichtig ist. Ich gebe Ihnen ein Raster vor aus meiner Sicht. Aber Sie können eine andere Sicht haben.

Nur die Grundstruktur der Meditationsübung sollte erhalten bleiben. Der Atem spielt eine wichtige Rolle. Spüren Sie, wie Sie beatmet werden. Nichts machen, nur lassen.

Es gibt also die einfache Möglichkeit, wenn man nicht sofort einen spirituellen Weg beginnen kann oder nicht will, sich durch Üben der ACHTSAMKEIT in ERFAHRUNGSRÄUMEN, die uns vertraut sind und in denen wir ohnehin gerne sind, sich einer Dimension der eigenen Person zu nähern, die uns bisher verborgen geblieben ist.

Erfahrungsraum Arbeit und Werk
aus spiritueller und tiefenpsychologischer Sicht

Im asiatischen Raum zieht man sich oft zurück, wenn der innere Reifungsprozess vorangeschritten ist, um den WEG zu vervollkommnen. Bei uns in der westlichen Welt, geht es eher darum, in der Welt entsprechend zu wirken. In den ZEN-Ochsenbildern, auf denen der Hirte sein SELBST oder sein WESEN sucht, kehrt er auf den Marktplatz zurück, um zu wirken, aber dann aus einer gereiften inneren Haltung heraus.

Unser Marktplatz ist unser Beruf, unser Arbeitsplatz.

Der Erfahrungsraum „Arbeit und Werk" ist der Erfahrungsraum, der fast das gesamte zweite Lebensdrittel von uns einnimmt. Ohne Zweifel ist dieser Raum derjenige, in dem ich die meiste Erfahrung von 1969 bis 1998, also fast 30 Jahre, gesammelt habe. Die letzten zehn Jahre bei der STINNES AG, der HÜLS AG und dann wieder bei der STINNES AG waren die Jahre, in denen ich am meisten versucht und geübt habe, sehr oft ganz DA zu sein und aus der Erfahrung des GOLDENEN WINDES zu wirken.

Wenig Zeit nehmen wir uns für andere wichtige Erfahrungsräume wie Natur, Musik, Tanz, Kunst, Liebe, Religion etc., die wohl mehr im dritten Lebensdrittel zur Wirkung kommen können. Das Wunderbare am dritten Lebensdrittel ist, und das kann ich durch meine eigene Erfahrung bestätigen, dass man dann, wenn die berufliche Arbeit zu Ende ist, durch das achtsame Eintreten in diese Räume die Erfahrung des GOLDENEN WINDES diesen so wichtigen Lebensabschnitt zum Höhepunkt unseres Lebens werden lassen kann. Das ist der eigentliche Sinn des langen Lebens der Spezies Mensch.

Man kann eine Arbeit (lat.: labor) verrichten oder man kann ein Werk (lat.: opus) verrichten. Wir glauben, wir seien Werktätige, aber wir bleiben oft Arbeitstätige. Das ist ein großer Unterschied. Ob man das eine oder das andere verrichtet, entscheidet darüber, ob das zweite, vom beruflichen Wirken sehr geprägte Lebensdrittel gelingt, und vor allen Dingen, ob das dritte Drittel vorbereitet werden kann, damit auch dieses gelingt. Es ist verführerisch, um des Erfolges willen viel zu arbeiten, und das wird von fast allen in der Geschäftswelt praktiziert. Der Erfolg ist eine Droge und den Preis, den man dafür zahlt, hinterfragt man nicht. Das EGO ist süchtig nach dem Erfolg. Es treibt uns auf unserem Karriereweg an. Nur wenn sich keine dauerhafte Zufriedenheit einstellt oder ein Schicksalsschlag zum Nachdenken und Überprüfen bisheriger Konzepte zwingt, sucht man nach Wegen zur Überwindung der Unzufriedenheit und des Leides.

Für das EGO zählt nur, was man weiß, kann und hat. Der Preis für diese so einseitige Orientierung sind die Ängste, etwas nicht zu können, nicht zu wissen und etwas oder alles zu verlieren. Diese Ängste verstärken noch die Grundängste des

Menschen. Es sind nach DÜRCKHEIM die Angst vor der Einsamkeit, die Angst vor dem Widersinn des Lebens und die Angst vor dem Tod.

Ego ist das Gefühl oder Bewusstsein, dass man von Gott getrennt lebt. Es ist das Ich und Mein im Menschen. Dieses Ich-Gefühl ist die Wurzel aller Knechtschaft und die Mutter allen Übels. Ich-heit oder die Vorstellung, ein von Gott verschiedenes Wesen zu sein, ist die Ursache des Triebes nach Besitz – all dessen, was „MEIN" sagt im Menschen. Wir möchten, dass alles unser wird. Das führt naturgemäß zu Wettbewerb, Kampf und Streit. Und an die Dinge, die wir unser Eigen nennen, werden wir durch die Ketten von Zuneigung, Liebe und Verhaftetsein gebunden. Unsere Urteilskraft und klare Unterscheidung trübt sich, und wir werden gefangen in den Spinnweben von Eifersucht, Gier, Zorn, Hass und allen Übeln, die das Nicht-Wissen (Sanskrit: Avidya) gebiert.

Die Vorstellung der abgesonderten Existenz im Menschen taucht auf, sobald die Seele von ihrem Ursprung, ihrer Quelle der reinen geistigen Region von Licht, Seligkeit und Kraft getrennt wird. Sobald sie sich von dieser höchsten spirituellen Ebene löst, singt sie: *Ich bin Jenes, ich bin Jenes.* Zuerst gab es weder Ich noch Jenes. Alles war eins. Im Ozean haben oder empfinden die Tropfen kein abgesondertes Dasein. Auf der ersten Trennungsstufe legte sich bereits der erste Schleier des Vergessens über die Seele.

DÜRCKHEIM hat das verfehlte Managerleben so trefflich geschildert, wie ich es besser gar nicht darstellen kann:

„Eines Tages kam ein Mann von großem Ansehen zu mir und führte sich folgendermaßen ein: „Herr Professor, bitte sagen sie mir, was mir eigentlich fehlt; ich bin, wie die Ärzte sagen, kerngesund. Ich habe keinerlei finanzielle Sorgen. Ich habe mir auch nichts vorzuwerfen, das heißt, ich habe eine reine Weste, bin geachtet von meinen Untergebenen und von allen Seiten beneidet. Und doch – irgendwo ist bei mir der Wurm drin! ..."

„Ich habe bei all meiner Gesichertheit in der Welt eine mir unbegreifliche Angst, habe in all meiner Rechtschaffenheit Gefühle der Schuld und inmitten meiner Fülle, mit der mein Leben gesegnet ist, immerzu das Gefühl einer gähnenden Leere."

Dürckheim: *„Was ist denn eigentlich die oberste Devise Ihres Lebens?"*

„LEISTUNG IST ALLES", antwortet der Mann.

Dürckheim: *„Wie, Leistung ist alles? Sie Ärmster! Dann wundere ich mich freilich über gar nichts ... Im Ernst, glauben Sie wirklich, Leistung sei alles, dass es im Leben also nur auf Leistung ankommt? ..."*

„Worauf denn sonst?", fragte er.

Dürckheim: *„Haben Sie noch nie etwas von einem inneren Weg gehört, der dem Menschen nicht weniger aufgetragen ist als das sichtbare Werk? Haben Sie noch nie etwas von der Notwendigkeit und vom Segen eines innerlichen Weiterkommens gehört, eines inneren Reifens, ohne das es keinen inneren Frieden gibt?"*

Mit einer abwertenden Geste sagte der Mann: *„Meinen Sie am Ende Religion oder sonst so etwas wie Innerliches? Mein Lieber, dafür hat unsereiner keine Zeit, und damit kann man weder Maschinen bauen noch sich in der Welt durchsetzen."*

Dürckheim: *„Diese Antwort ist typisch … Diese Menschen, oft tüchtige, gebildete, ordentliche und wohlmeinende Menschen, sind derart im Leistungswahn befangen, das heißt im Wahn, das Leben nur im Zeichen erfolgreicher Leistung bestehen zu können, dass sie ernsthaft glauben, ihre ganze Innerlichkeit verdrängen zu müssen. Das Ergebnis ist dann ein allein von den Forderungen der Welt ins Geschirr genommenes Leistungstier, das in der Einseitigkeit seiner Ausbildung eine Karikatur dessen ist, was der Mensch eigentlich sein und immer werden sollte: eine Einheit von Leib, Geist und Seele. Könnte man jenen Menschen malen, so müsste man ihn darstellen mit einem Riesenkopf, einer aufgeblasenen Brust, stählernen, aber ganz mechanisch funktionierenden Gliedern, die nicht organisch zusammenspielen, sondern künstlich von einem harten Willen zusammengehalten und gesteuert werden. In der Mitte aber, wo das richtende, ordnende und beseelende Zentrum sein sollte, da wäre recht wenig, eigentlich nur ein Hohlraum, in dem, umpanzert von einem ängstlichen und leicht verletzbaren ICH, das eigentliche WESEN ein Schattendasein führt. Der Mensch aber, der diesem Bild entspricht, ist trotz allem, was er hat, weiß oder kann, innerlich ein Kind geblieben, denn seine Seele blieb klein. Äußerlich ein Erwachsener, aber innerlich unreif, steht er unbeherrscht und voller Illusionen den Mächten des Schicksals im Großen wie im Kleinen hilflos gegenüber und scheitert endlich am Leben, weil er sich selbst gegenüber versagt hat. Aus der Atemnot seines vernachlässigten seelischen Wesens kommen dann jene Gefühle unbegreiflicher Angst, Schuld und Leere, die so mancher erlebt, der, äußerlich gesehen, auf dem Gipfel seiner Entfaltung zu stehen scheint. Die anderen, die sein Inneres nicht sehen, mögen seine Fassade bewundern. Hinter ihr lebt ein unglücklicher Mensch, dessen seelisches Leiden und Mangel an innerer Stille nicht weniger als das Unheil, das von ihm ausgeht, die Quittung dafür ist, dass er unreif geblieben ist. …*

Aber eben diese Menschen sehen meist keine andere Möglichkeit, die Stille zu wahren, als in einer eisernen Selbstdisziplin, die die Fülle der Spannungen bannt, die sie von innen bedrängt. Dies Verdrängen der inneren Spannungen aus Zucht führt aber nicht weit. Was Ordnung zu sein scheint, verdeckt nur eine wachsende Unordnung unerlöster drängender Kräfte.

Mit kleinen Nervositäten beginnt es. Bald stellen sich Stimmungsschwankungen ein und schlechte Laune, die, weil sie an der Stätte der Arbeit nicht gezeigt werden darf, die häusliche Atmosphäre vergiftet. Dann kommen, wenn das Ventil nicht mehr hält, die gelegentlichen Explosionen, die Unbeherrschtheiten, die nur der Mächtige im Beruf sich leisten darf – und endlich der Nervenkollaps."

Hier hat ein Manager immer nur gearbeitet, sehr fleißig, sehr erfolgreich und sehr anerkannt. So ein Manager war ich auch, bis durch Schicksalsschläge Bewegung in mein Leben kam. Es traf mich wie ein Blitz die Erkenntnis, dass ich so ein Manager nicht sein möchte. Auf keinen Fall.

Als Manager erschien ich, wie schon ausgeführt, im Januar 1984 in Rütte bei Dürckheim. Mir fiel es wie Schuppen von den Augen, wie verfehlt mein bisheriges Leben war, nachdem ich bei diesem Besuch zum zweiten Mal geboren wurde. So ein Manager, wie der von Dürckheim zitierte, wollte ich nicht mehr sein. Ich wollte nicht mehr nur auf Erfolg und Leistung programmiert sein. Das hatte ich begriffen. Nichts gegen Erfolg und Leistung, aber es ist die ausschließliche Orientierung auf Leistung, die uns in das Leiden führt, bis uns die Umkehr bewusst wird. Wir sind in einer Leistungstrance.

Der in Singapur außerordentlich erfolgreiche Unternehmer Hermann Ricker wollte nach einem schweren Autounfall nicht mehr so oberflächlich weiterleben. Auf dem Cover seines Buchs „*Wer loslässt, hat zwei Hände frei*" steht: „*Als der erfolgreiche Unternehmer Hermann Ricker einen dramatischen Autounfall unverletzt überlebt, wird er plötzlich mit seiner Vergänglichkeit konfrontiert. Er verschenkt seine millionenschwere Firma und lässt sein altes Jet-Set-Leben von einem Moment auf den anderen hinter sich.*

Schon länger von der Lehre Buddhas fasziniert, entschließt er sich, Mönch zu werden. Mit lediglich drei safranfarbenen Roben, einem Moskitonetz und einem Vorrat an Instant-Nudeln zieht er sich auf eine einsame Insel in Thailand zurück. Dort sieht er in seiner neuen Lebensweise und der Meditation den Sinn des Lebens – und findet ihn."

Ricker: „*Ich war in einem Traum gefangen gewesen. Zugegeben, es war ein schöner Traum, der mir viele von den Dingen beschert hat, nach denen sich gemeinhin Menschen sehnen …*

Dieser ganze Zirkus aus schnellen Autos, edlem Design, schönen Dingen, aus leichten Eroberungen, Erfolg und wieder Erfolg auf der ganzen Linie. Doch wie es sich so mit Träumen verhält, schmeckten auch diese nach dem Aufwachen schal und waren doch nichts weiter als eine billige Illusion von Wahrheit. So viele Menschen hätten dem nachgeeifert, was ich mir erarbeitet hatte. Dennoch zählte nichts von dem, was ich getan hatte, wirklich. Im Angesicht des Todes ist es völlig gleich, was man erreicht hat, was man besitzt."

Und wie schildert DÜRCKHEIM den aufgewachten und gereiften Menschen? „*Beglückend ist die Stille, die von einem Menschen ausgeht, der ganz einfach und menschlich ist, was er ist, und der sein Schicksal überwindet, weil er es hinnimmt. Beglückend die Stille des Menschen, den keine ‚Position' und kein ‚Ehrgeiz' verleitet, sein inneres Maß zu verletzen, und ihn verführt, sich anders zu geben oder zu wollen, als er seinem Wesen nach ist. Beglückend ist seine Stille, weil sie auch den anderen frei macht, frei in seinem eigenen Menschsein und dadurch allein erst frei zur Entfaltung seiner schöpferischen Kräfte.*"

Ich hatte mir vorgenommen, abends aus dem Arbeitsalltag mit einer ganz anderen Qualität als bisher hinauszugehen, als ich morgens hineingegangen bin, und mich immer zu fragen, ob meine Arbeit zu einem Werk geworden ist und ob die Ergebnisse meines Wirkens die Handschrift des GOLDENEN WINDES zeigen. Dann war für mich dieser Tag ein GUTER TAG. Dann konnte ich mir sagen: „JETZT BIN ICH ENDLICH MAL DA!" Dann und nur dann, bin ich an diesem Tag in meiner Reife ein kleines Stück gewachsen.

Das gelang nicht immer, aber immer öfter. Wichtig ist, dass man sich diese Frage stellt und sein Wirken überprüft als Impuls für den nächsten Tag, dass man merkt, wenn man nicht ganz DA ist.

Es begann für mich ein mühsamer Übungsweg, der nur mit großer Disziplin eingehalten werden konnte. Das ZAZEN, das Meditieren im Sinne des ZEN, war für mich tägliche Übung, auch wenn es oft auch schwerfiel. Aber dann war die Übung besonders wichtig. Immer wieder fiel ich in alte Verhaltensweisen zurück, mehrere Jahre lang. Aber ich merkte im Laufe der Zeit auch immer öfter, wenn ich vom Weg abgekommen war und fing neu an, Schritt für Schritt. Das Prinzip ist einfach, aber eben nicht leicht. Als Dank spürt man seine stetige Veränderung, sein Reifen, sein inneres Wachstum.

Ich wollte nicht mehr nur arbeiten, sondern durch meine Arbeit sollte ein Werk entstehen, immer wieder ein OPUS, klein oder groß, das ist egal. Es kommt auf die Qualität des Geschaffenen an. Das Werk zeugt vom GOLDENEN WIND, die Arbeit nicht. Das ist der große Unterschied.

Nun, wie kann man lernen, in der Berufswelt den GOLDENEN WIND zu erfahren?

Das Tor dazu ist immer wieder die ACHTSAMKEIT im AUGENBLICK. Das ist das große Geheimnis. Das bedarf der stetigen Übung im Alltag des beruflichen Wirkens. Wir sollen wirken, wie die deutsche Sprache klar sagt. Wirken kommt von WIRKLICHKEIT und das ist der GOLDENE WIND. Wenn also die Arbeit zum Werk werden soll, dann muss das Werk aus der momentanen Erfahrung des GOLDENEN WINDES entstanden sein.

Entscheidend ist die stetige Synchronizität von sinnvoller Arbeit und gleichzeitiger Meditation – Kontemplation und Aktion können nicht voneinander getrennt werden.

Zwei Testfragen helfen uns, das zu erkennen. Bringt mir meine Arbeit inneren Frieden und helfe ich damit anderen Menschen und schade ihnen nicht? Trägt mein Wirken auch zum inneren Frieden anderer bei? Das EGO arbeitet, aber die GANZE PERSON, ein vom GOLDENEN WIND getragenes ICH, erstellt das Werk. Das ICH ist enorm wichtig. Wir brauchen es für unser tägliches Leben. Das egoistische ICH, das EGO, macht uns und den anderen in unserer Umgebung den Kummer.

Meine Berufserfahrung, also die Erfahrung des Arbeitenden, bezieht sich auf meine eigene Arbeit als Chemiker und Manager in der chemischen Industrie in den Bereichen Logistik und Distribution. Chemiker, Sachbearbeiter, Fachgruppenleiter, Projektleiter, Gruppenleiter, Prokurist, Abteilungsdirektor, Direktor, Forschungsleiter, Marketingleiter, Vertriebsdirektor, Geschäftsführer, Vorstandsmitglied und Vorstandsvorsitzender oder Aufsichtsratsmitglied bzw. Aufsichtsratsvorsitzender. Dabei erfahre ich natürlich auch die Arbeit der Mitarbeiter, der Kunden und Lieferanten, der Wettbewerber und der Betriebsräte, der Kollegen und Vorgesetzten. Es geht mir nun aber nicht um diese sachliche und fachliche Erfahrung in all diesen Diensträngen, die für eine gute Leistung natürlich wichtig ist. Es geht um das verrichten eines Werks aus der Erfahrung des GOLDENEN WINDES. Diese Erfahrung ist unabhängig von allen Branchen und Diensträngen.

Ich berichte nun über meine letzten Berufsjahre als Vorstandsvorsitzender von BRENNTAG, HÜLS und STINNES, und deshalb sind einige Bemerkungen zur Führung von Unternehmen in der Wirtschaft vorab wichtig, die in der oft sehr einseitigen Diskussion, die gegen die Unternehmer pauschal gerichtet ist, immer wieder vergessen werden.

Die primäre Aufgabe der Unternehmen und der Unternehmensführungen ist nicht, Arbeitsplätze zu schaffen und möglichst viele Mitarbeiter zu beschäftigen. Auch dann nicht, wenn man wie ich versucht, ein Werk zu schaffen, das aus dem GOLDENEN WIND kommt.

Die primäre Aufgabe ist eine wertorientierte Unternehmensführung, die den Wert des Unternehmens langfristig steigert. Dabei kann kurzfristig je nach Marktsituation der Wert auch stagnieren. Er darf aber nicht sinken, denn dann ist bald Schluss. Das Unternehmen muss also mit den Erlösen die Materialkosten, Personalkosten, die Abschreibungen und sonstigen Sachkosten wie auch die Kosten des eingesetzten Kapitals verdienen. Der Wert des Unternehmens sind die abgezinsten Cashflows. Wenn nach Abzug aller oben genannten Kosten etwas übrig bleibt, steigt der Wert des Unternehmens. Nur dann ist die Zukunft des Unternehmens und auch der Mitarbeiter sicher.

Da wir in Deutschland in unserer Marktwirtschaft nicht eine ausschließliche Fokussierung auf den maximalen Gewinn wollen, praktizieren wir seit LUDWIG ERHARD die SOZIALE MARKTWIRTSCHAFT mit großem Erfolg. Mitbestimmung, Tarifvereinbarungen, Altersversorgung, Arbeitslosenabsicherung, Krankenversicherung – um nur einige Schlagworte zu nennen. Ich stimme Ludwig Erhard aber überhaupt nicht zu, dass „Wirtschaft frei sei von moralischem Gehalt", wie er zitiert wird. Was hat er damit gemeint? Hat er den Staus quo beschrieben und behauptet, dass die Wirtschaft frei ist. Oder hat er gemeint, dass die Wirtschaft frei von moralischem Gehalt ist und moralischen Gehalt bekommen sollte? Oder hat er gemeint, dass sie frei von moralischem Gehalt sein sollte?

Ich bin ganz klar der Meinung, dass die Wirtschaft bedauerlicherweise meistens frei von moralischem Gehalt ist und dass alle Beteiligten sich bemühen sollten, einwandfrei moralisch und ethisch zu wirtschaften.

Fragt man die Bevölkerung, was sie unter Sozialer Marktwirtschaft versteht, so wird einseitig eingeklagt, dass die Unternehmer sich sozial verhalten sollen. Es ist im Bewusstsein der deutschen Arbeitnehmer völlig abhanden gekommen, dass das keine Einbahnstraße ist. Auch die Unternehmen erwarten zu Recht, dass sich die Arbeitnehmer ihnen gegenüber sozial verhalten, das heißt, sich ohne Wenn und Aber für die Gemeinschaft des Unternehmens einsetzen. Sie verkaufen ja dem Unternehmen gegen Bezahlung eine Dienstleistung – und das kommt von DIENEN UND LEISTEN!

Zur sozialen Marktwirtschaft ist in den letzten 30 Jahren noch der Gesichtspunkt der Ressourcenschonung und des Umweltschutzes dazugekommen, „SUSTAINABLE DEVELOPMENT" genannt.

Für die Unternehmensführungen gilt es meiner Ansicht nach, unter Berücksichtigung dieser oben genannten Schwerpunkte, nicht einen kurzfristig maximalen Gewinn zu erwirtschaften, sondern einen optimalen Gewinn unter weitgehender Berücksichtigung der Interessen aller „Stakeholder" zu erreichen, das sind Kapitalgeber, Arbeitnehmer, Kunden, Lieferanten, Kommunen, Steuerempfänger.

Im Rahmen dieser Vorgaben gibt es für Unternehmensführungen Spielräume, die man allein aus dem egoistischen EGO heraus nutzen kann, oder aber aus einem ICHBEWUSSTSEIN, das im GOLDENEN WIND verankert ist.
Man ist, wie ich schon ROUSSEAU zitierte, immer dafür verantwortlich, was man macht und dafür, was man nicht macht, wenn man hätte einschreiten können. Für beide Verhaltensweisen möchte ich aus meinem Wirken bei der BRENNTAG AG zwei Erfahrungen herausgreifen, in denen ich wohl oft ganz DA war.

Es hat mich mit großer Zufriedenheit erfüllt, dass ich bei einem Unternehmen war, das an dem Häftlingsfreikauf aus der ehemaligen DDR beteiligt war. Meine Vorgänger hatten das Geschäft in vielen Jahren aufgebaut. Es war nur auf der Vertrauensbasis, die zwischen BRENNTAG und der DDR-Führung aufgebaut worden war, denkbar. Die BRENNTAG war der größte Handelspartner der DDR. Ganz Berlin wurde mit Benzin und Heizöl exklusiv aus den Kombinaten LEUNA und SCHWEDT beliefert. Mit der gesamten DDR-Chemieindustrie bestanden wichtige Verträge. Wegen dieser Vertrauensbasis wurde BRENNTAG vom Bundesministerium für innerdeutsche Beziehungen und von der Evangelischen Kirche Deutschlands EKD in Stuttgart beauftragt, den Häftlingsfreikauf zu organisieren. Ein Großteil der dafür zur Verfügung gestellten Geldsumme wurde über die EKD der BRENNTAG zugeleitet, um Waren, die die DDR benötigte, einzukaufen und der DDR kostenlos zu liefern. Die Details wurden jeweils auf den beiden LEIPZIGER MESSEN zwischen BRENNTAG UND INTRAC festgelegt. Aus der Gesamtsumme und dem Preis pro Häftling ergab sich die Anzahl der freigekauften Häftlinge. Manchmal hatte man das Gefühl, dass besonders vor den Messen viele sogenannte politische Häftlinge eingesperrt wurden. Im Wesentlichen lieferten wir Düngemittel, Schwefel, Erdöl, und andere Produkte.

Nach der Wende, als dieses Geschäft bekannt wurde, gab es Vermutungen, dass wir uns an dem Geschäft bereichert hätten. Dem möchte ich energisch widersprechen. Wir erhielten eine handelsübliche Kommission, wie für viele andere Handelsgeschäfte auch, von 1 %. Für mich überraschend erhielt ich nach der Wende eine Vorladung vom Amtsgericht Berlin-Tiergarten, um in dieser Angelegenheit auszusagen. Nach Weiterleitung dieser Vorladung an die EKD und die Bundesregierung verzichtete das Gericht auf die Vorladung. Wir hatten nicht nur ein gutes Gewissen, sondern wir waren froh, am Freikauf so vieler Unschuldiger beteiligt gewesen zu sein.

Jedes Mal, wenn wir von der LEIPZIGER MESSE nach Hause kamen, haben wir mit unseren Mitarbeitern in einem Gasthof in Herleshausen Station gemacht und unseren Beitrag so richtig gefeiert.

Für uns waren die Besuche in der DDR immer eine gute Gelegenheit, um unseren Freunden in den Gastfamilien und unseren Geschäftspartnern viel Gutes zu tun, um deren Sorgen und Probleme zu lindern. DA fühlte ich mich oft im GOLDENEN WIND.

Nach der Wende beriefen wir den Generaldirektor des Kombinates Schwedt Dr. Werner Frohn in den Beirat der BRENNTAG, obwohl er keinen Einfluss mehr hatte. Es war unsere Art, ihm für eine langjährige Geschäftsfreundschaft Dank zu sagen.

Eines Tages gegen Ende des Geschäftsjahres besuchte uns der Generaldirektor eines Kombinats in einem Ostblockland, das wir mit großen Mengen eines Rohstoffs aus der DDR belieferten und bat uns, auf die Millionen-Rechnung zu verzichten und erst im Januar zu fakturieren. Er musste dem Zentralkomitee ein positives Ergebnis vorweisen, sonst würde er entlassen. Mein Finanzkollege und ich nahmen das auf unsere Kappe und stimmten zu. Die Rechnung wurde erst im Januar des Folgejahres gestellt und dann auch bezahlt. Uns fiel ein Stein vom Herzen. Wir hatten das Herz des Generaldirektors gewonnen und ihn gerettet. Es war eine Entscheidung von Herz zu Herz, aber natürlich mit persönlichem Risiko.

Die Geschäftsverbindung hielt viele Jahre.

Als ich zu BRENNTAG in den Vorstand berufen wurde, war ich für die USA und Asien zuständig. Dazu gehörte auch die japanische Tochtergesellschaft Brenntag Japan Ltd., deren Aufsichtsratsvorsitz ich übernahm. Bei der ersten Sitzung freute ich mich über die guten Geschäftsergebnisse, die der Geschäftsführer vortrug. Ich erkundigte mich genau, mit welchem Geschäft im Detail welche Ergebnisse erwirtschaftet wurden, da der Vortrag diese Information nicht enthielt.

Er berichtete von einem Geschäft mit Rindergallensteinen, das besonders hohe Margen ergab. Er kannte sich in dem Geschäft wohl sehr gut aus. Gallensteine werden in Asien zu Aphrodisiaka verarbeitet. Es werden hohe Preise bezahlt.

Ferner handelte die Gesellschaft mit Spitzen von Hirschgeweihen, die ebenfalls die gleiche Anwendung hatten.

Das Geschäft mit Chemikalien, das das Kerngeschäft hätte sein sollen, war marginal. Nur davon verstanden wir wirklich etwas.

Ich gab Anweisung, das Geschäft mit Gallensteinen und Hirschgeweihen zu beenden, obwohl damit die Hauptergebnisträger wegfielen. Nach kurzer Zeit wurde die Gesellschaft liquidiert und der Geschäftsführer, der uns auch noch betrogen hatte, entlassen.

Was will ich mit dieser Geschichte sagen?

Man muss unerbittlich sein, wenn ein Geschäft aus reiner persönlicher Gier betrieben wird und es nicht dem ursprünglichen Geschäftszweck der Gesellschaft entspricht. Wieso haben eigentlich die Landesbanken bei uns Geschäfte mit Zertifikaten betrieben, die überhaupt nicht ihrem Geschäftsauftrag entsprachen? Und warum hat kein Aufsichtsrat widersprochen?

Gerade ein Aufsichtsrat muss sich sorgfältig über die Details der Geschäfte informieren, die die Geschäftsleitung durchführt. Wenn diese ihn nicht ausreichend informiert, hat er eine Holschuld. Aufsichtsrat bedeutet, dass dieser Aufsicht üben muss und sich die Fähigkeit erarbeiten muss, auch Rat erteilen zu können.

STINNES war für mich ein faszinierendes Handelshaus. Die „ASSETS" sind die Menschen. Es gibt zwar auch Distributionszentren, Lager und Maschinen zum Beispiel für Anarbeitungen (im Stahlbereich). Ich sagte mir immer, wenn du ein guter Marketing-Mann sein willst, brauchst du keine Fabriken und Maschinen, nur deine Mitarbeiter, das Netzwerk, das man zum Erfolg führen kann.

Es gibt bestehende Handelsbeziehungen, die über mehrere Jahre gute Erträge liefern, aber sehr oft muss ein Handelsgeschäft von NULL aufgebaut werden. Und das immer wieder, oft Tag für Tag, unermüdlich. Das ist das FASZINOSUM. Vor dem Geschäft gibt es das NICHTS, LEERE. Man knüpft Kontakte zu Lieferanten und Kunden und beginnt mit ersten Lieferungen. Bei Erfolg kann man das Geschäft langsam aufbauen. Es kann auf einer Vertrauensbasis wachsen.

Als ich eingestellt wurde, sagte der Vorstandsvorsitzende zu mir, der immer gerne alle duzte, die er mochte: *„Kennst du das Geheimnis des Tradings? Ganz einfach und vergiss das nie, hier bei uns bei STINNES – BUY LOW, SELL HIGH!"*

Die erfolgreichen Handelsgeschäfte hängen oft von einer Vertrauensperson ab. Um das zu verdeutlichen, kann ich von einer wahren Begebenheit berichten, die gerne ein früherer Vorstandsvorsitzender erzählte.

Ein begnadeter tschechischer Händler hatte das Kohletrading bei STINNES aufgebaut. Er war sehr erfolgreich. Seine australischen und südafrikanischen Prinzipale mochten ihn und vertrauten ihm. Er verdiente für sie viel Geld, für STINNES und für sich. STINNES hatte eine Kultur, um oft schwierige und extrovertierte Unternehmer zu akzeptieren, solange sie für das Unternehmen viel Geld verdienten. Es gab auch Fälle, dass Toptrader mehr als der Vorstand verdienten. Damit hatte man kein Problem. In einem großen Industriekonzern mit klaren Führungs- und Dotierungsebenen ist das undenkbar.

VEBA waren solche Leute unheimlich und unerklärlich. Diese Einstellung sollte dem Toptrader den Job kosten.

Der Vorstandsvorsitzende hatte einen Termin in Zürich. Der Kohletrader holte ihn am Flughafen ab, mit einem Cadillac, mit Weißwandreifen und einer elektrischen Antenne, die er öfter rauf und runter fuhr. Er war nicht devot und nicht voller Hochachtung dem hohen Besuch gegenüber. In einem Stromkonzern sind solche Typen wohl nicht zu ertragen. Als er auch noch exzellent Golf spielte, war sein Schicksal besiegelt. Dem damaligen Vorstandsvorsitzenden von STINNES wurde Anweisung erteilt, den Mann zu entlassen. Es wurde nicht sofort exekutiert, denn Anweisungen gegenüber war man ohnehin skeptisch und man wusste, was die Entlassung bedeuten würde. Es ging Zeit ins Land.

Deutlich später wurde gefragt, ob denn „DER TYP" noch da sei? Es half nichts. STINNES musste sich von ihm trennen.

Er machte sich selbstständig, nahm das Geschäft mit und STINNES fehlte ein zweistelliges Millionenergebnis.

Diese Geschichte habe ich nie vergessen. Sie ist so typisch für STINNES und für die Muttergesellschaft, die im wesentlichen Expertise im Strombereich hatte.

Die Frage ist einfach: Welche Kultur erträgt welche Kultur und welche nicht? Welche Kultur erträgt eine Holding und welche Tochtergesellschaft erträgt eine Holding und welche nicht?

Die Menschen und das Miteinander sind ausschlaggebend für den Erfolg. Das entsprach so ganz meinen Vorstellungen. Das müsste nach meiner Überzeugung eigentlich überall so sein, nicht wahr?

Diesen Geist und Stil wollte ich auch bei HÜLS einführen. Es gibt keinen Grund, weshalb dieser Stil nicht auch in einem produzierenden Unternehmen Erfolg haben sollte. Viele Mittelständler machen uns das vor. In diesem Sinne kann auch ein Großunternehmen so geführt werden, wie eine kooperierende Summe von Mittelstandseinheiten. Das war mein organisatorisches Ziel für HÜLS. Als ich HÜLS verließ, war das erreicht.

Die Sanierung der HÜLS AG, die nicht akzeptable kumulierte Verluste angehäuft hatte und deren operativer Verlust 1993, als ich anfing, mehrere 100 Mio. DM betrug, war eine schwierige Aufgabe. Die Geduld des Aktionärs war am Ende. Wir hatten noch eine einzige Chance, das Unternehmen in die Gewinnzone zu bringen. Vor meiner Entscheidung, von STINNES in die schwere Sanierungsaufgabe bei HÜLS zu gehen, wurde mir versprochen, dass HÜLS nach gelungener Sanierung auch wieder mit Unterstützung der VEBA wachsen dürfe. Ich habe mich darauf verlassen. Das war eine gute Zukunftsperspektive, die ich in Marl kommunizieren musste, um die Menschen aus ihrer inzwischen negativen Grundhaltung herauszuführen.

Für meinen Wechsel von STINNES zu HÜLS war das eine „CONDITIO SINE QUA NON". Ich hatte mich in dem internationalen Handelshaus sehr wohlgefühlt.

Nun, ich hatte noch nie saniert. Bis zu der Zeit waren immer nur Wachstumsgeschäfte in meinem Verantwortungsbereich. Diese Aufgabe kann man auch viel leichter mit seinem inneren Gewissen vereinbaren. Es sollte jetzt wohl so sein, dass der Reifegrad meiner Person nun auf den Prüfstand in einer kritischen Situation gestellt werden sollte. Die Verführung ist groß, beim Sanieren rücksichtslos vorzugehen, schnelle Erfolge einzufahren und alle Maßnahmen, sind sie noch so grausam, mit der Notlage zu begründen. Es war eine für mich besonders motivierende Aufgabe, da es nicht nur darum ging, das Ergebnis zu verbessern, sondern das Unternehmen musste langfristig überlebensfähig gemacht werden. Wie schon gesagt, wollte ich diese Aufgabe nicht als rücksichtsloser Sanierer durchführen, sondern ich wollte vor allen Dingen den Mitarbeitern in einer sehr persönlichen Art und Weise wieder eine Zukunft geben.

Meine erste Erkenntnis: Wir hatten viel zu viele Mitarbeiter für das Geschäft, das diese erwirtschafteten.

Wie kann man in einer solchen Situation den GOLDENEN WIND erfahren und daraus wirken? Ich sagte mir, alles was du machst, muss vor deinem inneren geistigen Führer Bestand haben können, muss deinen inneren Frieden erhalten, darf anderen nicht schaden, wenn es zu vermeiden ist und sollte ihnen eher nützen. Dazu gehört auch, dass man das Unternehmen und die Mitarbeiter mit aller Kraft vor denen schützt, die Schaden zufügen wollen, sei es, dass sie es unbewusst oder bewusst machen. Du bist das Schutzschild, wie ein SAMURAI oder ein SHAOLIN-MÖNCH: unerschrocken, mutig, zielstrebig, unaufhaltsam, immer in der Mitte, dem Ganzen verpflichtet. Und zwar mit der gleichen Kraft und Energie, die diese Vorbilder aus der Meditation und ihrer Verbindung zum GOLDENEN WIND ziehen. Natürlich war ich bei Weitem nicht so fortgeschritten wie diese Vorbilder, aber mein innerer Prozess war schon durch meine 20-jährige Übungspraxis so weit entwickelt, dass ich sehr wohl in der Lage war, spontan alle Kraft, die mir zufloss, auf eine Situation auszurichten und zum Wohle des Unternehmens und seiner Mitarbeiter einzusetzen.

Mir war auch sehr bewusst, dass ich (nach ROUSSEAU) für mein Handeln immer verantwortlich war, aber auch für das, was ich unterließ, wo ich hätte handeln müssen.

Ich saß sehr oft zu Anfang allein in meinem Büro in Marl und überlegte, wie ich das denn mit meinem hohen persönlichen Anspruch unter einen Hut bringen wollte. Ich hatte doch jahrelang schon im Sinne des ZEN meditiert. Also meditierte ich möglichst jeden Morgen vor dem Start bei mir zu Hause, um mit dem GOLDENEN WIND ins Büro zu fahren. So konnte ich den Arbeitstag in einer achtsamen Geisteshaltung beginnen.

MEDITATION ZUR EINSTIMMUNG AUF DAS BERUFLICHE WIRKEN
(Von der ARBEIT zum WERK)

1. Ich werde den GOLDENEN WIND spüren.
2. Ich sitze auf meinem Kissen und spüre den sicheren Boden.
3. Ich schließe meine Augen bis auf einen kleinen Schlitz.
4. Ich ziehe die Mundwinkel hoch und lächle.
5. Ich atme ruhig und nicht aktiv.
6. Ich spüre, wie ich beatmet werde.
7. Ich spüre in mir die Sehnsucht, HÜLS zu helfen.
8. Ich spüre die Sehnsucht, allen Mitarbeitern zu helfen.
9. Ich übernehme die Verantwortung zu führen.
10. Ich fokussiere alle meine Gedanken und Emotionen auf HÜLS.
11. Ich beobachte Gedanken und Gefühle.
12. Ich bin ganz Hüls – ich bin mit allen dort verbunden.
13. Gedanken kommen und gehen – ich halte nichts fest.
14. Zwischen Gedanken und Gefühlen spüre ich den GOLDENEN WIND.
15. Aus dem GOLDENEN WIND steigen Gedanken und Gefühle hoch.
16. Ich lasse den Fokus HÜLS los – ich brauche keinen Fokus mehr.
17. Ich bin ganz offen.
18. Nichts mehr denken – nichts mehr beobachten – nichts mehr fühlen.
19. Nichts bewerten – nichts beurteilen – nichts verurteilen.
20. Mein Bewusstsein hat sich entleert.
21. Ich bin ganz im GOLDENEN WIND.
22. Ich bin ganz GOLDENER WIND.
23. Ich bin EINS mit der WIRKLICHKEIT.
24. Ich bleibe immer EINS mit der WIRKLICHKEIT.
25. Ich spüre meinen Atem wieder.
26. Ich strecke mich so hoch, wie ich kann.
27. Ich beuge mich ausatmend nach vorne und lasse meine Arme hängen.
28. Ich strecke mich einatmend wieder hoch und atme aus.
29. ICH HABE DEN GOLDENEN WIND GESPÜRT.
30. ER TRÄGT MICH DURCH DEN GANZEN TAG.

Es gibt keinen Unterschied zu einem Gebet. Wer mit einem Gebet in den Tag hineingehen will, möge es gerne tun. Das finde ich auch gut und habe auch oft für mein Wirken bei HÜLS gebetet. Mit einem Gebet oder mit einer Meditation programmieren wir unser Bewusstsein auf ACHTSAMKEIT und die ist – wie oft schon ausgeführt – das Tor, das wir öffnen sollten, bevor es an die Arbeit geht. Aus der Achtsamkeitsübung resultiert Gelassenheit und Mitgefühl. Diese Grundhaltung ist für eine Sanierungsaufgabe sehr wichtig.

Liebe Leserin, lieber Leser, diese Meditation können auch Sie vor Ihrem Start in den Arbeitsalltag durchführen. Sie können sie auch ändern. In diesem GEIST werden auch Sie gut durch den Tag kommen. Dann wird es EIN GUTER TAG FÜR SIE.

Es gelingt. Ich habe es ausprobiert. Haben Sie Geduld. Üben Sie jeden Tag.

Fangen Sie mit einer kleinen Sequenz aus dieser Meditation an. Beschließen Sie zunächst 5 Minuten dafür aufzuwenden. Den Zeitraum können Sie langsam steigern. Bei längerer Praxis sollten Sie 25 Minuten an einem stillen Ort meditieren.

Apropos *„Stilles Örtchen"*, die Toilette ist hervorragend für ein kurzes meditatives Retreat in Ihrem Unternehmen geeignet. Ich habe sehr oft vor kritischen Situationen oder wichtigen Begegnungen oder Entscheidungen, bei denen ich in meiner Mitte bleiben wollte, in meinem Büro meditiert, oder außerhalb des Unternehmens eben auf dem stillen Örtchen. Es ist für Ihre Umgebung nicht zu verstehen, wenn Sie das Geheimnis preisgeben. Behalten Sie es für sich. Lassen Sie Ihre Umgebung in dem Glauben, dass Sie das auf der Toilette machen, was alle machen. Es ist besser so.

TOILETTE UND RETREAT – „HALLE DER INNEREN HARMONIE"

Wer nach Portugal reist und dort nach einem „stillen Örtchen" sucht, muss sich in eine „retrete" (engl.: „retreat"; wörtlich: Rückzug) begeben.

Der Begriff *Toilette* leitet sich vom französischen *toile, toilette* ab, dem Tuch bzw. kleinen Tuch, mit dem man sich für seine Notdurft von der Umgebung abschirmte. Andere Bezeichnungen für diesen (kleinen) Raum sind der *Lokus* (von lat.: *locus necessitatis* = Ort der Notdurft), die *Latrine*, das *Privet* (franz. = vertraulich/privat), die *Retirade* (lat.-ital.-franz. = Ort des Rückzugs), oder *stilles Örtchen*. In China wird der Toilettenraum gerne *„Halle der Inneren Harmonie"* genannt. Hinweisschilder an Toiletten tragen oft die Aufschrift *„oo"* oder *„o"*. Das ergab sich, weil Hotels im 19. Jahrhundert diese Räume in einer Etage, und zwar üblicherweise in der Nähe des Aufzugs oder des Treppenhauses lagen. Da dort ebenfalls die Nummerierung der Zimmer begann, trugen die Toilettenräume die Zimmernummer 0 bzw. 00. (Quelle: wikipedia.de)

Der Engländer benutzt das Wort *„toilet"*, während der Amerikaner von *„restroom"* (Ruheraum) spricht.

Wenn man während der Bürostunden ab und zu einfach mal STOPP sagt und in die Meditation geht, in diesem Fall in den Erfahrungsraum „Arbeit und Werk" achtsam eintaucht, dann geben Sie dem GOLDENEN WIND die Möglichkeit, Sie zu berühren, und Ihre Taten zeugen davon. Dann sind Sie endlich ganz DA in der ganzen Hektik des Berufsalltags. Dann wird aus der Hektik schnelle Bewegung und das ist LEBEN.

Wie die Benediktiner, die beim Läuten der Glocke ihre Arbeit unverzüglich zum Gebet niederlegen, so sollte man auch am Schreibtisch öfter am Tag kurz unterbrechen, um die sich eingeschlichene Unachtsamkeit in Achtsamkeit zu drehen. Sagen Sie Ihrer Sekretärin Bescheid oder schließen Sie Ihre Tür für ein paar Minuten und machen einfach eine SCHREIBTISCHMEDITATION:

Schreibtischmeditation

1. Ich werde den GOLDENEN WIND spüren.
2. Ich sitze fest auf meinem Stuhl und spüre das Gewicht auf dem Sitzkissen.
3. Ich nehme über meine Füße Kontakt zum Boden auf.
4. Ich lege meine beiden Hände flach auf den Schreibtisch und drücke kurz nach unten.
5. Ich schließe meine Augen bis auf einen kleinen Schlitz und schaue auf den Schreibtisch.
6. Ich atme ruhig und nicht aktiv.
7. Ich werde beatmet.
8. Ich spüre den Raum um mich herum.
9. Ich spüre das ganze Unternehmen um mich herum.
10. Ich nehme Kontakt zu allen Mitarbeitern und Kollegen auf.
11. Ich beobachte meine Gedanken, sie kommen und gehen.
12. Zwischen den Gedanken spüre ich die Lücke, den GOLDENEN WIND.
13. Ich lasse los, alle Gedanken, alle Emotionen.
14. Der GOLDENE WIND will sich durch mich heute zu meinem Werk realisieren.
15. Nichts bewerten – nichts beurteilen – nichts verurteilen.
16. Ich bin ganz im GOLDENEN WIND.
17. Alles, was ich heute tue, zeugt davon.
18. Ich spüre meinen Atem wieder.
19. Ich stehe auf und strecke mich.
20. Ich beuge mich nach unten und atme aus.
21. ICH HABE DEN GOLDENEN WIND GESPÜRT.
22. ER TRÄGT MICH DURCH DEN GANZEN TAG.

Sie werden einen großen Energiezufluss spüren. Ihnen wird die Arbeit leichter von der Hand gehen, als wenn Sie einfach immer im Kontinuum der Hektik und Unachtsamkeit weiterarbeiten. Sie brauchen wegen der fünf Minuten Auszeit Ihrem Arbeitgeber gegenüber kein schlechtes Gewissen zu haben. Sie entschädigen ihn durch bessere Leistung um ein Vielfaches.

Da ich von außen kam, wollte ich schnell eine vertrauenswürdige Beziehung zu allen Mitarbeitern herstellen. Der Start gelang trotz der brisanten Lage in mehreren Betriebsversammlungen ganz gut. Mit der Aussage *„Wir stehen mit nackten Füßen auf einer heißen Platte“* schuf ich ein Bild, das jeder verstand. Alle hatten natürlich das herkömmliche Bild von einem Sanierer und jede Menge Vorurteile.

Die Menschen hatten Angst um ihren Arbeitsplatz und um ihre materielle Zukunft.

„Die VEBA hat sich längst von uns verabschiedet. Sie sollen uns nur fit machen für einen Verkauf!", rief mir ein Mitarbeiter ärgerlich zu.

Nun, das hatte ich nicht vor und deshalb war ich auch nicht zu HÜLS gekommen. Aber man war vorsichtig und misstrauisch geworden. Die Krise der vergangenen Jahre und hier und da geäußerte Statements hatten tiefe Spuren des Misstrauens hinterlassen. Ich war zwar auch im VEBA-Vorstand, aber kam ja von STINNES. Das war vielleicht nur halb-suspekt.

Also, ich war in schwerem Gewässer. Vertrauen und Glaubwürdigkeit konnte ich nur erreichen, wenn das, was ich sagte, mit dem, was ich machte, absolut kongruent war und wenn die Menschen die ganze Empathie spürten, mit der ich ihnen gegenübertrat.

Es ging mir immer um den „LIEBENDEN DIALOG", wie Hans-Peter DÜRR im nachfolgenden Gespräch seine Art von Meditation nennt, der nicht nur von der Achtsamkeit für den anderen und seine Belange getragen wird, sondern auch immer eine Spontaneität zulässt, die aus dem Gefühl des Miteinander-verbunden-Sein fließt. Dieses „mit allen und allem verbunden sein" ist LIEBE.

Der LIEBENDE DIALOG erwächst aus einem tiefen Mitgefühl für alle Wesen. Dieses Mitgefühl entwickelt sich aus Gelassenheit, Heiterkeit und Humor, aus der täglichen Übung.

Der DALAI LAMA nennt dies Wurzel, aus der heraus wir auf andere Menschen zugehen: „COMPASSION".

Willigis Jäger schreibt in seinem Buch „Das Leben endet nie" (Theseus Verlag Berlin 2005):

„ZEN und Mystik haben zwei Säulen, die in Wirklichkeit eins sind:

WEISHEIT UND MITGEFÜHL. Deutlicher sind vielleicht die Worte ‚Erkenntnis und Mitgefühl'. Im Christentum sagen wir: Weisheit und Agape.

Es gibt keine wirkliche Liebe ohne diese Erfahrung der Einheit und keine wirkliche Erkenntnis ohne Liebe. Sie können nur zusammen auftreten."

Zum Mitgefühl für die anderen Menschen ist also nur der fähig, dessen Weisheit im Laufe seines Lebens gewachsen ist.

Weisheit kann immer nur wachsen, bis ins hohe Alter, auch wenn wir in allen anderen Eigenschaften nachlassen müssen.

Weisheit ist die Erfüllung des Lebens im Alter.

Die Weisheit ist der Bereich, in dem wir, auch wenn wir älter und gebrechlich werden, noch wachsen können.

Mit unserem Mitgefühl wirken wir zum Wohle aller Wesen, bis wir tot sind.

Deshalb habe ich bei der Beurteilung von Führungskräften immer versucht herauszufühlen, wie weise derjenige ist, dem ich mehr Verantwortung geben wollte.

Dann konnte ich sicher sein, dass er mit Mitgefühl führte, und das war in meinem Sinne. Natürlich habe ich mich bei einer Beurteilung auch mal geirrt.
Als ich in den Vorstand der GOLDSCHMIDT AG berufen wurde, gab mir der damalige Aufsichtsratsvorsitzende Dr. Kuhnke die folgende Botschaft mit auf den Weg:

„Mit der Ernennung leihe ich Ihnen einen Indianerschmuck mit vielen Federn. Immer, wenn Ihnen ein Mitarbeiter von einem großen Erfolg berichtet, dann nehmen Sie eine Feder aus Ihrem Schmuck und heften die Feder an den Kopfschmuck des Mitarbeiters. Wenn Sie eines Tages das Unternehmen verlassen, erwarte ich, dass Ihr Kopfschmuck leer geräumt ist. Dann haben Sie Ihre Führungsaufgabe richtig erfüllt."

Diese beeindruckende Geschichte habe ich nie vergessen. Diese Geste ist eben Ausdruck eines von EMPATHIE getragenen Verhältnisses zu den Mitarbeitern. Die Überreichung der Feder ist das Symbol des LIEBENDEN DIALOGS, des Mitgefühls.

Wenn Sie, liebe Leserinnen und lieber Leser, bis hierhin gelesen haben, dann wissen Sie viel mehr über mich als alle Mitarbeiter von HÜLS damals gewusst haben. Sie hätten mir doch sicher auch vertraut, nicht wahr? Aber ich sagte ja schon, dass ich durch Worte nicht zu erkennen geben wollte, welche Weisheit und Kraft mein Denken und Handeln speist. An meinen Taten sollten mich alle erkennen. Es sollten gute Taten für das Ganze und möglichst auch für das Individuum sein. Das hatte ich mir vorgenommen.

In der Betriebsversammlung, in der der oben genannte vorwurfsvolle Zwischenruf kam, die Gesellschaft nur fit für den Verkauf machen zu wollen, gab ich ein wichtiges Statement ab:

„ICH GEBE IHNEN MEIN WORT, DASS UNTER MEINER FÜHRUNG HÜLS NICHT VERKAUFT WIRD!"

Ich hatte mich festgelegt. Ich war festen Willens, zu diesem Wort auch zu stehen, und die Mitarbeiter spürten das, je länger wir zusammenarbeiteten.

Die gute und vertrauensvolle Zusammenarbeit mit den Arbeitnehmervertretungen hatte für mich hohe Priorität. Wir waren uns einig im Ziel. Wir wollten gemeinsam das Unternehmen zukunftsfähig machen und die Zukunft der Mitarbeiter absichern. Die Betriebsräte spürten, dass ich es vom Herzen her gut meinte. Dafür hatten sie ein sicheres Gespür. So kamen wir auch gut durch schwere Zeiten. Es soll nicht arrogant klingen, aber immer, wenn ich ein Unternehmen verließ, bedauerten die Betriebsräte und die Arbeitnehmervertretungen im Aufsichtsrat mein Ausscheiden am meisten. Wir saßen uns nie gegenüber, wir saßen immer miteinander am Tisch. Mit der IGBCE kam ich gut klar. Zu den Herren Rappe und Schmoldt hatte ich ein freundschaftliches und vertrauensvolles Verhältnis, das von gegenseitiger Wertschätzung geprägt war.

Wenn ich heute nach vielen Jahren die Unternehmen besuche, in denen ich gewirkt habe, spüre ich Freude und Wohlwollen in verschiedenen Ebenen.

Es ist ein gutes Gefühl, dass man sich dort sehen lassen kann. So viel kann ich dann wohl nicht falsch gemacht haben.

In jeder Begegnung spürt der andere den Reifegrad der Weisheit in einer Person und erkennt am Verhalten Mitgefühl, das aus einer heiteren Gelassenheit und Sicherheit kommt.

Das habe ich mir nicht vorgenommen, sondern ich war einfach so, wie ich im Innersten bin. Ich hatte immer leichten Zugang zu den Herzen der Mitarbeiter, weil mein Herz offen war. In jeder Begegnung liegt die große Chance, sich von Herz zu Herz zu begegnen. Ich habe mir immer vorgenommen, dass sich ein Mitarbeiter nach einem Gespräch mit mir BESSER, ENERGIEREICHER fühlt. Wenn es so ist, kommen die Mitarbeiter immer wieder zu neuen Begegnungen. Sie holen sich gerne von ihrem Chef Energie ab. Wie viel Chefs zerstören immer wieder die Energie ihrer Mitarbeiter, nur weil ihr EGO sich aufspielt und den anderen zeigen will, dass es größer ist.

Oft habe ich in meinem Berufsleben von Vorgesetzten die Äußerung gehört: *„Meine Tür ist immer für alle offen!“*

Nur, es kam keiner freiwillig, da sich der Chef im Gespräch allzu oft über den Mitarbeiter setzte. Das führt bei dem Empfänger zu keinem guten Gefühl.

Wenn man sanieren will, muss man besonders die Herzen erreichen. Alle Herzen aller Mitarbeiter gemeinsam sind der Pulsschlag des Unternehmens. Ich glaube, das ist mir gut gelungen.

Ich hatte auch ein offenes Ohr für Sorgen und Probleme, private und berufliche. In diesen kritischen Begegnungen kann man ganz DA sein. Man kann EINS sein mit dem Gesprächspartner. *„Der andere bin ich doch auch!“* – das ist die verständnisvolle Haltung, die aus dem Mitgefühl kommt.

In früheren Jahren hatte ich schon gelernt, dass die Begegnung sowie auch die Führung, wenn man Verantwortung trägt, immer empfängerbezogen und situationsgerecht sein sollte. Viele leben einfach ohne Reflexion ihren Stil bei anderen aus, sie leben sich selbst aus. Aber jedes Individuum ist verschieden. In meinen ersten Berufsjahren war ich auch fest von einem demokratischen und partizipativen Führungsstil überzeugt. Ein Erlebnis werde ich nie vergessen:

Ich versuchte, eben wie gesagt demokratisch und partizipativ, einen Mitarbeiter zu überzeugen. Nach einer halben Stunde wurde er deutlich: *„Sie brauchen sich nicht so viel Mühe zu geben. Ich war Soldat. Geben Sie mir einen Befehl und dann mache ich das so!“* Ich war völlig überrascht. nun, für diesen Mitarbeiter musste es wohl autoritär sein.

Die Führung eines Mitarbeiters ist dann gelungen, wenn es keiner Anweisung bedurfte. Wenn der Mitarbeiter selbst durch das Gespräch auf die Idee kommt. was er zu tun hat. Dafür muss man manchmal auch Geduld haben. Die Anweisung oder der Befehl wirken schneller, aber immer mit einem schlechten Gefühl bei dem Empfänger.

„Wenn du ein Schiff bauen willst, so trommle nicht Männer zusammen, um Holz zu beschaffen, Werkzeuge vorzubereiten, Aufgaben zu vergeben und die Arbeit einzuteilen, sondern lehre die Männer die Sehnsucht nach dem weiten endlosen Meer", sagte *Antoine de Saint- Exupèry.*

Nach 22-jähriger Abwesenheit besuchte ich wegen einer Geschäftsidee GOLDSCHMIDT in Essen. Der Pförtner öffnete die Schranke und sagte zu mir: *„Guten Tag, Herr Dr. Meyer-Galow, schön, dass Sie wieder da sind!"*

Ich war völlig verblüfft und hatte das nicht erwartet. In diesem einen Augenblick spürte ich sofort den GOLDENEN WIND. Ich war GANZ DA. Das ist ES, was das Leben lebenswert macht. Wo du einmal warst, bleibst du immer, im positiven wie auch im negativen Sinne. Es ist das Spüren der Verbindung mit allen Wesen, das kann man auch LIEBE nennen.

Ich hatte Glück bei meinem Start am 1.10.1993. Die Chemiekonjunktur belebte sich deutlich. Es ging aufwärts mit der Wirtschaft. Aus dem damit verbundenen steigenden Cashflow konnten wir leichter die Sanierungskosten bezahlen.

Ich kann in diesem Buch nicht alles aufzählen, was in den Jahren bei mir aus dem GOLDENEN WIND in Gang gebracht wurde und wie die Entscheidungen dessen Handschrift zeigten. Lassen Sie mich exemplarisch einiges herausgreifen, damit Sie, liebe Leserinnen und liebe Leser, einen Eindruck gewinnen können.

Ich sah keine andere Möglichkeit, das Unternehmen überlebensfähig zu machen, als die Belegschaft um einige Tausend zu verkleinern. Diese Erkenntnis hat mich sehr belastet. Aber wenn es so sein musste, dann wollte ich wenigstens darauf achten, dass diejenigen, die gehen mussten, um für die Jüngeren Platz zu machen, fürsorglich und großzügig behandelt wurden.

Jeder ab dem 56. Lebensjahr konnte das Unternehmen mit Garantie von 90% seiner Bezüge verlassen. Die Vorruhestandsregelung der Regierung hat geholfen, die restlichen Verpflichtungen hat das Unternehmen übernommen. Das war eine faire, großzügige Regelung, wenigstens in finanzieller Hinsicht. Ich hatte nicht im Sinn, bei den Mitarbeitern, die uns verließen, auch noch zu sparen, um das Ergebnis zu verbessern.

Wir schlossen mit den Betriebsräten ein auf die Zukunft gerichtetes *„Bündnis für Arbeit"*. Alle Personalmaßnahmen liefen einvernehmlich ab, ohne Demonstrationen und Beschimpfungen. Wir achteten uns gegenseitig, verstanden auch die unterschiedlichen Aufgaben und Rollen, aber waren davon getrieben, ein gesundes, dynamisches, in die Zukunft gerichtetes Unternehmen zu schaffen.

Wenn ältere Mitarbeiter gehen mussten, so war doch auch wichtig, der Jugend ein Signal zu geben. Ich weiß das noch ganz genau, wie diese Idee auf der Fahrt nach Marl hochkam und immer mehr Gestalt werden wollte. Obwohl wir tiefrote Zahlen schrieben, baute ich die Lehrlingsausbildung stark aus. Viele Sparkommissare im Unternehmen reagierten mit Unverständnis. Ich fühlte mich verpflichtet, zur Verringerung der Jugendarbeitslosigkeit in unserem Land einen Beitrag zu leisten. Die vergrößerte Ausbildung kostete 10 Mio. DM mehr und vergrößerte kurzfristig unseren Jahresverlust. Ich machte mir meine Entscheidung leicht und schaute auf die starken Schultern von VEBA. Hätte ich viel gefragt, hätte die Möglichkeit bestanden, dass die Maßnahme mir abgelehnt worden wäre. Ich machte allerdings den neuen Jahrgang der Azubis darauf aufmerksam, dass wir weit über Bedarf ausbilden und aus sozialen Gründen für gerechtfertigt halten, aber nach Abschluss in drei Jahren nicht alle übernehmen könnten. Drei Jahre später, als es dann auch so kam. wurde ich bei einer Podiumsdiskussion von den Jugendvertretern heftigst beschimpft. Ich blieb aber in meiner Mitte. Ich wusste, die Beschimpfung muss man eben aushalten, aber ausgebildete junge Leute fallen weniger schnell in die Arbeitslosigkeit als Unausgebildete.

Es ging mir auch um die direkte Kommunikation, also ohne Einschaltung von Vorgesetzten, mit alle Mitarbeitern, die darauf Wert legten. Ich wollte unmittelbar wissen, was die Menschen bedrückt und was wir besser machen können. Deshalb ließ ich vor meinem Büro einen großen Briefkasten aufstellen mit der Aufschrift: „AN DEN VORSTANDSVORSITZENDEN“. Der Briefkasten war oft völlig voll. Ich hatte die Hand am Puls. Ich wusste, was in der Mannschaft los war.

Jeder Brief wurde von mir beantwortet, und wenn es Handlungsbedarf gab, sorgte ich dafür, dass die Veränderungen auch durchgeführt wurden. Falls Vorgesetzte das blockierten, bat ich sie zum Gespräch. Ich wollte all die Energie, die ich mit Gleichgesinnten aufbaute, nicht gefährdet sehen.

Ich merkte bald, dass sehr viel Energie durch Vorstandsmitglieder und Direktoren verloren ging, und zwar durch einen veralteten Führungsstil, der nicht mehr zeitgemäß war und meinem schon gar nicht entsprach. So viel Energie konnte ich gar nicht aufbauen, wie da verloren ging. Da es eilte, musste ich handeln. Die Entscheidung, mich von diesen Kollegen zu trennen, ist mir sehr schwer gefallen. Ich habe richtig gelitten und immer wieder gezögert. Viele Gespräche wurden zur Verbesserung geführt. Aber es hatte keinen Sinn, da eine Verhaltensänderung zu lange dauerte, wenn sie überhaupt möglich war. Mir rannte die Zeit davon und mir brannte es unter den Nägeln. Wir haben uns dann einvernehmlich, fair und unter Honorierung der bisherigen Verdienste großzügig getrennt. Die Mitarbeiter, die unter diesen Chefs gelitten hatten, blühten auf.

Nach dieser Erfahrung hatte ich mir geschworen, nur Führungskräfte mit Herz, die mit ihren Mitarbeitern fürsorglich umgehen konnten, man kann auch sagen, christlich mit Nächstenliebe, weil sie mit sich selbst im Reinen waren (Horst Eberhard Richter), auf Führungspositionen zu befördern. Es war deren Aufgabe, Energien bei den Mitarbeitern freizusetzen, zum Wohle des Ganzen. Immer, wenn das klappte, kam in mir der Funke des GOLDENEN WINDES in das Bewusstsein.

Damit fiel eine Führungsebene weg. Junge Mitarbeiter übernahmen hoch motiviert neue Führungsaufgaben und berichteten direkt an den Vorstand.

Das brachte einen enormen Schwung in die Organisation.

Mir ging es bei allen Sanierungsarbeiten immer gleichzeitig auch um die Zukunft. Dafür brauchte ich viele junge Nachwuchsführungskräfte, und zwar im direkten Fokus des Vorstands. Es wurden Nachwuchsförderkreise mit 20 bis 30 Personen gebildet. Jedes Vorstandsmitglied betreute einen Kreis und traf sich viermal im Jahr mit ihm. Die Vorstandskollegen suchten dann aus ihren Kreisen die „High Potentials", wie es heute heißt, aus, die ich dann übernahm. Wir lernten alle kennen. Wir erhielten viele Informationen und Ideen, die wir sonst nie erfahren hätten. Die Treffen waren eine wahre Fundgrube. Bei der Besetzung von freien Stellen wussten wir genau über die Kandidaten Bescheid.

Es gab immer wieder das Bemühen der VEBA, als Muttergesellschaft von HÜLS, unsere Nachwuchsführungskräfte zu betreuen und zu entwickeln nach dem Motto: *„I am coming from headquarter to help you!"*.

Ich konnte das immer wieder erfolgreich verhindern. Dieser Ansatz machte überhaupt keinen Sinn und brachte schon gar keinen Mehrwert. Man muss einfach die Menschen kennen und sie müssen uns kennen und uns vertrauen, wenn man ernsthaft Personalentwicklung betreiben will. Diese zentralistische Ambition findet man in vielen Unternehmen.

Das betriebliche Vorschlagswesen war bei HÜLS eingeschlafen. Für die schnelle Sanierung waren für mich aber alle Ideen der Mitarbeiter vor Ort unverzichtbar. In den Belegschaftsversammlungen machte ich das „BVW" zum großen Thema. Mein Credo war: *„Ich kann das hier allein nicht schaffen. Ich brauche alle Ideen aller Mitarbeiter vor Ort!"*

Ich versprach schnelle Erledigung der Vorschläge und großzügige Prämien. Ich versprach meine persönliche Überwachung und erinnerte an den direkten Zugang zu mir über meinen Briefkasten.

Als Prämie wurde 10 % des Nutzens in einem Jahr ohne Limit ausgelobt. Jeder Scheck über 10.000 DM wurde von mir persönlich überreicht. Das war ein Selbstläufer. Alle wollten mitmachen und von mir einen Scheck erhalten. Bei der Übergabe schaute ich in kreative Augen. Ich konnte im Gesicht lesen, ob ich einen Mitstreiter gewonnen hatte oder nicht. Kreative sehen anders aus als Nicht-Kreative, glauben Sie es mir. Als ich einem Mitarbeiter seinen Scheck überreichte, sagte er: *„Herr Dr., ich habe schon wieder eine neue Idee und mein Sohn auch!"* In dem Augenblick spürte ich den GOLDENEN WIND und war zutiefst dankbar für diese Erfahrung.

Die Stimmung war dynamisch positiv. Der höchste Scheck belief sich auf 350.000 DM für eine Verbesserung um 3,5 Mio. DM pro Jahr in Lülsdorf. Ich habe die Prämien immer gerne ausgezahlt. Ich habe dabei tiefe Freude empfunden, nicht so sehr wegen des materiellen Nutzens für die Firma, sondern weil ich spüren konnte, wie sich immer mehr Mitarbeiter als wertvolle, geachtete und anerkannte Teilnehmer am Veränderungsprozess fühlten und ihre Arbeit zum wertvollen Teil des gesamten Werkes „*Sanierung* HÜLS" wurde. Blockaden in dem Prozess, wo immer sie herkamen, habe ich schnell weggeräumt. In dem Jahr 1998, als ich HÜLS verließ, war das BVW *Nummer 1* in der gesamten chemischen Industrie und in Deutschland Nummer 3 nach Opel Eisenach und ITT über alle Branchen gerechnet (Deutsches Institut für Betriebswirtschaft). Es wurden in diesem Jahr 15 Mio. DM an die kreativen Mitarbeiter ausgeschüttet. Es hat richtig Spaß gemacht, den Mitarbeitern und mir.

Auf diesen kreativen Flow setzte ich unter der Mitwirkung von McKinsey ein Programm zur Verringerung der Kosten für Produktion und Instandhaltung auf. Die SOLL-Messlatte war bei 40 % Kostensenkung. Alle Teams haben, was vorher nicht zu erwarten war, nach 18 Monaten diese Messlatte übersprungen, manche deutlich. Wir waren im FLOW. Wir wussten, wie man es macht.

Es gab Zeiten, da waren über 100 Mitarbeiter von Unternehmensberatungen bei uns im Einsatz. Diese Teams wurden mit jungen Leuten aus unseren Nachwuchsförderkreisen ergänzt. Ich wollte, dass gerade unsere jungen Leute in einen intensiven Lern-und Gestaltungsprozess einsteigen konnten.

Die Produktionsprozesse, die F- und E-Prozesse, die kaufmännischen Prozesse, – alles wurde optimiert.

Ich wollte auch unbedingt als Zeichen die kreativ nach vorn drängende Kraft der Innovation in Gang setzen. Ein Team aus 12 jungen hoffnungsvollen und begabten Naturwissenschaftlern wurde ein Jahr von allen operativen Aufgaben freigestellt. Eigentlich hätten wir uns das bei unserer Schieflage gar nicht leisten können. Wer nur auf Kostensenkung schaut, hätte dafür kein Geld ausgegeben. Mir war auch das Signal an die Belegschaft enorm wichtig. Es zeigte, dass ich mich mit der Zukunft des Unternehmens und seiner Mitarbeiter beschäftigen wollte, Es bezeugte, dass ich an eine erfolgreiche Zukunft glaubte.

Das schlug ein. WENN MAN EIN UNTERNEHMEN RÜCKWÄRTS SANIERT, MUSS MAN ES AUCH VORWÄRTS SANIEREN – das spürte ich als Aufgabe.

Zur Zukunftsgestaltung fiel mir plötzlich eine Idee ein. Zwölf Wissenschaftler wurden für ein Jahr von ihren operativen Einheiten freigestellt und konnten mit viel Zeit, Muße und Kreativität neue Ideen entwickeln. „Entwickeln" war im wahrsten Sinne des Wortes gedacht. Sie sollten die Ideen, die weltweit DA waren, für HÜLS entwickeln, auspacken und sichtbar machen und um neue Ideen ergänzen.

Meine Aufgabenstellung: *„Suchen Sie weltweit die wichtigsten Technologietrends, verknüpfen Sie sie mit der Kompetenz von HÜLS und machen Sie dem Vorstand nach einem Jahr Vorschläge!"*

Das SCREENING COMMITTEE war gegründet. Ich hatte die Überzeugung gewonnen, dass die neuen Ideen aus den laufenden Geschäften zwar wichtig waren, aber für eine schwungvolle Zukunftsgestaltung nicht ausreichten. Aus dem operativen Geschäft denkt man immer nur in kleinen Sprüngen. Ich wollte aber große Sprünge. Wenn man den Mitarbeitern die Chance gibt, ihre Zukunft zu gestalten und die Kultur im Unternehmen stimmt, dann glauben die Mitarbeiter auch an die Zukunft und verbessern sogar die Gegenwart wesentlich zielstrebiger.

Wie aber kann man die Kreativität fördern? DENKEN bringt zwar auch neue Ideen, aber die kreativen Sprünge sind oft zu klein. Das eigene DENKEN, WISSEN, KÖNNEN und HABENWOLLEN, also die EGO-Eigenschaften, engen uns viel zu sehr ein. Nur TRANSMENTAL sind große Ideen plötzlich DA. Sie fallen uns ein. Sie fallen in uns ein. Wir werden INSPIRIERT. Sie sind aus dem GOLDENEN WIND geboren. Nach meiner Erfahrung ist man dann besonders kreativ, wenn man Anschluss an das „kooperative Hintergrundfeld" (Dürr) findet, an die Wirklichkeit, aus der alles kommt, was Realität werden will, auch die guten Ideen. Voraussetzung für die INSPIRATION ist die INTUITION.

Roland ROPERS: „Dieses Wort kommt von dem lateinischen ‚Deponens intueri' gleich hineinschauen, nach innen blicken. Bevor wir intellektuell werden können, müssen wir intuitiv werden. Nachdem wir tief bei uns selbst innen hineingeschaut haben, können wir an der Quelle des Ur-Grundes die Edelsteine des Wissens aufsammeln. Wir können dann kreativ sein. Nur so kommen wir an das Wissen heran, das wir zwar wissen, aber das uns nicht bewusst ist."

H. P. DÜRR: *„Wir erfahren mehr, als wir wissen!"*

Zur Förderung der Kreativität geht es also darum, sich selbst und andere an diese Bewusstseinshaltung heranzuführen. Das gelingt aber nur, wen man selbst schon lange auf dem Weg der inneren Reifung ist. Sonst gelingt die Öffnung für die Intuition nur sehr schwer.

Das ganze Buch ist also in dem Sinne eine Anleitung zur Kreativität in allen Erfahrungsräumen.

Es war unglaublich, was uns vorgetragen wurde und zwar auch mit Elan und Begeisterung. In dem einen Jahr war mit den Mitarbeitern etwas passiert. Sie strahlten eine „geistige" Dimension aus, aus der die Ideen sprudelten.

Die Projektideen: Membranen, Lotuseffekt, Direktoxidation, Electronic Ink, Chemconnect, Drug Delivery Systeme, Rapid Prototyping, Kohlenstoff-Nano-Röhrchen. Alle Ideen wurden erfolgreich umgesetzt, nicht immer bei HÜLS, heute EVONIK.

Es wurde beschlossen, die CREAVIS GMBH zu gründen und in dieser Gesellschaft die Innovationen weiter voranzutreiben.

Der Lotus-Effekt wurde in unseren Fokus gerückt, als er noch nicht in aller Munde war. Es ging um Polymeroberflächen mit wasserabweisender Wirkung, wie sie das Lotusblatt aufweist.

Ein Vorschlag war, sich mit MEMBRANEN zu beschäftigen. Die Entwicklung hat zu einer beständigen, stabilen Membran für den Lithium-Ionen-Akku geführt, die heute erfolgreich eingesetzt wird. EVONIK Degussa GmbH, in die HÜLS aufgegangen ist, entwickelt, produziert und vermarktet diese Membranen. Diese Membran ist wesentlich für die Vergrößerung und Verbesserung der Akkus. Für das Elektroauto ist diese Technologie unerlässlich. So wird im Laufe der Zeit aus einem kleinen Impuls aus der inneren Geisteshaltung plötzlich ein Beitrag zum Wohle der Umwelt und der Menschen.

Aus dem GOLDENEN WIND erwächst eine lebens- und naturverbundene Haltung im Denken und Wirken. Für alle bei HÜLS wollte ich diese Verbindung sichtbar machen. Wir entwickelten den Slogan:
DISCOVER THE LINK TO LIFE

Es war die Aufforderung an die gesamte Belegschaft, bei allem, was wir tun, die Verbindung zum Leben zu suchen, zu erkennen und zu fördern.

Es wurde uns vorgetragen, dass Kunststoffoberflächen in der Medizin, beispielsweise Katheder, sehr schnell bakteriell verseucht werden. An der bakteriellen Vergiftung würden in Deutschlands Krankenhäusern Tausende von Patienten besonders wegen der gegen Antibiotika resistenten Keime jährlich sterben.

Ich war wie elektrisiert und das Thema hat mich nie mehr losgelassen. Es kam immer wieder in meinen Meditationen hoch.

HÜLS besitzt ein großes Polymer-Know-how. Wir trauten uns zu, die in der Medizintechnik eingesetzten Polymere so an ihrer Oberfläche durch funktionale Gruppen zu modifizieren, dass keine Bakterien mehr anwachsen.

Zu einem gezielten Forschungsprojekt gab ich grünes Licht. Es drängte mich einfach danach, einen Beitrag für unsere Gesellschaft auf diesem Gebiet zu leisten, ohne zu wissen, ob HÜLS jemals damit Geld verdienen würde. Wir waren auf die Produktion großer Volumina programmiert. Hier konnte es aber nie um große Absatzvolumina gehen.

Die Ergebnisse waren sehr ermutigend. Als ich HÜLS verlassen musste, hatte das PASTEUR-Institut in Paris bestätigt, dass es uns gelungen war, bakterizide Oberflächenstrukturen herzustellen. Ich war ganz DA. Es war ein unbeschreibliches Glücksgefühl.

Mein Nachfolger hat das Projekt eingestellt.

HÜLS-Produkte fanden Verwendung in sehr vielen Lebensbereichen wie Pharmazie, Medizintechnik, Ernährung, Landwirtschaft, Körperpflege, Bautenschutz, Mobilität, Sport usw.

In einem anderen Bereich haben wir auch Geschichte geschrieben. Uns wurde schnell klar, dass wir mit unserer neuen Ausrichtung die gesamte Infrastruktur nicht allein bezahlen konnten. Es wurde die Idee des CHEMIEPARKS MARL geboren. Wolfgang Clement kam gerne zur Eröffnung. Nun stand es anderen Unternehmen frei, sich über einen Dienstleistungsvertrag im Chemiepark anzusiedeln und die gesamte Infrastruktur zu nutzen. Diese Unternehmen hätten ihre Aktivitäten nicht beginnen können, wenn sie ihre eigenen Infrastrukturkosten hätten bezahlen müssen. Das Projekt wurde ein Erfolg und andere Chemiefirmen haben uns das nachgemacht. HÜLS INFRACOR war dann die Gesellschaft, die unter dem Logo „CHEMSITE" das Geschäft managte.

Wir waren das erste Unternehmen, das seine Gastronomiebetriebe ausgliederte und verselbstständigte. Die HÜLS Service GmbH wurde aus der Taufe gehoben. Das Feierabendhaus wurde für die Öffentlichkeit als Restaurant geöffnet. Das Angebot wurde gerne angenommen, die Qualität war ausgezeichnet.

Mir ging es mit dieser Maßnahme nicht nur um Kostensenkungen, sondern ich wollte auch einen weiteren Deckungsbeitrag erwirtschaften und vor allen Dingen die Bevölkerung in Marl mit HÜLS freundschaftlich verbinden. Das ist gelungen.

Auch bei der Abgabe von Aktivitäten, die für uns zu klein waren, war mir wichtig, als Zukunftssignal auch zu akquirieren und zu wachsen. Die Polyolefine wurden abgegeben und die restlichen Anteile an der PHENOLCHEMIE, die eine führende Technologie und Marktposition für die Herstellung von Phenol hatte, gekauft. Also, rückwärts und vorwärts.

Auch in den schwierigen Sanierungsjahren investierten wir dank des steigenden Cashflows beträchtlich. Jede Investition ist ein positives Zukunftssignal. Wer das Ergebnis kurzfristig durch rückläufige Investitionen verbessert, verspielt oft die langfristige Zukunft.

Unsere Unternehmensstrategie zielte darauf ab, entweder führende Positionen zu haben oder sich zu verabschieden. Mit führend meinte ich: in der Produktion, der Technologie und im Markt. Aufgrund der beschränkten Ressourcen ist es einfach nicht möglich, alle Geschäfte zu führenden Positionen auszubauen. Man muss sich auf das beschränken, was man wirklich gut kann, auch in Krisenzeiten. So kann man ein Unternehmen wetterfest machen und hustet nicht schon wieder bei der nächsten Baisse. Und man muss breit aufgestellt sein, aber eben führend in den Einzelpositionen. Man darf allerdings nie vergessen, dass auch der Wettbewerb sich verbessert und man deshalb immer in einem kontinuierlichen Verbesserungsprozess sein muss. Wenn man einmal schmerzlich wie HÜLS gelernt hat, wie das geht, dann behält man das Verhalten und vor allen Dingen den Spirit bei, selbst wenn das Ergebnis gut ist. Folgende Erkenntnis hat sich oft erfüllt, zur Überraschung vieler Unternehmen: „NOTHING FAILS MORE THAN SUCCESS!".

Nach zwei Jahren war der Turnaround geschafft.

Wir feierten den Erfolg mit einem rauschenden Fest im NASSAUER HOF in Wiesbaden, dem STINNES-Hotel, das Hugo Stinnes einst gekauft hatte und dem ich mich heute noch verbunden fühle.

„We are the CHAMPIONS", sangen wir und standen auf den Stühlen.

Ich hatte bei STINNES vorher gelernt, wie man dort seine Erfolge, seine Kunden und Lieferanten feiert. Diese Kultur wollte ich auf HÜLS übertragen. Das war gelungen. Eines der schönsten Feste war es, als auch RÖHM den Turnaround feierte.

HÜLS schrieb wieder deutlich schwarze Zahlen und konnte in den Folgejahren das Ergebnis immer wieder verbessern. CHANGE, CHANGE, CHANGE war nicht nur ein Lippenbekenntnis. Wir lebten Veränderung zum GUTEN, TAG für TAG ein guter TAG. Wir waren besessen, zu verändern. Wir freuten uns gemeinsam über die Ergebnisse und hatten viel Freude und Spaß bei der Arbeit, die manchmal auch zum WERK wurde. Das konnte man erkennen, innen und auch außen. Die Öffentlichkeit nahm wahr, dass bei HÜLS etwas Besonderes im Gange war. Deshalb bekam ich viele Bewerbungen von Interessierten, die einfach bei uns mitmachen wollten, auch wenn es nicht anders ging, zum gleichen Gehalt. Hoch qualifizierte Experten, die einfach bei ihrer Arbeit endlich auch mal Spaß haben wollten. Ich wusste, was sie meinten. Sie wollten endlich auch mal DA SEIN. Unser Geheimnis des Wirkens kannten sie nicht, aber sie konnten es bei uns lernen.

Die wenigen Beispiele, die ich aus vielen herausgegriffen habe, zeigen, wie ich versucht habe, im GOLDENEN WIND zu segeln. Es war eine große Befriedigung, wenn es gelungen war. Man kann, in der so anderen Art und Weise, ein Unternehmen und auch alle Mitarbeiter zum materiellen Erfolg führen, wenn nicht dieser als primäres, egoistisches Ziel im Vordergrund steht, sondern das Ergebnis des gemeinsamen Wirkens in dem von mir beschriebenen Stil ist.

Es ist doch eine hoffnungsvolle Botschaft: *„Es funktioniert. Ich habe es ausprobiert! — So kann man ein Unternehmen zum Erfolg führen."*

Im „Erfahrungsraum Arbeit und Werk" habe ich immer wieder geübt, den GOLDENEN WIND zu erfahren. Das Werk, das daraus entsteht, ist immer GUT und schafft inneren Frieden.

Aber es gab auch außerordentlich schwierige Situationen, in denen man auf dem Prüfstand steht, ob man wirklich im GOLDENEN WIND, trotz aller Herausforderungen und Attacken, bleiben kann. Die sind für das innere Wachstum ganz wichtige Lehrstunden. Gutes ist leicht zu fördern, aber Schlechtes abzuwehren, welches das eigene WERK gefährdet, erfordert Mut, Standfestigkeit und die Verankerung in der eigenen Mitte.

Die GRÜNEN hatten die CHLORCHEMIE als Feindesland entdeckt. Man brauchte Wählerstimmen. Alles, was Chlor enthielt, wurde verteufelt. Sogar PVC. Man gab sich sehr viel Mühe, zu beweisen, dass Holzfenster und Aluminiumfenster ökologisch viel besser sind als Fenster aus PVC. In öffentlichen Gebäuden sollten PVC-Fenster verboten werden. Es wurde politischer Druck aufgebaut und gefordert, in Marl die gesamte Chlorchemie stillzulegen. Das habe ich abgelehnt. Als ich „NO“ sagte, war ich in diesem Gespräch ganz auf meine Kraft in meiner Mitte zentriert. Ich war ganz DA! Ich hatte viele gute Argumente. Man muss den Chlorverbund in Marl wirklich bis ins Detail verstehen, um zu erkennen, dass eine solche Forderung keinen Sinn ergibt, solange die Produktion sicher betrieben wird. Das war bei uns immer der Fall. Hier gab es überhaupt keinen Handlungsbedarf. Viele Produktionen hängen direkt oder indirekt vom Chlor ab. Es ist eben ein Verbund. Eine Schließung wäre verantwortungslos gewesen.

Ich habe sehr viel Kraft in vielen Diskussionen aufgewendet. In der Medizintechnik spielt das verteufelte PVC eine wichtige Rolle. Aus PVC werden Implantate, Infusionsbeutel, Katheder, Böden in OPs usw. gemacht. Die Rohstoffe sind Salz und Erdöl. Im stillen Kämmerlein gaben mir Politiker recht, außerhalb meines Büros wurde weiter auf die Chlorchemie eingeschlagen. Wir hielten unsere Position. Heute gibt es gar keine Zweifel mehr.

Nach geglückter Sanierung klopften mehrere Interessenten bei uns an die Tür und auch bei VEBA, um HÜLS zu kaufen.

Im Rahmen einer Strategieänderung der VEBA war HÜLS nicht mehr Kernbereich. Das brachte Interessenten in Übernahmestimmung. Ich hatte ausgeführt, dass ich den Mitarbeitern von HÜLS zu Anfang mein Wort gegeben hatte. Dazu stand ich auch nach der Erkenntnis, dass es eines Tages wohl eine andere Besitzstruktur geben würde. Wenn gewährleistet ist, dass unter meiner Führung auch bei anderer Anteilseignerstruktur die Entwicklung von HÜLS so gesichert ist, wie wir alle sie jetzt leben, dann hätte ich sicherlich den Mitarbeitern diese Veränderung glaubwürdig vermitteln können. So viel Vertrauen war inzwischen gewachsen.

VEBA wollte sich ganz auf Energie und Telekommunikation konzentrieren und sich von allen anderen Aktivitäten Schritt für Schritt trennen. Fokussierung war das Schlagwort. Der Kapitalmarkt unterstützte diese Strategie. „Get big or get out!“ predigten die Finanzanalysten. Ich musste an die Saurier denken. „Get big and break in parts and die!“ kam mir in den Kopf. Warum? In der Evolution überlebten nie die Großen, sondern immer die Vielfalt, und ist sie noch so klein. Vielleicht werden eines Tages die Viren und Bakterien über uns Menschen siegen. Die Wahrscheinlichkeit ist sehr groß. Denken Sie, liebe Leserinnen und Leser, nur daran, wie schnell Bakterien mutieren und die neuesten Antibiotika unwirksam werden lassen. EHEC ist das neueste Beispiel.

Der in seiner Egozentrik gefangene Manager strebt immer nach Größe, für sich selbst und für das Unternehmen. Er braucht die Anerkennung durch Größe zum Aufpolieren seines kleinen ICH, das sich gerne ängstlich hinter der Größe seines Unternehmens versteckt. Er kommt überhaupt nicht auf die Idee, dass der Kurs falsch sein könnte. Wer sich aber von den Eingrenzungen und Unarten seiner Egozentrik frei machen kann, strebt nicht mehr nach Größe, sondern nach Vielfalt, und stellt damit sein Unternehmen überlebensfähiger auf. Er ist der Evolution des Lebens verbunden und entscheidet sich für die Gesetze des Lebens. Ich hätte nie bis auf Energie alle Aktivitäten der VEBA verkauft. Mit den Milliarden, die in die Expansion des Energiebereichs geflossen sind, hätte ich die starken Tochterfirmen in den diversifzierten Märkten ausgebaut. Ich konnte aber nicht überzeugen und meine Position war subjektiv und auch zu schwach.

Der Kapitalmarkt feierte die Fokussierung der VEBA. Die Kursentwicklung bestätigte das. Es geht hier jetzt nicht um richtig oder falsch. Anteilseigner können immer zu Recht Veränderungen des Portfolios beschließen. Aber es sind immer Weichenstellungen, die zu unterschiedlichen Ergebnissen führen.

Heute, 13 Jahre später, straft der Markt EON ab, wegen seiner Einseitigkeit und der geringeren Ertragspotenziale des Energiebereichs. Die EVUs sind für die deutsche Bevölkerung Feindbilder geworden. Der Fukushima-Unfall beschleunigt diesen Trend. Die Diskussion gegen Atomkraftwerke ist in Deutschland wieder voll entbrannt. Der Energiemix wird sich drastisch ändern. Die Regierung ändert ihren Kurs. Das „Restrisiko" ist den Bürgern unseres Landes einfach zu groß. Man hat mit Fukushima erlebt, was passiert, wenn es eintritt. Aber man darf bei aller Dialektik nicht vergessen, dass wir uns täglich freuen, morgens das Licht einschalten zu können.

Der Einzelne, der Verantwortung für einen Teilkonzern trägt, muss für sich immer eine Antwort auf die Frage finden: „Nun, was heißt das für das Unternehmen, das ich führe, für die Mitarbeiter, die Führungskräfte, den Vorstand und für mich?"

Trotz dieses Ausstiegsszenarios hatte ich die Zusage zu Anfang meiner Tätigkeit bei HÜLS nie vergessen, dass wir nach gelungener Sanierung auch wieder wachsen dürften. Zielstrebig und hartnäckig verfolgte ich die Prüfung von Akquisitionskandidaten.

Für die Suche änderte ich die Definition unseres Geschäftszwecks. Die KERN-KOMPETENZ von HÜLS war inzwischen, nicht einfach nur Chemieprodukte herzustellen, sondern wir konnten enorme Wertsteigerungen erreichen, wenn man – so wie wir es gemacht haben – intern das akquirierte Unternehmen so optimiert, wie wir HÜLS optimiert hatten. Das war NEU. Also war auch das Suchprofil auf nicht optimierte, langsame Unternehmen ausgerichtet.

Plötzlich erkannte ich bei einem Waldspaziergang die DEGUSSA AG in Frankfurt als ideales Objekt. Ich kannte das Unternehmen genau. Deutsche Gold-und Silber-Scheideanstalt – goldumrändert, aber weit weg von einer Top-Performance. Mir war sofort klar, dass wir mit unserer Kompetenz enorme Werte realisieren könnten. Interessanterweise machte Klaus Engel, damals Leiter der Unternehmensentwicklung und heute Vorstandsvorsitzender der EVONIK INDUSTRIES AG, die Studie über DEGUSSA für mich. Bis auf Plexiglas gab es keine Synergien. Es war also kein Deal aus Synergiegründen, sondern eine Wertsteigerungsgeschichte unter unserer Führung und unter Nutzung unserer enormen Erfahrung.

Neun Monate trug ich immer wieder dieses Projekt bei VEBA vor, also einem Konzern, der sich eigentlich von der Chemie trennen wollte. Es wurde mehrmals eben aus diesen Gründen abgelehnt. Aber Beharrlichkeit ist sicher eine meiner Eigenschaften.

Plötzlich gab es eine kurze Zeit eine offene Tür. Wir brauchten eine gute Vorwärtsstory. Dann ging alles ganz schnell.

Einen Tag vor der VEBA-HV kam die Meldung über die Ticker: *„VEBA kauft DEGUSSA und stärkt den Chemiebereich!“*

Der DEGUSSA-Vorstand war entsetzt.

Während einer Geschäftsreise des VEBA-Vorstandes durch Südamerika erklärte man mir bei einem Ausflug auf dem Rio del la Plata, in Buenos Aires, dass wegen der heftigen Gegenwehr des DEGUSSA-Vorstandes die Übernahme nur freundschaftlich erfolgen könne, wenn ich mich bei HÜLS verabschiede und dem Vorstandsvorsitzenden der DEGUSSA die Führung überlasse. Als Rückzugsposition bot man mir den Vorsitz des Vorstandes bei der STINNES AG an, um den Börsengang durchzuführen. Da ich die Fusion beider Firmen für einen wichtigen Schritt in eine erfolgreiche Zukunft propagiert hatte, musste ich zustimmen.

Der Schmerz traf mich mitten ins Herz. Buenos Aires – keine gute Luft für mich.

Bei der Abschiedsveranstaltung in Marl flossen Tränen, auch meine eigenen. Die Nachricht schlug wie eine Bombe ein. Das Unternehmen war wie gelähmt.

Es ist mir unglaublich schwergefallen, dieses Unternehmen zu verlassen. Es war ein schwerer Test, wie weit denn mein innerer Wachstumsprozess gediehen sei und wie man in dem LOSLASSEN einen weiteren eigenen Wachstumsschub auslöst.

Wie kann man ganz DA Sein und ganz DA BLEIBEN, wenn so ein Schmerz einen trifft? Es war bis dahin der größte Schmerz meines ganzen bisher so glücklich verlaufenen Berufsweges. Ich hatte mir mit meinem Vorschlag, DEGUSSA zu kaufen, diese schwere Situation selbst eingebrockt. Aber ich bin natürlich auch immer davon ausgegangen, dass ich selbst die Fusion zum Erfolg führen würde. Unserer Strategie folgend sollte HÜLS DEGUSSA optimieren und nicht unter der Führung von DEGUSSA HÜLS wieder verlangsamt werden. So kam es dann leider, sehr zum Leidwesen aller Mitarbeiter von HÜLS. Rückblickend kann man heute sagen, dass sehr viel Zeit und auch das Momentum für eine deutliche Verbesserung und Positionierung auf den Weltmärkten von DEGUSSA-HÜLS verloren wurde. Jetzt führt Klaus Engel das fort, was wir uns immer vorgenommen hatten. Das wird gelingen und meine guten Wünsche begleiten ihn Tag für Tag.

Wie ging ich mit dem Schmerz um?

Da gibt es nur einen Weg, und das gilt für jeden Schmerz jeglicher Art.

Den Schmerz anschauen und sich bewusst machen, dass man diesen Schmerz HAT, aber nicht IST. Man benennt den Schmerz, gibt ihm einen Namen. Schaut ihn immer wieder an und meditiert auf LOSLASSEN, so schwer, wie es auch immer wieder fällt. Dann und nur dann, kann es gelingen, dass der Schmerz immer weniger wird, bis man den positiven Inhalt des Schmerzes erkennt.

Willigis Jäger tröstete mich damals: *„In jedem Misthaufen gibt es immer ein GOLDSTÜCK!“* Erst glaubt man es nicht. Aber dann spürt man immer mehr, dass auch der Schmerz die Erfahrung des GOLDENEN WINDES ist. Ich weiß gar nicht, wie ich den Schmerz ausgehalten hätte, wenn ich nicht damals schon so weit auf meinem inneren WEG gewesen wäre.

Als ich HÜLS verließ, war das Unternehmen in 12 Business-Units mit „LEADING POSITIONS“ strukturiert, die von richtigen Unternehmern geleitet wurden. Ich transportierte in der Kommunikation oft das Bild: *„Aus dem Flugzeugträger HÜLS sind schnelle Fregatten geworden! Die schnellen Kleinen gewinnen gegen die langsamen Großen!“* Alle waren auf Wachstum ausgerichtet. Unternehmenskultur und Stil des Hauses hatten sich so entwickelt, wie ich es mir immer gewünscht hatte.

Vielen bin ich dankbar, die sehr geholfen haben, dass aus meiner Arbeit ein gelungenes WERK geworden ist. Wir alle waren durch das gemeinsame Wirken zu einer Gemeinschaft geworden. Wir fühlten uns miteinander verbunden. Jeder war dem großen GANZEN verpflichtet. Jeder auf seinem Arbeitsplatz. Jeder Beitrag wurde anerkannt. Das war der eigentliche Grund unseres gemeinsamen Erfolges.

Ich bin unter der Annahme zu STINNES zurückgegangen, dass bei dem Börsengang über eine Kapitalerhöhung Kapital zufließt, damit STINNES weiterwachsen kann. Der Kapitalmarkt war damals euphorisch über die Wachstumschancen in der Logistik. Ich wollte, dass STINNES daran teilnimmt und habe das auch den Mitarbeitern bei STINNES und dem Kapitalmarkt avisiert. Bei STINNES wurde die Heimkehr des verlorenen Sohnes gefeiert. Als ich das erste Mal bei STINNES in den Eingang eintrat, spürte ich den GOLDENEN WIND pur. Ich war endlich ganz DA, wieder bei STINNES, wo ich mich so wohlgefühlt hatte. Wir machten uns an die Arbeit für eine neue Zukunft und allen machte es viel Spaß. Wir alle fühlten uns an HUGO STINNES erinnert, den großen Unternehmer, der ein Firmenimperium mit 600 000 Mitarbeitern aufgebaut hatte. Wir wollten mit großem unternehmerischen Elan in der DISTRIBUTION und LOGISTIK wachsen.

Obwohl ich auch hier wieder sehr erfolgreich wirkte, musste ich STINNES nach sechs Monaten verlassen und aus dem VEBA-Vorstand ausscheiden. Es wurde Stillschweigen über die Gründe vereinbart. Daran hielt ich mich bis heute und halte mich auch in diesem Buch daran.

Aus der damaligen Presse konnte man entnehmen, dass aus VEBA-Kreisen informiert wurde, es wäre wegen einer milliardenschweren Großakquisition zum Zerwürfnis gekommen. Das ist nicht richtig. Wegen einer Akquisition hätte ich mein Arbeitsverhältnis nie und nimmer gefährdet.

Dieses Ausscheiden war der zweite große Schmerz in meinem Berufsleben. Aber ich hatte ja schon Erfahrung, damit umzugehen.

Ich war gewarnt. Als ich in den Vorstand der STINNES AG berufen wurde, sagte mir das Aufsichtsratsmitglied Diehl:

„Herzlichen Glückwunsch zu Ihrer Berufung. Es ist nicht einfach in einen Vorstand hineinzukommen, aber es ist noch viel schwieriger, ‚unbeschädigt' wieder herauszukommen!"

Wie wahr, wie wahr. Aber ich habe den Hinweis nicht ernst genommen. Aus meiner heutigen Rückschau, sollte man aber zumindest darauf vorbereitet sein. Das darf aber nicht zu opportunistischem Verhalten führen.

Der Schmerz saß auch bei dem damaligen stellvertretenden Aufsichtsratsvorsitzenden Dagobert Millinghaus tief, der Konzernbetriebsratsvorsitzender war und in dieser Funktion im Aufsichtsrat war. Er war erschüttert, da wir immer sehr eng zum Wohle des Unternehmens und der Mitarbeiter zusammengearbeitet hatten. Jahre später sagte er mir, dass er der Einzige gewesen sei, der im Aufsichtsrat gegen meine Entlassung gestimmt hatte.

Wir blieben eng verbunden bis zu seinem Tod. Er starb nach langer schwerer Krankheit. In vielen Gesprächen habe ich versucht, ihm immer wieder Trost zu spenden. Ich habe ihm aus dem Buch von meinem Lehrer Willigis Jäger „DAS LEBEN ENDET NIE" vorgelesen. Willigis Jäger hatte bessere Worte als ich.

Auf dem Sterbebett konnte er, wie seine Frau mir sagte, eigentlich nicht mehr sprechen. Er dämmerte so vor sich hin. Ich sprach beruhigend auf ihn ein. Ich fragte ihn: *„Dago, kennst du mich denn?"* Er gab mir mit einer Geste zu verstehen, dass ich mein Ohr an seinen Mund halten sollte. Er flüsterte mir unter großer Kraftanstrengung zu: *„Dich kennt doch jeder!"* Ich war zutiefst berührt. Ich war GANZ DA, bei ihm, mit ihm verbunden, im GOLDENEN WIND. Das sind die Situationen im Leben, in denen man die Verbindung mit GOTT, der WIRKLICHKEIT, spürt. Millinghaus hatte immer viel Humor. Selbst in dieser letzten Aussage schwingt, trotz aller Tragik und Trauer, dieser Humor noch mit.

Ich werde ihn nie vergessen und ihm immer verbunden bleiben. Diese Begleitung eines Sterbenden sind wichtige Reifephasen, für den Sterbenden und den, der begleitet.

Die STINNES AG gibt es nicht mehr.

Auch dieser Schmerz sitzt bei mir tief, aber ich konnte die Auflösung nicht verhindern.

Zunächst wurde ein Minderheitsanteil an die Börse gebracht. Dann wurde der Mehrheitsanteil an die BAHN AG verkauft und die freien Aktionäre im Rahmen eines sogenannten *„Squeeze out“* abgefunden. Die BAHN AG behielt SCHENKER, die sie ja schon mal besessen hatte, und verkaufte die BRENNTAG mit einem Transaktionsvolumen von 1,4 Mrd. Euro an den Finanzinvestor BAIN. Die Stinnes Hauptverwaltung in Mülheim wurde aufgelöst. BAIN verkaufte nach einer kurzen Haltephase die BRENNTAG für mehr als 3 Mrd. Euro an den nächsten Finanzinvestor BC Partners, der im Jahre 2010 eine Minderheitsbeteiligung an die Börse brachte. Die Finanzinvestoren haben blendend verdient. Was die Finanzinvestoren verdient haben, fehlt den bisherigen Aktionären von STINNES und dem Unternehmen auch.

Wie sagt Ella Wheeler Wilcox zu Anfang meines Buches?

„SEI EINFACH STILL UND WACHSE IN DER STILLE!“

Es ist nicht meine Absicht, mich in meinem Buch nur als GUT-MENSCHEN darzustellen. Zu den Erfahrungen gehört auch die Auseinandersetzung mit dem Schatten, also Kräften, die aus dem Bösen in uns kommen. Gut und Böse, Licht und Schatten gehören zum Menschen. „Zwei Seelen wohnen ach in meiner Brust!“

Oft wollen wir das gar nicht wahrhaben und verdrängen unsere bösen Anteile in den Schatten. Sie sind nicht weg. Dort treiben sie dann ihr Unwesen. Jeder muss sich damit auseinandersetzen, auch eine Führungskraft, auch ein Vorstandsvorsitzender, auch ein Aufsichtsratsvorsitzender. Er muss führen, das Gute und das Böse aller Mitarbeiter und vor allen Dingen bei sich selbst.

Auch in Unternehmen und in der gesamten Volkswirtschaft gilt das universale Urgesetz des „STIRB UND WERDE!“

Damit es in Gang bleibt, gibt es immer Helfer für das WERDEN und Helfer für das ZERSTÖREN und STERBEN. Sie wirken gewissermaßen wie Katalysatoren, ohne die die Reaktionen nicht ablaufen. Ich bin mehr für das WERDEN geeignet.

Die anderen, die das zerstörerische Element vertreten, sind unsere Helfer auf dem Weg zum HEIL, also unsere THERAPEUTEN. Durch sie sollen wir reifen. Sie zerstören, damit wir wachsen. Wenn man das erst einmal begriffen hat, kann man auch diese wieder umarmen.

Für den Aufsichtsrat ist neben der Überwachung und Beratung des Vorstandes, der Entscheidung über die strategische Ausrichtung und der Genehmigung wesentlicher Geschäftsvorgänge die Berufung des Vorstandes und des Vorsitzenden für den Aufsichtsrat von großer Bedeutung.

Ein Fehlgriff, und die ganze Firma gerät in den SCHATTEN. Der richtige Griff, und das Unternehmen kann auf der Sonnenseite bleiben. Was ist aus meiner Sicht die richtige oder falsche Personalentscheidung?

Mit DÜRCKHEIM möchte ich zwischen RANG und STUFE unterscheiden.

Der RANG ist der Rang in der Hierarchie des Unternehmens. Oft, aber nicht immer, geht der Rang einher mit Sach- und Führungskompetenz.

Die STUFE ist die Ebene der personalen REIFE. Es geht also darum, wie weit der Kandidat bei der REIFUNG DER PERSON, bei seiner INDIVIDUATION (C. G. JUNG) in seinem Leben vorangekommen ist. Person kommt von lat.: *„personare"* (hindurchtönen), also, inwieweit das WESEN, der GOLDENE WIND, durch die Persona (Maske) durchtönen kann. Wir leben mit dieser Maske, dieser Persona, die wir nach außen sein wollen. Alles, was wir nicht sein wollen oder dürfen, wird in den Schatten verdrängt. Es dürfen viele negative menschliche Eigenschaften nicht sein. Sie bleiben aber da, im Schatten! Und wirken dennoch von dort bewusst und oft unbewusst. Oft fragt man sich dann in der Öffentlichkeit: *„Wie kann der denn so was tun?"*

Transparent zu werden für das WESEN ist für DÜRCKHEIM und auch für mich SINN DES LEBENS.

Dürckheim definiert: *„Das WESEN ist die Weise, in der das überraumzeitliche SEIN IN UNS UND DURCH UNS manifest werden will in der Welt."*

Das WESEN ist also GÖTTLICHEN URSPRUNGS. Unser ICH ist irdischen Ursprungs. Ein Problem aber! Nur wer in seinem Leben eine höhere STUFE als der Kandidat erreicht hat, kann die STUFE des Kandidaten erkennen.

Nun sind wir in einem Dilemma in der Wirtschaft, denn die Reifung der Person ist meistens nicht oder wenig vorangeschritten. Die Reifung der Person wird auch nicht als Aufgabe definiert. Also wird viel zu oft derjenige befördert, der natürlich neben seiner Sach- und Fachkompetenz auf seinem bisherigen egozentrischen Trip besonders viel Erfolg gehabt hat. Dabei geht es um die Bewertung von ICH-Kompetenzen, und nicht um die Bewertung der SELBST-Kompetenzen (nach C. G. Jung). Es zählt, was der Kandidat weiß, kann und dass er mehr erreichen will, also mehr haben will. Ich will nicht ausschließen, dass auch die Kompetenz im Umgang mit Mitarbeitern bewertet wird, aber das ist bei Weitem nicht ausreichend. Meistens ist damit gemeint, dass der Kandidat die Fähigkeit hat, dafür zu sorgen, dass die anderen fleißig arbeiten. Nun, das ist beim Militär der Fall, aber militärische Strukturen sollten in der Wirtschaft doch eigentlich der Vergangenheit angehören. Es werden auch Führungskräfte auf Positionen berufen, für die sie nicht ausreichend Sachkompetenz besitzen. Der schwache Kandidat umgibt sich dann mit einem Heer an externen und internen Beratern, die ihn auf alles vorbereiten. Kennzeichnend für ihn ist auch, dass er immer zweit- und drittklassige Mitarbeiter einstellt.

Die Entwicklung des Wesens aber ist eine ganz andere Dimension.

Der im Wesen GEREIFTE, braucht kein Ethik-Seminar, er ist kein Opportunist, er ist kein Intrigant, er bestiecht nicht, er lügt nicht, er betrügt nicht, er hält seine Zusagen, er fühlt sich mit allen Wesen verbunden und handelt stets aus seinem WESEN. Er trifft nur Entscheidungen, die zum Wohle des Unternehmens sind. Sind Entscheidungen zu treffen, die Mitarbeiter negativ betreffen, dann versucht er stets fürsorglich und voller Mitgefühl zu begleiten. Nicht weil er muss, sondern weil er gar nicht anders kann.

Sie werden mir zustimmen: Solche Menschen brauchen wir in der Wirtschaft. Aber so einfach ist das nicht, sie zu finden.

JESUS CHRISTUS oder der DALAI LAMA wären sicher keine guten Vorstandsvorsitzenden. Genauso wenig, wie Jack Welch ein guter spiritueller Führer wäre.

Wenn wir in der Wirtschaft nur noch Spirituelle auf hoher Stufe hätten, würde unsere Wirtschaft nicht funktionieren.

Eine kleine von mir erfundene Geschichte:

„Nach jahrzehntelanger Kritik durch die sogenannten Guten beschließen die Unternehmer den Guten die Führung der Unternehmen unserer Volkswirtschaft zu übertragen. Sie müssen aber versprechen, dass die Wirtschaft gut funktioniert und so weiterwächst, dass wir das Staatsbudget erhalten, auch um alle unsere sozialen Verpflichtungen zu bezahlen.

Die Gutmenschen beginnen voller Elan und versuchen alles Böse in der Wirtschaft zu verbieten.

Die Energien lassen schnell nach, die Wirtschaft kollabiert in einem Jahr. Die bösen Wettbewerber aus dem Ausland haben das Geschäft übernommen. Der Staatshaushalt schrumpft. Alle Bürger leiden, die Guten und die Bösen. Die Unternehmer beschimpfen die Gutmenschen und klagen sie an, über das, was sie angerichtet haben. Die Gutmenschen entschuldigen sich und übergeben die Regie wieder an die Unternehmer, die viele Jahre brauchen, um das vorherige Niveau unseres Wohlfahrtsstaates wiederzuerreichen.“

Was treibt denn überhaupt eine erfolgreiche Wirtschaft, die wir doch alle brauchen und wie verhindert man möglichst Menschen verletzende Unarten?

Das Credo muss immer sein, dass man durch das, was man macht, und durch das, was man nicht macht, dem anderen nicht schaden darf.

Dieser Frage habe ich lange nachgespürt und war auch mit Elan auf dem Weg, dass nur das GUTE die Wirtschaft treiben sollte. Aber das geht schief. Eine Illusion. Es gibt eben auch das Böse in der Wirtschaft und das wird immer so bleiben. Es gibt sehr viele Autoren durchaus ernst gemeinter spiritueller Literatur, die das Schlechte in der Wirtschaft anprangern und nur das Gute in der Wirtschaft fordern. Sie haben meistens kein Unternehmen geführt und ihre Forderung ist nur Theorie, Wunschdenken.

Hans-Peter Dürr fordert in seinem Buch „*Warum es ums Ganze geht*" (S. 170) aus seiner Erkenntnis der neuen Physik in der Wirtschaft ein Gewinn-Gewinn-Spiel, ein PLUSSUMMENSPIEL:

„Wenn wir wirklich einen Menschen haben wollen, der friedfertig, kooperativ, empathisch, liebend ist, könnten wir das ohne Weiteres haben. Selbstverständlich ist dies nur im dominierenden Durchschnitt möglich, nicht in Reinkultur, denn die entgegengesetzten Anlagen sind immer vorhanden und werden in gewissen Spannungssituationen auch immer wieder durchbrechen. Auch unsere Wettbewerbswirtschaft wäre mit einem solchen verträglichen Menschentypus höchst unzufrieden. Sie braucht für ihre wirtschaftlichen Höchstleistungen den aggressiven Menschen, den Ellenbogenmenschen, einen, der sich durchzusetzen versteht, neue Bedürfnisse entwickelt, ständig mehr Konsum verlangt. So werden wir von Kindesbeinen auf Schnelligkeit, Durchsetzungsfähigkeit, Rücksichtslosigkeit, Maximierung der eigenen Vorteile und nicht etwa auf Nachdenklichkeit, Kooperation, Rücksichtnahme, Gemeinsinn getrimmt.

Unsere Wirtschaft möchte eigentlich Darwinismus im primitiven Sinne verwirklichen, wo der Stärkere den Schwächeren überwältigt. Anstatt das Spiel zu spielen, das uns die höheren Lebensformen der Natur erfolgreich vorführen, und das ist ein PLUSSUMMENSPIEL, ein Gewinn-Gewinn-Spiel, wo der Vorteil des einen auch zum Vorteil des anderen gereicht."

Wir müssen einen Kompromiss machen.

Es ist völlig in Ordnung, dass viele junge Menschen, die ja bis zur Lebensmitte auf dem Weg sein müssen, ihr ICH-Bewusstsein entwickeln, die dann auch natürlich deshalb egozentrisch, wissens- und leistungsorientiert, auch gierig nach Anerkennung, Erfolg und materiellem Wohlstand sind, den Wirtschaftsprozess antreiben und am Laufen halten. Wie waren noch die weiter vorn zitierten Eigenschaften, die John Steinbeck als Merkmal des Bösen ansah: Gerissenheit, Habgier, Gewinnsucht, Gemeinheit, Geltungsbedürfnis und Egoismus. Die Gemeinheit zielt direkt auf das Hereinlegen von Mitmenschen und kann deshalb auch nicht als Motor für die Wirtschaft akzeptiert werden. Die anderen Eigenschaften müssen nicht unbedingt die Mitmenschen verletzen und das ist die Messlatte. Diese Antriebskräfte sind nicht a priori schlecht. Wie sagte C. G. Jung?: „Nur gut ist schlecht!" Wir können auf diesen Energieanteil, der aus dem Bösen kommt, überhaupt nicht verzichten. Voraussetzung ist aber, dass es Vorgesetzte gibt, die die Unarten aus dem EGO der Mitarbeiter begrenzen. Von oben nach unten sollte also eine Beschränkung dieser egozentrischen Unarten in Gang gesetzt werden.

Es ist also Aufgabe der Manager auf den höheren Rängen, Licht und Schatten, das Gute und das Böse der Mitarbeiter so zur Entfaltung kommen zu lassen, dass es zum Wohle und nicht zum Nachteil des Unternehmens, der Mitarbeiter und aller anderen Stakeholder ist. Das setzt aber nach meiner Erfahrung voraus, dass man sich zunächst seines eigenen DUNKLEN BRUDERS bewusst wird, mit ihm umgehen lernt, indem man übt, zu merken, wenn er die Regie übernehmen will, und die Regie im Sinne des inneren WEISEN FÜHRERS dennoch nicht aus den Händen gibt.

Je höher man im RANG steigt und je älter man wird, umso mehr sollte also die REIFUNG der Person voranschreiten, besonders ab der Lebensmitte.

Den höchsten RANG hat der AR-Vorsitzende. Er sollte auch die höchste STUFE haben.

Wenn das der Fall ist, wird er den Vorstand mit Menschen hoher STUFEN besetzen.

Die Vorstandsmitglieder werden dann natürlich auch die Führungskräfteebenen entsprechend mit Mitarbeitern besetzen, die WESENTLICH sind. Natürlich findet man nicht so viele Spirituelle, die auch managen können. Aber es reicht schon, wenn die Führungskräfte die Herzen der Mitarbeiter gewinnen können, kongruent und empathisch sind und eine hohe Authentizität besitzen, vielleicht einfach nur, weil sie christlich sind und mit dem Nächsten entsprechend umgehen. Oder sie sollten mit SEELE managen.

Hermann Hesse sprach den Managern die seelische Dimension ab: *„Dem Mangel unseres Sinnes für Rentabilität und Unternehmerlust entspricht bei unseren Antipoden, den Unternehmern und Rentablen, der Mangel einer seelischen Dimension."* (aus *„Bilderbuch"*). So drastisch würde ich heute den Mangel nicht ausdrücken, aber es gibt heute viel zu wenige.

Übrigens, Mitarbeiter, die von einer gereiften Stufe aus wirtschaften, sind natürlich auch in der Kundenbindung erfolgreich.

DAS IST MEIN FÜHRUNGSMODELL.

Danach habe ich in allen Unternehmen, die ich zu verantworten hatte, geführt. Es gibt nach meiner Erfahrung überhaupt keinen Zweifel, dass dieses Modell außerordentlich erfolgreich ist.

Die in diesem Stil und Geist geführten Unternehmen erwirtschafteten beste Ergebnisse und auch wir alle hatten, wie geschildert, viel Freude am beruflichen Wirken.

So weit ist die Wirtschaft heute noch lange nicht. Fast täglich hören wir von Managern und ihrem Fehlverhalten, bei denen die personale Entwicklung, wie gerade beschrieben, leider in einer kindlichen Sozialisation stecken geblieben ist.

Diese Typen sind außerordentlich zahlreich in der Wirtschaft.

Sie verbreiten SCHATTEN und wirken aus dem nicht integrierten BÖSEN. Sie verbreiten LEIDEN. Sie zerstören, damit danach wieder Aufbau möglich ist.

Viele verhalten sich in der Wirtschaft so, als wäre permanent Krieg. Sie sind nur auf den eigenen Vorteil aus, auch wenn es zum Nachteil des anderen ist. Man glaubt, dass das völlig normal sei.

Hans-Peter Dürr in seinem Buch *„Warum es ums Ganze geht"* : *„Viele vermuten hinter all diesen Kriegen eine unausweichliche Gesetzmäßigkeit, wie sie als wesentliches Element des Lebendigen zum Ausdruck zu kommen scheint, bei dem ja alles, wie man glaubt, miteinander in einem ständigen Überlebenskampf steht. Nach der einfachsten Auslegung der Darwin'schen Vorstellung ‚survival of the fittest' ringt jeder in einem unerbittlichen Wettkampf um seine Existenz und um die begrenzten Ressourcen der Erde. Mit diesem angeblich allgemeingültigen ‚Nullsummenspiel' der Natur, in der es immer Gewinner und Verlierer gibt und der Stärkere über den Schwächeren siegt, wird auch die Aggressivität des Menschen als zutiefst ‚natürlich' begründet. Der Ausdruck ‚the winner takes it all', bei dem einem Verlierer keine Gnade gewährt wird, scheint daher folgerichtig zu sein."*

Stellen Sie sich vor, dass die Vorgesetzten in den höheren Rängen aufgrund ihrer nicht entwickelten Stufe die Mitarbeiter nicht nur nicht bremsen beim Ausleben ihrer Schattenseiten, sondern sie sogar noch ermutigen, ihre Gier voll auszuleben.

Das Ergebnis ist eine von der Gier, Eitelkeit und Arroganz getriebene Geschäftspolitik. So ist die Finanz- und Wirtschaftskrise entstanden. Es wurden beispielsweise rücksichtslos LEHMAN-ZERTIFIKATE unwissenden Kunden verkauft und ihnen rosige Renditen versprochen.

Wer im Aufsichtsrat und Vorstand solche Geschäfte ungebremst laufen lässt, nur um gute Ergebnisse vorzuweisen, die dann ein Ausmaß beim Kollaps der Märkte annehmen, dass der Staat mit einer enormen Erhöhung der Verschuldung retten muss, damit der Bankensektor nicht ganz kollabiert, der richtet bei den Bürgern einen großen materiellen Schaden an.

Die Verschuldung des Staates ist die Verschuldung aller Bürger. Die Manager haben zum Schaden ihrer Mitmenschen gewirtschaftet. Die oberste ethische Maxime aber aller Manager sollte doch das Wirtschaften zum Wohle des Mitmenschen sein, nicht wahr? Aber es fehlt eben die innere Entwicklung zu einer höheren Stufe der reifen Managerperson.

Die Auswirkungen dieses rücksichtslosen Wirtschaftens empfinden wir als katastrophal. Es werden Bilanzen gefälscht, es wird geschmiert, es werden Kunden und Lieferanten betrogen, es wird gelogen, es wird versprochen und nicht gehalten, es werden Mitarbeiter unter Druck gesetzt, es wird sich persönlich bereichert, es werden Betriebsräte mit Geld und Sex bestochen, es werden Produkte verkauft, die nichts taugen und die Umwelt schädigen, es werden Geschäfte ohne schlechtes Gewissen zum eigenen Nutzen und zum Schaden anderer gemacht usw., usw.

Wer nicht mitmacht, fliegt raus.

Diese Kandidaten beschädigen den Ruf der ganzen Wirtschaft.

Wenn ein Individuum während seines Berufsweges einen Weg der REIFE geht, wird es sich langsam und stetig verändern.

Das ist ja auch der Sinn der INDIVIDUATION.

Der Sinn seines beruflichen Wirkens ist zu Anfang aber die Fokussierung auf Erfolg, Umsatzsteigerung, Eigenkapitalrendite, Rentabilität, Kostensenkung, Innovation, Produktprogramm, stetige Verbesserungen aller Abläufe ...

Je mehr der Mensch aber auf seinem WEG für sein WESEN transparent wird (nach DÜRCKHEIM), umso mehr wird aber die ausschließliche Fokussierung auf die oben genannten Erfolgsziele, die ja aus dem ICH-BEWUSSTSEIN kommen, hinterfragt und an Bedeutung verlieren. Er hinterfragt die ganze Sinnhaftigkeit unserer ganzen heutigen Wirtschaft. Seine Unternehmensumgebung wird das merken. Das kann zu großen Konflikten bis zum Ausscheiden führen. Das muss man wissen!

Dann muss man seinen Weg eben mit anderen Sinnschwerpunkten gehen. Das ist gut so.

Aber meistens sind damit erhebliche finanzielle Einbußen verbunden. Oft geht es dann auch um die Existenz.

Ein anderes bedeutendes Risiko stellt der spirituelle Weg dar, wenn man einen Vorgesetzten hat, der kein Wachstum zu einer höheren STUFE vollzogen hat, aber einen höheren RANG hat. Dieser kann von dem Mitarbeiter Aktionen verlangen, die dieser aber nicht verantworten kann und will. Das führt dann auch oft zur Trennung. Deshalb ist es aus meiner Sicht eben so enorm wichtig, dass mit der Karriere die Entwicklung von STUFE zu STUFE Schritt hält.

Wunderbar wären Vorgesetzte, die immer bei allem Wirken das GROSSE GANZE im Blick behalten, ihre Verantwortung für die Menschen nicht vergessen und dennoch die Erfolgsfaktoren eines Unternehmens in der heutigen Zeit nicht aus den Augen verlieren. Es hat auch keinen Sinn, wenn alle in der Firma auf dem Pfad der Erleuchtung sind, aber die Firma Pleite ist.

Einer wichtigen Frage möchte ich mich zu Ende dieses Erfahrungsraums „Arbeit und Werk“ noch widmen, weil sie mir sehr wichtig ist. Ich war immer als Führungskraft beschäftigt. Also schreibe ich aus dieser Erfahrung und habe aufgezeigt, wie ich mich übte, immer wieder Arbeit und Werk im Beruf als Chance für die Erfahrung des GOLDENEN WINDES zu sehen.

Was ist eigentlich mit all denen in einem Unternehmen, die nicht zu den Führungskräften gehören und die geführt werden. Gilt das Gesagte auch für sie?

Ich habe über die Erfahrung der WIRKLICHKEIT geschrieben und die gilt für alle Individuen, egal wer welchen Beruf ausübt und egal an welcher Stelle er im Unternehmen wirkt.

„Wie kann ein Arbeiter, ein gewerblicher Arbeitnehmer, die Wirklichkeit erfahren?“, wurde Dürckheim gefragt. Er meinte, genau so wie jeder andere auch, wenn er seine Arbeit, und ist sie noch so eintönig und einfach, als Übung immer wieder wiederholt, bis nicht sein ICH sie mit seinem Willen durchführt, sondern bis ES ungewollt die Arbeit durchführt, sodass die Arbeit zum Werk wird und das Werk gelingt.

Das ist sicher grundsätzlich richtig, aber ich widerspreche Dürckheim. In der Praxis eines Unternehmens ist das nicht zu verlangen.

Sicherlich ist heute der Arbeiter nicht mehr im *„stahlharten Gehäuse der Hörigkeit“*, wie Max Weber formulierte, aber es ist schon so, dass es immer noch sicherlich viele gewerbliche Arbeitnehmer gibt, die sich von den Unternehmensleitungen nicht gut behandelt und ausgebeutet fühlen.

Wie ich schon ausgeführt habe, gelang es mir sicherlich, dort, wo ich gewirkt habe, die Distanz zu den gewerblichen Arbeitnehmern wesentlich zu verringern und ihnen für ihren Beitrag zum Unternehmenserfolg Anerkennung zu zollen. Die Honorierung über das Betriebliche Vorschlagswesen und das offene Ohr für Sorgen und Probleme schufen eine Kultur, in der sich auch diese Gruppe wohlfühlen konnte.

Wenn sie gerne im Unternehmen arbeiteten, hat der GOLDENE WIND auch sie erreicht.

Jeder kann, liebe Leserinnen und lieber Leser, egal wie er lebt und wo er arbeitet, mit diesem Übungsbuch als Impuls in den *„Erfahrungsraum Arbeit und Werk“* bewusst und achtsam eintreten und üben, den GOLDENEN WIND zu erfahren.

Liebe Leserinnen und liebe Leser, Sie leben ein Drittel Ihres Lebens in diesem Raum. Es wäre sehr schade, wenn Sie immer NUR ARBEITEN WÜRDEN.

„Wenn wir nur für das Geld und den Gewinn arbeiten, bauen wir uns ein Gefängnis und schließen uns wie Klausner ein. Geld ist nur Schlacke und kann nichts schaffen, was das Leben lebenswert macht.“ (Antoine de Saint-Exupéry)

Sind Sie ACHTSAM – AUGENBLICK FÜR AUGENBLICK – und voller Mitgefühl in der Ausübung Ihres Berufes, damit die Arbeit zum Werk werden kann, denn kein Verweilen kennt der Augenblick. Lassen Sie den GOLDENEN WIND durch Sie strahlen in dem Unternehmen, in dem Sie wirken. Dann werden die Menschen Ihre MENSCHLICHE STRAHLUNG spüren und auch ihren Beitrag zum Werk verrichten.

DIE MENSCHLICHE STRAHLUNG NACH DÜRCKHEIM

AUS „DURCHBRUCH ZUM WESEN“.

Aus der nachfolgenden Schilderung von DÜRCKHEIM wird sehr gut deutlich, wie ich versucht habe, in der Wirtschaft zu wirken. Es gibt immer etwas zu verbessern, aber ich glaube, es ist mir ganz gut gelungen, in einem ganz besonderen Stil meine Aufgaben wahrzunehmen.

„Ich sprach einmal mit einem Abteilungsleiter eines größeren Betriebes über seine Leute, seine Untergebenen und seine Vorgesetzten. Dabei kam das Gespräch auf einen älteren

Werkmeister, der weder besonders intelligent noch besonders fleißig war und der daher oft genug Anlass zu Mahnungen gab und vor der Entlassung stand.“

„Aber Sie halten den Mann trotzdem?“, fragte ich.

„Auf jeden Fall“, antwortete mein Partner.

„Und warum?“

„Weil um ihn herum kein Krampf ist. In seinem Raum gibt es keine verkniffenen Gesichter. Die ganze Atmosphäre um ihn herum ist frei und heiter.“

„Und wie verstehen Sie das?“

„Nun, der Mann hat eben eine gute Ausstrahlung. Er ruht irgendwie in sich, und auch wenn es einmal hart hergeht, bleibt er immer derselbe. Er bleibt eben unter allen Umständen gelassen, heiter und – ja, sagen wir es ruhig: GÜTIG.

Er besitzt eben etwas, was auf die Dauer wichtiger ist als überdurchschnittliche Leistungskraft, nämlich eine gewisse menschliche Reife!“

Menschliche Reife als Maßstab der Bewertung eines Menschen, wie selten ist das bei uns! Denn wonach fragen wir in der Regel, wenn wir Menschen beurteilen?

Das Erste, was wir von einem Menschen zu verlangen pflegen, ist, dass er sich irgendwie im Leben durchsetzt. Das ist auch das Erste, woran wir denken, wenn ein junger Mensch ins Leben tritt, dass er genug kann und weiß, um sich durchzusetzen. So auch bewundert man den, der es bald – wie man so sagt – zu etwas bringt. Durchsetzungskraft und Stehvermögen ist also ein Wertmesser. Das Zweite ist das, was man so für gewöhnlich „Charakter“ nennt. Wir fragen, ob ein Mensch eine anständige Gesinnung hat, ob er ehrlich und zuverlässig ist, aufrichtig und ohne Falschheit, ob er Pflichtgefühl und Verantwortungsbewusstsein hat, kurz, ob er die Tugenden besitzt, ohne die menschliche Gemeinschaft nicht sein kann.

Aber wie viele Menschen gibt es, die uns aufgrund ihres Könnens und Wissens Respekt einflößen und andererseits auch Achtung wegen ihres vorbildlichen Charakters – und doch fehlt ihnen etwas:

DIE MENSCHLICHE STRAHLUNG

Es fehlt ihnen an innerer Ausgeglichenheit, am Frieden mit sich selbst – und so auch an der Fähigkeit zu echtem menschlichen Kontakt. Es geht keine Wärme von ihnen aus – kein Segen, weil sie mit sich selber uneins und innerlich nicht glücklich sind.

Und DA liegt vielleicht der wichtigste Maßstab für den Wert eines Menschen: In der Antwort auf die Frage, ob er innerlich glücklich ist, im Frieden mit sich – und so auch selbstverständliche Quelle jener Ausstrahlung, in der der Mitmensch sich als Mensch angenommen fühlt – angenommen, das heißt überhaupt als Mensch gesehen, gefühlt, verstanden und geliebt.

Lassen Sie mich in diesem Zusammenhang auf das Gespräch mit dem Abteilungsleiter zurückkommen. Wir sprachen von den Chefs und ihrer Einstellung zu dem alten Werkmeister.

„Die Meinung der Chefs ist geteilt", sagte er. *„Der jüngere ist gegen mich, der Alte – damit meinte er den Seniorchef – ist auf meiner Seite. Überhaupt der Alte! Wenn der durch die Räume geht und auch nur ‚Guten Morgen' sagt – dann geht den Leuten schon das Herz auf. Er sieht eben wirklich die Menschen, und ich glaube – so fuhr er fort – es kommt eben letzten Endes auf die ‚große Klammer' an."*

„Was meinen Sie mit der großen Klammer?", fragte ich ihn.

„Nun", meinte er, *„das, was letztlich im inneren Leben eines Betriebes das Umfassende ist: die Sache oder der Mensch! Dass bei der Sache etwas herauskommen muss, ist klar. Dass dies nur mit Wissen und Können, Pünktlichkeit und Einsatz aller Kräfte möglich ist, ist auch klar. Aber auf all dem ist doch für alle Beteiligten nur dann Segen, wenn das alles Umfassende und Durchdringende die Menschlichkeit der ganzen Atmosphäre ist. Die aber geht von der inneren Einstellung der Vorgesetzten aus, insbesondere vom Herzen des Chefs aus. Und unser Alter ist eben ein ganzer Mensch und ist es geblieben!"*

Mit diesem ganz einfachen Satz *„Er ist ein ganzer Mensch und ist es geblieben"* hatte der Mann DIE Wahrheit ausgesprochen, um deren Erkenntnis und Verwirklichung es überhaupt geht: dass der Mensch ein ganzer Mensch werden, SEIN UND AUCH BLEIBEN SOLL, trotz allen zu Einseitigkeiten drängenden Forderungen des beruflichen Lebens.

Interessant ist, dass DÜRCKHEIM von einem WERKMEISTER spricht.

Dieser ist offensichtlich ein MEISTER des WERKS, mehr am Menschen als an der Sache.

Für MENSCHLICHE STRAHLUNG gibt es kein Kursprogramm und keinen Crashkurs. Sie ist das Ergebnis des jahrelangen ÜBENS mit hoher ACHTSAMKEIT in jedem AUGENBLICK. Sie ist ein Geschenk, eine Gnade. Man kann sie nicht machen, sondern nur empfangen.

Also, welches Anforderungsprofil sollte der ideale Kandidat für eine Führungsaufgabe meiner Ansicht nach erfüllen?

Fachliche Kompetenz und nachgewiesene Erfahrung sind selbstverständlich. Gelassenheit, Heiterkeit, Humor und Mitgefühl zeichnen ihn aus und man spürt diese Eigenschaften an seiner MENSCHLICHEN STRAHLUNG. Er hat eine ausgeprägte Empathie und ist kongruent in Aussage und Wirken. Er führt seine Mitarbeiter in diesem Sinne. er gewinnt deshalb die Menschen für sich und seine Arbeit, die er zum Werk werden lassen will.

Seit meiner INITIATION durch DÜRCKHEIM bin ich bis heute wohl immer sein Schüler geblieben, im Ausüben meines Berufs und in allen anderen Bereichen. Dafür bin ich ihm außerordentlich dankbar.

Er hat mitgeholfen, dass meine ARBEIT zum WERK werden konnte.
In Abwandlung der Aussage von Bernadette Böll zur Übung in der Musik, könnte man zur Übung im Erfahrungsraum „Arbeit und Werk" sagen:

ICH ÜBE NICHT, DAMIT DIE ARBEIT ZUM WERK WIRD,
SONDERN ICH ÜBE MICH ALS PERSON IN DER ARBEIT,
DAMIT SIE ZUM WERK WIRD!

Wie schon gesagt: Person kommt von lat. „personare" gleich durchtönen.
Man wird mehr und mehr PERSON, wenn das WESEN, der GOLDENE WIND durch die verkrustete Maske des EGO durchtönen kann. Das bedarf der stetigen ACHTSAMKEIT und ÜBUNG.

Arbeit und Werk aus der Sicht der Neuen Physik

Ich habe versucht, in den bisherigen Ausführungen zu verdeutlichen, wie in meinem Berufsleben durch einen inneren Reifungsprozess Arbeit zu einem Werk werden kann, in dem der GOLDENE WIND erfahren werden kann.

Angeregt durch meine Gespräche mit Hans-Peter Dürr und durch Lesen seiner Bücher muss ich mir aber heute auch die Frage stellen, ob mein Wirken im Einklang mit den neuen Erkenntnissen der Neuen Physik über die Welt und die Natur gewesen ist.

Im Oktober 2009 haben Thomas Arzt, Bernadette Böll, Fritz Gaede, Roland Ropers, Walter Schwery, Helga Simon-Wagenbach und ich mit Hans-Peter Dürr zum Thema „LIEBE – URQUELL DES KOSMOS“ in Rütte drei Tage diskutiert, über ein Thema also, das dem Buchtitel des Dialogs von H.-P. Dürr mit Raimon Panikkar entspricht. Jeder Teilnehmer referierte aus seiner Lebenserfahrung zu diesem universalen Thema. Mein Thema hieß dann folgerichtig „LIEBE – URQUELL DER WIRTSCHAFT“. Wenn die Liebe der Urquell des Kosmos, also von allem, ist, dann ist auch die Liebe der Urquell der Wirtschaft. Wer die Zusammenhänge nicht kennt, dem mag mein Thema eigenartig vorkommen, aber es ist ernst gemeint.

In der nach meinem Vortrag durchgeführten Diskussion mit Dürr ist die Frage offengeblieben, ob ich denn vollkommen im Einklang mit dem neuen Verständnis der Physik über die Grundlagen der Natur und der Welt gewirtschaftet habe. Deshalb möchte ich dieser Frage in diesem Buch nachgehen.

Der Erfahrung der Wahrheit oder besser ausgedrückt, der WIRKLICHKEIT, kann man sich auf zweierlei Wegen nähern. Zum einen über den Weg der ACHTSAMKEIT und MEDITATION, den ich gegangen bin, und zum anderen über den Weg des EXPERIMENTIERENS und des DENKENS in der Physik, den Dürr gegangen ist. Beide Wege landen in derselben Erfahrung einer Wirklichkeit, die wir nicht benennen können. Wir Christen nennen diese Wirklichkeit GOTT. Ich nenne diese Wirklichkeit in diesem Buch GOLDENER WIND. Dürr nennt diese Wirklichkeit „kooperatives Hintergrundfeld“, aber auch LIEBE, GEIST und LEBEN.

H.-P. Dürr auf die Frage, ob er an GOTT glaubt:

„Ich bin ein ‚Atheist‘. Hierbei soll aber, wie im Sanskrit, die Vorsilbe ‚A‘ nicht eine Verneinung bedeuten, sondern nur das Ziel der Frage für ungültig erklären. Anders ausgedrückt: GOTT ist für mich, was nicht gezählt werden kann, weil es das GANZ-EINE meint, nämlich ‚ADVAITA‘, das Unauftrennbare. Das heißt, die Frage ‚Wie

viele Götter gibt es?' ist eine ebenso unsinnige Frage wie die Frage nach der Farbe eines Kreises. Nur in diesem Sinne bin ich ein A-theist.

Aber ich bin kein Atheist im Sinne eines Ungläubigen, da ich persönlich nicht an einem über unser Verständnis hinausgehenden Zusammenhang zweifle: Es gibt ein einziges Beziehungsgefüge, das viele Namen hat, und diese sind alle nur Gleichnisse. Wir können es GEIST oder LIEBE nennen. Die Liebe ist das, was für mich am besten zum Ausdruck bringt, was wir als ‚alles miteinander zusammenhängend' empfinden, und zwar in der sich ständig wandelnden Form eines geistig-lebendigen Kosmos und auf eine Weise, wie wir sie unmittelbar durch EMPATHIE erleben. Im letzteren Sinne wäre ich ein ‚liebender Atheist.'"

Nun, was ist denn die neue Erkenntnis der Naturwissenschaft?

H.-P. Dürr:

„Die moderne Physik kommt nun zu der überraschenden Erkenntnis: Materie ist nicht aus Materie aufgebaut. Wenn wir die Materie immer weiter auseinandernehmen, in der Hoffnung die kleinste, gestaltlose, reine Materie zu finden, bleibt am Ende nichts mehr übrig, was uns an Materie erinnert. Am Schluss ist kein Stoff mehr, nur noch Form, Gestalt, Symmetrie, Beziehung. Diese Erkenntnis war und ist nach wie vor sehr verwirrend. Wenn Materie nicht aus Materie aufgebaut ist, dann bedeutet das: Das Primat von Materie und Form dreht sich um: das Primäre ist Beziehung, der Stoff das Sekundäre. Materie ist der Neuen Physik zufolge ein Phänomen, das erst bei einer gewissen vergröberten Betrachtung erscheint. Materie/Stoff ist geronnene Form. Vielleicht könnten wir auch sagen: Am Ende allen Zerteilens von Materie bleibt etwas, das mehr dem Geistigen ähnelt – ganzheitlich, offen, lebendig.

Potentialität, die Kann-Möglichkeit einer Realisierung. Materie ist die Schlacke dieses Geistigen – zerlegbar, abgrenzbar, determiniert: Realität.

In der Potentialität gibt es keine eindeutigen Ursache/Wirkung-Beziehungen. Die Zukunft ist wesentlich offen. Es lassen sich für das, was ‚verschlackt', was real geschieht, nur noch Wahrscheinlichkeiten angeben …

In jedem Augenblick wird die Welt neu geschaffen, jedoch im Angesicht, im ‚Erwartungsfeld' der ständig abtretenden Welt. Dies ist auch der Grund, warum uns die Zukunft verschlossen bleibt: Sie wird uns nicht vorenthalten, sondern sie existiert gar nicht. Die alte Potentialität in ihrer Ganzheit gebiert die neue und prägt neue Realisierungen, ohne sie jedoch eindeutig festzulegen.

In diesem andauernden Schöpfungsprozess wird ständig ganz Neues, Noch-nie-Dagewesenes geschaffen. ‚Alles' ist daran beteiligt. Das Zusammenspiel folgt bestimmten Regeln. Physikalisch wird es durch eine Überlagerung komplexartiger Wellen beschrieben, die sich verstärken und schwächen können. Es ist ein PLUSSUMMENSPIEL, bei dem Kooperation zur Verstärkung führt.

Der zeitliche Prozess ist nicht einfach Entwicklung und Entfaltung, beziehungsweise ein ‚Auswickeln' von bereits Bestehendem, von immerwährender Materie, die sich nur eine neue Form gibt.

Es ist vielmehr echte Kreation: Verwandlung von Potentialität in Realität, materiell-energetische Manifestation des Möglichen.“

Das erinnert mich daran, dass Dürckheim aus seiner mystischen Erfahrung heraus dasselbe gemeint hat und mit anderen Worten ausgedrückt hat:

„Das Wesen ist die Weise, in der das überraumzeitliche Sein in uns und durch uns in der Welt manifest werden will!“

Hans-Peter Dürr weiter: *„Das mag eine schlechte Nachricht für diejenigen bedeuten, die Natur manipulieren und letztlich fest in den Griff bekommen wollen. Denn wir können prinzipiell nicht genau wissen, was unter vorgegebenen Umständen in Zukunft passieren wird. Und dies wohlgemerkt, nicht aus noch mangelnder Kenntnis, sondern als Folge der Sowohl-als-auch-Struktur der Potentialität, die mehr die lose Verknüpfungsstruktur freier Gedanken besitzt beziehungsweise einer ‚Ahnung' gleicht. …*

Die Natur ist demnach in ihrem Grunde nur Verbundenheit. …

Es gibt nur wenige Substantive in unserer Sprache, die Verbundenheit elementar ausdrücken: Liebe, Geist, Leben.

Letztlich sind dafür eher Verben geeignet: leben, lieben, fühlen, wirken, sein.

Wir sagen also: Wirklichkeit ist nicht dingliche Wirklichkeit, Wirklichkeit ist reine Verbundenheit oder Potentialität. Wirklichkeit ist die Möglichkeit, sich unter gewissen Umständen als Materie und Energie zu manifestieren, aber nicht die Manifestation selbst. Diese fundamentale Verbundenheit führt dazu, dass die Welt eine Einheit ist.“

Dürr über die Konsequenzen der neuen Erkenntnis:

„Wir müssen unser Denken erweitern und unser jetziges Verhalten grundlegend korrigieren. Hierbei können gerade die revolutionär erweiterten Einsichten der Neuen Physik einen hilfreichen Einstieg liefern. Sie besagen, dass der einzelne Mensch, wie alles andere auch, prinzipiell nie isoliert ist. Er wird im allverbundenen Gemeinsamen in seiner nur scheinbaren Kleinheit zugleich unendlich vielfältig einbezogen und bedeutsam. Unser individuelles Handeln beeinflusst auch wieder die gesamte gesellschaftliche Verfasstheit und verändert die sich ständig dynamisch wandelnde Potentialität der lebendigen Wirklichkeit. So ist die Einzigartigkeit des Einzelnen tragender Bestandteil unseres gemeinschaftlichen kulturellen Evolutionsprozesses …

Wir müssen verengte und mechanistische Strategiemuster, Reduktionen, Mittelwertsbildungen fallen lassen und sie durch Beweglichkeit, Offenheit und Empathie ersetzen, um neue offen gestaltbare Schöpfungs- und Handlungsräume zu ermöglichen. Erst dieses dynamische Wechselspiel zwischen Menschen und ihrer lebendigen Mitwelt ist wirklich Wohlstand schaffend und fordert beziehungsweise fördert den Menschen in seinem ganzen Wesen.

Ein neues, doch uns wohl vertrautes Menschenbild wird sichtbar, das von empathischen Menschen ausgeht …

„Denn die Allverbundenheit, die wir LIEBE nennen können und aus der Lebendigkeit sprießt, ist in uns und in allem anderen von Grund auf angelegt."

Nun, haben wir alle heute von den Erkenntnissen gelernt und unser Verhalten im beruflichen und privaten Wirken danach ausgerichtet?

Ich würde sagen, das ist bisher genauso wenig vollzogen, wie das Übernehmen der Erkenntnisse der Mystiker der letzten Hunderte von Jahren.

Dürr sieht das ähnlich:

„Erstaunlich ist, dass dieser tief greifende Wandel in unserem Verständnis der Wirklichkeit auch heute noch, über 100 Jahre nach den paradoxen Erkenntnissen von Max Planck und Albert Einstein und tief greifenden Neuerungen 25 Jahre später durch Niels Bohr und Werner Heisenberg, in unserer Gesellschaft und ihren Wissenschaften kaum philosophisch und erkenntnistheoretisch nachvollzogen worden ist."

Hierzu kann ich ergänzen:

In der Wirtschaft erst recht nicht. Wie kann man das auch erwarten, wenn die Naturwissenschaftler und Geisteswissenschaftler noch nicht so weit sind. Die Mediziner wundern sich immer noch, dass sie mit ihrem materialistischen Weltbild Gesundheit und Krankheit genauso wenig erklären können wie das Heilen, dem sie sich doch verpflichtet haben.

Ich bin als Chemiker, der noch auf Basis eines materialistischen Weltbildes ausgebildet worden ist, weit davon entfernt, die Details der Quantenphysik zu verstehen, aber als Chemiker/Manager, der einen geführten inneren Reifeprozess vollziehen durfte, überraschen mich die Erkenntnisse und Folgerungen nicht.

Wie das DÜRCKHEIM-Zitat zeigt, ähneln sich die Erkenntnisse der unterschiedlichen Wege aus zwei Richtungen.

Egal welchen Weg man beschritten hat, diese Erkenntnisse müssen aber zu direkten, unmittelbaren Konsequenzen für das tägliche Handeln führen.

Da stimme ich Dürr ohne Ausnahme zu.

So muss jeder Einzelne entscheiden, ob seine Arbeit nur Arbeit bleibt oder Werk werden kann.

Der Ruf der Physiker und Chemiker ist als Kollektiv sicherlich schwer belastet. Die einen bauen Atombomben, die anderen entwickeln Kampfgase. Alles Mittel zur Vernichtung anderer Menschen. Wenn man über den inneren Weg oder über die Neue Physik zu den geschilderten Erkenntnissen der Verbundenheit mit allem gekommen ist, kann man, wenn man es ernst meint, sich nicht mehr an Wirtschaftsprozessen beteiligen, die anderen Menschen, Kreaturen und der Natur schaden.

Dürr hat zwar bei Edward Teller promoviert, sich aber von ihm distanziert, nachdem ihm bekannt wurde, dass Teller und sein Team die „Bombe" gebaut hat.

Dürr kämpft im Rahmen seiner Möglichkeiten für den Frieden auf der Welt und gegen den Krieg. Er spricht sich für ein anderes Energiekonzept aus, das von sparsamerem Verbrauch und nicht von immer neuen Kraftwerken für einen steigenden Verbrauch ausgeht. Er plädiert für die dezentrale, umweltfreundliche Energieerzeugung. Er hält die ungelöste Entsorgungsfrage der Kernkraftwerke für eine große Gefahr für die Natur und ist gegen Kernkraft, weil sie ihm einfach zu gefährlich ist. Er fühlt sich durch Tschernobyl und Fukushima mehr als bestätigt. Ihm ist das „Restrisiko" zu groß. Man mus nur lang genug warten, dann tritt es ein. Er erlebt jetzt mit Genugtuung, wie in Deutschland ein neues Energiekonzept Gestalt gewinnt.

Die Chemiker bewegen mit Begeisterung Atome und Moleküle und synthetisieren alles, was möglich ist. Wenn es nicht gleich klappt, denkt man sich neue Reaktionsmechanismen aus, beispielsweise die Katalyse. Man fragt sich nicht grundsätzlich nach Nutzen und Schaden für die Umwelt. So ist man geprägt. Das Hinterfragen, ob die Produkte dem Guten oder Bösen dienen, ist nicht weit verbreitet.

Natürlich muss ich mir die Frage gefallen lassen, welche Produkte denn unter meiner Regie hergestellt wurden. Sind sie gegen die Natur gerichtet oder nützen sie?

In der Chemie gibt es Produkte, die nur dem Bösen dienen, wie beispielsweise Kampfgase. Es gibt aber auch Produkte, die nur dem Guten dienen, wie Produkte für die Ernährung, die Gesundheit usw. Ferner gibt es natürlich Produkte, die für das Gute und das Böse verwendet werden können. Das entscheidet der Verwender. So harmlose Produkte wie Wasser, Kochsalz oder Luft können verwendet werden, um zu töten.

Lassen Sie, liebe Leserinnen und Leser, mich das am Beispiel Chlor erläutern. Chlor ist ein wichtiger Baustein für die Synthese und ohne Chlor könnten viele Produkte, die einen hohen Nutzen für die Menschen haben, nicht hergestellt werden. Deshalb habe ich mich auch – wie weiter vorn beschrieben – gegen die Stilllegung der Chlorchemie in Marl entschieden. Aber Chlor wurde auch im ERSTEN WELTKRIEG als Kampfgas gegen die Franzosen mit schrecklicher Wirkung eingesetzt. Für den Produktionsleiter der BASF muss das damals eine schreckliche Erkenntnis gewesen sein. Aber kann er überhaupt den Stoffstrom Chlor für die gute oder schlechte Anwendung steuern?

Ich kann mich nicht erinnern, dass HÜLS unter meiner Leitung Produkte hergestellt hat, die gegen die Natur und die Evolution gerichtet sind. Aus heutiger Sicht hätte ich mich aber sicherlich noch genauer über alle Produkte informieren müssen, um bei dieser Aussage auch nach intensiver Recherche bleiben zu können. Damals war sicherlich aber mein Bewusstsein noch nicht so geschärft wie heute. Da bin ich heute weiter.

Ferner muss man sich fragen lassen, wie man die Schonung der Ressourcen betrieben hat. Mir war diese Frage immer sehr wichtig. Alle Prozesse wurden stetig auf geringeren Energieverbrauch und Rohstoffverbrauch getrimmt, schon allein aus Kostengründen. Kohlekraftwerke sicherten die Energieversorgung. Kohlendioxid-Emisssionen waren damals kein Thema.

Ich habe immer, auch öffentlich, vertreten, dass die Verbrennung von Öl und Gas zur Energieerzeugung nicht zu vertreten ist. Gas und Öl sollten als Ressource für die Chemie erhalten bleiben. Steinsalz für die Erzeugung von Chlor und Natronlauge war ein wichtiger Rohstoff, der verwendet werden konnte, ohne dass demnächst Mangel auftrat.

Wie steht es mit den Prozessen und den Abfällen? Bei HÜLS gab es immer erstklassige Chemiker, aber auch besonders kompetente Prozessingenieure, die alle Prozesse zu weiterer Umweltschonung verbesserten. Darauf war ich richtig stolz. Ein Rundgang im Werk Marl war für mich eine Freude und Genugtuung. Ich visualisierte oft, wie die Moleküle in den Aggregaten sich bewegten und neue Verbindungen eingingen und das im Großmaßstab. Viele Verfahren, Prozesse und Produkte, die große Bedeutung erlangten, wurden bei HÜLS entwickelt: Synthesekautschuk, PVC, Styrol und Polystyrol, Polyäthylen, Polypropylen, Tenside, MTBE, Butadienderivate, Polyamide, Superabsorber usw.

Die Abfälle wurden ordnungsgemäß auf Deponien entsorgt oder verbrannt oder weiterverarbeitet.

Auch in einem Unternehmen ist alles mit allem verbunden und die Grundlage ist folgerichtig, wie erläutert, nicht Materie, sondern Geist, Liebe, Leben.

Die Arbeit kann nur dann zum Werk werden, wenn man diese Erkenntnisse berücksichtigt.

Ich habe versucht, meine Arbeit zum Werk werden zu lassen, indem ich meine Erfahrung aus dem inneren Reifeprozess habe wirken lassen. Die Neue Physik kannte ich nicht. Ich habe auch erst in den letzten zwei Jahren einigermaßen begriffen, was die Neue Physik bedeutet. Mein Dank gilt besonders Hans-Peter Dürr, ohne den ich noch nicht so weit im Verständnis gekommen wäre.

Wenn alle sich miteinander verbunden fühlen, dann ist der Umgang miteinander fürsorglich, empathisch, liebevoll, verständnisvoll, fordernd und stets fördernd. Das sind alles Adjektive, die ich bei der Schilderung meines Wirkens schon verwendet habe. Das aus dieser Einstellung resultierende Führungsverhalten führte nicht nur zu großen Erfolgen, sondern wir hatten auch alle viel Freude und Spaß bei der Arbeit. Bei mir aus der inneren Reife geboren, fühle ich mich nun so viel später durch die Erkenntnisse der Neuen Physik betätigt.

Diese Erkenntnisse führen aber jetzt so viel später bei mir zu der Bestätigung meines damals intuitiv gesteuerten Verhaltens, das aus dem jeweiligen Stand meiner inneren Reife kam. Jetzt folgt die Bestätigung aus der Neuen Physik. Nur eine Führung eines Unternehmens im Einklang mit den Naturgesetzen kann langfristig erfolgreich sein. Nur diese so geführten Unternehmen werden überleben. Die Führung muss das PLUSSUMMENSPIEL zum Erfolgsprinzip erklären und nicht das Gewinnen immer zu Lasten anderer im NULLSUMMENSPIEL.

Erst jetzt habe ich aber auch durch die Neue Physik so richtig verstanden, wie Unternehmen erfolgreich wachsen sollten, warum 50 % der Fusionen und Akquisitionen schiefgehen und warum Unternehmen sich massiv ändern, positiv wie auch negativ, wenn die Spitze ausgetauscht wird.

Zunächst zum Wachstum von Unternehmen:
Dürr: *„Eine alte tibetanische Weisheit sagt: ‚Der Baum, der fällt, macht mehr Krach, als ein Wald, der wächst!' Ja, es ist klar, unsere Wahrnehmung wird stark von ‚fallenden Bäumen' dominiert: von dem, was gewaltig ist, was schnell passiert, was uns bedroht oder als Bedrohung erscheint. Unsere ganze Geschichte ist voller fallender Bäume …*

Doch dann wundern wir uns, dass es trotz all dieser Zerstörung immer noch Leben auf der Erde gibt. Wir erkennen daraus, dass es der ‚wachsende Wald' ist, auf den es letztlich ankommt. Es ist der wachsende Wald, der das Leben fortführt. Aber, wer erwähnt schon den wachsenden Wald? Er verändert sich langsam, ganz unauffällig, doch beständig, nur erkennbar, wenn wir über lange Zeit unser Augenmerk darauf richten. Dass das Wachsende, das Aufbauende langsamer gehen muss als das Abbauende, Zerstörerische, ist kein Zufall. Echte Wertschöpfung braucht Zeit, gerade deshalb entgeht sie unserer Wahrnehmung …"

„Aber warum ist die Natur so langsam? Doch nicht, weil sie dumm ist, sondern weil sie bei jeder Änderung, die sie einführt, darauf wartet, inwieweit diese Änderung sich im Gesamtkontext bewährt oder nicht bewährt. Wir Menschen aber nehmen uns nicht die Zeit."

Wahre unternehmerische Leistung ist für mich genau dieser langsame Aufbau eines Unternehmens. Dieser Weg mag mir als Chemiker eher liegen als anderen. Die Chemie ist immer der Aufbau Schritt für Schritt. Die Entwicklung der gesamten chemischen Industrie ist so erfolgt, und zwar sehr erfolgreich. Forschung, Entwicklung, Anwendungstechnik, Verfahrensentwicklung von der Pilotanlage zu der Großanlage, Produktion und Marketing, aber auch in der Rückkopplung die Steuerung all dieser Aktivitäten nach den Marktchancen und Nachfragesituationen, also eine marktorientierte Unternehmensführung.

Zu Fusionen und Akquisitionen:
Das ist das Gegenteil von langsamem Wachstum im Einklang mit dem GEIST des Unternehmens. Es ist deshalb das hochrisikoreiche Monopoly-Spiel des Hin- und Herschiebens von großen Portfoliopositionen, das Finanzmanager so lieben. Es ist so, als würde man Bäume im Wald mit wenig Wurzeln oder gar keinen Wurzeln aufstellen. Sie fallen leicht um und zerschlagen auch noch bestehende Strukturen.

Das System des Unternehmens wird massiv gestört. Deshalb gehen 50 % der Fusionen und Akquisitionen schief. Leicht sagt man dann: Na ja, die Kulturen und Menschen haben nicht zusammengepasst. Wer so etwas anzettelt, hat die Neue Physik nicht verstanden und nicht berücksichtigt. Er gehört zu den Zerstörern und richtet Schaden bei den Menschen an.

Zum Austausch an der Spitze von Unternehmen:
Es gelingt aber auch Unternehmensführungen, das Neue zu integrieren und anwachsen zu lassen. Das Verständnis der Neuen Physik ist hier sehr hilfreich.

Ein Vorstand prägt das Unternehmen. Wenn er eine hohe Stufe – wie weiter vorn beschrieben – erreicht hat oder aus der Neuen Physik heraus lebt und führt, weiß er, dass im Unternehmen und auch alles außerhalb des Unternehmens mit dem Unternehmen verbunden ist. Die Zukunft des Unternehmens ist immer wieder neu. Die Wirklichkeit, das Hintergrundfeld, hat die Potentialität, sich im Unternehmen als Realität zu manifestieren. Für die Zukunft des Unternehmens gibt es Wahrscheinlichkeiten, sich so oder so zu gestalten. Die Kernfrage ist, wie ein Unternehmensführer diese Verwirklichung als Realität beeinflussen kann. Er ist in Verbindung mit allen und allem im Unternehmen und wird der Natur entsprechend Akzente aus seiner inneren Reife setzen können. Er mag dann auch Neues in diesem Sinne integrieren können, vielleicht auch „große Bäume“. Er kann im GOLDENEN WIND führen und die Arbeit zu einem WERK werden lassen.

Ein Wechsel an der Spitze ist dann ein massiver Eingriff in das Gefüge dieser Verbundenheit. Wenn ein Nachfolger gleicher Stufe folgt, ist es zwar eine neue Situation, die auch gelingen kann. Wenn ein anderer, der seine innere Entwicklung noch nicht ausreichend vollzogen hat, folgt, führt das zu deutlichen Nachteilen für das gesamte Unternehmen und kann es in Gefahr bringen.

Es war mir sehr wichtig, mit dem Quantenphysiker und Friedensnobelpreisträger Hans-Peter Dürr die Thematik des Wirtschaftens im Sinne der Erkenntnisse der Neuen Physik in einem Gespräch, das am 29.10. 2010 gemeinsam mit Roland Ropers in München stattfand, noch einmal zu reflektieren:

EMG: Lieber Hans-Peter, wie sieht Unternehmensführung und Management im Einklang mit der von dir verstandenen und erfahrenen Neuen Physik aus? Was sind deine Guidelines, die du den Menschen, die im Wirtschaftsprozess sind, mitgeben willst, damit das Ergebnis des Wirtschaftens ein Werk ohne Makel zum Wohle der Gesellschaft und der Welt wird?

HPD: Es ist eigentlich die Erkenntnis, dass das Leben der wesentliche Hintergrund ist, für das, was wir eigentlich immer in einer erstarrten Sprache auszudrücken versuchen. Das, was lebendig ist, drückt sich als eine Art Spiel aus. Zwei Dinge, die sich zu widersprechen scheinen, müssen jetzt auf einmal zusammenspielen. Die eine

Erkenntnis ist, ich bin anders als du, das heißt, ich bin in dem Sinne einmalig, keiner ist gleich. Die andere Erkenntnis heißt, dass man das, was in einem angelegt ist, zur Entwicklung bringen muss. Voraussetzung für diese Entwicklung ist aber der Wunsch und die Fähigkeit, mit einem anderen ein Spiel anzufangen. Dabei sucht man nicht dasselbe wie sich selber, sondern vielleicht genau das Gegenteil, das man zu einer Balance braucht, damit man auf eine höhere Stufe kommen kann.

Nehmen wir das Beispiel des Gehens. Wenn ich auf dem einen Fuß stehe, falle ich irgendwann um, und wenn ich auf dem anderen stehe, auch. So kommt die Idee des Kooperierens auf: Können wir nicht zusammengehen?

Das linke Bein sollte dann nicht zu dem rechten sagen, es möge das machen, was das linke Bein will, weil es die Idee zuerst gehabt hat. Es sollte sagen, es möge genau das Umgekehrte machen. Wenn das linke Bein fällt, sollte das rechte es auffangen und umgekehrt. Dann erleben wir etwas, das wir vorher nicht hatten. Wir müssen nicht an einem Fleck bleiben, sondern wir können uns fortbewegen. Das ist ein großer Fortschritt, der aus der Kooperation entsteht.

EMG: In deinem Verständnis sollte also nach diesem Prinzip gewirtschaftet werden. Es anerkennt die Andersartigkeit des anderen, mit dem man kooperieren will, um mit dem Partner so erfolgreich zu wirtschaften, dass es beiden nützt. Vieles ist nur gemeinsam erreichbar. Dieses Prinzip sollte also in allen Beziehungen aller am Wirtschaftsprozess Beteiligten deutlich werden? Es ist also deine Aufforderung, endlich ein PLUSSUMMENSPIEL zu spielen und nicht, wie so oft beobachtet, ein NULLSUMMENSPIEL, bei dem der eine zu Lasten des anderen gewinnt.

HPD: Genau, das ist es. Aber viele betrachten dieses Prinzip als Utopie. Viele sagen mir immer, ich möge doch mal schauen, wie schwierig es für viele Menschen ist, miteinander auszukommen. Man nehme nur das Beispiel, eine Ehe über längere Zeit zu führen.

Es liegt einfach daran, dass wir vergessen haben, dass wir vor dem Hintergrund allen Lebens es gar nicht neu lernen müssen. Wir haben im Hintergrund diese Erkenntnis, aber wir schauen weg. Wenn wir diese erfahren können, sind wir auf dem richtigen Weg.

Auch wenn man mit dem anderen nicht zurechtkommt, sollte man es einfach mal laufen lassen, so schwer, wie es fällt. Dann sieht man auf einmal, wie der Zusammenhang im Hintergrund ist. Es ist alles DA, wir müssen ja nur erinnert werden, dass wir im Hintergrund etwas haben, das sich danach sehnt, die Trennung zu überwinden, und in der Kooperation sich für beide zum Vorteil eine neue Dimension ergibt. Im Hintergrund ist es nicht so konstruiert, dass der eine auf der Strecke bleibt und der andere nicht. DAS ist ES. Man sollte die eigene Andersartigkeit dem anderen in sein Spiel hinein mitgeben. Dann wird man auch von dem anderen das bekommen, was für einen selbst Voraussetzung für den Sprung in die höhere Dimension ist.

EMG: Gibt es in der Gesellschaft, die du so beschreibst, noch Wettbewerb?

HPD: Also, der Wettbewerb ist sozusagen in dem Sinne immer da, wie zwei Wellen, die sich nur dann verstärken, wenn sie gleich laufen. Wenn sie gegeneinanderlaufen, löschen sie sich aus. Diese Sicht gibt das Gewicht an, mit dem ich das Vorhaben zukünftig realisieren kann. Ich werde nicht für das Kooperieren belohnt, sondern das Kooperieren führt genau dazu, dass das, was unterschiedlich ist, eine neue Dimension erschließt.

EMG: Ja, aber wenn nun ein Anbieter seine Strategie darauf abzielt, dem anderen die Kunden abzunehmen, was ja oft passiert, wie siehst du das?

HPD: Das ist eine Entgleisung, dass ich in die Welt der Realität gegangen bin und in der Welt der Realität findet das auch statt.

EMG: Wenn die Verkäufer sich aber nicht mehr um die Kunden des Wettbewerbers bemühen, ist das Ende doch vorprogrammiert? Der Wettbewerber nimmt zum Schluss dann auch noch dem eigenen Unternehmen die Kunden ab und die Insolvenz naht. Wir würden dann dem Wettbewerber zwar mit Freundschaft begegnen, aber am Ende ist doch die Existenz gefährdet.

HPD: Wenn man das nicht einsieht, fällt man aus dem Leben, aus der Entwicklung raus. Man sitzt gewissermaßen auf einem morschen Ast. Wir haben doch in der Evolution des Lebendigen immer wieder Dinge, die dann sozusagen rausgehen und abbrechen. Die Welt ist voll von abgestorbenem materiellem Müll.

EMG: Das gibt es natürlich auch in der Wirtschaft. Unternehmen sind erstarrt und schaffen mit ihren Produkten und Dienstleistungen keinen Mehrwert mehr für ihre Kunden, aus welchen Gründen auch immer. Sie können noch so ausgefeilte Wettbewerbsstrategien entwickeln, das Ende ist vorprogrammiert.

Also, man sollte sich im Unternehmen darauf konzentrieren, durch Innovation und Kreativität ein solches PLUSSUMMENSPIEL zu spielen, dass die Lebensfähigkeit langfristig erhalten bleibt. Dabei ist wichtig, wie du es formuliert hast, dass sich die Andersartigkeit der Mitarbeiter, der Lieferanten und Kunden so zusammenfindet, dass alle Beteiligten sich in eine höhere Dimension entwickeln. Das ist dann der wirtschaftliche Erfolg, der sich aber im Einklang mit der ganzen Natur befinden muss. Aus meiner Sicht und Erfahrung muss das eigene Wirken in der Wirtschaft dem Leben dienen und von Nutzen sein. Sonst hat man seine unternehmerische Aufgabe verfehlt.

Dann muss man seine Kraft nicht mit aggressiven Wettbewerbsstrategien vergeuden, die doch nur wieder ein NULLSUMMENSPIEL sind.

Das Bemühen um die Verbraucher im Markt, das sind eigene Kunden und Kunden der Wettbewerber, konzentriert sich dann auf das Angebot einer besseren Leistung.

Nun habe ich noch eine wichtige Frage zur Zukunftsgestaltung. Die Unternehmen planen meistens fünf Jahre in die Zukunft aus der Erfahrung der Vergangenheit und der Gegenwart. Oft stimmt diese Planung nicht mit der Realität in der Zukunft überein und trotzdem unterzieht man sich immer wieder dieser Übung.

Du sagst nun, dass die Zukunft immer offen und unbestimmt sei. Man kann aber über Wahrscheinlichkeiten sprechen. Das von dir so benannte KOOPERATIVE HINTERGRUNDFELD hat die Potentialität, sich als Realität auch in der Zukunft zu offenbaren. Das gilt dann auch für die Realität eines Unternehmens in seinem Markt.

Es muss doch möglich sein unter Berücksichtigung der Erkenntnisse der hier mit dir diskutierten Auswirkungen der Neuen Physik und einer spirituellen Grundhaltung, ein Unternehmen so für eine erfolgreiche Zukunft zu präparieren, dass man auch eine positive Entwicklung in die Planung einstellen kann? Oder kann man überhaupt nicht planen, da die Zukunft nach deiner Aussage offen ist?

HPD: Doch man kann eine Zukunftsaussage machen. Sieh mal die Natur an. Die 100 Millionen verschiedenen Arten sind alle Gewinner. Das heißt doch, dass es 100 Millionen Lösungen gibt. Der Wettbewerb ist gar nicht so wichtig. Man kann sehr viele Lösungen finden, die alle überlebensfähig sind.

EMG: Man kann doch über die richtige Führung der Mitarbeiter die Überlebenswahrscheinlichkeit verbessern, sodass das Unternehmen in der Zukunft besser dasteht.

HPD: Was heißt besser?

EMG: Besser ist für mich ein Produktportfolio, das für die Kunden langfristig von Nutzen ist und angemessen bezahlt wird, sodass alle Stakeholder des Unternehmens zufrieden sein können. Ich muss schon als Unternehmensführer diese positive Zukunft visualisieren können, sonst bekomme ich keine Ressourcen zur Verfügung gestellt.

HPD: Das ist ganz leicht. Die Dezentralisierung ist die Lösung. Diese Dezentralisierung ist zu einem guten Überleben wichtig. Das hat uns die Natur gelehrt. Man sollte auf das einwirken, was man in Reichweite hat. Es gibt keinen Grund, weshalb man jetzt die ganze Welt einbeziehen sollte.

Die Pflanzen hier fragen auch nicht, was jetzt in Afrika passiert.

EMG: Das Modell der Dezentralisierung habe ich als Unternehmer ohnehin immer bevorzugt. Der Erfolg hat mir recht gegeben. Wenn ich als Unternehmen mit 1000 dezentralen Einheiten gegen einen Monolithen antrete, gewinne ich immer.

Als ich die HÜLS AG neu aufgestellt hatte, schrieb die Presse:
„AUS EINEM FLUGZEUGTRÄGER WURDEN VIELE SCHNELLE FREGATTEN."

Wichtig dabei ist, dass diese dezentralen Einheiten im relevanten Markt die Führung haben bei den Produkten, den Dienstleistungen, den Kosten, der Marktposition, der Innovation und der Kreativität sowie der Qualifikation der Mitarbeiter. Wir hatten die Nachteile und auch die Attitüden eines Großkonzerns verlassen. Wir waren schnell geworden und die Begeisterung aller Mitarbeiter war Garant für den Erfolg im Markt. Daraus resultierte auch eine enge Kundenbindung.

HPD: Ich gebe dir völlig recht. Wir wissen ja, dass ein Bakterium einen Körper – und ist er noch so groß – zerstören kann. Die Leute, die das Größere in der Wirtschaft immer im Kopf haben, die übersehen gar nicht, dass sie dafür Opfer erbringen müssen.

Die Leute, die immer als die Träger unserer Wirtschaft gefeiert werden, die vergleiche ich mit Leuten, die im Winter in ein Schneefeld hineinfahren und Lawinen auslösen. Alle wundern sich dann, dass dieser kleine Mann mit seinem kleinen Fuß so eine große Masse in Bewegung bringen kann. Das liegt auch daran, dass wir immer den Beitrag zum Bruttosozialprodukt als Erfolg ansehen. Es ist doch viel schwieriger und erfolgreicher, wenn jemand eine Lawine hochträgt. Bei der Lawinenauslösung gibt derjenige doch nur einem System, das in der Schwebe ist, einen kleinen Stoß. Diese Leute zerstören wirklich etwas.

Es sind ungeheuer viele Arten in der Vergangenheit daran gestorben, weil niemand gesagt hat: „Pass mal auf, wir feiern dich nicht! Wenn du die Lawine auslöst, musst du alles wieder im Rucksack hochtragen!" Dann wird er es schon das nächste Mal nicht machen.

EMG: Die Lawinenlostreter der Wirtschaft sehe ich vor mir. Oft ist der große Schaden nicht direkt sichtbar. Sehr viel später stellt sich der Schaden ein, aber die direkte Zuordnung zu dem, der die Lawine losgetreten hat, fällt niemandem mehr ein. Da fallen mir viele Namen ein. Es geht doch besonders auch um nachhaltiges Wirtschaften. Was verstehst du denn unter Nachhaltigkeit?

HPD: Wir haben lange versucht, „Sustainable Development" ins Deutsche zu übersetzen. Dabei fiel uns der Begriff „Nachhaltigkeit" ein, ein Begriff aus der Forstwirtschaft. Das war mir zu statisch. Es geht doch nicht nur darum, den Status quo zu erhalten, der ja oft schon gar nicht mehr akzeptabel ist. Es geht darum, diesen Status quo für die Zukunft wesentlich zu verbessern und zwar in dem Sinne wie ich es ausgeführt habe. Für „Nachhaltigkeit" möchte ich deshalb lieber sagen: „Das Lebende lebendiger werden lassen!" Darum geht es beim nachhaltigen Wirtschaften.

EMG: Diese Interpretation übernehme ich gerne von dir.

Ja, lieber Hans-Peter, ich danke dir sehr für dieses Gespräch.

Ich habe mich bemüht, in der Wirtschaft entsprechend meinem Reife- und Individuationsgrad zu wirken und meine Arbeit zum Werk werden zu lassen.

Natürlich habe ich auch Fehler gemacht und manchmal rückwirkend betrachtet etwas auch gerne korrigiert. Aber ich glaube, nun auch nach dem Gespräch mit Ihnen, sagen zu können, dass mein Werk mir offensichtlich ganz gut gelungen ist. Ich konnte Gutes schaffen und Schlechtes verhindern. Die Ethik meines Wirkens, die durch meinen spirituellen, also geistigen, Reifeprozess gewachsen ist, konnte ich beibehalten.

Sie und alle meine spirituellen Lehrer werden mir das testieren können. Dafür bin ich zutiefst dankbar.

FAZIT:
Im Erfahrungsraum „ARBEIT UND WERK" kann man den GOLDENEN WIND erfahren, wenn man aus einer inneren Reife heraus oder aber im Einklang mit den neuen Erkenntnissen der Physik wirkt.

Erfahrungsraum Krankheit – Tod

Heute, am 15. Dezember 2010, bin ich aus dem Krankenhaus entlassen worden. Die Tage dort haben mich für dieses Kapitel sehr inspiriert. Plötzlich muss man begreifen, auch wenn man es nicht wahr haben will, dass das Leben nicht nur aus Gesundheit besteht.

Natürlich ist jeder froh, wenn er das Krankenhaus wieder verlassen kann, möglichst wieder gesund. Aber das ist nicht selbstverständlich.

Im Krankenhaus wird nicht nur die eigene Krankheit bewusst erlebt, sondern auch die Krankheiten der anderen. Man spürt das Kranksein auf Schritt und Tritt.

Man sieht die hereinkommenden Kranken mit ihren Rollkoffern auf die Rezeption zugehen. Sie alle drücken im Gesicht und in der Körperbewegung Leid und Besorgnis aus.

Man sieht die herausgehenden Kranken mit dem Blick der Erleichterung den Taxis zustreben. Glück gehabt. Nichts wie weg.

Was liegt dazwischen?

Viele geben sich ab, an der Pforte. Bei der Anmeldung unterschreiben sie eine „*Bewusstseinsreduktionserklärung*“, wie Roland Ropers es treffend aus eigener Erfahrung ausdrückt. Sie geben sich den Ärzten ab. Was geben sie ab? Sie geben ihr EGO ab, mit all seinen Wünschen, Ängsten und Zwängen.

Das Loslassen von den Zwängen des EGO ist, wie wir auch in diesem Buch immer wieder gelesen haben, eine gute Übung.

Wir sollten aber unser EGO nicht anderen Personen übertragen, sondern unsere eigene Verantwortung aufrechterhalten, denn wir brauchen unser EGO, auch für den Gesundungsprozess. Wir brauchen unser EGO für die Entscheidung, immer wieder in die Meditationsübung einzutreten und vor allen Dingen sie mit Disziplin wie ein Exerzitium beizubehalten.

Jede Krankheit hat Aufforderungscharakter. Sie enthält für uns eine „Message". Wir müssen sie dechiffrieren, sonst bleiben wir krank oder werden wieder und wieder krank, bis wir die Botschaft verstanden haben.

Im Kranksein geht es also um die Übung des Loslassens von unserer EGO-Zentriertheit und von der Abhängigkeit daraus, die uns so oft schon in das Leiden geführt hat. Diese Zusammenhänge wollen wir einfach nicht wahrhaben.

Augenblick für Augenblick geht es um diese Übung der Achtsamkeit und des Loslassens, wie bei allen anderen Erfahrungsräumen auch.

Hans-Peter DÜRR würde sagen, dass wir uns nicht den Ärzten übergeben sollten, sondern dem KOOPERATIVEN HEILENDEN HINTERGRUNDFELD. Oder noch prägnanter ausgedrückt, dass wir uns bewusst machen sollten, dass dieses Feld immer DA ist. Es war nie weg. Wir haben es nur vergessen, als es uns gut ging. Das Menschsein besteht aus Gesundheit und Krankheit. Es sind die zwei Seiten der Medaille des Menschseins. Das Kranksein kommt aus der Störung dieses Feldes in uns. Deshalb kommt alle Heilung auch aus diesem Feld. Dazu kann man als Christ auch GOTT sagen. Es geht also darum, sich GOTT anzuvertrauen. Das ist für uns nichts Neues, aber wir haben diese Möglichkeit nur vergessen. Mit unserer ganzen EGO-Zentriertheit und der daraus resultierenden notwendigen Entspannung, Erholung, Zerstreuung und Ablenkung. Wir bewegen uns meistens nur oder zu oft auch in der Krankheit nur in dem kleinen Raum unseres ICH-BEWUSSTSEINS.

Das Gottvertrauen kehrt nicht so einfach ein. Man muss es üben, solange man gesund ist, beispielsweise durch Gebete, christliche Rituale oder Kontemplation oder in den in diesem Buch schon besprochenen Erfahrungsräumen.

Das Eintreten in diese Räume ist immer auch eine Vorbereitung auf die Krankheit und auch auf den Tod, das GROSSE LOSLASSEN.

Es geht also besonders beim Kranksein und im Sterben darum,

GANZ DA ZU SEIN!

Dann haben unsere Selbstheilungskräfte eine Chance, uns zu heilen. Dann können wir eine Ressource nutzen, die uns auf unserem Weg verstellt ist, wenn wir nicht geübt haben, sie zu öffnen. Es sind die Heilungskräfte des SELBST und nicht des ICH, die es freizulegen gilt. Das Selbst ist göttlichen Ursprungs und das ICH irdischen Ursprungs.

Die Jungianerinnen Verena KAST und Ingrid RIEDEL bringen die Auffassung von C. G. JUNG zu diesem Thema in ihrem neuen Buch auf den Punkt:

„Für JUNG geht etwas Schöpferisches, ein Werden, durch alles, was existiert. Wenn der Mensch Anteil an diesem Schöpferischen hat – und sei es auch nur im geringen Maße –, ist er für JUNG potenziell heil, kann er geheilt werden. JUNG bezieht sich auf die Selbstheilungskräfte und damit auf die Ressourcen des Menschen."

Nun, wie kann der Mensch Anteil daran finden?

Es gibt Erfahrungsräume – und davon handelt das ganze Buch –, in denen wir durch achtsames Eintreten und bewusste Meditation den GOLDENEN WIND erfahren können und so unseren inneren Frieden finden können, auch in der Krankheit. Voraussetzung ist das bewusste GANZ-DA-SEIN. Man könnte auch sagen, dass man dann GOTT besonders nahe ist.

Das Eintreten in die Erfahrungsräume Arbeit und Werk, Natur, Musik, Tanz, Kunst usw. ist freiwillig. Das Eintreten in den Erfahrungsraum KRANKHEIT/TOD ist jedoch eine Zwangseinweisung. Im Kranksein und im Sterben wird auf uns ganz besonders Druck ausgeübt, uns endlich zu öffnen für die geistige, spirituelle Dimension unseres Menschseins und nicht nur auf der psychosomatischen Ebene zu bleiben.

Der Kranke, besonders derjenige, der im Krankenhaus sein muss, fühlt sich allein und einsam, entkleidet von den Freunden und Familienmitgliedern.

Diese Gefühle kommen aus der Trennung des EGO von seinem göttlichen Urgrund. Wir mussten diese Trennung vollziehen, um unser EGO zu entwickeln und um erwachsen zu werden. Aber der Preis für diese Errungenschaft ist die Angst vor der Einsamkeit, dem Widersinn der Dinge und vor dem Tod, wie DÜRCKHEIM formulierte. Die Erlösung von diesen Ängsten, die besonders bei der Krankheit hochkommen, gelingt nur, wenn wir wieder an diese göttliche Dimension unseres Ursprungs Anschluss finden.

Liebe Leserinnen und Leser, geben Sie dem Alleinsein und der Einsamkeit ihre ursprüngliche Bedeutung zurück.

Alleinsein heißt eigentlich ALL-EINS-EIN, das heißt, mit ALLEM EINS SEIN, mit allen Wesen, der Natur, dem ganzen Universum EINS SEIN, auch mit unserer Krankheit. Diese Verbundenheit ist die kosmische LIEBE. Sie heilt.

Einsam heißt eigentlich EIN-SAM. Auch das ist ein Wortinhalt für die universale Verbundenheit.

Geben Sie durch eine meditative Übung diesen sonst so negativ aufgeladenen Wörtern einen positiven Inhalt. Dann und nur dann schaffen Sie – wie SCHWERY sagt – einen positiven IMPRINT in Körper/Seele/Geist. Dieser beflügelt Ihre Heilung. Das ist nicht leicht und bedarf deshalb der stetigen Übung.

So kurz vor Weihnachten im Krankenhaus zu sein, erinnert mich besonders an die eigentliche Bedeutung der Weihnachtsgeschichte. Krankheit ist immer Schatten, also verhindertes Licht. Wenn das Hindernis verschwindet, scheint das Licht wieder ungetrübt. Es ist eine Menschheitserfahrung, dass besonders in den dunkelsten Krisen des eigenen Lebens die Wahrscheinlichkeit am größten ist, dass uns ein Licht aufgeht. Das ist der Kern der Weihnachtsbotschaft. In der längsten und dunkelsten Nacht geht für uns ein LICHT auf.

Uns wird der HEILAND geboren. Es geht um unser HEIL. Gesunden heißt immer HEIL WERDEN.

Wenn die Reifung unserer Person in unserem Leben noch nicht so weit vorangeschritten ist, bleibt uns gar nichts anderes übrig, als uns somatisch oder psychisch oder psychosomatisch durch die Ärzte heilen zu lassen. Um es ganz deutlich auszudrücken: Das ist nichts Schlechtes, aber doch etwas sehr Begrenztes. Ich anerkenne in hohem Maße die Leistungen der modernen Medizin und der sie vertretenden Ärzte. Die Erfolge sind deutlich, aber auch die Begrenztheit der Medizin und alle ihre Nachteile und Nebenwirkungen auch. Das muss man wissen. Man darf die Frage nie vergessen, um welchen Preis man zunächst geheilt wird und ob man wirklich mit diesem Heilungsprozess dauerhaft seinen inneren Frieden findet. Das ist die entscheidende Frage.

Es kann gelingen, inneren Frieden zu finden, obwohl man immer noch die Krankheit und auch die Symptome hat, beispielsweise Schmerzen.

Ich bin fest davon überzeugt, dass unser System Mensch beim Kranksein somatisch, psychisch UND geistig/spirituell gestört ist. Auch die Krankheit ist die Manifestation dieser WIRKLICHKEIT, die wir eigentlich nicht benennen können.

Wie sagte mein Lehrer Willigis JÄGER zu mir, als ich ihm von meinem Hautkrebs berichtete? *„ES manifestiert sich jetzt in deinem Hautkrebs. Ihn musst du jetzt annehmen lernen. Der Krebs ist auch Teil von dir. Er ist auch die WIRKLICHKEIT, gegen die du nicht zu kämpfen brauchst. Dann würdest du ja gegen dich selbst kämpfen. Das ergibt keinen Sinn, so weit, wie du bist."*

DÜRCKHEIM sprach davon, dass man nicht nur die schwierige oder ausweglose Situation annehmen lernen muss, sondern man sollte üben, IN SIE EINZUTRETEN! Dann ist die beste Voraussetzung auch für die Heilung gegeben.

Für ihn war auch die Krankheit ein Raum, um das WESEN zu erfahren. Wir erinnern uns – wie weiter vorn schon erwähnt – definiert er das WESEN:

„Das Wesen ist die Weise, mit der das überraumzeitliche SEIN in uns und durch uns manifest werden will in der Welt."

Dieses überraumzeitliche SEIN, diese TRANSZENDENZ, das WESEN, der GOLDENE WIND, GOTT will sich in uns auch durch die Krankheit manifestieren, nicht nur durch die Gesundheit. Gegen diese Potentialität (DÜRR) des Hintergrundfeldes sollte man nicht antreten. Es wäre schade. Man muss diese Manifestation Krankheit zulassen lernen, als verständlicherweise schwierige Übung.

Sollte man überhaupt gegen eine Krankheit kämpfen? Verschlechtert man damit die Heilungschancen? Auf der anderen Seite hört man immer wieder, dass der Kampf dagegen die Voraussetzung für die Heilung ist. Im Dezember 2010 war im Fernsehen die alljährliche Sendung der CARRERAS-Stiftung mit den Spendenaufrufen zur Heilung von Leukämie. 6,6 Mio. Euro wurden für den Kampf gegen die Leukämie gespendet. Alle Patienten wurden immer wieder ermuntert, nicht aufzugeben, sondern gegen die Krankheit zu kämpfen. Es wurde vermittelt, dass die Patienten, die nicht mehr gekämpft haben, gestorben sind. Unsere ganze Welt ist voll von dem Kampf gegen alles Unangenehme, auch gegen die Krankheit. Ich glaube, es hat schon eine andere Dimension, wenn man nicht gegen eine Krankheit kämpft, sondern für die Gesundheit. Aber jeglicher Kampf ist EGO-getrieben. Aufgeben ist sicherlich die schlechteste Option. Für die Heilung spielt die Kommunikation zwischen Arzt und Patient eine ganz wichtige Rolle. Mit jeder Aussage bewirkt der Arzt etwas bei dem Patienten. Wenn er sagt: „Sie haben einen schlimmen Krebs. Es gibt keine Heilungschancen und Sie haben noch maximal sechs Monate zu leben!“, dann wird, wie ich meine, im kranken System noch jeglicher Rest an Widerstandskraft zerstört. Das führt zu einem außerordentlich negativen IMPRINT.

Die Verhaltensempfehlung hängt auch sehr wesentlich davon ab, um welchen Patienten es sich handelt. Sind es Kinder, Jugendliche, Erwachsene oder Alte? Sind sie in ihrem EGO stecken geblieben oder haben sie schon einen inneren Reifungsprozess vollzogen?

Jeder Kranke braucht Energiezufluss und nicht weitere Energiezerstörung.

Ich könnte mir Stufen der Verhaltensweisen vorstellen. Kämpfen ist vielleicht besser als sich aufzugeben. Für Kinder ist das ein guter Ansatz. Kämpfen setzt Energie frei, aber nur aus dem EGO. Diese Energie ist aber eben auch wieder durch das EGO begrenzt. Das Schlimmste ist wohl sich aufzugeben. Ist dann Kämpfen besser? Ich meine: ja.

Besser als Kämpfen ist aber für Erwachsene ganz sicher das Annehmen, das Eintreten in die Krankheit und sich in achtsamer Gelassenheit als immerwährende Übung GOTT, dem HINTERGRUNDSFELD, der WIRKLICHKEIT anzuvertrauen und diese transpersonale Instanz heilen zu lassen. Die Krankheit ist immer ein massiver Impuls, einen Bewusstseinsschritt zu vollziehen. *„Krankheit als Chance“* sagt DETHLEFSEN in seinem gleichnamigen Buch.

KINSLOW spricht vom Anschluss an das Null-Feld durch eine meditative Übung, damit dieses die Heilung vollziehen kann, die QUANTEN-HEILUNG.

Meiner Erfahrung nach geht es bei jeder Erkrankung um die Öffnung für den GOLDENEN WIND. Das ist die Aufgabe der Erkrankung, die sie bei uns bewirken soll.

Ich komme zurück auf C. G. JUNG, der gesagt hat, dass er noch keinen Patienten erlebt hat, bei dem die Ursache seines Kranksein nicht letztendlich in der Trennung vom NUMINOSEN liegt, also von der spirituellen Dimension.

Also gelingt die komplette Heilung auch nur SOMA-PSYCHO-PNEUMATISCH, wie die drei Ebenen im Griechischen genannt werden (wie weiter vorn schon erläutert: im Lateinischen CORPUS, ANIMA, SPIRITUS – im Deutschen KÖRPER/SEELE/GEIST).

Das Zulassen der Heilung auf diesen drei Ebenen ist die Voraussetzung, dass die Heilung dauerhaft ist, bis wir sterben sollen.

Der Impuls durch die Krankheit kann für den erwachten Menschen so stark sein, dass wir durch die Krankheit auf eine höhere Bewusstseinsstufe gelangen können.

Wie sagte kürzlich mein Freund Roland Ropers vor einer sehr schwierigen Operation? „*Entweder du landest auf einer höheren Bewusstseinsstufe oder du stirbst. Beides ist OK.*"

Willigis JÄGER: „*Das neue wissenschaftliche Denken rückt Gesundheit und Krankheit in ein neues Licht. Auch die Schulmedizin erkennt allmählich die Einheit von Geist und Körper, und dass wir aktiv an Krankheit und Gesundheit unseres Körpers mitwirken. Eine Krankheit ist weder ausschließlich Sache des Körpers noch ausschließlich Sache des Geistes. Die Erkenntnis der Interaktion von Geist, Psyche und Körper führt zu einem Paradigmenwechsel in der Medizin und damit zu einer neuen Interpretation des physischen Körpers. Unser Körper ist keine bewusstlose Maschine, die man einfach reparieren kann, indem man Teile entfernt oder ersetzt. Er ist kein Konglomerat von Molekülen, vielmehr ein Prozess, und die Vorgänge formen einen Körper. Und dies ist inzwischen längst erwiesen: Wir können ganz bewusst in unseren Körper und in unsere Psyche eingreifen, können unseren Körper durch neue Einsichten beeinflussen. Es gibt ein ganzes Gebiet, Psychoneuro-Immunologie genannt, das diese Zusammenhänge erforscht. Dabei werden der Einfluss des Geistes und der Gefühle auf das Immunsystem näher untersucht. Die Frage ist letztlich: ‚Wie weit beeinflusst unser Bewusstsein, unsre Gedanken den physischen Körper und umgekehrt?'*"

(aus: „Das Leben endet nie", Theseus-Verlag)

Meine Tage im Krankenhaus habe ich ganz bewusst gelebt. Ich habe versucht, alles zu berücksichtigen, was ich bisher auf meinem Weg der Reifung erfahren habe. Ich habe mein EGO nicht an der Pforte abgegeben. Ich habe einen Arzt meines Vertrauens ausgesucht, ebenso wie das Krankenhaus. Das sind Entscheidungen aus meiner Ratio gewesen. Die braucht es immer, wenn man in einen Erfahrungsraum eintritt. Dafür brauchen wir unser EGO.

Glücklicherweise gab es in dem Krankenhaus einen RAUM DER STILLE. Ich war immer wieder dort.

Man sollte in die Stille gehen und meditieren, wenn man aus seiner Mitte herausfällt und Ängste aufkommen. Wie sagte Ella WHEELER WILCOS:

„SEI EINFACH STILL UND WACHSE IN DER STILLE ...“

Jeder hat Angst, aber man kann dann je nach Reifegrad damit unterschiedlich umgehen. Man HAT die Angst, aber man IST sie nicht. Das ist das unterscheidende Denken, das hier ganz wichtig ist. In jeder Meditation nimmt man die Krankheit an und auch die Risiken bis hin zur Verschlechterung des Gesundheitszustandes oder bis zum Sterben. Damit vertraut man sich GOTT an, dem heilenden HINTERGRUNDFELD.

„ES WILL DIR NICHTS BÖSES!“, hat kürzlich ein Begleiter einem Freund gesagt. Das war für ihn etwas ungeheuer Tröstliches.

In der Bochumer Uniklinik und sicherlich zunehmend auch in anderen Kliniken versucht man die Patienten mit schweren Krebserkrankungen für die Meditation zu öffnen und hat gute Erfahrungen gemacht.

WAZ 28.1.2011: Professor Dr. Waldemar Uhl arbeitet mit Wolfgang Maly, einem Heiler, zusammen. Die Patienten werden in der Klinik behandelt und begeben sich dann zur Meditation ins Kloster nach Venlo.

Maly: *„Es geht darum, die innere Kraft zu aktivieren“* ...

Professor Uhl sagt, dass dadurch mehrere seiner Patienten vom Krebs geheilt wurden.

Das sind doch ermutigende Anfänge in unserer Welt der nur rationalen Heilungsansätze.

Die Stunden vor dem operativen Eingriff sind gute Gelegenheiten für die Intensivierung der Meditation. Sie wird immer wichtiger, wenn man mit dem Bett vom Zimmer in den OP gefahren wird. Man kommt sich hilflos und ausgesetzt vor. Das eigene EGO hat jetzt keine Kontrolle mehr. Das empfinden wir als schlimm. Das EGO wehrt sich mit Gedanken und Gefühlen.

Wenn man dann auf dem OP-Tisch liegt, beobachtet man eine fremdartige Geschäftigkeit. Routine. Business as usual. Jede Art von Zuwendung wird dankbar entgegengenommen. Man sollte immer wieder üben, ganz im Augenblick DA zu sein. Alle Gedanken und Gefühle lässt man durchziehen. Man spürt sich auf dem Tisch mit seinem ganzen Gewicht und lässt einfach los. Man darf sich nicht aufgeben. Deshalb sollte man auch nicht gleichgültig werden, sondern man sollte achtsam in jedem Augenblick sein. Es fließt dann Energie aus dem Hintergrundfeld zu.

Die Wahrscheinlichkeit ist sehr groß, in der Aussichtslosigkeit der Krankheit den GOLDENEN WIND zu erfahren.

Liebe Leserinnen und Leser, versuchen Sie es, wenn Sie krank werden.

Meditation in der Krankheit
(Kraft, Heilung, Verbundenheit, angstfrei, sorgenfrei)

Ich liege im Bett oder auf dem Boden.
Ich spüre mein Gewicht auf der Unterlage.
Der Boden trägt mich.
Ich bewege meine Zehen, meine Füße und lasse los.
Ich entspanne meine Beine, mein Becken, meinen Hals, meinen Kopf.
Meine Arme liegen entspannt neben meinem Körper.
Ich beobachte meinen Atem.
Ich lasse den Atem ausströmen und warte, bis von selbst das Einatmen beginnt.
Ich werde beatmet.
Ich schließe meine Augen bis auf einen kleinen Schlitz.
Ich ziehe die Mundwinkel hoch, ich lächle.
Der Atem geht und kommt, ganz von allein.
Ich spüre dieses Leben, das vom Atem gespeist wird.
Es gibt mir Kraft mit jedem Atemzug.
Leben ist auch Krankheit.
Krankheit ist auch Leben.
Ich spüre meine Krankheit.
Ich bin nicht diese Krankheit.
Ich habe diese Krankheit.
Sie ist nur ein kleiner Teil von mir.
Alles andere in mir ist gesund.
Ich spüre, was alles gesund ist in mir.
Die Krankheit in mir ist göttlichen Ursprungs wie meine Gesundheit.
Die Krankheit will mir nichts Böses.

Sie führt mich einen Schritt weiter zu meinem inneren Frieden.
Das ist der Sinn der Erkrankung.
Dafür öffne ich mich.
Ich kämpfe nicht gegen die Krankheit.
Ich nehme sie an.
Ich trete in die Krankheit ein.
Ich schaue meine Krankheit an.
Ich benenne sie.
Ich heiße sie willkommen.
Sie wird mein Helfer sein zu mehr Heilsein.

Ich beobachte meine Gedanken.
Ich sehe sie kommen und gehen.
Ich bewerte sie nicht.

Ein Gedanke kommt, er verschwindet von allein.
Ein anderer Gedanke kommt, er verschwindet auch.
Ich beobachte meine Gefühle.
Ängste kommen auf, ich lasse sie los, sie gehen wieder.
Ich spüre, wie sich ein Augenblick an den anderen reiht.
Das ganze Leben ist ein Kommen und Gehen.
Die ganze Krankheit ist ein Kommen und Gehen.
Ich höre, lausche.
Ich spüre, fühle in mich hinein.
Alles fließt, das ist der Fluss des Lebens.
Ich freue mich über diesen Fluss des Lebens.

Die Krankheit ist von Leben umgeben.
Die Krankheit ist auch Leben.
Sie ist mein Fokus für meine Beruhigung.
Sie ist meine Hilfe für meine Öffnung.

Es gibt keine Grenzen mehr zwischen mir und der Krankheit.
Ich bin ganz offen.
Meine Zellen sind ganz offen.
Ich bin Leben.
Ich bin Teil des Lebens.
Alles steht mit mir in Verbindung.
Diese Liebe, diese Verbundenheit mit allen Wesen, wird mich heilen.
Augenblick für Augenblick vergeht in Achtsamkeit.
Ich brauche die Krankheit nicht mehr als Fokus.
Sie ist nicht mehr wichtig.
Sie ist zwar noch da, aber nicht mehr wichtig.
Ich spüre immer mehr meinen inneren Frieden.

Keine Gedanken, keine Sinneswahrnehmungen, keine Emotionen.
Mein Bewusstsein hat sich entleert.
ICH BIN GANZ DA.
Ich bin ganz im GOLDENEN WIND.
ICH BIN GANZ GOLDENER WIND.
ICH BIN EINS MIT DER WIRKLICHKEIT.
ICH BLEIBE IMMER EINS MIT DER WIRKLICHKEIT.

Ich öffne meine Augen.
Ich höre, rieche, spüre.
Ich spüre meinen Körper auf dem Untergrund.
Ich spüre inneren Frieden.

Ich habe meinen Frieden mit der Krankheit gemacht.
Sie ist mein Gefährt zur inneren Reifung meiner Person.
Durch die Krankheit bin ich aufgewacht zu mehr innerem Wachstum.
Inneres Wachstum heilt.

Die Krankheit hat mir geholfen.
ICH HABE DURCH SIE DEN GOLDENEN WIND GESPÜRT.
ER TRÄGT MICH DURCH DEN GANZEN TAG.

ER HEILT MICH TAG FÜR TAG.

Auch das achtsame und bewusste Eintreten in wesentliche Erfahrungsräume wie Kunst, Musik, Natur erleichtern die Heilung, die doch stattfinden will. Man muss sie nur zulassen.

Im Alfried-Krupp-Krankenhaus, in dem ich für ein paar Tage war, bietet man den Patienten auch Kunsttherapie mit gutem Erfolg an. *„Man kann dann durch das Gestalten mit künstlerischen Mitteln ein neues Bild von sich selbst gewinnen.“*, heißt es dort.

Das neue Bild könnte ja ein ganzheitliches Bild sein, das Körper, Seele und Geist umfasst, und dann hätte die Krankheit einen Sinn bekommen.

Willigis JÄGER empfiehlt die LIEBEVOLLE GÜTE ZU SICH SELBER.
„Man sammelt sich, indem man die Aufmerksamkeit auf seine Atemzüge richtet, und wendet sich nach innen. Man sagt sich innerlich:
Möge Frieden in meinem Herzen wohnen.
Möge ich Heilung finden.
Friede durchströmt mich.
Mit jedem Ein- und Ausatmen sagt man einen dieser Sätze:
Friede und Ruhe durchströmen mich.
Freude durchströmt mich.
Friede durchströmt mich.
Nach einiger Zeit fährt man fort:
Kraft durchströmt mich.
Wärme durchströmt mich.“
(aus „Das Leben endet nie“)

Liebe Leserinnen und Leser, wenn Sie sich intensiver mit der Frage beschäftigen wollen, was eigentlich heilt, dann empfehle ich Ihnen das Buch von Klaus-Dieter Platsch *„Was heilt – Vom Menschsein in der Medizin“* (Theseus Verlag Stuttgart).

Auf dem Cover steht: *„Klaus-Dieter Platsch greift die neuesten wissenschaftlichen Erkenntnisse auf und zeigt: Heilung erwächst aus einem Raum jenseits der Methoden und Medizinsysteme. Sie geschieht in einem heilenden Feld, in dem der kranke Mensch* *wieder Anschluss an das gewinnt, was immer in jedem Menschen ganz und heil ist und bleibt.*"

Als mein Lehrer Willigis JÄGER mich im Februar 2010 sehr zu diesem Buch ermunterte, sagte er mir, dass ich dann auf jeden Fall auch über die Krankheit und das Sterben schreiben sollte, aus Sicht eines innerlich reifenden Menschen im dritten Lebensdrittel für Menschen in diesem Drittel, die noch suchen.

Nun, kompetent schreiben kann man nur über das, was man auch erfahren hat.

Das trifft bei mir sicher über die Krankheit zu, denn die eine oder andere Krankheit hatte ich.

Mit dem Sterben kenne ich mich nicht aus. Aus Gesprächen mit einem Freund weiß ich, dass ein Mensch, der schon einmal eine Nah-Todeserfahrung gehabt hat, offensichtlich gut vorbereitet ist. Ich weiß auch, dass die Art und Weise meines ganzen Lebens mich auch auf den Tod vorbereiten wird. Jede Meditation ist ein LOSLASSEN. Sie bereitet auch auf den Tod vor. Da geht es um das große LOSLASSEN.

Für mich steht fest, dass es zur Annahme des Alterns, des Krankseins und des Sterbens überhaupt keine Alternative gibt, als einen spirituellen Weg zu beschreiten. Es ist völlig egal, welchen Weg dieser Art man geht. Alle führen uns zu innerem Frieden. Aber für einen Weg müssen wir uns entscheiden. Den müssen wir gehen. Und üben, jeden Tag, Schritt für Schritt, Augenblick für Augenblick.

Willigis JÄGER: „*Krankheit und Gesundheit sind eine sehr subtile Angelegenheit. Mangel an Sinn macht krank.*" (aus „*Das Leben endet nie*", Theseus)

Der Sinnfrage des Lebens kommt man auf einem spirituellen Weg näher.

Den wichtigen Fragen des Sterbens kann ich im Dialog mit weisen Freunden nachgehen, um Ihnen, liebe Leserinnen und Leser, und auch mir weiterzuhelfen.

Willigis JÄGER beginnt sein wichtigstes Buch zu diesem Thema „Das Leben endet nie" (Theseus Stuttgart) mit dem Abend-Spruch, den wir immer im ZEN-Sesshin in Holzkirchen hören:

„*Aus tiefstem Herzen sage ich euch allen:*
Leben und Tod sind eine ernste Sache.
Alle Dinge vergehen schnell
und kein Verweilen kennt der Augenblick.
Darum seid achtsam und ganz gegenwärtig."

Willigis JÄGER kann viel besser über den Tod schreiben als ich:

„*Wer sich als dieses Leben erfährt, kann die jeweilige Struktur lassen.*
Sie kann abfallen wie ein welkes Blatt."

„*Vielleicht kommt einmal die Zeit, in der Menschen aus ihrem Sterben ein Fest machen wie aus der Geburt in diese Existenz.*"

„Wir sind dem Schicksal nicht einfach ausgeliefert. Der Tod ist ein ebenso wichtiges Ereignis wie das Geborenwerden. Es schließt sich nicht ein Tor. Wir sollten also auf das Neue schauen, das vor uns liegt. Nicht wir haben uns diesen Platz auf Erden ausgesucht, diese Urwirklichkeit GOTT hat ihn ausgesucht, um sich in dieser Gestalt zu verwirklichen. Unser Aufenthalt hier auf dieser Erde ist ein Akt Gottes. Es ist nicht UNSER Spiel, das wir hier spielen. Es ist das Spiel Gottes, das er als ‚Figur' spielt.

Du brauchst keine Angst zu haben. Strecke deine Hände aus. Du bist geführt. Die Angst, die oft nach älteren Menschen greift, kann auch eine positive Wirkung haben. Angst kann zur heilsamen Erfahrung der Wahrheit über die Begrenztheit und Sterblichkeit des ICH werden. Strecke deine Hände aus! Da ist einer, dem du die Hände hinstrecken kannst. Er wird dich führen."

„Heilswege führen durch ein Labyrinth. Manche Biegung geht nach außen und scheint von der Mitte wegzuführen. Wer jedoch auf dem Weg bleibt, erreicht das Zentrum und erkennt am Ende alle Biegungen und Windungen als Wandlungsprozesse.

Wenn ich mich jetzt ganz auf diesen Grund einlasse, mich jetzt an den lebendigen Gott halte, der in mir über diese Erde geht, dann brauche ich mich nicht zu sorgen, was nach dem Tod geschieht.

Das EINE wird auch der Grund eines neuen Lebens sein, ganz gleich, in welcher Form es weitergehen wird. Ob von dieser Individualität, die ich jetzt habe, etwas mit hinübergeht, braucht mich nicht zu kümmern. Ich bin hineingenommen in die göttliche Wirklichkeit. Ich lebe im JETZT Gottes. Am Ende haben wir nur eines zu tun:

LOSZULASSEN

Was wir zutiefst sind, kennt den Weg und wird sich offenbaren als das EINE, das keine Teilung kennt."

„Ewig ist nicht die individuelle Form, sondern nur das Leben. Dieses Leben kennt keinen Wandel, keine Zeit und keinen Raum. Zeit und Raum entstehen durch die Formen, die kommen und gehen …

Es gibt nur diesen zeitlosen Tanz, den das Leben als Evolution vollzieht …

Der Sinn des Tanzes liegt nicht darin, zu Ende zu kommen. Er liegt im Tanz selbst.

Der Sinn des Lebens liegt nicht darin, möglichst lange zu leben, sondern Augenblick für Augenblick zu leben …

Wir halten uns für sterblich, weil wir meinen, dass Geburt und Tod existieren. Wir sind aber nicht sterblich, weil wir eine vergängliche Existenz haben, sondern weil unser ICHBEWUSSTSEIN ständig Geborenwerden und Sterben erlebt.

WAS WIR ZUTIEFST SIND, IST ZEITLOS.

Es erscheint nur in Zeit und Form, es wechselt nur die Kleider, aber nicht das Wesen."

„Das tiefste Wesen des Menschen ist ungeboren und unsterblich. Die Ursache von Geburt und Tod ist unser ICH. Unser ICH und Geburt und Tod gehören zusammen. Unser ICH sucht die Dauer. Damit gibt es Geborenwerden und Sterben. Die Sucht des ICH will die Permanenz. Diese Sucht beruht auf Unkenntnis und mangelnder Erfahrung des eigenen Wesens. Wenn diese Unwissenheit aufgehoben ist, schwindet die Sucht nach Dauer und damit schwindet die Angst vor dem Tod."

„VOM TOD ZUM LEBEN: DER DURCHBRUCH ZUM SEIN"
ist der Titel eines Kapitels in DÜRCKHEIMS Buch
„*Der Weg, die Wahrheit, das Leben*" – Gespräche über das Sein
mit Alphonse GOETTMANN (O.W. Barth-Verlag, Scherz-Verlag Bern, München)

DÜRCKHEIM: Es ist bekannt, dass Menschen, die in schwerer Krankheit dem Sterben nahe und in Todesangst sind, wenn sie endlich loslassen und sich dreingeben, also den möglichen Tod annehmen, mit diesem Loslassen den heilenden Kräften der Tiefe Raum geben und völlig unerwartet gesunden.

GOETTMANN: Diese Freude, diese Erneuerung, sind sie die Folge des LOSLASSENS?

DÜRCKHEIM: Ja. Doch Loslassen bedeutet immer auch Zulassen von etwas anderem, und wenn der Mensch loslässt, was ihn am kleinen Leben hält, lässt er DAS GROSSE LEBEN zu, das auf ihn wartet. Das verhärtete ICH, die Kruste, die uns vom Göttlichen trennt, ist dann nicht mehr da. Aber nur auf dem Hintergrund der erfahrenen Blockade kann der Augenblick ihres Verschwindens zur Erfahrung dessen werden, dem sie im Wege stand. Das darf man nie vergessen. Die Entdeckung des rechten Weges hat die schmerzliche Erfahrung des Irrweges zur Voraussetzung, die Entdeckung des WESENS, das Verlorensein im ICH ...

Es geht auf unserem Lebensweg also darum, die richtungsweisende positive Bedeutung jeder schmerzlichen Erfahrung, also auch der schmerzlichen Erfahrung der Krankheit und des Sterbens, zu erkennen. So bekommt Krankheit und Sterben einen Sinn, nämlich den SINN DES LEBENS erfahren zu lernen. Es ist eine lebensnotwendige Übung. Aus der Not des Leidens wächst die Wende zum Leben. Deshalb ist die Krankheit und das Sterben LEBENS-NOTWENDIG, im wahrsten Sinn des Wortes. Krankheit will immer eine Wende zum Leben herbeiführen.

Es kommt vielmehr darauf an, den Tagen mehr Leben zu geben als nur immer zu versuchen, dem Leben mehr Tage zu geben. Es kommt gar nicht darauf an, länger zu leben, sondern tiefer zu leben.

Wie oft haben Menschen berichtet, dass sie nach einer Krebserkrankung ein Leben, das doch vorher sehr oberflächlich war, mit viel tieferer Qualität gelebt haben. Diese Aussagen sind ein Trost.

Natürlich weiß ich, dass es für Kranke oft sehr schwer ist, zum HIER und JETZT „JA" zu sagen und die Krankheit anzunehmen. Aber es gibt keinen anderen Weg, die Krankheit zu ertragen und ihren Aufforderungscharakter zur inneren Reifung zu verstehen. Es gibt auch keinen anderen Weg, oft das gesunde Leben zu ertragen. Deshalb ist es ganz wichtig, ab der Lebensmitte endlich aufzuwachen und sich dem inneren Weg zuzuwenden. Der damit verbundene Reifungsprozess ist auch eine unerlässliche Vorbereitung auf Krankheit, Leid, Trauer und Tod. Nach meiner Erfahrung braucht es bei den meisten Menschen das Leid als Auslöser zur Umkehr von außen nach innen. „Jede" Art von Leiden sind mögliche Umkehrpunkte und haben deshalb ihren Sinn. Diese Lebenserfahrung im Leiden zu erkennen, fällt den meisten schwer. Deshalb braucht man einen Freund und Begleiter, der das erfahren hat, dem Leidenden das vermitteln kann und ihm die Augen öffnet.

Jede Krankheit ist der Versuch des WESENS, durchzubrechen, oder der Impuls, sich auf den Weg zu machen, den GOLDENEN WIND zu erfahren. er offenbart sich als Krankheit. Wenn man das erkennt, hat man ihn schon erfahren.

GOETTMANN: Wer in der großen Zerstreuung seines Lebens dahintrieb, wird ein Berufener, und der entschlossen Berufene wird ein Sucher. Für ihn gibt es nur eine wirkliche Arbeit, und die besteht darin, die Wahrheit seines WESENS zu verwirklichen. Alles andere ist nur ein Mittel dazu …

Das Annehmen ist das Wichtigste.

DÜRCKHEIM: Annehmen, das heißt „seinen Tod leben"!

„Living your dying" ist auch der Titel eines Buchs meines alten amerikanischen Freundes Stanley Keleman, des Mitbegründers der Bioenergetik. Er sagt, dass man im Laufe seiner ganzen Existenz kleine Tode erlebt, die man akzeptieren muss, und so das LOSLASSEN eine Haltung wird, zur zweiten Natur. Das Leiden zu vermeiden oder zu bekämpfen ist natürlich. Aber wenn es da ist, geht es darum, es zu akzeptieren, um daraus etwas zu schöpfen. was JENSEITS des Leidens liegt.

So erging es einer Frau, die ich gut kenne und der kürzlich die linke Brust amputiert wurde. Sie hat schon ihre Mutter und ihre Schwester durch dieselbe Krankheit verloren und schaut voller Ungewissheit in die Zukunft Nach der Operation sagte sie zu mir: „Jetzt geht es nicht darum, wie viele Jahre ich noch leben werde, sondern darum, WIE ich leben werde."

Man muss die Niederlage annehmen. Sie annehmen und nicht so tun, als sei nichts geschehen.

Goettmann: Sobald man vom Annehmen spricht, protestieren die meisten Leute lautstark. Sie verwechseln Annahme mit einer jahrhundertelang gepredigten Resignation und fühlen intuitiv, dass sie einer wahrhaft menschlichen Haltung ganz zuwiderläuft ...

Wenn ich in einem einzigen Wort den ganzen YOGA zusammenfassen sollte, würde ich sagen: ANNEHMEN.

Es ist mir wichtig, auch für diesen Erfahrungsraum weitere Erkenntnisse kompetenter Gesprächspartner einfließen zu lassen, die aus ihren eigenen Erfahrungen das Thema aus anderen Blickwinkeln betrachten können.

Im Gespräch mit Walter SCHWERY war ich auf der Suche nach Erkenntnissen aus tiefenpsychologischer Sicht und aus dem reichen Schatz des Tibetanischen Buddhismus.

GESPRÄCH mit Walter SCHWERY am 15.10.2010 in Bremgarten:
ERFAHRUNGSRAUM KRANKHEIT – TOD

EMG: Lieber Walter, es ist ja verständlich, dass ein 68-Jähriger einen 83-jährigen Freund nach seinen Erfahrungen zu diesem Thema fragt. Mich interessieren deine Gedanken aus Sicht der Tiefenpsychologie von C.G. JUNG, des TIBETANISCHEN BUDDHISMUS und des YOGA und HINDUISMUS.

Der alte Mensch wird krank, manchmal öfters, und stirbt dann. Wenn man auf einem spirituellen Weg ist, hat man schon einiges erfahren, weiß, dass das Loslassen sehr wichtig ist. Die Übung des Loslassens spielt eine wichtige Rolle. Das weiß man alles, oft mehr im Kopf als im Bauch.

Plötzlich wird man krank und fällt zurück in die alte Urangst, noch kränker zu werden oder sogar zu sterben. Nach DÜRCKHEIM ist die Angst vor dem Tod eine der Ängste, die uns unsere Egozentriertheit unseres Lebens beschert hat. Ich glaube, dass diese Angst uns allen im Nacken sitzt. Es ist aber eine Frage, wie man damit umgeht.

Krankheit und Sterben als Chance und nicht als unüberwindbaren Schicksalsschlag – darum geht es in unserem Gespräch. Wie kann man das WESEN erfahren lernen.

WS: Für mich war die Frage des Todes eigentlich immer schon, auch in ganz jungen Jahren, das zentralste Problem oder die zentralste Erfahrung, die man machen kann, neben der Geburt. Von der Geburt zum Tod stellt jedes Lebewesen fest, dass in ihm etwas ist, das LEBEN will. Diese Kraft ist enorm. Das will genau das nicht mitmachen, das die Natur im Menschen angelegt hat, dieses fortwährende Verändern der Situation über das Älterwerden bis zum Versagen des Systems, mit dem man identisch gelebt hat.

Die Tibeter sehen nicht das Problem im Älterwerden und Sterben, sondern im Identischwerden und Bleiben mit dem Körper. Bei uns im Westen ist das Aufbäumen enorm, wenn man die Verherrlichung der Jugend in der Werbung sieht. Es hat sich ein Riesenmarkt des „ANTI-AGING" entwickelt. Diese Angst vor dem Tod bedeutet für die Tibeter nichts anderes als die Unwissenheit vor der Wahrheit.

EMG: Es ist auch so, wenn man auf DÜRCKHEIM hört, der unterscheidet zwischen dem KÖRPER, den man hat, und dem LEIB, der man IST, dass man dann den Körper als das Medium sehen muss, das wir brauchen, um über die Erfahrung der Sinne und des Denkens hinaus das WESEN letztendlich zu erfahren. Ohne den Körper können wir das nicht. Der Körper ist unser Gefährt für die Erfahrung der Wirklichkeit, des GOLDENEN WINDES. Wir haben Angst, dass unser Gefährt zerbricht.

WS: Wir identifizieren uns mit dem Gefährt und dann haben wir Angst vor der totalen Vernichtung. Solange man noch gesund ist, ist diese Angst nicht immer präsent. Sie ist leicht zu verdrängen. Aber je älter man wird, umso mehr wird uns diese plötzliche Möglichkeit bewusst. Bei den Chassidim, einer jüdischen Weisheitsgruppe, geht man durch den Tod in ein anderes Zimmer. Sie sprechen eigentlich dann nicht vom Sterben. Sie glauben wie im Osten auch an die Wiedergeburt. Für JUNG war der Tod nicht das ENDE, sondern das ZIEL. Auch die Tibeter wissen, weshalb der Tod das Ziel ist, weil im Sterben für jeden Menschen die Gelegenheit besteht, eine Erfahrung zu machen, die nur im Moment des Todes gemacht werden kann – DAS WEISSE LICHT.

EMG: Die Menschen mit Nah-Todeserfahrung berichten alle über das weiße Licht am Ende eines Tunnels und wie wunderschön die Vereinigung mit dem weißen Licht ist. Das muss doch eine große Einheitserfahrung sein. Wenn das offensichtlich so ist, dann wird doch jeder am Ende seines Lebens erleuchtet. Das ist doch sehr tröstlich.

WS: Genauer gesagt, begegnet er der Möglichkeit zur Erlösung in einer Größenordnung, die noch nie so groß war wie in diesem Moment.

Es kann aber auch sein, dass der Mensch an dieser Erfahrung vorbeigeht, weil ihm etwas passiert, was dem Paulus auf dem Weg nach Damaskus passiert ist. Er ist geblendet worden und vom Pferd gestürzt. Er war nicht stark genug, dieses Erlebnis nicht nur als Schrecken wahrzunehmen, sondern auch als spirituelles Erlebnis höchster Güte, nämlich das seiner wahren Natur. Es ging um die Erfahrung des CHRISTUS in ihm.

Dasselbe passiert beim Sterben. Nach dem dritten Tag, wenn die Ablösung vom physischen Körper komplett ist, scheint dieses LICHT auf.

EMG: Kann man das wirklich so zeitlich zuordnen? Ich hatte es immer so verstanden, dass das Licht im Moment des Sterbens zu Anfang erscheint.

WS: Diese drei Tage werden bei den Tibetern als das Sterben angesehen, die Auflösung des Körperlichen, des Geistigen, des Mentalen und des Pranischen. Es dauert nun mal eine Weile, bis diese Ablösungen erfolgt sind. Ob das jetzt zwei Tage oder drei sind, ist egal. In dieser Zeit ist es ohnehin nicht mehr unsere Zeit. Das ist eine symbolische Zeit. Nicht mehr eine metrische Zeit.

Das Problem ist dann bei der Begegnung des weißen Lichts, ob der Sterbende das erträgt. Das ist ungefähr so, als ob sich 1000 Sonnen vom Himmel auf ihn herabstürzten. Der Mensch hat dann Angst, dass sein ICH darin aufgelöst wird. Wenn dann ein Moment der Angst auftaucht, nimmt er einen neuen BARDO-Körper (BARDO ist die Zeitspanne zwischen Tod und Wiedergeburt) an. In diesem Körper wandert er dann weiter in den dritten BARDO, den BARDO der Wiedergeburt, in dem dann wieder die sexuellen Anziehungskräfte stärker werden. BARDO ist christlich gesehen das Jenseits, jedoch mit einem ganz anderen Inhalt. Das Christentum kennt den Himmel als Belohnung und die Hölle als Bestrafung. So ist das im Buddhismus nicht. Es geht um einen Wandlungsprozess oder eine Art Filterprozess, aus dem alles rausgefiltert wird, was an karmischen Imprints in meinem bisherigen Leben geschaffen wurde, positive und negative. Diese werden wiedergeboren. Vor der Wiedergeburt vergisst das Bardo-Wesen, wer es in den früheren Leben gewesen ist.

EMG: Wie kann man das denn jetzt einem Menschen hier in unserer westlichen Welt vermitteln? Der Mensch wird doch fragen, wenn er krank und auf dem Weg zum Tod ist: „Wo ist mein Trost?" Du sagst, dass es sehr unterschiedlich ist mit dem Sterben, je nachdem wie ein Mensch gelebt hat. Das Leben wirkt sich offensichtlich auf diese Loslösungsphasen während des Sterbens aus? Und es wirkt sich darauf aus, ob ein Mensch in dem WEISSEN LICHT die Einheitserfahrung machen kann oder aber ob er daran vorbeigeht, also diese große Chance zur Erleuchtung verpasst.

WS: Das ist richtig. Aber leider muss man davon ausgehen, dass die Menschen im Westen sehr schlecht über die Prozesse während des Sterbens und den Weitergang in eine neue Geburt informiert sind; auch über die Bedeutung des WEISSEN LICHTS. Außerdem wird es als morbid empfunden, wenn jemand über seinen eigenen Tod nachdenkt und spricht.

EMG: Ja, positives Denken wird gepredigt. Man sollte sich seines Lebens erfreuen. Diese düster empfundenen Gedanken sind verpönt. Aber die Gedanken über den Tod kommen natürlich auch, wenn du dich an die schönen Dinge des Lebens anheftest. Vielleicht sogar eher.

WS: Natürlich fragt sich der Mensch: „Was dann?" Diese Frage ist aber tabuisiert.

Erst die neue Thanatologie, wie zum Beispiel durch KÜBLER-ROSS, hat versucht, Hilfe zu geben. Der Westen hat im Osten gesucht, Antworten zu finden, vor allen Dingen in Tibet. Die Frage ist immer wieder: *„Was stirbt eigentlich genau?"*

Das ist zunächst einmal der Apparat, der uns erlaubte, als Mensch hier in dieser irdischen Qualität eine Aufgabe zu erfüllen. Dank dem Körper ist man Mensch. Der Körper ist ein Instrument mit dem Ziel der Erfüllung einer Aufgabe in diesem Leben. Mehr eigentlich nicht. Er wird aber zum Identifikationssymbol bei uns gemacht. Der Mensch fühlt sich mit dem Körper identisch. „Ich habe Kopfschmerzen, ich habe Beinprobleme usw."

EMG: Er wird sozusagen mit der EGO-Ebene verbunden.

WS: Jede Krankheit wird dann mit dem Tod verbunden und diese Anhaftung führt bei sehr, sehr vielen zu Angst. Diese Angst versucht man mit intellektuellen Überlegungen wegzuwischen. Vor allen Dingen sind diese Versuche auf der rationalen Ebene bei Intellektuellen sehr verbreitet. Man geht davon aus, dass nach dem Tod und der Auflösung des Körpers nichts mehr ist. Man geht in das NICHTS, in eine grenzenlose Verlassenheit und Orientierungslosigkeit.

Für die Tibeter ist das eine ganz schreckliche Einstellung, im Moment des Todes so zu denken.

Deshalb sollte man beizeiten, wenn man noch gesund ist, darüber nachdenken, was es bedeutet, auf den Tod zuzugehen. Die Gedanken, was nach dem Tod ist, kommen bei mir jetzt mit 84 Jahren verstärkt.

Dazu gibt es präzise Beobachtungen empirischer Art, was beim Sterben Schritt für Schritt vor sich geht, wenn mein Körper, der treue Kamerad, krank wird und abstirbt. Das Feststoffliche (Erde), das Flüssige (Wasser) und das Gasförmige (Luft), die Vitalkraft, entzieht sich dem Körper in drei Stufen. In der vierten Stufe kommt das letzte Ausatmen.

EMG: Das habe ich bei meinem Vater genau beobachtet. Er war ganz ruhig. Wir alle waren bei ihm. Er atmete immer langsamer und dann nach einem Zögern, atmete er tief ein und dann den letzten Atemzug aus. Ich hatte den Eindruck, bei ihm eine Art glückliche Erleichterung zu spüren.

WS: Dieses letzte Aushauchen führt dann wieder zu einem Vorgang, der, wie in der VEDANTA beschrieben, zwei Punkte löst, den Punkt auf dem Scheitel (fahles Sonnenlicht) und den Punkt unterhalb des Bauchnabels, das HARA im Japanischen (fahles Mondlicht), die sich dann treffen und verschmelzen.

Dann ist der Todesvorgang endgültig abgeschlossen.

Danach gibt es eine kurze Ohnmacht, aus der der Verstorbene wieder rauskommt, und steht dann vor diesem wunderbaren WEISSEN LICHT.

Jetzt ist es ganz entscheidend, mit welchem KARMA er bis hierher gekommen ist.

Wie steht er vor dem WEISSEN LICHT? Er steht dann doch vor sich selber, nicht wahr? Wenn dann das ICH, das immer noch da ist, Angst empfindet, dreht es sich ab und kann nicht in dem WEISSEN LICHT aufgehen. Das ICH „flattert dann im Wind wie das dürre Laub", heißt es im Totenbuch, es ist orientierungslos.

Deshalb ist es gut, wenn wir uns vorher mit diesem Buch befassen.

Als ich 21 Jahre alt war, hat mir C.G. JUNG das TIBETANISCHE TOTENBUCH als Begleitung für mein Leben empfohlen, um mich auf den Tod vorzubereiten.

EMG: Das verwendet der Mensch im Westen nun nicht. Meinen Lehrer Willigis JÄGER habe ich gefragt, ob ich mich denn mit dem Totenbuch beschäftigen sollte. Es kam die Antwort des ZEN-Meisters: „Praktiziere einfach nur ZAZEN! Das reicht! Es wird dich so verändern, dass du leichter stirbst."

WS: Das ist die Tragik des Westens.

EMG: Wir sprechen hier über den ERFAHRUNGSRAUM KRANKHEIT – TOD und die Leser dieses Buches möchten die Fragen, die in diesem Raum aufkommen, beantwortet haben.

Der Mensch hat Angst vor der Krankheit und dem Tod. Er spürt, dass die Angst sogar zunimmt, je weniger er sich mit diesen existenziell wichtigen Fragen beschäftigt. Die Verdrängung ist keine Lösung.

Wie können wir uns also auf Krankheit und Tod vorbereiten und sogar in der Krankheit und dem Sterben den GOLDENEN WIND erfahren? Wie kann man also diesen Raum, ähnlich wie die Natur, die Musik, die Kunst, den Tanz usw. für das innere Wachstum nutzen?

WS: Das Totenbuch habe ich auch erst verstanden, als ich meine „Out of Body"-Erfahrungen gemacht habe. Das hat über viele Jahre angedauert.

EMG: Wann traten diese Erfahrungen auf?

WS: Ich war in Arosa und ruhte mich aus. Ich war in einem Halbschlaf. Plötzlich war ich wie mit einem Schlag hellwach. Ich war einen Meter über meinem Körper und schaute auf ihn hinunter. Ich erschrak tödlich und dachte, ich sei tot. Dann war ich wieder in meinem Körper. Das ging so ZACK-ZACK! Es wiederholte sich ständig. Es begann immer mit Vibrationen. Dieser energetische Vorgang begann mit einem Kribbeln in den Fußsohlen und stieg den Körper hinauf bis zum Gehirn. Dort war das Kribbeln so laut, dass man es als Lärm bezeichnen konnte. Aber ich konnte dieses Ereignis nicht selber machen. Es geschah einfach.

Ich musste nur denken, dass ich jetzt draußen sei. Zuerst war ich an der Decke, dann auf dem Boden. Ich konnte mich senkrecht stellen oder durch einen Tisch hindurchlaufen. Ich hatte nie den geringsten Eindruck, dass ich nicht ICH sei. Es war alles mit dabei, ohne den Körper. Es geht nichts verloren.

EMG: Du hast diese Erfahrung ohne Krankheit gemacht? Sonst berichten immer Menschen, die diese Erfahrung durch einen Unfall oder eine Krankheit gemacht haben.

WS: Ja, ohne Krankheit, einfach so. Ich wusste, dass dieser Körper nicht der physische ist, sondern der feinstoffliche.

EMG: Das führt mich jetzt zu der Frage, Walter, ob ein Mensch wie du, der schon eine „Out of Body"-Erfahrung gemacht hat, weniger Angst vor dem Tod hat und gelassener stirbt.

WS: Ich glaube schon. Es gibt ja heute viele Berichte über diese Nah-Todeserfahrungen. Das Thema wird auch für die Öffentlichkeit langsam interessant. Die Menschen sagen immer dasselbe. Sie erwähnen den Tunnel, das Licht, die Erlösung im Licht, den Frieden des Angekommenseins.

Alle sagen, dass sie dahin wieder zurückwollen. Das sei ihre Heimat.

C. G. JUNG hat auch über seine Erfahrungen dieser Art berichtet. Er hat sie bei einer Herzoperation erlebt und hörte plötzlich: *„Herr Professor, Herr Professor, kommen sie zurück!"* Er hat es bedauert. Er wollte gar nicht zurück, aber die Zeit war noch nicht reif.

EMG: Es wird berichtet, dass er gesagt haben soll: „How wonderful, how wonderful!"

WS: Das war wohl bei seiner schwierigen Herzoperation.

EMG: Du würdest aus deiner Erfahrung sagen, dass alle diese Menschen, die eine Nah-Todeserfahrung gemacht haben, dem Tod gelassener entgegensehen? Sie tragen eine Sehnsucht in sich, dahin zurückzukehren.

WS: Ja, das ist die Rückkehr zu ihrer wahren Natur, die aus LIEBE UND LICHT besteht.

EMG: Die das nun nicht erfahren haben, wollen da überhaupt nicht hin. Wie kann man Menschen, die noch keine Nah-Todeserfahrung gemacht haben, in einen Entwicklungsprozess führen, damit die Angst sich verringert und die Sehnsucht nach der Erfahrung ihrer wahren Natur zunimmt?

Der Drogensüchtige will das auf die Schnelle erreichen.

WS: Ja, aber das ist ein falsches Licht.

EMG: Soweit ich das verstanden und erfahren habe, wächst die Gelassenheit auch in dieser existenziellen Frage mit dem Fortschreiten auf einem spirituellen Weg, der mit einer täglichen Übung des LOSLASSENS verbunden ist und in der die ACHTSAMKEIT uns immer wieder das Tor zum Augenblick öffnet.

WS: Das ist so. Die Achtsamkeitsübung in der Natur, der Musik, der Kunst, dem Tanz usw. ist die beste Vorbereitung, die Krankheit und auch das Sterben zu ertragen. Es geht dann um die achtsame Wahrnehmung ohne Angst, auch wenn es eine schwere Krankheit ist oder man in Richtung Schwelle zum Tod wandert.

Die jahrelange Übung hilft mir eben,

GESCHEHEN ZU LASSEN, WAS GESCHIEHT.

Also ich werde nicht „herumwirbeln wie ein dürres Blatt im Herbstwind", weil ich diese Achtsamkeitsstruktur mitbringe mit einem Glauben und Wissen, dass nach dem Tode nicht NICHTS ist.

EMG: Mit jeder Meditationsübung übst du doch LOSLASSEN, Geschehenlassen und daraus resultiert Gelassenheit und Heiterkeit. Also müssten doch diese Übungen uns davor bewahren, nicht bei jeder Krankheit gleich erschüttert zu sein.

WS: Wir müssen hier auch unterscheiden zwischen dem gereiften Menschen und dem Naturmenschen, der noch sehr nah an der Natur eines Tieres ist und in seinem Menschsein noch nicht oder wenig innerlich gereift ist. Das ist unsere tierische Natur mit dem ganzen Körper, der weder krank sein will noch sterben will. Er hat einen ungeheuren Überlebenswillen. Das muss auch so sein. Die Spezies will überleben. Er identifiziert sich mit seinem Körper, wie ich schon sagte. „Leben um jeden Preis" ist das Ziel eines jeden Tieres. Etwas von dem haben wir in uns.

Der gereifte Mensch kann nachvollziehen, dass der Tod ein IMMANENTER WERT ist, den man akzeptieren kann, will und muss, und dass der Tod nicht die Vernichtung bedeutet.

So haben wir beide Seiten in uns, die Triebseite und die Seite des transzendenten Potenzials, das als Lebensaufgabe zu entwickeln ist.

EMG: Auch diese zwei Seelen in unserer Brust sind natürlich identisch mir dem ICH und dem WESEN oder dem SELBST.

WS: Das HÖHERE SELBST eröffnet dem Menschen eine Dimension nach innen, die ihm ermöglicht, in das Sterben einzutauchen und den Ablauf zuzulassen. Es ist ganz wichtig, dass ich eine Struktur mitbringe, zum Beispiel ein MANDALA. Das hat den Sinn, die Psyche sich nicht ad infinitum verlaufen zu lassen. Das MANDALA hält Körper/Seele/Geist zusammen und verhindert dann auch die Begegnung mit Schizophrenie usw. Die Vorbereitung vor dem Tod und die Beschäftigung mit dem Tod, sei es mit ZEN, sei es mit christlicher Kontemplation oder mit Yoga liefern alle IMPRINTS, die mir dann bei Krankheit oder beim Sterben eine stabile Struktur geben. Mit diesen Imprints kann ich dann weitere Erfahrungen machen. So kann es gelingen, dass man sich durch das starke LICHT nicht blenden lässt und Angst bekommt. Man kann dann eher die Erkenntnis aushalten, am Ziel angekommen zu sein. Das Ziel ist die ERLEUCHTUNG.

EMG: Ich habe verstanden, dass im Sterbeprozess die Möglichkeit besteht, dem WEISSEN LICHT zu begegnen. Man kann je nach Vorbereitung und Reife eine Erleuchtungserfahrung machen und Frieden finden oder es kommt Angst hoch, weil du dich nicht ausreichend vorbereitet hast und du auf deinem bisherigen Lebensweg zu wenig innerlich gereift bist.

Wenn du also ein schwankender Halm im Wind des Lebens geblieben bist, dann wirst du auch beim Sterben dieser schwankende, orientierungslose Halm bleiben.

WS: Ich bin davon überzeugt, dass Millionen von Toten die Möglichkeit des Erkennens der Bedeutung des WEISSEN LICHTS als Lebensziel versäumen. Die gleichen Millionen wissen nicht, wohin sie gehen sollen. Sie geistern herum als unselige „Geister", die auch bei uns hier auftauchen können. C. G. JUNG hat das in seinem „ROTEN BUCH" beschrieben. Er hat diesen unseligen Geistern in diesem Buch sieben Predigten geschrieben (Sermones ad mortuos).

Diese Begegnung mit den Verstorbenen ist mir, als ich älter wurde, über viele Jahre auch begegnet.

Morgens beim Aufwachen war mein Schlafzimmer voll Menschen. Zum Teil schwebten sie unter der Decke oder sie saßen auf dem Bett. Sie waren stumm, ernst und schauten mich an. Beim ersten Mal war ich tödlich erschrocken. Ich sprang mit einem Schrei aus dem Bett. Meine Frau kam und sah nichts. Zu Anfang waren es immer Einzelpersonen. Später kamen immer mehr. Sie kommen immer am Morgen, in diesem Zwischenzustand zwischen Schlaf und Wachsein. Genau dann ist die Möglichkeit, dass so ein Wesen in meinem Bewusstseinszustand erscheinen kann. Ich stellte mir oft die Frage, warum sie gerade zu mir kamen. Nun, ich hatte viel das TIBETANISCHE TOTENBUCH studiert und deshalb vermutete ich, dass diese Wesen bei mir Orientierung suchten, weil sie ihre eigene Orientierung verloren hatten. Sie kamen während einiger Jahre jeden Morgen und waren so erkennbar, wie ich dich jetzt sehe. Wenn ich aber anfing zu sprechen, verschwanden sie sofort. Sie haben nie gesprochen.

Mir wurde es zu bunt und ich habe mich dann an meinen tibetanischen Meister in der Toskana gewandt. Er schrieb mir zurück: *„Das sind Geister, die dir aber nichts* *tun werden. Sie suchen etwas. Ich werde für sie ein „PUJA“, ein tibetanisches Todesritual, machen.“*

Seitdem haben die Erscheinungen aufgehört.

EMG: Also JUNG ist dieses Phänomen auch begegnet?

WS: Ja. Ihm ist ein Begleiter begegnet, ein ALTER WEISER, den er ELIAS nannte und mit dem er spazieren ging. Er hat ihm viele alte Weisheiten vermittelt. Das ist mir leider nicht passiert.

Erst dachte ich bei mir an Halluzinationen. Aber ich war voll DA, mit allen Gefühlen.

Auch ich wurde manchmal an die Decke katapultiert.

Einmal machte ich ein Experiment. Als ich wieder einmal unter der Decke hing, habe ich vorher meine Hausschuhe unter dem Bett einen Meter nach links verschoben. Als ich wieder im Wachzustand war, schaute ich nach, ob die Schuhe verschoben waren. Sie standen aber noch am selben Fleck dort, wohin ich sie verschoben hatte.

Also mit anderen Worten hat sich hier auch die Vorstellung SCHOPENHAUERS bestätigt, die Welt als Wille und Vorstellung.

Das alles ist jetzt aber vorbei und auch meine Träume haben aufgehört. Jetzt habe ich nur manchmal Traumfetzen, die aber sehr eindrückliche archetypische sind.

EMG: Was könntest du nach diesen geschilderten Erfahrungen und Erkenntnissen einem Menschen hier im Westen im dritten Lebensdrittel sagen, der auf Krankheit und Tod zugeht? Wie sollte er sich vorbereiten. Das TIBETANISCHE TOTENBUCH hat er durchgeblättert, wie so viele, aber nicht verstanden und angenommen. Schon der Name schreckt viele ab. Ich würde ihm sagen, er möge sich der Übung eines spirituellen Weges zuwenden und täglich üben. Das Loslassen ist immer auch schon eine Vorbereitung für das Sterben, nicht wahr? Durch die tägliche Disziplin der Übung schaffst du auch Struktur in deinem Leben.

Stelle dir vor, es sitzt ein Mensch vor dir mit einer finalen Krebsdiagnose und hat eine fürchterliche Angst. Was sagst du ihm?

WS: Das ist der natürliche Mensch, der Angst hat. Da müssen wir uns gar keine Illusion machen. Auch wir beide würden unsere Angst spüren. Aber wir beide haben darüber hinaus noch eine Vision von etwas, dem wir in diesem Leben begegnen können. Diese Sicherheit gibt uns Struktur, Boden und vor allen Dingen Orientierung.

EMG: Wir würden nach den vielen Jahren der Übung auf unserem inneren Wachstumspfad bei einer solchen Diagnose in die Meditation gehen und die Erfahrungen aus der Meditation parallel laufen lassen zu unserer Angst. Wir haben zumindest eine gewisse Hoffnung, dass wir mit unserer Angst anders umgehen können.

Hast du Angst vor dem Sterben, Walter?

WS: Ja und Nein! Ja, weil mein natürliches Leben leben will. Das ist nun mal so. Aber Nein, weil ich vor allen Dingen weiß , dass ich nicht allein bin. Wenn ich nur auf der Seite meines natürlichen Lebens bin und keine weitere Dimension erfahren habe, dann sterbe ich mit großem Leid.

EMG: Ist das auch der Grund, weshalb Sterbende manchmal lieber allein sind und nicht die trauernde Verwandtschaft um sich haben wollen, die eher festhält als den Sterbenden loszulassen.

WS: Die Trauernden weinen und schreien. Der Dalai Lama meint, dass der Sterbende sich dann ärgert. Man sollte den Sterbenden in Ruhe und Frieden mit sich selbst sterben lassen. Man sollte bei ihm bleiben und im Stillen gedenken. Wenn es gelingt, dass die Verwandten Ruhe und Frieden ausstrahlen, wäre das wunderbar für den Sterbenden. Auch gute Wünsche kommen an. Das sind alles energetische Entitäten, die bei ihm ankommen und ihm helfen, der ja immer mehr Energie verliert. Es ist nicht nur das, was ihm hilft, sondern:

ER WIRD ERWARTET!

In den Geheimlehren Tibets heißt es, dass die Guten, die sich auch im Leben dem SINN DES LEBENS genähert haben, von den Gurus willkommen geheißen werden und die Bösen mit bösem Karma erleben die Todesangst im Augenblick des Sterbens.

Vor einiger Zeit habe ich mich gefragt, wer mich willkommen heißt. Es ist eindeutig für mich. Es sind diejenigen, die mich am meisten geprägt haben und mir geholfen haben, mich dem SINN DES LEBENS zu nähern:

C. G. JUNG und MUKTANANDA.

Ich komme zurück zu meinen wahren Freunden. Das ist ein großer Trost. Das ist nicht eine rationale Vorstellung, sondern ein sicheres inneres Gefühl, weil es über Jahrtausende von vielen, die dieses Gefühl hatten, abgestützt ist.

EMG: Nun könnten viele uns sagen, dass wir uns da etwas vormachen, dass wir uns unseren eigenen Trost opportunistisch gezimmert haben. Wir bauen uns eine Illusion, dass liebe Menschen warten, damit wir leichter sterben.

WS: Ja, das mögen die sagen, die nie eine körperliche Austrittserfahrung gemacht haben. Wenn man aber diese Erfahrung schon gemacht hat, dann hat man erfahren, dass die warten, mit denen man im Leben emotional verbunden war, und dass ein unglaublicher Frieden auf uns wartet.

EMG: Dann wäre ja die beste Vorbereitung auf das Sterben und den Tod eine vorherige Austrittserfahrung? Die kann man nicht machen. Das ist das Problem.

WS: Du weißt nach dieser Erfahrung, dass du ein Instrument verlässt, das dir eine Zeit gedient hat. Dieser treue Diener bleibt zurück und du musst weiter.

EMG: Sehr oft ist doch der Körper schon so geschwächt, dass man froh ist, endlich diese Plage zurücklassen zu können. Vielleicht ist sogar diese Entwicklung schicksalhaft gewollt, um dir den Prozess zu erleichtern.

WS: Diese schweren Erkrankungen sind Hilfen, die es mir ermöglichen, mit fröhlichem Herzen zu gehen.

EMG: Das führt mich zu der Frage, wie man Krankheit annehmen sollte? Ich habe ja früher auch immer die Meinung vertreten, dass man gegen die Krankheiten kämpfen muss. Bei manchen Krebstherapien solltest du deinen Kampf visualisieren, um besser gewinnen zu können. Das ganze Leben ist dann nur noch Kampf gegen die Krankheit.

Nun hat mein Freund Roland ROPERS bei der Leitung einer Klinik am Tegernsee viel Erfahrung auf diesem Gebiet gemacht. Er bestätigt, dass das Kämpfen völlig falsch ist und den Körper weiterschwächt. Die Folge ist ein riesiger Energieverlust. Die Menschen sollten die Krankheit annehmen lernen.

Warum wird ein Mensch krank?

Für Frank KINSLOW ist die Wirkung des Null-Feldes gestört und die „Quantum-Heilung" geschieht aus diesem Feld, an das man Anschluss finden muss, damit es heilen kann. DÜRR nennt das eine Heilung aus dem „KOOPERATIVEN HINTERGRUNDFELD". Bei einer Krankheit ist die Ordnung gestört, und zwar die Ordnung der Realität des Körper-Seele-Geist-Systems, die eine Manifestierung dieses Hintergrundfeldes ist. Es gibt Heiler, die im Menschen Voraussetzungen schaffen können, dass dieses Feld wieder ungestört heilen kann.

Zu den Blockaden, die gelöst werden müssen, gehört bestimmt auch der Kampf gegen die Erkrankung.

Die Krankheit und das Sterben sind ohne Zweifel also ein außerordentlich bedeutender Erfahrungsraum, um im Kranksein und im Sterben SEINSERFAHRUNGEN zu haben, also den GOLDENEN WIND zu spüren.

Vielleicht ist dieser Erfahrungsraum sogar der wichtigste in unserem Leben, aber auch der schwierigste. Deshalb ist es so wichtig – wie in diesem Buch ausführlich beschrieben – in den Erfahrungsräumen Arbeit und Werk, Natur, Musik, Tanz, Kunst usw. zu üben, dass wir dann die Übung schon kennen, die bei so unangenehmen Erlebnissen wie Krankheit und Sterben der einzige WEG ist, der uns Frieden bringt. Also, wie sollte der Mensch mit der Krankheit umgehen und wie beflügelt er die Heilung?

WS: Der Mensch geht umso leichter mit der Erkrankung um, wenn er aus karmischen Gründen so weit sich der Idee annähern kann, dass, wie auch C.G. Jung sagt, der Tod nicht das Ende ist, sondern das Ziel. Dann muss er aber irgendetwas haben, dass ihm einleuchtet und Sicherheit gibt. Das gibt es schon. Ein Weg der INNEREN REIFUNG ist Voraussetzung für die Entwicklung dieser Erkenntnis.

Auch ein guter Lehrer ist sehr wichtig auf diesem Weg. Dann hat man Glück.

So kann dann die Angst vor der Vernichtung schwinden. *„Sterben ist nicht das, was wir meinen"* hat Jakob BÖHME geschrieben und ECKHART auch. Die Erkenntnis, dass man zu schwach ist, um mit dem WEISSEN LICHT die Vereinigungserfahrung zu erleben, das ist das höllische Leiden. Das ist so, als würde man die geliebte Frau sehen, kann sie aber nicht erreichen, weil sie dann verschwindet.

EMG: Du hast doch sicher schon viele Menschen hier getroffen, die schweren Liebeskummer hatten? Das ist ein Urproblem der Menschheit.

WS: Ja, es geht um Liebe und Verliebtheit. Die Verliebtheit ist nichts anderes als eine Göttin in uns, welche die Griechen als EROS bezeichnet haben. Der menschliche Geliebte oder die Geliebte ist nicht der EROS, sondern sie spiegeln den EROS nur zurück. Wenn das aufdämmert, dann bin ich wirklich schon auf einem Erkenntnisweg, der uns dann sozusagen von selber auf unser Lebensziel hinsteuert, stößt und zwingt. Wir werden auf diesem Weg immer begleitet und belehrt. Auch im Christentum kennt man Engel. Das sind nichts anderes als ENERGIEENTITÄTEN von einer bestimmten Weisheit und Intelligenz als Inhalt IN UNS. Die Tibeter sagen das auch. Und sie existieren nicht an sich. Diese Entitäten sind auch dazu da, dass der Sterbende nicht abstürzt und in einer katastrophalen Hölle landet.

EMG: Lass uns noch mal zurück zur Krankheit kommen, die ja eher eintritt als der Tod. Nur seltene Fälle waren nie krank und sterben dann plötzlich. Im dritten Lebensdrittel wird man einfach eher krank. Also noch einmal, wie geht man mit der Krankheit um. Normalerweise greift man dann mit seinem EGO ein und geht zu dem besten Arzt, den man finden kann. Von ihm erwartet man die Beseitigung der Krankheit, nicht wahr? Dann ist er ein guter Arzt.

Aber wann sollte ich nicht eingreifen und die Krankheit zulassen? Sondern ich horche, ahne und warte, wie sie mich verändert.

Das ist die schwerste Entscheidung im Krankheitsfall, die jeder selbst entscheiden muss. Bei Weitem die Mehrheit übergibt dem Arzt das Mandat.

Auch Krankheit ist ja aus Sicht der Neuen Physik (DÜRR) eine Realität, die sich aus der Potentialität des Hintergrundfeldes offenbart und aus Sicht der Mystik eben auch eine Manifestation der WIRKLICHKEIT ist, wie immer man diese benennt. Willigis JÄGER sagte mir ja damals, als ich ihm meinen Hautkrebs zeigte: „Nun offenbart ES sich als dein Hautkrebs."

Dann sollte man diesem Feld die Möglichkeit zur Heilung geben und es nicht noch mehr stören. Wie DÜRR sagte, zeigt eine Erkrankung an, dass unser System seine Ordnung verloren hat.

Also, lieber Walter, sollte der Mensch gegen die Krankheit aus deiner Sicht kämpfen oder sollte er sie annehmen. Das Annehmen ist ja nicht ein „Laissez faire" oder Gleichgültigkeit. Mit Annehmen meine ich die ständige Übung, sich für das heilende Null-Feld zu öffnen und ihm die Herstellung der Ordnung zu überlassen. LOSLASSEN ist dann angesagt, den Kampf gegen die Krankheit zu unterlassen.

Wie helfen wir dem Kranken zu erkennen, dass seine Krankheit eine ganz große Chance ist?

WS: Wenn wir einem Menschen, der schwer krank ist und noch keinen inneren Reifeprozess vollzogen hat, etwas von einer großen Chance erzählen, dann reagiert er ärgerlich und hält uns für verrückt. Seine Angst vor der Vernichtung ist nur allzu natürlich.

Nicht-Behandeln oder Behandeln muss man immer differenziert sehen.

Meine Kloster-Tante hatte einen weit fortgeschrittenen Brustkrebs. Nach Meinung der Ärzte hätte sie ohne Chemotherapie noch sechs Monate zu leben gehabt. Sie hat sich gegen die Chemotherapie entschieden. Sie war der Meinung, dass sie ein wunderbares Leben gehabt habe, und machte ihren Frieden mit dem Gedanken, dass sie bald sterben würde. Sie war sehr positiv eingestellt und hatte eine wichtige Aufgabe in einem Altersheim. Sie war sehr beliebt und tat viel Gutes voller Mitgefühl.

Sie lebte aber noch zehn Jahre und starb an einer Lungenentzündung.

EMG: Ich bin hartnäckig und frage dich noch mal. Was sagen wir den Erkrankten? Es gibt 30 000 verschiedene Krankheiten. 10 000 werden therapiert. Wann greift man ein und wann nicht?

WS: Die Leitfigur für mich ist auch hier der DALAI LAMA, der durchaus bei einer Erkrankung auch westliche Medizin einnimmt, wenn er zu der Meinung gelangt ist, dass die westliche Medizin der tibetischen überlegen ist. Unsere westliche Medizin hält er für bestimmte Krankheiten für enorm wertvoll.

Wenn man eine Diagnose erhält, die tödlich ist, würde ich auch überlegen, welche Medikamente ich nehmen sollte.

Man kann in die Situation gestellt sein, wo man unterscheiden muss, ob man sich mit allen Mitteln am Leben erhalten sollte oder ob man sich darauf einlassen sollte, dass die Stunde des Sterbens gekommen ist. Ich würde mich für den letzteren Fall zurückziehen, in mich hineinblicken und über die Endlichkeit des Lebens sowie über die Begegnung mit der anderen Seite meditieren. Dort wartet man auf mich. Menschen, die sich mit dem Sterben in ihrem Leben befasst haben und mit Lehrern und Lehren, von denen sie Initiationen erhalten haben, haben Seelenstrukturen entwickelt, die das Zerflattern verhindern.

EMG: Wir spüren das schon im Leben selbst. Ich kann das durch meine Begleitung durch meine vier WEISEN wie DÜRCKHEIM, FAHLBUSCH, JÄGER und auch durch DICH nachvollziehen. Das sind für mich Orientierungsbojen.

WS: Sehr wahr. Durch diese Orientierung wird die Schizophrenie im Nach-Toderlebnis verhindert. Diese Zersplitterung ist die Hölle.

EMG: Spürt der Mensch im Sterben die Orientierung?

WS: Er spürt das schon. Das ICH ist im Sterbevorgang eine Zeit lang intakt, bis der Mensch im letzten BARDO angekommen ist. Bevor er in diesen letzten BARDO eingetreten ist, vergisst er, wer er in seiner ICH-Struktur gewesen ist. Er erlebt noch einmal in allen Einzelheiten sein Leben, von dem er von jetzt an nichts mehr wissen wird, weil seine Energie sich in eine total andere Richtung fokussiert. Das ist Richtung Geburt für ein neues Leben.

EMG: Das ist aber deutlich nach dem letzten Atemzug?

WS: Ja. Im Tibetischen Totenbuch sagt man, dass der Vorgang vom Tod bis zur Wiedergeburt 49 Tage dauert. Bei den Tibetern gibt es verschiedene Gruppen mit unterschiedlichen Auffassungen. Die einen nehmen diese Tage wörtlich und die anderen sagen, das seien doch nicht Tage unserer Zeitrechnung. Die Tage seien nur symbolisch gemeint .Unsere Zeitrechnung ist im Diesseits und die andere Zeitrechnung ist die des Jenseits.

Auf jeden Fall ist es nach dem Tod eine Wanderung, die auch tausend Jahre dauern kann oder sofort zu Ende ist.

EMG: Es hat doch sicher auch einen Grund, dass wir die Toten bei uns eigentlich drei Tage aufgebahrt lassen?

WS: Man will dem Toten die Möglichkeit geben, den schrittweisen Abbau ungestört zuzulassen, um ihn konzentriert beobachten zu können.

EMG: Ich will noch einmal auf die Entscheidung des Patienten für das weitere Vorgehen nach einer Diagnose kommen. Ich kann nachvollziehen, wenn deine Tante mit 72 Jahren eine Brustkrebsdiagnose mit Metastasen bekommen hat und sich nach einem karmaorientierten Leben gegen eine Chemotherapie entscheidet.

Aber jetzt ist eine Frau mit 40 Jahren in der Situation. Was dann? Normalerweise übergibt die Frau ihre Verantwortung an einen Arzt und fragt ihn, was er ihr raten würde. Der Arzt sagt das, was er gelernt hat: Operation, Chemotherapie und Bestrahlung. Dann folgen viele Jahre der intensiven Überwachung und Angst vor jedem Termin. Das Leben ist durch Angst schwer belastet. Der Arzt wird ihr sagen, dass sie ohne diese Maßnahmen weniger lang zu leben hat.

Es gibt die Klinik des Dr. Spinedi in Lugano, die ohne Zweifel mit Hömöopathie sehr erfolgreich Krebsbehandlungen durchführt, und zwar besonders erfolgreich bei Patienten, die nicht vorher durch Bestrahlung und Chemotherapie geschädigt worden sind, weil dann ihr System noch nicht für die Heilung geschwächt ist. Gerade für diese ganzheitlich orientierte Heilung braucht man wohl das intakte Immunsystem. Herr FAHLBUSCH berichtete mir von erfolgreicher Misteltherapie. Er sagte mir: „*Herr Meyer-Galow, ich habe die Tumore schmelzen sehen.*“ Ich glaube ihm. Ich bin kein Arzt und kann deshalb keine ärztlich-fachmännische Meinung haben. Aber ich erfahre von Heilungen. Patienten erfahren selbst ihre eigenen Heilungen. Nun mag jeder Fall anders liegen und das macht es sicher sehr komplex.

Für die alternative Behandlung anstelle einer konservativen Behandlung braucht es einen ungeheuren Mut und Zuversicht.

WS: Nicht alle Menschen können eine so schwierige Entscheidung fällen. Erst recht nicht, wenn man weiß, dass die konservative Behandlung geholfen hat und der Patient Jahre gewonnen hat.

EMG: Ja, und nachfolgende Erkrankungen werden nicht der ursprünglichen Krebserkrankung und -behandlung zugeordnet.

WS: Menschen, die nicht nur in medizinischen, sondern auch in alternativ geistigen Zusammenhängen denken, die haben die Kraft, weil sie die Einsicht haben über eine Energie in uns, die die heilende Energie letztendlich ist.

Das ist das PRANA MAYA KOSHA oder der Vitalkörper. STEINER nennt das den LEBENSKÖRPER.

EMG: Und sie geben dann dieser Energie die Möglichkeit zu heilen.

WS: Ja, sie vertreten die Auffassung, dass durch eine Störung dieser Energie die Krankheit auftritt und deshalb sollte man dieser Energie auch die Heilung überlassen, wenn man dafür die Voraussetzungen schafft. Man sollte sich fragen, wie man selbst diese Energie in seinem Leben gestört hat oder nicht zur Entfaltung gebracht hat.

Ich weiß auch von guten Heilerfolgen der Paracelsusklinik hier, die anthroposophisch ausgerichtet ist.

Das gelingt aber nur bei Menschen, die auf ihre innere Heilkraft vertrauen.

Man kann nicht sagen, dass jede Methode für jeden gleich gut ist.

ABER JEDER HAT EINEN INNEREN HEILER: Man muss ihm aber auch eine Chance geben und nicht immer GEGEN ihn leben.

Wenn für den inneren Heiler die Zeit reif ist, dann wird er mich heilen. Er wird mir eine Botschaft zukommen lassen, die mystischen Charakter hat, oft durch einen Traum. Man wird ganz ruhig und findet inneren Frieden. Das ist der Beginn der Heilung.

EMG: Das ist doch dann die Chance, die Präsenz des inneren Heilers zu erfahren. Im Erfahrungsraum KRANKHEIT – TOD spürt man dann plötzlich den GOLDENEN WIND, denn dieser zeigt sich als Heiler und als Heilungserfahrung.

Es kann aber auch sein, dass du stirbst.

WS: Genau, das kann auch sein, wenn deine Zeit gekommen ist.

EMG: Ich glaube, dass die Heilung über den inneren Heiler nur dann gelingt, wenn du dich ihm überlässt.

Dazu gehört auch die Bereitschaft zu sterben.

WS: Nur, wenn ich in ihm Vertrauensenergie deponiere, sozusagen.

Dann kann er mir auch Frieden geben, wenn ich sterben soll.

EMG: Wenn ich das jetzt zusammenfasse, dann besteht, wenn ein Mensch krank wird, die ganz große Chance, dass er sich ausgelöst durch die Krankheitserfahrung mit ACHTSAMKEIT für den Augenblick des Krankseins für eine Erfahrung des GOLDENEN WINDES öffnet.

Wenn ein Mensch sich vorher überhaupt noch nicht mit der Individuation zur inneren Reife beschäftigt hat, dann wird der Durchbruch schwieriger, aber nicht unmöglich.

Dann kann es sein, dass er sich einem Arzt für einen konservativen Heilungsweg anvertraut. Ohne Zweifel gibt es viele sehr gute Ärzte, die nach bestem Wissen und Gewissen ihr Möglichstes tun. Dann sollten wir diese Menschen auch nicht verunsichern. Nur wenn wir gefragt werden, können wir je nach Frage eventuell neue Dimensionen aufzeigen. Ich mache auch oft den Fehler, dann missionarisch zu werden und meine Gesprächspartner eher zu verunsichern.

WS: Wenn ein Gesprächspartner nun überhaupt keine Disposition für unsere Erkenntnisse hat, dann muss man ganz anders anfangen.

Man sollte ihm erst mal klarmachen, dass er nicht der kranke Körper IST, sondern er ihn nur HAT. Wenn man jemandem einen Arm oder ein Bein abnehmen muss, dann ist er doch immer noch er, nicht wahr? So kann man das gut erklären.

EMG: Was sagst du einem Menschen, der krank ist und überhaupt noch nicht aufgewacht ist? Wie gibst du diesem Menschen Hoffnung und Zuversicht für den Heilungsweg?

WS: Das Erste, was ich ihm sagen würde, wäre, ihm klarzumachen, dass wir alle nicht ewig leben und nicht wissen, wann uns die Stunde schlägt. Das ist nicht in unserer Macht. Wenn es sein soll, dann stirbst du. Wenn es aber nicht sein soll, dann bist du legitimiert, dem Rat des Arztes zu folgen, und zwar dem Rat des Arztes, den er hat. Du musst ihm nicht gleich die Paracelsusklinik empfehlen.

Er würde in ein Umfeld kommen, dass er nicht versteht und das ihm suspekt vorkommt. Dann nimmt die Angst nur noch mehr zu, weil die Orientierung noch geringer wird.

EMG: Das ist eine Gefahr, der wir immer unterliegen. Wir empfehlen das, was für uns am besten ist, aber oft nicht für den anderen.

WS: Man kann schon erwähnen, dass in dieser Klinik mit alternativen Methoden gute Heilerfolge erzielt werden. Wenn er mit Hoffnung reagiert, kann man das Gespräch vertiefen und ihn dorthin gehen lassen.

Grundsätzlich gibt es heute natürlich je nach Krebsart mit den neuesten Methoden sehr gute Erfolge. Das kann man nicht einfach unberücksichtigt lassen.

Man kann durchaus auch die Chemie als karmisches Geschenk für sich selbst ansehen. Für andere wirkt es aber nicht.

EMG: Eine wichtige Frage beschäftigt mich in diesem Zusammenhang. Die Menschen leben länger und Krankheiten wie Alzheimer oder Demenz nehmen zu.

Im Gehirn laufen leider Prozesse ab, die dich behindern, auf deinem Individuationsweg voranzuschreiten, und es nicht zulassen, dass du dich in der Krankheit und beim Sterben öffnest und dich reifen lässt, damit du nicht so leidest.

Aber diejenigen, die mit Medikamenten beruhigt werden und deren Wachsein für die innere Reifung deutlich reduziert wird, können die wichtigen Schritte nicht mehr vollziehen. Sie werden behindert und wissen es nicht. Die Ärzte meinen es gut, aber auch sie wissen nicht, was sie anrichten.

Natürlich gibt es Fälle und Situationen, in denen die Ärzte Medikamente verabreichen müssen, beispielsweise, um die Patienten vor dem Suizid oder vor der Gewaltausübung anderen gegenüber zu schützen.

WS: Also ich bin davon überzeugt, dass auch bei dem ärgsten MS-Fall das innere WESEN, die GÖTTLICHKEIT in uns, unverletzlich ist und bleibt. Der Körper, der Apparat, ist krank und in einem desolaten Zustand. Wenn ich diesen Zusammenhang den Angehörigen erläutere, dann ist das oft für diese ein Trost. Das UNTERSCHEIDENDE DENKEN ist wichtig.

Man hat den Körper, aber man IST NICHT der Körper. Die Sprache sagt es klipp und klar, wenn man sagt: „Ich HABE einen Körper."

Auch die Gesunden werden diesen Apparat ablegen müssen. Da kommt kein Mensch drum herum.

Zu deiner Frage. Entscheidend ist einfach, was man gemacht hat, wie man gelebt hat, bevor man, wie auch immer, die Kontrolle über seinen Körper verliert. Das ist entscheidend. Man muss sich vorher, solange es noch gut geht, mit diesen Fragen beschäftigen. Dann kann man den Verlauf der Erkrankung verlangsamen. Man kann auch das damit verbundene Leid reduzieren. Man lernt das ZULASSEN, auch das ZULASSEN einer schweren Erkrankung.

Der Beginn einer Erkrankung ist immer ein starker Impuls, sich endlich mit den wirklich wichtigen Fragen des Lebens zu beschäftigen.

EMG: Man weiß wohl nicht, wie die Menschen mit den schweren Gehirnerkrankungen sterben? Machen diese Menschen auch die Erfahrung des WEISSEN LICHTS?

WS: Ich bin fest davon überzeugt, dass diese Menschen auch diese letzte große Erfahrung machen.

EMG: Vielleicht bringt das Erfahren noch mehr den inneren Frieden, da sie dann endlich diese schwere Krankheit loswerden.

WS: C.G. JUNG hat sich, als er im Koma in den Weltraum katapultiert wurde, also in einer Out-of-Body-Erfahrung war, leicht, glücklich und von den Altersbeschwerden erlöst gefühlt. Er wollte deshalb nicht zurück in all diese Beschwerlichkeiten.

Das sind FACTS! Leider werden diese Erfahrungen von den Rationalisten als Halluzinationen abgetan. Aber diese Erfahrungen machen so viele seriös zu nehmende Menschen rund um die Welt in völlig unterschiedlichen Ländern und Kulturkreisen. Da gibt es überhaupt keinen Zweifel.

Ich sehe diese Erkenntnisse auch als wissenschaftlich gesichert an.

Das Auto ist kaputt. Ich steige aus dem Auto aus. Schaue den Motor an und frage mich, was da los ist. Betrachte also das Auto, mein Gefährt, meinen Körper.

Das neue Auto wäre dann eine Wiedergeburt, nicht wahr? Ganz einfach.

EMG: Das war ein gutes Schlusswort. Es ist alles ganz einfach, aber doch so schwierig. „Very simple, but not easy!"

Alles hängt von der Ebene deines Bewusstseinszustandes ab.

Also, der Mensch sollte sich auf den Weg machen und Krankheit und das Sterben als einen, wenn nicht sogar den wichtigsten, Erfahrungsraum für die Erfahrung des GOLDENEN WINDES ansehen

Ganz herzlichen Dank, lieber Walter, für das außerordentlich wichtige Gespräch.
Alles ist immer eine Frage von LEBEN und TOD, von WERDEN und STERBEN.

Als Ergänzung zu dieser Sichtweise, die ja auch sehr tröstlich ist, habe ich versucht zu ergründen, wie Hans-Peter DÜRR aus Sicht der Neuen Physik die Krankheit und das Sterben betrachtet.

GESPRÄCH MIT HANS-PETER DÜRR UND ROLAND R. ROPERS ÜBER KRANKHEIT UND TOD AM 29.10.2010 IN MÜNCHEN

EMG: Lieber Hans-Peter, lieber Roland. Es geht um die Frage, wie der Mensch im Erfahrungsraum KRANKHEIT – TOD den GOLDENEN WIND erfahren kann oder erfahren lernen kann, und zwar aus der Sicht der Neuen Physik und aus der spirituellen Erfahrung. Was kann man den Menschen sagen, wenn sie krank werden oder sterben? Es ist doch sicher so, dass auch in der Krankheit und im Sterben, wie in allen anderen Erfahrungsräumen auch, die ACHTSAMKEIT das Tor für diese göttliche Erfahrung ist.

RRR: Ich möchte mal anfangen, weil ich Hans-Peter Dürr den größeren Raum geben will. Wir beide haben vor fünf Jahren einmal über den Existenzbegriff nachgedacht. Ich habe damals gesagt, dass das ganz große Meer, der Ozean, der Raum ist, von dem ich komme und in den ich wieder hineingehe. Die Existenz ist nur das Herausragen dieser Welle und wir schauen uns deshalb immer diese Welle, das Herausragende, an und nicht das Ganze. Die Existenz, die wir für so wichtig halten ist ja der kleinste Teil von dem ganz großen GANZEN.

EMG: Das ist das EGO, nicht wahr?

HPD: Wenn man wirklich auf das Dingliche kommt, auf das Greifbare, dann ist man eigentlich schon wieder im hellen Bewusstsein und schon wieder draußen. Mit dem Wort Spiritualität und Geist habe ich so meine Schwierigkeiten. Ich habe ja für das, was hier zu benennen versucht wird, eher die LIEBE verwendet, weil ich glaube, dass in der Vorstellung die Liebe weniger in das Greifbare führt, als wenn wir vom Geist reden. Beim Geist langt man sich eher an den Kopf und nicht ans Herz.
EMG: Aber wir meinen ja nicht RATIO!

HPD: Ja, aber mit Geist meinen wir Denken.

EMG: Wir aber nicht hier in unserem Gespräch. Wir meinen mit Geist etwas, das transrational, transemotional, transpsychisch und transsomatisch ist. Also SPIRITUS oder PNEUMA.

RRR: Die Japaner nennen das SHIN, das ist GEIST und HERZ zugleich.

EMG: Ist doch egal, wie wir ES nennen. Wir verstehen uns doch, was wir meinen, nicht wahr?

HPD: Wenn man LIEBE sagt, haben die Menschen überhaupt keine Ambition, es genauer wissen zu wollen. Es ist wichtig, dass man loslässt. Viele sagen dann, ihr denkt viel mehr an den Geist, aber ihr vernachlässigt die Seele. Letztendlich gibt es weder das eine noch das andere. Es nur eine andere Betonung: der Körper, die Seele, der Geist. Dass wir überhaupt Hauptwörter nehmen, ist schon falsch. Man sollte besser Verben verwenden, weil da die Bewegung drin ist. Offenheit ist das Wichtigste. Für unsere Existenz ist diese Offenheit wichtig, damit wir als Menschen handlungsfähig sind. Handlungsfähig werde ich nur im EGO. Es ist aber nicht so, dass der Mensch nur handlungsfähig ist, sondern es ist eher ein HIN- und HERSPRINGEN. Es muss aber einen Grund haben, dass wir ausgerüstet sind, zu handeln. Das muss irgendwie durch die Evolution eingebaut sein. Es liegt wohl daran, weil es etwas Lebendiges ist. Wenn man das Lebendige sozusagen noch lebendiger machen will, dann muss man immer wieder sagen: „Komm, jetzt leg dich nicht nur hin!“, sondern: „Du bist auch da“, sozusagen aus diesem Zusammenspiel heraus. Du gehst in ein Orchester hinein, das ein Streichorchester mit einer Flöte ist, und sagst: „Ich möchte da mitmachen.“

Das ist eigentlich eine Störung. Aber durch die Flöte wird die Klangfarbe etwas verändert und die Musik bekommt eine neue Dimension. Warum eigentlich nicht? Dann sieht man, dass das sogenannte Böse gar nicht das Böse ist, sondern das, was einen immer wieder aufweckt und in eine neue Dimension führen kann.

Als Mensch bist du in etwas LEBENDIGEM. Aber wenn du es festhältst, dann bist du nicht in der Wirklichkeit, die man Wirklichkeit nennt. Wir wissen auch, wenn wir es zu schnell vorantreiben, dann geht es einfach nicht. Diese neue Klangfarbe muss sich jetzt sozusagen einfügen und muss die nächsten Erscheinungsformen haben. Jeder, der in meinen Raum eintritt, erzeugt eine neue Dimension, nicht, weil er mir einen anderen Weg weist, sondern jeder, der da kreativ hineingeht, erzeugt eine neue Dimension. Wenn jemand die Vorstellung der Dimension als etwas hat, das wächst und zunimmt, nicht im Sinne von wachsen gleich größer werden, sondern im Sinne eines Zugewinns, der wird erkennen, dass wir in eine Entwicklung hineinkommen, in der wir in höher dimensionale Räume hineinwachsen, die man sich gar nicht vorstellen kann.

Wenn man mich auffordert, das zu erklären, frage ich zurück, ob man sich vorstellen kann, wie vier Dimensionen aussehen. Drei Dimensionen sind vorstellbar, aber vier nicht. Vor dem Fernseher sehe ich drei Dimensionen, obwohl das Bild zweidimensional ist.

Wir können also aus der engeren Dimensionszahl rausgehen, indem man eine Bewegung macht. Das ist dann eine andere Dimension. Das neu Hinzugekommene, das sich nicht einpassen lässt, führt aber auch dazu, dass es so etwas wie Wettbewerb gar nicht gibt. Wettbewerb heißt immer, dass ich auf einer Linie schneller bin als der andere. Nein, wenn ich echt kreativ bin und eine neue Dimension eröffne, ist alles frei. Ich habe dann eine Fähigkeit erlangt, in der der Gestaltungsraum mit jedem kreativen Akt wächst, aber ich muss dafür sorgen, dass das Neue auch einbezogen wird, nicht versandet und immer ein GEWINN-GEWINN-VERHÄLTNIS gewährleistet ist. SCHWEISFURTH nennt das „SYMBIOSE".

RRR: Also SYMBIOSE = GEMEIMSAM LEBEN.

HPD: Nicht, dass ich im selben Raum lebe, sondern dass im WIR ein Raum dazugewonnen ist. Das ist das eigentlich Wichtige. Viele Menschen können mit diesen offenen Sachen nicht umgehen. Aber ich meine, Aufmerksamkeit ist eine Sache, aber wenn du zu aufmerksam bist, versuchst du es immer wieder einzubauen, in dem, was für dich klar ist, anstatt, dass du einfach deine Hand aufmachst und sagst, dass du neugierig bist, was jetzt passiert. Und nicht, dass ich versuche, alles gleich zu begreifen und zu verstehen. Wichtig ist, dass man vorbereitet ist, immer wieder in Räume zu kommen, die man vorher nicht gekannt hat. Die Überraschung sollte ein Element sein, dass mich nicht ängstigt, sondern mir sagt: „AH! ES GEHT IRGENDWIE WEITER!" Man sollte darauf aber achten, dass das, was schon da ist, nicht darunter leidet. Man geht nicht von einem Raum in den anderen, sondern es ist eine echte Zunahme meines Raums. Der Mensch fragt sich dann, wie kommt es eigentlich: „Ich habe doch den Körper, die Seele und den Geist?" In der Sprache, die ich verwende, sieht man, dass das nur verschiedene ERSTARRUNGSENTWICKLUNGEN von dem sind, was eigentlich diese enorme Gestaltungskraft hat. Der Mensch wird aber schnell müde und geht seine alten Pfade weiter.

Das ist sicher der Grund, weshalb wir immer wieder abgerufen werden, weil wir die Tendenz haben festzuklammern. Irgendetwas in dem kreativen Prozess wird gestört und der Mensch flüchtet sich in sein EGO, um wieder handlungsfähig zu sein.

RRR: Das hieße ja, das Leben dynamisch offen ist, unbegrenzt. Geburt und Tod empfindet man als Begrenzungen und man verliert mit diesem Denken die dynamische Offenheit des Lebens. Wir bewegen uns abendländisch ja nicht auf das Leben zu, sondern auf ein Todeserlebnis.

HPD: Ja, das passiert auf die folgende Weise. Mathematisch könnte ich das besser sagen. Also man hat diese vielen Wege jetzt, die gegangen werden. Diese Wege haben die Tendenz, wenn sie sich begegnen, sich sozusagen ein bisschen festzumachen. Wenn zwei Bewegungen sich treffen, entsteht die Materie an einem Punkt und man hat plötzlich das Erlebnis von etwas Solidem. Es verwickelt sich einfach. Wie dieser Tisch hier.

RRR: Es verfestigt sich auch.

HPD: Ja, ja. Der Tisch hat für mich so etwas begrenztes. Er ist eigentlich nicht da.

Ich sage dann, pass mal auf, wenn du da reinschaust, dann siehst du eine andere Sprache, die Moleküle, die hin- und hersausen und in allen Richtungen. Sie behindern sich auch irgendwie, da sie aus einem gewissen Bereich nicht rauskommen. Dann gerinnt es sozusagen. Durch dieses Gerinnen oder koagulieren entsteht plötzlich etwas, das sich noch bewegt, aber jedes Teilchen nimmt auch Bewegung vom anderen weg. Sie engen sich gegenseitig ein. Es kommt dann ein Mittelwert raus.

Ich schaue von meinem Fenster auf den Marienplatz und sehe diese Leute. Ich sage mir dann, dass ich diese Leute sehe. Ich sehe aber nichts von dieser Lebendigkeit. Für jeden, der hinläuft, läuft ein anderer weg. Ich denke mir, nun gut, dass ist ja eigentlich gar nicht so. Alle sind da aus irgendeinem Grund. Aus dieser Entfernung ist für mich nicht mehr sichtbar.

Wir werden immer wieder gefesselt, dadurch, dass wir auch kooperieren wollen. Dann kommt es zu einem gewissen Holon (Anm.: Ein Holon ist ein Ganzes, dass wieder Teil eines Ganzen ist) Wir sind ein Holon, also etwas, das aussieht, als wenn es sozusagen abgetrennt werden kann von etwas anderem. Das ist nicht ganz richtig. Wir sind nicht abgetrennt, sonst würden wir uns nicht wahrnehmen. Wir erfinden eine Wechselwirkung, die wir hin- und herschicken. Das ist so, als wenn man einen Menschen auseinandernimmt und hinterher die Teile mit Klebstoff wieder zusammenklebt. Dann wundert man sich, dass das Zusammengeklebte nicht mehr lebendig ist.

EMG: Können wir zu dem Thema „Erfahrungsraum Krankheit – Tod" kommen? Wir haben darüber gesprochen, dass man das Unbeschreibbare aus deiner Sicht besser LIEBE nennt, weil es um einen dynamischen Prozess geht. Ich nenne es in meinem Buch den GOLDENEN WIND, der ja auch Bewegung ist und alles miteinander verbindet. Wir waren bei dem Thema ACHTSAMKEIT. Damit sind wir in unserer Betrachtung auch im Augenblick des SEINS.

Der gesunde Mensch beschäftigt sich sehr wenig mit der Krankheit und schon gar nicht mit seinem Tod. Er hat sich in seiner begrenzten Welt eingenistet. Er hat aber auch vergessen, dass das Leben sich nicht nur als Gesundheit offenbart. Jetzt wird er krank. Wir würden ihm dann sagen: „Du trittst jetzt in einen Raum ein, in dem du diese LIEBE erfahren kannst, wenn du achtsam bist. Halte deine Hände hoch und öffne sie zum Himmel hin. Lass los und nimm dir nicht rational vor, schnell wieder mit deinem EGO handlungsfähig zu sein. Lass das Leben fließen und halte nicht unter enormem Kraftaufwand deine Gesundheit dauernd fest, von der du jetzt glaubst, dass du sie leider verlassen hast. Denke nicht, Oh je, wenn es noch schlimmer kommt, sterbe ich. Dein ganzes Festhalten kommt aus der Angst deines EGO."

Wie nimmt man nun den Menschen diese Angst vor Krankheit und Tod. Das ist ja das Leitthema unseres Gesprächs heute. Es muss doch ein Erkenntnis- und Erfahrungsprozess einsetzen, der uns vielleicht bewusst geworden ist, aber den meisten Menschen nicht. Wie vermitteln wir diesen Menschen, dass sie mehr erfahren können, als ihr eingegrenztes EGO sie bisher wissen lassen hat, und dass die Heilung von ihrer Angst damit verbunden ist, dass der Mensch im Strom des Lebens ist und bleibt?

Es ist ja schon tragisch. Der Kampf gegen das Leben macht die Menschen krank. Sind sie krank, kämpfen sie gegen die Krankheit, weil sie die Botschaft nicht verstanden haben und verschlimmern ihre Situation. So bereiten sie die nächste Krankheit vor. Wo sind denn die Ärzte, die den Menschen helfen, endlich deren Augen zu öffnen? Die Ärzte aber ermutigen die Patienten zum Kampf. Sie haben es so in ihrer Ausbildung gelernt und nicht anders erfahren. Außerdem verdienen sie an dem Kampf. Die Pharmaindustrie erinnert mich da an die Rüstungsindustrie. Bitte versteht mich richtig. Intervention ist manchmal nötig, aber nicht grundsätzlich immer.

Roland, du hast oft schon gesagt, auch aus deiner großen Erfahrung in der Klinik am Tegernsee, dass der Patient doch endlich aufhören soll, immer gegen seine Krankheit zu kämpfen. „Nimm sie an als Teil von dir" ist dein Credo. Ich habe in diesem Buch schon berichtet, wie Willigis Jäger mir damals sagte, als ich ihm von meinem Hautkrebs berichtete: *„Ja, ES offenbart sich jetzt bei dir als Hautkrebs."*

RRR: Hier kommt der ganz interessante Punkt. In der englischen Sprache benutzen wir für Krankheit „disease". Es gibt auch „sickness", das heißt Seuche.

DIS-EASE heißt die NICHT-LEICHTIGKEIT. Wenn du dich auf Stufen von Leichtigkeitsgraden bewegen würdest, hättest du immer weniger verdichtete Materie. Das tun wir aber nicht. Die Leichtigkeit ist doch der WEG. Wir kommen aber in der Krankheit in die NICHT-LEICHTIGKEIT. Das ist das Problem. Wir kommen in einen Verdichtungsprozess, der uns total einengt und uns von der Öffnung abkapselt. Wir brauchten eigentlich für das Wort „Kranksein" das Wort *„diseasy"*, das es nicht gibt. Es geht um die Leichtigkeit, aus der wir herausfallen. Die Krankheit ist vielleicht eine falsche Empfindung.

HPD: Wenn man von der fokussierten zur holistischen Erfahrung geht, dann geht es darum, dass man einfach aufmacht und die Vielfalt empfindet und mit einem Blick alles aufnimmt. Ich kann hinterher nichts damit anfangen, dass ich sagen kann, jetzt weiß ich, was ich tun will. Man erfährt einfach diesen großen Raum und man ist nicht enerviert durch die Kompliziertheit. Das Komplizierte verschwindet und wird zum Komplex. Der Komplex ist eine spontane Erfahrung, die ich nicht ausdrücken kann, die mir aber das Staunen ermöglicht, welch große Weite der Raum hat.

RRR: Wenn du das KOOPERATIVE HINTERGRUNDFELD erfährst, also in deinem Buch, Erhard, den GOLDENEN WIND erfährst, dann bist du aus der Beobachtung und Fokussierung raus.

HPD: Du stellst dann fest, dass du viel mehr Gestaltungsraum hast. Man fühlt, dass man nicht in diesem jetzt kooperieren muss. Du gehst in einen größeren Raum. Der Druck ist weg. Lass das alles einfach mal offen.

Ich kann das dann nicht für meine Überlebenserfahrung nutzen. Es besagt nicht, dass man dann länger lebt. Es ist einfach dann eine Situation, in der man sagen kann: „*Gut, es ist so!*" Wenn man Angst hat, fehlt der Überblick. Dann stellt sich nicht diese Leichtigkeit ein, in der man sagen kann, man wisse zwar nicht, wie es ist und weitergeht, aber der Körper habe es bis jetzt so lange gut geschafft, ich will ihm da keine Schwierigkeiten machen. Aber man sollte ihm dann immer noch sagen können, dass er der Beste sei, der sich zurechtfindet.

Dieses GEHENLASSEN fällt uns Menschen eben besonders schwer, weil wir auch in einem Wettbewerb sind und die Angst daher kommt, dass man besser sein will als der andere. Man sollte sagen lernen: „Ich bin einmalig, nicht besser, in dem Sinne, dass mir niemand etwas nehmen kann."

Es ist natürlich schwierig, in diese Situation hineinzukommen.

RRR: Weil wir gewohnt sind, in uns Ordnungssysteme zu schaffen, wofür wir gar nicht autorisiert sind.

HPD: Da hast du Recht.

RRR: Egomanische Ordnungssysteme. Wir können uns die größeren Holon-Ordnungssysteme gar nicht vorstellen. Uns fehlt die Fähigkeit, uns zu öffnen.

EMG: Die EGOZENTRIERTHEIT steht uns im eigenen Weg.

RRR: Unser Ordnungssystem liegt ganz, ganz kleinkariert fest.

HPD: Die juristische Ausstattung unserer Gesetze ist ähnlich. Die Gesetze müssten eigentlich beweglich sein. Viele glauben, dass wir dann ins Chaos kommen, wenn wir nicht diese äußeren Festlegungen haben.

Aber in der holistischen Sicht sehen wir aber alles innerlich. Wir haben dann das Gespür, dass wir in dem einen Fall uns anders verhalten müssen als im anderen Fall. Woher kommt das? Ich weiß es auch nicht. Warum beginnt der Säugling auf einmal zu atmen?

RRR: Wir wollen alles immer erklären.

EMG: Warum schlägt das Herz? Warum schließen sich Wunden?

HPD: Durch die neuen Pfade haben wir schon viel in uns hereinbekommen. Aber die Infektion ist immer leichter als die Heilung, nicht wahr? Wenn wir die Infektion zu schnell machen, dann ruinieren wir nicht nur uns selber, sondern auch unsere Umgebung. Die Heilung ist das Eigentliche.

RRR: Heilung stammt von HOLON. Wir lassen das Holon nicht zu und werden krank. Oder auch nicht wieder gesund.

EMG: Wenn man heil werden will, geht es darum, die Verbindung zum großen GANZEN zuzulassen und zu spüren. Vor dem bisher Gesagten, klingt es geradezu absurd, gegen die Krankheit zu kämpfen. Wie kann man gegen den GOLDENEN WIND kämpfen, gegen das kooperative Hintergrundfeld, die große Wirklichkeit, aus der sich alles als Realität bildet, auch unser Leben und DASEIN. Es ist schon eine Anmaßung des aufgeblähten EGO, das gar keine dauerhafte Existenz hat.

RRR: Wir bilden uns ein, dass das egomanische Holon größer sei, als das GROSSE HOLON, dem wir uns deshalb nicht öffnen können. Unser EGO steht im Weg und treibt sein Unwesen.

EMG: Wir sind jetzt genau an dem Punkt, an dem wir uns die Frage stellen müssen, wie es ein Individuum, das krank wird, schafft, die Gelassenheit zu entwickeln, das HEILEN zuzulassen. Die Frage ist also, welches Feld zu betreten ist.

RRR: Man steht vor der Frage: „Hole ich den Arzt oder gehe ich in das Feld?"

EMG: Das EGO hat ja auch eine wichtige Aufgabe. Wir brauchen unser EGO für die Initialentscheidung, die ist rational und heißt: „Ich will mit Achtsamkeit in dieses Feld jetzt eintreten!" Ohne EGO kann man das nicht. Was uns stört, ist die Eingrenzung durch unser EGO. Diese Eingrenzung aufzuweichen ist der Leitfaden meines Buches.

HPD: Das ist richtig. Aber nicht nur einsteigen, sondern auch verändern. Aber wenn man entscheidet, hat man nicht die Übersicht. Mir geht es jedenfalls so.

EMG: Aber was sagt man einem Menschen, der vom Arzt gerade eine Krebsdiagnose bekommen hat?

RRR: Auch die ist in Ordnung.

EMG: Er wird mir sagen, ich hätte gut reden, da ich noch gesund sei. Das verstehe ich natürlich auch. Er wird mich ohne Verständnis anschauen, da er nicht weiß, wie er denn nun die heilende LIEBE erfahren soll.

RRR: Weil wir glauben, wir hätten es mit einem System von Killerzellen zu tun. Das ist ein riesiges Missverständnis. Wir leben in der Medizin immer vom „Bekämpfen". Wir lassen die Krankheit deshalb gar nicht zu. Wir lassen das größere Ordnungssystem, das ordnen will und kooperieren will, gar nicht zu.

EMG: Wenn man dauernd in einer Kampfeshaltung ist, kann man doch nicht die Heilung zulassen?

RRR: Das ist eine ganz wichtige Entscheidung. Der Mensch selbst muss entscheiden, ob er das heilende Feld betritt oder die Verantwortung einem Arzt übergibt, der unter Umständen die Heilung im größeren Sinne behindert.

An der Grenze zum Eintritt in das Hintergrundfeld musst du dein EGO abgeben. Das ist ganz entscheidend. Mit deinem EGO kommst du da nicht weiter.

EMG: Der Arzt kann sogar die Symptome zunächst verschwinden lassen und wir sind begeistert, aber langfristig kann er großen Schaden angerichtet haben. Er kann oft froh sein, dass viele Patienten nicht die Verbindung zwischen der Unterdrückung oder falschen Behandlung einer Krankheit und dem Ausbruch einer anderen, oft viel schwereren Krankheit erkennen. Oft erkennt der Arzt ja selbst diese Zusammenhänge nicht. Die meisten Menschen geben sich auf, geben ihr EGO und die Verantwortung für eine eigene Entscheidung auf und übertragen die Verantwortung an den „Herrn Doktor".

Stellt Euch jetzt mal einen Menschen vor, der gerade eine sehr schwere Krebsdiagnose bekommen hat. Er muss nun entscheiden. Übergebe ich mich an den Arzt, der operiert, Chemotherapie und Bestrahlung durchführt, oder bleibe ich selbst in der Verantwortung, nehme die Krankheit an, lasse sie zu, betrachte den Verlauf und erkenne die Krankheit als Teil von mir an. Ich versuche zu verstehen und zu begreifen, dass die große WIRKLICHKEIT, oder wie immer wir das Feld benennen wollen, sich in dieser Realität der Krankheit offenbart, und vertraue auf das, was sich da entwickelt. Das ist eine sehr schwere Entscheidung.

RRR: Wir wissen doch von den vielen Krebserkrankungen, dass die ganze Psychoonkologie keine Lösung gebracht hat.

EMG: Psychoonkologie bewegt sich auch nur auf den Ebenen Soma und Psyche, Körper und Seele. Die Heilung auf diesen Ebenen ist sicher wichtig, wenn die Ursachen in der Psyche oder dem Körper liegen, aber es geht um die Heilung aus dem Geist, Pneuma oder Spiritus.

RRR: Im Prinzip geht es darum, dass ich mental oder wie auch immer in meinem inneren Organismus mit meinen Zellen FRIEDEN herstelle.

EMG: Das ist ja interessant. Die Prüffrage, die ich den Leserinnen und Lesern dieses Buches mitgebe, um ihre Handlungen jederzeit überprüfen zu können, heißt: „FINDE ICH DAMIT MEINEN INNEREN FRIEDEN?

Dann gilt diese Frage für den Kranken noch viel mehr. Sie ist gewissermaßen essenziell für seine Heilung.

RRR: Die meisten kämpfen innerlich und die Erwartungshaltung des Sieges ist schon eine Art von Kampf. Der innere Frieden führt in der Regel zu einer Heilung oder zu einem gelassenen Tod.

HPD: Ja, gelassener Tod ist eigentlich immer mit drin in dieser Heilung. Man wehrt sich eigentlich nicht gegen den Tod. Das Sterben ist angelegt und muss einen tieferen Grund haben. Das hat auch etwas damit zu tun, dass, wenn ich immer wieder in diesem bewussten System bin, also es so vereinfache, dass ich eingreifen kann, dann reduziere ich das große Holon auf etwas, das nur drei Eigenschaften hat. Dann bin ich handlungsfähig. Wenn ich immer wieder zum großen Holon in den Übergang gehe, dann übe ich, kreativ zu sein. Wichtig ist die Wiederholung. Dann spüre ich unweigerlich, dass ich eine größere Dimension öffnen kann. So steht der Mensch immer vor der Frage, ob er immer wieder kreativ wird oder sich einfach zur Ruhe setzt. Auf dem kreativen Weg gehst du zurück in das große Holon und kommst in einer anderen Form raus, aber ganz bestimmt nicht mit deinem Namen, was ja auch ganz uninteressant ist.

Oft wird mir die Frage gestellt, wie ich mir das nach dem Tod vorstelle. Für mich ist wichtig, dass ich schon, während ich lebe, nicht allein bin. Wenn ich überlege, bin ich allein. Aber ich bin in einem Vorzustand. Wenn wir uns zum Beispiel unterhalten, dann sind wir nicht ganz nur bei den Vorstellungen, die wir haben. Die Vorstellungen ändern sich im Gespräch und wechseln hin und her. Ich bin ja auch gewohnt, immer in einer größeren Gruppe zu sein und dabei fühle ich mich wohl. Wenn nun ein Teilnehmer ausfällt, bedauern wir das. Wir hätten ihn auch noch gerne gehört, aber es ist eben so und wir machen ja weiter und holen jemand anderes dazu. Das Leben, aus dem heraus man lebt, geht doch nach dem Tod weiter. Es wird hinterher gar nicht gestört.

Es ist so, als wenn mein Computer defekt ist. Ich bin über das Internet mit allen im Kontakt, aber die merken gar nicht, dass mein Computer defekt ist. Ich muss deshalb auch nicht unglücklich sein. Die anderen können zwar das eine oder andere nicht mehr von mir herunterladen. Sie können es auch von woanders herunterladen, aber nicht in der Form, dass man, wie viele glauben, die ganze Persönlichkeit übernimmt. Aber in der QUALITÄT der Persönlichkeit gibt es große Unterschiede, dass heißt, inwieweit sie in diese Wellenüberlagerung hineingeht und zu einer gewissen Verstärkung führt. Diese Überlagerung hat viele andere Ursachen und Urheber. Einer kann der Auslöser sein. Das Wirken dieses Auslösers führt aber nicht dazu, dass er später erwarten kann, vom lieben Gott eine goldene Medaille zu bekommen.

RRR: Das ist ja auch dein Ansatzpunkt, wenn du sagst, wir sind immer in der Schöpfung drin. Es gibt keinen Gott irgendwo außerhalb. Das ist eine CREATIO CONTINUA. Deshalb gibt es auch kein anderes Ufer. Das ist ein völlig falsches Bild, wenn die Menschen glauben, nach dem Tod kommen sie an ein anderes Ufer.

HPD: Da haben die meisten Schwierigkeiten.

RRR: Es gibt ja die berühmte indische Geschichte, in der ein Weiser sich vom Fährmann zum anderen Ufer bringen lässt, um dort zu erkennen, dass es weder ein diesseitiges noch ein jenseitiges Ufer gibt. Er lässt sich unzählige Male hin- und herfahren, bis er merkt, dass die beiden Ufer ADVAITA sind, also NICHT ZWEI, aber auch NICHT EINS. Das ist das Paradoxon für unsere Ratio.

EMG: Genauso wie Gesundheit und Krankheit oder Leben und Tod auch NICHT ZWEI sind.

RRR: Wir haben aber hier im Westen immer diese DIESSEITS- und JENSEITS-Betrachtung, ein großes Problem des abendländischen Denkens. Der Weise hat eben nicht die Tendenz, das jenseitige Ufer zu erwischen, weil er das diesseitige nicht verlässt. Die SAMADHI-Süchtigen sind immer auf der Reise zum anderen Ufer.

HPD: Wenn du versuchst, dir eine Vorstellung von Dimension zu machen, dann kannst du dir höhere Dimensionen nicht vorstellen. Aber es erschreckt dich auch nicht. Den Übergang von zwei zu drei kannst du miterleben. Wir sind ausgestattet, hier zu überleben, und deshalb müssen wir uns drei Dimensionen vorstellen können. Aber das System, das darüber liegt, können wir überhaupt nicht erfassen, außer, dass wir sagen, da gibt es noch viele Dimensionen, in die ich nicht so leicht hineinkommen kann. Aber ich habe schon die Erfahrung gemacht, dass der Eintritt in höhere Dimensionen gelingen kann. Das gibt dir auch eine gewisse Ruhe für schwere Zeiten. Dann kann man auch ein schweres Schicksal vielleicht besser ertragen. Man kann sich nämlich dann die Frage, zum Beispiel im Leiden, stellen, warum soll ich eigentlich in diesem begrenzten Kasten meiner EGO- Eingrenzung immer bleiben. Das Ganze geht doch auch immer weiter. Es muss doch deshalb nicht zur Tragödie führen. Dadurch, dass wir immer wieder in unser EGO hineingedrängt werden, brauchen wir Störungen als Impulse, damit wir im Krisenfall nicht dauernd im Bett liegen, sondern uns rühren.

RRR: Dieser Sprung muss gewollt sein. Das hat mit Orientierung zu tun. Dieses Wort kommt von dem Verb „oriri" und das heißt: aufstehen, sich erheben. Du musst in Bewegung sein.

EMG: Wir haben das in unserem Gespräch deutlich herausgearbeitet. Es braucht für den Veränderungsprozess die rationale Entscheidung des EGO, einzutreten in den transrationalen Raum. Es braucht die Achtsamkeit für den Augenblick. Es braucht auch dein Einverständnis, dass du Teil eines großen Ganzen bist. Nun wird jemand krank, der weder die Erkenntnisse der Neuen Physik noch die Erkenntnisse einer spirituellen Erfahrung hat. Er hat über sein Gesundsein und über das überraschende Kranksein noch nie nachgedacht, anders als ihr beiden, die diese Erfahrungen über unterschiedliche Wege gemacht haben. Ihr seid somit sicherlich besser auf das Kranksein vorbereitet und könnt damit umgehen, wie wir es besprochen haben. Aber einem „Unwissenden", das sind doch die meisten Menschen, können wir doch nicht sagen, dass sie in das Hintergrundfeld eintreten mögen. Welche Hoffnung geben wir unseren Mitmenschen mit auf den Weg?

Die Hoffnung für jeden wächst aus der Erkenntnis, dass er im Falle einer Krankheit aus diesem Leiden heraus seinen Weg der inneren Reifung beginnen kann und seine Heilung beflügelt, im wahrsten Sinne dieses Wortes können ihm Flügel wachsen. Es ist nie zu spät. Sonst müsste er ja verzweifeln, wenn er nicht beispielsweise 30 Jahre meditiert hat. Der erste Schritt ist schwierig und braucht Begleitung. Er wird uns sagen: *„Ich weiß gar nicht, wie ich loslassen soll. Ich habe das nicht geübt. Ich habe Angst und halte deshalb immer fest."*

Wenn ein Mensch allerdings dement wird, ist er nicht mehr in der Lage, sich auf den Weg zu machen. Der Weg ist dann schicksalhaft verschlossen.

RRR: Der Mensch hat mit jeder Krankheit die Chance, an ihr entweder zu sterben oder eine höhere Stufe des Menschseins zu erreichen.

HPD: Ich habe ja nie meditiert, aber ich habe in meinem Leben sehr gut, wie ich es mal nennen möchte, den LIEBENDEN DIALOG führen können. Für mich ist es einfacher mit einem anderen, das neue Terrain zu erkunden, als allein. Ich muss das AUFMERKSAME und das SPONTANE vereinigen und das kann ich nicht. Wenn man einen Dialog führt, ist einer spontan und er weiß am Schluss nicht, was er geredet hat. Man hat ihn ermutigt, dass er den Satz gar nicht vollenden muss, weil man ihn sowieso versteht. Der SPONTANE kann einfach sagen, wie es rauskommt. Der andere ist dann der AUFMERKSAME. Er nimmt das Wort, den Klang, die Atmosphäre in einer Situation der Morgendämmerung, der Ahnung auf. Er weiß, dass er etwas einfangen kann. Der Empfänger staunt über das Gesendete, das er alles versteht. Der Sender bestätigt dem Empfänger, er habe doch nur das gesagt, was der andere auch gesagt haben könnte. Bei der Spontaneität tanzt man einfach los, ohne dass man weiß, was und wie man tanzen wird. Dann dreht sich die Situation um. Das ist doch wunderbar. Das Hin und Her wird dann so, dass ich den Eindruck habe, dass eine KOMMUNIKATION auf einmal eine KOMMUNION wird. Auf einmal hat man ein ganzes Reservoir von Bildern, die aber nicht ausgesprochen sind. Es braucht nur einen Impuls und jeder findet den Punkt in diesen vielen Bildern.

EMG: Das würde ja bedeuten, dass wir einem Kranken sagen würden, er möge es bitte nicht mit sich ganz allein ausmachen. Geh in den Dialog mit deinen Freunden oder deiner Familie oder mit wem auch immer, der dir verbunden ist! Dann ergibt sich die Dynamik, die du, lieber Hans-Peter, geschildert hast. Jeder Augenblick ist neu und es geht im Dialog hin und her. Für den Kranken wird Erleichterung geschaffen, da der andere mitträgt.

HPD: Meistens stolpert man an dem Loslassen, das es braucht, an der Hingabe. Man hat Angst.

RRR: Hingabe ist EMPATHIE!

EMG: Hingabe zur Krankheit braucht es. DÜRCKHEIM hat gesagt, dass es nicht reiche, einen Schicksalsschlag wie Krankheit anzunehmen, sondern man müsse in das UNVERMEIDBARE eintreten. Das hat noch eine ganz andere Qualität. Dann spürst du, dass das UNVERMEIDBARE Teil von dir ist und Teil des großen Holon ist, weil du auch Teil des großen Holons bist.

RRR: Wenn du auf diesem Weg bist, triffst du immer mehr GLEICHGESINNTE und GLEICHGESTIMMTE.

EMG: Und manchmal trifft man einen Menschen ganz plötzlich, als sollte es so sein.

RRR: Diejenigen, die auf einer anderen Erkenntnisstufe sind, erkennen sich sehr schnell, der ERKANNTE erkennt den ERKENNENDEN und umgekehrt.

EMG: Ich möchte einmal eine ganz andere Frage aufwerfen, die für einige im Zusammenhang mit Krankheit und Tod steht, die „Out-of-body-Experience". Elisabeth KÜBLER-ROSS hat mit vielen Menschen gesprochen, die eine Nah-Todeserfahrung hatten. Fast alle berichten von dem Tunnel, an dessen Ende ein helles Licht erscheint, dass man als wunderbar empfindet. Sie sehen sich auch und erfahren sich außerhalb ihres Körpers. Viele wollen gar nicht mehr zurück. Das kann im Zusammenhang mit schweren Erkrankungen oder im Sterbeprozess geschehen. Ein Freund hat mir auch davon sehr im Detail berichtet. Walter SCHWERY hatte diese Erfahrungen ohne einen Zusammenhang mit einer Krankheit, sondern in einer bestimmten Stufe seiner Individuation.

Hans-Peter, was sagst du dazu aus Sicht der Neuen Physik?

HPD: Ich habe mich nicht damit beschäftigt und erwarte diese Erfahrung auch nicht. Ich glaube, dass man in solchen Situationen Bilder und Gleichnisse abbildet, die man schon einmal gehabt hat. Die einen nennen das Licht, die anderen Klang. Wir wissen ja auch, dass das, was wir aufnehmen, das Gehirn auch verändert. Wer hat schon einmal den schwarzen Fleck in seinem Auge gesehen? Keiner! Das Gehirn übermalt alles auch schnell und wir wollen uns auch nicht zu viel Sorgen machen, wenn man einen schwarzen Fleck hat.

Also meine Kollegen meinen immer, ich bin ein Esoteriker. Ich meine, ich bin ein Esoteriker in dem Sinne, dass ich Dinge zulasse, die man nicht so einfach fassen kann. Aber ich habe überhaupt keine Tendenz, diese Dinge in eine Sprache zu verwandeln, mit der ich täglich umgehe. Ich lasse lieber die Finger davon. In dem Augenblick, in dem ich es ausdrücke, ist es schon kaputt gemacht. Das ist immer der Klammereffekt. Man nimmt etwas nur dann erst, wenn man es benennen kann.

Zum Sterben selbst. Ich drängle nicht danach zu wissen, wie das ist. Wenn es dann kommt, DANN LASS ICH ES EINFACH EIN BISSCHEN LAUFEN.

HEISENBERG sagte immer, versuche nicht mit deinem Bewusstsein überall hineinzugehen. Brich dann ab, wenn du es nicht ausdrücken kannst. Es kommt immer wieder in einer anderen Form. Wenn du es unbedingt ausdrücken willst, zerstörst du das Ganze, was DA ist.

EMG: Das erinnert mich an die Aussagen der Künstler Rosemarie SACK-DYCKERHOFF und Hans-Peter MÜNCH in den Interviews über den ERFAHRUNGSRAUM KUNST.

Wenn sie merkten, dass sie etwas gestalten WOLLTEN, dann hörten sie sofort auf. Es geht ihnen um das NICHTWOLLEN und NICHTBENENNEN.

HPD: Sehr gut. Das gefällt mir.

EMG: Übertragen auf unser Thema KRANKHEIT – TOD heißt das doch, dass wir in dem Moment, in dem wir krank werden oder Sterben und das unbedingte GESUND-WERDEN-WOLLEN ausgeprägt ist und das Kämpfen gegen die Krankheit und den Tod im Vordergrund steht, hast du dann doch ein Problem mit der Heilung, nicht wahr? Es geht also um das EINLASSEN auf diese neue Erfahrung, die zur Erfahrung des kooperativen Hintergrundfeldes und der allumfassenden LIEBE führen kann und dann heilen kann. Oder man stirbt in dieser Erfahrung der LIEBE. Du, lieber Hans-Peter, hast die Weise des LIEBEVOLLEN DIALOGS als deine Methode, in dieses heilende Feld einzutreten, erwähnt.

Es ist ja bekannt, dass manche Menschen gesagt haben, die Zeit der schweren Erkrankung sei qualitativ die wichtigste Zeit ihres Lebens gewesen, auch sogar, wenn sie auf den Tod zugingen. Sie hatten sich für so vieles geöffnet.

Die Kernfrage ist doch immer wieder, wo der Kranke den Trost hernimmt.

Trost könnten wir spenden, wenn wir darlegen, dass mit dem Tod nicht Schluss ist. Da hast du, Hans-Peter, dich ja schon ausführlich mit Raimon PANNIKKAR unterhalten, in deinem Buch „LIEBE – URQUELLE DES KOSMOS“. Die Frage war bei dir: *„Was bleibt denn da übrig?“* Zum Schluss hast du dich auf das Bild des Tropfens geeinigt, der in das große Meer fließt. Es gibt Beispiele, bei denen die großen MEISTER, kämpfend und nicht aufgeben wollend, gestorben sind und es gibt andere Beispiele des Sterbens in Gelassenheit.

RRR: Es gibt die uralte Mönchsregel bei den Benediktinern: „MEMENTO MORI“. Bedenke jeden Tag, dass du stirbst! In dem Moment, in dem du geboren wirst, fängt der Sterbeprozess schon an. Die Sterblichkeit muss dir im Hintergrund bewusst werden, ohne dass du jetzt sterben willst.

EMG: Die Tibeter folgen dem TIBETANISCHEN TOTENBUCH.

RRR: Wir lassen den dynamischen Prozess nicht zu. Das ist das Problem.

HPD: Ich komme nicht so ganz klar damit, wenn Schmerz damit verbunden ist. Ich habe so viele erlebt, bei denen dann plötzlich der Schmerz eingesetzt hat, der so übermächtig ist, dass man nur noch Linderung will und sonst gar nichts.

RRR: Da sind wir heute in einer ganz guten Behandlungssituation, auch in den Hospizen. Man ist in der Forschung heute so weit, dass man mit genauer Dosierung von Morphium und Abkömmlingen den Schmerz so nehmen kann, dass der Sterbende friedlich hinübersegeln kann. Damit wird natürlich der Bewusstseinsprozess narkotisiert.

HPD: Mich würde schon der Eingriff in mein System stören. Aber, wenn der Schmerz nicht mehr auszuhalten ist, gibt es wohl keinen anderen Weg. Aber schade ist es doch. Bei jeder schweren Erkrankung stört mich der Eingriff in mein System. Auch bei einer Diagnose, die eine finale Krankheit bestätigt. Das schreckt mich nicht. Wenn noch so viele Ärzte mir Maßnahmen empfehlen, ich werde sie zu vermeiden versuchen. Ich habe ein so wunderbares Leben gehabt. Wenn ich sterben soll, dann ist es so und ich lasse es zu.

RRR: Ja, du hast entschieden, dass du in dein Ordnungssystem keine Unordnung bringen lässt.

HPD: So ist es. Ich habe einfach festgestellt, dass meine Kräfte von außen kommen, und zwar aus dem Umgang mit anderen Menschen. Viele Freunde wundern sich, dass ich mit 81 Jahren noch so lebendig bin. Alle Krankheiten haben mit Ungleichgewichten zu tun. Wenn du deinem Körper vertraust, unterstützt du ihn mehr, als wenn du ständig zweifelst, ob du alles durchhalten kannst. Du kannst doch den Ärzten nicht mehr vertrauen als deinem eigenen Körper und dir selbst.

RRR: Du sagst doch immer wieder, dass die liebevollen Dialoge mit vielen Menschen dir die Kraft geben und dich am Leben erhalten. Hast du keine Angst?

HPD: Nein, Angst habe ich nie gehabt. Ich habe ein so tolles Leben gehabt. Früher ist man doch gar nicht so alt geworden.

RRR: Würdest du sagen, dass du auf das größere Leben vertraust, das dahintersteht?

HPD: Ich ERLEBE das größere Leben. Ich bin gerade aus Kasachstan zurückgekommen. Dort kannte ich niemanden. Alles war mir unbekannt. Ich habe mich darauf eingelassen und es war wunderbar. Viele Begegnungen haben mich bereichert und mir Kraft gegeben. Im Dialog sieht man plötzlich Leute, die anfangs niedergedrückt wirkten, wieder lachen. Das ist ein großes Glücksgefühl. Das ist ES!

EMG: Da sind wir doch wieder bei der LIEBE, die für dich der URQUELL DES KOSMOS ist. Deine Erfahrungen sind doch Ausdruck der allseitigen, umfangreichen Verbundenheit aller Wesen.

RRR: Ich kann mich noch gut daran erinnern, als wir, Hans-Peter, mit PANIKKAR in Tavertet im Juni 2003 über die Berge gewandert sind. Plötzlich hast du gesagt: „Jetzt weiß ich es. LIEBE IST DER URQUELL DES KOSMOS." Das war dein AHA-Erlebnis.

HPD: Ich wusste das immer. Das war keine neue Erkenntnis. Ich habe es dann dort so ausgedrückt, aber mein Leben war immer voll LIEBE. Ich wollte einen Ausdruck für das, welches diese Öffnung macht, verwenden, der etwas weicher ist als die bisher verwendeten.

EMG: Ich nenne das in meinem Buch den GOLDENEN WIND.

HPD: Sehr gut. Wenn die Menschen etwas Schönes erlebt haben und das dann vorbei ist, dann trauern sie hinterher, dass es vorbei ist. Sie vergessen dabei, dass die LIEBE immer da ist, nicht nur im Höhepunkt des schönen Erlebnisses, dass der GOLDENE WIND, in deiner Diktion, immer DA IST.

Eigentlich ist das Trauern etwas Schönes, weil man sich an etwas erinnert. Wenn man nichts Schönes erlebt hat. hat man nichts zum Trauern. Dann ist das Leben eigentlich schrecklich, nicht wahr? Wichtig ist doch, dass man überhaupt etwas hat, das bleibt und einen trägt. Die Öffnung ist jederzeit möglich. Die Erfahrung der LIEBE kann jederzeit wiederkommen. Das ist doch eine wunderbare Hoffnung.

RRR: Trauern hat doch auch etwas mit TRAUEN zu tun.

EMG: Im Erfahrungsraum KRANKHEIT – TOD kann man ganz besonders die Erfahrung der LIEBE machen, den GOLDENEN WIND erfahren. Wichtig ist, die Öffnung zu üben. DÜRCKHEIM nennt das TRANSPARENZ. Jede meditative Übung dient dieser Transparenz. Für dich, lieber Hans-Peter, ist der LIEBENDE DIALOG die Übung zur Öffnung, weil sie nicht nur die ACHTSAMKEIT übt, sondern auch – und das ist für dich wohl ganz wichtig – die SPONTANITÄT.

Kranke und Sterbende trägt ein solcher liebender Dialog durch die Krise und macht sie erträglich. Krankheit und Sterben erhöht die Wahrscheinlichkeit der Erfahrung der LIEBE. Der positive Kern dieser Krisensituationen ist die Öffnung zur SEINSERFAHRUNG, die uns alle wieder anbindet an die göttliche WIRKLICHKEIT. Diese Anbindung verlieren wir oft im Leben. Du, Hans-Peter, sagtest, dass der Kranke im Ungleichgewicht ist. Es gilt, trotz Krankheit – und das ist zur Heilung wichtig – das Gleichgewicht wiederzufinden.

Lieber Hans-Peter, lieber Roland, euch beiden ganz herzlichen Dank für das wunderbare Gespräch.

Liebe Leserinnen und Leser, wir alle treten in den Erfahrungsraum KRANKHEIT – TOD ein, ob wir wollen oder nicht.

Dieser Raum ist gewissermaßen ein Zwangsexerzitium. Für uns alle besteht dann die Möglichkeit des achtsamen Eintretens in jeden Augenblick.

Das ANNEHMEN und LOSLASSEN ist eine schwierige Übung, aber aus meiner Erfahrung gibt es keinen anderen Weg, den GOLDENEN WIND auch in diesen extremen Lebenssituationen zu spüren. Er heilt und erleichtert uns das Kranksein und das Sterben. Über die Übung finden wir wieder Anschluss an diese Wirklichkeit. Wir werden krank, wenn der Anschluss verloren geht.

Dann haben wir die Gelegenheit, uns

ALS PERSON IN DER KRANKHEIT ZU ÜBEN.

Diese Übung in der Krankheit dient immer dem GANZ-WERDEN, sie dient der

Heilung.

„ALLES LEIDEN DIENT DEM WERDEN:
WERDEN IST VERWANDLUNG DES LEIDENS“,

sagt Lilo BRENTRUP so wunderbar tröstlich in ihrem Buch *„Texte auf dem Weg“* (1982 im Eigenverlag).

„Krankheit ist das schnellste Ross, das uns zur Vollkommenheit führt“, sagt Meister ECKHART. Wenn wir selbst krank sind, wollen wir das nicht wahrhaben. Wir kämpfen und kämpfen gegen die Krankheit und verfehlen damit den Sinn der Krankheit. Wir müssen auf dieses Pferd aufsteigen und es reiten. Dieses Reiten muss man üben. Man kann nicht sofort reiten, dieses Pferd schon gar nicht.

Wir sterben, wenn ES so sein soll. Nicht als Ende, sondern als ZIEL für unser Leben.

„Warum ist es so schwer, über das Sterben nachzudenken?“, fragt Mitch Albom seinen Professor Morrie Schwartz, der an amyotrophischer Lateralsklerose (ALS) erkrankt war, in dem Buch *„Dienstags bei Morrie“*.

„Weil“, fuhr Morrie fort, *„die meisten von uns wie Schlafwandler durch die Gegend laufen. Wir kosten das Leben nicht voll aus, weil wir ständig im Halbschlaf sind und Dinge tun, von denen wir glauben, wir müssten sie tun.“*

„Und all das verändert sich durch die Konfrontation mit dem Tod?“

„Oh ja. Du streifst all das unnütze Zeug ab und konzentrierst dich auf das Wesentliche. Wenn du erkennst, dass du sterben wirst, dann siehst du alles mit ganz anderen Augen.“

Er seufzte. *„Lerne, wie man stirbt, und du wirst lernen, wie man lebt.“*

Die ganze US-Nation verfolgt in Mitch Alboms Dienstagsgesprächen und Fernsehsendungen, wie Morrie mehr und mehr durch diese Krankheit verfällt und wie er sich dadurch einer Wandlung zur Weisheit unterzieht.

Der LIEBENDE DIALOG (H.-P. DÜRR) trägt ihn bis zu seinem Ende.

„Liebt einander oder geht zugrunde“, wiederholte *Morrie*. *„Das ist gut, nicht? Und es ist so wahr. Ohne Liebe sind wir Vögel mit gebrochenen Flügeln.“*

Wenn die LIEBE der URQUELL des Kosmos ist (DÜRR/PANNIKAR), dann versteht man auch das Wort von Willigis JÄGER:

„Wer liebt oder geliebt wird, wird weniger krank oder lebt länger!“

Morrie beschreibt seine Übung des LOSLASSENS:

„Was ich jetzt mache", fuhr er fort, die Augen noch immer geschlossen, *„ist, mich von der Erfahrung zu distanzieren."*

„Dich distanzieren?"

„Ja, mich distanzieren. Und dies ist wichtig – nicht nur für jemanden wie mich, der stirbt, sondern für jemanden wie dich, der völlig gesund ist. Lerne es, dich zu distanzieren."

Er öffnete die Augen. Er atmete aus.

„Weißt du, was die Buddhisten sagen? Halte an nichts fest, weil alles vergänglich ist."

...

„Aber sich distanzieren bedeutet nicht, dass du die Erfahrung nicht durchleben sollst. Im Gegenteil, du erlaubst es dir, die Erfahrung voll und ganz auszuleben. Auf diese Weise bist du fähig, sie loszulassen."...

„Widme dich liebevoll anderen Menschen, widme dich der Gesellschaft, die dich umgibt und bemühe dich, etwas zu schaffen, das deinem Leben Sinn und Bedeutung verleiht."...

„Tue Dinge, die aus dem Herzen kommen. Wenn du das beherzigst, dann wirst du nicht unzufrieden, dann wirst du nicht neidisch sein, dann wirst du dich nicht nach Dingen sehnen, die jemand anders besitzt. Im Gegenteil, dann wirst du überwältigt sein, von dem, was du zurückbekommst."

Am Ende des letzten Fernsehinterviews flüstert er:

„Habt Mitgefühl und übernehmt Verantwortung füreinander ... Liebt einander oder geht zugrunde."

Nun, wie sollten wir uns selbst am Ende unseres Lebens sehen, wenn wir ein Fazit ziehen?

„Was wir am Ende unseres Lebens in Händen halten, sind nicht unsere Leistungen und unsere Werke. Wir werden uns zuerst und vor allem der Frage stellen müssen, wie viel wir geliebt haben." (Willigis Jäger in seinem Buch *„Über die Liebe"*, München 2009).

Eine Schilderung über diesen Erfahrungsraum mit seinen schweren Inhalten kann man eigentlich nur verlassen und sich der Natur zuwenden, wenn man den großen Trost erkennt, der von dem folgenden Gedicht aus dem TAO TE KING von LAOTSE ausgeht:

„Mache dich selbst von allem leer,
lass den Geist in Ruhe weilen.
Die zehntausend Dinge entstehen und vergehen,
während das Selbst ihr Zurückgehen betrachtet.
Sie wachsen, gedeihen und kehren zum Ursprung zurück.

Die Rückkehr zum Ursprung ist Stille,
dies ist der Weg der Natur.
Der Weg der Natur ist keinem Wechsel unterworfen.
Das Unwandelbare zu kennen bedeutet Ein-Sicht.
Das Unwandelbare nicht zu kennen bringt Unheil.
Im Wissen um das Unwandelbare ist der Geist offen.
Offenen Geistes, bist du offenen Herzens.
Bist du offenherzig, handelst du königlich.
Bist du königlich, erlangst du den Himmel.
Bist du des Himmels, bist du eins mit dem TAO.
Eins mit dem TAO, das ist zeitlos sein.
Selbst wenn der Körper stirbt,
das TAO vergeht niemals."

(aus „Wie der Schmetterling aus der Raupe – ZEN als innerer Wandlungsprozess
Agetsu A. Wydler Haduch, Zentrum für ZEN-Buddhismus, Zürich, 1996)

Erfahrungsraum Natur

Die Natur ist für mich der wichtigste Erfahrungsraum, wie für viele Menschen sicher auch. Die ersten SEINS-FÜHLUNGEN im Dürckheim'schen Sinne hatte ich während meiner Kindheit in der Natur. Da kann ich jederzeit wieder anschließen. Die Erinnerung ist gespeichert. Mein Gedächtnis hat diese Erinnerung als Bild gespeichert. Immer wenn diese Bilder heute erscheinen, ist sofort die Erinnerung an das Fühlen des SEINS in der Natur, des SEINS der Natur da. Ich hatte diese Erfahrung weiter vorn bei meinem Lebensweg beschrieben.

Viele Kinder, Jugendliche und Erwachsene der heutigen Zeit haben keinen Zugang zur Natur. Sie sind aufgewachsen mit Gameboy, Fernseher und Handy. Ihnen fehlen leider die Wurzeln in vielerlei Hinsicht. Es ist ganz wichtig, dass wir unseren Kindern und Enkelkindern bei diesem Zugang helfen, indem wir ihnen vorleben und zeigen, wie wichtig uns Älteren die Natur ist.

Warum gehen wir gern in die Natur?

Das kann man in zweierlei Hinsicht beantworten, entsprechend den beiden Polen des Menschen, also aus dem ICH heraus und aus Dürckheim'schem WESEN, aus dem GOLDENEN WIND in uns.

Das ICH drängt nach Entspannung. Das kann es auch in der Ruhe und Schönheit der Natur finden. Der Effekt ist aber nur oberflächlich und kurz anhaltend. Deshalb gehen die meisten Menschen in die Natur. Es ist ihnen aber nicht bewusst, dass sie nur einen winzig kleinen Teil der Natur in sich einfließen lassen.

Unbewusst drängt uns aber unser WESEN in die Natur, weil es an das WESEN der Natur Anschluss finden will, weil es diesen Anschluss so sehr vermisst hat. Unser WESEN weiß, dass die Natur ein idealer Erfahrungsraum für den GOLDENNEN WIND ist. Es hofft, wenn wir in die Natur gehen, dass wir es nicht zulassen, dass unser ICH uns davon abhält. Es will die GÖTTLICHE ERFAHRUNG spüren. Das gelingt, wenn wir durch das Tor der ACHTSAMKEITSÜBUNG hindurchgehen.

Plotkin geht in seinem Buch „*Nature and Soul*" sehr ausführlich auf die Verbindung von Natur und unserer Seelenentwicklung ein. Er zitiert Thomas Berry: „*Wenn wir den Wald verlieren, verlieren wir unsere Seelen.*"

Man kann diese Aussage erweitern, dass dann, wenn wir die Beziehung zur Natur verlieren, wir unsere WIRKLICHKEIT nicht mehr wahrnehmen, wir den GOLDEDEN WIND nicht mehr spüren. Wir haben uns dann abgetrennt und unserem Leiden den Weg bereitet.

Plotkin weiter: „*Eine der mächtigsten Verbündeten, die wir Menschen in unserem emotionalen Heilungsprozess haben, ist die natürliche Welt. Die Zeit, die wir allein in der Natur verbringen, in der wir unsere ganze ACHTSAMKEIT auf die komplexe,*

mysteriöse und faszinierende Natur richten, relativiert unsere Sorgen und erlaubt uns, unsere Aufmerksamkeit wieder in den sich selbst erhaltenden inspirierenden Rhythmen und Zyklen der Natur zu begründen.“

Im Erfahrungsraum Natur sind für uns Bäume und der Wald von ganz besonderer Bedeutung. Wegen der engen Beziehung eignet sich der Wald sehr für eine Kontaktaufnahme zur Natur.

Unsere Sinne werden angesprochen und helfen uns bei der Fokussierung.

„*Wer lauscht, ist sofort in einer anderen Qualität*“, sagt Willigis JÄGER gerne.

MEDITATION IM WALD

Suchen Sie sich einen Wald, in dem Sie gern sind. Es sollte dort ruhig sein, wenig Spaziergänger geben und möglichst Stille sein. Ich beginne ganz bewusst mit einer Meditation im Wald und konzentriere die Gedanken und Emotionen auf den Baum. Vielen Menschen fehlt im Leben der Halt, die Erdung. Der Baum ist das Symbol der Erdung.

Wenn ich an Bäume denke, fällt mir immer Khalil Gibran ein:
„Bäume sind Gedichte, die die Erde in den Himmel schreibt.“

BAUMMEDITATION

Die Baummeditation ist für mich ganz besonders der ZEN-Meditation ähnlich. Pater Enomiya-Lassalle wurde gefragt: *„ZEN-Meditation, was ist das eigentlich?“* Er antwortete: *„Sich begründen, sich aufrichten und im Geiste lassen!“* Diese knappe Aussage bringt es genau auf den Punkt. Voraussetzung für die Meditation ist es, sich zu begründen, sich zu verankern, Halt zu finden. Wie der Baum. Er richtet sich auch gen Himmel auf. So sollen wir es machen. Und im Geiste lässt er sich. Äste und Blätter wehen im Wind und bewegen sich im Zustand des Loslassens.

„Du bist höher als ich und stehst fest und du kennst die Erde bis tief hinunter und sie hält dich. Ich kann laufen und mich besser bewegen, aber ich stehe nicht fest und kann nicht in die Tiefe und nichts hält mich. Auch ist mir die große Ruhe über den stillen Wipfeln im unendlichen Himmel unbekannt“, sagt der Bettler dem Baum nach *Bertolt Brecht.*

MEDITATION
(Erdung)

ICH WERDE DEN GOLDENEN WIND SPÜREN

Ich gehe in den Wald, den ich besonders liebe.
Ich gehe langsam und spüre jeden Schritt.
Meine Gedanken sind in jedem Schritt.
Ich setzte Fuß vor Fuß.
Ich rolle ab und spüre den Waldboden.
Er ist fest und trägt mich.
Ich spüre, wie er mich trägt.
Ich bleibe an einer Stelle der Stille stehen oder ich setze mich auf eine Bank.
Ich spüre mein ganzes Gewicht in meinen Füßen, auf dem Waldboden.
Ich gehe ganz leicht in die Knie und strecke die Beine nicht mehr durch.
Ich schließe meine Augen bis auf einen kleinen Schlitz.
Ich ziehe die Mundwinkel leicht hoch und lächle dadurch.
Ich bin ganz verklärtes Lächeln.
Ich atme ruhig. Ich atme nicht aktiv.
Ich spüre, wie ich beatmet werde. Der Atem geht und kommt ohne mein Zutun.
Ich stehe aufrecht, senkrecht.
Ich spüre die Verbindung zum Boden, als hätte ich tiefe Wurzeln.
Ich richte mich gen Himmel auf.
Ich bin die Verbindung zum Himmel.

Ich suche mir einen Baum als Fokus aus.
Ich spüre in den Baum.
Ich bin das Blatt.
Ich bin nicht allein.
Ich bin am Ast. Das Blatt ist am Ast.
Ich bin Blatt und Ast und mit dem Baum verbunden.
Ich spüre den Stamm. Der Stamm trägt die Äste.
Ich spüre die Wurzeln des Stammes im Boden.
Ich spüre, dass wir alle miteinander verbunden sind.

Ich bin ganz Baum.

Ich beruhige meine Emotionen und meine Gedanken.
Ich beobachte meine Gedanken.
Ich sehe sie kommen und gehen.
Ich bewerte nicht.
Ich bleibe nicht an einem Gedanken hängen.

Ein Gedanke zieht davon.
Ich spüre die Lücke, bevor ein neuer Gedanke kommt.
Alle Gedanken kommen aus dem GOLDENEN WIND.
Die Lücke zwischen zwei Gedanken ist reiner GOLDENER WIND.
Aus dem GOLDENEN WIND steigen Gedanken hoch und manifestieren sich.
Jeder Gedanke löst sich wieder auf.

Ich lausche und höre Geräusche.
Ich höre die Vögel.
Ich spüre den WIND auf meiner Haut.
Ich atme den DUFT des Waldes ein.
Ich rieche den Duft des Waldbodens.

Mein Fokus: DER BAUM VERSCHWINDET.
Ich brauche keinen Fokus mehr.
Ich bin BAUM.
Ich bin der ganze WALD.
Ich bin die ganze NATUR.
Ich bin die ganze WELT.
Ich bin das ganze UNIVERSUM.

Es gibt keine Grenzen zwischen mir und allem.
Ich bin ganz offen.
Meine Zellen sind ganz offen.
Die Luft und der Leben spendende Sauerstoff fließen in mich ein.
Ich bin Leben.
Ich bin Teil allen Lebens.
Alles von mir steht in Verbindung mit allem.

Keine Gedanken, keine Sinneswahrnehmungen, keine Emotionen.
Mein Bewusstsein hat sich entleert.
Ich bin ganz im GOLDENEN WIND.
ICH BIN GANZ GOLDENER WIND.
ICH BIN EINS MIT DER WIRKLICHKEIT.
ICH BLEIBE IMMER EINS MIT DER WIRKLICHKEIT.

Ich spüre meinen Atem WIEDER, wie er kommt und geht.
Ich rieche den Duft wieder.
Ich spüre den Wind.
Ich spüre den Boden.
Ich sehe den Wald.
Ich sehe meinen Baum.

Ich strecke mich einatmend, so hoch ich kann.
Ich beuge mich ausatmend nach vorn und lasse meine Arme Richtung Boden hängen.
Ich strecke mich einatmend wieder hoch und atme aus.
Ich gehe langsam aus dem Wald hinaus.
ICH HABE DEN GOLDENEN WIND GESPÜRT.
ER TRÄGT MICH DURCH DEN GANZEN TAG.

Ich spüre mehr Frieden in mir, nachdem ich im Wald gewesen bin.

RHIZOMMEDITATION

Mein Freund Fritz Gaede hat mich darauf aufmerksam gemacht, dass in letzter Zeit anstelle des Baums das Rhizom immer mehr als Metapher verwendet wird. Der Baum als Solitär bildet in der Summe den Wald. Er ist also eine Metapher für den einzelnen Menschen, der als Individuum lebt, dem aber oft nicht bewusst ist, dass er mit allen Bäumen den Wald bildet.

Das Geflecht des Rhizoms ist eine Metapher für die komplexe Welt, in der alles mit allem verbunden ist. In Erweiterung dieser Sicht sind im spirituellen Sinne alle Wesen, die ganze Natur und der ganze Kosmos miteinander verbunden und es drängt alles zu dieser Verbindung.

Deshalb nennt Hans-Peter Dürr das LIEBE und hat deshalb sein mit Raimon Panikkar gemeinsam gestaltetes Buch *„Liebe – Urquelle des Kosmos“* genannt.

Günther Raschen schreibt in seinem Artikel *„Rhizom – Plädoyer für spirituelle Vielfalt“*: *„Das nur 40 Seiten umfassende Traktat „Rhizom“ des Philosophen Gilles Deleuze und des Psychoanalytikers Felix Guattari beschreibt am Beispiel ‚Buch‘, wie durch Anwendung von Denksystemen die Vielfalt der Wirklichkeiten vergewaltigt wird. Für das Blaue Kloster ist dieser Ansatz deshalb interessant, weil wir in einer Tradition groß geworden sind, die die religiöse Erfahrung des Einzelnen nicht achtet. Denn das deutsche volkskirchliche System ist immer noch von der alten Idee einer flächendeckenden, standardisierten Versorgung der Bevölkerung geprägt, in der individuelle Religiosität kaum Raum findet. Diesen Raum suchen sich zur Zeit immer mehr Menschen.“*

Die Erde bedeckt das Rhizom. Es ist also nicht zu sehen. Die Erde ist wie die Kruste des ICH, das das alles verbindende Rhizom überdeckt. Die eigentliche WIRKLICHKEIT ist also unter der Erde. Sie ist uns nicht bewusst.

„Es gibt eine WIRKLICHKEIT, die vor Himmel und Erde steht ... Augen können sie nicht sehen ...“ so heißt es doch in dem schon zitierten Gedicht über ZEN.
Ideal ist, sich als Fokus für die Rhizommeditation einen Bambus, der ja für seine

Rhizombildung bekannt ist, zu suchen. Ich nutze gerne die Bambusbüsche in meinem japanischen Garten. Aber auch alle anderen Bäume und Büsche sind dafür geeignet.

MEDITATION
(Verbundenheit)

ICH WERDE DEN GOLDENEN WIND SPÜREN

Ich gehe langsam auf den Bambus zu.
Ich spüre jeden Schritt.
Meine Gedanken sind in jedem Schritt.
Ich setze Fuß vor Fuß.
Ich rolle ab und spüre den Boden.
Er ist fest und trägt mich.
Ich bleibe vor dem Bambus stehen.
Ich spüre mein ganzes Gewicht in meinen Füßen, auf dem Boden.
Ich gehe ganz leicht in die Knie und strecke meine Beine nicht mehr durch.
Ich richte meinen Blick auf die Wurzeln des Bambus.
Ich schließe leicht die Augen.
Ich ziehe die Mundwinkel leicht hoch und lächle dadurch.
Ich bin ganz verklärtes Lächeln.

Ich atme ruhig und langsam. Ich atme nicht aktiv.
Ich spüre, wie ich beatmet werde.
Der Atem kommt und geht ohne mein Zutun.
Ich stehe aufrecht, senkrecht.

Ich sehe und spüre die sich bewegenden zarten Blätter im Wind.
Ich spüre die Bewegung als Symbol des Lebens, meines Lebens.
Nichts und niemand kann den Bambus knicken.
Mein Blick gleitet von oben die elastischen Bambusstämme hinunter.
Ich spüre, wie sie sich immer weniger nach unten bewegen.
Ich spüre, wie sie fest in den Boden eindringen und Halt finden.
Ich habe Halt gefunden, während das Leben weiter im Wind schwingt.
Alles Leben ist Schwingung.
Mein Herz ist in Schwingung.
Mein Atem schwingt.
Alle meine Zellen sind in Schwingung.

Ich spüre in den Boden hinein.
Ich spüre das Rhizom.

Ich bin ganz Rhizom.
Alles Leben kommt aus dem Rhizom.
Alles Leben kommt aus der gegenseitigen Verbundenheit.

Ich lasse alle Gedanken kommen und gehen.
Ich halte keine Emotionen mehr fest.
Alles ist mit allem verbunden unter der Erde und über der Erde.
Ich spüre nicht nur dieses Rhizom, ich spüre alle Rhizome dieser Welt.

Ich bin mit allen Wesen und dem ganzen Kosmos verbunden.
Das Rhizom trägt mich, alle Menschen tragen mich.
Ich lasse den Fokus Bambusrhizom los.
Ich spüre eine große Sicherheit und fühle mich glücklich.
Ich lasse alles los.
Ich lasse alle Sorgen, alle Probleme, alle Ideen, alle Konzepte los.
Ich bewerte nichts mehr.
Ich bin ganz leer.
Ich spüre den GOLDENEN WIND.
Ich bin der GOLDENE WIND.
Ich bin eins mit der WIRKLICHKEIT.
Ich brauche den Bambus nicht mehr.
Ich lasse diesen Zustand einfach zu.

Ich spüre meinen Atem wieder.
Ich höre das Rauschen der Bambusblätter.
Ich rieche den Duft der Erde.
Ich sehe den Bambus, wie er schwingt und im Rhizom fest verankert ist.

Ich strecke mich einatmend hoch in den Himmel.
Ich beuge mich ausatmend nach vorn und lasse meine Arme hängen.
Ich strecke mich einatmend wieder hoch und atme aus.
Ich streiche mit den Händen vom Kopf abwärts den Körper hinunter.
Alle Verspannungen sind verschwunden.
Ich verbeuge mich mit Dank vor dem Bambus.

Ich entferne mich.

Ich bin in einem ganz anderen Zustand.

ICH HABE DEN GOLDENEN WIND GESPÜRT.
ER TRÄGT MICH DURCH DEN GANZEN TAG.

MEDITATION AM MEER

Mich zieht das Meer magisch an. Als würden wir nie vergessen können, dass alles Leben aus dem Meer kommt. Ich sehe nicht nur das Meer, sondern ich höre es, ich rieche es, ich fühle es, ich schmecke es auch. Ich fühle die Schwingungen des Hin und Her. Ich schwimme sehr gerne im Meer und alle Gedanken fallen von mir ab.

Seit 15 Jahren haben wir an der Costa Calma auf Fuerteventura eine kleine Wohnung direkt am Meer. Es ist ein großes Glück, dort aufzuwachen und sofort geradeaus direkt ins Meer zu gehen. Für mich war die Meditation am Meer immer eine Kraftquelle.

MEDITATION
(Leben, Reinigung, ganz frei sein)

Ich gehe langsam durch den Sand zum Meer.
Ich spüre den Sand an meinen Füßen und zwischen den Zehen.
Meine Gedanken und Gefühle sind in jedem Schritt.
Ich setze achtsam Fuß vor Fuß.
Der Sand gibt nach und dann stehe ich fest.
Der Sand trägt mich.
Ich bleibe kurz vor dem Meer stehen und schaue hinaus.
Ich sehe eine Welle und noch eine und noch eine.
Ich sehe viele Wellen.
Jede Welle ist das Meer.
Ich setze mich in den Sand nieder und begründe mich.
Ich richte mich auf und atme ruhig.
Ich spüre, wie ich beatmet werde.
Ich brauche gar nichts zu tun.
Ich schließe meine Augen bis auf einen kleinen Schlitz und lächle.
Der Atem kommt und geht.
Das Meer kommt und geht.
Ich höre das Rauschen des Meeres.
Es erinnert mich an das Rauschen im Mutterleib.
Dieses Rauschen ist für mich Geborgenheit.
Ich rieche den salzigen Duft des Meeres.
Ich spüre den Meereswind auf meiner Haut.
Gedanken kommen und gehen.
Ich spüre in die Lücke zwischen den Gedanken hinein.
Es ist nichts – DER GOLDENE WIND füllt die Lücke.
Ich bin ganz Meer.
Ich bin ganz DA.
Es gibt keinen Unterschied zwischen mir und dem Meer.

Ich lasse alles zu.
Ich fühle mich ganz frei.
Das Meer und der Wind wehen alle Gedanken davon.
Ich werde von Sorgen gereinigt.
Ich bin ganz offen.
Meine Zellen sind ganz offen.
Ich bin Leben.
Ich bin mit allem verbunden.
Ich spüre nur noch LIEBE.
Ich bin ganz GOLDENER WIND.
Ich bin eins mit der Wirklichkeit.
Ich bleibe immer verbunden mit der Wirklichkeit.

Ich spüre keine Zeit mehr.
Ich bin einfach DA.
Ich bin GLÜCKSELIGKEIT.

Ich öffne meine Augen wieder.
Ich spüre meinen Atem wieder.
Ich höre, rieche, fühle den Wind und das Meer.
Ich schaue auf das Meer bis zum Horizont.

Ich stehe langsam auf und strecke mich einatmend in die Höhe.
Ich beuge mich ausatmend nach unten zum Boden.
Ich lasse meine Arme locker hängen.
Ich richte mich wieder auf.
Ich entferne mich vom Meer und gehe in den Tag hinein.
ICH HABE DEN GOLDENEN WIND GESPÜRT.
ER TRÄGT MICH DURCH DEN GANZEN TAG.

MEDITATION IN DEN BERGEN

Liebe Leserinnen und Leser, Sie können in der Natur viele Objekte finden, die IHR Fokus sein können, der Bach, der See, die Blume usw.

Berge haben für mich eine ganz starke Symbolkraft. Wer möchte nicht wie ein Berg den Stürmen des Lebens trotzen. Viele Freunde habe ich verblüfft, wenn ich sie fragte, wie viel wohl ein Berg wiegt. Dieses Gewicht zu spüren ist wichtig. Das Gewicht zieht uns in unsere Verankerung nach unten. Viele Menschen sind heute haltlos. Sie sind manipulierbar, beeinflussbar und schwankend. Sie nutzen ihre Talente nicht. Talent kommt von griech.: „*talanton*" = Waagschale, Talent, Gewicht. Unsere Talente, sofern wir ihnen Raum zur Entfaltung geben, festigen uns in unserem DA-SEIN. Die andere Richtung ist aufwärts zum Himmel gerichtet. Aus der Verankerung am Boden richten wir uns zum Himmel auf. Wenn wir unten nicht fest stehen, schaffen wir die stabile Aufrichtung nicht. Viele Menschen sind nicht aufgerichtet in Körper, Seele und Geist. Sie können dann auch nicht aufrecht sein.

Auch auf dem Weg einen Berg hinauf kommt man dem Himmel näher. Man lässt einfach den bisherigen Alltag zurück. Ich bin gerne zu allen Jahreszeiten in den Bergen. Alle Zeiten haben einen besonderen Reiz.

Man kann jeden Schritt in den Bergen auf einer Wanderung zu einer Gehmeditation machen. Im ZEN nennen wir das KIN-HIN.

MEDITATION
(sich dem Himmel nähern, ganz oben sein, standhaft sein)

ICH WERDE DEN GOLDENEN WIND SPÜREN
Ich gehe Schritt für Schritt den Berg hinauf.
Ich gehe langsam und spüre jeden Schritt.
Meine Gedanken sind in jedem Schritt.
Ich setze Fuß vor Fuß.
Ich rolle bewusst ab und spüre den festen Boden.
Er ist fest und trägt mich.
Ich spüre, wie er mich trägt.
Es kommt ein Gefühl der Ruhe und Sicherheit auf.
Jeder Schritt ist ein neuer Augenblick.
Ich nehme die Landschaft wahr.
Ich schaue, spüre den Wind, rieche den Duft der Bergwelt.
Ich höre, ich lausche.
Ich spüre Wärme und Kälte.
Gedanken kommen und gehen, sie sind nicht wichtig.
Wichtig ist mein Schreiten Schritt für Schritt.

Ich erreiche den Berggipfel.
Ich bleibe stehen und schaue das ganze Panorama an.
Das Glücksgefühl der Weite ergreift mich.
Ich breite meine Arme aus wie eine Adler.
Ich strecke beide Arme in die Höhe.
Mein Körper streckt sich den Wolken und dem Himmel entgegen.
Ich lasse mich nieder und begründe mich.
Ich richte meinen Oberkörper auf.
Ich spüre den Berg unter mir.
Ich schließe die Augen bis auf einen kleinen Schlitz.
Ich lächle.

Ich spüre, wie mein Atem ohne mein Zutun kommt und geht.
Ich werde beatmet.
Ich bin ganz Berg, standhaft und unverrückbar.
Ich lasse mich nicht durch die Stürme des Lebens abschleifen.
Mein Gewicht und das ganze Gewicht des Berges begründen mich.
Ich schaue zu den Wolken auf.
Sie ziehen mit großer Leichtigkeit davon.
Ich bin ganz Wolke.
Leichtigkeit erfüllt mich.
Keine Probleme, keine Sorgen können mir etwas anhaben.
Sie fliegen mit den Wolken davon.
Hinter den Wolken ist die ganze Weite des Universums.
Ich bin diese ganze Weite des Universums.
Meine Gedanken und Emotionen kommen und gehen.
Ich halte nichts fest.
Nichts kann mich stören.
Ich bin Berg, still, schwer, fest, standhaft.
Ich spüre die Lücke zwischen den Gedanken und Emotionen.
Alles kommt aus der Wirklichkeit und geht in die Wirklichkeit.
Ich spüre den GOLDEDEN WIND.
Ich sitze einfach da und bin mit allem verbunden.
Es gibt keine Zeit mehr.
Ich brauche den Berg nicht mehr.
Ich bin Berg, Natur, Welt, Universum.
Es gibt keine Grenzen in dieser Unendlichkeit.
Ich bin ganz offen.
Meine Zellen sind ganz offen.
Sie spüren in die unendliche Weite hinein.
Ich bin Teil dieses wunderbaren Lebens.
Keine Gedanken, keine Sinneswahrnehmungen.
Mein Bewusstsein hat sich entleert.
Ich bin ganz im GOLDENEN WIND.
Ich bin der GOLDENE WIND.
Ich bin eins mit dieser Wirklichkeit.
Ich bleibe immer eins mit dieser Wirklichkeit.

Ich öffne meine Augen und spüre wieder meinen Atem.
Ich sehe, höre, spüre, rieche wieder ganz bewusst.
Ich stehe auf und strecke mich einatmend dem Himmel empor.
Ich sehe die Wolken und die Weite.
Ich spüre den Boden unter meinen Füßen.
Ich beuge mich nach unten und atme tief aus.

Ich richte mich wieder auf und atme ein.
ICH HABE DEN GOLDENEN WIND GESPÜRT.
ER TRÄGT MICH DURCH DEN GANZEN TAG.

Ich laufe leicht und beschwingt abwärts zum Tal hinunter.
Ich fliege hinunter.
Glücklich nehme ich jeden Augenblick wahr.
Immer wieder neu mit jedem Schritt.

Ein besonderes Erlebnis ist immer, den Sonnenaufgang oder den Sonnenuntergang auf einem Berg zu erleben.

SONNENAUFGANG AUF DEM BERG
(Meditation von Guru Ananda)

Ich stehe mit ausgebreiteten Armen auf einem hohen Felsgrat.
Ein ganzes Meer von Bergen und Tälern liegt unter diesem Gipfel.
Kein Schrei, kein Ruf dringt zu mir empor.
Die Unruhe der Welt ist in den Tiefen versunken.
Selbst der Wind ist nur ein Hauch von klarer Luft.
Es ist eine silbrig dunkle Nacht.

Im Osten entsteht ein blasser roter Streifen.
Er wird größer und größer und entflammt sich zu glühendem Rot.
In diesem Meer von Glut schwebt ein mächtiger, roter Ball – die SONNE.
Heller und heller wird dieser Ball.
Die Farben wechseln allmählich zu einem leuchtenden GOLD.
Der Himmel färbt sich zu tiefem BLAU.
Und das LICHT wird so hell, dass ich meine Augen schließen muss.
Nur mit meinem HERZEN erblicke ich es noch.

Liebe Leserinnen und Leser, gehen Sie in die Berge und wandern Sie durch die Täler und auf die Berge. Sie werden sich für viele Erfahrungen öffnen. Seien Sie offen und Teil der Natur. Sie werden reich beschenkt.

Liebe Leserinnen und Leser, die Natur hat eine Fülle von Orten und Objekten, die auf Sie warten, damit Sie den GOLDENEN WIND erfahren. Einige, die für mich wichtig sind, habe ich herausgegriffen. Übernehmen Sie diese Objekte für Ihre Meditation oder suchen Sie sich Ihre eigenen Objekte. Für jeden Menschen mag es unterschiedlich sein, von welchem Objekt er angezogen wird und sich dabei wohlfühlt. Gehen Sie nicht einfach nur spazieren. Nehmen Sie Möglichkeiten der Erfahrung an. Die Natur ist für Sie ein riesiges Energiereservoir. Sie hilft Ihnen schnell in Ihre Mitte zu kommen. Nehmen Sie sich die Zeit, auch wenn es manchmal nur Momente sind.

Sie werden reich beschenkt, wenn Sie sich auf den WEG in die Natur machen. Schalten Sie nicht einfach ab und entspannen Sie sich. Seien Sie achtsam und nicht gleichgültig. Die ganze Lebensfreude geht in der Achtsamkeit des Augenblicks in der Natur auf.

Unternehmer Hermann Ricker (MASTER HAN SHAN): *„Wenn wir im Einklang sind mit der Natur und einen Platz finden, an dem wir uns in sie zurückziehen können, dann ist Raum für die Sensucht, zur Ruhe zu kommen, sich weiter zu entfalten."*

Es gibt Naturlandschaften, in denen gelingt die achtsame Öffnung für das Erfahren des GOLDENEN WINDES besonders leicht. Für mich ist das Oberengadin in und um SILS eine solche Gegend, in die es mich immer wieder sowohl im Sommer wie auch im Winter hinzieht.

Immer schon zog es Dichter, Denker und Künstler dorthin wie beispielsweise Nietzsche, Hesse, Rilke, Frisch, Benjamin, Proust, Tucholsky, Zweig und Dürrenmatt. Die eher negative Beurteilung von Adorno teile ich nicht. Man muss eben für die großartige Wirklichkeit, die uns dort besonders entgegenströmt, offen sein und das war Adorno wohl nicht. Es ist eben keine Angelegenheit des Kopfes, sondern eher des Bauches, der Seele und manchmal auch des Geistes.

„Die Schweiz hat viele Hochtäler mit aller Pracht und Herrlichkeit der alpinen Welt. Und doch gibt es kein zweites Hochtal, das so eng mit der Seele des Menschen verknüpft ist, wie das Engadin." (Felix Moeschlin: „Das Engadin", Bielefeld und Leipzig 1926)

Aber auch Giacometti, Ernst, Dix, Heckel, Nolde und Kokoschka haben dort gemalt und Wagner, Strauss und Bartok haben sich für ihre Musik inspirieren lassen.

Also, man ist in guter Gesellschaft im Oberengadin.

Marcel Proust hat wohl den schönsten Text geschrieben:

„Wir haben uns geliebt in einem verlorenen Dorf des Engadins, dessen Name von doppelt süßem Klang war. Der Traum deutscher Laute erstarb in der Wollust italienischer Silben. Unweit bespülten drei Seen von nie gesehenem Grün Tannenwälder. Gletscher und Bergspitzen schlossen den Horizont. Abends vervielfachte sich in der Tiefe der hintereinanderliegenden Ebenen die Sanftheit der Lichttöne. Werden wir je die Spaziergänge am See von Sils-Maria vergessen, als der Nachmittag endete, um sechs Uhr? Die Lärchen, von so schwarzer Klarheit, wenn sie sich vom blendenden Schnee abheben, streckten dem blassblauen, beinahe malvenfarbenen Wasser ihre in zartem Grün

leuchtenden Äste entgegen. Eines Abends war uns die Stunde besonders gnädig gesinnt; mit lieblichem Zauber liess die sinkende Sonne unsere Seele alle Wonnen durchlaufen. Verbunden mit der Ekstase unseres Herzens zog sich die Agonie der Blautöne wie eine langandauernde Liebkosung dahin. Plötzlich zuckten wir zusammen, denn wir hatten einen kleinen rosa Schmetterling erblickt, dann zwei, dann fünf, die die Blumen unseres Ufers verliessen und über den See dahinflatterten.“

(La Revue blanche 26 (Dezember 1893), S. 377 f., aus Luzius Keller: „Proust im Engadin“, Frankfurt und Leipzig 1998)

In Abwandlung der Aussage von Bernadette Böll zur Übung Musik, die wohl von DÜRCKHEIM stammt, kann man als Impuls wohl zusammenfassen:

„ICH ÜBE NICHT IN DER NATUR,
SONDERN ICH ÜBE MICH ALS PERSON IN DER NATUR!“

Das ist ein großer Unterschied des Naturerlebnisses.

So kommt man in einer gereifteren Qualität der Person aus der Natur raus, als man hineingegangen ist.

Es ist etwas passiert, das mich trägt.

Erfahrungsraum Tiere

Ich habe eine ganz enge Beziehung zu Tieren, besonders zu Hunden. Alle Tiere sind wertvolle Teile der Natur. Jeder kann sich aus der vielfältigen großartigen Natur diejenigen Teile heraussuchen, die ihn besonders faszinieren, zu denen er eine ganz besondere Beziehung hat und die ihm das Spüren des GOLDENEN WINDES erleichtern. Mein Sohn Philipp hat sich die Fische, mein Sohn Patrick die Pilze ausgesucht.

Ich habe immer mit Hunden zusammengelebt. In diesem intensiven Zusammenleben waren sie immer Teil von mir. Die Dualität löste sich oft auf.

Von den Hunden können wir viel lernen, besonders das LASSEN. Beobachten Sie einmal einen Hund, der sich hinlegt. Er atmet tief aus, manchmal sogar mit einem befreienden Geräusch und legt sich ganz locker auf den Boden. Als würde ein Strumpf auf den Boden fallen. Er bleibt aber auch achtsam, Augenblick für Augenblick. Er ist ein Meister der Meditation. Also lernen wir von ihm.

Ich hatte zwei Polnische Hirtenhunde, Polski Owczarek Pdhalanski. Einer ist leider Anfang 2011 gestorben. Sie stammen aus der Hohen Tatra und sind Herdenschutzhunde. Sie passen auf die Schafherde auf. Wir sind für unsere Hunde die Herde. Sie sind so stark, dass sie die Wölfe vertreiben oder töten, wenn sie sich der Schafherde nähern. Anderen Hunden gegenüber sind sie nicht aggressiv. Es macht Freude, mit ihnen ohne Leine durch die Natur zu gehen. Früher hatte ich Berner Sennenhunde, auch eine wunderbare Hunderasse. Als meine Frau aber in einem Buchladen in einem Hundebuch blätterte und einen Bericht über diese Rasse las, war unsere Entscheidung gefallen. Diese weißen, großen, kräftigen Hunde sehen nicht nur wunderschön aus, sondern sie haben einen festen Charakter. „Sie folgen nur einsichtigen Befehlen“, hieß es in dem Buch. Das hat uns sehr beeindruckt. Im Laufe der Jahre fanden wir diese Aussage oft bestätigt.

Ich liege oft auf dem Boden neben ihnen, spüre die Nähe, den Atem, die Wärme. Sie sind eine Bereicherung für mein Leben.

TIERMEDITATION

Ich lege mich auf den Rücken und lege meinen Kopf auf die Brust oder das Hinterteil des Hundes. So bin ich ganz verbunden. Ich spüre ihn. Meine Frau sagt zwar manchmal, dass der Hund so einen gequälten Gesichtsausdruck macht und es wahrscheinlich überhaupt nicht gut findet. Nun ja, wenn ich mich so auf den Hund lege, hat das für ihn auch etwas mit „beherrscht sein" zu tun. Also erträgt er es.

Ich spüre, wie ich auf dem Boden liege.
Mein Kopf liegt locker auf dem Hund.
Ich bin ganz schwer und entspannt.
Alle Anspannungen lösen sich.
Ich spüre auf dem Boden nacheinander meine Füße, Beine, Becken, Rücken, Hals.
Ich spüre meinen Kopf auf dem Hund.
Ich schließe meine Augen bis auf einen kleinen Schlitz.
Ich ziehe die Mundwinkel leicht hoch und lächle.
Ich bin ganz dieses Lächeln.
Ich atme ruhig. Ich atme nicht aktiv.
Ich spüre, wie ich beatmet werde.
Ich spüre, wie der Hund atmet.
Auch er wird beatmet.
Wir werden beide durch die WIRKLICHKEIT beatmet.
Wir sind eng verbunden.
Ich bin ganz Hund.
Ich beruhige meine Emotionen und meine Gedanken.
Ich beobachte meine Gedanken.
Sie kommen und sie gehen.
Ich halte keine Gedanken fest, sie ziehen einfach durch.
Ich spüre die Lücke, bevor ein neuer Gedanke kommt.
Alle Gedanken kommen aus dem GOLDENEN WIND.
Die Lücke zwischen zwei Gedanken ist reiner GOLDENER WIND.
Aus dem GOLDENEN WIND steigen die Gedanken hoch und manifestieren sich.
Jeder Gedanke löst sich wieder auf.

Ich lausche und höre meinen Hund.
Er atmet schwer und ruhig.
Ich rieche seinen Duft.
Ich spüre seine Nähe und Wärme.
Meine Haut spürt den umgebenden Raum.
Auch diese Gefühle lasse ich alle los.

Mein Fokus, der Hund, verschwindet.
Er ist nicht mehr wichtig.
Ich bin HUND.
Ich bin alle TIERE dieser Welt.
Ich bin die ganze NATUR.
Ich bin die ganze WELT.
Ich bin das ganze UNIVERSUM.

Es gibt keine Grenzen zwischen mir und allem.
Ich bin ganz offen.
Meine Zellen sind ganz geöffnet.
Die Luft und der Leben spendende Sauerstoff fließen in mich ein.
Ich bin LEBEN.
Ich bin Teil des LEBENS.
Alles von mir steht in Verbindung mit allem.

Keine Gedanken, keine Sinneswahrnehmungen, keine Emotionen.
Mein Bewusstsein hat sich entleert.
Ich bin ganz GOLDENER WIND.
ICH BIN EINS MIT DER WIRKLICHKEIT.
ICH BLEIBE IMMER EINS MIT DER WIRKLICHKEIT.
ICH WAR NIE VON DER WIRKLICHKEIT GETRENNT.

Ich spüre meinen Atem wieder.
Ich spüre den Atem meines Hundes wieder.
Ich höre meinen Hund.
Ich rieche meinen Hund.
Ich drehe mich um und streichle meinen Hund.
Ich bedanke mich bei ihm.
Er hat mir sehr geholfen.
Ich stehe auf und strecke mich einatmend ganz in die Höhe.
Ich beuge mich ausatmend nach vorn und lasse die Arme hängen.
Ich strecke mich einatmend hoch nach oben und atme aus.
ICH HABE DEN GOLDENEN WIND GESPÜRT.
ER TRÄGT MICH DURCH DEN GANZEN TAG.

Liebe Leserinnen und Leser, suchen Sie die Nähe zu Tieren. Sie helfen Ihnen GANZ DA ZU SEIN. Sie sind unsere Vorbilder in der Präsenz des Augenblicks.

Ein Haustier teilt sein Leben mit uns. Es bereichert unser Leben. Es erleichtert uns das Erleben des Mysteriums des Lebens.

ICH ÜBE MICH ALS PERSON IN GEGENWART MEINES HUNDES.

Erfahrungsraum Musik

Wenn ich zu Anfang eines Tages das PRAELUDIUM I in C-Dur von Johann Sebastian Bach, BWV 846, aus dem WOHLTEMPERIERTEN KLAVIER spiele, beginnt mein Tag in Achtsamkeit mit göttlichen Tönen. Dank an Roland Ropers, meinen geschätzten Freund, für diese gute Empfehlung. Es ist für mich eine Klangmeditation zur inneren Mitte. Es kann auch der KANON ED 09789 von Johann Pachelbel mit angeschlossener GIGUE sein, den ich morgens auch sehr gerne als Auftakt für den Tag spiele.

Wenn ich nur einen Ton auf dem Klavier anschlage, bin ich sofort achtsam im Augenblick. So soll es sein. Die Musik holt mich in den Augenblick, und wenn ich spiele, bleibe ich im Spielen, Augenblick für Augenblick.

Liebe Leserinnen und Leser, Sie erinnern sich an das Zitat von ZEN-Meister Ummon zu Anfang dieses Buches? „TAG FÜR TAG EIN GUTER TAG."

Damit es ein guter Tag wird, ist der Anfang in Achtsamkeit so wichtig. Oft beginne ich den Tag auch mit einer 25-minütigen ZEN-Meditation. Auch ein Gebet begleitet uns durch den Tag. Jeder kann wählen, was ihn am meisten trägt.

Aber einfach so und oft in Eile und Unachtsamkeit, das ist kein guter Tagesbeginn. Wenn Sie Musik lieben, singen Sie! Zu Anfang, während des Tages immer wieder als Unterbrechung eines unreflektierten Ablaufs und am Ende eines Tages. So lebt man das Thema der KULTURHAUPTSTADT EUROPAS 2010:

! SING

Nach fünfzig Jahren Pause habe ich vor fünf Jahren wieder angefangen Klavier zu spielen. Ich lerne schneller und mehr als damals als 12-Jähriger. Es ist, als hätte die Musik die ganze Zeit während meiner Ausbildung und während meines Wirkens als Manager darauf gewartet, sich über mich auszudrücken.

Ich spiele von BACH bis JOPLIN, von MOZART bis Boogie-Woogie und Blues, sogar Minimal-Music von Philip Glas, alles mit großer Begeisterung und Freude. Meine Frau hat etwas später, aber sicher durch mich angeregt, angefangen Gesangsunterricht zu nehmen, klassisch und modern, mit zwei Lehrerinnen. Bei ihr steht die Musik sogar noch vor der Natur als Erfahrungsraum. Sie wurde nie gefördert, sang aber schon als Kind und Jugendliche sehr gerne. In den letzten Jahren hat sie eine wunderbare Entwicklung vollzogen und übt mit Ausdauer und Disziplin. Wie oft habe ich sie über das ganze Gesicht strahlen sehen, wenn sie plötzlich ohne Anstrengung etwas vorher Unerreichbares gesungen hat wie das hohe „a" im AVE MARIA von BACH. Ihr Staunen erlebe ich immer wieder, wenn sie sagt: „Wer oder was singt da eigentlich? Ich doch wohl nicht? Oder doch?"

Sie singt in drei Chören.

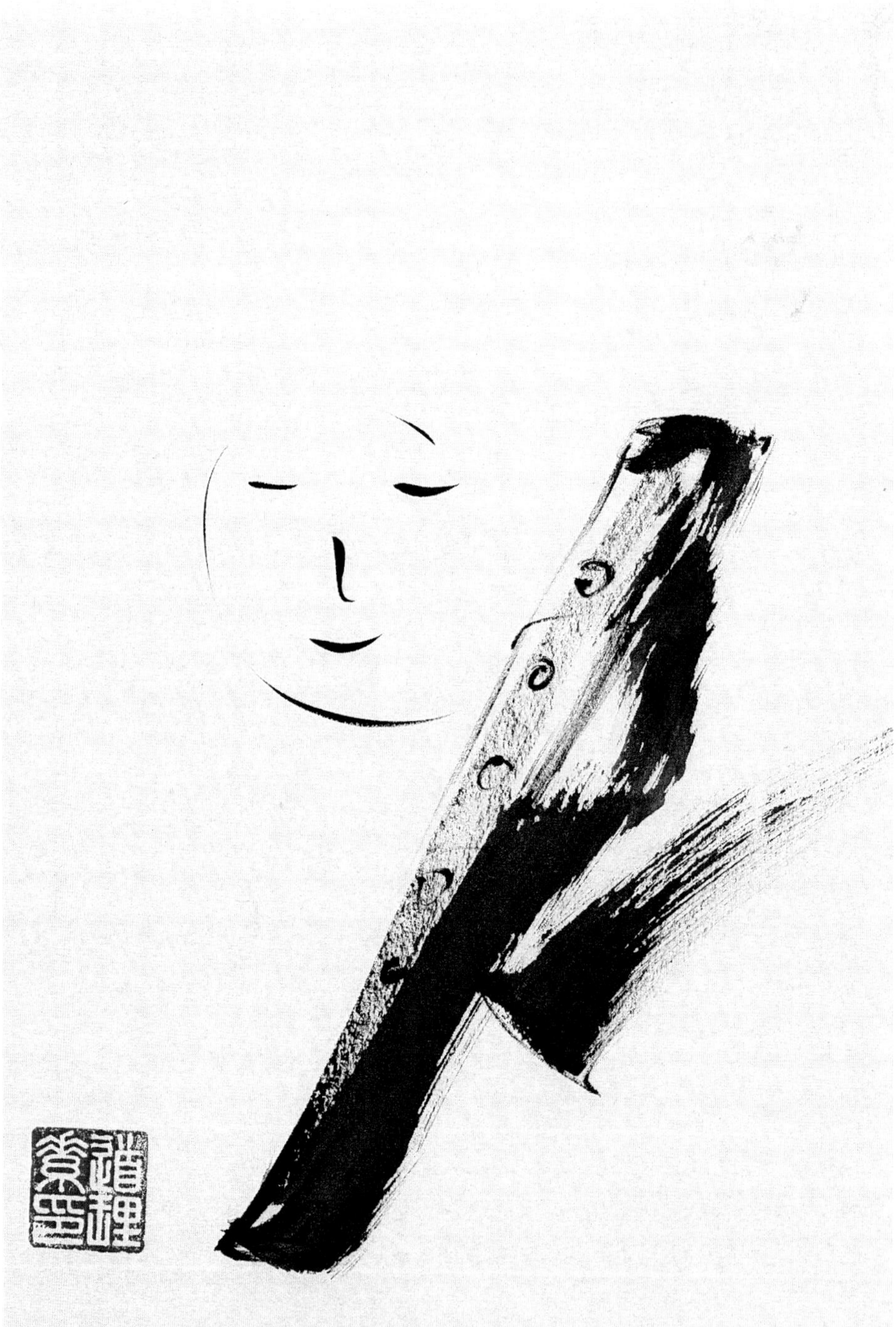

Ich versuche, jeden Tag zu üben, wie ein Ritual, wie eine Meditation, um meinen eigenen und den Ansprüchen meines Lehrers gerecht zu werden. Ganz besonders gerne improvisiere ich Vorgaben und erfahre dabei, was alles aus mir hinausströmen will. Aber auch die ständige Übung eines Stückes, bis ES ohne Einfluss des WOLLENS meines EGO durch mich sich ausdrücken will, ist als Achtsamkeitsübung erforderlich.

Natur und Musik sind für mich persönlich die wichtigsten Erfahrungsräume, um den GOLDENEN WIND zu erfahren. In der Musik öffnet sich mir sehr leicht mein Bewusstsein für die unerklärbare WIRKLICHKEIT, die ich in diesem Buch GOLDENEN WIND nenne.

Man kann mit Worten niemandem erklären, was Musik ist. Wenn man ihm eine Partitur zeigt, er noch nie Musik gehört hat und er sich nichts darunter vorstellen kann, weiß er nicht, was Musik ist. Ein berühmtes ZEN-Wort heißt: „Wenn du wissen willst, wie Tee schmeckt, musst du ihn trinken!" Das trifft auch für Musik zu. Man muss Musik hören oder musizieren.

Ich möchte mich nicht anstrengen, Musik in diesem Sinne zu erklären. Das können andere besser, Musik so zu beschreiben, wie sie sie erfahren und wie ich mir es auf den Punkt gebracht wünsche. Nun möge es der von mir sehr verehrte DANIEL BARENBOIM tun:

„Bevor ich hier über den Klang schreibe, muss ich erst einmal feststellen, dass man über Musik eigentlich gar nicht sprechen kann – geschweige denn schreiben. Das ist unmöglich! Aber vielleicht gehört es zu den schönsten Dingen der Musik, dass wir – als Musiker, als Klavierspieler oder Dirigent – Spaß daran haben, das Unmögliche zu versuchen. Denn der Versuch ist ein spannender Weg. Welche Worte sind geeignet, über das zu schreiben, was wir nur hören können? Und überhaupt: Was ist Musik? Es gab einmal einen sehr bekannten italienischen Komponisten, Ferruccio Busoni. Der hat behauptet: ‚Musik ist nur klingende Luft. Warum sollte man über dieses klingende Nichts Worte verlieren? Und welche?' Aber es gibt auch ganz andere Deutungen von Musik. Zum Beispiel vom Philosophen Artur Schopenhauer. Der sagte, in der Musik sei das ‚an sich der Welt' zu hören. Damit meinte er, alles, was unsere Welt ausmache, sei in der Musik zu finden; die Natur, der Mensch – einfach alles. Ja, was denn nun? Was ist die Musik? Alles oder Nichts?

Musik beginnt mit dem Klang. Auch wenn der Klang nicht unbedingt Musik ist. Der Klang ist nur das Ausdrucksmittel der Musik. In der Regel ist alles, was wir hören, Klang. Musik ist eine Art geordneter Klang – ein Klang, der von Menschen gemacht wird. Eines der schönsten Probleme des Klangs ist, dass er ganz andere Eigenschaften hat als ein Auto, ein Tisch oder ein Stuhl. Der Klang erklingt und ist irgendwann wieder verschwunden. Das Auto, der Tisch oder der Stuhl bleiben da. Aber der Klang löst sich auf – in Stille. Ich bin der festen Überzeugung, dass die Stille genauso zum Klang gehört wie der Krach. Beides steht in einer engen Beziehung. Und deshalb hat die Musik auch keinen Anfang und kein Ende. Ein Musikstück zum Beispiel beginnt nicht erst mit der ersten Note und endet nicht mit dem letzten Ton – es kommt aus der Stille und endet in ihr …

Er (der Klang) wird zur Stille, wenn er nicht gehalten wird. Er stirbt, wenn wir ihn nicht am Leben erhalten. Und das ist vielleicht ein Grund, warum Musik viel über uns Menschen aussagt: Auch wir vergehen – unser Leben ist zeitlich begrenzt. Genauso wie der Klang. Jeder Klang ist immer von Stille umgeben. Wie wichtig die Stille in der Musik ist, merke ich, wenn ich selbst in einem Konzert am Klavier sitze oder dirigiere. Wenn ich am Ende eines Stückes ankomme, wenn der letzte Ton langsam stirbt, finde ich es immer störend, wenn die Leute schon applaudieren."

Bei unserer Hochzeitsfeier am 29. Dezember 1987 auf Schloss Hugenpoet spielte ein Kammermusik-Trio. Einige, besonders die Kinder und Jugendlichen, hielten diese Musik für ziemlich langweilig, was ich durchaus verstehen kann. Als ich dann noch darum bat, nicht zu klatschen, um die aufgebaute Stimmung nicht zu zerstören, sondern als Anerkennung für die Künstler schweigend zu winken, hielten mich fast alle für etwas fremdartig.

Barenboim weiter: *„Für mich gehört die Stille nach einem Musikstück genauso dazu wie jeder einzelne Ton: Jede Musik kommt aus der Stille und endet in ihr. Jeder Klang wird geboren und muss sterben. Und vielleicht ist das für mich die wichtigste Rolle der Musik: Sie ist uns Menschen, dem Zyklus unseres Lebens, sehr ähnlich. Wir benutzen sie, um uns auszudrücken, um unsere Gefühle ohne Worte mitzuteilen, um Empfindungen zu wecken. Musik ist ein zutiefst menschliches Klingen. Sie gehört zu uns wie die Sprache, wie unsere Gefühle – wie unser Leben. Und deshalb gibt es vielleicht doch einen Satz mit dem man Musik beschreiben kann: MUSIK IST LEBEN."*

(aus „ Wie Krach zu Musik wird. Die etwas andere Musikgeschichte",
Axel Brüggemann, Beltz & Gelberg 2010, Welt am Sonntag 5.9. 2010, „DAS UNAUSSPRECHLICHE")

Auch für Yehudi Menuhin, den ich in der Zeit, als er die Philharmonia Hungarica in Marl dirigiert hat, kennenlernen durfte, entsteht alles, auch die Musik, aus der Stille:

„Schweigen ist Stille, aber nie Leere;
es ist Klarheit, aber nie Farblosigkeit;
es ist Rhythmus wie ein gesunder Herzschlag.
Aus dem Schweigen entsteht alles, was lebt und dauert.
Das Schweigen verbindet uns mit dem Unendlichen,
es ist die Wurzel der eigenen Existenz und
damit das Gleichgewicht des eigenen SEINS."

Mit der Leere meint er nicht die Bedeutung der Leere im Buddhismus.

Denn diese Leere, die wir GOTT nennen, ist die eigentliche WIRKLICHKEIT.

Diese eigentliche WIRKLICHKEIT, aus der alles entsteht, nenne ich GOLDENER WIND. Barenboim spricht von Stille. Sie meinen beide dasselbe.

Ihre Aussagen erinnern mich an die Formulierung im HERZSUTRA:
„Sariputra, Form ist nichts anderes als LEERE,
LEERE nichts anderes als Form.
Form ist wirklich LEERE,
LEERE ist wirklich Form.“

Aus der LEERE, aus der STILLE, aus der WIRKLICHKEIT entsteht alles, auch die Musik, die Kunst, die Natur, der Tanz, der ganze Alltag.

Man könnte also auch sagen:
Klang ist nichts anderes als STILLE,
STILLE nichts anderes als KLANG.
Klang ist wirklich STILLE,
STILLE ist wirklich KLANG.

Hans-Peter DÜRR sagt, wie schon vorn erwähnt, dass diese LEERE nicht NICHTS ist. Sie hat eine POTENTIALITÄT, sich als Realität in unserer Welt zu offenbaren. So auch in der MUSIK, die Barenboim und Menuhin zu beschreiben versuchen, so schwer wie es ist, da Worte zu ungenau sind.

Darum geht es auch für mich in der Musik.

Wenn ich Musik höre und transparent für diese WIRKLICHKEIT werde, kann ich Musik als GOLDENEN WIND erfahren. Diese Transparenz zu erlangen, ist, wie schon erwähnt, die eigentliche Lebensaufgabe, der SINN DES LEBENS.

„*MUSIK IST LEBEN*“, sagt Barenboim.

Ich würde das noch erweitern wollen:

„MUSIK ERLEICHTERT DIR,
DEN SINN DES LEBENS ZU ERFAHREN.“

Musik trägt also dazu bei, den Sinn des Lebens zu erfahren. Die ständige Übung der Achtsamkeit ist eine unerlässliche Voraussetzung. Deshalb gebe ich mir so viel Mühe, Sie, liebe Leserinnen und Leser, mit auf die Reise der unterschiedlichen Achtsamkeitsübungen zu nehmen.

Noch besser gelingt es mir natürlich, wenn ich selbst musiziere und nicht nur Musik MACHE. Es geht nicht um das MACHEN, und ist es noch so perfekt, es geht um die Erfahrung des SEINS, ein anderes Wort für die Wirklichkeit.

Deshalb hat DÜRCKHEIM zwischen MUSIKMACHEN und MUSIZIEREN unterschieden. Beim Musizieren erfährt man das WESEN, beim MUSIKMACHEN nicht. Lassen Sie mich zum besseren Verständnis das schon erwähnte Zitat von DÜRCKHEIM auf die Frage, was das WESEN denn sei, dieses Zitat am Ende abwandeln und nicht auf die ganze Welt, sondern nur auf die Musik beziehen:

„DAS WESEN IST DIE WEISE, IN DER SICH
DAS ÜBERRAUMZEITLICHE SEIN
IN UNS UND DURCH UNS
IN DER MUSIK AUSDRÜCKEN WILL!"

Ohne Zweifel trifft bei vielen Menschen die Musik mitten in die Seele und berührt uns, löst Freude, aber auch Trauer aus. Berthold Auerbach hat Recht: „MUSIK WÄSCHT DIE SEELE VOM STAUB DES ALLTAGS REIN."

Diese Wirkung auf die Seele oder Psyche wirkt natürlich auch auf den Körper. Musik wirkt also psychosomatisch und sie wirkt meistens positiv. Deshalb gehen so viele Menschen in Konzerte. Sie fühlen sich wohl. Sorgen und Probleme verschwinden, zumindest kurzzeitig.

Ich möchte in meinem Verständnis von Musik aber noch einen Schritt weitergehen und nicht nur bei der Wirkung auf Körper und Seele stehen bleiben. Körper/Seele/Geist sind als Einheit zu verstehen und es geht mir in diesem Buch und im ganzen Leben darum, für diese Einheitserfahrung aller drei Ebenen zu werben und Sie, liebe Leserinnen und Leser, zu begeistern. Die Musik spielt dabei eine überragende Rolle. Musik nur auf den Ebenen Körper und Seele zu erfahren, ist schön, aber bedeutet, nicht die volle Potenz der Musik auszuschöpfen. Wir verschenken dann den vielleicht wichtigsten Erfahrungsteil der Musik, die GEISTIGE EBENE.

Mit Geist ist nicht Ratio gemeint, sondern die WIRKLICHKEIT, der GOLDENE WIND.

Barenboim spricht in seinem Text von STILLE, Menuhin von SCHWEIGEN und STILLE. Menuhin schlägt in seinen Worten die Brücke zum GEIST, zur WIRKLICHKEIT, zu GOTT, indem er ausdrückt, dass das Schweigen uns mit der UNENDLICHKEIT verbindet.

Für mich ist SCHWEIGEN und STILLE die UNENDLICHKEIT. Aus dieser Unendlichkeit entspringt alles Reale, also auch Klang, Melodie und Harmonie in der Musik. Sie drückt sich als Musik aus. Das zu erfahren, ist der eigentliche Sinn der Musik für mich.

Joachim-Ernst Behrendt hat die Musik und die Stille in der folgenden Formulierung verbunden:

„MUSIK IST EINGEPACKTE STILLE!"

Wie Barenboim richtig sagt, ist deshalb die Stille vor dem ersten und nach dem letzten Ton so wichtig.

WEIL MAN GENAU IN DIESEN KURZEN AUGENBLICKEN DEN GOLDENEN WIND, DIE UNENDLICHE WIRKLICHKEIT, GOTT, ERFAHREN KANN, DURCH DIE MUSIK, DIE DA KOMMT UND DIE DA VERGANGEN IST.

Die Möglichkeit zu dieser Erfahrung ist immer da, wenn man Musik hört oder musiziert. Sie kann auch auftreten, wenn man Musik MACHT und so viel übt, bis die Perfektion so weit gediehen ist, dass das EGO nicht mehr eingreifen muss.

Man ist dann im FLOW, wie vorn schon erwähnt. Vom FLOW zur geistigen Erfahrung ist es dann nur ein kleiner Schritt. Den kann man aber nicht erzwingen.

ES IST EINE GNADE, wenn die göttliche Erfahrung sich in uns plötzlich offenbart.

„Musik ist der Hinweis auf andere Räume, auf das Überschreitende, das Versprechen der Ganzheit. ....

Musik ist Offenbarung gelebten inneren Lebens ... Wir kommen mit der Musik in größere Räume, egal ob wir spielen, singen oder hören. Wir sind nicht mehr allein. Eine andere Art von Hinhören, von Dahinterhören und Dazuhören entsteht. Wir werden durchlässiger ...“

(Irmtraud Tarr: „*Leben macht Sinn. Was uns bewegt und weiterbringt*“, Kreuz Verlag 2010).

Mein Wunsch für alle Leserinnen und Leser:

WER MUSIK HÖRT, MÖGE IN SEINEM LEIDEN TROST ERFAHREN UND FRIEDEN IN SEINEM LEBEN.

Musikmeditation
(lauschen, hören, sich öffnen, mit der STILLE verbinden)

Ich gehe in ein Konzert und nehme auf meinem Sitz Platz.
Ich spüre mein Gewicht im Sitz.
Ich spüre den Bodenkontakt meiner Füße (Beine nicht übereinanderschlagen).
Ich setze mich aufrecht hin.
Ich spüre meinen Atem, wie er fließt.
Der Dirigent kommt in den Saal.
Das Publikum applaudiert und verstummt.
Ich konzentriere mich mit hoher Achtsamkeit auf die Stille vor dem ersten Ton.

Ich lege meine Arme auf die Oberschenkel.
Ich öffne meine Hände, als wollte ich etwas empfangen.
Ich empfange die STILLE.
Die Musik beginnt.
Ich höre das Orchester.
Ich lausche einzelnen Instrumenten.
Ich höre Melodie, Harmonie, Rhythmus.
Ich spüre Crescendi und Decrescendi.
Ich spüre verschiedene Tempi.
Ich freue mich, wie vielfältig sich die STILLE als Musik offenbaren kann.
Es ist die Vielfalt des Lebens.
Musik ist Leben.
Gedanken kommen und gehen – sie sind nicht mehr wichtig.
Ich schließe meine Augen (dann wird man nicht so abgelenkt).
Ich lächle und bin ganz offen.
Ich bin mit allen im Raum verbunden.
Die Musik verbindet uns friedlich.
Aller Hass, alle Gier, aller Neid, alle EGO-Eigenschaften sind weg.
Hier im Konzert sind sie alle nicht wichtig.
Emotionen kommen und gehen – sie sind nicht mehr wichtig.
Nichts beurteilen, nichts bewerten, nichts verurteilen.
Die ganze Musik kommt aus der Stille.
Ich verringere den Abstand zwischen mir und dem Orchester.
Ich bin jeder einzelne Musiker.
Ich bin das ganze Orchester.
Ich bin die ganze Musik.
Ich bin der ganze Raum.
Ich bin das ganze Universum.
Ich spüre das ganze Universum in der Musik.
Es gibt keinen Unterschied zwischen mir als Hörendem und den Musikern.
Die Musik verbindet mich mit dem UNENDLICHEN.
Es ist die Wurzel meiner Existenz.
Ich lausche und horche tief in die Musik hinein.
Mein SEIN und das große SEIN sind ganz im Gleichgewicht.
Die Musik als Fokus ist nicht mehr wichtig.
Ich bedanke mich, dass sie mich in die Erfahrung der Stille geführt hat.
Die Musik war wie ein Gefährt, das mich in die STILLE brachte.
Ich spüre die Stille hinter der Musik.
Ich spüre die STILLE hinter der STILLE.
Ich bin ganz DA.
Das ist die unerklärliche WIRKLICHKEIT.
Das ist der GOLDENE WIND.

Ich bin der GOLDENE WIND.
Ich bin EINS mit der WIRKLICHKEIT.
Die Musik hört auf.
Ich öffne meine Augen.
Ich spüre meinen Atem.
Ich spüre mein Gewicht wieder auf dem Sitz.
Der erste Satz ist vorbei.
Schön, dass nicht geklatscht wird.
Das Husten macht mir nichts aus.
Auch das Husten kommt aus der STILLE.
Ich nehme die Geräusche einfach an.

Ich wiederhole die Meditation bei den folgenden Sätzen.

Ich gehe aus dem Konzertsaal und spreche möglichst nicht mit anderen.
Ich erhalte die Stimmung aufrecht, solange es geht.
ICH HABE DEN GOLDENEN WIND GESPÜRT.
ER TRÄGT MICH DURCH DEN GANZEN TAG.

Die Musik ist als Erfahrungsraum deshalb von so großer Intensität, weil sie über unser Ohr, unser Hörorgan, wahrgenommen wird, und das ist ohne Zweifel unser wichtigstes Sinnesorgan. Wie BEHRENDT sagt, sind schon Ansätze von Ohren bei einem 9 mm großen Fötus, also acht Tage nach der Befruchtung zu erkennen. Mit 4–5 Monaten ist das Hörorgan als erstes Organ ausgewachsen. Die Evolution hat dem HÖREN die oberste Priorität gegeben. Deshalb hat die Evolution es so gewollt, die WIRKLICHKEIT in dieser offenbarten Realität OHR es so gewollt, dass wir durch HÖREN am ehesten SEIN können. Also GOTT erfahren können. Behrendt weiter:

„WENN WIR AUFHÖREN ZU HÖREN,
HÖREN WIR AUF ZU SEIN!"

Oder anders ausgedrückt: wenn wir anfangen zu hören, beginnen wir zu sein.

Ich liebe Konzerte. Das ist für mich „originales HÖREN".

Aber auch zu Hause wollte ich eine hohe Qualität meiner Audio-Anlage erreichen, um das HÖREN auf hohem Niveau zu genießen.

Nun, wie entstand meine sensationelle Anlage?

Mein Freund Ralf Wicharz, inzwischen sachkundig im Bau von Röhrenverstärkern, fragte mich, ob er auch mir einen Röhrenverstärker aus einem Bausatz bauen sollte. Arbeitszeit 30 Stunden, aber er würde das für mich gerne machen. Nun ja, nachdem ich die außerordentlich gute Qualität seiner Anlage gehört habe, sagte ich

„JA". Als der Verstärker fertig war, brauchte ich Lautsprecher. Da gibt es nur eine Adresse, meinte er, und das ist Herr Richter in Duisburg von *„Speakers Heaven"*. Herr Richter besuchte mich, prüfte die Akustik in dem Musikraum und baute mir passend zu dem Verstärker zwei Network-5.5--TSI-Lautsprecher. Die Chassis der Hoch- und Mitteltonlautsprecher bestehen aus Aluminiumoxid-Keramikmembranen, hart, aber trotzdem leicht, ohne Partialschwingungen und deshalb ohne Resonanzschwingungen als Störungen. Qualitätsarbeit aus Deutschland, weltweit führend. Der Tieftonlautsprecher hat eine Aluminiummetallmembran, die ideal zu den Keramikmembranen passt. Nur Diamantmembranen seien besser. Da hörte dann doch mein Ehrgeiz auf. Dazu ein Cambridge-Azur-740-C-CD-Spieler.

Meine Anlage begeistert mich in der Qualität fast täglich.

Warum schildere ich Ihnen so ausführlich meine Bemühungen?

Weil das HÖREN mir so wichtig ist, als Erfahrung von Musik.

Joachim Ernst Behrendt betonte diese Ausnahmestellung unseres Hörorgans an verschiedenen Stellen (NADA BRAHMA – ich höre, also bin ich).

Er erzählt die folgende ZEN-Geschichte: *„Kakua wurde in die Welt geschickt, um sie zu ergründen. Als er zurückkam, fragte der Kaiser, was er denn erlebt hatte und was es besonders Wichtiges geben würde. Kakua spielte auf seiner Flöte nur EINEN EINZIGEN TON. Der Kaiser war ratlos, aber er bewahrte den Ton in seinem Bewusstsein. Als er sehr alt war, hörte er immer noch den einzigen Ton von Kakua. Dabei wurde er unerwartet erleuchtet."*

Das Suchen dieses einen Tons zieht sich durch die Geschichten vieler Kulturen. Es ist die Suche des Menschen nach dem SEIN, dem eigenen SEIN.

Es ist nicht allen Musikern – und spielen sie noch so perfekt – gegönnt, diese Erfahrung der TRANSZENDENZ in der Musik zu machen. Auch nicht den Zuhörern – und verstehen sie noch so viel von Musik. Auch nicht den Musikkritikern. Wenn die Erfahrung fehlt, versteht man mich gar nicht. Man bleibt im Gespräch mit mir auf der Ebene der Ratio und Psyche. Das ist so typisch für die heutige Zeit. Diese Erfahrung habe ich erst kürzlich gemacht. Ich schreibe diese Geschichte deshalb so ausführlich, weil sie sehr gut zeigt, woran es heute bei vielen, die der Musik nahestehen, mangelt. Die Geschichte:

Im Rahmen der Kulturhauptstadt Europas 2010 Essen/Ruhrgebiet wurde am 12. September 2010 in Duisburg auf dem alten Thyssen-Gelände Landschaftspark Nord in der KRAFTZENTRALE die ACHTE SINFONIE von GUSTAV MAHLER aufgeführt, die SINFONIE DER TAUSEND.

Willy DECKER, der Intendant der RUHRTRIENNALE spricht von der *„spirituellen Kraft der Industriehallen"*. Für ihn ist Kunst und Spiritualität unweigerlich miteinander verbunden. Er steht dem Buddhismus nahe.

Die Aufführung dieses gewaltigen Musikwerks in einer alten stillgelegten Industriestruktur ist für mich eine große, wichtige Metapher: Die Überwindung der einseitigen Orientierung auf Wirtschaft, Industrie, Gewinnsucht, EGO-Zentriertheit, Gier, die uns allen die weltweite Finanz-und Wirtschaftskrise beschert hat, durch KULTUR, in diesem Falle MUSIK. Es geht um die Transformationskraft der KULTUR, Transformation des isolierten ICH und Heilung dieser Abspaltung durch Begründen im SELBST. Das ist der WESENSKERN, der göttliche Funke in uns, der sich ausdehnen will. Die Sehnsucht des Menschen nach der UNIO MYSTICA, der mystischen Vereinigung. Dabei hilft uns die Erfahrung in der Musik.

Die Uraufführung der Sinfonie der Tausend war auf den Tag genau vor 100 Jahren in München. Aber in Duisburg bildeten 1 300 Sängerinnen und Sänger und eine große Orchesterbesetzung der Orchester des Ruhrgebiets einen noch viel größeren Klangkörper als damals in München. KRAFTZENTRALE, das Wort lässt doch Gigantisches erwarten, also etwas, wodurch uns eine besondere Kraft zufließt und bewusst wird. Für mich ging es um CHI oder KI-Kraft, wie ich sie bei DÜRCKHEIM erstmals erfahren hatte, wie vorn erläutert. Meine Frau sang ALT 1 im Aalto-Projektchor und übte sehr diszipliniert diese schwierige Partitur über viele Wochen ein. Sie war – kann man sagen – beseelt von dem, was da im Werk Mahlers steckte und sich durch ihr Mitsingen auf sie übertrug.

Dieses Ereignis und das Schreiben dieses Buches zur gleichen Zeit bilden für mich eine unerwartete SYNCHRONIZITÄT. Warum? Weil es um das Gleiche geht. Einerseits die Überwindung der menschlichen EGO-Strukturen mit all ihren Unarten durch Achtsamkeitsübungen in den wichtigsten Erfahrungsräumen – wie ganz besonders Musik – sowie die Erfahrung der kosmischen Liebe EROS (siehe Interview mit Walter SCHWERY) und die Auferstehung der SOPHIA als Gnade in meinem Buch und andererseits die Auferstehungsgeschichte, die Pfingstgeschichte, im ersten Teil und FAUST II im zweiten Teil bei Mahlers Achter. In dieser mystischen Sinfonie geht es also um die Erlösung des Menschen durch die Kraft einer überirdischen Liebe. Der Inhalt ist aus dem großen Leiden Mahlers in seiner damaligen Lebensphase zu verstehen. Ich erinnere an den Buchtitel von *Hans-Peter Dürr* und *Raimon Panikkar*: „LIEBE – URQUELLE DES KOSMOS“. Dürr kam über die NEUE PHYSIK und Panikkar über die MYSTIK zu derselben Erkenntnis. Aber ist unsere Welt nicht voll von SYNCHRONIZITÄT, die wir nur nicht erkennen, weil wir blind sind und allenfalls später aufwachen oder gar nicht. Wenn über das von DÜRR benannte „KOOPERATIVE HINTERGRUNDFELD“, zu dem die Christen GOTT sagen, alles mit allem verbunden ist, überrascht SYNCHRONIZITÄT nicht mehr.

So erwartete ich den 12. September hoffnungsvoll als Bereicherung meiner eigenen Erfahrung in dem oben geschilderten Sinne und freute mich

- auf die Podiumsdiskussion zum Thema *„Warum singt der Mensch?“*,
- auf die kompetente Einführung in das Werk Mahlers,
- auf die SINFONIE DER TAUSEND.

Die Podiumsdiskussion beantwortete mir die Frage nicht, warum denn der Mensch so gerne singt und besonders im Chor mit anderen. Es wurde außerordentlich geschliffen diskutiert, aber nicht auf den Punkt der Frage geantwortet.

Auf die Frage des Moderators Holger Noltze, wie er denn Singen in großen Gruppen empfinde, antwortete der Musikkritiker und zukünftige Dramaturg in Stuttgart *Patrick Hahn*, dass ihn das immer an die großen Sängerfeste im Dritten Reich erinnere und ihn deshalb befremde, obwohl er damals noch gar nicht lebte.

Es hielt mich nicht auf meinem Stuhl und mein Zwischenruf, der zugegebenermaßen von meinem DUNKLEN BRUDER stammte: *„Das ist absoluter Blödsinn!"*, zeigte Wirkung. Mein Nachbar stand auf, wiederholte meine Beurteilung und sagte. *„Singen macht doch Spaß. Sagen Sie das doch einfach. Besonders in einer Gruppe. Musik ist GÖTTLICH. Deshalb singen wir!"*

Darauf Norbert Abels, Publizist, Literaturdozent und Dramaturg in Frankfurt: *„Ich bin Atheist. Ich erkenne nichts GÖTTLICHES in der Musik!"* Dann wurde auch noch *Stephen Hawking* zitiert: *„Es gibt keinen GOTT!"* Nun gut, es ist auch immer die Frage, wie man GOTT definiert. Viele definieren GOTT viel zu personifiziert. Für mich ist GOTT eine unerklärbare WIRKLICHKEIT, die sich mit ihrer POTENTIALITÄT in der Realität offenbart, inkarniert, gewissermaßen. Dann bin ich bei Werner Heisenberg und Hans-Peter Dürr. Sie nennen ES ein kooperatives Hintergrundfeld. Damit kann ich gut leben und weiterdenken und erfahren, was wir nicht benennen können.

Steven Sloane sprach von Liebe und Gemeinschaft. Für ihn ist Singen emotionaler Grundausdruck. Es geht ihm um das Herstellen von Gemeinschaften. Deshalb ist das Motto „! SING" so gelungen. Es gab eine überwältigende Resonanz im Ruhrgebiet. Danke Steven Sloane! Die Antworten von ihm haben mir zugesagt. Die der anderen Teilnehmer nicht.

Deshalb machte sich nach der Veranstaltung Enttäuschung bei mir breit.

Also dann 17:00 Uhr Einführung in das Werk von Professor Dr. Jens-Malte Fischer aus München. Er erläuterte, wie das Werk zustande gekommen ist. Führte die Lebensgeschichte Mahlers aus. Sprach über viel Technisches der Komposition.

Er erwähnte die beiden Leitmotive:

1. Idee der Liebe als Erlösungsgedanke.
2. Gnade als unzugänglicher Aspekt des menschlichen Lebens.

Mahler sei nicht christlich gewesen. Aber für mich zeugt sein Werk von einem transzendenten Bewusstsein. Man muss ja auch kein Christ sein, um Zeuge der WIRKLICHKEIT, des GOLDENEN WINDES zu sein.

Leider führte Jens-Malte Fischer diese Inhalte nicht weiter aus. Schade. Das wäre für mich eine wunderbare Einführung gewesen. Denn dann wäre er vielleicht auf das gekommen, was Barenboim und Menuhin über die Musik gesagt haben. Aber von dieser Erfahrung ist er wohl zu weit entfernt. Das soll kein Vorwurf sein, aber es ist eben so. Es ist immer eine Frage der eigenen Entwicklungsstufe, von der man handelt, spricht und diskutiert.

Für viele vielleicht eine gelungene Einführung, aber für mich nicht.

Warum sind heute nur so viele Menschen in der Musik so verkopft und können die transrationale und transemotionale Dimension der Musik, die geistige, die GÖTTLICHE, nicht voll ausschöpfen und dann natürlich auch nicht ausdrücken?

Daniel Barenboim beantwortet diese Frage in seinem Vorwort des wunderbaren Buchs von Edward S. Said „MUSIK OHNE GRENZEN“:

„Die Menschlichkeit der Musik, der Wert musikalischer Kontemplation und Gedanken, die Transzendenz der Idee, die durch den Ton zum Ausdruck gebracht wird – das alles sind Begriffe, die in der modernen Welt bedauerlicherweise immer mehr in Vergessenheit geraten. Die Musik ist von anderen Lebensbereichen isoliert; sie gilt nicht mehr als notwendiger Aspekt der geistigen Entwicklung. Wie die Medizin ist die musikalische Welt zu einer Gesellschaft von Spezialisten geworden, die zunehmend mehr über immer weniger wissen.“

Besser kann man es nicht ausdrücken. Er vermisst die *„Transparenz für die immanente Transzendenz“* (DÜRCKHEIM) im Erfahrungsraum Musik, wie auch ich sie mir wünsche. Deshalb versuche ich, durch das Üben der Achtsamkeit die Menschen wieder dafür zu öffnen. Die Fähigkeit zu dieser göttlichen Erfahrung auch in der Musik ist in den Menschen vorhanden. Sie haben sie nur vergessen. Ich möchte einen Beitrag dazu leisten, dass Sie, liebe Leserinnen und Leser sich erinnern und durch diese Öffnung eine Erfahrung von hoher geistiger Qualität in der Musik machen können.

Barenboim weiter:

„Sowohl Deutschland, diese Wiege musikalischer Schöpfungen von Beethoven, Brahms, Wagner, Schumann und vielen anderen, als auch Frankreich, die Heimat von Debussy und Ravel, sahen laut SAID tatenlos zu, wie es mit Qualität und Umfang ihrer Musikerziehung unaufhaltsam bergab ging. Darüber hinaus nahm er eine Tendenz wahr, die ihn außerordentlich beunruhigte (eine Einschätzung, in der wir uns sehr rasch einig waren): dass sich die Musikerziehung selbst dort, wo sie jedermann zugänglich ist, immer deutlicher in Richtung Spezialisierung und Einengung bewegt. Im besten Fall bringt eine Erziehung dieser Art äußerst fähige Instrumentalisten hervor, die über wenig theoretische und musikwissenschaftliche Kenntnisse, jedoch in hohem Maße über jene technischen Fertigkeiten verfügen, welche für einen Berufsmusiker wesentlich sind. Dafür vermisste SAID bei dem Musiker die grundlegende Fähigkeit, die eigentliche Substanz der Musik zu durchdringen, zu verstehen und auszudrücken. Schließlich liegt es im Wesen der Musik, dass sie durch nichts anderes als den Ton auszudrücken ist. Die heutige Musikerziehung hat sich immer weiter von dem tiefen und komplexen Ge-

heimnis dieser zentralen Wahrheit entfernt und konzentriert sich jetzt zunehmend auf die Trennung der physischen Geschicklichkeit, derer es bedarf, um die erforderlichen Töne auf einem Instrument zu erzeugen, von der sterilen Wissenschaft, das heißt der Fähigkeit, Musik strukturell und harmonisch zu sezieren, ohne innere Teilnahme oder die Erfahrung ihrer Macht.“

So blieb mir nur das Programm, um mich auf die Aufführung vorzubereiten.

Die Erläuterungen von *Christian Wildhagen* sind gut gelungen. Sie kommen dem sehr nahe, was ich erhofft hatte. Ich möchte die Einführung aber noch ergänzen, um die geistige Dimension des Werkes aus meiner Sicht beizutragen.

Zitat MAHLER:

„DENKEN SIE SICH, DASS DAS UNIVERSUM ZU TÖNEN UND ZU KLINGEN BEGINNT. ES SIND NICHT MEHR MENSCHLICHE STIMMEN, SONDERN PLANETEN UND SONNEN, WELCHE KREISEN.“

„DIE SYMPHONIE MUSS SEIN WIE DIE WELT. SIE MUSS ALLES UMFASSEN.“

Wildhagen weiter: *„Mit diesem Rückgriff auf die Jahrtausende alte Menschheitsidee, wonach sich die irdische Tonkunst in höherer Harmonie mit den himmlischen Sphären zu einer universalen Musik des Kosmos verbinde, fand MAHLER zugleich eine sinnfällige Umschreibung für die Sonderstellung, die seine Achte Sinfonie innerhalb der Musikgeschichte einnimmt.“*

Ich möchte in meiner Interpretation weitergehen. Die irdische Musik verbindet sich nicht mit höheren Sphären. Das ist ein dualer Denkansatz: Hier sind wir auf der Erde und da oben die himmlischen Sphären. Nein, die höheren Sphären, das ist für mich die WIRKLICHKEIT, offenbaren sich als Musik, das heißt, die Musik SIND die höheren Sphären und die höheren Sphären SIND die Musik

(FORM ist LEERE und LEERE ist FORM!, aus dem Herzsutra.)

Wildhagen weiter: *„Zentral sind darin zum einen die Ideen von Liebe und Gnade, von Erleuchtung und Erlösung im Jenseits sowie zum anderen die Verherrlichung GOTTES als Ursprung allen SEINS, dessen Schöpfergeist sich auch in den vielfältigsten Formen menschlicher Kreativität widerspiegelt. Beide Themenbereiche werden mit wichtigen musikalischen Themen der Sinfonie verbunden: die Beschwörung des Schöpfer-Geistes, also des kreativen Prinzips, mit dem eröffnenden ‚Veni creator spiritus‘-Ruf; die Beschwörung der Liebe hingegen mit der gewaltigen Anrufung ‚Accende lumen sensibus / Infunde amorem cordibus!‘ (‚Entzünde ein Licht unseren Sinnen / Ströme die Liebe in unsere Herzen‘) im Zentrum des ersten Teils …*

Tatsächlich fungiert das sogenannte Accende-Thema in ständig variierter Gestalt während des zweiten Teils als Leitthema der erlösenden Liebe. War der Liebesbegriff des Hymnus vorwiegend dem Gedanken der Caritas verhaftet, so wird das Liebesthema im zweiten Teil ausdrücklich auch mit GOETHES dichterischer Idee einer allenthalben in der Natur wirksamen Liebesgewalt (‚EROS') verbunden. Die Liebe ist sowohl Formkraft der Natur wie auch – in höherer Form – eine zur Wahrheit führende Macht, die über die menschliche Liebe hinausweist auf die Reinheit der göttlichen. Durch die Verbindung der beiden Teile entfaltet MAHLERS Konzeption mithin einen universalen Liebesbegriff, der sowohl Strömungen sinnlich-irdischer Liebe wie auch den sozialen Gedanken der Caritas vereint."

Zum Liebesbegriff möchte ich meine Auffassung über das oben Gesagte hinaus erläutern. Die Liebe ist „der" URQUELL DES KOSMOS. Sie ist das Leitprinzip, nach dem sich alles entfaltet, nachdem WIRKLICHKEIT FORM, REALITÄT wird. Diese Liebe zeigt sich als EROS, die kosmische Liebe.

Walter SCHWERY:
„EROS ist das Medium, das uns in die GANZHEIT ziehen will. Eine weitere Sublimierungsstufe des EROS ist die SOPHIA. Sie ist also die Fortsetzung des EROS. Die SOPHIA steht für die WEISHEIT im kosmischen Sinne, also für die göttliche Weisheit."

Im Mittelalter entsprach die SOPHIA dem HEILIGEN GEIST.

Wer dafür durch seinen inneren Reifungsprozess offen wird, spürt diese kosmische Liebe. Das Ergebnis der Individuation, der Reifung der PERSON, ist Gelassenheit, Heiterkeit, Humor und Mitgefühl. Das Mitgefühl drückt sich als Caritas allen Wesen gegenüber aus. Der universale Liebesbegriff verbindet also nicht die sinnlich-irdische Liebe und die soziale Caritas, sondern aus der kosmischen Liebe ENTSPRINGT die soziale und sinnlich-irdische Liebe. Das ist ganz wichtig, denn der Mensch muss sich diesen eigenen Entwicklungsauftrag klarmachen und danach leben. Das ist der SINN DES LEBENS, der uns durch die Musik MAHLERS sehr intensiv vermittelt werden kann.

Die Erlösung und Erleuchtung im Jenseits entspringt auch dem dualen Denken. Es geht meiner Erfahrung nach nicht um das Jenseits, es geht um das HIER und JETZT. Es geht immer nur um das HIER und JETZT.

VENI CREATOR SPIRITUS – KOMM, SCHÖPFER, GEIST.

Man braucht den schöpferischen Geist nicht anzurufen, dass er kommen möge.

Er ist schon DA. Er ist nicht woanders. Die Menschen suchen immer woanders. Das ist der große Irrtum. Sie suchen ihn außerhalb von sich selbst. Aber der GEIST inkarniert sich in allem, also auch in uns. Er ist in uns, in allen Wesen und allen Dingen. GOTTESERFAHRUNG oder Einheitserfahrung ist, dass wir das erkennen und uns dann mit allen liebevoll verbunden fühlen. Deshalb ist die LIEBE der URQUELL DES KOSMOS.

ACCENDE ... Das Licht muss nicht in uns entzündet werden. Es ist mit unserer Geburt schon entzündet. Wir haben den göttlichen Funken in uns auf unserem EGO-Trip vergessen. Er muss bewusst in uns wahrgenommen werden und sich dann ausdehnen.

Wenn man das nicht erfahren hat, ruft man nach GOTT, er möge das Licht in uns entzünden. Die Formulierung ist verständlich, denn schon im Mittelalter dachte man dual. Aber auch zu dieser Zeit gab es Mystiker, die das Geheimnis erfahren hatten. Sie wurden als Gotteslästerer verbrannt. Die Kirche vermittelte eben ein duales Menschen-Gottesbild.

Auch heute ist das noch so. Das ist auch der Grund, weshalb Willigis Jäger, Hans Küng und Eugen Drewermann ausgeschlossen worden sind. Willigis Jäger darf auf Veranlassung des Vatikans kein Abendmahl mehr zelebrieren. Wer jemals bei einer der stattdessen von ihm durchgeführten *AGAPE*-Feiern dabei war, wird bestätigen können, dass in dieser dem Liebesmahl des Frühchristentums nachempfundenen Feier, die allmächtige LIEBE, die bedingungslose, einseitige, befreiende, auf andere zentrierte LIEBE, also die reine und göttliche LIEBE, wirklich erfahren werden kann, und zwar viel mehr als bei dem Abendmahl in vielen Kirchen unseres Landes.

Zurück zur allmächtigen LIEBE bei FAUST:

„So ist es die allmächtige LIEBE, die alles bildet, alles hegt."

DÜRR und Panikkar nennen sie deshalb „Urquell des Kosmos".

Aber auch das *„kooperative Hintergrundfeld"* des Quantenphysikers DÜRR ist ein anderer Versuch, die nicht zu beschreibende WIRKLICHKEIT zu beschreiben. Sie bildet alles und hegt alles.

„Wer immer strebend sich bemüht, den können wir erlösen." (J. W. von Goethe)

Erlösung und Erleuchtung setzen immer strebendes Bemühen voraus. Ohne diese Disziplin gibt es keinen inneren Reifungsprozess. Man kann von den Zwängen des EGO erlöst werden und den Funken ganz zur inneren Erleuchtung bringen, wenn man einen Weg der ACHTSAMKEITSÜBUNG und MEDITATION beschreitet. Das ist bekanntlich mühsam. Deshalb hören so viele Menschen wieder auf, wenn der innere Druck nachlässt.

Deshalb führe ich Sie, liebe Leserinnen und Leser, Schritt für Schritt in die von Ihnen geliebten Erfahrungsräume – wie beispielsweise in die MUSIK.

Die ACHTE von MAHLER und die NEUNTE von BEETHOVEN sind RÄUME mit ganz starker kosmischer Strahlung. Die Wahrscheinlichkeit ist groß, dass uns ein Licht aufgeht.

„Was ewig schaffend uns umwallt, mein Innres mög es auch entzünden."

Das kooperative Hintergrundfeld hat sich in uns offenbart, aber es ist auch um uns herum überall. Es UMWALLT UNS. Ein wunderbarer Ausdruck. Dieses UMWALLEN kann man sich gut vorstellen. Man spürt es, wenn man offener wird. Aus der STILLE dieses umwallenden Feldes entsteht jeder Ton, die ganze Musik. Aber wie schon gesagt bei ACCENDE, es muss uns nicht entzünden, da wir den Funken in uns haben. Das ganze Meer umwallt uns, wenn man als Welle erfahren hat, dass man auch Teil des Meeres ist.

„Göttlich belehret,
Dürft Ihr vertrauen;
Den Ihr verehret,
Werdet Ihr schauen“

Das ist tröstlich. Wir werden ihn schauen. Wir können als Mensch die göttliche Erfahrung machen.

In der Sinfonie wird uns ein fantastischer Schluss geschenkt:

CHORUS MYSTICUS
Alles Vergängliche
Ist nur ein Gleichnis;
Das Unzulängliche,
Hier wird's Ereignis;
Das Unbeschreibliche,
Hier ist's getan;
Das Ewig-Weibliche
Zieht uns hinan

Alles Vergängliche. Das sind alle Wesen und alle Dinge, die wir als Realität wahrnehmen, sind nicht die WIRKLICHKEIT. Sie sind nur ein Gleichnis dieser WIRKLICHKEIT. Wenn die WIRKLICHKEIT sich als Ereignis offenbart, ist das reale Ereignis unzulänglich und vergänglich. Diese WIRKLICHKEIT ist unbeschreiblich. Man kann sie nicht benennen und gibt man sich noch so viel Mühe. Sie benennen und erfahren zu WOLLEN ist sogar kontraproduktiv. Man kann die Erfahrung nicht erzwingen. Sie kann eintreten, wenn das WOLLEN und die ABSICHT verschwunden sind. Die Erfahrung GOTTES, des GOLDENEN WINDES ist GNADE.

In allen Wesen und Dingen ist ES.

Eine Hilfe steht uns bereit. Es ist die Fortentwicklung des EROS. Es ist die SOPHIA. Sie ist die weibliche Seite GOTTES. Mein Freund *Thomas Arzt* hat für mich recherchiert:

„Sie erscheint in den Weisheitsbüchern als eine Personifikation der Weisheit Gottes, die als eine weibliche Gestalt erscheint. Sie erscheint als eine Art Braut oder Gemahlin

GOTTES – gedankenvoll, heilig, einzigartig, mannigfaltig, zart, beweglich, durchdringend, unbefleckt, klar, unverletzlich, das Gute liebend, scharf, nicht zu hemmen, wohltätig, menschenfreundlich, fest, sicher, ohne Sorge, alles vermögend, alles überwachend.“

Sie zieht uns hinan. Wohin? In die Erleuchtungs- und Einheitserfahrung. Diese Erfahrung zu erleben ist immer eine GNADE, eine der Leitmotive der Achten. Die Gnade der Auferstehung der GOTTHEIT in uns, der SOPHIA in uns. So geht es auch im FAUST um Auferstehung, wie bei der Pfingstgeschichte.

Die Auferstehung ist deshalb die Klammer in der Achten.

MAHLER hat so komponiert, dass wir uns beim Hören der mystischen Erfahrung nähern können. Wie weit? Das hängt von dem inneren Reifeprozess jedes Hörers ab.

Der CHORUS MYSTIKUS ist also ein Chorus, der in die Erfahrung einer göttlichen oder absoluten Wirklichkeit führen soll und die Bemühungen dazu anregt und verstärkt.

Wer nicht so weit entwickelt ist, bei dem landet die Musik auf der Ebene der SEELE oder Psyche. Das ist ein schönes, wunderbares Erlebnis. Das ist auch gut.

Der Besuch hat sich gelohnt.

Mahler hatte aus meiner Sicht offensichtlich eine SEINS-Erfahrung in seinem Sommerurlaub, als er sagte:

„Es war wie eine blitzartige Vision – so ist das Ganze sofort vor meine Augen gestanden und ich habe es nur aufzuschreiben gebraucht, so, als ob es mir diktiert worden wäre …

Der SPIRITUS CREATOR hatte mich jäh gepackt und so lange geschüttelt, bis das Größte fertig war.“

Diese Erfahrung will er uns mit seiner Achten weitergeben. Ein wunderbares Beispiel für Intuition aus dem GÖTTLICHEN Hintergrundfeld.

DANKE, GUSTAV MAHLER!

Mit den erläuternden Gedanken im Programm und mit meinen eigenen erweiterten Gedanken und Gefühlen gehe ich in die KRAFT-ZENTRALE und lausche der Musik. Ich horche achtsam. Ich meditiere nach meiner geführten Meditation.

Ein wunderbares, tiefes Erlebnis. Während ich nach dem Konzert den Raum verlasse, klingt der CHORUS MYSTICUS in mir noch nach.

Beim Rausgehen fällt mir der Grabspruch des Philosophen *Leopold Ziegler* ein:

„ICH HABE GEHORCHT“

Damit meinte er sein ganzes Leben und die Verbindung zu der WIRKLICHKEIT, für die er im Laufe seines Lebens offen geworden war. Damit meinte er wohl zwei Dinge, die im Leben zusammengehören. *„Mein Leben ist ein Horchen, Wachen, Warten, Empfangen und Lauschen. Mit dem Hören und Horchen, Stillwerden und Empfänglichsein beginnt das Leben. Aber dann auch das andere. Leben ist gehorchen und Handeln, Aktivwerden und Schritte wagen. In dieser Spannung von Besinnen und Beginnen, Ruhen und Tun, Horchen und Gehorchen wollte ZIEGLER sein Leben verstanden wissen."* (www.cmvm.de)

Gehorchen wollte ZIEGLER dem inneren Auftrag. Mein innerer Auftrag ist es, Schritt für Schritt transparent zu werden für die immanente Transzendenz (nach DÜRCKHEIM, meinem ersten WEG-WEISEN).

Ich fuhr beseelt nach Hause und dachte: „Ich habe gehorcht!"

Dank sei dem, der die Idee hatte, diese Sinfonie als großartiges Erlebnis im Rahmen des Programms der KULTURHAUPTSTADT EUROPAS 2010 aufzuführen.

Dank sei vor allem allen Sängerinnen und Sängern und allen Musikern, die monatelang diszipliniert und hoch motiviert geübt haben.

Dank sei auch *Steven Sloane, Alfred Wendel*, den Generalmusikdirektoren und den Konzertmeistern.

Dank sei allen Chorleitern wie *Alexander Eberle* und Kollegen, ohne die die vielen Sängerinnen und Sänger keine Orientierung gehabt hätten.

Alle diese Künstler haben sich so gut vorbereitet, dass *Lorin Maazel* diese in sich stimmigen Mosaiksteine in einem wunderbaren Musik-Kaleidoskop zusammensetzen konnte. Er musste Dank der sehr guten Vorbereitung wenig eingreifen und ändern. Ein größeres Lob als sein geäußertes *„AUSGEZEICHNET!"* kann es von diesem Perfektionisten der Dirigierkunst nicht geben. Er hat perfekt dirigiert.

Danke LORIN MAAZEL, dass Sie in Duisburg, bei uns im Ruhrgebiet, die Achte von MAHLER zu einem Höhepunkt des Jahres der KULTURHAUPTSTADT EUROPAS 2010 gemacht haben. Die Welt hat uns als Kunstmetropole Europas zur Kenntnis genommen.

Wir sind alle miteinander verbunden. In den Kulturerfahrungsräumen, wie hier in der Musik, konnten wir alle diese Erfahrung machen.

In den alten Industriestrukturen fand ein alle verbindendes transzendentes Musikerlebnis statt.

Mein eigener Weg in den Erfahrungsraum des MUSIZIERENS:

Auch wenn ich als Jugendlicher fünf Jahre Klavierunterricht hatte und zwei Jahre Posaune im Kirchenchor gespielt habe, so hat das alles nicht dazu geführt, weiter Musik zu üben. Was hörte ich zu dieser Zeit gerne?

Mein Schwager *Dick Simon* spielte bei den TWO BEAT STOMPERS Posaune. Diese Band war damals neben den FEATWARMERS aus Düsseldorf die führende Band für Dixieland. Ich hörte begeistert zu. Der Jazzkeller und das STORYVILLE waren Frankfurter Kult. Wenn es irgendwie möglich war, besuchte ich die großen Konzerte der Szene wie Louis Armstrong, Duke Ellington, Oscar Peterson, Ella Fitzgerald usw.

Als Bill Haley *„Rock around the clock"* spielte, begann in Deutschland das Rock'n Roll Fieber. Wir hörten nicht nur zu, sondern wir tanzten ausgelassen diesen Beat.

Interessanterweise zog es mich immer wieder zu den Konzerten des blinden Organisten HELMUT WALCHA in die Dreikönigskirche. Das war sakrale Fülle, die mich ergriff.

Während des Studiums in Frankfurt kamen dann Oper und klassisches Konzert dazu.

50 Jahre spielte ich aber kein Instrument mehr. Das HÖREN ließ mich den Kontakt zur Musik nicht ganz verlieren, aber es waren andere Dinge wichtiger. Schade, würde ich heute rückblickend sagen. Man sollte immer ein Instrument spielen. Es kommt gar nicht darauf an, ob man gut oder schlecht spielt. Es kommt auf die stetige achtsame Übung an. Dann verliert man nicht so schnell den Kontakt zu seinem inneren göttlichen Funken. Musik ist ein wichtiger hocheffektiver und effizienter „REMINDER".

Also, wie kam es zu einem neuen Anfang, Klavier zu spielen. Ich war anlässlich einer Tagung in Rütte bei Todtmoos bei Bernadette Böll, einer Musiktherapeutin und war neugierig. Ich hatte keine bewussten Probleme. Mir ging es richtig gut.

Sie sagte: *„Setz dich ans Klavier und beginne einfach nach einer kurzen Besinnung. Du kannst alles machen, nur bitte das Klavier weder zerhacken,noch verbrennen. Du kannst aber, wenn es dir danach ist, mit den Fingern, den Händen, den Fäusten, den Armen, den Ellenbogen spielen. Es kommt nicht auf Leistung an."*

Nun ja, ich begann zaghaft und dann ging es richtig los. Wie ein Orkan. Eine nicht erwartete Dynamik brach aus mir raus. Man hätte es auf Band aufnehmen müssen. So nach einer halben Stunde wurde ich langsamer und die Töne wurden feiner und leiser, dann hörte ich auf und saß völlig verändert da. Es war eine Last von mir genommen. Ich musste keine hervorragende Leistung vollbringen – wie bis dahin immer in meinem Leben, sondern ich durfte es einfach laufen lassen und ausdrücken, was ausgedrückt werden wollte.

Es war *„INITIATISCH"*, hätte DÜRCKHEIM gesagt. Bei mir war eine Tür aufgegangen, und zwar nach innen.

Der Beschluss war danach gefasst. Ich wollte unbedingt wieder Klavier spielen, mietete mir einen Euterpe-Flügel, den ich später dann kaufte, suchte mir einen Lehrer für den Unterricht. Ich lernte schnell und spielte möglichst jeden Tag.

Wie gesagt, JEDER TAG EIN GUTER TAG. Mit Musik *„musizieren"*.

Wie erfährt man den GOLDENEN WIND, oder wie DÜRCKHEIM sagte, das WESEN, in der Musik. Das war das Thema des Gesprächs mit Bernadette Böll am 16.6. 2010 in Rütte.

Erhard Meyer-Galow: Bernadette, du bist ja schon viele Jahre mit Musik beschäftigt. Du bist auch Musiktherapeutin. Die Frage, die mich besonders beschäftigt, weil ich selbst durch dich wieder zum Klavierspielen gekommen bin, ist, warum ist Musik so wichtig als Erfahrungsraum. Kann man zwischen Musik hören und Musik machen und Musik musizieren unterscheiden? Was kann man den Lesern meines Buches sagen, wenn man sie in den Erfahrungsraum Musik hineinführen will, damit sie lernen in der Musik den GOLDENEN WIND zu spüren.

Bernadette Böll: Das, was man generell in Kunst erfahren kann, ist eine ganz spezielle Qualität des SEINS. Ich bin Musikerin und spreche so von mir. Für mich war Musik immer auch schon als Kind ein Raum, in den ich reingehen konnte und wo ich für mich war. Ich komme ja aus einer ziemlich großen und auch konfliktreichen Familie. Man konnte das Zimmer schließen, wenn man musizierte und war für sich. Dort war ich ganz bei mir. So habe ich schon als Kind gelernt, was es heißt zu üben. Ich war zwar nicht immer fleißig, aber ich habe gemerkt, dass das Üben etwas verändert. Erst habe ich erfahren, dass ich ein Stück konnte. Später als Erwachsene dann habe ich erfahren, dass Übung auch immer die Übung meiner Person ist. Ich übe nicht ein Stück, ich übe mich. Vor diesem Hintergrund kann ich heute auch unterrichten.

Wenn ich musiziere, habe ich auf jeden Fall einen Bereich, in dem ich SEINS-Erfahrungen machen kann. Das passiert nicht immer. Ich bin in einem Raum, ich bin mit einem Instrument beschäftigt, ich bin mit mir beschäftigt. Das Thema ACHTSAMKEIT spielt eine große Rolle. Ich spreche ja lieber vom Alltag als Übung und Musik kann dazugehören.

Das ist also dieser Übungsaspekt. Lebensübungsaspekt am Beispiel eines Instrumentes.

Dann ist natürlich in der Musik sehr viel Freude drin. Das merkst du ja auch. Das ist in der Musiktherapie ein ganz wichtiger Gesichtspunkt. Viele kommen dadurch an ihre Freude heran, die sich bisher gar nicht mehr freuen konnten. Auch natürlich an Trauer. Musik ist ein Gefühlsmedium.

Für mich war zunächst Freude da. Dann war so etwas da, was DÜRCKHEIM ja mit transzendenten Erfahrungen beschreibt.

EMG: Ich nenne diese Erfahrungen in meinem Buch die Erfahrung des GOLDENEN WINDES.

BB: Besonders Musik in einem Kirchenraum hat mich immer wieder so tief berührt. Es fällt mir schwer, diese Empfindung in Worte zu fassen. Früher hatte ich gar keine Worte dafür. Es ist einfach die Erfahrung von GOTTPRÄSENZ oder vielleicht besser ausgedrückt, die Präsenz des GÖTTLICHEN. Die Musik hat mich viel mehr beeindruckt als die ganze Predigt. Das ist auch der nonverbale Aspekt der Musik, der sehr wichtig ist.

EMG: Nun habe ich, als ich über Musik viel gelesen habe, viel gehört habe und mich selbst entwickelt habe, zwei Impulse bekommen. Das eine ist ein Zitat von MENUHIN, der sagt, dass die Pause oder die Stille viel wichtiger ist, als die Musik. Der andere Impuls kam von J. E. Behrendt (ICH HÖRE, ALSO BIN ICH), den ich früher in Frankfurt auch kennengelernt hatte, der gesagt hat, dass die Stille eigentlich die Wirklichkeit ist. Aus der Stille heraus offenbart sich die Musik als Realität, als Melodie, Rhythmus, Harmonie und Takt. Für ihn ist Musik eigentlich umhüllte, eingepackte Stille. Das hat mich sehr beeindruckt.

Seitdem ich diese beiden Inputs bekommen habe, spiele ich manche Stücke sehr bewusst mit Pausen zwischen den Tönen. Das ist bei mir auch wieder beeinflusst durch Frank Kinslow, der mit einer einfachen Übung die Wirklichkeit erfahren lässt. Die Stille zwischen zwei Gedanken bei einer Meditation, das ist die Wirklichkeit. Wenn ich im Konzert bin, dann lausche ich auf die Pausen. Deshalb ist ganz furchtbar, wenn geklatscht wird. Dann ist die Stille zerstört. Der Zuhörer nimmt dann nicht die Erfahrung der Stille mit nach Hause, sondern die Erfahrung der zerstörten Stille. Und überall im Alltag wird die Stille zerstört. Ein Zeichen unserer Gesellschaft. Schön ist, wenn zwischen den Sätzen nicht geklatscht wird. Das Husten hat aber auch zugenommen, leider.

Es geht also um Stille, Wirklichkeit und Musik. Das ist doch im Mittelpunkt deines Wirkens?

Du versuchst zu erreichen, dass die Menschen, die nach Rütte kommen und leiden, in deiner Musiktherapie Freude erfahren.

Ich bin auch davon überzeugt, dass Musik, vielleicht viel mehr als jedes andere Medium schnell zur Freude führt.

Dann hast du gesagt, dass du vermittelst, dass Übung angesagt ist. Dürckheim hat immer die Übung als Exerzitium verstanden.

BB: Ich finde auch, dass das Schöpferische durch die Übung noch mal freigesetzt wird.

EMG: Warum hast du dich für das Klavier entschieden?

BB: Das ist interessant, weil Klavier gar nicht mein Lieblingsinstrument war. Wir hatten zu Hause ein Klavier. Eigentlich wollte ich lieber Cello spielen lernen. Das habe ich später in der Musiktherapie bei Volker Deutsch in Rütte nachgeholt. Während meines Klavierstudiums habe ich zwei Jahre Cello gespielt und dann war es aber auch gut. Das Klavier entspricht mir, glaube ich. Das Polyphone, das Mehrstimmige, kann ich auf dem Cello nicht machen.

EMG: Beim Konzert von Lang Lang anlässlich des Klavierfestivals Ruhr hat der Organisator Professor Franz Xaver Ohnesorg gesagt, dass der Pianist eigentlich ein einsamer Mensch sei, weil er meistens als Solist spielt und übt.
BB: Bei einer Kammerbesetzung ist er nicht einsam. Was heißt einsam? Üben müssen alle allein.

Ich möchte noch mal auf den Aspekt der Stille zurückkommen. Das ist wirklich sehr wichtig. Die Musik findet vor dem Hintergrund Stille statt. So wie bei einem Bild zunächst die leere Leinwand ist. Die ist auch dann noch da, wenn die Farbe die Leere überlagert. Aber sie ist noch da. Auf dem Hintergrund Stille kann die Musik sich ausbreiten und auch die Stille immer wieder so durchschimmern lassen, wie beispielsweise in Pausen. Die Pausen sind genauso wichtig wie die Töne. Das sage ich auch meinen Schülern immer. Die Pause gestaltet ein Stück und strukturiert es.

In der Musiktherapie fange ich immer mit der Stille an. Ich lasse versuchen, Kontakt aufzunehmen. NICHTS WOLLEN, das ist wichtig. Es fällt vielen schwer, nichts zu wollen. Aus diesem Kontakt heraus sollte man die Finger machen lassen. Die Finger wissen es besser als der Kopf. Dann kommen die ersten Bewegungen. Aus der Stille heraus und in die Stille hinein die Töne kommen lassen. Das hat ja dann eine ganz andere Qualität. Das ist die Hauptsache.

EMG: Für mich ist diese Erfahrung der Stille in der Musik etwas ganz Neues. Erst im Rahmen der Recherchen und Gespräche für dieses Buchprojekt ist mir das bewusst geworden. Bewusstwerden durch Schreiben erlebe ich gerade. Ich habe früher doch auch schon gespielt und höre jahrzehntelang Musik, aber dass Musik vor dem Hintergrund der Stille stattfindet, habe ich erst jetzt erfahren, obwohl ich schon 26 Jahre im Sinne des ZEN meditiere und deshalb in allen Räumen, auch in der Musik, Stille und Leere hätte erfahren müssen. Das ist deshalb auch das Credo meines Buchs. Meditation allein reicht nicht. Man muss in die Erfahrungsräume eintauchen und sich auch über Störfelder und Blockaden bewusst werden.

Wenn du selbst spielst, kannst du die Qualität der Stille erfahren, achtsam in die Stille hineinspüren und dafür sorgen, dass die Stille auch auftritt. Nach meiner Erfahrung beim Spielen ist es sogar schwer, die Stille zuzulassen. Man hetzt von einem Ton zum anderen und verbindet die Töne so, als hätte man Angst vor der Pause, als wäre die Pause ein Merkmal des Versagens. Man verweilt gar nicht in der Pause, sondern ist schon immer bei den nächsten Tönen. Mein Klavierlehrer hat mir sogar empfohlen, gedanklich immer ein kleines bisschen vorauszudenken.

BB: Im Studium habe ich auch nicht gelernt, dass die Stille Hintergrund der Musik ist. Das habe ich erst in Rütte erfahren. Das ist ja eigentlich das WESEN. Das WESEN ist eigentlich still. Aus dem WESEN heraus entsteht alles, was ich tue, auch die Klänge der Musik. Ich habe das erst gelernt, nachdem ich gelernt hatte, was überhaupt Meditation ist. In-die-Stille-gehen muss man erst lernen. Das lernt man nicht an der Hochschule, schon gar nicht in dieser Dimension.

Wenn ich mich also entscheide, ein Stück Literatur zu spielen, dann ist eigentlich das ganze Stück in mir. Ich übe die Töne und schaue zurück und nach vorn. So mache ich mir immer mehr das ganze Stück bewusst. Es ist genau so, wie mit meinem Leben. Mein ganzes Leben ist in mir, mein Anfang und mein Ende und mein Jetzt.

EMG: Dein ganzes Leben ist in dir, das stimmt, aber auch das deiner Vorfahren sowie auch das KOLLEKTIVE UNBEWUSSTE nach C. G. Jung. Kann man denn Musik so verstehen, dass du eigentlich nur übst, damit das, was in dir vorhanden ist, zu Tage treten kann, Realität werden kann.

Wenn du eine Sonate erstmals übst, ist die auch dann vorher schon da? In dir oder ist sie irgendwo anders da? Oder ist sie da bei dem Komponisten und bei allen, die sie vorher schon gespielt haben? Vielleicht hast du sie auch schon gehört.

BB: Eigentlich muss ich mir die Sonate erst mal aneignen. Aber deine Frage ist eine gute Frage. Oft habe ich das Stück, das ich übe, schon mal gehört. Ob sie schon in mir da ist, weiß ich nicht. Ich habe eher das Gefühl, sie erst mal mir in die Muskulatur bringen zu müssen. Grundsätzlich bin ich der Typ, der viel üben muss. Andere hören etwas und spielen es einfach so. Ich muss mir das Stück einverleiben.

EMG: Bei der Stimmentwicklung meiner Frau habe ich die Erfahrung gemacht, dass schon viele obere Töne DA sind, sie muss nur üben, damit sie auch rauskommen.

BB: Ich weiß, wie faszinierend das ist, wenn man in die Höhe kommt. Wir sprechen immer in einer Mittellage. Viele meiner Schüler meinen, sie könnten nie so hoch singen. Aber die Stimme hat drei bis vier Oktaven. Die Männer haben sogar noch mehr Oktaven, weil sie auch noch Kopfstimme singen können.

EMG: Ja, die Stimme hat viel mehr Oktaven als das Auge. Wir können viel besser hören als sehen. Das ist von der Evolution so gewollt.

BB: Das Ohr ist das erste Sinnesorgan, das ausgebildet wird. Maria Hippius hat immer gesagt, dass der neue Mensch ein hörender Mensch sei und nicht der sehende Mensch.

EMG: J. E. Behrendt sagt ja auch, dass der Embryo sehr früh den Pulsschlag der Mutter hört. Das ist das Urmetrum. Es gibt den Ruhepuls und den im Anstrengungszustand. Diese beiden Metren wird der Mensch nie mehr los. Sie sind konditioniert von früh an. Wenn der Mensch diese beiden Metren hört oder spielt, ist er zu Hause, bei der Mutter, geborgen im Mutterleib. Die Metren erfüllen die Ur-Sehnsucht des Menschen.

Deshalb ist für mich der Rhythmus von großer Bedeutung. Deshalb spiele ich so gerne Boogie-Woogie oder Ragtime. Ich trommle auch sehr gerne und möchte dann überhaupt nicht mehr aufhören. Eine Trance durch Trommeln kann ich mir gut vorstellen.

BB: Es gibt ja die drei Parameter Rhythmus, Harmonie und Melodie. Der Rhythmus geht eindeutig auf den Körper, die Melodie hat wohl nach Meinung vieler mit dem Herzen zu tun und die Harmonie mit unserem Verstand.

EMG: Wir sind jetzt die ganze Zeit beim Musizieren. Aber man kann auch Musik machen.

BB: Musik machen ist mehr nur die technische Ausübung.

EMG: Zurück zum Musikhören. Stellen wir uns einmal die Menschen im dritten Lebensdrittel vor, die vorher nie Zeit hatten, denen wir jetzt sagen, dass die Musik ein ganz wichtiger Erfahrungsraum sei. Viele waren ab und zu im Konzert, einfach weil es schön und entspannend ist. Wenn man die Menschen öffnen will, ist das zunächst mal das Vermitteln von Musik hören. Du hier lässt die Menschen, die zu dir kommen, aus der Stille-Meditation einfach spielen, ohne Vorgaben wie Noten.

BB: Die Musiktherapie, die ich mache, hat mit Expression zu tun. Es gibt auch andere Formen von Musiktherapie. Beispielsweise über das Hören. Dann werden bestimmte Musiken zu bestimmten Stimmungen gehört. Oft arbeitet man auch mit Klängen. Für mich ist das nicht so im Vordergrund.

Wenn jemand improvisiert, also Musik hinaussetzt, dann hört er auch, was er kreiert hat. Das ist wie eine Kommunikation mit dem SELBST, mit dem WESEN. Ich nehme etwas auf, es bewirkt etwas in mir und trägt mich schon wieder weiter. Es ist also nicht nur Ausdruck. Manche hören zu Anfang gar nicht hin, sondern machen nur.

Was du ansprichst, ist das Musikhören im Konzert zum Beispiel. Wie könnte man da einen Impuls setzen?

EMG: Ich versuche die Leser durch ACHTSAMKEIT und ÜBUNGEN im Erfahrungsraum für den GOLDENEN WIND zu öffnen. Ich möchte, dass dadurch die Menschen mit einer ganz anderen Qualität, einer göttlichen eben, aus dem Konzert rausgehen, als sie hineingegangen sind. Bei vielen passiert doch nichts im Konzert, im Wald, beim Tanz usw. Es war so ganz schön, aber das ist schade, weil eine Chance zur Erfahrung zu kommen, verpasst wird. Man könnte ihnen zurufen: *„Du warst GOTT so nah, aber hast ihn leider nicht erfahren!"*

Im dritten Lebensdrittel haben die Menschen so viel Zeit und keine Orientierung. Sie werden immer trauriger und wissen nicht, warum das so ist.

Die Musik ist ein ungemein wichtiger Erfahrungsraum, weil, wie wir besprochen haben, das Ohr und das Hören eine enorme Bedeutung haben. Mit dem Hören bist du doch wohl näher am WESEN als beim Sehen. Deshalb sollte man bei den älteren Menschen die Musik sehr in den Vordergrund stellen für deren Individuation.

BB: Es ist sehr schwer, Menschen, die bisher wenig Erfahrung mit Musik gemacht haben, zum Hören zu bringen. Hören kann man üben und dadurch lernen. Voraussetzung ist natürlich, dass jemand überhaupt in der Lage ist, sich eine halbe Stunde still hinzusetzen und zu hören und nichts als zuzuhören.

EMG: Vielleicht sollte sich derjenige, der nicht still sitzen kann, mehr dem Tanz, also der Bewegung mit Musik zuwenden.

BB: Das ist richtig. Dabei wird auch viel Freiheit erfahren. Und auch Freude. Aber auch Trauer.

EMG: Kannst du etwas mehr über die Trauer sagen?

BB: Hier war kürzlich ein völlig in der Außenorientierung lebender Geschäftsmann mit eigenem Betrieb, den ich einfach an das Klavier gesetzt habe. Vorher hatte ich ihn gefragt, ob er gern ein Instrument spielen würde. Er hatte schon Erfahrung mit dem Klavier gemacht, da sie zu Hause ein Klavier hatten. Seine Schwestern konnten viel besser spielen als er. Es hat ihm leidgetan, dass er nicht weitergespielt hatte. Er wollte es erst nicht, da er Angst hatte, dass zu viel Schmerz hochkommt. Er hat sich dann doch darauf eingelassen und ihm liefen die Tränen. Er konnte gar nicht mehr aufhören zu weinen. Vorher im Gespräch war der Mann völlig zu. Die Musik geht sofort in die Gefühlsebene. Man kommt sofort in eine bestimmte Stimmung. Es geht ja nicht nur bei ihm darum, was er alles verpasst hat im Leben, sondern seine ganze Not, dass er der kleinste war und am wenigsten konnte und so ist er immer noch in dieser Beweislast, dass er etwas kann und anerkannt wird. Er hat einen inneren Zwang zu einer Topleistung, auch in seinem Unternehmen, obwohl das niemand mehr von ihm verlangt, da er ja sehr erfolgreich ist.

EMG: Ich kann mir gut vorstellen, dass es in der Wirtschaft viele Manager gibt, die wegen ähnlicher Kindheitskonditionierungen immer unter Leistungszwang stehen. Sie werden wegen ihrer Leistungen bewundert, aber sie werden den Druck nicht los und es geht nur um Wissen und Können, also um die typischen EGO-Eigenschaften, die den Weg nach innen versperren. Sie steuern auf den BURN-OUT zu, weil ihnen der Kraftzufluss aus dem GOLDENEN WIND, aus dem Wesen, fehlt. Sie sind schnell erschöpft, immer gleich beleidigt und suchen Anerkennung in der Außenwelt.

Zurück zu deiner Geschichte. Es muss also nicht unbedingt ein Stück in „moll" sein, um die Trauer auszulösen?

BB: Es sind einfach die Klänge. Oder, dass er einfach da sitzt und Klavier spielt.

Erst war es ein unbeholfenes Herumstochern. Dann habe ich ihn etwas geleitet und ihm gesagt, er möge hineinhorchen in seine Klänge. Dann kam eigentlich seine ganze Lebensnot in fünf Minuten heraus. Das geht manchmal in der Musik ganz schnell mit der Öffnung.

In meiner Prüfung zum Heilpraktiker für Psychotherapie wäre ich beinahe noch aufs Glatteis geraten, bei der Frage, was an Schwierigkeiten bei einer Therapie auftauchen kann. Ich meinte, es könne sein, dass ein Trauma berührt wird. Traumatherapie ist derzeit in Mode. Ich glaube, dass wir in Rütte ganz gut mit Traumapatienten umgehen können. Aber jetzt erwartete man von mir eine Antwort aus der Traumatherapie, die ich nicht gelernt habe.

Mit der Musik kann man an seine URWUNDEN ganz schnell rankommen, aber natürlich auch an die URFREUDE. Man sollte sich wie ein Kind im Spielen des Instruments ausdrücken. Wie würde ein Kind Klavier spielen? Es würde fröhlich drauflos spielen. Es hat noch keine Kriterien zu gut und schlecht im Kopf und lässt der Musik einfach ihren freien Lauf.

EMG: Schade, dass wir mein damaliges „Konzert" bei dir nicht aufgenommen haben. Ich habe in Erinnerung, dass es auch nach dem Zögern sehr gewaltig, virtuos und grandios war. Ich wollte gar nicht mehr aufhören. Es lösten sich bei mir Kraftblockaden, die fließen wollten, aber vorher diszipliniert zurückgehalten wurden. Na ja, wie ich als kontrollierter Manager lebte, kann es nicht wundern.

Rational kann man das gar nicht begreifen, dass sich beim Spielen plötzlich die Tore für Trauer, Leid, Not, aber auch Freude, Kraft, Energie öffnen. Es fängt etwas an zu fließen, dass vorher nicht fließen durfte.

BB: Ja, der Mann war von seiner Gefühlswelt nicht so weit weg, aber er hatte sich immer unter Kontrolle. Die Öffnung war aber auch reif und nicht mehr zurückzuhalten. Es hatte auch einen Grund, dass er Rütte besuchte. Er brauchte Hilfe.

Wir sind eigentlich voller Gefühle.

EMG: Vielleicht hat das etwas mit Resonanz zu tun. Die Töne bringen etwas in uns zum Schwingen. Hätte der Mann auch geweint, wenn du dieselben Töne gespielt hättest?

BB: Nein, das glaube ich nicht.

EMG: Also, er musste spielen. Die Töne schwingen in seine Seelenwelt hinein. Die Wirkung kann ja nur kommen, wenn in ihm Resonanz ausgelöst wird. Das kann

Trauer oder Freude auslösen. Da sitzt etwas fest, was durch die Resonanz gelöst wird. Es ist fixiert, wie in einem erstarrten WELT-ICH gefangen, und durch diese Schwingung der Töne löst sich die Fixierung und schwingt mit.

BB: Es ist ja auch so, dass bei Menschen, die so wenig ihre Gefühle zeigen können oder wollen, die nicht durchlässig sind, die Gefühle überhaupt nicht strukturiert sind. Sie sind wie eine Blase, die in einem sitzt. Die Gefühle kommen aus der Blase raus und dann ist es erst mal eine Entspannung. Es besteht natürlich auch die Gefahr von Überschwemmung. Die Schleusen sind geöffnet.

EMG: Du hast ihm aber vorher nicht gesagt, was passieren kann?

BB: Nein, das habe ich nicht gesagt. Ich sage nie etwas dazu.

EMG: Er hat sich also da hingesetzt, nicht wissend, was mit ihm passieren könnte? Bei dir durfte er spielen und wurde angenommen. Es ging überhaupt nicht um eine Leistung.

BB: Er hatte Unterricht und hat selbst wieder aufgehört. Wir wissen nicht, was die Pädagogen gesagt haben. „Streng dich doch mal an, wie deine Schwestern!" könnte der Vorwurf geheißen haben. Er hat gefühlt, dass das, was bei ihm rauskommt, bei mir angenommen wird. Alles ist willkommen. Ich sage auch jedem, dass hier bei mir alles willkommen ist.

EMG: Du kennst doch die Geschichte von dem Musiker aus Aserbaidschan, der jeden Tag immer nur denselben Ton auf seinem Cello übte. Er wird dann von seiner Frau gefragt, wieso er immer nur den einen Ton spielt, da er doch auch andere Töne perfekt spielen kann und seine früheren Kollegen doch auch. Dann sagt er, dass die anderen noch nicht so weit seien. Die suchen noch den Ton.

BB: Ich glaube, er sagt, dass er seinen Ton schon gefunden habe. Die anderen suchen noch.

EMG: Ich glaube auch nicht, dass er den einen Ton als Übung spielt. Das hat eine andere Qualität.

BB: Das ist dann schon Leben. Er spielt seinen Ton so, wie er sein Leben lebt.

EMG: Also, es muss doch in ihm durch diesen einen Ton so viel aufgehen, ob Freude oder Traurigkeit oder eine andere Emotion, dass er immer diesen einen Ton spielt.

BB: Er ist eigentlich schon jenseits von Emotion. Das ist jetzt schon der Ton der Stille. Das ist jetzt auch noch einmal ein wichtiger Punkt, dass die Musiktherapie dahin strebt, durch diese Emotion durchzukommen.

EMG: Es geht dir also um die transemotionale Erfahrung. Also, das ist für mich ein ganz wichtiger Punkt, weil die meisten Therapeuten den Patienten Musik zum Hören mitgeben und das ist dann nur schön für die Hörer oder entspannend. Natürlich fühlen Menschen sich dann wohl und das ist auch in Ordnung so. Man muss aber auch die Begrenzung dieser Methode sehen.

BB: Das ist überhaupt der Unterschied unserer Therapie zu vielen anderen, dass DAS GROSSE LEBEN angesprochen wird und nicht das kleine, wo es nur darum geht, möglichst ungeschoren durch das Leben zu kommen. Es geht dabei um Funktionieren, eine schöne Beziehung zu haben und glücklich zu sein, materiell abgesichert zu sein. Für die meisten Menschen ist das ja sowieso das Größte. Das streben sie an. Sie wissen eben nicht, was in der zweiten Lebenshälfte noch vor ihnen liegen kann. Das, was DÜRCKHEIM die Kehrung nach innen nennt.

Mit Emotion ist immer auch Freude und Leid gemeint, also meine Gefühlsfarben. Eine SEINSERFAHRUNG ist jenseits des DENKENS und der EMOTIONEN. Das ist eine ganz andere SEINSWEISE. Die INITIATISCHE THERAPIE strebt genau in diesen Bereich hinein. Wir müssen immer wieder durch die Grenze durch, da wir doch Menschen sind und Halbgötter oder Ganzgötter. Die meisten sind ja auch keine Meister. Also müssen wir immer wieder durch. Voraussetzung ist aber das Wissen um den WESENSKERN. Wenn man einmal diesen Wesenskern erfahren hat, weiß man davon. Man weiß, wie sich der Kern anfühlt, auch dann, wenn dazwischen immer ein Wust von Gefühlen auftritt. Die Musik ist sehr hilfreich, zu dem Kern vorzustoßen.

In meinen Stunden erlebe ich das immer wieder. Es beginnt mit vielen Gefühlen. Die ebben dann langsam ab. Plötzlich ist das Stück fertig und es tritt Stille ein. In dem Moment spürt man: „ICH BIN GANZ DA. HIER UND JETZT BIN ICH GANZ DA!“ Das ist es ja dann, nicht wahr?

EMG: Genau so habe ich das bei dir erfahren. Deshalb weiß ich, was du meinst, und wie wertvoll der Erfahrungsraum Musik sein kann. Man muss in dem Prozess dann auch noch durch die eigene Ratio durch, die immer fragt, ob man überhaupt gut genug spielt, bis man so loslässt, dass man erkennt: „Es geht gar nicht darum, gut zu spielen!“ Ich vergesse nie, als du mir gesagt hast: „Du kannst alles mit dem Klavier machen, nur bitte zerhacke es nicht und verbrenne es nicht. Spiele einfach ohne WOLLEN.“ Ich begann zaghaft und haute dann mit Fäusten und Armen in die Tasten. Beim geführten Zeichnen habe ich ja das ganze Blatt voller Elan zerrissen. Das sind ähnliche Emotionen, die aus dem Stau freigesetzt werden. Im Laufe des Spielens glitten immer mehr meine Finger über die Tasten und das ganze wurde zu meinem WERK. Als ich zum Schluss innegehalten habe, habe ich zu dir gesagt: „WER HAT EIGENTLICH HIER GESPIELT?“ Diese Berührung, die da bei mir passiert ist, war eine INITIATION. Es entstand die Sehnsucht, endlich wieder Klavier zu spielen, um sagen zu können, wie mein Buchtitel heißt: „JETZT BIN ICH ENDLICH MAL DA!“

BB: Die Wirkung erfährt vor allem der, der spielt. Weniger ein anderer, der das hört.

EMG: Also, die Frage, die ich mit meinem Buch beantworten möchte, heißt doch: „Wie führt man Menschen an die Musik heran, an diesen so wichtigen Erfahrungsraum. Man kann zunächst ja Musik hören, man kann Musik machen und schließlich musizieren oder auch Musik tanzen. Jeder kann sich entscheiden. Viele gehen gerne in Konzerte. Das ist gut so. Aber es ist ein Anfang des Zugangs zur Musik. Der eine hört Celine Dion, der andere Rachmaninow. Was passiert da? Viele bleiben in der Emotion hängen. Es ist schön und entspannend. Manche schlafen ein, was mir auch oft nach einem anstrengenden Arbeitstag passiert ist. Manche denken an alles andere, nur nicht an die Musik, die gespielt wird.

BB: Viele glauben, dass sie endlich mal in Ruhe nachdenken können.

EMG: Es ist schon schwierig, in einem Zustand der ACHTSAMKEIT zu bleiben wie bei dem ZAZEN. Das ist einfach, aber eben nicht leicht. Es geht darum, auf des Messers Schneide zu bleiben. Wir fallen immer links und rechts runter, aus der Achtsamkeit heraus. Das ist auch nicht schlimm, man muss es nur merken und zurück in die Achtsamkeit gehen, um darin nur zu hören.

BB: Deshalb würde ich auch nicht empfehlen, um hören zu üben, gleich mit einem ganzen Konzert anzufangen.

Ich möchte noch etwas Grundsätzliches zu komponierter Musik im Unterschied zu improvisierter Musik sagen. Die komponierte Musik zieht die Menschen seit Jahrhunderten immer wieder an. Und zwar egal, auf welcher Ebene sie hören. Bach und Beethoven waren eben in der Lage, dieses ÜBERPERSÖNLICHE durch Musik darzustellen, die dadurch jeden etwas angehen kann. Da gehe ich auch durch Hören durch einen Prozess, ähnlich wie bei einem Theaterbesuch. Die großen Komponisten waren in der Lage, die menschlichen Träume darzustellen. Diese Träume sind für die Zuhörer erfahrbar.

Wenn du improvisierst, dann ist das dein individueller Ausdruck, der für andere nicht unbedingt interessant sein muss. Jeder improvisiert anders. Das erstaunt mich immer wieder. Der Klang des Klaviers ist bei jedem in meiner Empfindung anders, nicht nur die Töne. Das ist ein Phänomen. Man denkt, dass beim Klavier so viel Mechanik involviert ist, dass es immer ähnlich klingt. Das ist nicht der Fall. Bei einer Geige oder bei der Stimme versteht man das schon eher. Das Wesen drückt sich so aus bei jedem.

EMG: Der Klang ist dann wohl doch individuell geprägt. Das ist ja eine tolle Erkenntnis. Bei den von Beethoven komponierten Werken kann jeder eine Ahnung davon bekommen, was jenseits der Emotionen liegt.

BB: Das ist integriert. Gerade Beethoven ist seht emotional. Die Musik findet vor dem Hintergrund der Lebensfülle, des Überpersönlichen statt. Das menschliche SEIN ist da ausgestaltet. Wenn ich dazu bereit bin, kann ich als Hörer einsteigen.

EMG: Es geht ja immer wieder darum, wie auch Hans-Peter Dürr sagt, dass diese Wirklichkeit, die Stille ist, dieses Hintergrundfeld eine Potentialität hat, sich als Musik beispielsweise zu realisieren, zu offenbaren. Diese Stille, diese Leere, ist ja nicht NICHTS, sondern sie hat die Potentialität oder Potenz, sich als Realität zu entfalten. Sie drängt danach, in unterschiedlicher Form zu WERDEN. Wenn nun ein Komponist, wie Beethoven, dafür offen ist, dann ist er ein Medium, durch das über sein Komponieren, diese Wirklichkeit, die ich im Buch GOLDENEN WIND nenne, Musik werden will. So können wir, wenn wir offen sind, diesen GOLDENEN WIND im Erfahrungsraum Musik durch HÖREN erfahren. So empfinden wir Musik als etwas, wie du sagst, ÜBERPERSÖNLICHES. Das kann man nicht bei jedem Komponisten sagen. Manche machen eine Komposition und bei anderen wird eben die Komposition durch diese Urwirklichkeit gemacht, sie entsteht einfach aus dem SEIN.

BB: Bach hat sich ja als Vermittler einer göttlichen Instanz verstanden. Als Person hat er sich zurückgenommen. Das würde ich bei Beethoven nicht so sagen, aber es spielt immer die Zeit, in der die Komponisten leben, eine Rolle. Ich habe den Eindruck, aber das ist jetzt meine Spekulation, dass bei Beethoven dessen Individualität stärker zum Tragen kommt.

EMG: Ich wollte dich zum Schluss noch fragen, ob es eigentlich Musik gibt, die keine Musik ist. EMINEM beispielsweise. Mit meinem Sohn habe ich eine heiße Diskussion darüber geführt, wer in der Zukunft als der wichtigere Komponist angesehen wird, Beethoven oder Eminem, den er früher sehr bewundert hat, weil seine Musik ihn angesprochen hat. Was sind denn die Merkmale? Wann ist Musik nur noch Lärm und Krach? Mit vielem, was heute so gespielt wird, kann ich mich nicht anfreunden, aber vielleicht irre ich auch.

BB: Also ich würde sagen, es ist schon alles Musik, aber es gibt einfach deutliche, qualitative Unterschiede. Ich frage mich immer, was in mir resoniert. Bei Eminem geht es auch noch um etwas anderes, was bei den Jugendlichen resoniert, ein Lebensgefühl. Das ist auch wichtig. Ich bin aber auch sicher, dass Eminem nicht in 200 Jahren noch gehört wird, während Beethoven bestimmt noch bewundert wird. Da scheint eine andere Ebene, wie wir schon ausgeführt haben, durchzuschimmern, die dann doch grundsätzlicher ist.

EMG: Das könnte doch eine Voraussetzung sein, dass diese Musik immerwährend bleibt, eine grundsätzliche Musik. Du machst die Unterschiedlichkeit an der Resonanz fest, die beim Hörer etwas in Gang setzen kann. In der Kunst, der darstellenden Kunst, sagen Kritiker oft: „Das ist Kunst und das ist keine Kunst!"

BB: Man sollte vielleicht besser sagen: „Das ist Kunst und das ist auch ein Bild, aber keine Kunst?" Musik oder nicht Musik? Vielleicht sollte man besser sagen: „Beide Musikstücke sind Klänge und eines davon ist Musik?" Aber mir fällt es schwer zu sagen, dass ein Stück keine Musik ist.

EMG: Das kann ich verstehen, da du ja alles in deiner Musiktherapie als Musik benennst, was ein Mensch hier auf deinem Klavier spielt. Es wäre doch furchtbar, wenn du dem „KÜNSTLER" hier bei dir sagen würdest: „Wie, das soll Musik sein?" Darum geht es ja auch nicht, zu bewerten. Aber die Musik zu unterteilen, in eine die die Innenwirkung und eine die die Außenwirkung verstärkt, das finde ich gut. Die Jugendlichen wollen sich einfach in der Außenwelt ausdrücken. Sie machen damit diese Außenwelt zu ihrer Außenwelt, die sich von unserer unterscheidet. Dazu haben die Jugendlichen ein Anrecht. Das ist für die Entwicklung des EGO ganz wichtig.

EMG: Kann man den Lesern denn sagen, sie mögen zunächst die Musik hören, die sie gerne hören. Dann wird die Emotion angesprochen. Damit schafft man die Voraussetzung zu der nächsten Dimension.

BB: Ich finde, dass das Wichtigste ist, zu empfehlen, die Leute mögen NUR Musik hören und sonst nichts, nicht bügeln, telefonieren, nicht sprechen usw. Du hattest doch gefragt, wie man Menschen dazu bewegt, in den Erfahrungsraum Musik einzutreten. Da ist es wichtig, sich ganz und gar auf das MUSIK-HÖREN einzulassen. Das ist wie eine HÖRMEDITATION. Und dann höre das Stück mal zwei Wochen lang jeden Tag. Mit dem Wiederholen kommt man immer tiefer in die Musik rein. Man kann ja mit zehn Minuten anfangen. Man öffnet die Ohren ganz bewusst und lauscht, ohne etwas Bestimmtes zu suchen.

EMG: Willigis Jäger empfiehlt, in die Stille zu gehen. Aber er sagt auch oft, dass es um die Stille hinter der Stille geht.

BB: Ja, es ist wichtig, dass man um diese Dimension weiß. Aber wir sind umgeben von Lauten, Lärm, Krach, Stimmen usw. Damit müssen wir umgehen. Wir müssen ja nicht den ganzen Tag meditieren.

EMG: Wenn du das Hören mit dem Ohr so in den Mittelpunkt rückst, dann gibt es gravierende Störfelder wie den Lärm.

BB: Es gibt immer mehr Menschen, die durch Lärm krank werden. Manche sind sehr empfindlich und manche werden in unserer Welt immer empfindlicher. Sie können gar nicht mehr in dieser lauten Welt leben. Diese Menschen sind meiner Meinung nach nicht mehr in Verbindung mit ihrer Stille. Dann stört einfach alles.

EMG: Aber alles ist die Wirklichkeit, der GOLDENE WIND, auch der Lärm.

BB: Also, es geht um die Stille hinter dem Lärm, könnte man sagen.

EMG: Das hast du gut ausgedrückt. Ein wunderbares Schlusswort. Ich danke dir sehr für dieses wunderbare Gespräch. Wenn alle meine zukünftigen Leser jetzt schon zugehört hätten, dann hättest du sie überzeugt, in den Erfahrungsraum Musik einzutreten und sich dort mit einem Instrument auszudrücken oder besser gesagt: ES durch Musik sich ausdrücken zu lassen.

Deinen folgenden Satz halte ich für sehr wichtig und werde ihn nicht vergessen:

„ICH ÜBE NICHT MUSIK,
SONDERN ICH ÜBE MICH ALS PERSON IN DER MUSIK."

Liebe Leserinnen und Leser, wenn Sie sich selbst üben wollen, den kleinen Raum Ihres EGO zu erweitern, wenn Sie gelassen, heiter, humorvoll und gütig werden wollen, wenn Sie sich nicht mehr durch Ihren Alltag treiben lassen wollen, wenn Sie den allgegenwärtigen Lärm nicht mehr ertragen können, sondern eine gleichmäßige, beständige, verlässliche Zufriedenheit und Glückseligkeit erreichen wollen, dann treten Sie in den ERFAHRUNGSRAUM MUSIK ein.

Beginnen Sie zu singen oder ein Instrument zu spielen. Es ist nie zu spät und JEDER kann ein Instrument spielen. Es gibt keine Altersgrenze. Es geht überhaupt nicht darum, eine großartige Leistung zu vollziehen. Jeder hat das TALENT zu musizieren. Das „TALENTUM", das Gewicht, das Sie zur Entwicklung Ihrer GANZEN PERSON zieht, ist in jedem vorhanden. Wir können die Empfehlung auch ganz rational betrachten: Es gibt vertrauenswürdige Studien, dass besonders das Musizieren und Sport für die Gesunderhaltung des Gehirns beim Altern von großer Bedeutung ist. Das ist an vielen Personen getestet worden, die nie vorher ein Instrument gespielt haben und sich das auch nie zugetraut haben. Zur Erhaltung des Flusses des LEBENS im DRITTEN LEBENSDRITTEL ist Musik unverzichtbar. Durch Musizieren sich als PERSON zu üben, heißt, durchlässig und transparent zu werden (lat.: personare gleich durchtönen) für den GOLDENEN WIND.

Erfahrungsraum Tanz

Wie in allen Erfahrungsräumen ist auch beim Tanz die ACHTSAMKEIT das Tor, durch das wir schreiten müssen.

Für mich spielte und spielt der Tanz eine ganz wichtige Rolle. Ich tanze gerne. Auch die Bewegung des meditativen GEHENS im KIN HIN führt bei mir eher zur Erfahrung als Sitzen. Nun kommt beim Tanz noch die Musik dazu und damit sind wir dann in zwei ganz wichtigen Erfahrungsräumen gleichzeitig. Deshalb spielen Musik und Tanz im Kult eine so wichtige Rolle, als Ausdrucksweise, wie es mit Worten gar nicht gehen kann.

Es ist beim Tanz auch immer zunächst die ACHTSAMKEIT, mit der wir Schritt für Schritt vollziehen. Immer wieder, immer wieder, bis der Tanz von allein sich vollzieht. Nicht mehr ICH tanze dann, sondern ES. Es geht nicht darum, dass Sie ein Profitänzer werden wollen und das Können im Mittelpunkt steht. Es geht darum, jeden Tanzschritt als Meditation zu üben. Dann kann passieren, dass man plötzlich GANZ DA ist.

Es gibt aber auch noch eine andere Möglichkeit, sich für den GOLDENEN WIND zu öffnen. Es ist einfach die Bewegung zur Musik ohne vorgegebene Tanzschritte, die man üben muss. Sich ganz dem Tanz hingeben ist ein wunderbares LOSLASSEN. In diesem AUSDRUCKSTANZ drückt sich das aus, was von innen nach außen will und sich als Tanz ausdrücken will.

Nur wer loslässt und es fließen lässt, kann auch empfangen. Was kann man empfangen? DEN GOLDENEN WIND.

Es ist schade, dass der so getanzte Tanz aus unserer Gesellschaft größtenteils verschwunden ist, zumindest in dem Ausmaß wie in früheren westlichen Kulturen Tanz praktiziert wurde.

Meine Frau und ich haben SALSA gelernt. Wir tanzten einzeln und zusammen. Die lateinamerikanische Musik öffnet alle Emotionen, für Denken ist kein Platz mehr.

Besucht man heute Tanzveranstaltungen, so spürt man, dass meistens nichts erfahren wird. Es sieht starr aus, weil die Tänzer in ihrem ICH erstarrt sind. Diese Kruste des ICH durchlässig zu machen, ist beim Tanz leicht möglich. Diese Erfahrung habe auch ich gemacht.

Im Tanz kommt man nach meiner Erfahrung leicht zu sich SELBST. Zu sich selbst nach Hause. Man ist schnell ganz DA bei sich.

Dann ist die Leichtigkeit des SEINS zu spüren, die Außenwelt ist vergessen. Für die Erfahrung der Innenwelt ist Raum geschaffen.

Liebe Leserinnen und liebe Leser, tanzen Sie. Allein, zu zweit, in Gruppen, wie es Ihnen Spaß macht. Wenn Sie Musik hören, bewegen Sie sich. Lassen Sie die Bewe-

gungen einfach zu, die Ihr Körper machen will. Dürckheim hat ja immer zwischen dem Körper, den man hat und dem LEIB, der man IST unterschieden. Erst tanzt der Körper, aber dann immer mehr der LEIB, der man ist, der sich ausdrücken will. Er will Bewegung werden. Es gibt eine große Sehnsucht des Menschen nach Bewegung. Es ist die Sehnsucht nach dem Leben. Lassen Sie also die Bewegung einfach zu. Sie werden belohnt. Sie werden es erleben, dass der Tanz Sie verändert, wenn Sie ihn als Übung in Ihr Leben einbauen. Im dritten Lebensdrittel haben Sie dafür viel Zeit. Fangen Sie einfach an.

In Wikipedia wird das Wesentliche des meditativen Tanzes gut dargestellt:

„Rituelle, religiöse und spirituelle Tänze, die man allgemein als sakral bezeichnen könnte, hat es immer schon gegeben. Der SAKRALE TANZ im engeren Sinne ist eine Neuschöpfung des 20. Jahrhunderts, die sich auch von dem enger gefassten Kirchentanz abgrenzt, da er sich nicht auf den kirchlich-liturgischen Bereich beschränkt.

Der Sakrale oder auch meditative Tanz geht auf den Ballettmeister und Choreografen Prof. Bernhard Wosien (1908–1986) zurück. Bei einem Aufenthalt in der spirituellen Gemeinschaft der Findhorn Foundation, Mitte der 70er Jahre des 20. Jahrhunderts, begegnete B. Wosien dem schweigenden Gebet und fasste den Entschluss, diese Erfahrung in Tanz umzusetzen, Seine „Meditation des Tanzes" sollte ein Schreiten in die Stille und bewegender Einstieg in die Meditation sein, mit dem Ziel der HEILUNG, womit er „ein persönliches Bemühen im Sinne einer Entwicklung" meinte.

„Ein immer wiederkehrendes meditatives Thema ist natürlich die „Mitte", unter anderem auch beim Tanzen von Spiralen und beim Begehen eines Labyrinthes. Weitere Themen sind Geburt, Tod, Trauer, Freude, Dankbarkeit, Wachstum, Licht und Dunkelheit etc., eben die bewegenden Menschheitsthemen.

So einfach Schritte und Gebärden oft sind, gilt es doch, mit Körper und Geist ganz im Augenblick präsent zu sein und sich selber auszuhalten. Dies ist nicht immer eine einfache Aufgabe und konfrontiert den Lernenden nicht nur mit seinen Stärken, sondern unter Umständen erst einmal auch mit seinen Schwächen, Ängsten und Defiziten. Die Kraft der Musik, Harmonie der Bewegungsabläufe, die klaren Strukturen der Tanzanweisungen und die Einbettung in die Tanzgemeinschaft haben auf die meisten Menschen jedoch eine wohltuende psychische Wirkung und können somit ein heilender Faktor sein."

Die Erklärung der Wirkung greift mir zu eng. Sie bleibt auf der Ebene Psyche. Mir geht es aber um Übungen, die die Erfahrung des GOLDENEN WINDES ermöglichen und das vollzieht sich auf der geistigen Ebene, die spirituell ist. Wenn die Erfahrung auf dieser höheren Ebene gespürt wird, dann wirkt sich diese auch tief auf die Psyche und den Körper aus. Sonst bleibt die Erfahrung nur auf der Ebene des Wohlfühlens. Das ist auch gut, hat aber nicht die Dimension, die ich anstrebe.

ßen zu jeder Tages- und Nachtzeit getanzt. Diese Bekannte arbeitet auch mit Sakralem Tanz und sie erzählte, dass sie den Diski sogar im Kreis tanzen.

Die Tanzforschung sagt uns, dass es beim Tanz in den Völkern zwei Grundrichtungen gibt. Die eine ist der Ritualtanz und die andere ist der Tanz, der einfach zur Freude getanzt wird. Volkstänze haben sehr oft einen kultischen Bezug.

EMG: Wie erkennt man denn den kultischen Bezug?

BG: Er ist an der Form der Bewegungen, der Schritte erkennbar. Durch die Schritte werden ja Muster auf die Erde getanzt. Bei ursprünglich rituellen Tänzen sind sie vergleichbar mit den Mustern auf alten Handarbeiten, Stickereien, Teppichen und ursprünglich Höhlenmalereien. Sie sind Zeichen, Urformen der Menschheit. Die Bewegungen in der Natur und auch der Kreislauf der Himmelskörper werden im Tanz nachgebildet. Von Philon ist uns folgender Text überliefert: *„Die Sterne tanzen einen wahrhaft göttlichen Tanz, da sie die Ordnung nicht verlassen, die ihnen der allzeugende Vater im Kosmos angewiesen hat. So wird die Seele sich dem Reigentanz der Gestirne einfügen, wenn sie sich mit dem Göttlichen vereinigen will. Denn Gott will es, dass der Weise ein Abbild des Himmels sei, ein gewissermaßen vom Himmel auf die Erde geholter Himmel, sodass er in sich habe, was in jenem Bereich ist: „geordnete Bewegung."*

Dadurch werden die Tanzenden eins mit der Natur, mit Sonne Mond und Sterne. Ein anderer Aspekt ist der Rhythmus. Schon Gregor von Nyssa soll gesagt haben: *„Tanz ist die Rückkehr in die ursprüngliche Ordnung der Schöpfung, die in rhythmischer Bewegung weitergeht."*

Es gibt unregelmäßige Rhythmen bei Initiationstänzen, die durch den Verstand nur sehr schwer nachvollziehbar sind.

Der Körper vollzieht etwas nicht Denkbares.

Durch das NICHT-DENKEN kann sich die Wirkung des Tanzes entfalten.

Es gab auf dem Balkan Männerheiltänze, die geheim waren und im Verborgenen vollzogen wurden. Die Frauentänze sind bekannter und auch mehr erforscht. In Deutschland ist es ursprünglich anders. Es ist weniger bekannt, ob die Frauen in den Spinnstuben getanzt haben. Hier sind uns eher Männertänze überliefert.

EMG: Ja, das verstehe ich, da doch die Initiationsriten über die Männer liefen. Die ausgesuchten jungen Männer wurden in den Völkern der Überlieferung nach über Tänze in den Kult eingeweiht.

BG: Bei den Frauen genauso. Es waren unterschiedliche Riten. Die Männer tanzten 40 Tage vor der Wintersonnenwende (Weihnachten!). Die Frauen tanzten 40 Tage vor dem Frühlingsvollmond (Ostern). Man kann also an verschiedenen Aspekten erkennen, dass die Tänze einen kultischen Bezug haben. In der Fastenzeit wurde nicht im Kreis getanzt. Jedoch liefen die jungen Mädchen in Schlangen über die Hügel und Felder, bis sie umfielen. Wir wissen nicht genau, ob sie aus Erschöpfung umfielen. Es wird angenommen, dass sie in ein anderes Bewusstsein fielen. Nach der Initiationszeit wurden Sie vom Dorf wie Heilige verehrt. Sie waren in der Folge zuständig zum Beispiel für den Segen der Heilkräuter, der Bienen und auch der neugeborenen Kinder.

Die alten Frauen, die diese Riten noch tatsächlich 40 Tage lang durchgehalten haben, erzählen, dass sie umgefallen sind und nach einer Weile wieder aufgestanden und dann weitergelaufen sind.

Wenn man sie fragt, warum sie tanzen, erklären sie, dass es gesund sei, so wie es ihnen die Mütter und Großmütter gelehrt hätten.

EMG: Der Gesundheitsaspekt ist sicherlich nur ein oberflächlicher Effekt. Aber es gibt ganz sicher eine tiefere Bedeutung. Vielleicht war es Absicht, nur die Gesundheit in den Vordergrund zu rücken, weil man nicht wollte, dass viel nachgedacht wird.

BG: Aber das ist gesund! Gesund für Körper und Psyche.

EMG: Für die Einheit KÖRPER/SEELE/GEIST.

BG: Ja, ich habe erlebt, dass sich die Frauen nach einem anstrengenden Erntetag abends trotz Erschöpfung im Gemeindehaus getroffen haben, um zu tanzen. Sie tanzen, weil es zum Ernten dazugehört, um das Gemeinsame zu feiern und auch um Kraft für den nächsten Erntetag zu schöpfen.

Interessant ist, dass sie auch tanzen, wenn sie im Streit sind.

EMG: Löst sich der Streit dann einfach auf?

BG: Ja, der Streit ist einfach nicht mehr wichtig. Das Ich tritt zurück. Die Ich-Aktivität wird zurückgenommen. Die Forscherinnen sagen, dass die ursprünglich kultischen Tänze die Emotionen bündeln. Die Emotionen der Persönlichkeit sind im Moment des Tanzes nicht mehr gefragt. Ritualtänze sind Tänze jenseits der Emotion. Die Frauen sagen nicht: *„Ich geh tanzen."* Die Frauen sagen: *„Der Reigen tanzt."* Der Reigen ist größer als das ICH. Dieses schmilzt im Reigen.

Die tanzenden Frauen wirkten auf mich immer wie ein Schwarm von Vögeln, der auffliegt. Keine sagt, wann es anfängt, und keine sagt, wann es aufhört. Sie fangen einfach an und hören einfach auf. Sie bewegen sich gemeinsam wie in einem übergeordneten Feld.

EMG: Kann man sagen, dass das ein Tanzverhalten ist, bei dem das Denken überhaupt keine Rolle mehr spielt und auch die fünf Sinne nicht? Bei unseren Meditationsübungen geht es ja auch um die Loslösung von der Anhaftung an das Denken und die Sinne. Ich kann mir gut vorstellen, dass das alles im Tanz ausgeschaltet ist. Gut, du bewegst dich im Tanz, aber irgendwann tanzt du nicht mehr, sondern ES tanzt.

Beatrice, welche Rolle spielt die Musik neben der Bewegung? Vermutlich verstärkt die Musik.

BG: Die Musik spielt natürlich eine große Rolle. Manchmal frage ich mich, was zuerst da war, die Musik oder der Tanz. Natürlich kannst du auch ohne Musik tanzen. Vielleicht ist dann der Raum- oder Tastsinn noch wirksamer. Die Frauen, an die ich bei meinen Ausführungen jetzt gedacht habe, singen gleichzeitig zum Tanzen. Diese Gesänge gehen unter die Haut. Sie sind so durchdringend und absolut gleichwertig zum Tanz.

EMG: Wie würdest du beurteilen, wenn jemand Tanz sieht oder schaut im Vergleich zum Selbsttanzen? Beispielsweise denke ich an ein Ballett. Fehlt da was? Ist das eine kleinere Dimension? Oder kann ein Ballettbesuch auch in die Erfahrung führen?

BG: Es ist eine Frage der Aufmerksamkeit und der Präsenz. Es kommt darauf an, wie du schaust. Wenn ich wirklich offen bin und wirklich schaue, dann hat es eine gleiche Wirkung, wie wenn ich selber dabei bin. Es gibt ja in Chartres dieses große Labyrinth. Wenn du in dieses Labyrinth hineingehst und du dich einlässt, geschieht etwas mit dir. Mich hat der Gang durch dieses Labyrinth jedenfalls tief berührt. Beim Eingang zum Dom in Lucca befindet sich ein inzwischen abgewetztes in die rechte Säule eingelassenes Fingerlabyrinth in derselben Form wie das Chartres-Labyrinth. Beide haben eigentlich die Funktion der Purifikation. Du kannst nun, bevor du in den Dom gehst, zur inneren Reinigung mit dem Finger dem Labyrinthweg bis zur Mitte folgen.

EMG: Das führt doch sofort in die Achtsamkeit über den Tastsinn.

BG: Ja, und wir können dem Weg auch nur mit den Augen folgen. Es braucht einfach die volle Aufmerksamkeit. Wenn wir im Fingerlabyrinth präsent sind, dann erfahren wir dasselbe wie im Chartres-Labyrinth, in das wir mit dem ganzen Körper hineingehen. Wenn jemand also wirklich aufmerksam auch nur mit den Augen einer Bewegung folgt, kann sie diese Bewegung werden und das Bewusstsein kann sich öffnen.

In einem meiner letzten Kurse war eine ältere Frau, die nach 10 Minuten nicht mehr mittanzen konnte, weil sie Knieschmerzen hatte. Sie setzte sich auf eine Bank und sah uns einfach zu. Wir tanzten während einer halben Stunde denselben Schritt. Sie war nun mit ihrer ganzen Aufmerksamkeit bei unserer Bewegung und plötzlich wurde sie unsere Bewegung. Sie wurde Tanz. Sehr berührt erzählte sie, dass sie in der Folge auch die ganze Umgebung war, und dass es plötzlich nichts mehr gab, was sie nicht war. Sie war von nichts mehr getrennt. Sie hat Einheit erfahren durch ihre ungeteilte Aufmerksamkeit auf die eine Bewegung, auf den einen Schritt.

EMG: Man kann das wahrscheinlich gar nicht qualitativ in verschiedene Stufen einteilen und meinen, dass Selbsttanzen eine intensivere Erfahrung ist als Tanz schauen. Du hast Recht. Es liegt an der Intensität der Wahrnehmung. Wenn du zuschaust, kann es passieren, dass die Dualität verschwindet und es keinen Unterschied mehr zwischen dem Tanzenden und dem Schauenden gibt.

BG: Ja, auch über das Zuschauen kann Einheit erfahren werden.

Es gibt eine Richtung, die nennt man „Essential Movement". Da lässt du ganz bewusst den Körper sich bewegen, wie er sich bewegen möchte. Ohne Musik. Es ist unglaublich, was da passieren kann. In der Regel schaut da jeweils die Leiterin oder/und eine Gruppe zu, ohne zu werten, und ist Zeuge dessen, was geschieht. Dadurch wird der sich Bewegende leichter Zeuge seiner selbst. Zeuge-Sein ist der erste Schritt, die Ich-Aktivität zurückzunehmen.

EMG: Das habe ich noch nicht ausprobiert. Können wir noch einmal zur Musik beim Tanz zurückkommen. In der Musik habe ich sehr viel über die Bedeutung der Pause gelernt und auch erfahren. Es geht um die Stille in der Musik. Es geht dort um den Raum zwischen zwei Tönen. Wie ist das mit dem Tanz? Im Tanz ist die Stille, wie ich meine, die Nicht-Bewegung. Kann man wie bei der Musik auch beim Tanz sagen, dass eigentlich die NICHT-BEWEGUNG unser Wirklichkeitsfeld ist und dass dieses Wirklichkeitsfeld (Nicht bewegen, nicht denken, nicht fühlen) sich dann als Bewegungstanz real offenbart? Ist bei der Choreografie dieses Verharren bewusst eingeflochten? Ist das ein wichtiger Aspekt?

BG: Ja. Alles, was lebt, bewegt sich. Die Basis der Bewegung jedoch ist Stille, die Ruhe, das Innehalten. Im Grunde geht es darum, in der Bewegung die Stille wahrzunehmen und in der Stille die Bewegung. Was uns im Leben oft schwerfällt, sind die Übergänge. Da haben wir oft Widerstände oder weichen aus. In dem Moment, in dem wir uns bewegen und dann innehalten und der Bewegung nachspüren, können wir wahrnehmen, dass die Bewegung noch weitergeht. Sie ist ja noch da. Wir können sie nun fein innerhalb des Körpers weiterlaufen lassen, sie äußerlich wieder aufnehmen, oder sie unterbrechen, und neu beginnen. Für mich ist das eine Übung für den Alltag.

Durch den Tanz habe ich erfahren, dass das Sitzen in Stille nicht etwas Starres, sondern eigentlich der FEINSTE TANZ ist. Andererseits aus dem Innehalten in die Bewegung zu gehen, ist einfach Genuss.

Es gibt Menschen, die schon lange, lange sitzen. ohne dass sie je eine tiefere Erfahrung gemacht haben, dann kommen sie zum Tanzen und plötzlich öffnet sich das Bewusstsein. Es scheint mir, dass dies vor allem geschieht, gerade weil sie zum Beispiel gelernt haben, ihre Aufmerksamkeit auf nur einen Fokus zu lenken.

EMG: Du gehst natürlich nach dem Sitzen mit einer ganz anderen Achtsamkeit in die Bewegung. Mich würde noch interessieren, ob es unterschiedlich ist, ob du allein tanzt oder mit anderen zusammen? Zu zweit oder mit mehreren? Plötzlich hast du es mit dem du zu tun. Gibt es da einen Unterschied in der Erfahrung?

BG: Schon die Upanischaden sagen, dass der Tanz in dem Moment beginnt, wo er nur noch Tanz ist und keine Tänzerin mehr. Das ist sowohl möglich, wenn jemand allein tanzt, als auch mit anderen gemeinsam. Beim Tango brauchen wir den Partner. Und allein können wir keinen Reigen bilden.

EMG: Welche Bedeutung spielt die Berührung beim Tanz?

BG: Da ist Nähe. Da ist Kontakt. Da sind mehr Sinne involviert. Da kann Begegnung stattfinden. Da ist auch Empathie. Gemeinsamkeit wird mehr spürbar. Jede und jeder Einzelne gehört zum Ganzen. Niemand ist ausgeschlossen.

EMG: Denk mal an Sirtaki. Alle tanzen in der Reihe und umarmen die Schultern des Nachbarn. Und unsere Nationalmannschaft steht vor dem Spiel plötzlich auch so da. Welche Unterschiede gibt es beim Tanz der Völker der Welt. Mir ist jetzt bei der Fußballweltmeisterschaft aufgefallen, wie die Nationen Afrikas ihre Emotionen durch Tanz und Gesang ausdrücken. Vergleiche das mal mit dem Verhalten unserer Fans. Da liegen doch Welten dazwischen.

Die Naturvölker können noch Glück und Leid spontan durch Tanz ausdrücken. Man könnte das Verhalten der Völker in den entwickelten Industrieländern fast schon eine degenerative Erstarrung nennen. Denen ist die Ausdrucksweise durch Tanz abhandengekommen. Wenn ich mir die Bälle vorstelle, an denen ich teilgenommen habe, dann hat das dort praktizierte Tanzen mir überhaupt nichts gegeben. Es schien mir oft, als hätte man alle bis zum Bauch festgebunden und unten gab es dann eine minimale Bewegungsfreiheit für die Füße. Die Tanzenden haben nichts ausgedrückt, schon gar nicht Lebensfreude. Es schien oft, als wären alle mit ihren Gedanken und Gefühlen ganz woanders, nämlich bei all ihren Problemen und Sorgen.

Diese Art Tanz ist wohl keine Übung zur Achtsamkeit, um wieder in seine Mitte zu kommen, so nötig, wie es wohl gewesen wäre, wenn du in die Gesichter geschaut hast.

BG: Unsere Gesellschaft ist durch die christliche Kirche geprägt, die schon sehr früh den Tanz verboten hat.

EMG: Stimmt. Der Tanz spielt ja in unseren Kirchen gar keine Rolle. Nur der Gesang.

BG: Ja, und im frühen Christentum durften die Frauen auch nicht singen. Den Briefen von Augustinus ist eine Frauenfeindlichkeit und ein Tanzverbot zu entnehmen. Die junge Kirche wollte sich unter anderem von der Gnosis abgrenzen. Noch im 14. Jahrhundert wurde den Menschen, die bei Hochzeiten tanzten, von der katholischen Kirche mit Exkommunikation gedroht. Vor allem die osteuropäischen Völker, die nicht der römischen Kirche verbunden waren, haben trotzdem getanzt. Sie sagten: „Keine Feier ohne Tanz."

Auch bei politischer Unterdrückung, um ihre Identität zu bewahren, wurden die tradierten Tänze in den Völkern getanzt.

EMG: Ja, in der Musik ist das auch so. Die unterdrückten Schwarzen in Amerika haben ja aus Protest und zur Erhaltung ihrer Identität den Blues gesungen. Ist Tai-Chi oder Qigong auch Tanz?

BG: Qigong ist Teil der chinesischen Medizin, und ist gleichzeitig Teil einer umfassenden Kultivierung des Lebens. Zum „Spiel der fünf Tiere" könnte man auch sagen: „Tanz der fünf Tiere".

EMG: Siehst du eine Bedeutung verschiedener Altersstufen beim Tanz? Gewinnt Tanz eine Bedeutung, wenn man älter wird? Wenn die alternden Menschen unbeweglicher werden, wäre der Erhalt der Beweglichkeit wichtig und noch wichtiger vielleicht, sich über Bewegung auszudrücken. Hat deshalb sogar der Tanz als Erfahrungsraum für den GOLDENEN WIND eine immer größere Bedeutung, wenn man älter wird? Schau mal, wie Kinder springen und tanzen. Ausdruck von Freude pur!

BG: Ja, den Älteren könnte da einiges geboten werden. Die Bewegung ist so wichtig. Lebendigkeit erreichen wir durch Bewegung. Körperliche Bewegung bewegt auch Seele und Geist.

EMG: Können wir einmal auf die Bedeutung von Rhythmus kommen? Ich habe bei mir festgestellt, auch wenn ich Klavier spiele, dass der Rhythmus eine ganz wichtige Rolle spielt, fast wichtigere als die Melodie oder die Harmonie. Dann bin ich richtig ergriffen. Ich schwinge, innen und außen.

BG: Ja, das kann ich gut nachvollziehen. Auch im Tanz habe ich manchmal das Gefühl, dass ich nur Rhythmus bin. Er erdet uns und wie in der Natur ist er das Zeitmaß. Ohne Rhythmus kein Tanz.

EMG: Gibt es Rhythmen, die nur in bestimmten Gegenden gepflegt werden?

BG: Schade, dass jetzt bei dieser Fußball-WM die Vuvuzelas alle Rhythmen wie ein Bienenschwarm gleichmäßig übertönen. Dadurch sind die unterschiedlichen Rhythmen, mit denen die Mannschaften von verschiedenen Völkern angefeuert werden, nicht mehr so wahrzunehmen. Es ist spannend zu hören, in welchen (Ur)-Rhythmen Menschenmassen ganz natürlich skandieren. Sehr oft kann man bei Fußballspielen den archaischen Rhythmus Anapäst hören: pam, pam, PAM - kurz, kurz, LANG. Betonung auf der letzten Silbe. Dieser einfache Rhythmus beinhaltet eine starke Kraft, die antreibt. Er scheint aus der Erde von unten zu kommen und hat eine steigende Tendenz. Er ist dynamisch nach vorn gerichtet. Wenn wir mit Kindern frei trommeln, kommen sie sehr schnell in diesen Rhythmus. Wir kennen das auch von 1968: „HO, HO, HO CHI MINH". Auch: „Wir sind das VOLK". Vielleicht gibt es diese einfachen Grundrhythmen, weil sie von Natur aus im Menschen angelegt sind.

Ein anderer Rhythmus komplementär zum Anapäst ist der Daktylus: PAM, pam, pam, ein von oben nach unten sich senkender Rhythmus. Aus dem Griechischen heißt Daktylus Finger. Das Maß entspricht dem menschlichen Finger und wiederum auch dem menschlichen Körper: LANG – kurz – kürzer. Dieser Rhythmus wirkt harmonisierend. Manche bezeichnen ihn als den Rhythmus des Friedens.

EMG: Mir fallen natürlich, nachdem du das so gut erklärt hast, Anapäst-Rhythmen ein, die sehr in das Ohr gehen und Massen begeistern. Als Anhänger von BORUSSIA DORTMUND singen wir immer: BVB, BVB, BVB. Das ist pam, pam, PAM! Kurz - kurz - lang.

Auch in meinem Buchtitel „JETZT BIN ICH ENDLICH MAL DA" steckt der Anapäst.

ENDLICH MAL DA! - ENDLICH MAL DA! - ENDLICH MAL DA! Das ist eine kraftvolle Aufforderung. Wenn man dann noch bei der Skandierung des DA auf seine Brust zeigt, hat der Titel eine kraftvolle Wirkung. Es ist die Aufforderung zur Innenorientierung.

Ich erinnere mich ferner, dass nach Meinung von J. E. Behrendt der Embryo zunächst den Herzschlag der Mutter hört und das ist sein Metrum, für das ganze Leben. Es ist einerseits der Ruhepuls und andererseits der Puls bei Anstrengung. Da gibt es sicher Zusammenhänge zu dem, was du gerade gesagt hast. Der Anstrengungspuls entspricht wohl sehr dem Anapäst.

BG: Es wird gesagt, dass die Spartaner in dem Rhythmus des Anapäst in den Krieg gezogen sind. Der Aufmarsch erinnert auch sehr an einen nach vorn drängenden Tanz. Wenn wir diesen Rhythmus tanzen, bekommen wir Kraft aus der Erde.

EMG: Bei der SALSA, die ich gelernt habe, tanzt man wohl den Anapäst. Es heißt zwar EINS, zwei, DREI, vier – vor, zurück, stopp.

Den dritten und vierten Schritt kann man zusammenziehen. Dann ist es sehr dynamisch nach vorn drängend. Macht mir viel Spaß. Jetzt habe ich gelernt, warum das eigentlich so ist.

Tanz ist für mich der Ausdruck des Lebens und Erstarrung ist der Tod. Tanz ist für mich wie atmen. Atem anhalten ist der Tod. Atem fließen lassen, das ist das Leben. Wenn du einatmest, wirst du beatmet.?

Wenn du richtig im Tanz bist, wirst du ja auch betanzt, ES tanzt, wie du so schön zu Anfang gesagt hast. Beim Tanz bin ich ganz schnell im GOLDENEN WIND, ähnlich übrigens wie beim Trommeln, aber da sind wir schon wieder bei Rhythmus.

BG: Wenn du tanzt, sagst du JA zum Leben. Ich kann nicht tanzen und NEIN zum Leben sagen. Wenn da nur noch Tanz ist, sagen wir auch JA zum Sterben.

EMG: Das war ein wunderbares Schlusswort. Ich danke dir sehr herzlich für das Gespräch. Es war für mich eine große Bereicherung.

Beatrice Grimm wirkt am Benediktushof in Holzkirchen sowie an mehreren anderen Orten und hat schon viele Jahre mit Willigis Jäger zusammengearbeitet, der sie auch zur Kontemplationslehrerin ernannt hat. Weitere Informationen findet man unter www.beatrice-grimm.de. Auch in Rütte wird Tanz als Erfahrungsraum angeboten.

Auch das Schauen von Tanz und Ballett kann in die Erfahrung führen, vorausgesetzt, man schaut mit Achtsamkeit, fokussiert sich auf die Bewegung der Tänzer, wird EINS mit den Tänzern und jede Dualität verschwindet. Man kann den GOLDENEN WIND spüren. Dann geht man aus einer Tanzveranstaltung mit einer anderen Qualität raus als hinein. Versuchen sie es.

Im Essener Aalto-Theater sah ich am 11. Juli 2010 *„Architecture of Silence"* von Edward Clug. Ballettkompanie, Opernchor und Orchester traten gemeinsam auf.

Edward Clug: *„Mir erschien die musikalische Vereinigung der Requiem-Kompositionen von Mozart und Zbigniew Preisner als die richtige Wahl. Als Titel dachte ich an etwas, was die beiden Requiem umfasst. In gewisser Weise erforschen der Tanz wie auch die Musik die STILLE – für mich stellen sie beide eine Reflexion oder auch Erinnerung derselben dar; STILLE als gemeinsame Quelle von Musik und Tanz. Jeder erlebt die Stille auf seine persönliche Art und Weise. Wenn wir Mozarts Musik hören, erleben wir die Folgen seiner eigenen „STILLE", und wenn wir einen Tänzer sehen, versuchen wir,* *die Sprache seines ‚stummen' Körpers zu verstehen – Architekten bzw. ‚Architektur der Stille' ... Jeder einzelne soll seine eigene Reise machen."*

Der Tanz als Erfahrungsraum spielt und spielte für Hans-Peter Dürr eine besonders wichtige Rolle, da seine Frau Tänzerin und Tanzlehrerin ist und sie ihn, den rationalen Physiker, für den Tanz begeistern wollte.

Aus seinem Buch „*Warum es ums Ganze geht*":

„Einmal in der Woche, jeden Freitagabend, war im großen Saal Volkstanz, Tanz aus allen Ländern. Meine Aufgabe war lediglich, Stühle auszuräumen und notwendige Gerätschaften für die Musik aufzustellen. Ich stand oft am Rande und beobachtete mit Freude die Tanzenden. Da kam einmal Sue auf mich zu. ‚Warum schaust du nur zu? Warum tanzt du nicht mit?', fragte sie mich. ‚Ach weißt du, ich tanze gerne, aber ich bin zu alt für diese Spiele'. Ich war damals 24 Jahre alt, fühlte mich aber um Jahrzehnte älter und wurde vielleicht auch in meiner Ernsthaftigkeit von anderen so eingeschätzt. Sue akzeptierte jedoch meine Antwort nicht und sagte: ‚Von innen erlebst du das ganz anders, als was du von außen siehst.' Sue ergriff meine Hand und zog mich einfach in den Tanz hinein. Sie hatte Recht. Ich streifte auf einmal die vermeintlichen Jahrzehnte ab und war wieder jung, ausgelassen und unbeschwert."

Das ist eine sehr treffende und wunderbare Schilderung, wie sich im Erfahrungsraum Tanz das Altsein und Erstarrtsein auflösen kann und das Leben einschließt und zur Heiterkeit und Gelassenheit oder Ausgelassenheit führt.

Hans-Peter Dürr weiter: *„Mit Musizieren, Singen und Tanzen, Gesprächen über Gott und die Welt, auf Wanderungen entlang der pazifischen Küste und in den Bergen der Sierra Nevada verbrachten wir immer mehr Zeit miteinander. Auf einem dieser Ausflüge fragte ich Sue: ‚Was möchtest du mit deinem Leben anfangen?' Sie antwortete: ‚Es ausfüllen mit Schönheit – Musik, Tanz. Literatur, Gärten, Kinder, Freundlichkeit, Freude, Liebe – für mich und meine Nächsten und so vielen anderen, wie's geht.' Ich antwortete: ‚Wunderbar! Ich will die Grenzen ausweiten, so weit es geht, Neues, Unbekanntes erforschen, in die Tiefe des Unbegreiflichen vordringen und seinen Sinn erleben. So machen wir das: Ich weite die Grenzen ins Grenzenlose aus und du füllst die neuen sich ständig öffnenden Räume mit Schönem'. Das war so gut wie ein Heiratsantrag."*

Liebe Leserinnen, liebe Leser, fangen Sie an zu tanzen. Tanzen Sie, selbst, allein oder mit anderen oder werden Sie im achtsamen Schauen Tänzer auf der Bühne. Sie werden reich beschenkt. Besonders wir Männer tun uns schwer mit dem Tanz, wie Vincent CASSEL in seinem Interview zum Film „Black Swan" in der WAMS vom 23.1.11 sagt: „*..., denn die meisten Menschen, besonders die Männer, wissen nicht, wie man sich bewegt. Sie denken, es sei zu feminin, Dinge durch Bewegung auszudrücken. Ich glaube, da irren sie ... Eine wirklich schöne Bewegung ist für mich wie Malerei oder Musik. In der Minute, in der du es genießt, dich zu bewegen, wirst du zum Tänzer.*

Dazu muss man nicht der Star-Tänzer eines Balletts sein.“

In Abwandlung der Aussage von Bernadette Böll über Musik, könnte man zu der Übung im Tanz also sagen:

„ICH ÜBE NICHT TANZ,
SONDERN ICH ÜBE MICH ALS PERSON IM TANZ!“

Tanz der Befreiung
(überliefert von Aurelius Augustinus)

Ich lobe den Tanz,
denn er befreit den Menschen von der Schwere der Dinge,
bindet den Vereinzelten zur Gemeinschaft.

Ich lobe den Tanz,
der alles fordert und fördert,
Gesundheit und klaren Geist
und eine beschwingte Seele.

Tanz der Verwandlung,
des Raumes der Zeit des Menschen,
der dauernd in Gefahr ist, zu zerfallen,
ganz Hirn, Wille oder Gefühl zu werden.

Der Tanz dagegen fordert den ganzen Menschen,
der in seiner Mitte verankert ist,
frei von der Begehrlichkeit nach Menschen und Dingen
und von der Dämonie der Verlassenheit im eigenen Ich.

Der Tanz fordert den befreiten,
den schwingenden Menschen im Gleichgewicht aller Kräfte.

Ich lobe den Tanz.

Oh Mensch, lerne tanzen,
sonst wissen die Engel mit dir im Himmel nichts anzufangen.

Erfahrungsraum Sport

Der berühmte Schweizer Sechstage-Rennfahrer Jean ROTH war unser Nachbar. Er hat uns Jugendliche für den Radrennsport begeistert. Wir kauften uns Rennräder und verbesserten sie durch ständig neues Zubehör. Wenn er in Frankfurt trainierte, fuhren wir hinter ihm her und trainierten auch. Wir wollten alle Radrennstars werden.

Für die Sechstagerennen in der Festhalle besorgte er uns Freikarten. Wir waren dabei. Wir schnupperten Rennfahrerluft. Er war unser Idol, nett, freundlich, sympathisch und leistungsstark. Wir wollten auch unsere Leistung durch intensives Training ständig verbessern.

Auch Handball und Tennis als Leistungssport begeistertem mich über viele Jahre.

Ich trainierte so viel, dass ich ab dem 25. Lebensjahr wegen Verschleiß in den Fußzehengelenken diese Sportarten aufgeben musste.

Der Sportarzt, den ich konsultierte, zog seine Schuhe aus und zeigte mir seine ähnlichen Probleme. *„Suchen Sie sich einen Sport aus, bei dem Sie Ihre Füße nicht so sehr brauchen."* Das führte mich zum Reiten. Über viele Jahre machte mir besonders das Ausreiten durch die Landschaft viel Freude. Es ist ein wunderbares Gefühl, auf dem Pferd zu traben und zu galoppieren. Es ging nicht mehr um Leistung, sondern um Freude und Spaß.

So lernte ich, dass es im Sport nicht nur um Leistung gehen muss.

Mit 28 Jahren fing ich mit dem Skifahren an. Wir haben viel trainiert, um einfach gut Ski zu fahren und den Sport richtig genießen zu können. Auch hier ging es mir mehr um die Freude der Bewegung in der Bergwelt. Wenn ich richtig im FLOW war, fuhr ich singend die Berge hinunter. *„La Montanara"* oder der *„Schneewalzer"* waren die bevorzugten Lieder. Sport und Musik, das geht wunderbar zusammen, nicht wahr, liebe Leserinnen und Leser, das wissen Sie.

Man kann also in den Erfahrungsraum Sport eintreten und nicht mehr nur die Leistung im Mittelpunkt sehen, sondern die Freude.

Im ersten Lebensdrittel geht es für die meisten Menschen um Leistung.

Im zweiten Lebensdrittel kann zu der Leistung mehr und mehr die Freude dazukommen.

Im dritten Lebensdrittel hat man die Möglichkeit, die sportliche Übung aber auch als Übung für die innere Reifung zu praktizieren. Jede Tätigkeit kann man als Meditation ausüben, auch die sportliche.

Wenn ich beispielsweise beim Kieser-Training, bei dem besonders Stille und Ruhe gewährleistet sind, ohne Denken und Fühlen einfach ganz in meiner Übung bin, bis sie von alleine sich vollzieht, dann, und nur dann, wachsen nicht nur die Muskeln, sondern auch die Seele und der spirituelle Geist. Einfach so, absichtslos.

Dann heilt alles, was heilen soll und man reift als Person.

Kaum jemand hat diese Art der sportlichen Übung so genau beschrieben wie Eugen HERRIGEL in seinem Buch „*ZEN in der Kunst des Bogenschießens*" (Otto Wilhelm Barth Verlag 1951):

„Die Technik muss überschritten werden, sodass das Können zu einer nicht gekonnten Kunst wird, die aus dem Unbewussten erwächst.

In Bezug auf das Bogenschießen bedeutet dies, dass Schütze und Scheibe nicht mehr zwei entgegengesetzte Dinge sind, sondern eine einzige Wirklichkeit. Der Bogenschütze ist nicht mehr seiner selbst bewusst, als stünde ihm die Aufgabe zu, die Scheibe vor ihm zu treffen. Dieser Zustand der Unbewusstheit wird aber nur erreicht, wenn er von seinem Selbst vollkommen frei und gelöst ist, wenn er eins ist mit der Vollkommenheit seiner technischen Geschicklichkeit. Dies ist etwas vollkommen anderes als jeder Fortschritt, der in der Kunst des Bogenschießens erreicht werden könnte."

Die Schützen üben jahrelang, um die Mitte der Scheibe mit ihrem Pfeil zu treffen. Das EGO will treffen. Aber solange dieses Ego treffen will, wird es nicht gelingen.

Der Pfeil muss eines Tages ICHLOS davonfliegen, mit einem verklärten Lächeln im Gesicht des Schützen.

„Dieser Zustand, in dem nichts Bestimmtes mehr gedacht, geplant, erstrebt, erwünscht, erwartet wird, der nach keiner besonderen Richtung zielt und dennoch aus unabgelenkter Kraftfülle sich zu Möglichem wie Unmöglichem geschickt weiß – dieser Zustand, der von Grund aus absichtslos und ICH-los ist, wird vom Meister als eigentlich ‚GEISTIG' bezeichnet … Unterlassen Sie es, an den Abschuss zu denken", sagt der Meister dem Schüler.

Eugen HERRIGEL schildert wunderbar bildhaft, damit wir alle, die diese Erfahrung noch nicht gemacht haben, es verstehen, wie es in diesem Sport und eigentlich in jeder sportlichen Übung sein soll:

„Dabei ist alles so einfach. Sie können von einem gewöhnlichen Bambusblatt lernen, worauf es ankommt. Durch die Last des Schnees wird es herabgedrückt, immer tiefer. Plötzlich rutscht die Schneelast ab, ohne dass das Blatt sich gerührt hätte. Verweilen Sie, ihm gleich, in der höchsten Spannung, bis der Schuss fällt. So ist es in der Tat: wenn die Spannung erfüllt ist, muss der Schuss fallen, er muss vom Schützen abfallen wie die Schneelast vom Bambusblatt,

NOCH EHE ER ES GEDACHT HAT!"

Dann erfährt der Schütze den GOLDENEN WIND.

So wird jeder Sport zur Übung für die innere Reifung. Es geht also nicht um Leistung, auch nicht um Begeisterung auf der emotionalen Ebene, es geht um die Erfahrung der GEISTIGEN Dimension in unserem Leben durch den Sport.

Wir können uns sicher leicht vorstellen, dass die asiatischen Sportarten wie Judo, Karate, Aikido so praktiziert werden.

Aber jede Sportart kann so praktiziert werden. Diese Erfahrung im Sport bleibt uns aber meistens verschlossen, weil wir um diese Dimension unseres DASEINS nicht wissen. Wir haben es vergessen. Mit dem Sport können wir uns das vergessene wieder ins Bewusstsein rufen.

Für mich gelang diese Erfahrung am besten beim Skifahren. Mit der Bewegung ganz EINS werden, jeder Schwung selbst SEIN, nichts denken und nichts fühlen.

Wenn es einfach nur schön ist, bleibt man auf der emotionalen Ebene hängen. Das ist auch in Ordnung, aber die Chance der inneren Reifung ist verpasst.

DÜRCKHEIM hat sich sehr ausführlich mit dem Erfahrungsraum Sport beschäftigt. Aus seinem Buch: *„Sportliche Leistung – Menschliche Reife"*:

„Sollte es nicht möglich sein, bis in die kleinste Übung hinein, in das Zentrum der Bemühungen anstelle der Leistung den Menschen zu stellen, also statt nur an seine Ertüchtigung zu höchster Leistungsfähigkeit zu denken, mehr auf die Entfaltung und Reifung des ganzen Menschen zu zielen? In dieser Frage meldet sich im Bereich des Sports die gleiche Forderung, die sich heute auf allen Gebieten des Lebens erhebt, wo Menschen im Leistungseinsatz stehen: Die Forderung nach einer Revision des Verhältnisses von Mensch und Leistung."

Diese Aussage von DÜRCKHEIM aus dem Jahre 1986 ist heute aktueller denn je, in einer Gesellschaft mit zweistelligen Wachstumsraten für Depression und Burn-out (siehe Spiegel vom 24.01.2011, „AUSGEBRANNT – das überforderte ICH")

DÜRCKHEIM weiter: *„So stehen einander gegenüber: SACHLICHE LEISTUNG UND MENSCHLICHE REIFE. Nur im rechten Verhältnis zwischen beiden kann menschliches Leben sich fruchtbar erfüllen und der Mensch seiner Bestimmung entsprechen."*

Burn-out ist heute in den Medien ein sehr aktuelles Thema. In den meisten Darstellungen über die Gründe, die zum Burn-out führen, sind immer die „anderen" schuld, der Kollege, der Chef, die Firma, die Globalisierung usw. Diese Sicht ist eine klassische Projektion. Das eigene ICH will gar nicht wahrhaben, dass man selbst massiv beteiligt ist an dem Kollaps. Wenn man das aber nicht erkennt und sein Leben nicht von der ausschließlichen Außenorientierung auf inneres Wachstum umstellt, dann ist die Wirkung jeglicher Therapie nicht von langer Dauer. Für mich ist der Burn-out „die Implosion des egozentrierten EGO".

Wer immer nur Leistung will, immer mehr wissen, mehr können und mehr haben will, dessen EGO kollabiert nach innen, wenn der Druck von außen größer wird. Wenn dann innen nichts mitgewachsen ist, was den Menschen hält, passiert der Burn-out.

Um es deutlich zu machen: Der Dalai Lama wird wohl kaum einen Burn-out bekommen, trotz seiner enormen Belastung.

Ich möchte betonen, dass aus meiner Erfahrung Leistung nichts Schlechtes ist. Wir alle sollten Leistungen anstreben und dafür üben. In unserem Leben sind erbrachte Leistungen ganz wichtig. ABER, sie dürfen nicht das Alleinige sein, durch das wir uns definieren. Dann werden wir krank, bis wir es begriffen haben, dass unsere Orientierung zu einseitig war und diese Einseitigkeit des ICHBEWUSSTSEINS die Ursache für unser Dilemma ist.

DÜRCKHEIM führt das auch ganz klar aus:

„Bei aller Kritik an bloßer Leistung kann es sich also nie darum handeln, das Leistungsprinzip als solches infrage zu stellen oder seine Bedeutung für die Erziehung, Ertüchtigung und Bildung des Menschen herabzumindern. Aber die Voraussetzung dafür, dass das Leistungsprinzip segensreich und heilvoll bleibt, ist, dass es nicht zum einzigen Prinzip des Lebens wird und sich absolut setzt, sondern eingebettet bleibt in das Ganze des menschlichen Lebens. Setzt es sich für das Ganze, dann wirkt es sich heillos in der Welt aus, und der Mensch wird krank. Dann ist aber nicht das Leistungsprinzip als solches Schuld, sondern der Mensch, der einseitig auf Leistung bedacht, sein inneres Wesen und Reifen vergisst.

Nicht das Leistungsprinzip verdirbt den Menschen, sondern der Mensch verdirbt das Leistungsprinzip."

Liebe Leserinnen und Leser, treiben Sie den Sport, der Ihnen Spaß macht, egal wie alt Sie sind. Sport ist für jede Altersgruppe gut.

Üben Sie stetig wie der Bogenschütze die Verbesserung Ihrer Leistung und genießen Sie die Freude an der verbesserten Leistung.

Aber nutzen Sie den Erfahrungsraum Sport auch als Übung für Ihre innere Reifung, ohne die die Leistung freudlos wird und krank macht.

Mit Erschütterung musste ich den Freitod von Robert ENKE erfahren, weil er diese Dimension des Menschseins nicht erfahren konnte. Er wusste nicht davon.

Diese Einseitigkeit und Überbetonung hat ihn in den Tod getrieben. Hätte er die Leistung in sein Reifungspotenzial eingebettet gewusst, so würde er heute noch leben.

Erfahrungsraum Bildende Kunst

„Das Schönste, was wir erfahren können, ist das Mysteriöse.
Es ist der Quell aller wahren Kunst und Wissenschaft."

(Albert Einstein)

Es geht um die Erfahrung des Mysteriösen, aus dem die wahre Kunst und Wissenschaft gespeist wird. Also ist es für EINSTEIN nur dann WAHRE KUNST, wenn sie aus dem, wie er es nennt, MYSERIÖSEN kommt. Es gibt auch andere KUNST, aber die ist dann für ihn wohl keine wahre KUNST.

So sehe ich das auch.

Im Sommer 2007 führte die Theologische Fakultät der Universität Luzern eine Vortragsreihe zum Thema Spiritualität und Kunst mit dem Thema *„Spirituelle Spuren in der Kunst"* durch. Die Inhalte finden sich in dem Buch von Wolfgang W. Müller als Herausgeber: *„Suche nach dem Unbedingten – Spirituelle Spuren in der Kunst"* (TVZ Theologischer Verlag).

Aus dem Buch: *„Wenn Kunst ein möglicher Weg auf der Suche nach dem Unaussprechlichen und Unsichtbaren wäre, nach dem Letzten und Höchsten, so würde dies bedeuten, dass Kunst letztlich eine Form von Spiritualität bzw. ein Ausdrucksmittel für Spiritualität wäre."*

Die aus Lübeck stammende Künstlerin Moon Mc NEILL sagt zum Thema spirituelle Kunst:

„Spirituelle Kunst will nach innen leiten und eine Verbindung zwischen der inneren und der äußeren Welt erschaffen. Dazu verbindet sich auch der Künstler tief mit sei-

nem INNEREN und schöpft aus der Kraft, die er dort findet. Er transformiert sein Alltagswesen, bündelt seine Energien und stellt beide ganz in den Dienst der Sache. Manche Künstler beten, andere lassen sich vor dem malen leer laufen und hören meditative Musik, um in den Flow zu kommen und alles Störende aus dem Geist zu entfernen. In diesem Sinne wird die malerische Arbeit zu Meditation und ein Werk nicht nur zum Ausdruck des SELBST, sondern auch zum Ausdruck des HÖHEREN, das durch den Künstler spricht …

Er malt einfach, weil er malen muss – Spiritualität hin und her! Es ist nicht weniger als eine innere Notwendigkeit, aus der eine Kommunikation der Seele mit dem Material entspringt. Mit dem entsprechenden Ergebnis: es entsteht eine zutiefst authentische Malerei. Intuition und Experimentiergeist sind ebenso wichtig wie die tiefe Kenntnis dessen, was man IST …

Die meisten Menschen haben leider keine Ahnung, wer sie sind. Sie können ihre Lebensdaten, Zeugnisnoten, Berufswege und Krankheiten akkurat schildern, aber nicht ihr WESEN in seiner GANZHEIT. Malerei ist einer von vielen Schlüsseln, sich besser zu verstehen."

Für DÜRCKHEIM war die KUNST, und zwar sowohl die BILDENDE wie auch die DARSTELLENDE KUNST ein ganz wichtiger Erfahrungsraum für die WESENSERFAHRUNG, also für die Erfahrung des GOLDENEN WINDES in meiner Diktion in diesem Buch.

Deshalb schreibe ich über diesen Erfahrungsraum, obwohl mir die intensiven Erfahrungen wie beispielsweise in der Natur, der Musik, dem Tanz fehlen.

Weil dieser Raum grundsätzlich so wichtig ist, vielleicht für Sie, liebe Leserinnen und Leser, und auch für mich in den nächsten Jahren. Lassen Sie uns gemeinsam in diesen Erfahrungsraum eintauchen und dann beginnen, zu malen, zu bildhauern, zu zeichnen usw.

Also lasse ich Künstler, die in diesem Raum tiefe, manchmal sogar lebensnotwendige Erfahrungen gemacht haben, sprechen, mit denen ich wunderbare und mich sehr inspirierende Gespräche geführt habe, die Bildhauerin ROSEMARIE SACK-DYCKERHOFF, den Maler HANS PETER MÜCH und die Goldschmiedin, Emailleurin und Zeichnerin LILO BRENTRUP, die auch noch schriftstellerisch tätig ist und zwar HAIKUS schreibt, die mit der Entwicklung des Menschen verbunden sind und den Klang aus der Erfahrung des GOLDENEN WINDES tönen lassen.

Ich habe so eine Ahnung wegen meiner Blockade, weshalb ich mich so richtig getraut habe, in diesen Raum einzutreten.

Früher, im Kunstunterricht in der Schule, hat ein Kunstlehrer zu meinem Bild gesagt: „*Wie, das soll ein Pferd sein?*" Dabei fühlte ich mich nicht gut und habe die bildende Kunst erst mal zur Seite gelegt. Es war die Kritik, die vernichtet.

Natürlich war ich in vielen bedeutenden Ausstellungen, vorzugsweise hier in Essen im Folkwang-Museum oder auf vielen Reisen rund um die Welt oder kürzlich in der Eremitage in St. Petersburg. An Sammeln, das heißt BESITZENWOLLEN, habe ich nie gedacht, obwohl ich viele Menschen kenne, für die das wichtig ist. Das HABEN stand für mich nie im Vordergrund meines Interesses für die bildende Kunst.

Aber der Durchbruch zur Erfahrung in der Kunst fehlt mir bisher. Ich fand manche Werke ansprechend und schön. Also, meine seelische Ebene ist angesprochen worden, aber es ging mir um die geistige Ebene. Dafür habe ich bei mir bisher keine Empfangsfrequenz entwickelt.

Das kann ja noch kommen. Es geht mir aber ähnlich wie in den anderen Erfahrungsräumen um diese geistige Dimension.

In Rütte konnte ich ahnen, wie die Darstellung Form wird, aus einer Meditation heraus. Aber das sind nur Anfänge.

Das GEFÜHRTE ZEICHNEN und die TONARBEIT brachten Werke hervor, die ich nicht erwartet hatte und die mir die Verbindung zu meinem SELBST aufzeigten. Ob das, was ich da begonnen hatte, schon Kunst ist, fragte ich Andreas Pfäfflin, einen der Therapeuten in Rütte, der mehrjährige Erfahrung auf diesem Gebiet hat.

EMG: In dem Kapitel „Erfahrungsraum Musik“ ging es mir um die Unterscheidung zwischen MUSIKHÖREN, MACHEN und MUSIZIEREN.

KUNSTSEHEN und KUNSTMACHEN wäre also ähnlich. Was entspricht dann dem MUSIZIEREN?

Andreas Pfäfflin: DÜRCKHEIM unterschied immer zwischen KUNSTMACHEN und KÜNSTLERISCH-TÄTIG-SEIN. Machen kann jeder, der es im Musik- oder Kunstunterricht nur genügend lernt. Der Unterschied liegt dann aber in einer anderen Qualität. Es geht darum, ob eine transzendente Qualität zu spüren ist und den anderen berührt, ob also die IMMANENTE TRANSZENDENZ wirksam wird. Das ist dann WESENTLICH.

Es gibt Musiker, Maler und Bildhauer, die diese transzendente Qualität übertragen, und andere Menschen können daran teilhaben. Das sind für mich die großen Künstler.

Aber es kann dir als Anfänger des Musizierens oder Malens gleichermaßen geschehen.

EMG: Zurück zur Kunst. Macht ihr hier Kunsttherapie? Es wird hier auch gemalt oder es werden Plastiken gestaltet. Früher war ja auch Rosemarie Sack-Dyckerhoff hier, mit der ich über Ihre Arbeit gesprochen habe.

AP: Ja, Rosemarie ist eine ganz besondere Künstlerin. Man kann ja ein bisschen pauschal sagen, dass Kunst und Entwicklung sich eigentlich widersprechen. Die Schönheit eines Kunstwerkes und die innere Entwicklung muss nicht immer parallel gehen. Aber bei der Rosemarie ist das so.

EMG: Ich könnte mir vorstellen, dass ich Künstler treffe, die wissen gar nicht, wovon ich rede.

AP: Ja, sie stellen einfach geniale Werke auf den Tisch, aber von der inneren Entwicklung und vom Menschsein haben sie keine Ahnung.

EMG: Also, Kunst ist dann nicht immer, dass das Innere Form werden will?

AP: Kunst kann eben auch ganz ICH-los sein und schon eine transzendente Wirklichkeit vermitteln, aber jenseits vom Menschen. Man sagt ja zum Beispiel auch von den früheren großen Künstlern, dass sie menschlich gesehen keine guten Eigenschaften hatten.

EMG: Aber ich glaube jetzt auch, im Kontext mit meinem Buch ist einfach die Frage, die ich beleuchte, ob ich im Erfahrungsraum Kunst anderen Input haben muss, anderen als vom EGO, das Kunst perfekt machen will, damit man bei sich selbst und anderen etwas öffnen kann, nämlich von innen her, von der Erfahrung des Wesens.

AP: Monika arbeitet beispielsweise beim GEFÜHRTEN ZEICHNEN auch mit Farbe, um die Öffnung zu erleichtern. Die Schüler verwenden Fingerfarben und malen großflächig an der Wand. Die Farbe hilft bei der sinnlichen Erfahrung der IMMANENTEN TRANSZENDENZ. Es geht nicht darum, ein schönes Bild zu zeichnen, sondern in der sinnlichen Erfahrung des Malens die TRANSZENDENZ ins ERLEBEN und ins SPÜREN zu bekommen.

EMG: Das gelingt doch auch schon manchmal mit Kohlestiften. Was trägt Farbe zusätzlich bei?

AP: Man kann sagen, dass beim GEFÜHRTEN ZEICHNEN ein Grundprinzip gelegt ist, das sich mit Farbe oder im Tonfeld sich auf sinnlicher Ebene etwas ausweitet.

EMG: Warum sollen die Schüler dabei die Augen schließen?

AP: Die Augen fördern die Fixierung auf die Gegenständlichkeit. Das wollen wir verhindern, denn die TRANSZENDENZ ist eben nicht gegenständlich. Bei offenen Augen besteht die Gefahr, dass man etwas gestalten will. Dann ist das WOLLEN beteiligt.

EMG: Ja, Rosemarie Dyckerhoff-Sack hat mir gesagt, wenn zu sehr ihr WOLLEN beteiligt war, hat sie sofort aufgehört und ist nach Hause gegangen. Am nächsten Tag gab es einen neuen Anfang. Sie sagte, wenn Kunst von WOLLEN käme, müsste man von WUNST sprechen. Es geht eben um das Gestalten ohne WOLLEN, ohne EGO-Dominanz.

Ich habe eure Methoden hier, das GEFÜHRTE ZEICHNEN und die ARBEIT IM TONFELD, als eine Art Einstieg in die Erfahrung durch Zeichnen und Modellieren empfunden. Könnte es nicht sein, dass dann, wenn diese Arbeiten und die Erfahrungen weitergehen würden, sie zu einer künstlerischen Ausdruckweise führen? Weil die Menschen dann etwas erfahren haben, was wir SEINSFÜHLUNGEN nennen. Das sind für uns Erinnerungspunkte.

AP: Ja, das sehe ich auch so. Dafür gibt es Beispiele. Sie möchten dann z. B. aus einem Stein das rausholen, was in einem Stein drinsteckt.

EMG: Du würdest also das, was ihr als Methoden anbietet, schon als einen Einstieg in die Kunst sehen?

AP: So kann es beginnen.

EMG: Andreas, ich danke dir sehr. Meine Motivation, mit der darstellenden Kunst fortzufahren, ist gestiegen.

Bei den Gesprächen mit ROSEMARIE SACK-DYCKERHOFF (93 Jahre) und LILO BRENTRUP (90 Jahre) haben mich zwei Aspekte besonders interessiert.

Zum einen die Frage, wie die Künstlerinnen den Erfahrungsraum KUNST auf allen Ebenen Körper/Seele/Geist gespürt haben, und die andere wichtige Frage, wie die KUNST sie durch ihr Leben getragen hat, durch alle Höhen und Tiefen, und welche Botschaft sie den älter werdenden Menschen im dritten Lebensdrittel zurufen wollen.

ROSEMARIE SACK-DYCKERHOFF wirkte viele Jahre in Rütte als Kunsttherapeutin. Sie hat ihr Atelier in Freiburg und lebt im Augustinum.

Wenn es möglich ist, geht sie täglich in ihr Atelier.

GESPRÄCH MIT ROSEMARIE SACK-DYCKERHOFF
17. Juni 2010 in Freiburg

EMG: Die Kunst, die darstellende Kunst, ist mir bisher weitgehend verschlossen geblieben. Aber ohne Zweifel ist die Kunst ein wichtiger Erfahrungsraum zur Erfahrung des GOLDENEN WINDES oder wie DÜRCKHEIM sagt, des WESENS. Ich freue mich auf unser Gespräch, liebe Frau Sack-Dyckerhoff. Sie sind Bildhauerin und kennen Rütte. Deshalb gibt es sicher auch einen wichtigen Einfluss durch DÜRCKHEIM. Sie haben in Rütte als Kunsttherapeutin gewirkt und viele Schüler gehabt. Sie haben dadurch mit vielen Not leidenden Menschen zusammengearbeitet und ihnen sicherlich auch helfen können.

RSD: Ich hoffe! Also ich habe bei mir die Erfahrung gemacht, dass ich eigentlich erst angefangen habe zu leben, als ich angefangen habe künstlerisch zu arbeiten.

EMG: Wann war das? Wie alt waren Sie?

RSD: Ich war 19 Jahre alt. Da kam ich zu Fritz von Graevenitz nach Stuttgart. als Privatschülerin. Bei ihm habe ich angefangen zu modellieren. Und zwar nicht wie auf der Akademie nach Modellen, sondern frei.

EMG: Haben Sie sich zum Modellieren besonders hingezogen gefühlt und nicht zur Malerei?

RSD: Ich wollte ursprünglich mal Malerin werden. Bei einer Italienreise habe ich viel Kunst gesehen. Ich merkte, dass ich bei den Bildern immer sagte: „OH, sind die schön!" Und bei den Plastiken sagte ich: „Das möchte ich auch!" Da habe ich gedacht, dass ich Bildhauerin werden sollte. Das war eine klare Botschaft.

Bei Graevenitz habe ich zunächst zeichnen gelernt und bei Professor Spiegel. Bei Gaevenitz in der Klasse bekam ich dann bald ein eigenes Atelier, sodass ich für mich arbeiten konnte. Dazwischen bin ich mal zwei Semester nach München auf die Akademie gegangen, aber es hat mich nach Stuttgart zurückgezogen. Ich konnte dort allein arbeiten und Graevenitz kam nur, wenn man ihn gerufen hatte, weil man eine Korrektur brauchte.

EMG: Wenn Sie sich für die Bildhauerei entschieden hatten, haben Sie mit allen Materialien gearbeitet oder haben Sie sich auf ein bestimmtes Material konzentriert?

RSD: Ich habe alles einmal probiert. Ich habe mal Stein gehauen. Dann ist mir aufgegangen, plötzlich, bei einer Mondnacht, dass ich in einem Baum den RAUM sah. Da ist mir der RAUM als bildhauerische Möglichkeit aufgegangen. Seit diesem Erlebnis habe ich anders gearbeitet. Ich habe versucht, die Auseinandersetzung der Plastik mit dem Raum als das WICHTIGSTE zu begreifen. Ich habe dann auch viel Gruppen gemacht. Aber auch bei einer Einzelplastik entsteht immer das Raumproblem.

EMG: Das kann ich mir gut vorstellen. Das wurde dann zu Ihrem Hauptthema?

RSD: An dem Raumproblem bin ich sozusagen hängen geblieben.

EMG: Wie gestaltet man die Plastik im Raum? Wie stellt man den Raum dar?

RSD: Da kommt es oft auf Millimeter an, damit der Raum ein Raum wird oder dass da nur zwei Dinge stehen. Plötzlich kriegt dazwischen der Raum Gestalt.

EMG: Der Raum verändert sich ja durch die Plastik.

RSD: Ja. Der Raum wird eigentlich durch die Plastik geschaffen.

EMG: Ist Ihnen in dieser Entwicklung, als Sie den Raum für sich entdeckten, durch den Kopf gegangen, dass dieser Raum ja eigentlich ein Symbol für den GROSSEN RAUM, die GROSSE WIRKLICHKEIT sein kann? Die STILLE? Die LEERE? Die Leere, die Sie mit einer Plastik füllen, die Realität wird in diesem Raum? Es erinnert mich sehr an die Musik, die aus dem Raum der Stille Realität wird. Zwischen den Tönen ist Stille, die WIRKLICHKEIT, der GOLDENE WIND.

RSD: Ja. Kann man so sagen.

EMG: Was bei Ihnen geschieht, ist, was wir heute so sagen, die Erfahrung der WIRKLICHKEIT, im Buddhismus der LEERE, wir nennen es GOTT, Dürckheim nennt es WESEN. Wir erfahren, dass dieser Raum nicht NICHTS ist, sondern dass diese Leere eine Potenz oder Potentialität hat, sich als Realität darzustellen und damit zu offenbaren. Und wenn Sie in dem Raum künstlerisch wirken, entsteht aus der Leere Form als Realität. Die Plastik ist diese Realität gewordene Wirklichkeit. Dort, wo nicht Plastik ist in Ihrem Werk, ist dann Raum, Leere, Wirklichkeit.

RSD: Genau so habe ich das gespürt und versucht, das lebendig zu verwirklichen.

EMG: Mich interessiert jetzt die folgende Frage. Sie haben mit 19 Jahren begonnen, Bildhauerin zu werden, weil Sie die Arbeiten gerne gemacht haben. Wann in Ihrem künstlerischen Schaffen ist Ihnen so langsam aufgegangen, dass es eigentlich um eine ganz andere Wirklichkeit geht als die, die Sie bisher erlebt haben? Ich meine damit das WESEN. Wann ist diese Erfahrung aufgebrochen oder wann gab es erste SEINS-FÜHLUNGEN? Also ich meine die Erkenntnis, dass es neben der realen Welt noch eine ganz andere Dimension gibt, die man nur erfahren kann, wenn man dafür transparent geworden ist. Und die dem ICH eine Erweiterung im SELBST gibt oder besser ausgedrückt, das ICH im SELBST erdet und dem ICH damit eine weitere Identität gibt.

RSD: Das hatte schon beim Graevenitz angefangen.

EMG: So früh?

RSD: Graevenitz hatte auch in der Richtung sein Bewusstsein erweitert. Nun waren mir seine Sachen dann zu weit weg von der Wirklichkeit. Dann stimmt es für mich auch nicht.

EMG: Wie haben Sie das gespürt?

RSD: Einfach geguckt. Gesehen.

EMG: Könnten Sie ausdrücken, was der Unterschied zwischen seinen Werken und Ihren Werken war?

RSD: Ja, ich habe dann versucht, erst mal ins Naturstudium reinzugehen. Deshalb auch der Aufenthalt in München. Ich hatte mir gesagt, das andere hat zu wenig Füße auf dem Boden. Man muss sichtbar machen, dass in allem um uns, was wir zu verwirklichen versuchen, das andere mit hineinscheint.

EMG: Dann waren Sie aber sehr früh schon sehr weit mit dieser Erkenntnis, liebe Frau Sack-Dyckerhoff. Normalerweise geschieht diese Öffnung ja eher in der Lebensmitte, wenn man Glück hat. Die Öffnung wird fast immer durch eine Leidensgeschichte ausgelöst. Dann würden Sie zu den ganz wenigen Personen gehören, die ich kennengelernt habe, bei denen es keines Leidens bedurfte für den Beginn des Weges zu Transparenz für das Wesen, oder wie DÜRCKHEIM sagt, für die IMMANENTE TRANSPARENZ.

RSD: Doch, irgendwo schon ist mein Weg der Öffnung auch durch Leiden ausgelöst worden. Ich hatte eine sehr schwierige Kindheit. Ich habe sehr früh meine Mutter verloren. Da war für mich der Anfang des künstlerischen Arbeitens einfach die Möglichkeit, wieder Kontakt mit dem LEBEN zu bekommen.

EMG: Das ist wunderbar ausgedrückt. Wenn ein Leser meines Buches dieses Zitat von Ihnen liest, der selbst den Kontakt zum Leben verloren hat und zutiefst deshalb leidet, dann hoffe ich sehr, dass dann für ihn ein LICHT aufgeht. Dieses LICHT haben Sie dann durch Ihre Aussage und Ihre Erfahrung angezündet. Ein großer Trost. Im Erfahrungsraum Kunst kann der Mensch wieder Anschluss an das LEBEN finden, er kann den GOLDENEN WIND erfahren, wie ich ES in meinem Buch nenne.

Sie haben offensichtlich durch Ihr sehr frühes künstlerisches Wirken sehr früh Ihren Frieden finden können, trotz Ihrer schweren Kindheit.

RSD: Ja, die Bildhauerei hat mich getragen, die Wirklichkeit, die in der Plastik Realität werden wollte, hat mich getragen. Frieden findet man nie dabei.

EMG: Es ist wunderbar, in einer Begegnung grundsätzlich und natürlich nun in unserer Begegnung, zu erfahren, was den Gesprächspartner durch sein Leben trägt. Leider reden viele Menschen über ihre Arbeit, ihr Geld, ihre Krankheit, ihren Urlaub, ihre Probleme und Sorgen usw. Dann fehlt die Substanz in einer Begegnung. Wenn in einer Begegnung jeder darüber spricht, was ihn durch sein Leben trägt, dann hat man eine Schale, einen Plafond, der gemeinsam trägt und einander verbindet. Die große Wirklichkeit, der GOLDENE WIND, trägt uns durch unser Leben, auch wenn er sich unterschiedlich ausdrücken kann.

RSD: Ich finde es immer schwieriger, über diese Dinge zu sprechen.

EMG: Sonst wären Sie wohl eher Schriftstellerin geworden?

RSD: Das mag sein.

EMG: Sie arbeiten doch im Grunde genommen im Schweigen und in der Stille. Und wie wir wissen und immer wieder erfahren, ist die Stille Voraussetzung für die SEINS-ERFAHRUNG.

RSD: Ja, das ist wohl wahr.

EMG: Aber jetzt noch mal zurück zur Natur, die ja selbst auch ein großartiger Erfahrungsraum ist. Sie sagten, sie hätten sich der Natur zugewendet, um erst mal Boden unter die Füße zu bekommen. Haben Sie Naturstudien gemacht?

RSD: Auf der Akademie habe ich richtig Akt gezeichnet. Dann haben wir auch in München nach der Natur lebensgroß modelliert. Das fand ich nicht gut. Nach zwei Semestern war das genug.

EMG: Sie haben doch sicherlich durch Ihre Arbeiten in der Natur richtig schauen gelernt und Darstellen über Zeichnen gelernt, bevor es dann Form wird. So verstehe ich Ihren Weg. Noch mal zurück zu der Erfahrung des WESENS. Es begann sehr früh, dass Ihre Kunst sie durch Ihr Leben getragen hat. Gab es Lebensphasen, in denen Sie dieses Getragenwerden besonders erfahren haben? Oder war das bei Ihnen ein kontinuierlicher Prozess bis heute?

RSD: Das ist ein Dauerprozess.

EMG: Sie können nicht sagen, dass es hier und da wichtige Erlebnisse gab, in denen der Durchbruch zum Wesen von Ihnen gespürt wurde.

RSD: Also, es fällt mir schwer darüber zu reden.

EMG: Eine andere Frage. Wenn ein Werk fertig ist, ist es dann fertig für Sie oder ist es eigentlich nie fertig? Sie haben im Raum eine Plastik geschaffen, Sie haben Ihre Empfindung von Raum in der Plastik, die im Raum steht, ausgedrückt und schließen die Arbeit ab. Ist sie dann abgeschlossen und die nächste Arbeit fängt an?

RSD: Abgeschlossen ist es nie ganz.

EMG: Die Plastik steht ja dann irgendwo. Sie können sie anschauen oder andere können sie anschauen. Haben Sie sich mal mit der Frage beschäftigt, was andere empfinden, die Ihre Plastiken anschauen?

RSD: Ja, schon. Ich habe mich manchmal geärgert, wie wenige es sehen, was ich meine.

EMG: Ich glaube schon, wenn einer in der sehr durch die Ratio beeinflussten EGO-Struktur verharrt, dass der das nicht empfinden kann, was sie ausdrücken. Aber Sie haben doch sicherlich auch Menschen getroffen, die das erkannt haben?

RSD: Ja, durchaus.

EMG: Ich möchte einmal zu einem anderen Gesichtspunkt kommen. In meinem Buch nimmt nach dem zweiten Lebensdrittel der beruflichen Entfaltung das dritte Lebensdrittel einen wichtigen Raum ein. In dieser Zeit könnte doch ein Mensch auf die Idee kommen, zu malen oder zu bildhauern. Was würden Sie diesen jungen Menschen von 60 Jahren als 93-Jährige nach Ihren vielen Erfahrungen zurufen, die Sie für die Kunst gewinnen wollen.

RSD: Ich würde Ihnen zurufen, dass ES IHNEN NUR IM TUN AUFGEHT, dass Sie nicht sagen können *„Ich will jetzt!“* Maler oder Bildhauer werden. Im TUN muss der Mensch spüren, ob da etwas ansetzt, was ihn weiterzieht.

Ich habe mal in Griechenland Aquarelle gezeichnet. Die Landschaft fand ich so schön, dass ich angefangen habe zu malen. Es ist zwar nicht meins, aber es gibt ein bisschen die dortige Landschaft wider, sodass ich da richtig reinkomme.

EMG: Ich verstehe Sie so, dass Sie empfehlen, einfach anzufangen zu gestalten und zu spüren, was das mit dem Menschen macht. Man sollte nicht viel darüber lesen oder reden, sondern es einfach tun.

RSD: Tue es und erwarte nicht Erfolg. Tue es um des TUNS willen. Das ist ganz wichtig.

EMG: Ist dieses TUN, das Sie meinen, nicht auch gleichzusetzen mit einer Meditation, die im Sinne DÜRCKHEIMS wie ein Exerzitium praktiziert wird, also mit großer Disziplin, nachdem man sich mal entschieden hat, es immer wieder zu tun? Es ist doch ähnlich, wenn Sie ins Atelier gehen, so wie Sie in das ZENDO gehen zur Meditation. In beiden Orten sollte Stille herrschen. Sie sind achtsam. Sie haben einen Fokus. Das ist das, was im Raum entstehen soll. Und Sie tun es Schritt für Schritt.

RSD: Ich muss wirklich spüren, ob ich heute weiter sehe und es geht. Ich muss wach sein, aber sofort aufhören, wenn ich vom eigentlich LEBENDIGEN wegkomme.

EMG: Das spüren Sie dann?

RSD: Wenn ich Glück habe!

EMG: Ja, ja wir leben immer auf des Messers Schneide und fallen oft links und rechts runter, aber es ist wichtig, dass man es merkt, wenn man herunterfällt. Dann muss man wieder hochklettern. Achtsam im Augenblick, im Hier und Jetzt, ohne DENKEN und WOLLEN.

Sind Sie eigentlich auch ins Atelier gegangen, wenn Sie keine Lust hatten?

RSD: Ja, ich habe dann Akt gezeichnet, schon einfach als Übung. Aber ich musste achtgeben, wenn ich an einer Arbeit war, wo ich das Gefühl hatte, ich bin ein bisschen dran, dann durfte ich nicht ran, WENN ICH NICHT GANZ DA WAR. Dann musste ich sofort aufhören und was anderes machen.

EMG: Das ist wunderbar. Jetzt haben Sie meinen Buchtitel interpretiert, der da heißt: „JETZT BIN ICH ENDLICH MAL DA!"

Sie empfehlen also, man möge einfach anfangen und beibehalten wie in einer Meditation, ganz DA sein als Übung. Sie werden den Menschen sagen, dass ES sie verändert, wenn sie so vorgehen, wie jeder meditative Weg verändert und die Person reifen lässt. Die Veränderung ist eigentlich immer die Öffnung zum Wesen. Es wird viel in dich einfließen, also hineinkommen und es kommt nicht darauf an, was herauskommt. Wenn dir wichtig wird, dass was herauskommt, dann höre sofort auf. Auf Basis dieser Erkenntnis haben Sie ja dann auch in Rütte Kunsttherapie gemacht.

RSD: Ja, mache es ohne Erwartungshaltung und ohne den WILLEN ZUM ERFOLG, nur um der Sache willen.

EMG: Wenn jetzt ein Besucher in Rütte mit Kunst noch nichts zu tun gehabt hat und man macht mit ihm GEFÜHRTES ZEICHNEN oder TONARBEIT, ist das schon für Sie ein Schritt in die Kunst?

RSD: Kann es sein. Es kann sein, dass dabei dann plötzlich ein Groschen fällt.

EMG: Nun kennen Sie sicherlich viele Künstler der darstellenden Kunst, wo der Groschen nicht gefallen ist und die trotzdem Plastiken gemacht haben.

RSD: Ja, im Dritten Reich. Am Werk kann ich erkennen, ob ein Künstler Bescheid weiß, ob das Werk aus der Erfahrung des Wesens entstanden ist.

EMG: Sind das viele in der Kunst, bei denen der Groschen gefallen ist, oder sind sie eher in der Minderheit?

RSD: Sie sind eher in der Minderheit.

EMG: So wie in jedem Erfahrungsraum ist es immer eine Minderheit, die den GOLDENEN WIND spürt. Aber man kann immer wieder üben. Eines Tages mag man die Gnade erfahren.

Können Sie sagen, ob sich das im Laufe der Jahrhunderte und Jahrzehnte verändert hat? Wie sehen Sie das in unserer heutigen Gesellschaft? Sind die Menschen jünger oder älter, die in der darstellenden Kunst ihre Erfahrung der WIRKLICHKEIT machen?

RSD: Ich glaube, da kann man gar nichts verallgemeinern. Das sind immer Einzelne, wo es dann mal plötzlich „schnackelt".

EMG: Sie haben immer auch empfohlen, Inhalte von Träumen zu modellieren. Warum?

RSD: Weil ich bei Schülern das Gefühl hatte, dass das Modellieren ein lebendiger Ansatzpunkt sein kann. Dann muss man nicht irgendwas suchen, was man modellieren will, sondern man versucht einfach mal darzustellen, was man im Traum erlebt hat. Dadurch ist der Ansatz gleich ein ganz persönlicher.

EMG: Man kann doch sicherlich dann auch besser zu weiteren Erkenntnissen kommen, was denn der Traumregisseur sagen will.

RSD: Durch das Realisieren im Material kommt bei der Arbeit schon viel Persönliches entgegen. Es kommt dann auch eben auf die Wachsamkeit an, dass man sofort sieht, ob es stimmt oder nicht stimmt.

EMG: Wie erkennen Sie das?

RSD: Das kann man nicht mit Worten ausdrücken. Man merkt, wenn es nicht lebt.

EMG: Die Beurteilung bei der Frage, ob das Werk lebt oder nicht, scheint mir sehr wichtig zu sein. Das Wesen ist ja der Kern des Wesens. Als ich gestern mit Lilo Brentrup sprach, sagte sie mir, dass sie bei ihren Emailarbeiten etwas ganz neues erfunden hätte. Sie drückte es so aus: „Ich habe so gearbeitet und eine Technik entwickelt, dass das, was ich geschaffen habe, LEBT!"

RSD: Genau. Das ist es. Und da muss jeder selber herausfinden: was ist meine Möglichkeit, dieses Leben auszudrücken. Das zu verwirklichen, was lebendig ist. Was direkt aus meinen „Pfoten" kommt.

EMG: Darf ich Sie mal nach dem GLÜCKLICHSEIN fragen? Empfinden Sie Glück, wenn es gelungen ist, das LEBEN darzustellen? Fühlen Sie sich glücklich im Prozess des Schaffens oder sind Sie glücklich, wenn das Werk fertig ist?

RSD: Eigentlich immer, wenn ich gut im Arbeiten bin.

EMG: Dann sind Sie glücklich? Sie sind dann ganz DA, wie es in meinem Buchtitel ausgedrückt ist? Solange Sie im Strom des achtsamen Arbeitens sind, befinden Sie sich in einem kontinuierlichen GLÜCKSSTROM.

RSD: Ja, so kann man das ausdrücken.

EMG: Diese Erkenntnis ist doch gerade für die Älteren von großer Bedeutung, denn sie suchen nach dem Glück, auch wenn sie immer älter werden und das Leben beschwerlicher werden kann.

EMG: Ich will doch noch einmal auf den Frieden kommen, den man sucht. Die Menschen sind heute alle hektisch, rasen durch ihr Leben und sind im Unfrieden.

Es gibt doch eine große Sehnsucht, bewusst oder unbewusst, in der Verbindung mit der URWIRKLICHKEIT seinen Frieden zu finden. Nur dann ist man wieder HEIL, im Sinne von GANZ.

RSD: Frieden bedeutet in diesem Sinne nicht Entspannung oder Schlaf, sondern eine innere SAMMLUNG IN ACHTSAMKEIT. Das ist eine aktive Haltung.

EMG: Ich meine schon, dass dieser Frieden das große Ziel ist, wenn man älter wird, und da sind eben die Erfahrungsräume von außerordentlicher Bedeutung. Sie haben sich für den Erfahrungsraum Bildhauerei entschieden. Jeder kann seine Entscheidung treffen, auch für einen anderen Raum, aber man muss sich entscheiden.

RSD: Oft muss man einfach anfangen und wach sein, ob es kommt. Wenn man spürt, es kommt, dann muss man dranbleiben. Wenn man danach strebt, etwas fertig machen zu wollen, sollte man sofort aufhören. Dann ist das EGO involviert. Es bleibt nur lebendig, wenn man in dem Prozess ohne Einfluss des EGO ganz drin ist. Das ist es. Es muss spielerisch sein, aber das ist nicht ganz richtig ausgedrückt. Es ist eher ein Schaffen aus einer Art NEUGIER.

EMG: Sie meinen die Neugier, was aus dem Material in meinen Händen wird?

RSD: Wenn ich spüre, dass ich etwas machen möchte, und spüre die Neugier, dann kann ich oft spüren, dass etwas kommt. Wenn das nicht der Fall ist, wird es meist an diesem Tag nichts. Man hört besser auf.

EMG: Sie haben doch sicherlich in Ihrem Leben viele Schüler gehabt, die das ausprobiert haben?

RSD: Ja. Nicht alle haben das gespürt, über was wir hier reden, aber die meisten, denn sie kamen ja, weil sie wussten, um was es mir geht.

EMG: Würden Sie irgendetwas anders machen, wenn Sie noch mal 19 Jahre alt wären?

RSD: Also in der Beziehung nicht. Die darstellende Kunst, die Bildhauerei, wäre wieder meine Möglichkeit zu leben.

EMG: Ist denn vor Ihrem 19. Lebensjahr, beispielsweise in der Schule, schon ein Interesse dafür aufgetaucht?

RSD: Ich habe schon als kleines Kind angefangen, im Garten mit Ton zu arbeiten. Da habe ich gemerkt, dass es mir Spaß macht.

EMG: Kann ich mir vorstellen, wie Sie mit einem großen Hammer und Meißel einen riesigen Stein bearbeiten?

RSD: Ich habe nicht viel Stein bearbeitet. Das Räumliche, das mich so interessierte, kann man eigentlich nur mit Bronze machen.

EMG: Wenn ich mir diese Plastik hier so anschaue (Fährmann im Boot), dann verstehe ich, was Sie meinen.

RSD: Also der Raum von dem Ende oben vom Spieß und der Eule, der muss für mich absolut stimmen. Wenn das ein bisschen verrückt ist, dann ist der Raum nicht mehr Raum. Dann sind es einfach nur zwei Dinge, die da stehen. Das Boot, die Figur, alles spielt an seiner Position eine wichtige Rolle, um den Raum darzustellen. Wenn der Fährmann mittendrin stehen würde, stimmte es nicht mehr. Die Entfernung von ihm zur Eule muss stimmen. Wo die Eule jetzt ist, habe ich erst einmal einen Batzen Ton hingesetzt, weil ich merkte, dass ich eine Beziehung darüber brauchte. Die Plastik hatte ich lange im Atelier stehen. An einem Tag sah ich plötzlich weiter. Dann entstand die Eule. Die entstand aus der Notwendigkeit der Beziehung von dem Punkt zur Figur.

Manchmal kommt etwas, was Gestalt werden will und man sagt sich: *„ACH SO!?"*

EMG: Meinen Sie nicht auch, dass es oft eigenartig klingt, wenn ein Künstler hört, was die Kritiker in das Werk hineininterpretieren.

RSD: Oh ja, das kenne ich. Manchmal ist das „furchtbarer Mist".

EMG: Ich weiß nicht, ob Sie die Story kennen, dass ein Schimpanse Bilder gemalt hatte, die die Kritiker gut bewerteten, nicht wissend, dass sie von einem Schimpansen sind? Ist das KUNST?

RSD: Was ist Kunst? Ich würde sagen: KUNST ist es, wenn es unmittelbar kommt!"

EMG: Das kam doch bei dem Schimpansen ganz unmittelbar, mehr als bei vielen Menschen, bei denen das Denken im Wege steht, eben unmittelbar zu sein.

RSD: Sicher! Nicht alles, was beansprucht Kunst zu sein, ist nicht Kunst. Irgendjemand hat mal gesagt, wenn es von WOLLEN kommt, muss es WUNST heißen.

EMG: Sie sagen also, in dem Moment, indem es von innen heraus kommen und Gestalt werden will, man das auch so spürt, dann ist es Kunst. Kann man das so sagen?

RSD: Ich finde es schwierig zu sagen, was Kunst ist.

EMG: Wenn wir den Menschen spätestens im dritten Lebensdrittel, also wenn seine Broterwerbstätigkeit aufgehört hat, dazu führen wollen, zu malen oder zu modellieren, dann muss ich doch den Menschen neugierig machen, etwas von großer Bedeutung zu erfahren, dass ihn zu Glückseligkeit und Frieden führen kann. Wenn man im Atelier modelliert und man geht abends nach Hause, dann ist etwas mit einem passiert, nicht wahr? Man hat erlebt, wie die Wirklichkeit durch mich Realität werden will und geworden ist. Und das ist gut so.

RSD: Ja, so ist das. Wenn es wirklich ist.

EMG: Die Kunst ist also ein Erfahrungsraum, in dem der Mensch durchaus mit größerer Wahrscheinlichkeit den GOLDENEN WIND erfährt, als wenn er Auto fährt oder Urlaub macht oder Fernsehen schaut. In der Kunst hat der Mensch die Möglichkeit, die Realität durch sich selbst, durch seine Hände, aus der Wirklichkeit entstehen zu lassen.

RSD: Er muss es letzten Endes auch für sich selber machen und nicht für andere. Es ist so, als wenn eine Frau ein Kind bekommt, auch wenn das ein krasser Vergleich ist. Das Kind muss entstehen. Der Mensch muss derjenige sein, der es auf die Welt bringen kann, der es dazu bringen kann, begreifbar zu werden.

EMG: Das ist doch ein sehr schöner Vergleich. Ja, als Künstler bringt man etwas auf die Welt.

RSD: Ein wirklicher Musiker lässt etwas in der Musik entstehen, das vorher nicht war.

EMG: Sehr verehrte Frau Sack-Dyckerhoff, mir ist heute in dem Gespräch durch Sie gewissermaßen „DER RAUM BEWUSST GEWORDEN". Durch Ihr Erschaffen einer Plastik, machen Sie den Raum erfahrbar. Durch MENUHIN ist mir in der Musik die Stille zwischen zwei Tönen bewusst gemacht worden, das WESENTLICHE in der Musik. So lausche ich heute ganz achtsam bei einem Konzert darauf und wenn ich selbst Klavier spiele, gestalte ich die Pause bewusst.

Als Sie von Ihren Naturstudien sprachen, wurde mir plötzlich klar, dass ich in dem für mich wichtigsten Erfahrungsraum, der NATUR, zwar die Objekte oder das Ganze wahrgenommen habe, aber nicht den Raum dazwischen. Das wird sich jetzt bei mir ändern. Ich hoffe sehr, dass auch bei den Lesern meines Buches dann plötzlich, wie Sie sagten, der „GROSCHEN FÄLLT".

In Abwandlung der Aussage von Bernadette Böll über Musizieren, kann ich Ihre Aussagen wie folgt zusammenfassen:

„ICH ÜBE NICHT BILDHAUEREI ALS KUNST, SONDERN ICH ÜBE MICH ALS PERSON IN DER KUNST!“

Ich darf mich ganz besonders für das wunderbare Gespräch bedanken.

Ich habe durch das Gespräch erstmals richtig verstanden, wie ein Bildhauer mit der geschaffenen Plastik den Raum darstellen kann. Der Raum ist ja das NICHTS, aus dem alles entsteht.

Auch bei Lilo BRENTRUP konnte ich erleben, wie KUNST durch das Leben bis ins hohe Alter tragen kann. Auch sie formuliert ganz genau ihre Entwicklungsstufen, in denen die Kunst eine so große Rolle spielt.

GESPRÄCH MIT LILO BRENTRUP
am 16.06.2010 in Rütte-Prestenberg

EMG: Liebe Frau Brentrup, ich darf mich sehr für Ihre Gesprächsbereitschaft bedanken.

Sie sind ja kurz vor Ihrem 90. Geburtstag, den Sie am 23. Oktober auf Ihrer Lieblingsinsel La Palma feiern werden.

In Zusammenhang mit meinem Buch beschäftigt mich die Frage, welche Botschaft Sie als Künstlerin den Menschen, besonders denen im dritten Lebensdrittel, aus Ihrer überreichen Erfahrung übermitteln wollen.

LB: Jetzt muss ich Sie unterbrechen. Sie sprechen von einem dritten Leben. Das ist jetzt mein viertes Leben. Aber das erste, zweite, dritte ist ja immer wieder drin im nachfolgenden Leben, also nun in meinem vierten Leben.

Man kommt von Dimension zu Dimension. Das war für Maria Hippius immer sehr wichtig und die damit verbundene Aufarbeitung des Schattens. Denn, wenn man in die DUALITÄT kommt, in die Gebrochenheit, dann ist der Mensch nicht mehr in der HEILEN WELT. Die Japaner sind noch größtenteils im Kollektiv. Jetzt brechen sie zunehmend aus. Menschen, die aus dem Kollektiv fallen oder durch irgendein Ereignis, das sie umwirft, und sie an die Grenze bringt, in eine tiefe Krise stürzen, müssen den INDIVIDUATIONSWEG gehen und zwar von Stufe zu Stufe. Das ist jedes Mal ein kleines oder großes STERBEN im Leben.

Aber es gibt keine Alternative zur Heilung des leidenden Menschen.

EMG: Darf ich Sie mal fragen, was für Sie der Auslöser war, sich auf einen Individuationsweg zu begeben, und wie alt waren Sie damals?

LB: Ich war 43 Jahre alt. Meine Hochzeit war acht Tage vor dem Termin geplatzt und dieses Ereignis führte zu einem neuen Bruch in mir. Ich war mit Freunden auf einer Tagung, bei der auch Maria Hippius war. Sie sagte mir, dass sie Schriftgutachten machte. Ich habe ihr eine Schriftprobe meines Verlobten geschickt, mit dem ich acht Jahre zusammen war. Sie hat mir das bestätigt, was ich spürte.

Jahre später kam ich in ein Buchgeschäft und stoße auf ein Buch über ZEN, das Maria Hippius gewidmet war. Ich machte mich sofort auf die Reise nach Rütte und blieb erst einmal drei Wochen. Ich habe Vorträge gehört und Gespräche geführt. Mit Freude habe ich mich auch dort künstlerisch betätigt, denn ich bin ja an der Meisterschule ausgebildete Künstlerin, gelernte Goldschmiedin. Nach dem Krieg, später dann, wurde ich Emailleurin. Ich habe Emaillesachen gemacht. Ich war sehr produktiv und war in vielen Ausstellungen wie z. B. auf der Triennale in Mailand. Ich hatte eine Technik entwickelt, die keiner machte. Ich versuchte immer, in die Materie Leben zu bekommen. Das versuchte ich dadurch, dass ich immer mit der offenen Flamme und im Ofen brannte.

Als ich ein Gespräch mit Graf DÜRCKHEIM und der Gräfin DÜRCKHEIM, Maria Hippius, hatte, sagten beide zu mir: *„Wir sehen nur Ihren Kopf, das Obere, Sie haben keine Erdung.“* Ich war irgendwie überall. Ich wusste alles besser. Ich befahl anderen dies und jenes. Ich war sehr hyperaktiv.

EMG: Sie waren also ganz im Kopf trotz Ihrer vielen Jahre als Künstlerin.

LB: Ja, ich war ganz im Kopf. Ich war überintelligent. Die Dürckheims hatten natürlich Recht, aber es war mir früher nie so aufgefallen.

Durch die Emaillearbeiten bekam ich eine Bleivergiftung, weil ich die bleihaltigen Dämpfe eingeatmet habe Es ging mir richtig schlecht. So begann es, dass ich sporadisch nach Rütte kam. Ich fühlte mich dort hingezogen. Mit Dürckheim selbst habe ich wenig Stunden gehabt, aber sehr viele mit seiner Frau. Ich habe viel gezeichnet, beispielsweise Träume herausgezeichnet. Alles wurde Bild, was aus meinem Unbewussten raus wollte. Ich habe 27 Mappen mit Zeichnungen. Meine ganze Entwicklung ist in diesen Mappen.

EMG: Wann sind Sie denn ganz nach Rütte gegangen?

LB: Vor 29 Jahren kaufte ich ein Haus auf dem Prestenberg. Ich pflegte dort auch meine 90-jährige Mutter, sodass ich Platz brauchte.

EMG: Sie werden jetzt auch 90 Jahre und feiern Ihren Geburtstag auf La Palma.

LB: Dort war ich schon oft. Ich fühle mich wohl auf dieser schönen Insel. La Palma ist die Essenz der Natur. Ich schenke Ihnen mein letztes Buch: „La Palma – Insel der Stille / Spätlese / HAIKU und WEG-Gedichte". 14 Bücher habe ich selbst verlegt und die letzten beiden sind von einem Verlag herausgebracht worden.

EMG: Kann man sagen, dass das Schreiben und das Zeichnen für Sie die beiden künstlerischen Haupttätigkeiten gewesen sind?

LB: Ja , nach den Emaillearbeiten. Aber auch Gespräche und Telefonate sind für mich Felder der reichen Erfahrung.

EMG: Waren Sie musikalisch tätig?

LB : Nein, nein. Ich spiele zwar etwas Flöte jeden Morgen, wenn ich zum Beginn des Tages aufgestanden bin, aber ich bin nicht sehr musikalisch.

EMG: Ich lese aus dem La Palma-Buch:

Spiegelnde Lichter
Strahlen der Abendsonne
Weit über dem Meer.

Heulend tobt der Sturm
Unheimlich still am Abend
Chaos und Frieden.

Später Nachmittag
Ein Schleier über dem Meer
Zeitlos scheint die Zeit.

LB: Meine Freundin schreibt jetzt über Teneriffa. und ich über La Palma. Dann bringen wir zusammen das Buch heraus.

EMG: Ganz herzlichen Dank für Ihr Buch. Das werde ich in Ruhe studieren. Für mich ist das ein wunderbares Geschenk.

Frau Brentrup, ich kenne mich mit den HAIKUS nicht so gut aus. Was ist das Kennzeichen der HAIKUS?

LB: Das Kennzeichen der HAIKUS ist bei Japanern die URNATUR, wenn sie noch ganz im Kollektiv sind. Sie sind verbunden mit der Urnatur und geben das, was sie spüren in einer bestimmten Form wieder:
FÜNF SILBEN
SIEBEN SILBEN
FÜNF SILBEN

Ich habe die Idee, die HAIKUS mit der Entwicklung des Menschen zu verknüpfen, in den westlichen Raum gebracht. Es gibt im Westen andere, die HAIKUS schreiben, aber die sind nicht mit der Entwicklung des Menschen verbunden. Ich glaube, dass ich da die Einzige bis jetzt bin.

Deshalb habe ich auch WEG-GEDICHTE geschrieben, die den WEG weisen und die Erfahrung auf dem WEG weitergeben.

EMG: Es ist also ganz typisch für Ihre HAIKUS, dass sie von innen heraus kommen und Wort und Schrift werden wollen.

LB: Sie kommen aus dem WESEN.

WENN SIE GANZ DA SIND!

Und es muss einen gewissen Klang haben. Ich höre das sofort, wenn meine Freundin mir die HAIKUS vorliest. Ich kann dann sofort sagen: „*GEHT oder GEHT NICHT!*“

EMG: Also nicht nur die Silbenfolge ist wichtig, sondern auch der Klang. Sie schreiben doch dann die HAIKUS aus einer MEDITATION heraus, nicht wahr?

LB: Ja, aus einer inneren Haltung heraus. Man spürt, wenn das WESEN GANZ DA IST. Dann gelingt ES. Es ist eine Meditation, ja.

EMG: Also, Sie gehen in die Stille, Sie öffnen sich und können das, weil Sie es eben geübt haben. Aus dem WESEN heraus wird ES dann Gestalt und Wort und Schrift mit einem gewissen Klang.

LB: Ich muss Ihnen noch ein Buch mitgeben. Es sind keine HAIKUS, sondern es sind „TEXTE AUF DEM WEG“. Es ist mein erstes Buch und darin sind Texte von 1972 bis 1982. Sie müssen das Buch haben, denn da sind alle Vorwerke drin, bevor ich mich dem HAIKU-Schreiben zugewandt habe.

EMG: Ganz herzlichen Dank. Ich schlage das Buch auf. Meine Aufmerksamkeit findet die drei folgenden Texte:

ALLES LEIDEN DIENT WERDEN.
WERDEN IST VERWANDLUNG
DES LEIDENS.

WO ICH NICHTS WILL
KANN ES ERSCHEINEN.

WIE REICH IST DAS LEBEN
WENN ES SICH WANDELT
ZU NEUEM SINN.

Das sind ja wunderbare Texte. Auf den Punkt gebracht. Aus einer großen spirituellen Erfahrung geschrieben. Lassen Sie mich diese kurz interpretieren.

Alle drei Texte könnte man vielen Menschen, denen man begegnet, zurufen und auf den Punkt bringen:

DIE LEIDEN
RUFEN NACH VERWANDLUNG
SICH VERSCHLIESSEN HEISST WEITER LEIDEN.
SIE HABEN NICHT ERKANNT,
DASS NUR WERDEN DAS LEIDEN MINDERT.

SIE WOLLEN ALLES MACHEN.
ABER ES GIBT NICHTS ZU MACHEN,
NICHTS ZU WOLLEN.

NUR ÜBER DIE WANDLUNG
NÄHERT MAN SICH DEM NEUEN SINN.
DEM SINN DES LEBENS.

Sie sehen, wie mich Ihre Worte sofort in unserem gemeinsamen Sinn inspirieren. DANKE für die starken Impulse. Und die mit so wenigen Worten ausgedrückt!

LB: Aus allem, was in diesem Buch steht, kann man den Umbruch in meinem Leben erkennen. Es war eine ganz schwere Zeit für mich.

Heute weiß ich und bin dankbar dafür, dass alles, was ich brauche, zu mir kommt. Es kam Geld zu mir, damit ich hier das Haus kaufen konnte, alles kam. Freunde kamen.

Das Buch ist wichtig, weil Sie einen umfassenderen Einstieg bekommen und sich ein Bild von meiner Entwicklung machen können.

EMG: Beim Schreiben meines Buches spüre ich auch, ähnlich wie Sie es beschreiben, dass etwas aus mir raus will und Wort und Schrift werden will. Mein Sohn Patrick hat den Anstoß gegeben, weil er mir empfahl, ein Buch zu schreiben, da ich so viel wüsste. Das war der Keim, der in mir reifen wollte.

Nun gab es weitere Auslöser, die mich drängten, ein Buch zu schreiben. Die derzeitige Weltkrise auf vielen Ebenen, die noch lange nicht vorbei ist. Vieles zerbricht radikal. Die Menschen verlieren die Orientierung und fragen sich:

„Was nun?“ Für viele ist aber der Beginn eines spirituellen Weges viel zu schwierig. Vor allen Dingen, ihn durchzuhalten.

LB: Ja, das kann nur gelingen, wenn die Menschen aus früheren Leben Voraussetzungen mitbringen. Sie müssen so viel in sich tragen, dass sie die Kraft haben, das Leiden auszuhalten. Was glauben Sie, wie viele hier in Rütte abspringen, weil sie es nicht durchhalten können. Sie geben auf und dann wird alles noch viel schlimmer. Dann wird es „luziferisch!“. Ich kenne so viele Menschen, da herrscht das Dunkel vor. Es beherrscht ihr Leben.

EMG: Deshalb versuche ich einfacher zu schreiben und die Leser in die Erfahrungsräume mitzunehmen, in denen sie ohnehin sind und gerne sind.

LB: Aber es ist Folgendes. Die Menschen müssen dann aus der Einheit des Kollektivs durch irgendein Erlebnis herausgefallen sein. Dann zerbricht alles und man wird auf das eigene NICHTS zurückgeworfen. Dann muss erst mal

MÄNNLICH – WEIBLICH – OBEN – UNTEN
ALLES DUALITÄT

zu einer Einheit zusammenkommen. Der Mensch wird wieder einfach, aber er trägt dann das NEUE in sich. Das ist dann der neue Mensch. Kennen Sie Erich Neumann? Darüber hat er geschrieben.

EMG: Ja, die Werke von JUNG und NEUMANN sind mir bekannt.

Der dritte Impuls für mein Buch ist die Erkenntnis, dass sehr viele Menschen nach der Berufsphase dann für ihr drittes Lebensdrittel völlig orientierungslos sind und krank werden. Sie haben sich auch weder im ersten noch im zweiten Drittel vorbereitet. Man kann sagen, dass sie die Vorbereitung auf das Alter sträflich vernachlässigt haben.

LB: Aus den Texten 1972–1982 können Sie entnehmen, wie schlecht es mir oft in dieser Orientierungslosigkeit ging, die Sie ansprechen.

ICH BIN ÜBER SEILE GEGANGEN! Immer Angst habend, links oder rechts abzustürzen.

EMG: Ich möchte den Menschen den Einstieg erleichtern. Der Sprung auf einen spirituellen Weg ist für viele nicht durchzuhalten. Ich fange mit den Lesern kleiner an, in der Hoffnung, sie, die Leserinnen und Leser, länger auf dem Weg zu halten. Danach, wenn sie durch ihre Übungen mehr gefestigt sind, kann ein spiritueller Weg leichter beschritten und auch beibehalten werden, weil man schon so viele positive Erfahrungen gemacht hat, die sich durch den spirituellen Weg noch intensivieren lassen.

Ich möchte den Leserinnen und Lesern die Hand reichen, sie von der Außenwelt über eine Linie in die Innenwelt zu ziehen.

LB: Das verstehe ich. Das ist dann der erste kleine Schritt, der so ungeheuer wichtig ist.

EMG: Dann gehe ich mit den Leserinnen und Lesern in die Erfahrungsräume, in denen sie durch ACHTSAMKEITSÜBUNGEN zu ersten SEINSFÜHLUNGEN kommen können. Das sind wichtige Erinnerungspunkte, die wir nur vergessen haben, aber an die wir wieder anschließen können. Dazu gehört die Natur, die Musik, die Kunst, der Tanz , die Religion, die Begegnung usw. und letztlich der ganze ALLTAG. Aus diesen Räumen gehen fast alle Menschen so raus, wie sie reingegangen sind und das ist sehr schade. Sie haben eine große Chance verpasst.

LB: Sie müssen in diesen Räumen nach INNEN spüren lernen.

EMG: Da der Raum Kunst für mich nicht so offen ist wie andere Räume, führe ich Gespräche, so wie jetzt mit Ihnen als Künstlerin und Schriftstellerin.

Was haben Sie einem Leser meines Buchs, der 30 Jahre jünger als Sie ist, also 60 Jahre ist, zu sagen?

LB: Da muss er meine Bücher lesen. Da ist alles drin.

EMG: Also, noch mal weiter gefragt. Ich habe mit Andreas Pfäfflin darüber gesprochen, ob GEFÜHRTES ZEICHNEN und TONARBEIT schon Kunst ist.

Wie sehen Sie das?

LB: Das ist „KUNST ZUR ENTWICKLUNG DES MENSCHEN".

EMG: Ist Kunst nicht immer Kunst zur Entwicklung des Menschen?

LB: Wenn bei den Künstlern das EGO sehr dabei ist, ist diese Kunst keine Kunst zur Entwicklung des Menschen. Es mag trotzdem von anderen Kunst genannt werden, aber für mich ist Kunst nur dann Kunst, wenn sie zur WESENSÖFFNUNG des Künstlers oder des Betrachters beiträgt.

Also ich war ewig in Ausstellungen, da ich in Düsseldorf sehr oft die Gelegenheit hatte, und habe sehr, sehr viele berühmte Künstler gesehen, aber, wenn ich erkenne, dass das EGO beteiligt war und das erkenne ich sofort, dann ist das ein Unterschied zu der Kunst, die ich meine und die ich mache.

Beim GEFÜHRTEN ZEICHNEN sind ja beide Hände beteiligt, sodass das Werk von INNEN kommt. Dann verbindet sich etwas. Es verbindet sich die Kunst mit dem Menschen.

EMG: Könnte man es so formulieren: Es gibt Künstler, die malen aus dem WESEN heraus und es gibt Künstler, die malen aus dem EGO. Und das können Menschen erkennen, wie beispielsweise Sie, da Sie in Ihrem Reifeprozess schon sehr weit sind?

LB: Ja, so könnte man das sagen.

EMG: Wenn jetzt ein Mensch diese Seinserfahrung noch nicht erlebt hat, kann er dann nur durch Anschauen eines Bildes eine Seinserfahrung machen oder muss er selbst möglichst malen?

LB: ER MUSS MALEN! Die Aktivität von innen heraus muss sein. Ich merke es bei meiner Freundin, die ich begleite, wie sie zeichnet und wie sie sich wandelt.

EMG: Also, dann kann man doch nur jedem, der eine Beziehung zur Kunst hat oder haben will, sagen, er möge doch anfangen, zu malen.

LB: Das ist richtig.

EMG: Und wie ist es mit dem Schreiben?

LB: Genauso. Ich schreibe aus meiner Erfahrung des WESENS. Und so zeichne ich auch. Meine Zeichnungen sind eine Fortsetzung des GEFÜHRTEN ZEICHNENS aus einer MEDITATION heraus. Das WESEN hat meine Hand geführt.

EMG: Andreas Pfäfflin sagte mir, wie schwer es vielen fällt, eine VERTIKALE zu zeichnen. Ich würde auch eher eine HORIZONTALE zeichnen. Und wenn ich eine VERTIKALE zeichnen würde, wohl eher von oben nach unten. Aber das Symbol der Aufrichtung ist die Vertikale von unten nach oben.

LB: Man muss beides zeichnen. Von oben und von unten. Sie treffen sich in der HERZMITTE und das ist das Symbol des ganzen, neuen, heilen Menschen. In dieser Verfassung bin ich jetzt schon einige Jahre.
DAS IST NUN MEIN VIERTES LEBEN.

EMG: Sie würden den Beginn Ihres VIERTEN LEBENS mit dem Zeitpunkt des Durchbruchs zum WESEN gleichsetzen?

LB: Nein, schon vorher.

EMG: Also, Ihre erste Phase ist die Ausbildung. Die zweite Phase ist das berufliche Wirken. Was ist Ihre dritte Phase? Die Zeit nach dem Beruf und die Zeit des Älterwerdens?

LB: Nein, meine dritte Phase ist das SUCHEN und schon manchmal BEGEGNEN. Die DRITTE DIMENSION. Es ist nicht auf einer Zeitkette darzustellen. Das kann bei jedem anders sein. Dann kommt der QUANTENSPRUNG ins vierte Leben in die VIERTE DIMENSION. Das Datum kann ich auch nicht genau sagen. Es VOLLZIEHT sich. Man hat GEFUNDEN. Das WESEN erfahren.

NEUMAN hat das gut erklärt.

Auch in meinen Büchern machen sich diese Phasen bemerkbar.

Das Ehepaar DÜRCKHEIM wusste ganz genau, wo ich hin musste. Ich habe ihnen sehr vertraut, Sie haben mir verboten, ständig mit anderen darüber zu reden. Ich habe das getan, was sie mir gesagt haben. Was glauben Sie, was ich diesen beiden Menschen zu verdanken habe. Deshalb habe ich auch eine Stiftung gegründet und die Erträge meines Vermögens fließen jetzt schon an Rütte und nach meinem Tod wird das ganze Vermögen übertragen.

Ich habe mir immer vorgenommen, dass dann, wenn ich durch alle meine Lebenskrisen gut durchkomme, alles Materielle von mir Rütte zugutekommen soll. Das habe ich vor vier Jahren veranlasst. Rütte braucht keine finanziellen Sorgen für die Zukunft zu haben.

EMG: Das finde ich ganz wunderbar, mit welcher Konsequenz Sie hier Dank sagen. Sie können sich sicherlich vorstellen, wenn ein Mensch aus dem Berufsprozess, in dem er sehr erfolgreich war, ausscheidet, wie schwer es ihm fällt in aller Stille und Bescheidenheit sich zurückzunehmen, damit sich aus dieser Zurückgezogenheit eine Entwicklung von allein ohne eigenes Zutun vollziehen kann, die im Durchbruch zum Wesen den Menschen heilt, also ganz werden lässt?

LB: Ja, dem Menschen merkt man das an. Er ist heiter und gelassen. Er lebt im Leben wie die anderen. Aber er hat etwas NEUES in sich. Ihm ist sein WESEN bewusst geworden. Er ist wirklich ein NEUER MENSCH.

Genau das wird die Menschheit in den zukünftigen Jahrhunderten vollziehen müssen. Das ist der neue Mensch.

EMG: Ich denke an Karl RAHNER. „Der Mensch der Zukunft wird ein Mystiker sein oder er wird gar nicht mehr sein!"

Das Zitat stammt ursprünglich von Raimon Panikkar, wird aber immer wieder Karl Rahner zugesprochen.

Was glauben Sie, wie schnell die Menschheit das vollzieht? Diesen Sprung in das neue Bewusstsein, in das TRANSMENTALE, TRANS-PERSONALE BEWUSSTSEIN.

LB: Derzeit ist auch kosmisch gesehen eine ganz schwierige Zeit. Man kann es nicht sagen. Es wird noch lange dauern.

EMG: Ich glaube auch, dass es wohl noch sehr, sehr lange dauern wird, bis viele Menschen endlich die Grenzen des MENTALEN BEWUSSTSEINS trotz aller Errungenschaften als die Ursache für unsere vielen Krisen erkennen werden. Es wird viele Gegenströmungen geben, um die Menschen von dieser Öffnung ins TRANSMENTALE abzuhalten. Die Gegner haben einen starken Verbündeten und das ist unser eigenes EGO, das uns immer wieder verführt, auf dem alten Kurs zu bleiben und uns nicht dem Idealbild eines ganzen, heilen, neuen Menschen zuzuwenden. Denn dieser neue Mensch wird die Herrschaft des EGO nicht mehr anerkennen. Es ist das TROJANISCHE PFERD in uns. Viele wissen es nicht. Sie erleben nur die Ergebnisse dieser Fremdbestimmung.

LB: Was glauben Sie, was ich alles durch das Kollektiv erlebt habe, das mich von meinem Weg abbringen wollte. Wie diese Menschen auf mich losgeschossen sind.

EMG: Kann ich gut verstehen, weil Sie aus der Norm des Kollektivs rausgegangen sind. Für die Vertreter des Kollektivs ist das VERRAT! Man wird Sie für unzurechnungsfähig abgestempelt haben.

LB: Ja, das Kollektiv spürt natürlich, wenn man es verlassen will, und dann schlagen die sie.

EMG: Das ist auch der Grund, weshalb es so schwer ist, einen Menschen auf den spirituellen Weg zu führen und ihn zu veranlassen, darauf zu bleiben, weil er den Widerstand in sich und bei anderen spürt.

LB: Also ich bin heute wieder ein neuer, ein ganzer Mensch.

EMG: Wie lange sind Sie das schon?

LB: Ich denke, es begann so richtig, als es mit meiner Augenkrankheit anfing.
(Lilo Brentrup hat eine Makuladegeneration)
Also so vor etwa zehn Jahren.

EMG: Also dann waren Sie in der Zeit davor SUCHENDE?

LB: Das kann man nicht so sagen. Es ging immer einen kleinen Schritt weiter und weiter.

EMG: Es gibt dann keinen Weg zurück?

LB: Nein, es geht immer voran.

EMG: Jetzt muss ich Sie aber doch noch einmal fragen: Was ist Ihre Botschaft als 90-jährige an die jüngeren Menschen. Sie haben so viel Erfahrung auf Ihrem Weg und viele sind sicher in ähnlichen Lebenskrisen, wie Sie es waren?

LB: Man muss den Punkt finden, der nicht gerade ist. Ich würde nicht auf Jahre hinaus etwas sagen, wie SIE HEIL WERDEN! SIE MÜSSEN VORHER STERBEN!

Nichts davon. ES IST NUR WICHTIG, WAS IM MOMENT IST!

Ich spüre das, was im Moment ist. Das sollen die anderen Menschen lernen und dazu müssen sie üben, AUGENBLICK für AUGENBLICK. Es kommt immer auf den Moment an. Man darf nicht vorausgehen. Das schaffen die meisten Menschen nicht.

EMG: Da fällt mir der Spruch ein, der immer am Anfang eines SESSHINS, gewissermaßen als Ermahnung, zitiert wird und auf die Bedeutung jedes Augenblicks hinweist:

„SEID ACHTSAM UND NICHT NACHLÄSSIG,
DENN KEIN VERWEILEN KENNT DER AUGENBLICK!"

Also, nehmen wir mal an, dass das Buch fertig ist, es ist im Buchhandel, die Menschen kaufen es und lesen darin. Ein Leser, der gerade seine berufliche Anstellung verloren hat und in einer depressiven Stimmung ist, hat das Buch in der Hand. Er sucht Orientierung, wie er aus seiner Krise herauskommen kann. Er schlägt das Buch auf. Was soll er lesen?

LB: Er wird durch das Lesen Fragen stellen. Er bekommt genügend Impulse durch Sie, da bin ich sicher. Entweder er wird sich auf den Weg machen oder er ist einfach noch nicht so weit. Er ist noch nicht reif, Schritte zum Wachstum seiner Person zu gehen. Es geschieht oder es geschieht nicht. Das hat dann nichts mehr mit Ihnen zu tun. Das ist allein Sache des Lesers. Bei ihm muss die Türe nach innen aufgehen. Es ist immer eine Gnade. Das kann man nicht machen.

Es geht meistens nicht ohne Begleiter und ohne stetige Übung geht es auch nicht.

EMG: Ich versuche ja den Leserinnen und Lesern den ersten Schritt über die Linie leicht zu machen, nehme sie an die Hand und ziehe sie in verschiedenen Erfahrungsräumen über die Linie von der Außenwelt in die Innenwelt.

LB: Ja, das ist eine gute Absicht, aber man kann nicht vorausgehen und sagen, dass die Menschen es so oder so machen müssen.

EMG: Also, Sie würden den Menschen zurufen, dass sie immer versuchen sollten im HIER und JETZT zu sein. Da ist mein Ansatz wohl richtig, dass ich der ACHTSAMKEITSÜBUNG IM AUGENBLICK so viel Bedeutung zugemessen habe.

LB: Im Augenblick sein und dann zählt nur der nächste Schritt. Das müssen viele lernen. Sie leiden und haben Angst, so viel zurückzulassen. Sie lassen sich auf diesen einen nächsten Schritt in den nächsten Augenblick einfach nicht bedingungslos ein. Wichtige Bindungen müssen manchmal zurückgelassen werden. Das ist sehr schmerzvoll. Vielleicht muss man seine Ehe, seinen Beruf, seine Freunde, seine Gesundheit zurücklassen. Das fällt sehr schwer, solange man in diesen Bindungen noch nicht die Ursache für das eigene Leiden gefunden hat.

Dann ist die Auseinandersetzung mit seinem Schatten enorm wichtig. Der Schatten spielt immer eine außerordentlich wichtige Rolle. Man will das oft nicht wahrhaben oder zugeben, schon gar nicht vor anderen. Im Schatten sind doch alle die verdrängten Potenziale. Was glauben Sie, wie mein Nachbar ständig seinen Schatten auf mich projizieren will. Er ist nicht bereit, sich mit seinen Schattenkräften auseinanderzusetzen. Dann muss ich mich immer von innen heraus abgrenzen, damit nichts in mich hineinkommt. Aber das habe ich gelernt.

EMG: Das können aber viele Menschen nicht. Sie fallen darauf rein. Ihr eigener DUNKLER BRUDER stachelt sie auf: „DAS DARFST DU DIR NICHT GEFALLEN LASSEN. WEHRE DICH!"

Dieses Verhalten kennen wir alle aus unserer kindlichen Sozialisation und dennoch, wenn wir glauben erwachsen zu sein, verhalten wir uns so, wie wir es als Kinder gelernt haben, als hätte es in unserem ganzen Leben keinen Fortschritt gegeben.

Sie würden sagen, und dem stimme ich sehr zu, dass die Schattenarbeit vollzogen werden MUSS. Bei einem spirituellen Weg, der ohne geglückte Schattenintegration gegangen wird, schleppt man seinen Rucksack von verdrängtem Potenzial ständig mit und die Reifung der Person wird behindert. Viele wissen gar nicht, weshalb das so ist.

Deshalb habe ich in meinem Buch, gemeinsam mit Walter SCHWERY, meinem tiefenpsychologischen Begleiter, diesem Thema so viel Raum eingeräumt. In vielen esoterischen oder spirituellen Büchern kommt das Thema gar nicht vor. Man macht den Menschen etwas vor, weil so einfach die INDIVIDUATION gar nicht ist. Es gibt bei vielen Menschen eben massive BLOCKADEN (siehe späteres Kapitel „BLOCKADEN"), die nicht einfach durch MEDITATION verschwinden.

Walter Schwery berichtet gerne, um das zu verdeutlichen, von dem ZEN-Schüler, der schon 20 Jahre auf der Matte sitzt, aber sich dennoch immer wieder so schnell ärgert. Das hat mich ja bei DÜRCKHEIM so überzeugt, der nicht nur auf der Säule der christlichen Mystik (MEISTER ECKHART) und auf der Säule der östlichen Mystik (ZEN) stand, sondern auch auf der Säule der Tiefenpsychologie von C. G. JUNG und Erich NEUMANN.

LB: Wie wahr, wie wahr, die Schattenarbeit ist ganz, ganz wichtig, sonst kann man lange Zeit vergeblich auf der Matte sitzen. „LUZIFER" schlägt gerne zu. Er ist ein MEISTER.

EMG: Jeder hat das GUTE und das BÖSE in sich. Daran können wir nichts ändern. Das macht unser Menschsein aus. Aber wir können üben, dass es uns sofort bewusst wird, wenn der DUNKLE BRUDER, oder wie Sie ihn nennen, LUZIFER, auftaucht und uns bei unserer Individuation stören will. Denn diese personale Reifung passt ihm überhaupt nicht, weil wir dadurch lernen, uns von ihm unabhängig zu machen. Und wie schon gesagt, er hat einen starken Mitspieler, unser eigenes EGO!

EMG: Wie gelingt Schattenarbeit? Wie kann man sich das vorstellen?

LB: Durch GEFÜHRTES ZEICHNEN und durch TRÄUME. Träume sind ganz wichtig. Dabei kommen die Schatten hoch. Man kann sich mit ihnen beschäftigen, sie betrachten, sie benennen und integrieren lernen.

EMG: Ich möchte Sie noch etwas ganz anderes fragen. Haben Sie denn hier in Rütte aufgrund Ihrer Erfahrung mit Gästen therapeutisch gearbeitet?

LB: Eigentlich weniger in Rütte, sondern in Japan.

EMG: Was hat sie denn nach Japan geführt?

LB: Graf DÜRCKHEIM hat gesagt, ich solle nach Japan gehen. Erst habe ich angefangen japanisch zu lernen. Dann kamen Japanerinnen hierher. Bei Japanerinnen ist es anders. Sie müssen ihr ICH entwickeln. Sie kommen aus dem Kollektiv heraus und werden selbstständig.

EMG: Habe ich das richtig verstanden? Die Japanerinnen müssen ihr ICH erst mal richtig entwickeln, weil sie aus dem Kollektiv kommen und nur ein WIR entwickelt haben.

LB: Ja, ja, so ist das. Sie müssen lernen, sich nicht mehr ständig unterzuordnen, bei ihrem Mann, bei ihrer Firma. Viele durften nie ihre eigene Meinung sagen.

Diese Frauen betreue ich. Es ist wunderbar, wie sie sich entwickelt haben. Die eine schreibt ein Buch. Bei einer anderen ist der Mann gestorben und sie ist sehr selbstständig geworden. Ich könnte Ihnen viele Erfolgsgeschichten erzählen.

EMG: Das sind ja dann Frauen mit einem zu kleinen ICH, neben dem erstarrten zu großen ICH die andere Fehlform des ICH. Dieses zu kleine ICH muss entwickelt werden.

LB: Ja, sie lernen schreiben, malen, einfach selbstständig kreativ zu sein.

EMG: Verstehe ich das richtig. In Japan müssen die Frauen erst mal ihr zu kleines ICH entwickeln lernen und Sie helfen ihnen dabei, damit sie dann aus einer gestärkten ICH-Position ihr WESEN erfahren lernen.

LB: Nein, so brauchen sie das nicht zu durchlaufen. Sie haben die Erfahrung des WESENS aus dem Kollektiv mitgebracht. Daher kommen auch die HAIKUS. Es sind Gedichte aus einer Wesenserfahrung.

EMG: Also dann läuft das genau anders herum als bei uns. Wir entwickeln unser ICH, das uns dann so viel Probleme macht, und müssen unser WESEN erkennen lernen und in Japan stammt die Wesenserfahrung aus dem Kollektiv und sie müssen ihr ICH entwickeln lernen. Das ist ja eine für mich interessante neue Erkenntnis.

LB: Sie sehen jetzt, weshalb mich DÜRCKHEIM wahrscheinlich nach Japan geschickt hat. Ich hatte eine große ICH-Stärke. Die Japanerinnen konnten viel von mir lernen. Ich konnte von den Japanerinnen die Öffnung zum WESEN lernen. Aus dieser Zusammenarbeit haben sich wunderbare Freundschaften entwickelt.

EMG: Als mein ZEN-Weg hier in Rütte begann und ich danach sehr oft nach Japan reiste, dachte ich, ich könnte mit jedem Japaner über ZEN reden. Das war ein Trugschluss.

LB: Das stimmt. Da macht kaum noch jemand ZEN. Wenn man wie ich 21 Jahre sehr oft in Japan ist, kennt man sich aus.

EMG: Wie haben Sie denn den Japanerinnen am meisten helfen können, ihr ICH zu entwickeln?

LB: Einfach im DA-SEIN. Dann haben sie mich WAHRGENOMMEN. Wir haben viel geredet. An der Stimme konnte ich erkennen, wie weit sie in ihrer Entwicklung waren. Bei den meisten war aber auch schon etwas DA. Das hat sich dann durch unsere Freundschaft weiterentwickelt.

EMG: Sind Sie denn in Japan allein gereist? Ich würde mich überall verirren.

LB: Ich bin meistens allein gereist. Ich konnte einigermaßen japanisch und habe mich gut zurechtgefunden.

Leider muss ich jetzt allen meinen Freundinnen schreiben, dass ich wegen meiner Augenerkrankung nicht mehr nach Japan reisen kann. Schön ist es, dass es in Japan meine beiden letzten Bücher auch gibt.

ICH HABE MEINE AUFGABE ERFÜLLT.

Ich habe auch mein japanisches Fernsehen, das ich immer gerne schaute, abgemeldet.

EMG: Darf ich Sie zum Schluss mal fragen, was für Sie Glück bedeutet? Was ist die Essenz ihres glücklichen Lebens?

LB: DAS JETZT – JEDER TAG!

EMG: Sie strahlen so viel Glück, Heiterkeit und Zufriedenheit, aber auch Lebenskraft aus, trotz Ihrer schweren, auch bedrohlichen, Lebenskrisen, dass ich denke, der Mensch müsse sich, so wie Sie, im Alter, VOLLENDEN.

LB: Es war hart, sehr hart!

EMG: Liebe Frau Lilo Brentrup, ich darf mich ganz herzlich für das wunderbare Gespräch bedanken. Ich fahre bereichert nach Hause. Auch bereichert für mein Buch.

In Abwandlung der Aussage von Bernadette Böll zur Übung in der Musik, könnte man über das Üben in der Kunst also sagen:

„ICH ÜBE NICHT KUNST;
SONDERN ICH ÜBE MICH ALS PERSON IN DER KUNST!"

Sie haben deutlich gemacht, wie Ihre KUNST, Sie durch die Lebenskrisen und auch durch das Älterwerden getragen hat. Es war sehr, sehr schwer für Sie, aber Sie sind reich beschenkt worden. Sie haben Glück gehabt, dass das Ehepaar DÜRCKHEIM Sie unter ihre Fittiche genommen hat und Ihr langes SUCHEN in Ihrem dritten Viertel Ihnen dann doch durch einen Quantensprung, wie Sie sagten, die vierte Dimension Ihres Lebens, Ihr viertes Lebensviertel des GEFUNDENHABEN – DES ANGEKOMMENSEIN beschert hat.

Ihre Quintessenz, auf die es wirklich ankommt, ist ganz einfach:

DAS JETZT – JEDER AUGENBLICK.

In jedem Augenblick offenbart sich eben die WIRKLICHKEIT, die so schwer zu benennen und nur zu erfahren ist, die DÜRCKHEIM das WESEN nannte.

In der Kunst hat der Künstler die Gelegenheit, durch sein Werk über sein begrenztes EGO hinauszuwachsen.

„*In vielen Fällen ist das Werk größer als der Künstler!*", hat C. G. JUNG sehr treffend gesagt.

Liebe Leserinnen und Leser, Sie haben bis jetzt kennengelernt, wie man durch Bildhauern, Zeichnen, Emaillearbeiten und Goldschmiedekunst, Dichten und Schreiben im Erfahrungsraum KUNST den GOLDENEN WIND erfahren kann.

Wie sieht es mit der Malerei aus? Wir haben als Kinder alle mit Begeisterung gemalt. Wir haben uns dadurch ausgedrückt und mitgeteilt. Was ist auf dem langen Weg zu unserem Erwachsensein bis jetzt passiert, dass wir aufgehört haben?

Man könnte treffender ausdrücken, dass wir heute nicht Erwachsene sind, sondern eher ENTWACHSENE. Wir sind aus der Fähigkeit, unser Wesen zu erfahren rausgewachsen, leider, und haben einen hohen Preis gezahlt. Wir sind erstarrt, in unserem ICH erstarrt, nicht mehr transparent. Es zieht sich wie ein LEITFADEN durch dieses Buch, wie man aus dieser Erstarrung hinauskommt und wieder für das WESENTLICHE transparent wird.

Im Erfahrungsraum Kunst ist die Malerei ein von vielen gewählter Lösungsweg.

Moon Mc NEILL:

„*MALEN ist eine Arbeit am ICH und eine Kommunikation mit dem, was ich BIN. In glücklichen Momenten nimmt eine höhere Führung uns den Pinsel aus der Hand und führt ihn sanft zum Erkennen dessen, was sich zeigen will … Aus verschiedenen Flächen wird nun ein GANZES. Und aus Ihnen für einen Moment auch.*

DAS ist es."

Das ist es. Das ist das Spüren des GOLDENEN WINDES.

Am 13. September 2011 besuchte ich Lilo Brentrup und übergab ihr mein Buch. Sie lag krank im Bett und ich spürte unmittelbar, dass sie bald sterben würde. Ich las ihr unser Interview vor. „Wie, das soll ich gesagt haben? Weiß ich nicht mehr. Aber das ist richtig. Das ist die WAHRHEIT."

Wir sollten uns nicht wiedersehen. Sie starb am 29. Oktober 2011. Mit ihr werde ich mich immer verbunden fühlen. Eine großartige Frau hat ihr Werk vollendet.

Erfahrungsraum Malen

Nun, wie ist Hanspeter MÜNCH zur Malerei gekommen? Wie hat sie ihn durch sein Leben getragen und welche Erfahrungen hat er in diesem Erfahrungsraum gemacht?

GESPRÄCH MIT HANSPETER MÜNCH AM 28.10.2010 IN ETTLINGEN:

EMG: Lieber Hanspeter, ganz herzlichen Dank für deine Bereitschaft, mit mir über deine Sicht über den Erfahrungsraum Malerei zu sprechen.

Wie kam es eigentlich dazu, als du beschlossen hast, zu malen?

HPM: Das war so mit zwölf Jahren, in der Pubertät, wenn man die Welt um sich entdeckt und das Innere in Bezug zu dieser Außenwelt bringt. Ich habe eine große Diskrepanz gespürt. Ich nahm mich viel vielschichtiger wahr, als ich es von draußen zurückbekam. Auch die Sensibilität, die mir zur Verfügung stand, kam nur bedingt an. Folgerichtig habe ich nach einem Medium gesucht, durch das ich ausdrücken kann, was in mir vorgeht. Mein Vater hat mich auf die Zeichnung hingewiesen, die mir aber gar nicht lag. Trotzdem war dies ein Anstoß und ich begann über das Medium nachzudenken. Dabei wurde alsbald deutlich, dass mich die Farbe faszinierte; ich habe sie ganz existenziell begriffen. Es folgten erste Schritte. Alles das, was ich sonst nirgendwo ausdrücken konnte, konnte ich aus mir heraus schöpfend realisieren.

EMG: Schloss sich dann ein Studium an?

HPM: Auf dem Gymnasium schon hat mein Zeichenlehrer meine Begabung und meine Liebe zur Malerei erkannt. In seinem Atelier habe ich viele, viele Nachmittage verbracht. Mit 16 hatte ich einen Privatlehrer und habe erste Schritte in seinem Sinne gemacht. Die Lehrer wollen ja immer, dass man so malt, wie sie. Das war mir für später eine Warnung. Es geht nicht um meine Kunstauffassung als Lehrer, sondern darum, im Menschen zu entdecken, welches schöpferische Potenzial er hat. Diese kreative Intensität muss aus jedem heraus frei gemacht und zur Entfaltung gebracht werden. Das ist eigentlich die Aufgabe eines Lehrers. So habe ich das auch erlebt.

Nach einer Ausbildung im grafischen Gewerbe habe ich an den Kunstakademien in Stuttgart und Hamburg studiert. Aber ich muss eigentlich gleich sagen, dass diese akademische Ausbildung mir nie so recht gelegen hat. Ich habe mich zwar darauf eingelassen, aber gemerkt, dass etwas fehlte.

Es genügt nicht, wenn man Techniken oder Stile lernt, beherrscht und auch umsetzen kann. Tun und Denken ist ja oft auseinander, aber in der Malerei gehört es zusammen.

Die alten Meister sind bis zur Stunde die Quelle meiner Inspiration, denn da ist eine ungeheure Komplexität vorhanden. Da kann man im 17. und 18. Jahrhundert nur bewundernd nachschauen. Diese Komplexität ist kaum mehr erreicht worden. Das war für mich ein Ansporn.

EMG: Eigentlich ist es doch sehr ungewöhnlich, wenn ein Zwölfjähriger darüber nachdenkt, dass es nicht nur eine Außenwelt gibt, sondern auch noch eine Innenwelt, die sich nach außen darstellen will.

HPM: Ja, aber, wenn du darunter leidest und merkst, dass du mit deiner Differenziertheit nirgends ankommst, dann muss sich irgendwo ein Weg öffnen, der die Möglichkeit bietet, deine Gefühle und Gedanken unterzubringen und auszubilden. Mein Elternhaus war sehr musikalisch, aber die Kriegsjahre haben mich von einem frühen Beginn in der Musik abgehalten. In der Malerei kann man auch mit zehn Jahren noch anfangen. Die Malerei habe ich zielstrebig betrieben und bin an den Wochenenden oder wenn schulfrei war, immer in die Museen gegangen. Ich habe die Bilder analysiert und auch viel Literatur gelesen.

EMG: Zu der DÜRCKHEIM'SCHEN Frage. Gibt es frühe Erlebnisse, an die du dich erinnern kannst, in denen du ganz glücklich und EINS warst mit allem?

HPM: Ja, sicher. Besonders in der Natur. Ich habe gespürt, dass in der Natur alles enthalten ist, was wir SIND und was wir WERDEN können. Auch in der bewussten Reflexion der Kunstwerke habe ich ein Äquivalent gefunden. Ferner habe ich gespürt, dass die Tradierung der Natur in der Kunst, in der Malerei eine zweite Natur schafft. So ist der Wunsch gewachsen, mich schöpferisch zu entwickeln. Alle Gedanken und Empfindungen, die ich als differenzierter Mensch in der Natur wahrnehme, kann ich auch in der Kunst realisieren. Diesen Transformationsprozess zu gehen, hat mich interessiert. Es ist wohl klar, dass dieser Weg in der Ausbildung nicht erschöpfend möglich ist und über die Naturbeherrschung oder die Abstraktion im Bild hinausgeht.

Ich habe einmal ein INITIALERLEBNIS gehabt, als mein Lehrer in Hamburg mich auf den Weg schickte:

Er kam jeden Tag in mein Atelier, hat meine Bilder schweigend betrachtet und ging wieder. Das ging ein Vierteljahr so. Ich war verzweifelt und wusste nicht, was ich falsch machte. Ich war ständig im Museum oder auf Ausstellungen und habe Kunstgeschichte studiert. Aber mir ging kein Licht auf. Ich versuchte rational dahinterzukommen, aber es gelang nicht. Er schüttelte immer den Kopf und ging weg.

Eines Tages sagte er, ich solle einmal in die Hamburger Kunsthalle gehen und mir auf einem ganz bestimmten Bild von CEZANNE den zweiten Apfel von links anschauen. Ich habe den ganzen Sonntag vor dem Bild gestanden und alles durchdacht, was er gemeint haben könnte. Ich bin nicht darauf gekommen. Als das Museum bekannt gab, dass die Kunsthalle in zehn Minuten schließen würde und man sich deshalb zum Ausgang begeben sollte, ging ich völlig deprimiert und verzweifelt langsamen Schritts aus dem Raum. Vor dem Ausgang schickte ich einen letzten Blick auf das Bild. Wie ein Blitz schoss es mir in diesem Augenblick des NICHT WOLLENDEN WAHRNEHMENS durch den Kopf. Ohne Absicht, ohne WOLLEN, ohne Druck erfuhr ich jetzt das Bild. Ich hatte verzichtet, weiter einzudringen. Ich ließ das Bild los Da wusste ich es: ER MEINT DIE MODULATION, also die plastische Darstellung der Farbe auf der Fläche.

Er konnte mir mit Worten nicht erklären, was er meinte, weil dieser komplexe Zusammenhang nur über die Anschauung erfahrbar wird. Er schickte mich ins Museum zu CEZANNE in der Hoffnung, dass ich das erfahre, was schon sein Besitz war, aber nicht erklärbar ist. So wurde diese schöpferische Erkenntnis zu einer Erfahrung, die meine ganze weitere Entwicklung prägte.

Ich bin sofort ins Atelier gegangen und habe die ganze Nacht alle meine Bilder überarbeitet. Am nächsten Morgen kam mein großer Lehrer und hat sich lange mit meinen Bildern beschäftigt. Alle rochen noch nach frischer Farbe. Er hat gespürt, wie intensiv ich gearbeitet hatte. Er ging auf mich zu, nahm mich in den Arm und sagte nur: „Jetzt bist Du ein Maler!"

Es war 1968, aber diese Geschichte berührt mich heute noch. Das war eine Öffnung in einen Bereich, der mir bis dahin verschlossen geblieben war. Es ging nämlich nicht um formale Kriterien, sondern um ihre Umsetzung in eine INITIATION. Jedes Bild hat die Aufgabe, Initiation zu sein, Katalysator zu sein zwischen mir, dem Urheber, und dem Betrachter. Damals ist mir blitzartig klar geworden, dass dies die substanzielle, wesenhafte Aufgabe der Kunst ist. Wer diese Erfahrung nicht kennt, kann arbeiten wie er will, er wird nie an den Punkt kommen, wo man über das Formale, das Ästhetische, das Stilistische hinausgeht.

EMG: Ich habe mein Kapitel über den ERFAHRUNGSRAUM KUNST mit dem folgenden Zitat von EINSTEIN begonnen:

„DAS SCHÖNSTE, WAS WIR ERFAHREN KÖNNEN,
IST DAS MYSTERIÖSE.
ES IST DER QUELL ALLER WAHREN KUNST
UND WISSENSCHAFT!"

Nur wenn das MYSTERIÖSE erfahren werden kann, ist es für ihn wahre Kunst.

HPM: Das stimmt. Es geht im Grunde genommen um ein MYSTERIUM, um den Überstieg über das Vermögen, das bis dahin vorliegt, sowohl empfindungsmäßig als auch bewusst in Emotion und Ratio zu leisten.

EMG: Die mystische Erfahrung ist TRANSEMOTIONAL und TRANSRATIONAL.

HPM: Damit sind wir jetzt natürlich bei der TRANSZENDENZ, ein Begriff, der heute überhaupt nicht mehr benutzt wird. Für mich ist das aber ein ganz wesentlicher Punkt. In der IMMANENZ leben wir alle. Es ist unser tägliches Brot und unser tägliches Leid.

Mir geht es beim Malen um diese Transzendenz, also um den Überstieg. Wenn ich die Farbe nach bestimmten Gesetzmäßigkeiten setze, die es natürlich gibt und die ich einsetze, dann komme ich nur bis zu einem bestimmten Punkt. Nach 40 Jahren Erfahrung merke ich genau, wann dieser Punkt erreicht ist. Nach einigen Wochen an einem Bild kommt der Moment, dass ich das Bild LASSEN muss. Es malt sich sozusagen von selbst. Ich werde in dem Moment nur noch zum Werkzeug. Am Anfang gebe ich ständig Input. Alle Gedanken, alle Gefühle, Techniken, alles Wissen werden Bild. Dann hat das Bild aber irgendwann eine Gestalt. Für mich beginnt es zu sprechen. Ich mache dann nur noch, was es will. Ich bin dann in der Lage, in dieses transzendente Wahrnehmungsgefüge hineinzukommen, in dem man nicht mehr mit Worten etwas formulieren kann, sondern wo es sich selbst trägt. Das ist dann eigentlich die Verwirklichung des SCHÖPFERISCHEN.

EMG: Das ist außerhalb deines WOLLENS, nicht wahr? Ähnlich hat sich Rosemarie SACK-DYCKERHOFF im Gespräch geäußert. Sie sagte mir, dass sie sofort aus dem Atelier nach Hause geht, wenn sie gestalten WILL. Am nächsten Tag versucht sie ohne Wollen es fließen zu lassen, damit die Plastik Gestalt wird.

HPM: Wenn ich von dem Bild WILL, dass ich etwas erkenne, dann kommt es nicht zu mir. Aber in dem Moment, in dem ich verzichte und ganz offen bin, zwar schon in der Problematik verwurzelt, aber ganz offen bin, dann bekomme ich vielleicht als Geschenk, dass mir dieses SCHÖPFERISCHE oder diese TRANSZENDENZ als Erfahrung bewusst wird. Das kann man auch als MYSTIK oder mit GOTT bezeichnen. Alle Wörter sind mühsame Versuche, das UNBESCHREIBBARE zu beschreiben.

EMG: Ich nenne diese Erfahrung in meinem Buch die Erfahrung des GOLDENEN WINDES. Du hast wunderbar geschildert, wie man als Maler oder auch Betrachter eines Bildes diesen GOLDENEN WIND spüren kann.

Auch den Geschmack von Tee kann man nicht beschreiben, sondern ihn nur durch Trinken erfahren.

Lass uns einmal über Rütte und DÜRCKHEIM sprechen. Du wärst doch beinahe als Kunsttherapeut dort geblieben, wie du mir sagtest. Wann warst du das erste Mal in Rütte?

HPM: Als nach dem Studium meine Ehe zerbrach und ich in eine große Krise geriet, ging ich nach Rütte. DÜRCKHEIM hat mich wieder zentriert.

EMG: War die initiatische Erfahrung mit dem CEZANNE-Apfel vorher oder hinterher?

HPM: Das war vorher. In Rütte war ich mehrmals und auch ziemlich lange. Während der Aufenthalte entdeckte man natürlich meine Begabung für die Malerei und DÜRCKHEIM schlug mir vor, dort Maltherapeut zu werden. Mit Maria HIPPIUS hatte ich alles schon so vereinbart, dass ein Haus gekauft würde, in dem mein Atelier sein sollte. Ich war in die Methoden von Rütte, besonders ZEN, sehr eingedrungen und wollte deshalb in diesem heilenden Umfeld bleiben.

Zu Hause hier im Atelier in Ettlingen angekommen, stellte ich mir die wichtige Frage nach meinem zukünftigen Leben. Ich wollte jedoch nicht in erster Linie Therapeut und ZEN-Mensch, sondern Maler bleiben. Nach der Absage trat ich in die Hochschullaufbahn bis zur Professur ein. Das entsprach dann doch eher meiner Vorstellung vom spezifischen künstlerischen Lehren und gab mir aber auch die Möglichkeit, das DÜRCKHEIM'SCHE Gedankengut an die Studenten weiterzugeben.

Das Erlebnis mit dem Apfel kam zwar vor meinen Rütte-Aufenthalten. Ich wurde dadurch offen und durchlässig für weitere initiatische Erfahrungen. In meiner eigenen Differenzierung war ich so weit, dass ich auch im Künstlerischen die TRANSZENDENZ entdecken konnte und nicht nur das FORMAL ÄSTHETISCHE.

EMG: Fast alle Menschen, die auf einem spirituellen Weg sind und die mir begegnet sind, begannen ausgelöst durch tiefes persönliches Leid ihren Weg der Erfahrung des GOLDENEN WINDES, der inneren Reifung und der Heilung. Allerdings sagte mir Martha Wilkens von der Theosophischen Gesellschaft kürzlich: „Ich habe nie tiefes Leid erfahren. Aber als mein Mann nach einer Nahtoderfahrung sich auf den Weg machte, bin ich einfach in enger Verbundenheit mitgegangen."

In der Malerei kann man, wie du wunderbar geschildert hast, durch eigenes Schaffen, aber auch durch Betrachten, diese Erfahrung, diese innere Reifung und die damit verbundene Heilung erreichen, oder besser ausgedrückt: als Gnade erfahren. Du hast es ein Geschenk genannt.

Gelingt es besser durch Malen und auch, aber weniger, durch schauen?

HPM: Also, mein Lieber, es gelingt durch beides. Mit meinen Studenten habe ich immer wieder Museumsbesuche gemacht. Dort habe ich bewusst nicht Kunstgeschichte vermittelt, sondern die optische Erfahrung von Bildern in den Vordergrund gerückt.

An der Schwelle zu einem Saal fragte ich beispielsweise nach dem spontan empfundenen potentesten Bild. Man muss nicht unbedingt in den Raum hineingehen. Der Eindruck kommt schnell. Mit etwas Übung findet sich das Bild, manchmal aber auch gar keines.

Dabei ging es genau um diese Erfahrung und nicht darum, ob ein Bild toll gemalt ist. Es ging darum, ob dieser SCHÖPFERISCHE IMPULS zum Ausdruck kommt.

Alle großen Maler haben diesen Impuls und ihr Werk ist gezeichnet von ihm.

So lernt man auch das Schauen und kann ein Bild, das diese Potenz hat, sofort wahrnehmen.

Wie von einem Magneten werde ich dann angezogen.

EMG: Du kannst das unterscheiden?

HPM: Sofort, in wenigen Sekunden. Ich erkenne, ob das ein Bild in diesem Sinne ist. So gibt es eine Perlenkette für mich durch die Kunstgeschichte von den Malereien in der Höhle von LASCAUX im Tal der Vezere aus der Zeit um 15 000 v. Chr., die Nike von Samothrake 190 v. Chr., über Pompeij zu Tizian, Tiepolo, Cezanne, Picasso usw.

EMG: Du kannst aber auch bei einer Vernissage oder im Museum vor einem Bild eines hoch gelobten Malers stehen und es passiert bei dir nichts?

HPM: Allerdings. Das ist leider am meisten der Fall. Dann frage ich mich, was ich da überhaupt soll. Dann trinke ich besser ein Glas Wein, gehe nach Hause und lese ein Buch.

EMG: Ist denn beides Kunst?

HPM: Also, da habe ich zwei klare Begriffe. Für mich gibt es, sagen wir mal, zu 95 % eine Art Kunstgestaltung, also GESTALTUNG, und die restlichen 5 %, das ist für mich KUNST, die genau dieses Schöpferische, Komplexe vor Augen führt.

EMG: Kann man den Markt auch so aufteilen?

HPM: Da sind wir dann noch mal eine Ebene tiefer, in der Galeriekunst oder Kunstmarktkunst. Die Kunstmarktkunst ist ja nicht identisch mit der Kunst, leider. Es wird produziert, was in die Zeit und den Markt passt und sich gut verkaufen lässt. Das sind also alles Gestaltungen, die durchaus akzeptabel sind und die auch ihren Sinn haben. Ich vergleiche das immer mit der Pyramide. Die Spitze braucht eine große Basis. Es ist immer die Frage, auf welcher Horizontalen ein Künstler lebt. Aber um diese Spitze geht es. Das ist auch der SINN UNSERES LEBENS. Transparent zu werden für diesen Sprung aus der Basis in die Spitze. Ich bin zutiefst überzeugt, dass wir diese Qualität in einem sinnvollen Leben in uns entdecken können. Ob man diese Erfahrung mystisch, spirituell oder transzendent nennt, oder GOTTESERFAHRUNG, ist egal. Du nennst das, um was es letztendlich geht, in deinem Buch GOLDENER WIND oder DÜRCKHEIM das WESEN. Es gibt Tausend Begriffe dafür und wir meinen eigentlich alle dasselbe.

In der Malerei muss man durch Arbeit, wie in anderen Bereichen auch, dahin kommen, dass man bereit wird, den Überstieg im Ergebnis der Arbeit (transemotional, transrational) zu finden und zu gewährleisten.

EMG: Was muss man dann lernen, wenn man noch nie gemalt hat, um so weit zu kommen? Erst muss man doch gewisse Techniken lernen?

HPM: Du musst malen können. Du musst wissen, wie Malerei funktioniert, wie sie aufbaut und wie sie sich bis zu dem Moment, wo du selbst in die Geschichte eintrittst, entwickelt hat. Welche Lösungen sie angeboten hat. Welche Eckpunkte und Eckpfeiler sie markiert hat. Das muss man natürlich als Besitz haben.

Dann geht es aber darum, was ich jetzt in meiner Zeit beizutragen habe. Wo stehe ich? Wie kann ich in diesem Rad ein kleines bisschen die Geschichte bewegen? Es muss das Handwerkliche mit den anderen Wesensdingen zusammengebracht werden.

Ich sage immer HIRN, HERZ und HAND; die drei Hs müssen unabdingbar zusammenkommen. Nur Handwerk wäre nur das Gestalterische. Verstand hilft dabei, aber reicht nicht aus. Es geht um das HERZ! Man könnte es auch als WESEN oder LIEBE benennen. Da sind wir auf dünnem Eis. Diesen Schritt kannst du dir nicht erarbeiten. Diese Dimension wird dir geschenkt.

EMG: Das ist die göttliche Gnade.

HPM: Ganz genau, die GNADE. Du musst allerdings in die Bereitschaft kommen, diese Gnade zu empfangen. Die Mönche beten ihren Rosenkranz und haben ihre Rituale den ganzen Tag über, um dahin zu kommen, möglicherweise Erleuchtung zu erfahren. Genau so ist es beim Malen. Wenn alles stimmt, kommt eigentlich der Punkt, an dem die meisten aufhören. Deshalb ist es leicht zu erkennen, wenn du diesseits und sie jenseits dieses Flusses leben und an einem Ufer angekommen, aufhören, weil sie keine Brücke bauen können. Das ist eine gewisse Tragik, wie auch die Einsamkeit, die aus der Begrenzung resultiert.

EMG: Mein ganzes Buch handelt davon, wie der Mensch diese Begrenzung, diese Eingrenzung, durchlässiger machen kann und sie letztendlich überwindet. Das bewusste Eintreten in Erfahrungsräume wie die KUNST, das achtsame Wahrnehmen und das Üben, im Augenblick zu sein, sind unerlässliche Voraussetzungen für diese Transparenz. Das ist für mich der SINN DES LEBENS, sein ganzes Leben lang zu üben, transparent zu werden für die IMMANENTE TRANSZENDENZ, den GOLDENEN WIND. Das habe ich bei DÜRCKHEIM begriffen, genauso wie du.

Was sonst soll der SINN DES LEBENS sein?

Nun werden sicher viele Menschen im dritten Lebensdrittel dieses Buch lesen, weil sie im zweiten Drittel zu sehr beschäftigt sind. Das Aufwachen zu innerem Wachstum ist eigentlich eine Lebensaufgabe ab der Mitte des Lebens, spätestens jedoch im letzten Drittel. Du hast berichtet, dass bei dir sehr früh dieser Prozess begonnen hat. Also eine sehr glückliche Lebensentwicklung, die man in der auslösenden Krise nicht erkennt.

Zurück zu den Menschen, die nun viel Zeit haben in die Erfahrungsräume einzutreten, zum Beispiel in den Raum der bildenden Kunst. Sie gehen in Museen und überlegen, ob sie nicht auch malen sollten.

Was würdest du den Menschen sagen wollen? Wie können sie sich im Raum Malerei vorbereiten, die Wahrscheinlichkeit zu erhöhen, die große Sehnsucht nach der SEINSERFAHRUNG zu stillen? Wie verhindert man, dass so viele, wenn sie alt werden, die Treppe runterlaufen und nicht hoch? Wie kannst du die Menschen begeistern?

HPM: Wir sehen heute Legionen vor den Museen stehen, die da hineindrängen. Das ist zunächst wunderbar. Es äußert sich eine Sehnsucht nach dem Erfahrungswert des Ganzen und nach der geistigen Dimension des Lebens.

Sie werden leider aber meistens enttäuscht. Es werden Geschichten über die Künstler und ihre Werke erzählt. Die kunstgeschichtlichen Fakten werden schnell wieder vergessen.

Wenn ich mit Menschen ins Museum gehe, lehre ich sie das SCHAUEN, dass sie Erfahrungen machen. Es geht nicht um Stilbegriffe oder, ob der Maler der erste oder der letzte in der Renaissance war. Es kann auch Lebensgefühl vermittelt werden. Aber all das Wissen behindert eher die Erkenntnis. Es hilft nur, mit offenem Herzen hinzuschauen, wirklich schauen, nicht sehen oder nur blicken. Das heißt nämlich ganzheitlich wahrnehmen, mit dem ganzen WESEN vor den Dingen stehen.

Dann und nur dann wird man plötzlich erkennen, dass man Antworten bekommt. Es ist ganz erstaunlich, was passiert, wenn man ganz still wird und nichts will. Ich merke, was mich berührt, wenn ich Details des Bildes wahrnehme, die Art seiner Gestaltung, seine Gestalt erschaue. Es kommt zum geistigen Dialog.

Wenn man dann zu Hause mit seinen eigenen bescheidenen Mitteln versucht, das darzustellen, was man erfahren hat, dann ist man AUF DEM WEG. Darum geht es.

In meine Malkurse kommen auch Laien, die einfach Malen ausprobieren wollen.

Das ist dann sehr interessant, weil es dabei nicht um das Ergebnis geht. Es geht um die Erkenntnis der Entwicklung dieses menschlichen Wesens, beispielsweise anhand der Farbwahl, der Strukturwahrnehmung und der Bezugsetzung von diesem EGO zu der Geschichte der Malerei, zu dem Tun in der Malerei und zur Natur, die ja doch eine große Quelle der Inspiration ist.

EMG: Das war eine wunderschöne Anweisung für die Leserinnen und Leser, sich auf den Weg in den Erfahrungsraum KUNST und Malerei zu machen.

HPM: Sie sollten zunächst nur schauen im Museum und nicht glauben, sie müssten irgendetwas verstehen. Sie können auch ein Bild neben dem betrachteten Bild anschauen und sich fragen, worin beide sich unterscheiden. Dann spürt man, wie der eine Form ganz anders auffasst oder der andere mehr aus der Farbe denkt.

EMG: Du würdest auch den Besuchern empfehlen, zu Hause einfach mal ohne Vorkenntnisse das zu Papier zu bringen, was sie erfahren haben?

Ich habe ja auch in Rütte das GEFÜHRTE ZEICHNEN erlebt und gefragt, ob das dann schon Kunst sei. Du spürst doch dabei, was aus dir raus will und Form werden will, ganz ohne es zu wollen.

Ich war ganz erschrocken, als ich das ganze Blatt zerrissen habe.

HPM: Dann hast du dabei gewaltige Dinge loswerden müssen.

EMG: Ich möchte mit dir jetzt die ganz wichtige Frage besprechen, wo das herkommt, was sich in der Malerei als Realität in einem Bild offenbart. DÜRR nennt es das HINTERGRUNDFELD. Wir hatten schon über die vielen Begriffe für das nicht Beschreibbare gesprochen, wie GOTT, WESEN, WIRKLICHKEIT, LEERE, STILLE usw.

In der Musik haben Menuhin und Barenboim wunderbar beschrieben, wie Musik aus dieser STILLE entsteht. Die STILLE ist dieser Hintergrund. Sie hat eine POTENTIALITÄT, sich über das Medium Mensch als Realität verschieden darzustellen. Dadurch kann der Musizierende die Erfahrung der Transzendenz machen, aber natürlich auch der Zuhörer. Am besten musiziert man selbst.

HPM: Für mich kommt alles aus der LIEBE und endet alles in der LIEBE.

LIEBE ist wie das LICHT, umfängt uns alle und jedes Wesen. So muss man auch seine Bilder lieben, beginnend mit der leeren Leinwand bis hin zum komplexen Opus; nur dann werden sie gut.

EMG: Kann man sagen, dass die leere Leinwand auch ein gutes Bild für dieses Hintergrundfeld ist, dieses NICHTS, aus dem heraus dann alles entsteht? Du spannst eine leere Leinwand auf, die aber, damit etwas entsteht, die Verbindung mit dem Maler braucht. Erst in der Verbindung mit dir kann sich Potentialität entfalten, die aber eigentlich schon da ist, in dir.

HPM: Das ist eine sehr interessante Situation, die du jetzt ansprichst. Wenn ich eine Leinwand aufspanne, begebe ich mich schon auf den Weg. Dieser Weg beginnt zunächst ganz handwerklich.

In dem Moment, in dem die Leinwand da ist, ist eigentlich das komplexeste Bild vorhanden. Es ist alles in der Leinwand vorhanden, wir sehen es nur noch nicht. Dann fange ich an irgendeiner Stelle an zu malen und es bricht zusammen. Das Gebäude wird zerstört. Die heilige Fläche wird aufgebrochen durch einen gestalterischen Vorgang. Dieser Vorgang muss sich dann im Malprozess so weit verdichten, so weit sich mit Komplexität anreichern, bis er sich selbst trägt und alles beinhaltet, was am Anfang theoretisch aber nicht sichtbar die weiße Leinwand schon beinhaltet.

Es gibt eine ganz interessante Geschichte, die Adalbert STIFTER in einem Buch erwähnt. Sie handelt von einem jungen Mann, der aufs Land zieht . Er spannt sich eine riesige Leinwand in seinem Zimmer auf, die fast vom Boden bis zur Decke reicht. Er fängt an, alles, was er denkt, empfindet und weiß auf diese Leinwand zu malen. Es dauert Monate. Abends läuft er immer durch die Natur und nimmt Anregungen auf. Im Grunde genommen ist er aber unglücklich.

Er weiß nicht, woran es liegt.

Ich will es mal vorwegnehmen. Er ist zu subjektiv. Er äußert nur sein Subjekt hin zu dieser Leinwand. Alle seine Empfindungen und Gefühle realisiert er da drin.

Eines Tages lernt er eine schöne Frau kennen. Er fängt an, sie in einer Weise zu lieben, wie er seine Leinwand geliebt hat, seine Hingabe und Offenheit wird aber immer vielschichtiger. Ab dem Moment, in dem die Liebe erwidert wird, wirft er die Leinwand weg. Sie ist überflüssig geworden. Er braucht sie nicht mehr. Das ist genau der Punkt. Diesen Punkt muss man immer wieder erreichen, in dem die Erfüllung durch das gestalterische Tun entsteht, die Erfüllung in dem Sinne, dass auf der einen Seite die ganze Komplexität der malerischen und künstlerischen Potenziale da drin ist und nicht irgendein Reduktiv und auf der anderen Seite die ganze WESENHEIT, das Bewusstsein enthalten ist. Beides muss in sich stimmig vereint sein und auch eine gewisse Spannung haben.

EMG: Das hast du wunderbar ausgedrückt. Wenn man die Leinwand aufspannt, dann ist das doch schon eine Art Meditation. Das Bild ist da, ich sehe es nur noch nicht.

HPM: Auch die Grundierung muss schon im Bewusstsein des gesamten Feldes aufgebracht werden. Sie ist farbräumliches Agieren. Sie trage ich in zwei bis drei Schichten auf, sodass die nächste Schicht auf die vorherige antwortet. Wenn ich dann nicht in mir selbst bin, du würdest sagen: im HARA bin, dann schrubbe ich da auf der Leinwand herum. Das kann dann nichts werden. Dann ist schon dieser Schöpfungsprozess, der möglicherweise in Gang kommt, reduziert und simplifiziert und nicht mehr existenziell da.

EMG: Das ist ein wunderschönes Schlusswort, lieber Hanspeter. Wir haben herausgearbeitet, dass eigentlich ALLES DA IST. Diese IMMANENTE TRANSZEN-

DENZ nach DÜRCKHEIM ist immer DA. Wir sehen sie nur nicht, weil wir uns mit unserem EGO eingegrenzt haben. Man kann sie spüren, wenn man sich auf den Weg der inneren Reifung macht und in die Erfahrungsräume achtsam eintritt, wie wir jetzt hier zusammen in den Raum des MALENS. Es gibt Hilfsmittel für diesen Weg wie der Ochse in den Ochsenbildern. So ist die leere Leinwand ein solches Vehikel, den GOLDENEN WIND im Bild Realität werden zu lassen. Die Transparenz zu erlangen, die es dazu braucht, ist der SINN DES LEBENS, da sind wir uns einig.

HPM: Ich würde doch sagen, wir brauchen diese Katalysatoren und das ist eben die Malerei, die Musik, der Tanz oder das geschriebene Wort. Das Wort selbst, wenn ich es sehe, ist ja erst mal nur eine Buchstabenreihe aus dem Alphabet. Aber es geht um die Bedeutung und den Sinn sowie das, was es in mir auslöst. Wir erfahren durch die Malerei, dass das Bild die katalysatorische Funktion zwischen dir und mir hat, zwischen dem Urheber und dem Adressaten. Je offener du diesem Katalysator gegenüber bist und je offener ich bin, umso kompetenter ist das Ergebnis.

Beim Annähern an einen komplexen Bildkörper, an einen Bildorganismus – ohne seine Reduktionen in den künstlerischen Mitteln – muss der entfaltete Mensch in seiner Ganzheit, aber auch die Einheit der Gegensätze immer wieder unser Ziel sein.

Auch dann wird uns im demütigen Verstehen die LIEBE zum Geschenk.

EMG: Lieber Hanspeter, ich danke dir ganz herzlich für dieses Gespräch.

Der Dialog ist ganz sicher für alle Leserinnen und Leser eine Motivation für die Malerei als Erfahrungsraum des GOLDENEN WINDES.

Nach meinen intensiven Erfahrungen in der Natur und in der Musik werde ich persönlich meine ersten Schritte in der darstellenden Kunst, vielleicht sogar in der Malerei, wagen. Du hast mich überzeugt.

Angeregt durch die Aussagen von Hanspeter MÜNCH habe ich für Sie, liebe Leserinnen und Leser, eine BILDMEDITATION geschrieben.

Bildmeditation
(schauen, spüren, erfahren)

Ich gehe in ein Museum.
Schritt für Schritt spüre ich den Boden, der mich hält.
Meine Gedanken sind in jedem Schritt.
Ich gehe in einen Ausstellungsraum und schaue rundum von einem Bild zum andern.
Wenn mein Blick an einem Bild hängen bleibt, gehe ich hin.
Ich stelle mich vor das Bild und schaue es an.
Ich stehe fest mit meinen Füßen auf dem Boden.
Ich gehe etwas in die Knie und verlagere den Schwerpunkt nach unten.
Ich spüre mein Gewicht.
Ich schaue auf das Bild.
Ich bin NUR SCHAUEN.
Ich lass meinen Atem ein- und ausströmen.
Ich spüre, wie ich beatmet werde.
Ich sehe Formen und Farben und die ganze Dimension des Bildes.
Ich bewerte nicht, ich beurteile nicht.
Ich nehme zu dem Bild eine Verbindung auf.
Gedanken kommen und gehen.
Ich halte sie nicht fest.
Ich habe Zeit – unendlich viel Zeit.
NUR SCHAUEN.
Bilder gehen mir durch den Kopf.
Ein Dialog mit dem Bild.
Das Bild und ich werden EINS.
Ich bin ganz Bild.
Ich schließe meine Augen.
Gefühle kommen und gehen.
Gedanken kommen und gehen.
Ich halte sie nicht fest.

Zwischen den Gedanken und Gefühlen ist NICHTS.
Ich spüre dieses NICHTS.
Ich spüre den GOLDENEN WIND.
Alles kommt aus dem GOLDENEN WIND.
Das Bild spielt keine Rolle mehr – es hat mir geholfen.
Ich brauche das Bild nicht mehr.
Ich bin ganz offen, weit über die Dimensionen des Bildes hinaus.
Ich bin mit allem verbunden,
mit allen Bildern dieser Welt,
mit der Welt und dem Universum.

Ich bin ganz GOLDENER WIND.
ICH BIN EINS MIT DER WIRKLICHKEIT, aus der alles entsteht.
ICH BLEIBE IMMER EINS MIT DER WIRKLICHKEIT.

Ich öffne meine Augen.
Ich sehe das Bild wieder.
Ich verneige mich und bedanke mich.
Ich strecke mich einatmend, so hoch ich kann.
Ich beuge mich ausatmend nach unten.
Ich richte mich wieder auf.
Ich schlendere durch die anderen Räume des Museums.

Ich gehe aus dem Museum hinaus.
ICH HABE DEN GOLDENEN WIND GESPÜRT.
ER TRÄGT MICH DURCH DEN GANZEN TAG.

Erfahrungsraum Begegnung

Der Erfahrungsraum Begegnung ist für mich ab der Mitte meines Lebens ein Raum, der für mich immer wichtiger wird und in den ich bewusster eintrete. Man begegnet dem anderen Menschen, dem DU.

Es gibt die geplante Begegnung und die unerwartete Begegnung. Im letzteren Fall wird der Augenblick plötzlich und unerwartet mit dem anderen gefüllt. In beiden Fällen wird der Augenblick mit der Präsenz des anderen gefüllt. Dann ergibt sich immer die Chance, aus der eigenen EGO-Zentrierung hinauszutreten und achtsam Augenblick für Augenblick den anderen zum Fokus des Denkens und Fühlens werden zu lassen und zu spüren, dass wir Wesen alle miteinander verbunden sind.

Bei einer Verabredung sollte man sich grundsätzlich angewöhnen, zu sagen:
„Der andere trifft sich mit mir!“

Liebe Leserinnen und Leser, probieren Sie das mal aus. Es führt Sie zu einer Umkehr Ihrer bisherigen Einstellung, die eine Auswirkung auf den Verlauf des Gespräches hat. Jede Begegnung ist ein Geschenk an mich. Der andere wendet sich mir zu. Man teilt seine Zeit mit dem anderen als Geste der Freundschaft und Verbundenheit, wie man sich beim Abendmahl das Brot und den Wein teilt.

Stattdessen sprechen wir immer davon, dass man selbst mit dem anderen verabredet ist. Wir wollen der Initiator des Gesprächs sein.

Wir sind viele Jahre so konditioniert, dass wir uns dem anderen mitteilen wollen. Wir brauchen einen Zuhörer für die schönen und weniger schönen Dinge in unserem Leben.

Wie oft haben wir schon die Situation erlebt, dass der andere fragt: *„Wie geht's?"*

Dann antworten wir EGO-getrieben und halten lange Monologe. Ich ertappe mich immer wieder dabei. Es ist eine schwere Übung, dies nicht zu tun.

Oft wird man schnell unterbrochen und auf die Frage, wie es mir geht, kann man gar nicht lange antworten. Der andere beantwortet die Frage, wie es mir geht, mit der Darstellung, wie es ihm geht. Er will gar nicht wissen, wie es mir geht. Ich soll wissen, wie es ihm geht. Man gewinnt dann den Eindruck, dass es dem anderen egal ist, wie es mir geht.

Man muss Begegnungen auch aushalten können. Das ist oft nicht einfach. In der Begegnung steckt oft schon der Keim des Sich-trennen-Wollens.

Liebe Leserinnen und Leser, machen Sie doch einmal folgenden Versuch:

Geben Sie dem anderen die Hand und halten seine Hand fest. Sie werden manchmal, aber nicht immer, spüren können, wie der andere seine Hand wegziehen möchte und sich unwohl fühlt, weil man sie festhält. Es entstehen sofort Augenblicke der Betroffenheit und Ratlosigkeit.

Wenn die Begegnung zu einer Meditation werden soll, dann ist zunächst wie bei allen Meditationen das achtsame Eintreten in die Begegnung eine unerlässliche Voraussetzung. Der nächste Schritt ist dann die Fokussierung auf den anderen. Man muss sein EGO hinter sich lassen. Das gelingt nur mit Stille und Schweigen, ganz einfach mit ACHTSAMEM ZUHÖREN. Man konzentriert sich darauf, ganz bei dem anderen DA ZU SEIN. Wie bei einer Meditation verschwindet der Fokus im Laufe des Gesprächs und wird durch Wirken des WIR abgelöst. Sich selbst zurückzunehmen ist eine wunderbare Übung und Voraussetzung, einen LIEBENDEN DIALOG zu führen, wie H.-P. DÜRR das nennt. Bei ihm habe ich gelernt, dass das Spüren des GOLDENEN WINDES nicht nur durch eine bewusste Meditation ermöglicht werden kann, sondern auch durch das Praktizieren des LIEBENDEN DIALOGS. Wenn ich mit DÜRR spreche, spüre ich sofort, was er mit dem LIEBENDEN DIALOG meint, und werde von diesem Geiste ergriffen. Ich kann mich gar nicht entziehen.

Dieser derart gestaltete Dialog ist natürlich dann eigentlich auch eine Meditation, die wie er sagt, auch die so wichtige Spontaneität enthält, die bei der üblichen Meditation fehlt. Der Dialog ist gewissermaßen eine um die Spontaneität angereicherte Meditation.

DÜRR berichtet gerne von seinen Gesprächen mit Werner HEISENBERG, der wohl dem Buddhismus nahestand, bei dem das MITGEFÜHL für den anderen, die „COMPASSION", eine Folge der Meditation und des Lebens im Sinne des Buddhismus ist.

H.-P. DÜRR (aus „Geist, Kosmos und Physik", Crotona Verlag, Amerang) über ein Gespräch mit HEISENBERG:

„Eine Art Ping-Pong-Spiel kam in Gang, bei dem man aber den Ball dem anderen so vorsichtig zuspielte, dass er ihn auch auffangen konnte. Ein wunderbares Spiel.

Ich habe diesen Austausch – im Gegensatz zu dem geläufigen DIALEKTISCHEN DIALOG, wo man versucht, den Inhalt schärfer zu fassen und kritisch die Unterschiede herauszufiltern – einen LIEBENDEN DIALOG genannt, bei dem man danach strebt, so viel wie möglich von dem aufzunehmen, was der andere sagt, ohne über den nicht-verstandenen Teil weiter besorgt zu sein. HEISENBERG hatte mehr Erfahrung mit dieser Art von Kommunikation als ich. Ich versuchte immer noch, ganze Sätze zu formulieren. Er entgegnete: ‚Sie brauchen den Satz nicht zu vollenden, ich verstehe Sie auch so – unabhängig auch davon, welche Worte Sie spontan gewählt haben. Wenn Sie als Kind auf andere Weise gesprochen haben, tun Sie das! Sie können sich dann noch leichter und spontaner äußern.'

Es war in der Tat so, dass wir sehr spontan – für einen Zuhörer wohl kaum verständlich – sprachen, ganz konzentriert, um Worte oder sogar Laute zu finden, die es ausdrückten, was uns bewegte …"

Diese Art des Dialogs führt zu einer Öffnung für die WIRKLICHKEIT, ähnlich wie bei einer Meditation, der Quelle der INTUITION. Bei HEISENBERG und DÜRR führten solche Intuitionen zu Inspirationen für neue, kreative Erkenntnisse in der Physik.

Diese Tiefe hat natürlich für uns nicht jeder Dialog in der Begegnung. Das muss auch nicht sein. Wir begegnen anderen immer auf verschiedenen Bewusstseinsebenen. Jeder kommuniziert auf der Ebene, wo er gerade in seiner Individuationsentwicklung gerade steht. Es gibt sehr rationale Gespräche, aber auch emotionale oder aber eine Mischung von beiden Ebenen. Man sollte von der Begegnung nichts erwarten, nichts fordern, sonst ist unser Ego allzu sehr involviert. Manchmal verläuft der Dialog aber auch auf der geistigen, spirituellen Ebene. Das sind besondere Glücksmomente. Das soll keine Wertung sein. Jede Begegnung und jeder Dialog ist wichtig, weil jeder Mitmensch enorm wichtig ist. Es sind immer Augenblicke der eigenen Weiterentwicklung und der des anderen. Man betreibt gewissermaßen eine gemeinsame Weiterentwicklung.

Ich erfahre immer in der Begegnung, wenn man nur achtsam genug im Augenblick ist, dass der andere ich doch auch BIN. Jede positive Begegnung hat eine positive Auswirkung auf unsere Welt und jede negative Begegnung eine negative. Ich erfahre mich in jeder Begegnung, meine Sonnenseiten und auch meine Schattenseiten. Nur mit diesen Erfahrungen kann man weiter innerlich reifen. Dafür gebührt dem anderen immer wieder Dank.

„Der ewige Augenblick in der Begegnung zu zweit“ – Zur Zeitproblematik bei Jaspers, Freud und Binswanger“ heißt der Titel einer philosophischen Arbeit von George PURDEA (Peter Lang: Europäischer Verlag der Wissenschaften 1998, Frankfurt/M.)

Ich hatte ausgeführt, dass man in jeder Begegnung den andern und den Augenblick erfahren kann. In diesen Augenblicken kann man aber auch die EWIGKEIT, die Zeitlosigkeit, erfahren. Darunter verstehe ich in der Diktion dieses Buches die WIRKLICHKEIT, den GOLDENEN WIND. Es geht darum, in der Begegnung so GANZ DA ZU SEIN, dass der Augenblick oder die Summe der Augenblicke zeitlos erfahren werden. Das zu üben ist unsere Aufgabe auf unserem inneren Reifungsweg. Der andere hilft uns dabei, ebenso wie die Natur, die Musik, der Tanz, wie vorn ausführlich beschrieben. Dann erfahren wir durch den Impuls der Begegnung das wirkliche Leben, das Leben als Ausdruck der WIRKLICHKEIT.

„Alles wirkliche Leben ist Begegnung“, sagt Martin BUBER (Werke I, Schriften zur Philosophie, S. 85 und „Das Dialogische Prinzip. Ich und Du. S.15, Heidelberg 1984).

Eine Begegnung muss nicht immer Dialog sein. Es gibt auch Begegnungen im totalen Schweigen, die von einer ganz besonderen Qualität erfüllt sind. Ich denke an die Sesshins zur ZEN-Meditation, an denen ich seit vielen Jahren teilnehme. Die gefühlte Verbundenheit mit allen Teilnehmern durch tagelanges Schweigen führt zu einem enormen Energiezufluss.

Aus dieser Erfahrung kann man lernen, auch im Dialog ab und zu zu schweigen.

Das ist schwierig, wie wir alle wissen. Zum Schweigen braucht es Stärke und Disziplin. Man muss in seiner Mitte ruhen können, um zu schweigen. Das kann man üben. Es braucht oft Jahre, bis man das Schweigen zulassen kann, weil unser EGO immer reden will. Wenn ich voller Gedanken bin, von denen ich meine, sie seien für den anderen wichtig, werde ich oft zu missionarisch und rede so viel, dass dem anderen der Raum für die eigene Mitteilung genommen wird.

Ich übe immer wieder, es gar nicht so weit kommen zu lassen. Wichtig ist, dass man sein Fehlverhalten merkt und ändert.

Es war eine gute Begegnung, wenn man gereifter aus der Begegnung hinausgeht als man hineingegangen ist. Man sollte sich ruhig öfter fragen, was sich bei mir oder dem anderen durch die Begegnung verändert hat. Dann ertappen wir uns oft, dass die Oberflächlichkeit der Begegnung nichts bewegt hat, bei mir nicht und bei dem anderen auch nicht. Wenn man anfängt, diese Erkenntnis einer verpassten Chance zu gewinnen, dann ist man auf dem richtigen Weg, zu Begegnungen in hoher Achtsamkeit für gerade diesen einen wertvollen Augenblick.

„Eine echte Begegnung kann in einem einzigen Augenblick geschehen“

(Anais NIN: Absage an die Verzweiflung)

Auf was es wirklich bei einer Begegnung ankommt und was vor allen Dingen nicht so wirklich wichtig ist, ist in dem Zitat von ORIAH MOUNTAIN DREAMER, einem indianischen Stammesältesten, wunderbar auf den Punkt gebracht:

DIE EINLADUNG
„Es interessiert mich nicht, womit du deinen Lebensunterhalt verdienst.
Ich möchte wissen, wonach du innerlich schreist und ob du zu träumen wagst, der Sehnsucht deines Herzens zu begegnen.
Es interessiert mich nicht, wie alt du bist. Ich will wissen, ob du es riskierst, wie ein Narr auszusehen, um deiner Liebe willen, um deiner Träume willen und für das Abenteuer des Lebendigseins.

Es interessiert mich nicht, welche Planeten im Quadrat zu deinem Mond stehen.
Ich will wissen, ob du den tiefsten Punkt deines Lebens berührt hast, ob du geöffnet worden bist von all dem Verrat, oder ob du zusammengezogen und verschlossen bist aus Angst vor weiterer Qual. Ich will wissen, ob du mit dem Schmerz – meinem und deinem – dasitzen kannst, ohne zu versuchen, ihn zu verbergen oder zu mindern oder ihn zu beseitigen. Ich will wissen, ob du mit der Freude – meiner und deiner – da sein kannst, ob du mit Wildheit tanzen und dich von der Ekstase erfüllen lassen kannst, von den Fingerspitzen bis zu den Zehenspitzen, ohne uns zur Vorsicht zu ermahnen, zur Vernunft, oder die Grenzen des Menschseins zu bedenken.

Es interessiert mich nicht, ob die Geschichte, die du erzählst, wahr ist. Ich will wissen, ob du jemanden enttäuschen kannst, um dir selbst treu zu sein, ob du den Vorwurf des Verrats ertragen kannst und nicht deine eigene Seele verrätst.
Ich will wissen, ob du vertrauensvoll sein kannst und von daher vertrauenswürdig. Ich will wissen, ob du Schönheit sehen kannst, auch wenn es nicht jeden Tag schön ist, und ob du dein Leben aus Gottes Gegenwart speisen kannst. Ich will wissen, ob du mit dem Scheitern – meinem und deinem – leben kannst, und trotz allem am Rande des Sees stehen bleibst und zu dem Silber des Vollmondes rufst: Ja!

Es interessiert mich nicht, zu erfahren, wo du lebst und wie viel Geld du hast.
Ich will wissen, ob du aufstehen kannst nach einer Nacht der Trauer und der Verzweiflung, erschöpft und bis auf die Knochen zerschlagen, und tust, was für die Kinder getan werden muss.

Es interessiert mich nicht, wer du bist und wie du hergekommen bist. Ich will wissen, ob du mit mir in der Mitte des Feuers stehen wirst und nicht zurückschreckst.

Es interessiert mich nicht, wo oder was oder mit wem du gelernt hast. Ich will wissen, was dich von innen hält, wenn sonst alles wegfällt. Ich will wissen, ob du allein sein kannst und in den leeren Momenten wirklich gern mit dir zusammen bist.“

Alle meine Begegnungen mit meinen VIER WEG-WEISEN, Karlfried GRAF DÜRCKHEIM, Robert FAHLBUSCH, Willigis JÄGER und Walter SCHWERY, waren ausnahmslos immer liebende Dialoge. Sie waren für mich IMPULSBEGEGNUNGEN. Sie gaben mir Impulse für mein weiters Reifen.

Es waren immer schicksalhafte Stunden, die *„kairologischen Momente (gr.: Kairos – der günstige Augenblick), wo Kräftefelder für Veränderungen – in welche Richtung auch immer – besonders wirksam entstehen."* (Roland R. ROPERS).

Diese Weisen begegnen jedem aus der Gelassenheit und Heiterkeit, mit dem Mitgefühl und dem Humor, die den spirituellen Weisen auszeichnen.

So weit bin ich noch nicht. Aber ich bemühe mich. Glücklicherweise merke ich immer früher, wenn die Begegnung aus dem Ruder läuft. Es gibt natürlich auch Begegnungen mit schwierigen Menschen, für die man nicht gerade Sympathie empfindet und deren Egozentriertheit im Mittelpunkt steht. Sie sind schwer zu ertragen. Man möchte ihnen am liebsten aus dem Wege gehen. Doch diese Begegnungen sind die besten Übungen.

Auch wenn man sich stetig bemüht, aus der eigenen Egozentrik hinauszuwachsen und es auch gelingt, versucht das eigene EGO immer wieder die Regie zu übernehmen. Wenn das eigene EGO überhaupt nicht aufgeben will, zieht es den JOKER und das ist DER DUNKLE BRUDER. Der versucht die Herrschaft zu gewinnen und sagt Dir:

„Du musst dich ärgern. Der andere hat dich betrogen, belogen, hintergangen. Er kann dich nicht leiden. Er ist unehrlich und will dir Schaden zufügen. Du musst dich wehren. Pass auf! ..."

Es ist ganz wichtig, dass man es merkt und die Regie selbst behält.

Das ist die schwierigste Übung in der Begegnung.

Begegnungen so zu gestalten, wie ich in diesem Kapitel beschrieben habe, ist auch die Voraussetzung für eine gute Freundschaft, eine gute Liebesbeziehung, eine gute Partnerschaft und eine gute Ehe.

Auch wenn diese langfristigen Beziehungen ganz schnell und eher als Kontinuum empfunden werden, so ist es doch ganz wichtig, in der Beziehung immer um die gemeinsame Erfahrung des Augenblicks bemüht zu sein. Es geht dann um die achtsame Erfahrung des Augenblicks mit dem Partner, immer wieder und immer wieder. Jeder Augenblick war noch nie da und ist immer wieder ganz neu, eine neue Erfahrung des anderen.

Partnerschaften gehen auseinander, weil man den Augenblick mit dem Partner nicht mehr spürt und so die Chance für den LIEBENDEN DIALOG ständig verpasst.

Man hat sich dann nichts mehr zu sagen.

Zusammen schweigen wird noch viel schwieriger. Es wird unerträglich. Das Leben verschwindet aus der Beziehung. Dann geht man besser auseinander und jeder versucht in der neuen Begegnung das Leben wiederzufinden.

Partnerschaften gelingen dann am besten, wenn jeder der Partner auf seinem Individuationsweg gereift ist. Das können durchaus unterschiedliche Wege sein. Das ist vielleicht sogar wünschenswert. Aber es müssen Wege sein, die den Menschen von seinem Egoismus und den Auswirkungen befreit. Die Aussage von H. E. Richter: *„Nur, wer mit sich selbst ausgesöhnt ist, kann mit anderen fürsorglich umgehen“*, hatte ich schon erwähnt. Partnerschaften können aber auch gelingen, wenn nur einer der Partner einen inneren Weg geht. Dann wächst Liebe, Toleranz, Mitgefühl, Heiterkeit und Gelassenheit. Sollte einer der Partner den inneren Weg des anderen überhaupt nicht zulassen und seinen eigenen Egoismus weiterausleben, weil ihm das Verständnis fehlt, gibt es Probleme.

Also, liebe Leserinnen und Leser, wenn Sie allein glücklich sein können, dann können Sie besonders gut auch zu zweit glücklich sein. Wenn Sie den anderen aber brauchen, um selbst glücklich zu sein, dann führt das zu einem Abhängigkeitsverhalten, aus dem meist nichts Gutes entsteht.

Liebe Leserinnen und Leser, in diesem Erfahrungsraum wartet also schwere Arbeit auf Sie. Aber der Lohn ist groß, wenn man Fortschritte spürt.

Es gibt viel zu gewinnen. Man kann nicht nur selbst lernen den GOLDENEN WIND zu spüren, sondern man lernt den anderen in den GOLDENEN WIND mitzunehmen.

Bleiben Sie nicht in Ihrem EGO stecken. Üben Sie nicht, in der Begegnung gut zu bestehen, sich durchzusetzen, recht zu haben, immer überzeugen zu wollen und gut auszusehen. Sie werden dann zu den Verlierern einer Begegnung zählen.

In jeder Begegnung kann man die LIEBE erfahren und nur dann ist man auch für den LIEBENDEN DIALOG fähig.

„Die LIEBE ist der Bauplan, auf dessen Grundlage sich dieses Universum entfaltet. Selbsttranszendenz ist ein anderes Wort dafür. Liebe ist Transzendenz, denn sie bricht die EGO-Grenzen auf und überwindet die Trennung. Sie ist der Ursprung aller Formen, die Erfahrung, aus der alles Leben kommt und in der sich alles Leben verbindet Die Liebe ist die Grundlage des evolutionären Geschehens … Auch die Naturwissenschaft geht heute davon aus, dass dieser Kosmos eine große Einheit darstellt, aus der nichts herausfallen kann. Alles ist mit allem verbunden. Aus dem Austausch der kleinsten Teilchen entwickeln sich die höheren Formen des Lebens. Aus diesem Austausch entwickelt sich das Leben. Dieser Austausch ist ein anderes Wort für LIEBE.“

(Willigis JÄGER in seinem Buch „Über die Liebe“)

ÜBEN SIE SICH ALS PERSON IN DER BEGEGNUNG.

PERSON kommt wie schon erwähnt von „personare“, lat. durchtönen. Lassen Sie Ihr WESEN, Ihren GÖTTLICHEN KERN, Ihr SELBST durch die Maske Ihres EGO durchtönen. So wird man in der Begegnung transparent für die Erfahrung des GOLDENEN WINDES.

Von jeder so gelungenen Begegnung strahlt positive Energie in die ganze Welt.

In jeder Begegnung kann gelebte LIEBE aufleuchten.
Das ist der Sinn der Begegnung.

Erfahrungsraum Religion

Der Erfahrungsraum Religion ist für viele Menschen von großer Bedeutung. Die Religion ist für diese Menschen eine Orientierung und ein Halt im Sturm des Lebens.

Trotz eines sehr guten Religionsunterrichts bei Pfarrer Müller, einer beeindruckenden Persönlichkeit mit großem Weitblick, war es mir nicht vergönnt, in diesem Raum den GOLDENEN WIND zu erfahren. Die Vertreter der Evangelischen Kirche waren nicht in der Lage, mich in die Erfahrung zu führen.

Ich sollte glauben, ohne erfahren zu haben. Das gelang nicht. Ich wusste lange Zeit gar nicht, weshalb das so war, und trat enttäuscht aus der Kirche aus.

Ich hatte Schwierigkeiten, an einen persönlichen Schöpfergott zu glauben.

Heute weiß ich, dass man auf seinem Weg der inneren Reifung einen Führer braucht, der selbst aus seiner eigenen Erfahrung der Wirklichkeit begleiten kann. Diese Führung fand ich nicht in der Kirche.

Es brauchte bei mir die Begegnung mit DÜRCKHEIM und Willigis JÄGER, um auf meinen Weg zu finden. Sie führten mich über ZEN zur christlichen Mystik eines Meister ECKHART. So gehöre ich auch zu den Menschen, die erst über den Umweg des Ostens zum Christentum des Westens gefunden haben.

Der ZEN-Weg war mir aber immer näher als die christliche Kontemplation.

Der Begriff der GOTTHEIT sagt mir mehr als der Begriff GOTT. Ich würde auch nie von GOTTHEIT sprechen. Ich spreche einfach von GOTTHEIT, so wie von LEERE, als Ausdrucksversuche für das Unbenennbare, die WIRKLICHKEIT; das Hintergrundfeld, der GOLDENE WIND.

Willigis Jäger ist in seiner Aussage beeindruckend klar. Man braucht keiner Religion anzugehören. Wenn man einer Religion angehört, ist die Richtung nicht wichtig. *„Es ist egal, auf welchem Weg du den Berg der Erkenntnis aufsteigst. Alle Wege führen zum gleichen Ziel. Wichtig ist, dass du überhaupt einen Weg aufsteigst und ihn als Übungsweg beibehältst“*, sagt er.

Leider wenden sich viele Menschen von den Kirchen ab. Sie sind enttäuscht und erhalten keine Antworten auf ihre Fragen. Die Kirchen sind leer und werden immer leerer. Im Bistum Essen sind viele Kirchen schon geschlossen worden und weitere werden folgen. Manche werden abgerissen. Einige werden anderen Zwecken zugeführt. Das Chorforum Ruhr e. V. baut gerade eine Kirche zu einem Saal für Chorproben und Konzerte um. Der Erfahrungsraum Religion wird zu einem Erfahrungsraum Musik transformiert. Vielleicht gelingt es der Musik eher, in dieser Kirche die Menschen den GOLDENEN WIND erfahren zu lassen.

Meine Frau, als Mitglied des Philharmonischen Chors Essen, hilft mit ihren Chormitgliedern tatkräftig mit.

Diese Entwicklung der Kirchen bekümmert mich sehr, da in unserer Zeit die Not vieler Menschen größer wird und die Kirchen eigentlich aufgerufen sein müss-

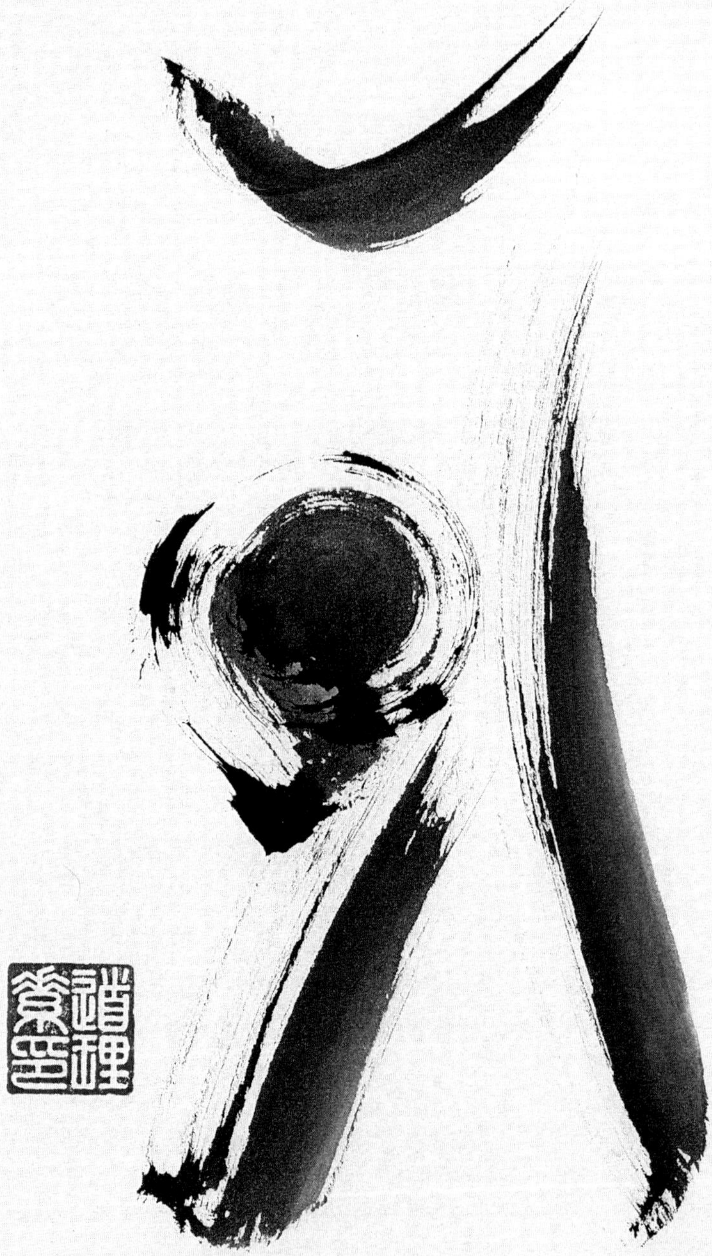

ten, zu helfen. In den Medien und in der Öffentlichkeit werden leider die Ursachen dieses Abwärtstrends nicht ausreichend diskutiert. Das ist sehr schade, da eine Änderung der Kirchen eher beschleunigt würde. Die Katholische Kirche verweigert sich mit Fehlverhaltensweisen einer Neuerung. Ich nenne nur die Themen Missbrauch, Dogmen, Frauenbild, Zölibat, Ökumene usw.

Für die Suchenden in den Religionen stehen die mystischen Ausrichtungen offen, wie die christliche Mystik, der Sufismus, die Kabbala usw.

Willigis JÄGER hat die „Würzburger Schule für Kontemplation" gegründet, die auch im Benediktushof in Holzkirchen Veranstaltungen durchführt. Er selbst lehrt dort neben ZEN den Übungsweg der christlichen Kontemplation.

Liebe Leserinnen und Leser, wenn Sie einen christlichen Weg weiterbeschreiten wollen oder anfangen wollen, dann kann ich Ihnen diesen Kontakt nur empfehlen.

Erfahrungsraum Alltag

Liebe Leserinnen und Leser, wenn Sie bis hierher gelesen haben, dann haben Sie gelernt, wie Sie den GOLDENEN WIND in den Erfahrungsräumen Arbeit und Werk, Krankheit – Tod, Musik, Natur, Tanz, Sport, Kunst und Begegnungen erfahren können. Diese Erfahrungsräume sind nicht nur aus meiner persönlichen Erfahrung ganz wichtige Räume, sondern die Wahrscheinlichkeit, durch stetes Üben den GOLDENEN WIND zu erfahren, ist besonders groß.

Aber der ganze Alltag, in dem wir ja in diese wichtigen Räume achtsam eintreten können, ist auch in jedem Augenblick ein neuer Erfahrungsraum bei allem, was wir tun oder nicht tun, und sei es auf die erste Sicht noch so belanglos. Jeder bewusste Augenblick in einem Erfahrungsraum lässt uns innerlich reifen und weiter in unserer Individuation voranschreiten. Dann ist man der bewusste Gestalter seines Lebens. Man löst sich aus der Unachtsamkeitstrance, in der man nur ein Halm im Wind des Lebens ist und setzt sich ständig fremden Einflüssen ungeschützt aus.

Sie können jeden Augenblick Ihres Alltags durch achtsames Bewusstwerden zu Ihrem Erfahrungsraum ernennen und in die Übung gehen.

Was fällt uns da ein?

Aufwachen, Aufstehen, Waschen, Anziehen, Essen, Einkaufen, Bügeln, Autofahren, Gehen, Sitzen, Liegen, Schreiben, Lesen usw.

Es ist Ihre eigene Entscheidung, diese unterschiedlichen Augenblicke unachtsam verstreichen zu lassen oder sie als Achtsamkeitsübung zu nutzen.

Wie schon erläutert, ist die meditative Achtsamkeitsübung eine unerlässliche Voraussetzung zur Entwicklung Ihrer Gelassenheit, Heiterkeit, Ihres Mitgefühls und Ihres Humors.

Entscheiden Sie sich für das unachtsame Verstreichen dieser Augenblicke, ernten Sie Anspannung und Stress, Ärger, Traurigkeit und Ernst. Sie verlieren das Mitgefühl für andere, weil Sie sich von den anderen trennen, und fühlen sich einsam.

Eine Stimmung des Unglücklichseins macht sich breit und viele wissen gar nicht, wo die Ursachen dafür liegen.

Also, wir haben alle die Wahl, entweder als Raupe oder als Schmetterling durch unser Leben zu ziehen. Wollen wir Schmetterling sein, müssen wir uns wandeln von der Raupe. Der Beginn für die Wandlung ist die Übung der Achtsamkeit im Augenblick.

Tag für Tag neu wartet der GANZE ALLTAG auf uns. Wir können immer neu starten. Die Vergangenheit ist vorbei. Die Zukunft ist noch nicht da.

Die Gegenwart, das ganze Leben, vollzieht sich in jedem Augenblick.

Störfelder

Liebe Leserinnen und Leser, wenn Sie bis hierhin gelesen haben, dann wissen Sie und haben sicher auch erfahren, dass die Achtsamkeit der Schlüssel ist, ohne die ein sinnvolles Leben und ein Spüren des GOLDENEN WINDES nicht möglich ist. Der Sinn des Lebens ist, dafür transparent zu werden. Dann kann man oft und immer wieder „ENDLICH MAL DA SEIN". Das bringt Ruhe, Stille, Sinn, Ausgeglichenheit, Gelassenheit, Heiterkeit, Humor, Güte, Standhaftigkeit, Harmonie und Glückseligkeit ins eigene Leben und manchmal auch ins Leben anderer.

Das EGO ist immer WEG, auf der Flucht, könnte man fast sagen. Auf der Flucht vor dem SELBST. Das EGO empfindet es als äußerst gefährlich, wenn es eingeschränkt wird und seine Unarten nicht voll entfalten kann. Es will herrschen. Wir sind das Opfer unseres eigenen EGO und wissen es meistens nicht. Aber die Symptome kennen wir und suchen nach Linderung. Das EGO will machen, wissen, können, haben und festhalten. Es tobt sich in dem zweiten Lebensdrittel besonders im Beruf aus. Wir zahlen dafür einen hohen Preis. Der drückt sich durch Einsamkeit, Unruhe, Nervosität, Orientierungslosigkeit, Angst vor Verlust, Angst vor dem Tod, Sinnlosigkeit, Depression und Burn-out sowie viele andere seelische Erkrankungen aus. Wir glauben, die dadurch aufgebaute Spannung nur durch ENTSPANNEN, GENIESSEN, ZERSTREUEN, ABLENKEN, KONSUMIEREN, DÖSEN und DROGEN abbauen zu können. Aber ich meine, dass das Leben in dieser Lebensphase doch nicht nur aus Arbeit und Erholung von der Arbeit bestehen kann.

Es ist ein großer Trugschluss, alle negativen Symptome auf unsere Arbeit zu schieben und zu hoffen, dass dann, wenn die Arbeit endlich aufhört, alles besser wird, zum Beispiel im dritten Lebensdrittel. Die Arbeit fällt weg, aber wir behalten die Kompensationsmechanismen nicht nur bei, sondern wir dehnen sie noch aus und verstärken sie. Es stellt sich kein Wohlbefinden ein, sondern eher Trostlosigkeit eines Lebens ohne Sinn.

Wie schon gesagt, die Erfahrungsräume sind unsere Segel, die wir aufspannen müssen. Das setzt jedoch eine bewusste Entscheidung voraus. Wir müssen in die Erfahrungsräume mit ACHTSAMKEIT eintreten und durch sie durchschreiten. Dann üben wir diese Achtsamkeit und auch den Fokus auf Inhalte in diesen Erfahrungsräumen, bis wir ganz eins werden mit allem in dem Erfahrungsraum und bis wir den Fokus nicht mehr brauchen. Dualität löst sich auf. Aber die Achtsamkeit bleibt auch dann, wenn wir aus dem Erfahrungsraum hinaustreten. Es ist die Achtsamkeit für die STILLE, LEERE, WIRKLICHKEIT und den GOLDENEN WIND. Es ist die Achtsamkeit zu erleben, wie in jedem Augenblick die WIRK-

LICHKEIT sich als REALITÄT offenbart. Diese Offenbahrung zu spüren, führt zu Glückseligkeit.

Je mehr wir in unserem Alltag diese Achtsamkeit üben, umso mehr stabilisieren wir uns und erleben das Neue auch an jedem Augenblick.

Jede UNACHTSAMKEIT, DEFOKUSSIERUNG und ZERSTREUUNG zerstört immer wieder, was wir aufgebaut haben. Dann setzt sich ein unbefriedigendes, unachtsames und zerstreutes Leben fort. Wir werden auf unserem Weg unserer eigenen INDIVIDUATION zurückgeworfen. Das muss man einfach wissen, wenn man der Unachtsamkeit und Zerstreuung Raum lässt. Die Verführung ist groß. Große Wirtschaftszweige leben von dieser Verführung. Aber wir sind haltlos wie Halme im Wind und fallen immer wieder darauf herein.

Bitte verstehen Sie mich richtig. Auch ich schalte ab, döse, entspanne mich, genieße, konsumiere, lass mich zerstreuen und trinke gerne Rotwein und rauche mal heimlich. ABER EBEN NICHT NUR! Mir ist der negative Einfluss auf meinen inneren Reifungsprozess bewusst. Also merke ich, wenn ich diese zerstörenden Unarten pflege, und arbeite daran, sie zu reduzieren und der ACHTSAMKEIT und MEDITATION wieder mehr Raum zu geben. Wir sollten üben, genau das zu merken. Ich versuche sehr bewusst in die wichtigsten Erfahrungsräume einzutreten und achtsam und sehr bewusst durch meinen Alltag zu gehen.

Es ist allzu menschlich, immer wieder von des Messers Schneide herunterzufallen, weil wir aus der ACHTSAMKEIT herausgefallen sind. Dann müssen wir eben wieder auf des Messers Schneide hochklettern und oben weiterbalancieren, achtsam und bewusst, GANZ DA und nicht WEG zu sein.

Das ist mühsame und richtige Arbeit, Bewusstseinstraining. Im stetigen Üben liegt der Schlüssel zum Erfolg. Es braucht die Disziplin des Beibehaltens.

Phasen der Achtsamkeit sollten Phasen der Unachtsamkeit immer wieder ablösen.

Phasen der Zerstreuung sollten durch Phasen der Fokussierung unterbrochen werden. In Phasen der Zerstreuung sagt man sich dann nach dem Erwachen plötzlich:

JETZT BIN ICH ENDLICH MAL DA!

Entspannung

Anne-Sophie Mutter wird die Saiten ihrer Stradivari nach dem Konzert sicher nicht entspannen. Es würde dem Instrument schaden. Es würde dem Klang schaden. Es würde dem Medium schaden, durch das die Wirklichkeit und Stille Musik werden will. Es schadet also genau dieser Lebensaufgabe einer Stradivari.

Auch für den Menschen kann Entspannung schädlich sein und ihn vom Weg der eigenen Individuation abbringen.

Viele Menschen arbeiten unter ständiger Anspannung und behalten diese Spannung bis zum Feierabend, dem Wochenende und dem Urlaub bei. Sie gehen einer ungeliebten Arbeit nach, die so nie ein beseeltes Werk werden kann und führen die Arbeit auch noch in einer ungeliebten Umgebung durch. Deshalb kann man die Sehnsucht nach Entspannung gut verstehen.

Die Anspannung entsteht durch Anstrengung eines leistungsorientierten EGO, das oft der Aufgabe nicht gewachsen ist oder Angst vor dem Versagen hat. Der Grund liegt in der Psyche, der Seele.

Auch ein Muskel bringt in der Anspannung dann die höchste Leistung, wenn er vorher scheinbar entspannt ist, wenn er den Wechsel zwischen Anspannung und Entspannung trainiert hat. Man könnte sagen, wenn er gelassen ist. Er ist nie völlig entspannt, er ist immer in einer achtsamen Haltung, jederzeit volle Leistung zu erbringen.

Ein verspannter Muskel bringt nur einen Bruchteil an Leistung. Darüber hinaus besteht die Gefahr, dass er reißt. Das ist dann der Burn-out.

Die Ursache für die Sehnsucht des Menschen nach Entspannung liegt im EGO, im erstarrten ICH oder in einem zu kleinen ICH. Nur wenn die Transformation des EGO zu einem im SELBST geerdeten Ich vollzogen wird, Schritt für Schritt, Übung für Übung, wird diese Sehnsucht abnehmen. Sie ist nicht mehr erforderlich. Dann ist die Phase der Arbeit wie auch die Phase der Freizeit geprägt durch Gelassenheit und Achtsamkeit. Man kann sich trotzdem enorm anstrengen und große Leistungen vollbringen, wie der Muskel, und die nötige Spannung aufbauen, die sich dann in der Leistung entlädt. So wirft der SHAOLIN-MÖNCH die Nadel durch die Glasscheibe oder zerschlägt eine dicke Holzplatte. Wir staunen dann und fragen uns, wo denn diese enorme Kraft herkommt. Es ist die CHI-Kraft oder KI-Kraft. Sie kommt aus dem HARA, wie die Japaner sagen, aus dem Bauchraum unterhalb des Nabels. Erinnern Sie sich, liebe Leserinnen und Leser, daran, wie DÜRCKHEIM mir unerwartet einen Schubs gab und mich aus dem Gleichgewicht brachte. Ich konnte seinen Arm damals nicht runterdrücken, da er seine KI-Kraft in den Arm geleitet hatte. Er war in einem gelassenen und heiteren Zustand. Es hat ihn gar nicht angestrengt. Also „musste er auch nicht anschließend zur Entspannung in den Urlaub fahren“.

Verstehen Sie jetzt, was wir alle so oft in unserem Leben wirklich falsch machen. Eine ganze Industrie lebt gut von unserem Bedarf nach Entspannung. Sie bietet Urlaub, Kreuzfahrten und Unterhaltungsklubs an. Immer Party. Darauf freuen wir uns und zählen die Tage, bis zum Aufbruch in den Urlaub oder zu der nächsten Party. Schade, schade, dabei verpassen wir die Gegenwart und das Erlebnis des Augenblicks unseres Lebens. Nach dem Urlaub hat sich nichts geändert. Das Spiel und der damit verbundene Trugschluss fangen von vorn an. Das betreiben wir so lange, bis wir krank werden, also unsere Psyche und unsere Physis uns STOPP sagen. Wer Glück und einen guten Führer hat, wird sein Leben ändern. So berichten viele, dass nach einem gesundheitlichen Schicksalsschlag das Leben eine viel bessere Qualität bekommen hat.

Adrian Lobe, Journalist aus Stuttgart, schreibt in der Neuen Zürcher Zeitung vom 15.10.10 über die Rituale der urbanen Adoleszenz:

„… Die ‚Generation Party' lechzt nach Lustbarkeit – von der betuchten Schickimicki-Clique bis zum einfachen Proletentreffen. Die ‚Eventisierung' der Freizeit ist ein gesamtgesellschaftliches Phänomen. Sie durchdringt alle Milieus. Und immer funktioniert sie nach demselben Prinzip – mit Party als Plattform, bei der sich der Drang nach Ausgelassenheit und Freudentaumel Bahn bricht …

Im Irrglauben, sich durch permanentes Feiern selbst verwirklichen zu können, werden die Menschen Teil einer Maschinerie, die sie zum Trink- und Tanzvolk degradiert …

Endlich Wochenende, endlich Freizeit. Ein Tag ohne losgelöste Stimmung ist ein verlorener Tag …

Die Arbeit des Tages – der Tätigkeit im Büro, in Schule und Universität – befriedigt nicht. Die Jugend will Spaß, Abwechslung, Unterhaltung …

Der Partyrausch stillt ein Verlangen nach Wärme …

Viele Menschen suchen bewusst diese Nähe und diese Gleichheit, die sie im Berufsleben, wo man sich unterordnen muss, vermissen. Auf der Party gibt es keine Hierarchien, keine Vorgesetzten …

Die hedonistische Attitüde zeugt gleichwohl von Orientierungslosigkeit …

Wer nur die Maximierung des Vergnügens im Kopf hat, besitzt kein politisches Bewusstsein, schottet sich bewusst gegen eine Wirklichkeit ab, die früher oder später ihr Recht einfordert …"

Viele, die in der Jugend so geprägt werden, behalten auch in späteren Jahren diese Verhaltensweisen bei. Diese Verhaltensweisen ziehen sich heute aber auch schon durch alle Altersstufen durch. Es ist also aus meiner Sicht nicht nur ein Phänomen der urbanen Adoleszenz.

Die Ursache für diese Ablenkung und Entspannung vieler Menschen liegt in dem Fehlen geistiger Lebensinhalte der Individuen.

Auch Fernsehen entspannt. Viele Stunden verlieren wir, vor dem Fernseher dahin dösend, um uns zu entspannen. Bei vielen läuft der Fernseher den ganzen Tag. Eine ständige Zerstreuung bis zur Verblödung.

Nach Professor Beyreuther, einem bekannten Alzheimer-Forscher, ist die enorme Informationsflut, die vom Fernseher auf das abgeschaltete, entspannte, dösende Gehirn einwirkt, schädlich und löst negative Entwicklungen aus.

Peter SLOTERDIJK antwortete auf die Frage, wie er meditiert:

„Durch Fernsehen. Es ist das äußere Äquivalent zur vollkommenen Stilllegung des Gehirns."

„Was schauen Sie an?"

„Einfach alles. Ich benutze das Fernsehen als Gleichgültigkeitsmaschine. Ich schaue so lange auf den Bildschirm, bis der gefühlte Unterschied zwischen einem Papstsegen, einer pornografischen Dauerwerbesendung und einem Bericht über die Fauna von Madagaskar gegen Null geht. Dann ist der Zustand erreicht, in dem das Gehirn bereit ist, sich für ein paar Stunden von der Welt zurückzuziehen."

(Interview: STERN 2/2010)

Dieser Empfehlung kann man nur vehement widersprechen. Das ist die Art der Ablenkung, Entspannung und Zerstreuung, die leider jegliche Art von der Achtsamkeit für den Augenblick, die in den Erfahrungsräumen durch mühsame stetige Übung aufgebaut wurde, zerstört.

Ich erinnere an die Aussage von Rosemarie SACK-DYCKERHOFF im Gespräch über den Erfahrungsraum Kunst:

„Frieden bedeutet in diesem Sinne nicht Entspannung oder Schlaf, sondern eine innere SAMMLUNG IN ACHTSAMKEIT. Das ist eine AKTIVE Haltung."

Bei der Meditation ist das Gehirn eben überhaupt nicht abgestellt, ganz im Gegenteil. Wir denken und fühlen zwar nicht mehr, aber sind außerordentlich offen und konzentriert für das Hintergrundfeld und seine Potentialität. Über die Untersuchung der Gehirntätigkeit der Meister während der Meditation habe ich in diesem Buch berichtet.

Auch Alkohol, Nikotin, Psychopharmaka und andere Drogen entspannen. Gesund sind sie nicht. Das wissen wir. Aber wir wollen auch auf sie nicht verzichten. Oder besser ausgedrückt: Wir können auf sie gar nicht mehr verzichten.

Es ist schon tragisch, denn dadurch versperren wir unseren inneren Wachstumsprozess, der uns eigentlich dauerhaft von den Drogen unabhängig macht.

Wir haben schon oft gehört, dass Drogensüchtige eine große Sehnsucht nach GOTT haben und sie deshalb Drogen nehmen. Der Auslöser ist aber stets das egozentrierte falsche Leben. Die daraus resultierende Sehnsucht nach Entspannung ist eigentlich eine Sehnsucht nach Gelassenheit, Heiterkeit und Glückseligkeit. Den Drogensüchtigen kann es dann nicht schnell genug gehen. Der Versuch nach dem schnellen Glück geht aber schief. Die Sehnsucht nach GOTT ist die Sehnsucht nach dem Einheitserlebnis, der Verbindung mit allen und allem, nach Frieden, um endlich das schreckliche Alleinsein zu beenden und die Abspaltung von GOTT zu heilen.

Der Weg der Achtsamkeitsübungen in allen Erfahrungsräumen und die Meditationen sind der lange mühsame, aber sichere Weg.

Die Sehnsucht nach Entspannung ist ein Zeichen unserer Zeit. Der Weg in die Entspannung baut ein großes STÖRFELD auf und zerstört die Früchte eines achtsamen und meditativen Lebens.

Entspannung ist nicht mit dem LOSLASSEN bei einer Meditation zu verwechseln. Bei der Meditation ist man ständig in einem Zustand höchster Achtsamkeit.

Oft wurde ich von Freunden nach einem Klosteraufenthalt für ein Sesshin gefragt, ob ich mich denn gut erholt hätte. Sie haben den Aufenthalt mit einem entspannten Urlaub verwechselt. Woher kommt dennoch die Erholung, wenn sie nicht aus der Entspannung kommt?

Durch die Meditation des Loslassens vermeidet man Energieverluste des ständig umtriebigen EGO. Das gilt für alle Teilnehmer. Sie bauen ein Netz starker Energie auf, an dem alle teilhaben. Man fährt gestärkt nach Hause, nicht weil man Entspannung betrieben hat, sondern weil man eine äußerst achtsame Meditation betrieben hat.

Auch ich, wie gesagt, entspanne mich gerne. Nichts gegen einen schönen Wellness-Urlaub. Aber schon im Wellness-Urlaub gibt es viele Möglichkeiten, zurück zur Achtsamkeit zu gelangen. Man kann den Urlaub verdösen oder man kann achtsam in jedem Augenblick die volle Tiefe und Qualität fühlen. Das ist ein ganz wichtiger Unterschied.

Urlaub wird im englischen Sprachraum *„vacation"* oder *„holiday"* genannt.

Vacation kommt von lat. *„vacare"* gleich entleeren. Es geht also im Urlaub um LEERWERDEN. Es geht um die Begegnung mit der LEERE, der STILLE und das ist die WIRKLICHKEIT. Es geht auch im Urlaub um die Erfahrung des GOLDENEN WINDES, so wie immer, egal, wann man wo auch ist. Man wird im Urlaub nicht durch Arbeit abgelenkt. Deshalb sind die Chancen groß, diese Erfahrungen zu machen. Es wäre schade, wenn man sie durch entspannendes dahindämmern verspielt.

„Holiday" kommt von engl. *„holy"* gleich heilig. Zunächst meinte man damit nur die freien Tage, die Feiertage mit religiösem Hintergrund waren. Aber diese freien Tage wurden ausgedehnt zu weiteren Tagen und Urlaub ohne religiösen Hintergrund. Den ursprünglichen Sinn hat man vergessen. Gemeint ist eigentlich, dass

die freien Tage, die also nicht durch Arbeit geprägt sind, heilig sein sollen, damit der Mensch sich GOTT nähern kann. Sich GOTT nähern heißt, der LEERE, der STILLE und der WIRKLICHKEIT näherzukommen, dafür offen zu werden, durch Übungen der Achtsamkeit. Jedes Gebet ist eine Achtsamkeitsübung. Im Urlaub kann es also gelingen, heilig zu werden, ganz zu werden, die Seele zu heilen.

Das bedeutet auch „*heil*" zu werden, ganz zu werden und mit allen und allem sich verbunden zu fühlen.

Dann ist ein Urlaub gelungen. Er lässt uns wieder die Universalkraft spüren. Wir können sie anschließend in unserem Arbeitsalltag einsetzen. Wir haben uns erholt. Wir haben uns die Fähigkeit zurückgeholt, aus unserer Mitte heraus gelassen, heiter und kraftvoll zu wirken.

Diese Chance sollten wir nicht durch ausschließliche Entspannung verspielen. Es wäre wirklich schade. Dieses Störfeld ist also eine große Gefahr für unser Leben, das doch ein bewusstes Leben in jedem Augenblick sein soll.

Zerstreuung

Zerstreuung ist das Gegenteil von Fokussierung. Sie ist also Defokussierung. Zerstreuung kann aktiv betrieben werden, oder aber andere zerstreuen uns und wir lassen es zu.

Die Zerstreuung zerstört die Fokussierung, die wir über das Tor der Achtsamkeit erreichen können. So wird die Fähigkeit, den GOLDENEN WIND zu erfahren reduziert. Das Ergebnis ist immer innere Unruhe und Unzufriedenheit.

Die Flucht in die Zerstreuung ist auch typisch für unsere Zeit. Wir halten oft die achtsame Konzentration nicht aus. Der anhaltende Druck im Fokus, welchen Inhalt er auch immer hat, ist nicht auszuhalten. Wir haben nicht die Kraft dazu. Wir sind zu schwach geworden. Aus der Anspannung flüchten wir entweder in die Entspannung oder Zerstreuung. Kaum sind wir im achtsamen Augenblick, da werden wir schon wieder zerstreut. Ganze Wirtschaftszweige verdienen sehr gut damit, uns Zerstreuung zu bieten. Die Urlaubsindustrie und die Unterhaltungsindustrie lassen sich ständig neue Produkte einfallen. Sie bieten uns die großen Verführungen an. Wer kann da schon NEIN sagen. Wir fallen ständig darauf hinein. Wenn wir durch Verdrängung viele Probleme angehäuft haben, ist die Fokussierung darauf oft schmerzhaft.

Stellen Sie sich einfach die Ihnen schon bekannte TESTFRAGE:
„*Bringt das mir inneren Frieden oder nicht?*"

Erst kürzlich habe ich in einem Gespräch – und das war so typisch – erlebt, wie die Frau meines Gesprächspartners ständig den Fokus in unserem achtsamen und wichtigen Gespräch durch völlig überflüssige und unwichtige Bemerkungen zerstört hat.

Die Zerstreuung ist eine Volkskrankheit. Schon Kinder und Jugendliche leiden darunter. Der rastlose und ruhelose Mensch ist das Ergebnis.

Das ist auch der Grund, weshalb es auch so vielen Menschen schwerfällt, zu meditieren. Sie haben, oft aus einem Leiden geboren, die Notwendigkeit erkannt, aber sie haben nicht die Kraft und Disziplin die Meditationen beizubehalten.

Deshalb empfehle ich, wie Sie, liebe Leserinnen und Leser, in diesem Buch erfahren haben, zunächst die Achtsamkeitsübungen in Erfahrungsräumen, in denen Sie ohnehin sind und sich gerne darin aufhalten.

Wenn dieses Verhalten geübt ist und die Hilflosigkeit gegenüber der Zerstreuung abnimmt, dann können Sie besser einen meditativen Weg beschreiten und beibehalten.

Natürlich ist gegen kurzfristige Zerstreuung nichts einzuwenden, sofern es einem bewusst ist, dass die Zerstreuung uns vom Pfad der Öffnung für das Erleben des GOLDENEN WINDES abbringt. Wir sollten üben, diese Ablenkung sofort zu merken, um dann wieder in die Fokussierung einzutreten.

Sonst bleiben wir ständig im Störfeld der Zerstreuung.

Anne Morrow Lindbergh: *„Das Problem heißt nicht nur Frau und Beruf, Frau und Familie, Frau und Unabhängigkeit. Es geht viel tiefer: Wie bleibe ich inmitten der Zerstreuung des Gebens gesammelt? Wie halte ich das Gleichgewicht trotz der Zentrifugalkraft, die mich aus meinem Mittelpunkit zu reißen versucht?"*

Ablenkung

Die Ablenkung ist auch eine beliebte Verhaltensweise, die uns den Druck im Fokus nimmt. „Mach sofort etwas anderes!" ist die Aufforderung zur Ablenkung.

Auch davon leben Wirtschaftszweige gut. Wir werden ständig abgelenkt, im Urlaub, in der Freizeit, beim Fernsehen, in der Disco, am Telefon, durch unser Handy, aber auch bei der Arbeit. Wenn wir ehrlich mit uns umgehen, lassen wir uns gerne ablenken. Wir sind immer online. Die SMS oder E-Mail und der Anruf führen uns sofort und ohne unsere Entscheidung in die Ablenkung. Die Titelgeschichte im „Spiegel" Nr. 29 vom 19. Juli 2010 hieß: *„Ich bin dann mal* OFF*!"* und setzte sich mit der ständigen Erreichbarkeit auseinander. Das Leben wird dadurch sehr fremdbestimmt.

Computerspiele haben hauptsächlich die Aufgabe, uns abzulenken. Ich kenne Menschen, die stundenlang diese Ablenkung betreiben. Damit ist keine achtsame Fokussierung zu erreichen. Es ist ein Irrglaube, dass diese Art der Konzentration uns ins Gleichgewicht bringt. Sie bringen uns keinen inneren Frieden.

Durch das Internet hat die Gefahr der Ablenkung enorm zugenommen. Die negativen Auswirkungen sind vielen Menschen anzumerken. Im Computer kann Unangenehmes einfach weggeklickt werden, Angenehmes einfach angeklickt werden.

Alles steht immer virtuell zur Verfügung.

Sobald Probleme im Leben hochkommen, greift der oft praktizierte Ablenkungsmechanismus. Man hat sich das angewöhnt. Er führt zur Verdrängung. Unser Schattenpotenzial wird immer größer. Die Macht des Schattenpotenzials wird dadurch auch immer größer. Viele Menschen werden ständig durch ihren Schatten beeinflusst. Sie wissen aber gar nicht, woher ihre Verhaltensweisen rühren. Sie spüren nur die Symptome und das daraus entspringende Leiden.

Der nicht in sich ruhende Mensch lässt sich schnell ablenken und das ist sein Dilemma. Es fehlt die Gelassenheit, aus der Heiterkeit sich entwickelt.

Der Mensch bleibt in einer kindlichen Sozialisation stecken. Er wird schnell aggressiv, ist immer leicht beleidigt, gibt anderen schnell die Schuld. Er wird nicht erwachsen, geschweige denn kann er innerlich zu einer ganzen Person reifen, die achtsam durch das Leben gehen und Herausforderungen meistern kann.

Wir erleben immer wieder, wie wir durch Lärm abgelenkt werden. Keine Ruhe, keine Stille wird zugelassen. Viele suchen den Lärm in den Discos und glauben, sie hätten es mit Musik zu tun.

Lärm in den Städten durch Autos und Flugverkehr nimmt zu. Diese Entwicklung hat einen großen Einfluss auf den Menschen, weil das HÖREN der am weitesten entwickelte Sinn ist.

Also, liebe Leserinnen und Leser, ich möchte nichts gegen Phasen der Entspannung, Zerstreuung und Ablenkung sagen. Wir alle sind Menschen und unsere aufgestaute Spannung drängt in diese Störfelder. Aber es muss uns bewusst werden, wenn wir in diese Störfelder eintreten, und wir sollten die zerstörerische Wirkung kennen. Sie verlangsamt unseren Prozess der inneren Reifung, auch wenn wir ansonsten achtsam sind oder meditieren.

Treffen Sie Ihre Entscheidung, wie oft Sie diese negativen Einflüsse zulassen.

Sagen Sie öfter einfach STOPP. Sie wollen doch Ihre Entwicklung zu mehr Gelassenheit, Heiterkeit, Humor und Güte nicht aufhalten lassen. Sie wollen doch im inneren Frieden leben und die Glückseligkeit jedes Augenblicks erleben.

Blockaden der Individuation – Entwicklungsaufgaben des Individuums

Ich habe selbst jahrelang erfahren, dass trotz eines sehr intensiven und disziplinierten spirituellen Weges immer wieder Symptome auftraten, die nach so langer Meditationspraxis doch eigentlich nicht hätten auftreten dürfen. Das haben mir auch viele andere berichtet. Ich will gar nicht ausschließen, dass es Meditationsschüler gibt, die diese Symptome nicht kennen. Aber es hat den Anschein, dass die beschriebenen Symptome ein Phänomen sind, die nicht genügend Beachtung finden und doch sehr verbreitet sind.

In der Literatur wird immer nur von den Fortschritten durch Meditation berichtet. *„Meditiere und alles wird gut"!* Nun, so einfach scheint es nicht immer zu sein.

Auch, wenn man mit hoher Achtsamkeit, wie ich beschreibe, in die Erfahrungsräume eintritt oder meditiert oder welchen spirituellen Weg auch immer man geht, so erschreckt man doch oft,

- wenn man sich ärgert,
- wenn man sich streitet,
- wenn man plötzlich gierig wird,
- wenn man sich einen Helden oder eine jüngere Frau wünscht,
- wenn man Angst hat.
- wenn man nichts verlieren will,
- wenn man sich fürchtet,
- wenn man andere verletzt,
- wenn man andere beherrschen will,
- wenn man immer Recht haben will.

Selbst Spirituelle, von denen man annehmen sollte, dass sie über jeden Zweifel erhaben sind, können sich vortrefflich streiten. Nach dem Tod von C. G. Jung stritt man um sein Erbe und heute gibt es mehrere Institute, die einen Anspruch auf sein Erbe erheben. Es gibt sicher noch mehrere Beispiele.

Obwohl man jahrelang geübt hatte, und erfahren hat, oft im GOLDENEN WIND zu sein, das WESEN zu erfahren, ganz DA zu sein, bei sich, in sich und bei GOTT zu sein, war man plötzlich und ganz unerwartet nicht „NICHT DA", sondern bei seinem Ärger, seinem Hass, seiner Missgunst, seiner Gier – und deshalb nicht ganz DA, sondern „weg" bei seinen Unarten, man war aus seiner Mitte herausgefallen. Wenn man es sofort merkt, ist es gut und man findet schnell wieder in seine Mitte zurück. Aber wenn man es nicht merkt, hält die Außenorientierung an, manchmal lange, auch wenn man meditiert.

Es gibt also BLOCKADEN, die den Individuationsprozess aufhalten, trotz aller Übungen. Es scheint mir ganz außerordentlich wichtig, dass man sich mit diesen Blockaden intensiv vertraut macht, sie kennt, sie erkennt, beobachtet, nicht verdrängt, sondern in seine personale Situation und Entwicklung integriert.

Es hat auch bei mir lange gedauert, bis ich diese tiefenpsychologischen Zusammenhänge verstanden habe und meiner Weiterentwicklung wieder Raum lassen konnte. Meinem Lehrer Walter Schwery bin ich zutiefst dankbar. Er hat mir die Augen geöffnet und mir den Weg zu weiterer innerer Reifung geebnet.

Liebe Leserinnen und Leser, es gibt keinen besseren Weg, Ihnen diese Erkenntnisse zu vermitteln, als wenn ich Walter Schwery selbst in dem nachfolgenden Interview zu Wort kommen lasse. Ich hoffe, dass ich so frage, wie Sie gefragt hätten, und Ihnen durch Schwerys Antworten vieles klar wird, was Sie bisher auf ihrem Weg blockiert hat.

GESPRÄCH MIT WALTER SCHWERY IN BREMGARTEN 17. 06. 2010

Erhard Meyer-Galow: Welche Hindernisse gibt es auf dem Weg zu einer erfolgreichen Individuation? Woher kommen diese Hindernisse? Mit welchen Maßnahmen kann man die Hindernisse beseitigen, damit der WEG, den GOLDENEN WIND zu erfahren, auch gelingen kann? Vielen Dank, lieber Walter, dass du heute für mich Zeit hast, diese wichtigen Fragen mit dir zu besprechen.

Ich habe dich, lieber Walter, immer so verstanden, dass es drei große Bereiche gibt:

1. Der Verdunkelungsprozess interpretiert aus deiner Kenntnis der Tibeter, Stichwort MAYA, also der Absturz in die Materie. Wenn wir vielleicht zunächst darüber sprechen können.

Dann würde ich gerne

2. mit dir zum Thema „Schatten und Dunkler Bruder“ sprechen und
3. das Problem ANIMA für den Mann / ANIMUS für die Frau, wobei C. G. Jung sagt, dass das ANIMA-Problem das größte Problem des Mannes sei.

Wir hatten ja schon früher darüber gesprochen, dass es oft nicht ausreicht, jahrelang zu meditieren, wenn tiefenpsychologische Probleme nicht erkannt und bearbeitet werden. Ich habe die Geschichte in meinem Buch schon berichtet, dass bei dir ein Mönch erschien, der sagte: *„Herr Schwery, ich meditiere schon so lange, aber ich habe ein dickes Problem. Ich ärgere mich immer so!“* Natürlich gibt es viele Fälle, da gelingt durch einen meditativen Weg die innere Reifung, aber bei vielen aus den erwähnten Gründen eben auch nicht.

Also, was hat man darunter zu verstehen, dass dieses Grundhindernis aus der Sicht der Tibeter so stören kann? MAYA, was ist das? Wo kommt das her?

Walter Schwery: Die MAYA-Symbolik, sagen wir einmal, das ist eine Symbolik, die sich dem Verstand entzieht. Jung sagt, dass das ein kosmischer Prozess ist, den wir spüren, aber nicht verstehen können. Das entspricht auch dem Sturz der SOPHIA in die Materie und der Gefangenschaft der SOPHIA in der Materie verbunden mit dem Leiden der SOPHIA in der Materie. Hier ist der Ansatzpunkt, wie ich es in meiner Begegnung mit MUKTANANDA verstanden habe, für den Individuationsprozess. Die leidende SOPHIA ist auch Teil meiner eigenen ANIMA und sie ruft nach Hilfe.

EMG: Die SOPHIA aus JUNG'SCHER Sicht ist die MAYA aus Sicht der Tibeter?

WS: Mit SOPHIA, MAYA, ANIMA, SHAKTI usw. sprechen wir immer von ein und derselben „ENERGIE", geistigen Energie.

EMG: Und die ist weiblich?

WS: Ja, die ist weiblich. Sie ist eins mit SHIVA oder im HOHEN LIED eins mit GOTT. Es ist das reine Bewusstsein und die SOPHIA ist die kreative, schöpferische Energie, die dann, sobald der kosmische Prozess angestoßen wird, in einen Prozess hineingezogen wird, der schrittweise Schöpfung wird. Der Kosmos ist die universale SOPHIA.

EMG: Kann man auch sagen, dass die SOPHIA die Weltseele ist?

WS: Kann man sagen oder auch den Begriff, der für Jung so wichtig war, KUNDALINI, die der kinetische Aspekt der SOPHIA ist.

EMG: Das ist ja sehr interessant. Die KUNDALINI hat ja eine sehr große Rolle in deinem ersten Buch gespielt: „Im Strom des Erwachens".

WS: Jung hat einmal geschrieben, dass diese KUNDALINI-Energie real und wirklich sei, physisch im menschlichen Körper. Die nach Hilfe rufende ANIMA meldet sich oft in Form eines psychischen Leidens dann, wenn die Zeit reif ist, KAIROS, das ist die Wende, dann entsteht der Individuationsprozess.

EMG: Können wir noch mal ANIMA und SOPHIA auseinanderhalten? Die sind doch nicht identisch?

WS: Die SOPHIA ist der kosmische Aspekt und die ANIMA ist der menschliche Aspekt oder wie Meister Eckhart sagt, die GOTTHEIT und das FÜNKCHEN. Der Sündenfall bedeutet, dass der weibliche Aspekt in die Materie gefallen ist.

EMG: Wie hat man sich das praktisch bei einem Menschen vorzustellen?

WS: Wir werden mit der gefallenen ANIMA geboren. Das ist die sogenannte Erbsünde. Jeder Mensch wird mit diesem Problem geboren, mit dem in Gefangenschaft geratenen SOPHIA-Aspekt der Gottheit. Man muss jetzt die Ebenen unterscheiden, nämlich die kosmische Ebene und die individuelle Ebene. Im Menschen ist die SOPHIA im Körper gefangen.

EMG: Welche Symptome würdest du bei einem Menschen erkennen, bei dem dies der Fall ist?

WS: Die Inder sagen, wie kommt die Unwissenheit dazu, zu erkennen, dass sie unwissend ist?

EMG: Das kommt mir bekannt vor, denn H.-P. Dürr hat doch gesagt: *„Es ist erstaunlich, dass die Wissenschaftler auf dem falschen Weg erkannt haben, dass sie gar nicht auf dem richtigen Weg sind."*

WS: Sie kommen darauf, weil sie leiden. Die Unwissenheit beginnt an ihrer eigenen Unwissenheit zu leiden und wird dadurch geweckt. Daraus entsteht der Drang zu einem Individuationsweg.

EMG: Ja, aber welche Symptome hat der Mensch dann? Was müsste einer dir erzählen, der vor dir sitzt?

WS: Also in der Regel ist das eine Depression und zwar eine Lebenssinndepression. Jung hat einmal gesagt: *„Die armen Menschen, die nie einmal eine Lebenssinndepression hatten."* Bei diesen Menschen gibt es keinen Anstoß, aus diesem Problem herauszukommen. Es kommen die wichtigen Fragen des Lebens nicht auf: Wieso, weshalb, warum? Wenn es das Schicksal will, dass sie Antworten bekommen, gibt es Impulse aus sich selbst heraus oder von außen, zum Beispiel durch Gespräche oder Lesen, zum Beispiel durch dein Buch, das hier entsteht. Es ist wie eine Art Treppe. Es gibt keine Rückkehr. Es geht nur die Treppe rauf.

EMG: Kann man sagen, dass bei einem Menschen, bei dem das passiert ist, die kosmische Energie MAYA, Sophia sich verdunkelt hat, in der Materie des Körpers gefangen ist und dass die Menschen sich ihrer KUNDALINI-Energie gar nicht bewusst sind? Sie erstarren ja in Passivität bei einer Depression.

WS: Ja, sie haben die Energie, aber im untersten Aspekt, das ist die Sexualität. Interessant ist, dass bei den Gnostikern die gefallene SOPHIA als Hure bezeichnet wird. Deshalb gab es auch die Tempelprostituierten. Jung hat immer gemeint, dass bei Freud die Sexualität den Schwellenwert des Religiösen erreicht hat.

EMG: Heißt das, wenn die KUNDALINI–Energie sich auf diese Weise verdunkelt, dann lebt sich quasi in der untersten Ebene diese gefangene Energie aus?

WS: Genau. Sie lebt sich außen aus. Die Sexualität ist Trieb. Und der treibt hinaus.

EMG: Sie können ja so viel auf der Matte meditieren, wie Sie wollen, wenn Sie dieses Problem nicht erkannt und gelöst haben, dann bleibt eine riesige Blockade.

WS: Diese Umpolung dieser Energie ist das, was der Osten mit Tantrismus meint. Diese Umpolung entsteht, wenn dem Individuum bewusst wird, dass es außer dem Trieb noch eine andere Dimension gibt, die warme Bezogenheit. Wenn diese Energie im untersten Chakra bleibt, dann kann es passieren, dass ungefähr in der Lebensmitte die große Unzufriedenheit beginnt. Die Depression, die Trauer, das Fehlen der Essenz, und das ist die Geburt der Umkehr individuell im Menschen. Aber der kosmische Hintergrund ist der SOPHIA-Fall in die Materie und das Schreien dieser Seite nach Erlösung. Wir erleben das heute in der Emanzipation der Frau, die oft gründlich falsch läuft, indem sie noch männlicher wird, statt das Weibliche zu erlösen.

EMG: Du sagtest gerade vorhin, dass auch diese Verdunkelung der KUNDALINI sich in einer übertriebenen Fokussierung auf die Naturwissenschaft ausdrücken kann.

WS: Also Wissenschaft, Sexualität, Wirtschaft usw. darf sich nicht in dieser Einseitigkeit ausdrücken.

EMG: Das ist gut gesagt. Das passt hervorragend zu den Aussagen in meinem Buch, in dem beispielsweise die Einseitigkeit des Wirtschaftens sehr infrage gestellt wird. Das ist die gleiche Verdunklung, von der du gesprochen hast.

WS: Ja, das ist immer draußen. Aber die Seele hat eine Sehnsucht nach dem Ursprung und die SUFIS sagen so schön „DER GELIEBTE“ oder die Tibeter mehr das INNERE LICHT. Im Christentum ist es auch das Licht. Finsternis ist MAYA. Das Licht in der Finsternis ist die gefangene SOPHIA, die WEISHEIT.

EMG: Du sagst, dass der Mensch mit der Finsternis geboren wird. Er wird also geboren mit einer verdunkelten SOPHIA, mit einer blockierten KUNDALINI.

WS: Genau!

EMG: Und dann geht der Mensch ins Leben mit der Lebensaufgabe, diese Verdunkelung aufzulösen.

WS: Also, die Macht der MAYA, die schon die SOPHIA zum Absturz gebracht hat, hindert auch den Menschen, seine wahre Natur zu erkennen, nämlich das Wesen der SOPHIA, die immer schon in Ur-Vorzeiten bei GOTT lag. Durch den Sturz wurde sie abgespalten. Diese Gespaltenheit ist ein kosmisches Leiden und auch ein individuelles. Menschen, für die die Zeit reif ist, spüren das. Es sind heute wenige, die das nicht mehr ertragen, nur außen zu sein, denn dann erstickt ihre ANIMA und die SOPHIA und die KUNDALINI lebt sich immer mehr außen aus, in der Wirtschaft, in der Wissenschaft, in der Materie, im Reichtum, der nicht nur ein positives Geschenk ist. Die ausschließliche Außenorientierung führt aber nicht zum Glück.

EMG: Ja, das innere Wachstum ist dann durch die ausschließliche Außenorientierung blockiert. Man kann eigentlich sagen, dass diese ständige Verdunklung und das Unvermögen, aufzuwachen, zu einer Steigerung der egozentrierten Eigenschaften führt.

WS: Absolut. Das führt zu einem Prozess der fortwährenden Verhärtung des EGO. Und diese fortwährende Verhärtung ist das Hindernis für die Öffnung in die andere Seite, das UNBEWUSSTE, und hier ist nun das große Problem des Hüters der Schwelle. Dann begegnen wir in der zweiten Lebenshälfte unserer Mistseite, der Dreckseite, der dunklen Seite. Dann kommen Träume und melden das und dann wissen die Leute in der Regel nicht, was sie mit diesen Träumen sollen, wenn sie sich zum Beispiel die Hosen verpissen.

EMG: Die Menschen müssen sich doch dann fürchterlich erschrecken, weil sie das gar nicht einordnen können. Sie haben sofort ein schlechtes Gewissen und keiner darf das erfahren.

WS: Das stimmt. Die beiden Mönche, die zu mir gekommen sind, hatten kriminelle Träume. Sie wollten ihre Vorgesetzten umbringen.

EMG: Jetzt muss ich dich aber doch einmal fragen, weil du sagst, dass wir alle mit dieser verdunkelten SPOHIA oder KUNDALINI geboren sind und die Lebensaufgabe ist, das zu erkennen, sich auf den Weg des inneren Wachstums zu machen, sich zu verwandeln.

WS: Ja, ja, unser Leben ist, das zu wandeln. Von mir aus kann ich das aber nicht wandeln, sondern ich kann mich nur WANDELN LASSEN. Das ist ein Riesenunterschied.

EMG: Ich habe aber immer im Kopf gehabt, nach meiner Schulung bei DÜRCKHEIM, dass der Mensch zunächst ganz geboren wird. Das sieht man auch dem Strahlen eines Babys an. Und erst ab dem dritten Lebensjahr zerfällt die Ganzheit. Das duale Denken beginnt, das EGO entwickelt sich, das muss es auch, und man lässt sein SELBST zurück. Nach dieser GANZHEIT sehnt man sich dann so lange, bis man aufwacht und einen Weg zurück zur Ganzheit geht. Jetzt sagst du: *„Nein, nein, wir werden eigentlich schon verdunkelt geboren.“*

WS: Seine ganze Existenz basiert ja beim Menschen auf seinem Körper, der die Ernährung durch die Mutter braucht, also es ist dann eine rein materielle Basis. Das ist der Sturz in die Materie. Im Baby ist natürlich ein Kern, der nie mit diesem Gefängnis identisch geworden ist. Da das Baby die Erlösung dieses Kerns noch nicht machen kann, weil die Zeit dafür nicht reif ist, muss es zunächst in das Leben und dann kommt das, was du in deinem Buch beschreibst, dass ziemlich in der zweiten Lebenshälfte diese Umpolung erfolgt. Die Verwandlung der Sexualität zum EROS und die Fortsetzung ist die SOPHIA. Diese Umkehr geschieht durch LEIDEN, durch die Erfahrung seiner Abgründe. Die GANZHEIT liegt ganz tief unten. Ich denke immer an das berühmte Gedicht von SCHILLER: *„Wer wagt es, Rittersmann oder Knapp, zu tauchen in diesen Schlund hinab?“* Viele sind dabei umgekommen, aber einer ist mit dem Ring zurückgekommen, der das Symbol der Ganzheit ist, ein MANDALA des SELBST oder des INNEREN GELIEBTEN. Der Rittersmann sagte dann zu dem, der die Mutprobe bestanden hat: *„Dort unten ist es fürchterlich … was die Götter verdeckten zu schauen.“* Das ist das Teuflische oder individuell der SCHATTEN. Davor schrecken natürlich viele Menschen zurück. Das ist das Hemmnis Nummer eins im individuellen Prozess. Deshalb weichen viele immer wieder dem Schatten aus.

EMG: Es ist natürlich so, dass dann, wenn die Verdunklung bleibt, dem Menschen das ganze Ausmaß der KUNDALINI-Energie in allen anderen Bereichen des Lebens fehlt. Man merkt den Menschen diese Energielosigkeit doch an. Denken Sie daran, wie antriebsarm die Depressiven sind. Sie sitzen in ihrem dunklen schwarzen Loch und wissen nicht, wie sie da herauskommen können.

WS: Wenn es sich um ein Herabziehen in das dunkle Loch handelt, dann will der ALTE WEISE in uns das so. Das führt zu der Lebenssinndepression, meistens nach der Lebensmitte. Wenn man Glück hat, dämmert es einem auf, dass das der Preis ist, den ich zur Erkennung meiner wahren Natur zu zahlen habe, nämlich die Versöhnung mit dem dunklen Anteil der Person. Der Mit-Einbezug dieser Seite in den eigenen Erlösungsprozess.

EMG: Wenn jetzt ein Mensch hier vor dir sitzt und dir seine ganze Problematik erzählt, dann wird doch ganz schnell deutlich, dass bei ihm der Verdunkelungsprozess abgelaufen ist, die KUNDALINI-Energie ist auf der untersten Ebene. Was sagst du ihm?

WS: Er wird mich fragen, was er machen soll und ich werde ihm dann erwidern, dass er zunächst einmal NICHTS MACHEN SOLL. *„Lassen Sie sich durchbrechen"*, sagt DÜRCKHEIM in seinem Buch *„Durchbruch zum Wesen"*. Das ist kein fröhlicher Ballonflug, sondern das ist so „wie wenn ich über einen zugefrorenen See gehe und einbreche und jemand zu mir sagt: *„Lass dich einbrechen!"*

EMG: Ich frage jetzt noch mal nach. Es sitzt einer vor dir mit einer Lebenssinndepression, völlig verzweifelt, kurz vor einem Suizid und fragt dich, lieber Walter: „Was soll ich machen?" Dann sagst du: „MACHEN AM BESTEN GARNICHTS!" Dann sagt dir der Klient: „Das ist doch gerade mein Problem." Ich bin so passiv, dass ich gar nichts mehr machen kann! Ich habe überhaupt keine Lust irgendetwas zu machen. Mir fehlt jeglicher Antrieb. Am liebsten liege ich im Bett. Bin dabei todunglücklich.

WS: Im Sinne des Taoismus geht es darum, nicht NICHTS zu tun, sondern NICHT zu tun. Meistens habe ich irgendwo eine Hilfe, die das Schreien der ANIMA hört, oder kosmisch die Verdunkelung der SOPHIA. Diese Hilfe kommt auf jeden Fall. Hier spielen die Träume eine ganz wichtige Rolle wie auch die Emotionen und die Ängste. Der Ärger kommt oft hoch, da meldet sich mein DUNKLER BRUDER. Das ist dann eine Riesenchance. Bei vielen Menschen, die das auch so anfangs spüren, ist die Erkenntnis wie eine Erlösung. Eine Frau sagte mir einmal, sie sei jetzt froh, denn nun wüsste sie, dass sie nicht immer nur gut sein müsste.

EMG: Ganz wichtig. Es muss doch auch für den Menschen eine Erlösung sein, wenn du ihnen sagst: „Du brauchst nichts zu machen!" Alle Freunde um diesen leidenden Menschen kommen immer mit guten Ratschlägen: *„Mach dies und jenes!"* Aber er rutscht immer tiefer in die Lebenssinn-Depression. Nun kommt er zu dir und er erkennt, dass er nichts machen muss. Abwarten und achtsam beobachten. Er beginnt, sich seiner Träume zu erinnern und daraus Erkenntnisse zu ziehen. Du erklärst ihm die Botschaften des WEISEN ALTEN, seines Traumregisseurs, aber auch seines DUNKLEN BRUDERS.

WS: Ja, aber etwas weiteres ist ganz wichtig. Wer gibt diesen Ratschlag? Es muss jemand sein, der auch schon Kopf voran in den Misthaufen gefallen ist und weiß, wie Mist stinkt. Wenn das jemand sagt, der sein Wissen aus Büchern hat, dann kommt das nicht an. Dein Buch, lieber Erhard, ist doch nicht ein akademisch intellektuelles Buch, sondern du schreibst aus deiner Erfahrung. Beim Lesen deines

Buches kann deshalb plötzlich etwas anklingen, weil der Leser in einer ähnlichen Situation ist, wie du es warst. Du bist für ihn dann authentisch und glaubwürdig.

EMG: Ja, schön wäre es, wenn ich mit meinem Buch etwas bei leidenden Menschen auslöse, so wie du bei mir mit deinen beiden Büchern etwas ausgelöst hast. Viel wichtiger sind für mich aber unsere Gespräche. Aber wer hat schon das Glück, solche Gesprächspartner zu finden. Für mich ist unsere Begegnung ein großes Glück und immer wieder eine wahre Fundgrube für die Beantwortung der Sinnfrage in meinem Leben, besonders nun im dritten Lebensdrittel, in dem du ja auch bist.

Ich hoffe sehr, den Lesern deutlich zu machen, dass alles eigentlich ganz einfach ist, weil sie ja immer in den wesentlichen Erfahrungsräumen sind, aber blind für den GOLDENEN WIND umherlaufen. ACHTSAM ABWARTEN in den Erfahrungsräumen, das ist es. Was passiert mit mir? Das kann man erfahren. Ich kann spüren, dass ich in den Erfahrungsräumen verwandelt werde, wenn ich transparent für das Wehen des GOLDENEN WINDES bin. Wichtig ist, mit einer höheren Qualität aus dem Erfahrungsraum rauszugehen, als man hineingegangen ist. Die Verwandlung in der Natur, in der Musik, in der Kunst, in dem Tanz, in der Begegnung, ... im Ganzen Alltag. Darum geht's mir. Diese Übung zu vollziehen, ist die Lebensaufgabe.

WS: Das ist der wichtigste Beitrag. Dieses stetige GEWAHRSEIN. Bei allen spirituellen Wegen und allen Religionen läuft es immer darauf hinaus. Das ist der Versuch, bewusst zu SEIN.

Es fällt auf, dass heute schon immer mehr junge Menschen auf der Suche nach dem Sinn des Lebens sind. Sie begehren auf und wollen nicht mehr nur so in der Außenwelt leben wie ihre Eltern. Sie stellen die Globalisierung infrage, sie klagen die Umweltverschmutzung an, sie wenden sich gegen die Ausbeutung unserer Erde. Das ist auch SOPHIA, also eine Weisheit, die erkennt, dass wir so nicht weitermachen können, ohne dass wir uns selber umbringen. Es ist fast ein kollektives Aufwachen aus der Verdunklung zu spüren. Das gibt Hoffnung.

EMG: Jetzt kommen wir mal zu dem zweiten Blockadebereich für die Individuation, dem SCHATTEN und dem dunklen Bruder. Das ist ja ein wichtiges Thema von C. G. Jung. Du hast ja berichtet, dass man schon lange auf einem spirituellen Weg sein kann, und weiß dennoch gar nicht, dass eine wesentliche Blockade, der Schattenbereich, aufgelöst werden muss, bevor der innere Wachstumsprozess weitergehen kann.

Ich erinnere mich, dass DÜRCKHEIM betonte, die Versöhnung mit dem Schatten sei die unerlässliche Voraussetzung für einen spirituellen Weg. *„Es gibt kein Gutes, wenn es nicht das überwundene Böse in sich hat"*, sagt SCHELLING.

Aber, lieber Walter, es gibt doch Menschen, die machen nur ZAZEN. Sie haben keine Ahnung von der Verdunklung der SOPHIA, dem SCHATTEN, der ANIMA-Problematik, usw.

WS: Auch ZEN oder YOGA erspart mir nicht, irgendwann dem SCHWARZEN BRUDER zu begegnen. ZEN, das Sitzen im Stile des ZEN, das ist gut, aber es ist ein Ansatz, der nicht ganz im Sinne des ALTEN WEISEN ist, der sagt, dass du ZEN nicht machen sollst, um etwas zu erreichen, sondern um etwas zuzulassen. Die Nummer eins des Zulassens ist die SCHEISSE in mir. Hier kommt es bei sehr, sehr vielen, ob das nun ZEN-Leute oder Christen oder YOGA-Praktizierende sind, zu einer Einsperrung in dieser Methode. Das ist das richtige Werkzeug, aber in den falschen Händen. ZEN kann verheerend sein, wenn es falsch verstanden und falsch praktiziert wird.

GOETHE hat ja im FAUST geschrieben: *„Ich bin zwar die Kraft, die das Böse will, nämlich mich auf einen falschen Weg zu bringen und dadurch das GUTE schafft."*

EMG: Ein guter ZEN-Meister muss doch das im DOKUSAN bei seinem Schüler erkennen?

WS: Ja, aber ich kann nicht beschließen, es zu erkennen. Es wird mir gegeben, es ist eine Gnade zu erkennen. Jung hat auch einmal gesagt: *„Das Problem ist, dass wir den Individuationsweg nicht machen können, ER MACHT MICH!"* Man muss den Weg dann zulassen.

EMG: Ich habe bei dir gelernt, dass man zunächst einmal anerkennen muss, dass wir eine dunkle Seite haben. Wir kommen aus der christlichen Ethik, sind so erzogen und wollen die dunkle Seite nicht wahrhaben. Wir haben sofort ein schlechtes Gewissen. Also verdrängen wir das Schlimme und unser Schatten wird immer größer. Das ist unser Rucksack, den wir mit uns herumtragen. Wir schleppen unseren ganzen Schatten durch unser Leben, was für eine riesige Anstrengung. Schatten ist verhindertes LICHT.

WS: Ohne Licht kein Schatten.

EMG: Nun kann es sein, dass der Schatten im Laufe des Lebens immer größer wird, weil der Mensch immer mehr verdrängt, was er eigentlich ja nicht sollte. Und der DUNKLE BRUDER reitet auf den Schattenerlebnissen rum und hat immer mehr leichtes Spiel, den Delinquenten zu packen. Es braucht oft nur einen kleinen Auslöser und schon packt er zu. Solange man diesen Mechanismus oder die Spielweise des DUNKLEN BRUDERS nicht kennt. Wichtig ist doch, das habe ich bei dir gelernt, dass man dann die Eigenschaften aus dem Bösen nicht IST, sondern nur HAT.

WS: Das ist entscheidend. Das ist das UNTERSCHEIDENDE DENKEN.

EMG: Es ist meine Entwicklungsaufgabe, diese dunkle Seite als Teil von mir anzuerkennen, zu integrieren in die ganzheitliche Person. So ist der DUNKLE BRUDER zwar da, aber hat keine Wirkung mehr. Ich merke rechtzeitig, wenn er kommt, benenne ihn, schaue ihn an und lasse ihn durchziehen.

WS: Jetzt kommt das nächste Mittel, das mir hilft, dass der DUNKLE BRUDER mich nicht wegfegt. Das ist im Buddhismus die COMPASSION, dass ich Mitgefühl habe für mein Dritte-Welt-Land. Der Bewohner dieses Landes ist der DUNKLE BRUDER.

Wenn er wieder einmal hochkommt, reagiere ich folgendermaßen:
Das bin ich nicht.
Du bist ein armer Kerl, der auffallen will.
Ich bin deine Mutter.

Jetzt kommen wir zu der SOPHIA. Sie ist das Heilmittel für den DUNKLEN BRUDER. Und nicht Belehrungen von Dritten, wie er nicht mehr kommen sollte. Sondern die LIEBE, mit der ich ihm sage: „Ich bin deine Mutter. Bei mir darfst du so sein, wie du im Moment bist!"

EMG: Du meinst also eine COMPASSION dem DUNKLEN BRUDER gegenüber?

WS: Genau. Das ist die entscheidende Einsicht oder Weisheit oder SOPHIA.

EMG: Wie geht der Bankräuber damit um, wenn der DUNKLE BRUDER sagt: *„Jetzt brechen wir wieder mal bei einer Bank ein."*? Soll nun der Bankräuber ihm mit COMPASSION begegnen? Jetzt macht es auch noch Spaß, einzubrechen.

WS: Zur Bewertung muss man sich natürlich sagen, dass man anderen Menschen möglichst nicht schaden sollte. Sehr oft kommen Einbruchsträume. Sie kommen immer in der Nacht. Da ist keine Polizei da. Ich kann machen, was ich will. Ich kann nicht verhindern, dass der Einbrecher Erfolg hat. Man ruft die Polizei, die aber nicht kommt. Die andere Lösung liegt bei mir und nicht bei der Polizei. Die Botschaft des Traumregisseurs heißt dann, dass man das Problem selber lösen muss, und zwar auf die richtige Art. Die richtige Art ist, indem ich die Tür aufmache und dem Räuber sage, er möge reinkommen, er könne alles haben.

Interessant ist, dass er mir nichts wegnimmt. Warum ist das so? Er nimmt nichts weg. Jetzt müssen wir das konkret ausdrücken. Der DUNKLE BRUDER ist ein nicht erlöster Seelenteil. Wenn die Zeit reif ist, möchte er erlöst werden. Erlöst werden kann er nur, wenn er bewusst wird. Bewusst werden kann er nur in meinem Bewusstsein. Der Teufel kann nicht ohne mich erlöst werden. Wenn er mir bewusst wird, unterdrücke ich ihn ja nicht mehr. Dann muss er nicht mehr einbrechen. Er kommt immer mit mehr Gewalt, je mehr ich ihn unterdrücke. Wenn ich nur gut sein will, unterdrücke ich ihn immer mehr und er kommt nicht in mein

Bewusstsein zur Erlösung. Wenn man ihm mit COMPASSION begegnet, kommt er mit immer weniger Gewalt. Ich umarme ihn so, wie er ist. Was er braucht, ist Mitgefühl, Licht und Bewusstsein. Das ist das hermetische Gefäß, das heißt meine bewusste Psyche und es ist das Gefäß der Wandlung.

EMG: Das hermetische Gefäß heißt doch, dass ich dem DUNKLEN BRUDER nicht mehr auf den Leim gehe, und mache nicht, was er als meine dunkle Seite von mir verlangt.

WS: Mit der COMPASSION-Lösung verhindere ich etwas, nämlich, dass er mich frisst. Er tobt sich aus, denn er hat eine unheimliche Wut. Die Wut soll immer einen inneren Wandlungsprozess auslösen. Sie kommt immer wieder hoch, wenn man nicht die Wandlung vollzieht. Man kann nicht durch äußeres Abstellen der Gründe für eine Wut den DUNKLEN BRUDER zufriedenstellen. Dann erscheint er woanders mit noch größerer Macht. Er wird so lange kommen, bis man ihn restlos umarmt hat. Das Gefühl des Ärgers und der Wut muss umarmt werden. Das verletzte Gefühl ist immer der DUNKLE BRUDER oder die DUNKLE SCHWESTER. Man muss den Horrorfilm des Ärgers und der Wut unzensiert hochkommen lassen und sagen lernen: „DU DARFST!" Aktive Imagination hilft. Man sollte die Wut und den Ärger aufschreiben, malen oder darstellen. So wird den Wutauslösern die Macht genommen, mich energetisch auf den Boden zu drücken.

EMG: Man kann ihm sagen: *„Du kannst machen, was du willst. Ich bleibe gelassen."*

WS: Wichtig ist, dass man erkennt, dass die schwarze Seite mir mein bewusstes Leben zerstört. Sie findet nur Frieden in mir, wenn ich sie lasse. Jetzt müssen wir auf die Psyche zurückkommen. Die Qualität der Psyche, sage ich immer etwas einfach, ist wie ein unbelichteter Film. Alles, was von außen kommt, gibt einen IMPRINT. Auch den IMPRINT sollte ich zulassen. Das hat eine positive Wirkung auf meine Psyche. Der IMPRINT sollte sich so manifestieren, wie er will. Dann gibt es einen IMPRINT, der heißt: „LASSEN!" Der wird immer stärker. Dann entsteht aus dem LASSEN die GELASSENHEIT. Wenn ich dann weiter auf diesem COMPASSION-WEG schreite, entsteht INNERER FRIEDEN: Aus dem INNEREN FRIEDEN entsteht, wenn ich lang genug lebe, HEITERKEIT und HUMOR. Das ist der Weg der SOPHIA. Nur er führt zu Weisheit und Erleuchtung. Dem SCHWARZEN BRUDER sei gedankt.

EMG: Da sehe ich sofort den DALAI LAMA vor mir, wie er immer lacht. Es ist ein LACHEN, das aus HUMOR und HEITERKEIT kommt, die ihre Wurzel in GELASSENHEIT hat.

WS: Ja, trotz der ganzen Dramatik in Tibet, hat er COMPASSION für das chinesische Volk. Er hasst es nicht. Er lässt den Eindruck, den die Chinesen bei ihm auslösen, so wie er ist.

EMG: Wenn Jesus Christus sagt: *„Liebet Eure Feinde!"*, dann ist das doch das gleiche, nicht wahr?

WS: Tue Gutes, die Euch hassen. Oder, wenn dir jemand auf die linke Backe haut, dann halte die rechte hin. Das sind alles Metaphern für dieselbe Erkenntnis. Ich habe aber praktisch noch nie einen Theologen gehört, der mir das vernünftig erklärt hat und für mich einsichtig macht. Das ist C. G. Jung, der das wieder aufgegriffen hat. Früher hat man das sicher einleuchtend erklären können. Aber die Menschen in unserer Gesellschaft, die so tief in die Materie gefallen sind, die nur FACTS haben, Klarheit und Geradlinigkeit wollen, erkennen das nicht. Bei uns im Westen muss man einen geradlinigen Charakter haben. Bei den Asiaten ist Charakter kreisförmig.

EMG: Können wir jetzt mal auf den dritten großen Blockade-Bereich kommen: ANIMA und ANIMUS? Jung hat gesagt, dass die ANIMA die Schicksalsfrage jedes Mannes ist und dann ist der ANIMUS die Schicksalsfrage jeder Frau, nicht wahr? Ich habe verstanden, dass es ANIMA-Ebenen gibt:

EVA – HELENA – MARIA – SOPHIA.

WS: Das ist eine gute Klassifizierung der Erfahrungsebenen.

EMG: Jede steht dann für eine Erfahrungsebene? EVA ist die verführerische junge Geliebte, HELENA die reine Schöne, MARIA, die Mutter, ist doch schon sehr weit SOPHIA und dann die SOPHIA selbst.

Ich hatte dich früher schon einmal gefragt, was diese Ebenen für die Frau bedeuten, denn mein Buch wird ja auch von Frauen gelesen werden, was ich sehr hoffe. Wie benennt man also die vier Stufen des ANIMUS?

WS: Was immer übersehen wird, ist, dass die ANIMA des Mannes auch beim Mann einen ANIMUS hat und die Frau neben dem ANIMUS auch eine ANIMA hat. Letztendlich, ob Mann oder Frau, wir sind immer ganz. Wir haben immer beide Seiten in uns. Damit ist es eigentlich nicht relevant, ob man nun von einem feministischen Standpunkt aus darauf insistiert, dass das Ganze auch feministisch ausgeprägt sein muss.

EMG: Aber ANIMA und ANIMUS stehen doch für die männliche und weibliche Seite in uns. Deswegen ist aber schon die ANIMA unser männliches Problem, weil unser ANIMUS doch im Leben eines Mannes stark ausgelebt wird. Ich habe das für uns Männer so verstanden, dass wir unsere weibliche Seite in einer Projektion auf eine äußere Frau ausleben. In uns ist aber der Wandlungsprozess für unsere weibliche Seite angesagt, und der soll doch nicht bei der EVA haltmachen? Die Entwicklung der SOPHIA, wie wir das heute besprochen haben, ist doch unsere Lebensaufgabe. Die weibliche Energie in uns soll sich so weiterentwickeln.

WS: Der Nenner, der das Problem lösen kann, heißt KUNDALINI. KUNDALINI hat zwei Aspekte. Deshalb immer die zwei Schlangen wie beim Merkurstab. Wir haben diesen Stab in uns, aber beim Mann ist eine Schlange manifest außen und bei der Frau die andere.

EMG: Ist denn das ANIMA-Problem beim Mann größer als das ANIMUS-Problem bei der Frau?

WS: Beide Energien wollen ganz werden. Das Medium, das uns in die Ganzheit ziehen will, ist der EROS. Und der EROS bei Mann und Frau ist gleich. Das ist ein EROS. Der EROS ist eine SUBLIMIERTE SEXUALITÄT. Hier hört eigentlich das Problem auf, Mann oder Frau im Lösungsbegriff des EROS. SOPHIA und EROS sind die höheren CHAKREN. EROS ist noch mit unserem Normalbewusstsein erlebbar. EROS ist die Liebe auf der Gefühlsebene, nicht mehr auf der Triebebene. Die warme Beziehungsebene ist EROS. Es kommt darauf an, wann der Mensch die Schlüsselerfahrung EROS erlebt. In jungen Jahren soll er ruhig die Liebe in einer physischen Frau erfahren und umgekehrt.

Ab der Lebensmitte kommt oft der zweite Frühling und der Mann sucht sich eine jüngere Frau. Die Frau sucht sich dagegen nicht den jüngeren Mann, sondern eher den HELDEN. Das kann ein Professor sein, ein Topmanager, ein Arzt, ein Philosoph oder ein Guru usw.

EMG: Aber man hat doch den Eindruck, dass sich zunehmend mehr ältere Frauen einen jüngeren Mann nehmen.

WS: Das sind dann wohl eher die vermännlichten Frauen. Sie wollen etwas nachholen, das sie verpasst haben, wegen ihrer zu starken ANIMUS-Dominanz, die ihnen ein wesentliches Erlebnis vorenthalten hat, nämlich das der Verliebtheit in einen jungen Mann.

EMG: Wie geht der Prozess für Mann und Frau denn dann weiter?

WS: Die Weiterentwicklung der männlichen und weiblichen Seiten bei Mann und Frau geschieht nicht durch das reale Ausleben der Projektion, das heißt der Eros-Erfahrung, nämlich des Heldenarchetyps bei der Frau bzw. der Eros-Anima durch eine in der Regel jüngere Frau beim Mann. Die Wandlung erfolgt vielmehr durch das Opfer des natürlichen Menschen, was zu einem Leiden führt, das Leiden der unerfüllten Sehnsucht. Erinnern wir uns an das Leiden des jungen Werther. Der Eros sucht dann die Lösung als innere, seelische Erfahrung zu erreichen, durch eine UMKEHR im hermetischen Gefäß, in der Psyche.

Dieser Umkehrprozess wird dann zunehmend als eine Wandlung der Eros-Energie in eine weitere Sublimationsstufe, in der SOPHIA erfahren. Dies gilt für Mann und Frau. Die normale äußere Beziehung zu einem Partner darf aber trotzdem weiterleben, wenn auch nicht mehr durch das Ausleben der Eros-Projektion. Dieses Opfer ist die Voraussetzung für die weitere Reifung des inneren Prozesses. Die Frau lässt so „den Helden in ihrer Seele nicht sterben" (Christian Morgenstern). Ebenso wenig wie der Mann seine Lolita-Anima. Diese innere Erfüllung ist aber ein langer und schwieriger Weg.

Er ist zunächst Leiden. Enttäuschung, dass die äußere Erfüllung nicht möglich ist. Der EROS sucht eine Lösung von innen. Beim Mann ist das die SOPHIA und bei der Frau der INNERE GELIEBTE.

EMG: Damit ich das noch mal richtig verstehe. Die Nichterfüllung in der Außenwelt führt zu den großen Leiden, die im positiven Sinne einen inneren Prozess in Gang setzen, die KUNDALINI–Energie entfaltet sich innen. Beim Mann kann das zur SOPHIA, also zur WEISHEIT im kosmischen Sinn führen, und bei der Frau zum inneren Geliebten, der doch auch ein WEISER ist. Durch die Meditation kann das Leiden verschwinden und zur Erfahrung der oberen Chakren führen. Das ist die Erfahrung der KUNDALINI als URWIRKLICHKEIT.

WS: Jung hat Wirklichkeit immer so definiert: *„Wirklichkeit ist das, was wirkt!"* Sie wirkt so, dass ich KUNDALINI als Übertragung erfahre, die dann eine äußere Wirklichkeit ist. Danach kommt in der Umkehr die Erfahrung der inneren Wirklichkeit.

EMG: Ich habe in meinem Buch Wirklichkeit etwas anders definiert, als die Wirklichkeit, die sich in der Realität Augenblick um Augenblick offenbart

WS: An diesem Schnittpunkt von außen nach innen, wenn für den Menschen die Zeit reif ist, wird ihm immer das begegnen, was im Moment den Prozess anstößt. Das kann beispielsweise auch dein Buch sein. Also ich muss diese Erfahrungen nicht machen.

EMG: Du sagtest doch schon so oft, dass immer das auf einen zukommt, was man verkraften kann. Auch der Traumregisseur gibt nur Botschaften in dosierter Form, damit man lernt.

WS: Er gibt mir die Kraft, dort hindurchzugehen, wo ich hindurchgehen muss. Und das ist am Anfang immer die Erlösung des DUNKLEN BRUDERS und der DUNKLEN SCHWESTER.

EMG: Wenn Jung nun gesagt hat, dass das ANIMA-Problem das größte Problem des Mannes sei, dann hat er doch damit die ständige Projektion seiner inneren weiblichen Seite auf die äußere verführerische Frau gemeint, wovon man so gut wie gar nicht loskommt oder eben nur sehr mühsam. Bei der Frau ist es die ständige Sehnsucht nach dem Helden.

WS: Mit den höheren Erfahrungsstufen muss der Mann sich vorstellen lernen, dass die innere Geliebte die Summe des Wesens aller Frauen auf der Welt ist, die Quintessenz aller Frauen und die Frau, dass der innere Geliebte die Quintessenz aller Männer auf der Welt ist. Das ist nicht mehr fassbar für den normalen Verstand. Man kann das nur noch erfahren. Ergriffen werden von dieser Summe ist in gefährlicher Weg, sagt man in Indien. Der kann so stark werden, dass man wahnsinnig werden kann. Ich habe solche Menschen kennengelernt. Man ist aber nicht allein. Das ist der große Trost. „*Wo die Gefahr am größten, ist das Rettende nah*“, sagt Hölderlin. Als das Rettende würden wir die Gnade bezeichnen, die vom ALTEN WEISEN kommt und die mich in eine Erfahrung hineinstellt, die mich wieder einen Schritt aus dem Elend herausführt.

EMG: Interessant in diesem Zusammenhang sind meine Erfahrungen aus den Gesprächen während der letzten beiden Tage in Rütte und Freiburg. Ich habe ältere Frauen, 90 und 93 Jahre, getroffen, die beide einen langen Individuationsprozess durchgemacht haben und die eine mich außerordentlich beeindruckende Weisheit ausstrahlen. Ich war sehr berührt und bin aus den Gesprächen wie auf Engelsflügeln getragen herausgegangen. Ich habe immer nur gedacht, dass so ein Reifungsprozess sich im Alter zeigen muss, und habe für mich gehofft, dass der Weg mir ähnlich gelingen möge. Sie sind aber beide durch massives Leiden auf den Weg gestoßen worden. Das waren ganz schmerzliche Durchgänge.

WS: Dann war die künstlerische Gestaltungsarbeit der beiden Damen MEDITATION in Perfektion. Sie haben dann FRIEDEN, LIEBE, LICHT erfahren, denn das sind die Attribute, die die SOPHIA ausmacht. SAT CHIT ANANDA - SEIN/BEWUSSTSEIN/GLÜCKSELIGKEIT, das beschreibst du ja auch in deinem Buch als die höchste Stufe. SOPHIA bei uns und SHIVA in Indien, das ist EINS. Das „MYSTERIUM CONJUNCTIONIS“ ist erfüllt. Wir können uns mit Begriffen immer nur annähern, für das was wir ahnen. Diese Ahnung muss im Individuum konstelliert werden. Das hat dann Wirkung auf alle.

EMG: Es ist doch im Grunde genommen sehr beglückend, wenn man beim Älterwerden diese Erfahrungen machen kann und Menschen trifft, denen es ähnlich ergangen ist. Es gibt doch aus meiner Sicht für den Menschen im dritten Lebensdrittel überhaupt keine Alternative. Dann und nur dann kann das dritte Lebensdrittel zum Höhepunkt des Lebens werden, wie ich es in meinem Buch formuliert habe. Das Leben gelingt nur über den DURCHBRUCH ZUM WESEN, im Dürckheim'schen Sinne. Sonst geht es abwärts und das ist leider für fast alle Menschen der Normalzustand. *„DAS MUSS DOCH NICHT SO SEIN“*, rufe ich eindringlich in meinem Buch. Mein Mitgefühl zu allen Wesen hat mir doch in Erkenntnis dieses großen Leidens den Impuls zu dem Buch gegeben.

WS: Dein Buch wird nicht nur über das Bewusste wirken, sondern noch viel mehr über das Unbewusste. Es wird alle erreichen, die erreicht werden sollen, für die die Zeit reif ist, dein Buch in die Hand zu nehmen.

EMG: So sehe ich das auch. Ich habe kürzlich eine guten Freund, Wendelin BAUMSTARK, gefragt, was für ihn, wenn er nun älter wird, wirklich wichtig ist und er sagte: *„Wichtig ist für mich, dass man in der so veränderlichen Zeit etwas Unveränderliches schafft!“* Man macht vieles falsch in seinem Leben und irrt auch oft, aber ich glaube, dass es einfach um das Bemühen zur WEISHEIT geht, dass man für den GOLDENEN WIND offen wird.

WS: *„Das sind die WEISEN, die vom Irrtum zur Wahrheit reisen“*, sagte mal ein Bundesrat hier bei uns. Als er immer wieder von Journalisten kritisiert wurde, sagte er: *„Je höher der Affe klettert, um so mehr sieht man von seinem Arsch!“* Er wurde äußerst populär und hatte große Erfolge.

EMG: Ja, lieber Walter, vielen Dank für das Gespräch. Wir haben ausführlich über die wesentlichen Blockaden gesprochen, die eine Individuation behindern können. Wir haben über die Verdunkelung der SOPHIA, über die dunkle Seite des Menschen und über das ANIMA- und ANIMUS-Problem gesprochen: Ich habe viel von dir lernen dürfen. Dieses Interview ist nun ein wichtiges Dokument, das ich gerne für mein Buch verwenden möchte, in Auszügen oder am liebsten ganz, je nachdem, wie viel Platz im Buch für diese Thematik vorgesehen ist. Auf jeden Fall werden die Leser sehr profitieren können.

Epilog von Roland R. Ropers

„Wo dein Schatz ist, ist auch dein Herz!"

Mit großer Freude schreibe ich ein Nachwort zu dem inhaltsreichen Buch meines Freundes Erhard Meyer-Galow. Ich hatte das Privileg, den Werdeprozess des Manuskripts über viele Monate lang zu begleiten und entdeckte darin zahlreiche gemeinsame Berührungsebenen aus eigener Lebenserfahrung. Faszinierend für mich ist die Authentizität des Buches, das für viele Leser in einer individuell verschiedenen Lebensphase zum wertvollen Ratgeber werden kann.

Wer aus dem tiefsten und reinsten Herzen die Welt anschaut, wie es uns der Autor dieses Buches präsentiert, wird stets vom ewigen Geist berührt, von der unerschöpflichen Quelle des Seins, die in jedem von uns verborgen ist. *„Wo dein Schatz ist, ist auch dein Herz"*, sagt uns die Heilige Schrift. Diese innere Schatzkammer ist unser Heilungs-Zentrum, und daher müssen wir unser inneres Universum immer wieder neu erforschen und von blockierenden Geröllschichten befreien. Die Leere des inneren Heiligtums erstrahlt dann in Glanz und Fülle.

Der große deutsche Mystiker Meister Eckhart sagt in seiner Predigt 26:
„Wenn ich zurückkomme in ‚Gott'... Wenn ich in den Grund, in den Boden, in den Strom und in die Quelle der Gottheit komme, so fragt mich niemand, woher ich komme oder wo ich gewesen sei. Dort hat mich niemand vermisst. Und darum bin ich ungeboren, und darum kann ich niemals sterben. Aufgrund meines Ungeborenseins bin ich ewig gewesen und bin jetzt und werde ewig bleiben."

Das Ewige, Unvergängliche, das Geistige, Gott, Brahman, Tao kennt nur die kontinuierliche Auferstehung, die wir als Wirklichkeit in uns erfahren müssen.

Und daher ist die Übung der Kontemplation (griech.: theoria = Wesens-Schau), des Schauens ohne Gegenüber, ohne Urteil, ohne Unterscheidung so immens lebenswichtig. Der Geist Gottes unterscheidet nicht und trennt nicht. Der Mensch hat sich von der Urwirklichkeit, von seiner eigenen Seins-Quelle distanziert und irrlichtert in einem projektionsgeladenen, äußeren Universum herum. Die Erforschung immer weiter entfernter Galaxien, die mit gewaltigen finanziellen Mitteln verbunden ist, hat den Menschen in seiner Suche nach Gott nicht weitergebracht, sondern vielmehr verunsichert. Man jagt Phantombildern hinterher, anstatt im Inneren nach Antworten zu suchen, bei sich selbst zu bleiben (lat.: habitare secum). Die Selbst-Erfahrung kann nur eine Berührung mit sich selbst sein. Christlich gesprochen: *„Nicht mehr ich lebe, sondern Christus lebt in mir!“* (Galater 2, 20). Wenn alles Äußerliche ab- und zerfällt, erfahren wir unsere eigentliche Herkunft und stellen fest, dass wir niemals woanders waren. Daher stellt ein erfahrener spiritueller Meister an den Schüler auch nie die Frage: *„Woher kommst du?“*, sondern: *„Wo bist du?“*

Auferstehung ist immer wieder Ankunft im Hier und Jetzt.

Unsere wahre Identität mit der Urquelle allen Lebens wird niemals untergehen. Aus diesem Grunde müssen wir stets neue Erfahrungsräume betreten, um die Fülle des Seins zu erfassen. Erhard Meyer-Galow beschreibt sehr anschaulich diverse Möglichkeiten, um in verschiedenen Lebenssituationen Erfahrungen zu machen, die letztlich stets zum gleichen Ziel führen.

Wenn ein Tänzer einen Schritt verlässt und einen neuen macht, ist das nicht der Untergang des Tanzes. Es ist der Fortgang des Tanzes, ein neuer Tanzschritt. Gott tanzt seine Schöpfung. Er ist Tänzer und Tanz in einem.

Wenn ein Sänger den nächsten Ton singt, ist das nicht der Untergang der Melodie, sondern die Fortsetzung der Musik.

Geborenwerden und Sterben sind Strukturelemente des ewigen Lebens. Wir haben uns an bestimmte Formen und Gestalten gewöhnt und halten daran fest. Das Problem des Menschen ist nicht das Sterben, sondern die Anhänglichkeit an eine bestimmte Form. In jeder möglichen Gestalt sind wir die Gestalt der in uns lebendigen Urquelle. Alle Religionen sind Wege in die Erfahrung des Kommens und Gehens in die Urquelle, unsere stets präsente Herkunft. Erlösung ist immer da – wir haben uns nur für sie zu öffnen. Erlösung ist die Erkenntnis unseres göttlichen Lebens.

Es geht nicht um ein Auslöschen des Todes, um ewig zu leben, sondern um das Überschreiten der Dualität von Geburt und Tod. Was wir in unserem Innersten wirklich sind, kennt weder Geburt noch Tod.

Unsere Wesensnatur ist frei von Geburt und Tod.

Das Buch „Leben im Goldenen Wind“ bietet eine Orientierung für die große Lebensreise, die im reiferen Alter eher zu der Erfahrung des „GOLDENEN WINDES“ führen kann als in jungen Jahren. In jungen Jahren sind wir meistens eben nicht da. Wir sind immer woanders und verpassen leider die Erfahrung des GOLDENEN WINDES.

„Ohne aus der Tür zu treten,
kannst du die Wege der Welt kennen.
Ohne aus dem Fenster zu schauen,
kannst du die Wege des Himmels kennen.
Je weiter du gehst, desto weniger weißt du.
Die Weisen wissen, ohne zu reisen,
benennen, ohne zu sehen,
wirken, ohne zu handeln."

(Lao Tse „TAO TE KING", Kapitel 47)

Der Mensch selbst, sein wahres Wesen, sollte stets Grund und Ziel jeder Reise sein. Das Wort Reise hat etymologisch mit engl.: to rise (aufstehen, sich erheben, von unten nach oben bewegen; sunrise = Sonnenaufgang) zu tun. Reise und Orientierung sind absolut identisch (lat.: sol oriens = der Sonnenaufgang).

Die Lebensorientierung des Menschen sollte immer ein Emporstreben, der Weg zum Licht und nicht umgekehrt sein. Die Überwindung von Dunkelheit, Untergang und Tod gehören zu den Übungsaufgaben aller nach dem Urgrund suchenden Menschen.

Der Benediktinermönch Bede Griffiths (1906–1993) sagte dazu:

„Die Menschen heute wollen in die aktuelle Erfahrung, in die Wirklichkeit eintreten. Sie haben all dieses Gerede über die Suche, die Worte, das Nachdenken oder Sprechen über Gott satt. Sie wollen die Wirklichkeit Gottes in ihrem Leben, in der Tiefe, in ihrem Wesen entdecken."

Das bedeutendste Symbol für unseren Lebens-Weg ist der Kreis, der gleichzeitig die innere und äußere Welt darstellt, weder Anfang noch Ende kennt und für Vollendung steht. Viele gehen einen langen, dem Umfang eines Kreises folgenden Weg, um am Ende wieder bei sich selbst – doch durch die Reise verändert – anzukommen.

Als junger Mensch verlässt man das gewohnte Zuhause mit den vertrauten Denkweisen und begibt sich in die Fremde, auf zunächst unsicheres Terrain. Die neuen Eindrücke sind gewaltig und verwirrend – es gibt so viele Wege, Ideen, Lehren und Meinungen. Vielem wird man anfänglich blind glauben und vertrauen, weil der innere Grund für Sicherheit und Wissen noch nicht tief genug aufgespürt wird.

Zu viel noch spielen oberflächliche Sensationen eine Rolle – der Hunger nach Tiefgründigkeit ist aber immer latent vorhanden.

Das Ego ist mit Recht in der ersten Lebenshälfte – von Ausnahmen abgesehen – eine dominierende Kraft, die nicht leicht bezähmbar ist. Wer will schon loslassen, was er sich unter größten Anstrengungen erkämpft hat (Besitz, Wissen, Macht u. a.). Das Leben ist immer noch an unzählige Bedingungen gekettet.

Der Weg in die Bedingungslosigkeit (z. B. beten, ohne etwas zu erwarten) ist ein mühsamer Umkehrprozess. Die Absichtslosigkeit ist eine wesentliche Voraussetzung für den integrativen Ebenenwechsel: von psyche zu pneuma, von anima zu spiritus, von Seele zu Geist, von Glaube zu Wissen. Solange ich absichtlich agiere (engl.: intention = Absicht, in Spannung sein), vollzieht sich nicht der Sprung in die Leere, wo die Fülle des Seins in der Gegenwart erfahrbar wird. Jede Form von noch so moderner Psychotherapie ruft zumeist schmerz- und leidvolle Emotionen, Bewegungen hervor. Das Drama der Bilderwelt kommt kaum zur Ruhe.

Im Zustand des Wissens, der Erleuchtung, wird der Glaube transzendiert, aber nicht aufgehoben. In der völligen Klarheit und Ruhe nach dem Eintritt in die Wirklichkeit unseres innersten Wesens werden alle bisherigen Eigenschaften unserer Natur von der vorangegangenen Trennung erlöst und integrierend miteinander versöhnt. Es gibt jetzt keine Grenzen mehr – der Geist ist sowohl Form als auch Leerheit des Kreises, auf und in dem ich mich bewege. Dieser Zustand ist mit dem individuellen Ego nicht identisch.

Der Geist ist frei von Anhaftungen. Die Suche ist beendet. Der Weg geht weiter.

„Am Punkt des Geistes überschreiten wir unsere menschlichen Begrenzungen und werden uns der Gegenwart des Unendlichen, des Ewigen oder des Einen bewusst."

(Bede Griffiths)

Danksagung

Thomas Arzt, Wendelin Baumstark, Lilo Brentrup, Bernadette Böll, Hans-Peter Dürr, Fritz Gaede, Beatrice Grimm, Willigis Jäger, Martin Knipphals, Hanspeter Münch, Nora Meyer-Galow, Andreas Pfäfflin, Walter Schwery, Rosemarie Sack-Dyckerhoff, Helga Simon-Wagenbach, Bernward Thiel und Peter Zürn sei ganz herzlich Dank gesagt.

Sie alle haben mich in intensiven und offenen Gesprächen, die stets in Verbundenheit und gegenseitiger Wertschätzung stattfanden, bereichert und damit wesentlich zu diesem Buch beigetragen. Die dokumentierten Dialoge zeugen von tiefen Erfahrungen des GOLDENEN WINDES.

Doris Karner-Klett sei ganz herzlich Dank gesagt für ihre wunderbaren Illustrationen zu den Erfahrungsräumen und für das Bild auf der Vorderseite des Buches.

Mein besonderer Dank gilt Roland R. Ropers, der mich freundschaftlich und ideenreich bei diesem Buchprojekt begleitet und das erste Lektorat übernommen hat. Die oft täglichen Gespräche sind ein gutes Beispiel für den von Hans-Peter Dürr geforderten LIEBENDEN DIALOG gewesen, aus dem immer wieder zunächst Neues geahnt wird und dann in Worten Realität wird.

Liebe Leserinnen und Leser, ich verneige mich vor dem GÖTTLICHEN FUNKEN in Ihnen, der in jedem Augenblick Ihres Lebens erfahren werden will.

NAMASTE!

Glossar

Adoleszent = Jugendlicher, Heranwachsender
Advaita = Sanskrit: Nicht-Zweiheit, Nicht-Dualität
Aikido = jap. Kampfkunst; ai = Harmonie, ki = Lebensenergie, do = Weg
Ananda = Sanskrit: Glückseligkeit
Anima = Seele
Aura = Energiekörper des Menschen, Ausstrahlungskraft
Brahman = Sanskrit: der göttliche, universelle Wesensgrund
Burn-Out = psychisches Erschöpfungssyndrom
Carpe diem = lat.: wörtlich: „pflücke den Tag", Horaz (Oden I, 11)
Chado = jap.: Tee-Weg; meditative Tee-Zeremonie
Chakren = Sanskrit: Rad, Kreis, die 7 Energie-Ebenen des Menschen
Chitta = Sanskrit: Geist, Gemüt, Bewusstsein
Chorus Mysticus = ein Chorus, der in die absolute Wirklichkeit führen soll
Cit = Sanskrit: reines Bewusstsein, frei von Leidenschaften
Compassion = Mitgefühl
Creatio Continua = immerwährende Schöpfung
Depression = Niedergeschlagenheit, seelische Verstimmung
Dharma = Sanskrit: Ordnung, göttliches Gesetz
Dialog, dialektisch = intellektuelles Zwiegespräch
Dialog, liebend = Gespräch in harmonischer Grundstimmung
Eros = in der griechischen Mythologie: der Gott der begehrlichen Liebe
Exerzitien = konzentrierte Übungen
Flow = die Erfahrung des Fließens
Haiku = traditionelle japanische Gedichtform
Hara = jap. Bauch, Kraftzentrum
Herzsutra = Leitfaden vollkommener Weisheit
Hic et nunc = lat.: hier und jetzt
Holon = griech.: ganz Seiendes; Erfahrung der Ganzheit
Ikebana = japanische Kunst des Blumenarrangierens
Immanenz = lat.: innewohnend; die ständige Präsenz des göttlichen Wesens
Individuation = Prozess des Ganzwerdens
Initiation = Einweihung auf einem spirituellen Weg
Initiatische Therapie = die speziell von Karlfried Graf Dürckheim und seiner Frau Maria Hippius entwickelte Psychotherapieform, die eine Fülle von sehr individuellen Behandlungen und Übungen beinhaltet
Integrale Spiritualität = ein von Ken Wilber geprägter Begriff; die spirituelle Erfahrung der Einheit von Körper, Seele und Geist, die in allen Religionen gleich ist.
Judo = jap. Kampfsportart; wörtlich: sanfter Weg
Kabbala = die mystische Tradition des Judentums
Karma = Sanskrit: Tat, Handlung, Aktivität
Kinhin = meditatives Gehen als ZEN-Meditation
Koan = ein rational nicht lösbares Rätsel
Kollektives Unbewusstes = psychisches Erbe der Menschheitsgeschichte
Kommunikation = der Austausch von Informationen
Kommunion = wörtl.: gemeinsames Einswerden
Kontemplation = objektlose Betrachtung, Wesensschau
Kundalini = entlang der Wirbelsäule aufsteigende feinstoffliche Energie

Mandala = Sanskrit: Bogen, Kugel, Kreis, der den Weg zum Zentrum aufweist
Manifestation = Sichtbarwerdung
Maya = Sanskrit: Täuschung, Illusion
Meditation = Übung der Versenkung, der Weg nach innen
Mentales Bewusstsein = Verstandesbewusstsein, Ratio
Mysterium conjunctionis = das Geheimnis der Verbundenheit mit allen
Mystiker = vom griechischen Verb: „myein“ (= Augen und Mund schließen) abgeleitet, meint Mystik, wie auch Mysterium, das „Eingeweihtwerden“ in einen Weg, der die „unio mystica“, die wesenhaft erfahrene Eins-Werdung des menschlichen Selbst mit der göttlichen Wirklichkeit, dem Urgrund des Seins zum Ziel hat.
Numinosum = das geheimnisvoll Unbegreifliche
Potentialität = die Möglichkeit, Eigenschaft des Könnens
Restitutio ad integrum = die Wiederherstellung der Unversehrtheit, der Ganzheit
Rimpoche = tibetischer Lama; spiritueller Meister
Roshi = verehrungswürdiger ZEN-Meister
Samurai = ehem. japanischer Krieger
Sanskrit = die altindische klassische Sprache der Gelehrten und Brahmanen
Sesshin = jap. wörtl.: Sammlung des Herz-Geistes; Bezeichnung für einen ZEN-Kurs
Shakti = Sanskrit: Kraft, Stärke, göttliche Energie
Shaolin = Name eines buddhistischen Mönchordens in China
Shin = jap.: Geist und Herz
Sophia = griech.: Weisheit
Sufismus = Mystik im Islam
Sutra / Sutren = Sanskrit: Faden, Strick, Leitfaden, kurze Regel
Swami = selbstverwirklichter spiritueller Meister im Hinduismus
Talent = von lat. talentum = Gewicht, Begabung
TAO = chin.: Weg
Teisho = Darlegung der Worte des Zen-Meisters
Transmental = jenseits normaler Verstandesfähigkeit
Transparenz = Durchsichtigkeit
Transpersonal = jenseits der persönlichen, subjektiven Erfahrung
Transzendenz = das Übersteigen normalen Denkens und üblicher Erfahrung
Upanishaden = das philosophisch-spirituelle Wissen im Hinduismus; entstanden zwischen 700 und 200 v. Christus; das Sanskritwort „Upanishad“ bedeutet wörtlich: zu Füßen des Meisters sitzen und dessen Worte hören
Urgrund – das Sein, das Wesen des Menschen
Vedanta = die Schlussbetrachtungen in den Veden, wie sie zunächst in den Upanishaden enthalten sind.
Veden = Sanskrit: Wissen, heilige Lehre, die Gesamtheit der ältesten Texte der indischen Literatur
Vita Contemplativa = der Weg der Kontemplation
Viveka = Sanskrit: Unterscheidungsvermögen zwischen dem Wirklichen und dem Unwirklichen,
Yin und Yang = chinesisch: männlich und weiblich
Yoga = Sanskrit: wörtlich: Joch, im Sinne von Anschirren an Gott, Vereinigung mit Gott suchen
Zazen = jap.: Sitzen in Versunkenheit
ZEN = jap.: Sammlung des Geistes, Meditation – Übertragung des Sanskritwortes „Dhyana“
Zendo = Zen-Meditationshalle

Literaturhinweise

Beck, Charlotte Joko: „ZEN im Alltag"

Belschner, Wilfried: „Der Sprung in die Transzendenz"

Brentrup, Lilo: „Texte auf dem Weg", Selbstverlag 1982

Benediktushof Unterwegs: „Nr. 1/2010"

Blasberg M./Wittrahm A.: „Altern in Freiheit und Würde"

Brecht, Bertolt: „Erste Stücke", Berlin 1957

Csikszentmihalyi, Mihaly: „Flow – Das Geheimnis des Glücks"

Csikszentmihalyi, Mihaly: „Das Flow-Erlebnis. Jenseits von Angst und Langeweile"

Davidson, R.J.: „Destructive Emotions – Dialog mit dem XIV. Dalai Lama"

Dethlefsen, Thorwald: „Schicksal als Chance"

Dürckheim, Karlfried: „Der Alltag als Übung"

Dürckheim, Karlfried: „Von der Erfahrung der Transzendenz"

Dürckheim, Karlfried: „Auf der Suche nach dem inneren Meister"

Dürckheim, Karlfried: „Durchbruch zum Wesen"

Dürckheim, Karlfried: „Vom doppelten Ursprung des Menschen"

Dürckheim, Karlfried: „Der Mensch als Zeuge des Unendlichen" zum 100. Geburtstag – herausgegeben von Maria Hippius Gräfin Dürckheim, Josef Roprecht, Thomas Arzt

Dürr, H.-P./Panikkar R.: „LIEBE – Urquelle des Kosmos"

Frederickson, Barbara L.: „Positivity"

Griffiths, B., Ropers, R.R.: „EINE Welt – EINE Menschheit – EINE Religion"

Haduch, Agetsu Wydler: „Wie der Schmetterling aus der Raupe – ZEN als innerer Wandlungsprozess"

Herrigel, Eugen: „ZEN in der Kunst des Bogenschießens"

Master Han Shan (Hermann Ricker): „Wer loslässt, hat zwei Hände frei"

Hesse, Hermann: „Das Glasperlenspiel"

Hillman, James: „Vom Sinn des Langen Lebens – Wir werden, was wir sind"

Hüther, Gerald: „Lernen im Alter" – ein Gespräch mit Annette Kerckhoff (Natur und Medizin)

Jäger, Willigis: „Suche nach dem Sinn des Lebens"

Jäger, Willigis: „Über die Liebe"

Jäger, Willigis: „Das Leben endet nie"

Jäger, Willigis: „Der Goldene Wind – die Kunst des Älterwerdens" (Hör-CD)

Jung, C.G.: „Antwort auf Hiob"

Jung, C.G.: „Ausgewählte Schriften", Herausgeber Verena Kast/Ingrid Riedel

Kessler, Christina: „Wilder Geist – wildes Herz"

Kinslow, Frank: „Quantenheilung"

Kinslow, Frank: „Beyond Happiness"

Koun, Yamada Roshi: „Die Niederschrift vom blauen Fels – Hegikanroku"

Knipphals, Martin: „Teebriefe" (www.ginko-an.de)

Lelord, Francois: „Hectors Reise oder die Suche nach dem Glück"

Lindbergh, Anne Morrow: „Muscheln in meiner Hand"

Marighetti, L./Schwarz, G. „Der Reiz der Dritten Lebenshälfte"

Miegel, Meinhard: „EXIT – Wohlstand ohne Wachstum"

Miegel, Meinhard: „Epochenwende – Gewinnt der Westen die Zukunft?"

Mingyur, Yongey Rinpoche „Buddha und die Wissenschaft vom Glück"

Onken, Julia: „Altweibersommer"

Onken, Julia: „Feuerzeichenfrau – Ein Bericht über die Wechseljahre"

Platsch, Klaus-Peter: „Was heilt – vom Menschsein in der Medizin"

Plotkin, Bill: „Nature and the Human Soul"

Preece, Rob: „The Wisdom of Imperfection"

Raschen, Günther: „Rhizom-Plädoyer für spirituelle Vielfalt"

Ricard, Matthieu: „Glück"

Riedel, Ingrid: „Die weise Frau in uralt-neuen Erfahrungen"

Ropp, Robert S. de: „Das Meisterspiel"

Saint-Exupéry, Antoine de „Die Stadt in der Wüste"

Schwery, Walter: „Im Strom des Erwachens"

Schwery, Walter: „Das Böse oder die Versöhnung mit dem Dunklen Bruder"

Simon-Wagenbach, Helga „Vollende, was du bist!"

Singer, Wolf: „Hirnforschung und Meditation" Dialog mit Matthieu Ricard

Taleb, Nassim Nicholas: „Der Schwarze Schwan"

Tarnas, Richard: „Cosmos and Psyche"

Tart, Charles: „Hellwach und bewusst leben"

Tolle, Eckart: „JETZT – Die Kraft der Gegenwart"

Bildquellennachweis

S. 19: Quelle: FAZ 18.05.2010

S. 57: HörZu 1998

S. 65: Louise Oldenbourg

S. 68: Stephan Köther

Autorenporträt auf der Buchrückseite: Fox Foto-Agentur

Die weiteren Fotografien entstammen dem Archiv des Autors.

Umschlagillustration und Innenillustrationen von Doris Karner-Klett

Weitere Informationen sind auf der Website www.leben-im-goldenen-wind.de zu finden.

Stimmen zum Buch

*„Mir geht es um den liebenden Dialog mit Menschen.
Für mich ist es einfacher, mit einem anderen neues
Terrain zu erkunden als allein.
Kommunikation wird zur Kommunion.“*

(Hans-Peter Dürr, Atomphysiker, Träger des „Alternativen Nobelpreises 1987“, Friedensnobelpreis 1995 für die Mitglieder der Pugwash Conferences on Science and World Affairs, Ehrenbürger der Stadt München 2007)

*„Wir werden immer älter und das macht uns Europäern momentan Probleme.
Das Alter anzunehmen ist nicht immer leicht.
Um für diese Problematik Lösungswege aufzuzeigen,
macht Erhard Meyer-Galow das Kōan vom GOLDENEN WIND
zum Leitfaden für sein Buch.
Wohl dem, der sein Leben so akzeptieren kann.“*

(Willigis Jäger, ZEN-Meister und Benediktinermönch)

„Nichts machen. Nur lassen.“

(Walter Schwery, Tiefenpsychotherapeut nach C. G. Jung)

„‚Die Optimierung eines Unternehmens kann nicht alleiniger Sinn des Lebens sein, ebenso wenig wie die immer wieder nötige Erholung von den Mühen des Arbeitslebens. Das wurde mir klarer.‘ Mit solchen Einsichten trifft der Ex-Manager offensichtlich den Zeitgeist. Gerade druckt der Verlag die zweite Auflage seines Buchs.“

(Stefan Weber, Süddeutsche Zeitung, 7. April 2012)